2024经济类联考

指定教材

数学高分指南

总第9版

主编　陈剑

参编　陈剑名师团成员：

杨　晶　郑小松　韩　超　朱　曦

左菲菲　熊学政　石　磊

华龄出版社
HUALING PRESS

图书在版编目（CIP）数据

数学高分指南：经济类联考 / 陈剑主编. -- 北京：华龄出版社，2023.1

ISBN 978-7-5169-2444-0

Ⅰ. ①数… Ⅱ. ①陈… Ⅲ. ①高等数学-研究生-入学考试-自学参考资料 Ⅳ. ①O13

中国国家版本馆 CIP 数据核字(2023)第 015546 号

策划编辑　颉腾文化　　责任印制　李未圻
责任编辑　裴春明

书　名　数学高分指南：经济类联考
作　者　陈　剑
出　版
发　行　华龄出版社 HUALING PRESS
社　址　北京市东城区安定门外大街甲 57 号　　邮　编　100011
发　行　（010）58122255　　传　真　（010）84049572
承　印　三河市中晟雅豪印务有限公司
版　次　2023 年 2 月第 1 版　　印　次　2023 年 2 月第 1 次印刷
规　格　787mm×1092mm　　开　本　1/16
印　张　22　　字　数　549 千字
书　号　ISBN 978-7-5169-2444-0
定　价　79.00 元

Preface

前 言

经济类专业学位联考是为了招收金融硕士（MF）、应用统计硕士（MAS）、税务硕士（MT）、国际商务硕士（MIB）、保险硕士（MI）及资产评估硕士（MV）等而设置的具有选拔性质的联考科目，科目代码是396. 其中综合能力试卷（总分150分）由三部分组成——数学基础（70分）、逻辑推理（40分）、写作（40分），可见数学在综合能力试卷中最为重要！本书针对经济类专业学位联考综合能力的数学部分，依据经济类专业学位联考综合能力考试大纲，结合历年考情及考试的最新资讯编写而成，力求最大限度地帮助考生提高复习效率. 本书的编写具有如下特点：

1. 重系统，建体系——依据内在联系，搭建知识体系

相比其他学科，数学更强调知识点之间的内在联系及综合性. 因此，经济类联考综合能力数学部分的考题越来越强调灵活性与综合性，这就要求考生不仅要掌握每个考点，更要从整体上把握它们之间的联系. 而这些正是大部分考生在复习过程中所欠缺的，忽略这一体系是很多考生无法更进一步提高分数的根本原因.

鉴于此，本书在每一章的开始都加上了命题剖析，方便考生明确每章的复习重点，节约复习时间. 同时，在每章还呈现了“知识体系图”，让考生能够对本章知识一目了然，有效地帮助考生把握考点之间的联系，从而建立完整的知识体系.

2. 重模块，补短板——模块复习更高效，易于提升数学短板

针对考试大纲对考试范围和能力要求的规定，本书将大纲中的重要考点划分为多个模块，以便于考生更加清晰地认识考试的具体要求，在复习时做到有的放矢.

本书各章分为“考点剖析”“核心题型”“点睛归纳”“阶梯训练”四部分. “考点剖析”讲解本章主要的考点和常用公式定理，既细致深入，又突出重点. 具体内容包括：精确地阐释基本的概念，对个别核心概念还会通过注释加深考生的理解；对常见性质和主要的公式定理进行系统的总结和归纳，方便考生理解和记忆. “核心题型”和“点睛归纳”则对本章常考题型进行了划分，这部分是对本章常考题型解题方法的概括和总结，并通过例题讲解归纳解题方法与技巧. 这两部分具有某种程度上的对应性，因此建议考生将其结合起来学习，先通过这两部分了解大致的解题思路和方法，再通过“阶梯训练”逐步实践应用并加以巩固.

3. 重归纳，强方法——宁缺毋滥，精选优质题目

本书不提倡题海战术，做题的目的是为了提高成绩，而很多考生盲目做题，浪费时间和精力，并且成绩没有提高. 所以本书的习题都是经过精心挑选的，并且特别强调习题解答和一题多解. 要想学好数学，练习是必不可少的，而练习的质与量是两个关键的指标：不足量则不足以引起质变，不能熟练掌握解题方法；而低质量的例题和习题不仅浪费时间，更有可能打乱考生的复习思路，将考生的复习引入"歧途". 因此，本书在编写时，首先保证了例题和习题的质量，严格依据考试大纲和最新考情精选适合经济类联考的经典题目，力求让考生举一反三，最大限度地提高复习效率.

此外，真题是考试复习的方向，对考试有很重要的导向作用，本书附上近年真题及大纲样卷，让广大考生能够找到身临其境的感觉，在有限的时间抓住重点，有的放矢，查漏补缺. 同时，本书附上数学必备公式，帮助考生归纳整理考试所用到的公式.

在编写本书时，编者参阅了有关书籍，引用了一些例子，恕不一一指明出处，在此一并向有关作者致谢. 由于编者水平有限，兼之时间仓促，疏漏之处难免，恳请读者批评指正. 欢迎大家通过编者的博客（www. ichenjian. com）、微博（weibo. com/myofficer）、邮箱（myofficer@ qq. com）等网络平台获取本书最新信息、互动学习经验、答疑解惑，以最大限度地利用本书.

编　者

2023 年 1 月

经济类联考数学应试指导

从2021年开始，396经济类联考综合能力的数学部分采用新的考试大纲. 新考纲变化较大，由原来的两种题型——选择题（四选一）和解答题，全部变为选择题（五选一），题量由原来的20道题（10道选择题和10道解答题）增加到35道题，数学部分满分仍为70分. 新考纲明确要求不允许使用计算器.

下面从试卷结构、考试大纲、试题特点及能力要求和复习阶段及规划四个方面对其进行分析.

一、试卷结构

1. 旧考纲

选择题10道题，每题2分，共20分；解答题10道题，每题5分，共50分.

科目	选择题数量（分值）	解答题数量（分值）	占比	合计分值
微积分	6（12分）	6（30分）	60%	42分
线性代数	2（4分）	2（10分）	20%	14分
概率论	2（4分）	2（10分）	20%	14分
合计	10（20分）	10（50分）	100%	70分

2. 新考纲

选择题35道题，每题2分，共70分.

科目	选择题数量	占比	答题建议时间	合计分值
微积分	21	60%	40~50分钟	42分
线性代数	7	20%	15~20分钟	14分
概率论	7	20%	15~20分钟	14分
合计	35	100%	70~90分钟	70分

从以上对比可以看出，虽然题型做了较大变化，但是各科分值和占比没有变化，微积分仍然是考试重点科目，题目数量较多，线性代数和概率论的考试题型相对固定，有利于考生复习. 但需要提醒考生的是，考题数量增加较多，对考生的答题速度有很高的要求，虽然都是选择题，但在80分钟左右答完35道题也极具挑战.

二、考试大纲

1. 新旧考纲对比

科目	旧考纲	新考纲
微积分	一元函数微分学、积分；多元函数的一阶偏导数；函数的单调性和极值	一元函数微分学，一元函数积分学；多元函数的偏导数、多元函数的极值

（续）

科目	旧考纲	新考纲
线性代数	线性方程组；向量的线性相关和线性无关；矩阵的基本运算	线性方程组；向量的线性相关和线性无关；行列式和矩阵的基本运算
概率论	分布和分布函数的概念；常见分布；期望和方差	分布和分布函数的概念；常见分布；期望和方差

从以上新旧考纲对比可以看出，微积分部分多元函数的要求提高了，不仅要掌握一阶偏导数，还要掌握二阶偏导数，明确增加了多元函数的极值．概率论部分虽然没有变化，但在2019年真题中出现了考纲没有涉及的二维随机变量，所以学习时也要对其加以掌握．线性代数部分增加了行列式的基本运算，行列式也是线性代数的基础，所以一定要掌握行列式的各种计算方法．

总之，大纲中的大部分内容（尤其是核心考试内容）并未调整，变动的只是枝叶部分．

2．新考纲的详细解读及分值分布

无论是新考纲还是旧考纲，写的都比较简略，很多命题内容并未在考纲中展示，接下来列表对新考纲进行详细解读．

（1）微积分部分

章节	考纲解读	题量及分值
第一章　函数、极限、连续	1．函数的定义、性质及运算 2．极限的定义、性质及计算 3．连续的定义、性质 4．间断点的分类	4道题，占8分
第二章　一元函数微分学	1．可导与可微 2．求导法则 3．导数的应用	6道题，占12分
第三章　一元函数积分学	1．不定积分 2．定积分 3．变限积分 4．广义积分	7道题，占14分
第四章　多元函数微分学	1．偏导数、全微分的定义 2．偏导数的计算 3．极值的计算	4道题，占8分

（2）线性代数部分

章节	考纲解读	题量及分值
第五章　行列式	1．行列式的定义 2．行列式的性质与展开定理 3．行列式的计算方法	2道题，占4分

（续）

章节	考纲解读	题量及分值
第六章　矩阵	1. 矩阵的定义及运算 2. 逆矩阵 3. 初等变换与初等矩阵	2 道题，占 4 分
第七章　向量组	1. 线性相关与线性表出 2. 秩	2 道题，占 4 分
第八章　方程组	1. 解的判定 2. 解的结构	1 道题，占 2 分

（3）概率论部分

章节	考纲解读	题量及分值
第九章　随机事件及概率	1. 随机事件的关系与运算 2. 概率的公理化定义及性质 3. 条件概率与独立性 4. 五大公式	1 道题，占 2 分
第十章　随机变量及其分布	1. 随机变量的分布函数 2. 离散型随机变量及其分布律 3. 连续型随机变量及其概率密度 4. 常见分布 5. 随机变量函数的分布	4 道题，占 8 分
第十一章　随机变量的数字特征	1. 随机变量期望的定义、性质及计算公式 2. 随机变量函数期望的计算 3. 随机变量方差的定义、性质及其计算公式 4. 常见分布的期望、方差公式	2 道题，占 4 分

三、试题特点及能力要求

1．总体难度变化不大，但试题的灵活性和综合性有所上升

经济类联考综合能力数学试题的难度并不高，主要考查考生对基本概念的理解和对基本运算、基本方法的掌握情况．考生在复习时一定要牢记这一点，不要盲目追求难度，而要踏踏实实打好基础，并进行足量的训练，才能拿到理想的分数．但同时要注意，试题的综合性与灵活性较往年有所上升，对考生的能力提出了更高要求，考生只有综合运用多个基本概念，并理解它们之间的相互关系，才能顺利求解．

这一趋势在未来考试中仍将延续，试题将会进一步提高对考生综合能力的要求．当然，任何考试的命题都会有一定的延续性，因此不会出现难度陡增的现象，只会缓慢地逐年上升．同时，从长远来看，经济类联考综合能力数学部分试题的难度总体还是会低于全国硕士研究生招生考试数学三的难度．

2．考点重复率较高

从历年考试规律来看，考点重复率很高，很多题型固定，方法相同．可见，在复习过程中，考生要重视对已考真题的分析与学习．

3．重视考查的广度与考生解题的熟练度

试卷考点分布较广，考试大纲上有提及的考点均有涉及，因此考生要重视复习的全面性．同时，试卷对考生解题的速度有较高的要求，考生需要在约 80 分钟的时间内完成 35 道选择题，这对大部分考生将是一个考验．这就要求考生在复习的时候一定要全面而细致，不要存侥幸心理，而应扎扎实实掌握每一个知识点，多做练习以求熟能生巧，力求取得高分．

4．注意与数学三的区别和联系

由于专业的相关性，经济类联考综合能力数学部分的考试内容与考研数学三有较多的联系，所有的考点都可以在考研数学三的考试大纲中找到，且对每个考点具体要求的程度也都不会超过数学三中对应部分的要求．从已考试题来看，大部分试题的灵活性和综合性低于考研数学三试题．

【对于数学三转 396 的同学，考试范围、考试难度及深度都大幅度降低，尤其考试题型都是单选题，这些都是利好消息，但也不要轻视，应加强基本功，尤其注重解题速度的训练】

四、复习阶段及规划

1．基础阶段，每周一章，大约 11 周

主要看每章的第一节、第二节，做第四节的基础能力题．

2．强化阶段，每周一章，大约 11 周

主要看每章的第三节，做第四节的综合提高题．

3．真题阶段，每周 2 套左右的真题，大约 4 周

4．模考阶段，每周 2 套左右的模拟题，大约 4 周

5．冲刺阶段，巩固错题本，反复看预测题目

Contents

目　录

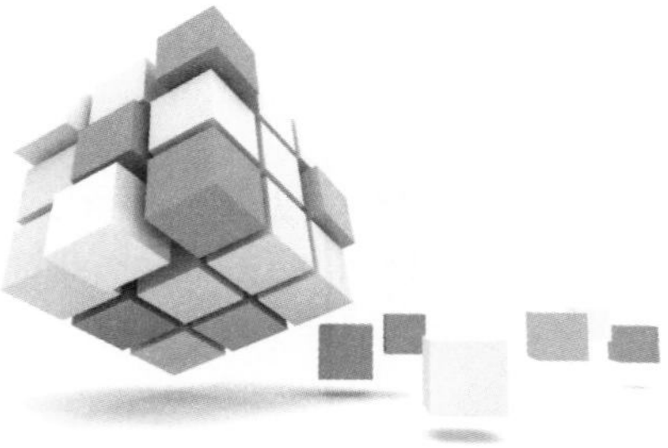

1
第一部分

微积分

微积分部分的考点主要包括函数、极限、连续、一元函数微分学、一元函数积分学和多元函数微分学. 其中函数、极限、连续虽然在考纲中未写，但是这些内容是整个微积分的基础，尤其函数的重要特性及极限的定义与后面的导数和积分密切相关.一元函数微分学部分是考试命题的重点，考分和题目所占的比例大，要重视本章的学习.一元函数积分学部分的重点是积分方法和积分公式，尤其分部积分法是考试的核心，此外变限积分是每年出题的重点，尤其是与极限结合命题.多元函数微分学部分考试的要求较低，应重点掌握一阶偏导数的计算方法，其中复合函数的求导是考试的核心.

第一章　函数、极限、连续

【大纲解读】

本部分虽然在考纲中没有直接写出来，但函数是微积分的研究对象，极限是微积分的理论基础，而连续性是可导性与可积性的重要条件，所以本部分仍然要加以复习.

【命题剖析】

极限是本章的核心，也是考试的重点内容，所以要掌握常见求解极限的方法. 熟练掌握极限的运算法则、极限存在的两个准则与两个重要极限. 其次，要掌握分段函数连续的判断方法，理解复合函数及分段函数的概念，了解反函数、隐函数及函数的有界性、单调性、周期性和奇偶性的概念，掌握基本初等函数的性质及图形，了解初等函数的概念.

【知识体系】

- 函数、极限、连续
  - 函数
    - 基本概念，定义域，值域
    - 基本初等函数的图像及性质
    - 函数的特性（单调性，有界性，奇偶性，周期性）
    - 特殊函数：复合函数，反函数，隐函数，分段函数
  - 极限
    - 极限的定义及左右极限
    - 重要的极限
    - 求极限的常用方法
    - 极限存在的限定法则
  - 无穷小量
    - 无穷小与无穷大的定义
    - 无穷小的比较：低阶，高阶，同阶，等价
    - 常用的等价无穷小
  - 连续
    - 连续的定义
    - 间断点的类型及判断

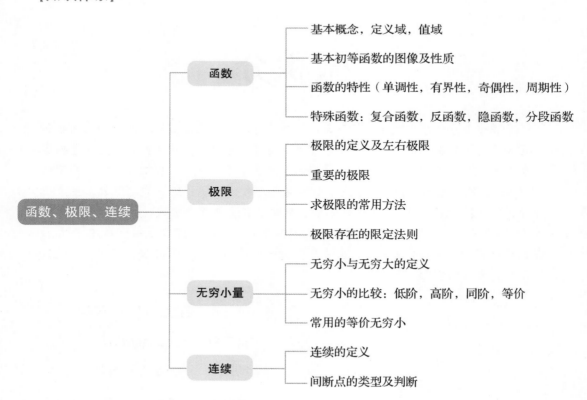

【备考建议】

本章是学习的基础，函数是微积分的研究对象，因此在课程的开始要先对函数部分加以复习，要求对函数的概念、表示方法、性质及基本初等函数的图形有较好的理解与掌握. 极限是微积分的核心，是每年考试的必考点，建议考生复习时着重掌握求解极限的各种方法.

第一节　考点剖析

一、函数

1. 定义

设在某一变化过程中有两个变量 x 和 y，若对非空集合 D 中的每一点 x，都按照某一对应规则 f，有唯一确定的实数 y 与之相对应，则称 y 是 x 的函数，记作

$$y=f(x),\ x\in D.$$

x 称为自变量，y 称为因变量，D 称为函数的定义域，y 的取值范围即集合 $\{y\mid y=f(x),\ x\in D\}$ 称为函数的值域.

【注意】定义域 D（或记 D_f）与对应法则 f 是确定函数的两个要素，因此两个函数相同是指它们的定义域与对应法则都相同.

2. 函数的定义域

由解析式表示的函数，其定义域是指使该函数表达式有意义的自变量取值的全体，这种定义域称为自然定义域. 自然定义域通常不写出，需要我们去求出，因此必须掌握一些常用函数表达式有意义的条件.

（1）函数的定义域是自变量 x 的取值范围，它是函数的重要组成部分. 如果两个函数的定义域不同，不论对应法则相同与否，都是不同的函数，如 $y=x^2\ (x\in\mathbf{R})$ 与 $y=x^2\ (x>0)$ 是不同的两个函数.

（2）对应法则是函数的核心. 一般地，在函数 $y=f(x)$ 中，f 代表对应法则，x 在 f 的作用下可得到 y. 因此，f 是使对应得以实现的方法和途径，是联系 x 与 y 的纽带，从而是函数的核心. f 有时可用解析式来表示，有时只能用数表或图像表示.

（3）当 $x=a$ 时，函数 $y=f(x)$ 的值 $f(a)$ 叫作 $x=a$ 时的函数值，函数值的全体称为函数的值域. 一般地，函数的定义域与对应法则确定后，函数的值域也就随之确定了.

3. 基本初等函数

（1）常数函数

$y=C$，定义域为 $(-\infty,\ +\infty)$，图形为平行于 x 轴的直线. 在 y 轴上的截距为 C.

（2）幂函数

$y=x^{\alpha}$，其定义域随着 α 的不同而变化. 但不论 α 取何值，总在 $(0,\ +\infty)$ 内有定义，且图形过点 $(1,\ 1)$. 当 $\alpha>0$ 时，函数图形过原点. 图像及性质见下表.

$y=x^{\alpha}$	$\alpha=\frac{m}{n}$，m，$n\in\mathbf{N}^*$，m，n 互质			$\alpha=-\frac{m}{n}$，m，$n\in\mathbf{N}^*$，m，n 互质		
	m 是奇数 n 是奇数	m 是偶数 n 是奇数	m 是奇数 n 是偶数	m 是奇数 n 是奇数	m 是偶数 n 是奇数	m 是奇数 n 是偶数
代表函数	$y=x$，$y=x^3$， $y=x^{\frac{1}{3}}$	$y=x^2$，$y=x^{\frac{2}{3}}$	$y=x^{\frac{1}{2}}$	$y=x^{-1}$	$y=x^{-2}$	$y=x^{-\frac{1}{2}}$
简图	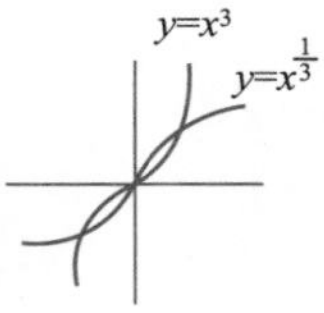	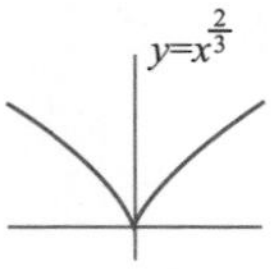		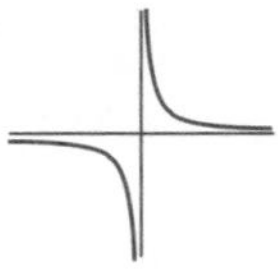	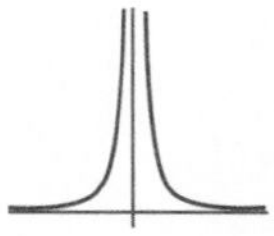	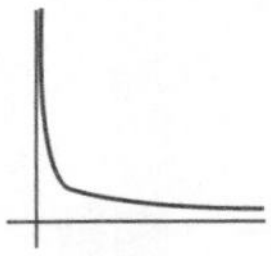
定义域	$\mathbf{R}$	$\mathbf{R}$	$[0,+\infty)$	$(-\infty,0)\cup(0,+\infty)$	$(-\infty,0)\cup(0,+\infty)$	$(0,+\infty)$
奇偶性	奇函数	偶函数	非奇非偶函数	奇函数	偶函数	非奇非偶函数
单调性	在 $\mathbf{R}$ 上单调递增	在 $(-\infty,0]$ 上单调递减，在 $[0,+\infty)$ 上单调递增	在 $[0,+\infty)$ 上单调递增	在 $(-\infty,0)$ 上单调递减，在 $(0,+\infty)$ 上单调递减	在 $(-\infty,0)$ 上单调递增，在 $(0,+\infty)$ 上单调递减	在 $(0,+\infty)$ 上单调递减
值域	$\mathbf{R}$	$[0,+\infty)$	$[0,+\infty)$	$(-\infty,0)\cup(0,+\infty)$	$(0,+\infty)$	$(0,+\infty)$

（3）指数函数

$y=a^x(a>0,a\neq1)$，其定义域为 $(-\infty,+\infty)$.

当 $0<a<1$ 时，函数严格单调递减. 当 $a>1$ 时，函数严格单调递增. 函数图形恒过点 $(0,1)$. 微积分中经常用到以 e 为底的指数函数，即 $y=\mathrm{e}^x$. 指数函数 $y=a^x$ 的性质归纳见下表.

	$a>1$	$0<a<1$
图像	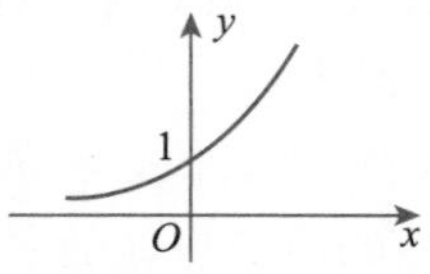	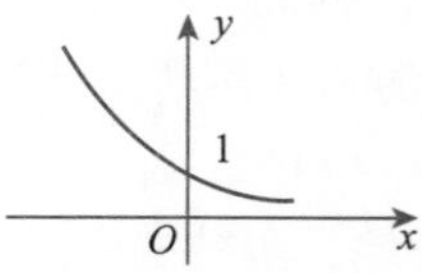
性质	定义域：$\mathbf{R}$	
	值域：$(0,+\infty)$，图像在 x 轴上方	
	过点 $(0,1)$，即 $x=0$ 时，$y=1$	
	当 $a>1$ 时，$\begin{cases}若\ x>0，则\ a^x>1\\ 若\ x<0，则\ 0<a^x<1\end{cases}$	当 $0<a<1$ 时，$\begin{cases}若\ x<0，则\ a^x>1\\ 若\ x>0，则\ 0<a^x<1\end{cases}$
	在 $\mathbf{R}$ 上是增函数	在 $\mathbf{R}$ 上是减函数

（4）对数函数

$y=\log_a x(a>0, a\neq 1)$，其定义域为$(0, +\infty)$，它与$y=a^x$互为反函数. 微积分中常用到以 e 为底的对数，记作$y=\ln x$，称为自然对数. 对数函数的图形过点$(1, 0)$. 指数函数和对数函数的性质对比见下表.

名　称	指数函数	对数函数
解析式	$y=a^x(a>0, a\neq 1)$	$y=\log_a x(a>0, a\neq 1)$
定义域	$(-\infty, +\infty)$	$(0, +\infty)$
值　域	$(0, +\infty)$	$(-\infty, +\infty)$
函数值变化情况	当$a>1$时，$a^x\begin{cases}<1(x<0)\\=1(x=0)\\>1(x>0)\end{cases}$	当$a>1$时，$\log_a x\begin{cases}>0(x>1)\\=0(x=1)\\<0(0<x<1)\end{cases}$
	当$0<a<1$时，$a^x\begin{cases}<1(x>0)\\=1(x=0)\\>1(x<0)\end{cases}$	当$0<a<1$时，$\log_a x\begin{cases}<0(x>1)\\=0(x=1)\\>0(0<x<1)\end{cases}$
单调性	当$a>1$时，a^x是增函数	当$a>1$时，$\log_a x$是增函数
	当$0<a<1$时，a^x是减函数	当$0<a<1$时，$\log_a x$是减函数
图像	$y=a^x$的图像与$y=\log_a x$的图像关于直线$y=x$对称	

（5）三角函数

常用的三角函数见下表.

	$y=\sin x$	$y=\cos x$	$y=\tan x$	$y=\cot x$
定义域	$\mathbf{R}$	$\mathbf{R}$	$x\neq k\pi+\frac{\pi}{2}(k\in\mathbf{Z})$	$x\neq k\pi(k\in\mathbf{Z})$
值域	$[-1, 1]$	$[-1, 1]$	$\mathbf{R}$	$\mathbf{R}$
图像	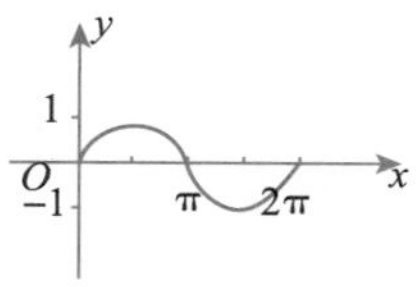	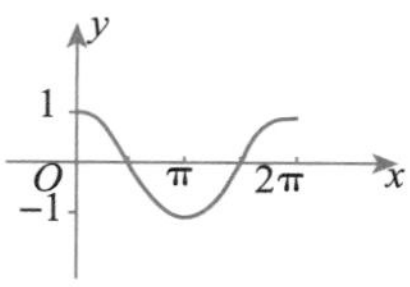	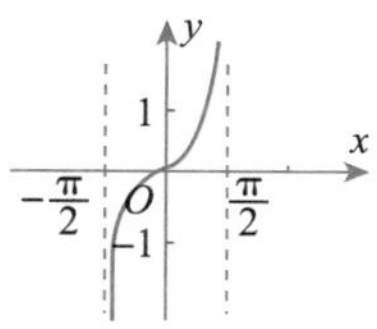	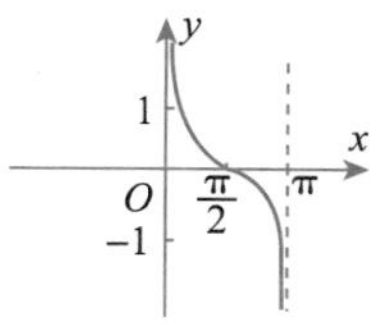
周期性	2π	2π	π	π
奇偶性	奇函数	偶函数	奇函数	奇函数
单调性	增区间：$\left[2k\pi-\frac{\pi}{2}, 2k\pi+\frac{\pi}{2}\right]$ 减区间：$\left[2k\pi+\frac{\pi}{2}, 2k\pi+\frac{3\pi}{2}\right]$	增区间：$[(2k-1)\pi, 2k\pi]$ 减区间：$[2k\pi, (2k+1)\pi]$	$\left(k\pi-\frac{\pi}{2}, k\pi+\frac{\pi}{2}\right)$内是增函数	$(k\pi, (k+1)\pi)$内是减函数

特殊角的三角函数值如下表：

α	0	$\frac{\pi}{6}$	$\frac{\pi}{4}$	$\frac{\pi}{3}$	$\frac{\pi}{2}$
$\sin\alpha$	0	$\frac{1}{2}$	$\frac{\sqrt{2}}{2}$	$\frac{\sqrt{3}}{2}$	1
$\cos\alpha$	1	$\frac{\sqrt{3}}{2}$	$\frac{\sqrt{2}}{2}$	$\frac{1}{2}$	0
$\tan\alpha$	0	$\frac{\sqrt{3}}{3}$	1	$\sqrt{3}$	不存在
$\cot\alpha$	不存在	$\sqrt{3}$	1	$\frac{\sqrt{3}}{3}$	0

【注意】①本表可以按如下规律记忆：

α 依次取 0、$\frac{\pi}{6}$、$\frac{\pi}{4}$、$\frac{\pi}{3}$、$\frac{\pi}{2}$时，

$\sin\alpha$ 依次取$\frac{\sqrt{0}}{2}$、$\frac{\sqrt{1}}{2}$、$\frac{\sqrt{2}}{2}$、$\frac{\sqrt{3}}{2}$、$\frac{\sqrt{4}}{2}$.

对于 $\cos\alpha$、$\tan\alpha$、$\cot\alpha$ 类似.

②对于 α 不是锐角的三角函数，可以利用诱导公式来计算相应的特殊三角函数值.

③重要公式：

$\sin^2x+\cos^2x=1$

$\sin2x=2\sin x\cos x$

$\cos2x=2\cos^2x-1=1-2\sin^2x=\cos^2x-\sin^2x$

$\tan2x=\dfrac{2\tan x}{1-\tan^2x}$

$\sec^2x=1+\tan^2x$

$\csc^2x=1+\cot^2x$

（6）反三角函数

列表比较常用反三角函数：

	$y=\arcsin x$	$y=\arccos x$	$y=\arctan x$	$y=\text{arccot}\,x$
定义域	$[-1, 1]$	$[-1, 1]$	$\mathbf{R}$	$\mathbf{R}$
值域	$\left[-\frac{\pi}{2}, \frac{\pi}{2}\right]$	$[0, \pi]$	$\left(-\frac{\pi}{2}, \frac{\pi}{2}\right)$	$(0, \pi)$
图像	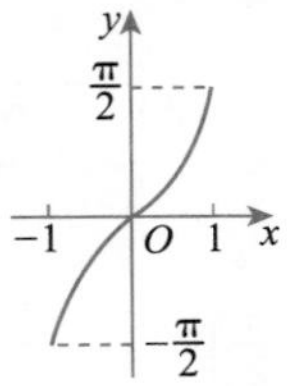	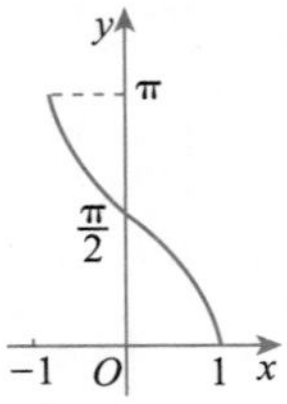	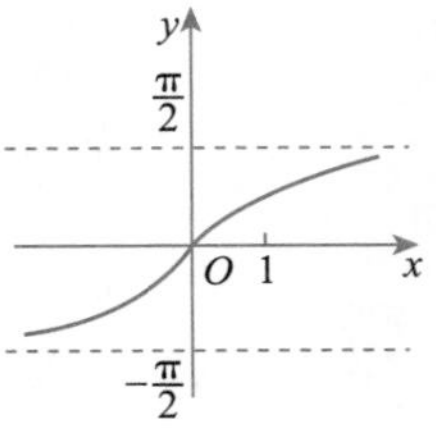	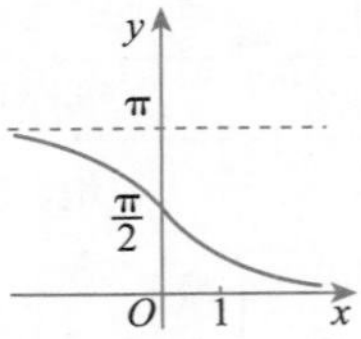
奇偶性	奇函数	非奇非偶函数	奇函数	非奇非偶函数
单调性	在定义域内是增函数	在定义域内是减函数	在定义域内是增函数	在定义域内是减函数

4. 特殊函数

(1) 反函数

设函数 $y=f(x)$ 的定义域为 D，值域为 R，如果对于每一个 $y\in R$，都有唯一确定的 $x\in D$ 与之对应，且满足 $y=f(x)$，则 x 是一个定义在 R 以 y 为自变量的函数，记作

$$x=f^{-1}(y),\ y\in R.$$

并称其为 $y=f(x)$ 的反函数.

习惯上用 x 作自变量，y 作因变量，因此 $y=f(x)$ 的反函数常记为 $y=f^{-1}(x)$，$x\in R$.

函数 $y=f(x)$ 与反函数 $y=f^{-1}(x)$ 的图形关于直线 $y=x$ 对称. 严格单调函数必有反函数，且函数与其反函数有相同的单调性. $y=a^x$ 与 $y=\log_a x$ 互为反函数. $y=x^2$，$x\in[0,+\infty)$ 的反函数为 $y=\sqrt{x}$，而 $y=x^2$，$x\in(-\infty,0)$ 的反函数为 $y=-\sqrt{x}$.

(2) 复合函数【重点内容】

已知函数 $y=f(u)$，$u\in D_f$，$y\in R_f$. 又 $u=\varphi(x)$，$x\in D_\varphi$，$u\in R_\varphi$，若 $D_f\cap R_\varphi$ 非空，则称函数

$$y=f(\varphi(x)),\ x\in\{x\mid\varphi(x)\in D_f\}$$

为函数 $y=f(u)$ 与 $u=\varphi(x)$ 的复合函数. 其中 y 称为因变量，x 称为自变量，u 称为中间变量.

(3) 隐函数

若函数的因变量 y 明显地表示成 $y=f(x)$ 的形式，则称其为显函数. 如 $y=x^2$，$y=\ln(3x^2-1)$，$y=\sqrt{x^2-1}$ 等.

设自变量 x 与因变量 y 之间的对应法则用一个方程式 $F(x,y)=0$ 表示，如果存在函数 $y=f(x)$（不论这个函数是否能表示成显函数），将其代入所设方程，使方程变为恒等式：

$$F(x,f(x))=0,\ x\in D_f$$

其中 D_f 为非空实数集，则称函数 $y=f(x)$ 是由方程 $F(x,y)=0$ 所确定的一个隐函数.

如方程 $\sqrt{x}+\sqrt{y}=1$ 可以确定一个定义在 $[0,1]$ 上的隐函数. 此隐函数也可以表示成显函数的形式，即

$$y=f(x)=(1-\sqrt{x})^2,\ x\in[0,1]$$

但并不是所有隐函数都可以用 x 的显函数形式来表示，如 $e^{xy}+x+y=0$，因为 y 无法用初等函数表达，故它不是初等函数. 另外还需注意，并不是任何一个方程都能确定隐函数，如 $x^2+y^2+1=0$.

(4) 分段函数

有些函数，对于其定义域内的自变量 x 的不同值，不能用一个统一的解析式表示，而是要用两个或两个以上的式子表示，这类函数称为分段函数.

【评注】分段函数不一定是初等函数. 绝对值函数 $y=|x|$ 很特殊，它既是初等函数，又可以写成分段函数的形式，常常可以构造一些选择题.

5. 函数的性质

(1) 单调性

设函数 $f(x)$ 在实数集 D 上有定义，对于 D 内任意两点 x_1，x_2，当 $x_1<x_2$ 时，若总有

$f(x_1)\leqslant f(x_2)$ 成立，则称$f(x)$在 D 内单调递增（或单增）；若总有$f(x_1)<f(x_2)$成立，则称$f(x)$在 D 内严格单增，严格单增也是单增. 当$f(x)$在 D 内单调递增时，又称$f(x)$是 D 内的单调递增函数. 类似可以定义单调递减或严格单减.

单调递增或单调递减函数统称为单调函数.

【注意】可以用定义证明函数的单调性. 对几个常用的基本初等函数，可以根据熟悉的几何图形，找出其单调区间. 对一般的初等函数，我们将利用导数来求其单调区间.

（2）有界性

设函数$f(x)$在集合 D 内有定义，若存在实数 $M>0$，使得对任意 $x\in D$，都有 $|f(x)|\leqslant M$，则称$f(x)$在 D 内有界，或称$f(x)$为 D 内的有界函数.

设函数$f(x)$在集合 D 内有定义，若对任意的实数 $M>0$，总可以找到 $x\in D$，使得 $|f(x)|>M$，则称$f(x)$在 D 内无界，或称$f(x)$为 D 内的无界函数.

【注意】有界函数的图形完全落在两条平行于 x 轴的直线之间；函数是否有界与定义域有关，如 $y=\ln x$ 在$(0,+\infty)$上无界，但在$[1,e]$上是有界的；有界函数的界是不唯一的，即若对任意 $x\in D$，都有 $|f(x)|\leqslant M$，则也一定有 $|f(x)|\leqslant M+a(M>0,a>0)$.

（3）奇偶性

设函数$f(x)$在一个关于原点对称的集合内有定义，若对任意 $x\in D$，都有 $f(-x)=-f(x)$（或$f(-x)=f(x)$），则称$f(x)$为 D 内的奇函数（或偶函数）.

奇函数的图形关于原点对称. 当$f(x)$为连续的函数时，$f(0)=0$，即$f(x)$的图形过原点. 偶函数的图形关于 y 轴对称.

【注意】关于奇偶函数有如下的运算规律：

设$f_1(x)$，$f_2(x)$为奇函数，$g_1(x)$，$g_2(x)$为偶函数，则

$f_1(x)\pm f_2(x)$为奇函数；$g_1(x)\pm g_2(x)$为偶函数；

$f_1(x)\pm g_1(x)$为非奇非偶函数($f_1(x)\neq 0$，$g_1(x)\neq 0$)；

$f_1(x)\cdot g_1(x)$为奇函数；$f_1(x)\cdot f_2(x)$，$g_1(x)\cdot g_2(x)$均为偶函数.

常数 C 是偶函数，因此，奇函数加非零常数后不再是奇函数了.

利用函数奇偶性可以简化定积分的计算，对研究函数的单调性、函数作图也有很大帮助.

（4）周期性

如果存在非零常数 T，使得对任意 $x\in D$，恒有$f(x+T)=f(x)$成立，则称$f(x)$为周期函数. 满足上式的最小正数 T，称为$f(x)$的最小正周期，简称周期.

二、极限

（一）数列的极限

1. 数列极限的定义

设数列$\{a_n\}$，当项数 n 无限增大时，若通项 a_n 无限接近某个常数 A，则称数列$\{a_n\}$收敛于 A，或称 A 为数列$\{a_n\}$的极限，记作

$$\lim_{n\to\infty}a_n=A$$

否则称数列$\{a_n\}$发散或$\lim\limits_{n\to\infty}a_n$不存在.

2. 数列极限的性质

（1）数列极限的四则运算：

设$\lim\limits_{n\to\infty}x_n=a$，$\lim\limits_{n\to\infty}y_n=b$，则

$\lim\limits_{n\to\infty}cx_n=c\lim\limits_{n\to\infty}x_n=ca$（$c$为常数），

$\lim\limits_{n\to\infty}(x_n\pm y_n)=\lim\limits_{n\to\infty}x_n\pm\lim\limits_{n\to\infty}y_n=a\pm b$，

$\lim\limits_{n\to\infty}(x_n\cdot y_n)=\lim\limits_{n\to\infty}x_n\cdot\lim\limits_{n\to\infty}y_n=ab$，

$\lim\limits_{n\to\infty}\dfrac{x_n}{y_n}=\dfrac{\lim\limits_{n\to\infty}x_n}{\lim\limits_{n\to\infty}y_n}=\dfrac{a}{b}(b\neq0)$.

（2）$\lim\limits_{n\to\infty}x_n=a\Leftrightarrow\lim\limits_{n\to\infty}x_{n+k}=a$（$k$为任意正整数），

$\lim\limits_{n\to\infty}x_n=a\Leftrightarrow\lim\limits_{n\to\infty}x_{2n}=\lim\limits_{n\to\infty}x_{2n+1}=a$.

（3）若$\lim\limits_{n\to\infty}x_n=a$，则数列$\{x_n\}$是有界数列.

（二）函数的极限

1. $x\to\infty$时的极限

设函数$f(x)$在$|x|\geqslant a(a>0)$上有定义，当$x\to\infty$时，函数$f(x)$无限接近常数A，则称$f(x)$当$x\to\infty$时以A为极限，记作

$$\lim_{x\to\infty}f(x)=A$$

当$x\to+\infty$或$x\to-\infty$时的极限：

当x沿数轴正（或负）方向趋于无穷大，简记$x\to+\infty$（或$x\to-\infty$）时，$f(x)$无限接近常数A，则称$f(x)$当$x\to+\infty$（或$x\to-\infty$）时以A为极限，记作

$$\lim_{x\to+\infty}f(x)=A\quad\left(\lim_{x\to-\infty}f(x)=A\right)$$

$$\lim_{x\to\infty}f(x)=A\Leftrightarrow\lim_{x\to+\infty}f(x)=\lim_{x\to-\infty}f(x)=A$$

2. $x\to x_0$时的极限

设函数$f(x)$在x_0附近（可以不包括x_0点）有定义，当x无限接近$x_0(x\neq x_0)$时，函数$f(x)$无限接近常数A，则称当$x\to x_0$时，$f(x)$以A为极限，记作

$$\lim_{x\to x_0}f(x)=A$$

3. 左、右极限

若当x从x_0的左侧$(x<x_0)$趋于x_0时，$f(x)$无限接近一个常数A，则称A为$x\to x_0$时$f(x)$的左极限，记作$\lim\limits_{x\to x_0^-}f(x)=A$，$f(x_0^-)=A$或$f(x_0-0)=A$.

若当x从x_0的右侧$(x>x_0)$趋于x_0时，$f(x)$无限接近一个常数A，则称A为$x\to x_0$时$f(x)$的右极限，记作$\lim\limits_{x\to x_0^+}f(x)=A$，$f(x_0^+)=A$或$f(x_0+0)=A$.

$$\lim_{x \to x_0} f(x) = A \Leftrightarrow \lim_{x \to x_0^+} f(x) = \lim_{x \to x_0^-} f(x) = A.$$

（三）函数极限的性质

1. 唯一性

若$\lim\limits_{x \to x_0} f(x) = A$，$\lim\limits_{x \to x_0} f(x) = B$，则 $A = B$.

2. 局部有界性

若$\lim\limits_{x \to x_0} f(x) = A$，则在 x_0 的某邻域内（点 x_0 可以除外），$f(x)$是有界的.

3. 局部保号性

若$\lim\limits_{x \to x_0} f(x) = A$，且 $A > 0$（或 $A < 0$），则存在 x_0 的某邻域（点 x_0 可以除外），在该邻域内有 $f(x) > 0$（或 $f(x) < 0$）.

若$\lim\limits_{x \to x_0} f(x) = A$，且在 x_0 的某邻域（点 x_0 可以除外）有 $f(x) > 0$（或 $f(x) < 0$），则必有 $A \geqslant 0$（或 $A \leqslant 0$）.

4. 不等式性质

若$\lim\limits_{x \to x_0} f(x) = A$，$\lim\limits_{x \to x_0} g(x) = B$，且 $A > B$，则存在 x_0 的某邻域（点 x_0 可以除外），使 $f(x) > g(x)$.

若$\lim\limits_{x \to x_0} f(x) = A$，$\lim\limits_{x \to x_0} g(x) = B$，且在 x_0 的某邻域（点 x_0 可以除外）有 $f(x) < g(x)$ 或 $(f(x) \leqslant g(x))$，则 $A \leqslant B$.

（四）重要极限

1. $\lim\limits_{x \to 0} \dfrac{\sin x}{x} = 1$

【注意】此极限是当 $x \to 0$ 时的极限，应区分$\lim\limits_{x \to \infty} \dfrac{\sin x}{x} = 0$.

2. $\lim\limits_{x \to \infty} \left(1 + \dfrac{1}{x}\right)^x = \mathrm{e}$（或$\lim\limits_{x \to 0} (1 + x)^{\frac{1}{x}} = \mathrm{e}$）

$\lim\limits_{x \to \infty} \left(1 + \dfrac{1}{x}\right)^x = \mathrm{e} \Rightarrow$ 若$\lim\limits_{x \to x_0} \varphi(x) = \infty$，则$\lim\limits_{x \to x_0} \left[1 + \dfrac{1}{\varphi(x)}\right]^{\varphi(x)} = \mathrm{e}$.

$\lim\limits_{x \to 0} (1 + x)^{\frac{1}{x}} = \mathrm{e} \Rightarrow$ 若$\lim\limits_{x \to x_0} \varphi(x) = 0$，则$\lim\limits_{x \to x_0} [1 + \varphi(x)]^{\frac{1}{\varphi(x)}} = \mathrm{e}$.

（五）无穷小量与无穷大量

1. 无穷小量的定义

若$\lim\limits_{x \to x_0} f(x) = 0$，则称 $f(x)$ 是 $x \to x_0$ 时的无穷小量.

同理，若$\lim\limits_{x \to x_0} g(x) = \infty$，则称 $g(x)$ 是 $x \to x_0$ 时的无穷大量.

2. 无穷小量与无穷大量的关系

非零无穷小量的倒数是无穷大量；无穷大量的倒数是无穷小量.

3. 无穷小量的运算性质

（1）有限个无穷小量的代数和仍为无穷小量.

（2）无穷小量乘有界变量仍为无穷小量.

（3）有限个无穷小量的乘积仍为无穷小量.

4. 无穷小量阶的比较

设$\lim\limits_{x\to x_0}\alpha(x)=0$，$\lim\limits_{x\to x_0}\beta(x)=0$，

$$\lim_{x\to x_0}\frac{\alpha(x)}{\beta(x)}=\begin{cases}k\neq 0 & \text{称 }\alpha(x)\text{ 与 }\beta(x)\text{ 为同阶无穷小，特别地，当 }k=1\text{ 时，称 }\alpha(x)\text{ 与 }\beta(x)\text{ 为等价无穷小，记作 }\alpha(x)\sim\beta(x)\\ 0 & \text{称 }\alpha(x)\text{ 是比 }\beta(x)\text{ 高阶的无穷小}\\ \infty & \text{称 }\alpha(x)\text{ 是比 }\beta(x)\text{ 低阶的无穷小}\end{cases}$$

5. 等价无穷小

常用的等价无穷小：$x\to 0$ 时，有下列等价无穷小公式：

$$e^x-1\sim x,\ \ln(1+x)\sim x,\ (1+x)^\alpha-1\sim\alpha x(\alpha>0),$$

$$\sin x\sim x,\ \tan x\sim x,\ 1-\cos x\sim\frac{x^2}{2},\ \arcsin x\sim x,\ \arctan x\sim x$$

【注意】等价无穷小具有传递性，即若$\alpha(x)\sim\beta(x)$，又$\beta(x)\sim\gamma(x)$，则$\alpha(x)\sim\gamma(x)$.

【应用】等价无穷小在乘除时可以替换，即若$\alpha(x)\sim\alpha^*(x)$，$\beta(x)\sim\beta^*(x)$，则

$$\lim_{\substack{x\to x_0\\(\text{或}x\to\infty)}}\frac{\alpha(x)}{\beta(x)}=\lim_{\substack{x\to x_0\\(\text{或}x\to\infty)}}\frac{\alpha^*(x)}{\beta^*(x)}$$

三、函数的连续性

（一）函数连续的概念

1. 两个定义

【定义 1】设函数$f(x)$的定义域为D，$x_0\in D$. 若$\lim\limits_{x\to x_0}f(x)=f(x_0)$，则称$f(x)$在$x_0$点连续；若$f(x)$在$D$中每一点都连续，则称$f(x)$在定义域内连续.

【定义 2】若$\lim\limits_{\Delta x\to 0}[f(x_0+\Delta x)-f(x_0)]=0$，则称$f(x)$在$x_0$点连续.

2. 左连续和右连续

若$\lim\limits_{x\to x_0^-}f(x)=f(x_0)$，则称$f(x)$在$x_0$点左连续；同理，若$\lim\limits_{x\to x_0^+}f(x)=f(x_0)$，则称$f(x)$在$x_0$点右连续.

$f(x)$在x_0点连续$\Leftrightarrow f(x)$在x_0点既左连续又右连续.

3. 连续函数的运算

连续函数经过有限次四则运算或复合而得到的函数仍然连续，因而初等函数在其定义区间内处处连续.

（二）间断点

函数图像上不连续的点称为间断点.

（1）若$f(x_0+0)$和$f(x_0-0)$都存在，且$f(x_0+0)=f(x_0-0)\neq f(x_0)$，则称$x_0$是$f(x)$的可去间断点.

（2）若$f(x_0+0)$和$f(x_0-0)$都存在，且$f(x_0+0)\neq f(x_0-0)$，则称x_0是$f(x)$的跳跃间断点.

【注意】可去间断点和跳跃间断点都是第一类间断点.

（3）若$f(x_0+0)$，$f(x_0-0)$至少有一个不存在，则称x_0是$f(x)$的第二类间断点.

（三）闭区间上连续函数的性质

1. 最值定理

设$f(x)$在$[a, b]$上连续，则$f(x)$在$[a, b]$上必有最大值M和最小值m，即存在x_1，$x_2\in[a, b]$，使$f(x_1)=M$，$f(x_2)=m$，且$m\leqslant f(x)\leqslant M$，$x\in[a, b]$.

2. 介值定理

设$f(x)$在$[a, b]$上连续，且m，M分别是$f(x)$在$[a, b]$上的最小值与最大值，则对任意的$k\in[m, M]$，总存在一点$c\in[a, b]$，使$f(c)=k$.

3. 零点定理

设$f(x)$在$[a, b]$连续，且$f(a)\cdot f(b)<0$，则至少存在一个$c\in(a, b)$使$f(c)=0$.

【注意】零点定理因为常用于方程根的情况判别，故又称为根的存在性定理.

第二节　核心题型

题型01　求函数的定义域

提示　函数的定义域问题从如下四个方面考虑：

1）若$y=\sqrt[2n]{u(x)}$，其中n为正整数，则$D=\{x \mid u(x)\geqslant 0, x\in\mathbf{R}\}$.

2）若$y=\dfrac{1}{u(x)}$，则$D=\{x \mid u(x)\neq 0, x\in\mathbf{R}\}$.

3）若$y=\log_a u(x)$，其中$a>0$，$a\neq 1$，则$D=\{x \mid u(x)>0, x\in\mathbf{R}\}$.

4）三角函数，反三角函数.

【例1】函数$y=\dfrac{1}{x}+\sqrt{1-x^2}$的定义域为（　　）.

(A) $[-1, 1]$　　(B) $[-1, 1)$　　(C) $(-1, 1]$

(D) $[-1, 0)\cup(0, 1]$　　(E) $[-1, 0)\cup(0, 1)$

［解析］定义域为$\{x \mid x\neq 0$ 且 $1-x^2\geqslant 0\}$，即$\{x \mid x\neq 0$ 且 $-1\leqslant x\leqslant 1\}$，即$[-1, 0)\cup(0, 1]$. 选D.

【例 2】设$f(x)$的定义域为$[0,\ 4]$，则函数$g(x)=f(x-1)+f(x+1)$的定义域为（　　）.

(A) $[1,\ 4]$　(B) $[0,\ 3]$　(C) $[1,\ 3]$　(D) $[2,\ 4]$　(E) $[2,\ 3]$

[解析] $g(x)$的定义域满足：$\{x\mid 0\leqslant x-1\leqslant 4 \text{ 且 } 0\leqslant x+1\leqslant 4\}$，

即$\{x\mid 1\leqslant x\leqslant 5 \text{ 且 } -1\leqslant x\leqslant 3\}$，故定义域为$[1,\ 3]$，选 C.

[评注] 对于形如$f(g(x))$的复合函数而言，外面函数$f(u)$的定义域与内部函数$g(x)$的值域相对应.

题型 02　判断两个函数是否相同

提示　判断两个函数相同，必须从定义域与对应法则两方面入手. 只有两个函数的定义域相同且对应法则也相同时，两个函数才相同. 否则，两个函数不相同.

【例 3】$f(x)=\sqrt{\dfrac{x+1}{x-1}}$与$g(x)=\dfrac{\sqrt{x+1}}{\sqrt{x-1}}$是否相同？

[解析] 首先求出函数的定义域：$f(x)=\sqrt{\dfrac{x+1}{x-1}}$的定义域为$\left\{x\,\middle|\,\dfrac{x+1}{x-1}\geqslant 0\right\}$，得到$\{x\mid x\leqslant -1 \text{或} x>1\}$；而$g(x)=\dfrac{\sqrt{x+1}}{\sqrt{x-1}}$的定义域为$\{x\mid x>1\}$；从而$f(x)$与$g(x)$不相同.

【例 4】$y=\sqrt{x^3+x^2}$与$y=x\sqrt{x+1}$是否相同？

[解析] 首先求出函数的定义域：$f(x)=\sqrt{x^3+x^2}$的定义域为$\{x\mid x\geqslant -1\}$；$g(x)=x\sqrt{x+1}$的定义域为$\{x\mid x\geqslant -1\}$，可见两个函数的定义域相同. 但是两个函数的对应法则却不相同：比如当$x=-\dfrac{1}{2}$时，两者的函数值并不相同. 实际上，若$f(x)=\sqrt{x^3+x^2}=\sqrt{x^2(x+1)}=x\sqrt{x+1}=g(x)$，则要求$x\geqslant 0$.

题型 03　求函数的表达式

提示　求函数的表达式，一般可以采取换元法求解，或者采取拼凑的方式求解，有时也需要通过变形解方程组的方法求解.

【例 5】若$f\left(x+\dfrac{1}{x}\right)=x^2+\dfrac{1}{x^2}+3$，则$f(5)=$（　　）.

(A) 22　(B) 24　(C) 25　(D) 26　(E) 27

[解析] 根据$x^2+\dfrac{1}{x^2}=\left(x+\dfrac{1}{x}\right)^2-2$，可以得到$f\left(x+\dfrac{1}{x}\right)=\left(x+\dfrac{1}{x}\right)^2+1$，

从而得到$f(x)=x^2+1$，$f(5)=26$. 选 D.

[评注] 如果这个题目改成$f\left(x+\dfrac{1}{x}\right)=x^3+\dfrac{1}{x^3}+3$，如何去思考？实际上，

$$x^3+\frac{1}{x^3}=\left(x+\frac{1}{x}\right)\left(x^2+\frac{1}{x^2}-1\right)=\left(x+\frac{1}{x}\right)\left[\left(x+\frac{1}{x}\right)^2-3\right].$$

【例 6】设函数$f(x)$满足$f(x)+2f\left(\frac{1}{x}\right)=3x$，$x\neq0$，则$f(0.5)=$（　　）.

(A) -0.5　　(B) -1　　(C) 1　　(D) 2.5　　(E) 3.5

[解析] 令$x=\frac{1}{t}$得：$f\left(\frac{1}{t}\right)+2f(t)=\frac{3}{t}$，即

$$f\left(\frac{1}{x}\right)+2f(x)=\frac{3}{x} \quad ①$$

又由

$$f(x)+2f\left(\frac{1}{x}\right)=3x \quad ②$$

$2\times$①$-$②得$3f(x)=\frac{6}{x}-3x$，所以$f(x)=\frac{2}{x}-x$，$f(0.5)=3.5$，选 E.

[评注] 遇到这类问题，要想到进行变形，然后构成方程组求解.

题型 04　判断函数的奇偶性

提示　判别给定函数$f(x)$的奇偶性的主要方法是：不管$f(x)$的具体形式是什么，均计算$f(-x)$的表达式. 如果$f(-x)=f(x)$，则由定义知$f(x)$为偶函数；如果$f(-x)=-f(x)$，则由定义知$f(x)$为奇函数；除此之外，判定为非奇非偶函数.

【例 7】设函数$f(x)$定义在$(-\infty,+\infty)$内，判别下列函数有（　　）个奇函数.

(1) $y=f\left(\frac{1}{1-x}\right)-f\left(\frac{1}{1+x}\right)$.　　(2) $y=f(e^{-x^2})$.

(3) $y=\frac{f(x)}{f(x)+f(-x)}-\frac{1}{2}$.　　(4) $y=|f(x)|$.

(A) 0　　(B) 1　　(C) 2　　(D) 3　　(E) 4

[解析] (1) 令$y=F(x)=f\left(\frac{1}{1-x}\right)-f\left(\frac{1}{1+x}\right)$，

$F(-x)=f\left(\frac{1}{1+x}\right)-f\left(\frac{1}{1-x}\right)=-\left[f\left(\frac{1}{1-x}\right)-f\left(\frac{1}{1+x}\right)\right]=-F(x)$，

所以$y=F(x)$为奇函数.

(2) 令$y=F(x)=f(e^{-x^2})$，

$F(-x)=f(e^{-(-x)^2})=f(e^{-x^2})=F(x)$，所以$y=F(x)$为偶函数.

(3) 令$y=F(x)=\frac{f(x)}{f(x)+f(-x)}-\frac{1}{2}$，

$$F(-x)=\frac{f(-x)}{f(-x)+f(x)}-\frac{1}{2}=\frac{f(-x)+f(x)-f(x)}{f(-x)+f(x)}-\frac{1}{2}$$
$$=\frac{1}{2}-\frac{f(x)}{f(-x)+f(x)}=-F(x)，$$

所以$y=F(x)$为奇函数.

(4) 令$y=F(x)=|f(x)|$，$F(-x)=|f(-x)|$，无法确定奇偶性.

故有 2 个奇函数，选 C.

【例 8】已知 $f(x)$，$g(x)$ 均定义在 $(-\infty, +\infty)$ 内，且 $g(x)$ 为奇函数、$f(x)$ 为偶函数，则 $f(g(x))$ 为（　　）.

（A）奇函数　（B）偶函数　（C）既为奇函数又为偶函数

（D）既非奇函数也非偶函数　（E）无法确定

［解析］令 $F(x)=f(g(x))$，

$F(-x)=f(g(-x))=f(-g(x))=f(g(x))=F(x)$，所以应选 B.

［评注］已知两个函数 $f(x)$，$g(x)$，那么

（1）若为一奇一偶，则积函数（即 $f(x)\cdot g(x)$）是奇函数，复合函数（即 $g(f(x))$）是偶函数.

（2）若都是奇函数，则积函数（即 $f(x)\cdot g(x)$）是偶函数，复合函数（即 $g(f(x))$）是奇函数.

（3）若都是偶函数，则积函数（即 $f(x)\cdot g(x)$）是偶函数，复合函数（即 $g(f(x))$）是偶函数.

题型 05　判别函数的有界性

提示

（1）函数 $f(x)$ 是否有界是相对于某个区间而言的，与区间有关.

（2）证明或判别函数有界性的主要方法包括两种：

①利用函数有界性的定义.

②闭区间上的连续函数一定是有界函数.

【例 9】函数 $f(x)=\dfrac{|x|\sin(x-2)}{x(x-1)(x-2)^2}$ 在（　　）区间内有界.

（A）$(-1,0)$　（B）$(0,1)$　（C）$(1,2)$　（D）$(2,3)$　（E）$(0,2)$

［分析］如 $f(x)$ 在 (a,b) 内连续，且极限 $\lim\limits_{x\to a^+}f(x)$ 与 $\lim\limits_{x\to b^-}f(x)$ 存在，则函数 $f(x)$ 在 (a,b) 内有界.

［解析］当 $x\neq 0,1,2$ 时，$f(x)$ 连续，而 $\lim\limits_{x\to -1^+}f(x)=-\dfrac{\sin 3}{18}$，$\lim\limits_{x\to 0^-}f(x)=-\dfrac{\sin 2}{4}$，

$\lim\limits_{x\to 0^+}f(x)=\dfrac{\sin 2}{4}$，$\lim\limits_{x\to 1}f(x)=\infty$，$\lim\limits_{x\to 2}f(x)=\infty$，所以，函数 $f(x)$ 在 $(-1,0)$ 内有界，故选 A.

［评注］一般地，如函数 $f(x)$ 在闭区间 $[a,b]$ 上连续，则 $f(x)$ 在闭区间 $[a,b]$ 上有界；如函数 $f(x)$ 在开区间 (a,b) 内连续，且极限 $\lim\limits_{x\to a^+}f(x)$ 与 $\lim\limits_{x\to b^-}f(x)$ 存在，则函数 $f(x)$ 在开区间 (a,b) 内有界.

题型 06　求极限的常用方法

提示

求极限常用的方法有：

（1）根据极限的定义.

（2）根据四则运算性质.

（3）利用两个重要的极限.

（4）利用等价无穷小替换.

（5）利用洛必达法则.

求极限时，尽可能把整式化为分式，常用的变形技巧有：

（1）技巧一：通过将分子（分母）有理化，即通过乘以共轭因式的方式来实现.

共轭因式：$\sqrt{a}\pm\sqrt{b}$的共轭因式为$\sqrt{a}\mp\sqrt{b}$.

（2）技巧二：如果是两个分式相加减，可以通过通分合并的方式来分析.

（3）技巧三：倒代换，令 $x=\frac{1}{t}$.

【例 10】 $\lim\limits_{x\to1}\left(\frac{1}{x-1}-\frac{x+2}{x^3-1}\right)=($ $)$.

（A）$\frac{1}{2}$ （B）$\frac{1}{3}$ （C）$-\frac{1}{2}$ （D）$\frac{2}{3}$ （E）$-\frac{1}{3}$

［解析］原式 $=\lim\limits_{x\to1}\frac{x^2+x+1-x-2}{x^3-1}=\lim\limits_{x\to1}\frac{(x+1)(x-1)}{(x-1)(x^2+x+1)}=\frac{2}{3}$，选 D.

［评注］此题采用的是先通分合并，然后约分，得到结果.

【例 11】 $\lim\limits_{x\to+\infty}\left(\sqrt{x^2+x}-\sqrt{x^2-1}\right)=($ $)$.

（A）$\frac{1}{4}$ （B）$\frac{1}{2}$ （C）$\frac{1}{3}$ （D）$-\frac{1}{2}$ （E）1

［解析］原式 $=\lim\limits_{x\to+\infty}\frac{x+1}{\sqrt{x^2+x}+\sqrt{x^2-1}}=\frac{1}{2}$，选 B.

［评注］此题采用的是分子有理化，然后当 x 趋向无穷时，根据系数比得到结果.

【例 12】 $\lim\limits_{x\to0}\frac{\sqrt{x^2+1}-1}{x(\sqrt{x+1}-1)}=($ $)$.

（A）$\frac{1}{4}$ （B）$\frac{1}{3}$ （C）$\frac{1}{2}$ （D）-1 （E）1

［解析］原式 $=\lim\limits_{x\to0}\frac{(\sqrt{x+1}+1)(\sqrt{x^2+1}-1)(\sqrt{x^2+1}+1)}{x(\sqrt{x+1}-1)(\sqrt{x+1}+1)(\sqrt{x^2+1}+1)}$

$$=\lim_{x\to0}\frac{(\sqrt{x+1}+1)\cdot x^2}{x\cdot x\cdot(\sqrt{x^2+1}+1)}=\lim_{x\to0}\frac{\sqrt{x+1}+1}{\sqrt{x^2+1}+1}=1，选 E.$$

［评注］此题采用的是有理化，注意此题的分子和分母都需要有理化.

【例 13】 $\lim\limits_{x\to-\infty}(x-\sqrt[3]{x^3+x^2})=($ $)$.

（A）$\frac{1}{2}$ （B）$\frac{1}{3}$ （C）$-\frac{1}{3}$ （D）$-\frac{1}{2}$ （E）-1

［解析］倒代换：令 $x=\frac{1}{t}$，则

$$\lim_{x\to-\infty}(x-\sqrt[3]{x^3+x^2})=\lim_{t\to0^-}\left(\frac{1}{t}-\sqrt[3]{\frac{1}{t^3}+\frac{1}{t^2}}\right)=\lim_{t\to0^-}\frac{1-\sqrt[3]{1+t}}{t}=\lim_{t\to0^-}\frac{-\frac{t}{3}}{t}=-\frac{1}{3}，选 C.$$

［评注］倒代换的目的是出现分式，进而采用通分合并的方式来求解，注意最后一步

采用的是等价无穷小代换($(1+x)^{\alpha}-1\sim\alpha x$). 当然本题也可以采用下面的方法求解:

$$\lim_{x\to-\infty}(x-\sqrt[3]{x^3+x^2})=\lim_{x\to-\infty}\left(1-\sqrt[3]{\frac{x^3+x^2}{x^3}}\right)x=\lim_{x\to-\infty}\left(1-\sqrt[3]{1+\frac{1}{x}}\right)x$$

$$=\lim_{x\to-\infty}-\frac{1}{3}\cdot\frac{1}{x}\cdot x=-\frac{1}{3}$$

最后一步采用的是等价代换$(1+x)^{\alpha}-1\sim\alpha x$, 本题中: $1-\left(1+\frac{1}{x}\right)^{\frac{1}{3}}\sim-\frac{1}{3}\cdot\frac{1}{x}$.

【例 14】 $\lim\limits_{x\to0^+}\left(\ln\frac{1}{x}\right)^x=(\quad)$.

(A) 0　(B) 1　(C) e　(D) $\frac{1}{e}$　(E) 2e

[解析] 采用倒代换, 令$\frac{1}{x}=t$, $x\to0^+$则$t\to+\infty$.

$$\lim_{x\to0^+}\left(\ln\frac{1}{x}\right)^x=\lim_{t\to+\infty}(\ln t)^{\frac{1}{t}}=\lim_{t\to+\infty}\left(e^{\ln(\ln t)}\right)^{\frac{1}{t}}=\lim_{t\to+\infty}e^{\frac{\ln(\ln t)}{t}}=e^0=1$$, 故选 B.

【例 15】 已知极限$\lim\limits_{x\to\infty}\left(\frac{a-x}{3a-x}\right)^x=e^3$, 则 $a=$ (　).

(A) $\frac{2}{3}$　(B) $\frac{3}{2}$　(C) $-\frac{2}{3}$　(D) $-\frac{3}{2}$　(E) 1

[解析] 原式$=\lim\limits_{x\to\infty}\left[1+\left(\frac{a-x}{3a-x}-1\right)\right]^x=\lim\limits_{x\to\infty}\left(1+\frac{-2a}{3a-x}\right)^x$

$$=e^{\lim\limits_{x\to\infty}\frac{-2ax}{3a-x}}=e^{2a}=e^3\Rightarrow a=\frac{3}{2}$$, 选 B.

题型 07 关于极限存在的限定法则

提示 如果极限$\lim\frac{\alpha(x)}{\beta(x)}=A$(常数值), 若分母的极限$\beta(x)\to0$, 则可以得到分子的极限$\lim\alpha(x)=0$. 进一步讲, 如果极限$\lim\frac{\alpha(x)}{\beta(x)}=A$ (常数值), 且$A\neq0$, 若分子的极限$\alpha(x)\to0$, 则可以得到分母的极限$\lim\beta(x)=0$.

【例 16】 设$\lim\limits_{x\to-1}\frac{x^3-ax^2-x+4}{1+x}$有有限极限值 L, 求 a 和 L 的数值.

[解析] 由分母极限为 0, 则分子极限也为零, $\lim\limits_{x\to-1}(x^3-ax^2-x+4)=0$,
得到 $-1-a+1+4=0\Rightarrow a=4$, 代入原式:

原式$=\lim\limits_{x\to-1}\frac{x^3-4x^2-x+4}{1+x}=\lim\limits_{x\to-1}\frac{x(x+1)(x-1)-4(x+1)(x-1)}{1+x}$

$$=\lim_{x\to-1}[x(x-1)-4(x-1)]=2+8=10.$$

【例 17】 已知$\lim\limits_{x\to2}\frac{x^2+ax+b}{x^2-x-2}=2$, 求 a 和 b 的数值.

[解析] 根据$\lim\limits_{x\to 2}\frac{x^2+ax+b}{x^2-x-2}=2$，极限存在，

由于分母极限为0，则分子$\lim\limits_{x\to 2}(x^2+ax+b)=4+2a+b=0$，得到$b=-(4+2a)$，

原式$=\lim\limits_{x\to 2}\frac{x^2+ax-4-2a}{x^2-x-2}=\lim\limits_{x\to 2}\frac{(x+2)(x-2)+a(x-2)}{(x-2)(x+1)}=\frac{4+a}{3}=2\Rightarrow a=2$，$b=-8$.

题型08 关于无穷大量和无穷小量以及等价无穷小的使用

提示 掌握常见等价无穷小的代换：

$x\to 0$ 时，$e^x-1\sim x$，$\ln(1+x)\sim x$，$(1+x)^\alpha-1\sim \alpha x(\alpha>0)$.

【例18】当$a=$（　　）时，有$\lim\limits_{x\to 0}\frac{\ln(1+ax^2)+\ln(1-ax^2)}{x^2(e^{-x^2}-1)}=2$.

(A) $\sqrt{2}$　　(B) $-\sqrt{2}$　　(C) 2　　(D) $\pm\sqrt{2}$　　(E) ± 2

[解析] $\lim\limits_{x\to 0}\frac{\ln(1+ax^2)+\ln(1-ax^2)}{x^2(e^{-x^2}-1)}=\lim\limits_{x\to 0}\frac{\ln(1-a^2x^4)}{x^2\cdot(-x^2)}=\lim\limits_{x\to 0}\frac{-a^2x^4}{-x^4}=a^2=2$，

所以$a=\pm\sqrt{2}$，选D.

[评注] 在掌握基本等价无穷小公式的同时，还要能够灵活将某个整体用等价无穷小公式代换，比如此题中的$(e^{-x^2}-1)$，将$(-x^2)$作为一个整体，可以用$(-x^2)$来代换.

题型09 判断分段函数的连续性以及函数的间断点

提示 判断分段函数的连续性以及函数的间断点时，首先研究分段函数的分段点，根据函数在该点的左、右极限来分析.

【例19】若函数$f(x)=\begin{cases}e^{-\frac{1}{x^2}} & x\neq 0\\ a & x=0\end{cases}$无间断点，则$a=$（　　）.

(A) -1　　(B) 1　　(C) 2　　(D) -2　　(E) 0

[解析] 先求出函数的极限：$\lim\limits_{x\to 0}f(x)=\lim\limits_{x\to 0}e^{-\frac{1}{x^2}}=0$

$\left(x\to 0,\ x^2\to 0^+,\ \frac{1}{x^2}\to+\infty,\ -\frac{1}{x^2}\to-\infty,\ e^{-\frac{1}{x^2}}\to e^{-\infty}\to 0\right)$

若$f(x)$无间断点，则$f(0)=a=0$，选E.

【例20】$f(x)=\begin{cases}\frac{\sqrt{x+1}-\sqrt{1-x}}{x} & x\neq 0\\ k & x=0\end{cases}$，如果$f(x)$在$x=0$处连续，则$k$为（　　）.

(A) 0　　(B) 2　　(C) $\frac{1}{2}$　　(D) 1　　(E) -1

[解析] 先求出函数的极限：

$$\lim_{x\to 0}f(x)=\lim_{x\to 0}\frac{\sqrt{1+x}-\sqrt{1-x}}{x}=\lim_{x\to 0}\frac{(\sqrt{1+x}-1)-(\sqrt{1-x}-1)}{x}=\lim_{x\to 0}\frac{\frac{x}{2}-\left(-\frac{x}{2}\right)}{x}=1$$

因为$f(x)$在$x=0$处连续，则$f(0)=k=1$，从而选 D.

【例 21】函数$f(x)=\frac{x}{a+e^{bx}}$在$(-\infty, +\infty)$上连续，且$\lim\limits_{x\to-\infty}f(x)=0$，则$a$，$b$应满足(　　).

(A) $a<0$，$b<0$　　(B) $a<0$，$b>0$　　(C) $a>0$，$b>0$

(D) $a\geqslant0$，$b<0$　　(E) $a\leqslant0$，$b>0$

[解析] 函数$f(x)=\frac{x}{a+e^{bx}}$在$(-\infty, +\infty)$上连续，则分母不存在零点，即$a+e^{bx}$不存在零点，由于$e^{bx}>0$，所以$a\geqslant0$即可满足$a+e^{bx}>0$；

又由于$\lim\limits_{x\to-\infty}f(x)=\frac{x}{a+e^{bx}}=0$，此时如果$b>0$，

则$x\to-\infty$，但$a+e^{bx}\to a$，显然$\lim\limits_{x\to-\infty}f(x)=-\infty\Rightarrow b<0$. 所以应选 D.

【例 22】函数$f(x)=\begin{cases}\frac{\sqrt{1-bx}-1}{x} & x<0\\ -1 & x=0\\ \frac{1}{x}\ln(e^x-ax) & x>0\end{cases}$在$x=0$处连续，则(　　).

(A) $a=-2$，$b=2$　　(B) $a=2$，$b=2$　　(C) $a=2$，$b=-2$

(D) $a=-2$，$b=-2$　　(E) $a=1$，$b=2$

[解析] $f(x)$在点x_0连续$\Leftrightarrow f(x_0-0)=f(x_0+0)=f(x_0)$

左极限：$f(0-0)=\lim\limits_{x\to0^-}f(x)=\lim\limits_{x\to0^-}\frac{\sqrt{1-bx}-1}{x}=\lim\limits_{x\to0^-}\frac{\frac{1}{2}\cdot(-bx)}{x}=-\frac{1}{2}b$

右极限：$f(0+0)=\lim\limits_{x\to0^+}f(x)=\lim\limits_{x\to0^+}\frac{\ln(e^x-ax)}{x}=\lim\limits_{x\to0^+}\frac{\ln[1+(e^x-ax-1)]}{x}$

$$=\lim_{x\to0^+}\frac{e^x-ax-1}{x}=\lim_{x\to0^+}\left(\frac{e^x-1}{x}-a\right)=1-a$$

由$f(0-0)=f(0+0)=f(0)$，得$-\frac{1}{2}b=1-a=-1\Rightarrow a=2$，$b=2$，选 B.

题型 10 利用零点定理确定方程根的情况

提示 零点定理判断方程根的情况有两个基本要求，一个是区间端点处函数值异号，另一个是函数在该区间上连续. 注意零点定理只能确定根的存在性，不能确定根的具体个数.

【例 23】方程$x^5-3x=1$在$[1, 2]$之间是否有一个实根？

[解析] $f(x)=x^5-3x-1$在$[1, 2]$内连续，因为$f(1)=-3$，$f(2)=25$，$f(1)\cdot f(2)<0$，所以方程$x^5-3x=1$在$[1, 2]$之间至少有一个实根.

【例 24】方程$kx-e^{-x}=0$在$(0, 1)$上有一个实根，那么k的取值情况是(　　).

(A) $k>\frac{1}{e}$　　(B) $k<\frac{1}{3}$　　(C) $\frac{1}{3}<k<\frac{1}{e}$　　(D) $k>\frac{1}{3}$　　(E) $k<\frac{1}{e}$

[解析] 令$f(x)=kx-e^{-x}$，再由$f(0)\cdot f(1)<0$得到：$(-1)\cdot\left(k-\frac{1}{e}\right)<0\Rightarrow k>\frac{1}{e}$，从而选 A.

第三节　点睛归纳

函数是微积分研究的对象，贯穿于微积分的始终，在所研究的微积分问题中都要用到函数. 尽管在考试大纲中未被明确列出，但必须要很好地掌握，熟悉函数的图像和相关的性质对快速解题非常有帮助.

一、掌握常见等价无穷小

常见等价无穷小：$x\to 0$时，$e^x-1\sim x$，$\ln(1+x)\sim x$，$(1+x)^{\alpha}-1\sim\alpha x(\alpha>0)$，$1-\cos x\sim\frac{x^2}{2}$，$\sin x\sim x$，$\tan x\sim x$，$\arctan x\sim x$，$x-\ln(1+x)\sim\frac{x^2}{2}$，$x-\sin x\sim\frac{x^3}{6}$，$\tan x-x\sim\frac{x^3}{3}$，$\tan x-\sin x\sim\frac{x^3}{2}$.

【注意】等价无穷小的使用原则.

【例 1】极限$\lim\limits_{x\to 0}\frac{\ln(1+x)-x}{x^2}=(\quad)$.

(A) 1　　(B) -1　　(C) $\frac{1}{2}$　　(D) $-\frac{1}{2}$　　(E) 0

[解析] 错误解法：$\lim\limits_{x\to 0}\frac{\ln(1+x)-x}{x^2}=\lim\limits_{x\to 0}\frac{x-x}{x^2}=0$（错），原因是违背了等价无穷小的使用条件，正确解法是采用洛必达法则（适用$\frac{0}{0}$或$\frac{\infty}{\infty}$型未定式极限）求解：

$$\lim_{x\to 0}\frac{\ln(1+x)-x}{x^2}=\lim_{x\to 0}\frac{\frac{1}{1+x}-1}{2x}=\lim_{x\to 0}\frac{-x}{2x(1+x)}=-\lim_{x\to 0}\frac{1}{2(1+x)}=-\frac{1}{2}$$，选 D.

【注意】当使用等价代换求极限，出现x被完全抵消成零的情况时，尽量不要使用等价无穷小.

【例 2】极限$\lim\limits_{x\to 0}\frac{2x-\ln(1+x)}{x}=(\quad)$.

(A) 2　　(B) 1　　(C) $\frac{1}{2}$　　(D) -1　　(E) $-\frac{1}{2}$

[解析] $\lim\limits_{x\to 0}\frac{2x-\ln(1+x)}{x}=\lim\limits_{x\to 0}\frac{2x-x}{x}=1$，此时可以使用等价代换，选 B.

二、常见函数的增长速度

当 $x\to+\infty$ 时，下列函数趋于 $+\infty$ 由慢到快排列如下（如图 1.1 所示）：

$\log_a x(a>1)$，$x^{\alpha}(\alpha>0)$，$a^x(a>1)$，x^x（幂指函数）

应用：$\lim \dfrac{快}{慢}=\infty$，$\lim \dfrac{慢}{快}=0$（使用前提 $x\to+\infty$）

如：$\lim\limits_{x\to+\infty}\dfrac{x^{2019}}{e^x}=0$，$\lim\limits_{x\to+\infty}\dfrac{\ln(x+1)}{\sqrt{x}}=0$

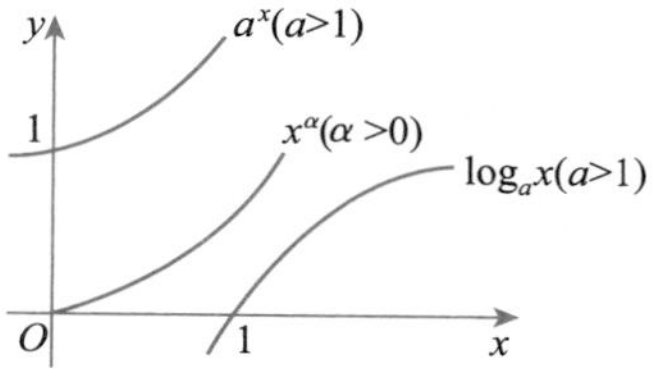

图 1.1

三、分式极限的"抓大头"公式

公式：$\lim\limits_{x\to\infty}\dfrac{a_kx^k+\cdots+a_0}{b_mx^m+\cdots+b_0}=\begin{cases}0 & m>k\\ \dfrac{a_k}{b_m} & m=k.\\ \infty & m<k\end{cases}$

如：$\lim\limits_{x\to\infty}\dfrac{2x^2-x-1}{3x^2+x-4}=\dfrac{2}{3}$（系数比），但$\lim\limits_{x\to0}=\dfrac{3x^2+x+1}{3x^2-x+4}=\dfrac{1}{4}$（因为此时 x 不是趋于∞）.

再如：$\lim\limits_{x\to\infty}\dfrac{(2x-3)^{20}(3x+2)^{30}}{(5x+1)^{50}}=\lim\limits_{x\to\infty}\dfrac{(2x)^{20}(3x)^{30}}{(5x)^{50}}=\dfrac{2^{20}3^{30}}{5^{50}}$.

【例 3】已知$\lim\limits_{n\to\infty}\dfrac{an^2+bn+5}{3n+2}=2$，则 a 和 b 的数值为（　　）.

(A) $a=0$，$b=3$　　(B) $a=1$，$b=3$　　(C) $a=1$，$b=6$

(D) $a=1$，$b=-6$　　(E) $a=0$，$b=6$

[解析] 根据$\lim\limits_{n\to\infty}\dfrac{an^2+bn+5}{3n+2}=2$，得到 $a=0$，因为如果 $a\neq0$，则极限为无穷.

再由系数比值$\dfrac{b}{3}=2\Rightarrow b=6$. 选 E.

四、对于 1^{∞} 形式极限的巧解

1. 基本公式

$\lim\limits_{x\to\infty}\left(1+\dfrac{1}{x}\right)^x=e$，$\lim\limits_{x\to0}(1+x)^{\frac{1}{x}}=e$.

2. 归纳的技巧公式

若 $\alpha(x)\to0$，$\beta(x)\to\infty$，则 $\lim[1+\alpha(x)]^{\beta(x)}=e^{\lim\alpha(x)\beta(x)}$

如：$\lim\limits_{x\to0}(1-2x)^{\frac{1}{3x}}=e^{-\frac{2}{3}}$，根据公式就可以口算出结果.

【例 4】$\lim\limits_{x\to\infty}\left(\dfrac{x-k}{x}\right)^x=e^{-2}$，则（　　）.

(A) $k=2$　　(B) $k=-2$　　(C) $k=\dfrac{1}{2}$　　(D) $k=-\dfrac{1}{2}$　　(E) $k=1$

［解析］ 原式 $=\lim\limits_{x\to\infty}\left(1-\dfrac{k}{x}\right)^{x}=\mathrm{e}^{-k}=\mathrm{e}^{-2}\Rightarrow k=2$，选 A.

五、极限存在的限定法则

思路：如果极限 $\lim\dfrac{\alpha(x)}{\beta(x)}=A$（常数值），若分母的极限 $\beta(x)\to 0$，则可以得到分子的极限 $\lim\alpha(x)=0$.

【例 5】 设 $\lim\limits_{x\to 1}\dfrac{x^3+ax^2-x+2}{x-1}$ 有有限极限值 L，则 a 和 L 的数值为（　　）.

(A) $a=2$，$L=2$　　(B) $a=2$，$L=-2$　　(C) $a=-2$，$L=-2$

(D) $a=-2$，$L=2$　　(E) $a=-2$，$L=-3$

［解析］ 显然有 $\lim\limits_{x\to 1}(x-1)=0$，若整个极限存在，

则必有 $\lim\limits_{x\to 1}(x^3+ax^2-x+2)=1+a-1+2=0\Rightarrow a=-2$，

所以有 $\lim\limits_{x\to 1}\dfrac{x^3-2x^2-x+2}{x-1}=\lim\limits_{x\to 1}\dfrac{(x+1)(x-1)(x-2)}{x-1}=-2$，

从而 $a=-2$，$L=-2$. 选 C.

【例 6】 已知 $\lim\limits_{x\to -1}\dfrac{x^2+ax+b}{x^2-x-2}=2$，则 a 和 b 的数值为（　　）.

(A) $a=4$，$b=-5$　　(B) $a=-4$，$b=5$　　(C) $a=3$，$b=-5$

(D) $a=-4$，$b=-5$　　(E) $a=-4$，$b=3$

［解析］ 显然有 $\lim\limits_{x\to -1}(x^2+ax+b)=\lim\limits_{x\to -1}(1-a+b)=0$，得 $1-a+b=0$.

又根据洛必达法则，

$\lim\limits_{x\to -1}\dfrac{x^2+ax+b}{x^2-x-2}=\lim\limits_{x\to -1}\dfrac{2x+a}{2x-1}=2\Rightarrow a=-4$，从而 $b=-5$. 选 D.

六、洛必达法则

简单地叙述，若 $f(x)$，$g(x)$ 在 a 点可导，且有 $\lim\limits_{x\to a}f(x)=\lim\limits_{x\to a}g(x)=0$，并且若 $\lim\limits_{x\to a}\dfrac{f'(x)}{g'(x)}$ 存在，则 $\lim\limits_{x\to a}\dfrac{f(x)}{g(x)}=\lim\limits_{x\to a}\dfrac{f'(x)}{g'(x)}$；若有 $\lim\limits_{x\to a}f(x)=\lim\limits_{x\to a}g(x)=\infty$，并且若 $\lim\limits_{x\to a}\dfrac{f'(x)}{g'(x)}$ 存在，则 $\lim\limits_{x\to a}\dfrac{f(x)}{g(x)}=\lim\limits_{x\to a}\dfrac{f'(x)}{g'(x)}$.

这两种类型一般称为 $\dfrac{0}{0}$，$\dfrac{\infty}{\infty}$ 型未定式，另外还有 $\infty-\infty$，1^{∞}，0^0 型未定式. 对于 $\infty-\infty$ 型未定式的处理，一般是通分化简可以解决；对于 1^{∞}，0^0 型未定式，一般先取对数，即 $\infty\ln 1\Rightarrow\dfrac{\ln 1}{\frac{1}{\infty}}$，可化为 $\dfrac{0}{0}$ 型未定式或 $\dfrac{\infty}{\infty}$ 型未定式，然后即可求解.

【例 7】极限$\lim\limits_{x\to0}\dfrac{\tan x-\sin x}{x-\sin x}=$(　　).

(A) 1　　(B) 2　　(C) 3　　(D) -3　　(E) -2

[解析] 显然，是$\dfrac{0}{0}$型未定式，则

$$\lim_{x\to0}\frac{\tan x-\sin x}{x-\sin x}=\lim_{x\to0}\frac{\sec^2x-\cos x}{1-\cos x}=\lim_{x\to0}\frac{(1+\cos x+\cos^2x)(1-\cos x)}{(1-\cos x)\cos^2x}=3,$$ 选 C.

【例 8】极限$\lim\limits_{x\to1}x^{\frac{1}{1-x}}=$(　　).

(A) 1　　(B) e　　(C) $-$e　　(D) -1　　(E) e^{-1}

[解析] 显然，是1^∞型未定式，令$y=x^{\frac{1}{1-x}}$，取对数，$\ln y=\dfrac{1}{1-x}\ln x$，则

$$\lim_{x\to1}\ln y=\lim_{x\to1}\frac{\ln x}{1-x}=\lim_{x\to1}\frac{\frac{1}{x}}{-1}=-1,$$ 从而$\lim\limits_{x\to1}y=e^{-1}$，即$\lim\limits_{x\to1}x^{\frac{1}{1-x}}=e^{-1}$，选 E.

【例 9】极限$\lim\limits_{x\to0}\left(\dfrac{1}{x}-\dfrac{1}{e^x-1}\right)=$(　　).

(A) 1　　(B) $\dfrac{1}{2}$　　(C) $\dfrac{1}{3}$　　(D) $\dfrac{1}{4}$　　(E) e

[解析] 显然，是$\infty-\infty$型未定式，则$\lim\limits_{x\to0}\left(\dfrac{1}{x}-\dfrac{1}{e^x-1}\right)=\lim\limits_{x\to0}\dfrac{e^x-1-x}{x(e^x-1)}$，化为$\dfrac{0}{0}$型，则

$\lim\limits_{x\to0}\dfrac{e^x-1-x}{x(e^x-1)}=\lim\limits_{x\to0}\dfrac{e^x-1}{e^x-1+xe^x}$，仍然是$\dfrac{0}{0}$型，继续利用洛必达法则，

从而$\lim\limits_{x\to0}\left(\dfrac{1}{x}-\dfrac{1}{e^x-1}\right)=\lim\limits_{x\to0}\dfrac{e^x-1}{e^x-1+xe^x}=\lim\limits_{x\to0}\dfrac{e^x}{e^x(x+2)}=\dfrac{1}{2}$，选 B.

第四节　阶梯训练

基础能力题

1. 已知$f(x)=e^x$，$f(\varphi(x))=1-x^2$，则$\varphi(x)$的定义域为(　　).

(A) $(-\infty,+\infty)$　　(B) $[0,+\infty)$　　(C) $[-1,1]$

(D) $(-1,1)$　　(E) $(-1,2)$

2. 函数$y=\dfrac{\sqrt{4-x^2}}{\ln(1+x)}$的定义域为(　　).

(A) $(-1,0)$　　(B) $(-1,0)\cup(0,2]$　　(C) $(0,2)$

(D) $(-1,2)$　　(E) $(1,2)$

3. 函数$f(x)=\dfrac{x}{x-1}$，以$f(x)$表示$f(3x)$为(　　).

(A) $\frac{3f(x)}{3f(x)-1}$　(B) $\frac{3f(x)}{2f(x)-3}$　(C) $\frac{3f(x)}{2f(x)+3}$

(D) $\frac{3f(x)}{2f(x)-1}$　(E) $\frac{3f(x)}{2f(x)+1}$

4. 函数$f(x)=\ln(x+\sqrt{a^2+x^2})$的奇偶性为（　　）.

(A) 奇函数　(B) 偶函数　(C) 非奇非偶函数

(D) 奇偶性与 a 的取值有关　(E) 无法确定

5. 设$f(x)$在$(-\infty,+\infty)$上满足$2f(1+x)+f(1-x)=3e^x$，则$f(x)$在$(-\infty,+\infty)$为（　　）.

(A) 单调函数　(B) 周期函数　(C) 有界函数

(D) 奇函数　(E) 偶函数

6. 若$f(x)$，$g(x)$均为奇函数，函数$f(g(x))$为（　　）.

(A) 奇函数　(B) 偶函数　(C) 非奇非偶函数

(D) 既是奇函数又是偶函数　(E) 无法确定

7. 设$f(x)$在$(-\infty,+\infty)$内有定义，下列函数中不是偶函数的是（　　）.

(A) $y=C$　(B) $y=f(x^2)$　(C) $y=f(x)+f(-x)$

(D) $y=|f(x)|$　(E) $y=f(\cos x)$

8. 下列各式中正确的是（　　）.

(A) $\lim\limits_{x\to0^+}\left(1+\frac{1}{x}\right)^x=1$　(B) $\lim\limits_{x\to0^+}\left(1+\frac{1}{x}\right)^x=e$

(C) $\lim\limits_{x\to-\infty}\left(1-\frac{1}{x}\right)^x=-e$　(D) $\lim\limits_{x\to\infty}\left(1+\frac{1}{x}\right)^{-x}=e$

(E) $\lim\limits_{x\to\infty}\left(1-\frac{1}{x}\right)^x=e$

9. $\lim\limits_{x\to0}(1+xe^x)^{\frac{1}{x}}=$（　　）.

(A) 1　(B) ∞　(C) e^{-1}　(D) e　(E) $\frac{2}{e}$

10. $\lim\limits_{x\to0}\frac{e^{2x}-1-\ln(2+x)}{x}=$（　　）.

(A) 1　(B) 2　(C) -2　(D) -1　(E) ∞

11. 若$x\to0$时，$e^x-(ax^2+bx+1)$是x^2的高阶无穷小，那么a，b的值分别为（　　）.

(A) $a=\frac{1}{2}$，$b=1$　(B) $a=1$，$b=2$

(C) $a=2$，$b=1$　(D) $a=1$，$b=\frac{1}{2}$

(E) $a=2$，$b=\frac{1}{2}$

12. $\lim\limits_{n\to\infty}\frac{3}{\sqrt{n^2+2n}-n}=$（　　）.

(A) 1　(B) 2　(C) 3　(D) -1　(E) -2

13. $\lim\limits_{x\to\infty}\left(\dfrac{x+2}{x}\right)^{4-x}=$（　　）.

（A）e^{-2}　（B）1　（C）e^{2}　（D）e　（E）$\dfrac{1}{e}$

14. $\lim\limits_{x\to1}(3-2x)^{\frac{1}{1-x}}=$（　　）.

（A）e^{-2}　（B）1　（C）e^{2}　（D）e　（E）$\dfrac{1}{e}$

15. $\lim\limits_{x\to0}\dfrac{e^{2x}-1-\ln(1+x)}{x}=$（　　）.

（A）$\dfrac{3}{2}$　（B）2　（C）1　（D）∞　（E）e

16. 下列各式成立的是（　　）.

（A）$\lim\limits_{x\to0}(1+x)^{-\frac{1}{x}}=-e$　（B）$\lim\limits_{x\to0}(1-x)^{-\frac{1}{x}}=e^{-1}$

（C）$\lim\limits_{x\to\infty}\left(1-\dfrac{1}{x}\right)^{x}=e^{-1}$　（D）$\lim\limits_{x\to\infty}\left(1+\dfrac{1}{x}\right)^{-x}=e$

（E）$\lim\limits_{x\to-\infty}\left(1+\dfrac{1}{x}\right)^{x}=e^{-1}$

17. 设 $f(x+1)=\lim\limits_{n\to\infty}\left(\dfrac{n+x}{n-2}\right)^{n}$，则 $f(x)=$（　　）.

（A）e^{x-1}　（B）e^{x+2}　（C）e^{x+1}　（D）e^{-x}　（E）e^{x}

18. 已知 $f(x)=\begin{cases}ax^2+b & x>1\\ 3 & x=1\\ 3ax\ln(ex) & x<1\end{cases}$ 在 $x=1$ 处连续，那么 a，b 的值分别为（　　）.

（A）$a=1$，$b=2$　（B）$a=2$，$b=1$

（C）$a=\dfrac{1}{2}$，$b=2$　（D）$a=2$，$b=\dfrac{1}{2}$

（E）$a=\dfrac{1}{2}$，$b=1$

19. 已知函数 $f(x)=\begin{cases}\dfrac{\sqrt{1-bx}-1}{x} & x<0\\ -1 & x=0\\ \dfrac{1}{x}\ln(e^{x}-ax) & x>0\end{cases}$ 在 $x=0$ 处连续，则 a，b 的值分别为（　　）.

（A）$a=1$，$b=2$　（B）$a=2$，$b=2$

（C）$a=2$，$b=1$　（D）$a=\dfrac{1}{2}$，$b=2$

（E）$a=1$，$b=1$

20. 当 k 取（　　）时，函数 $f(x)=\begin{cases}e^{2x}-2 & x<0\\ 3x^2-2x+k & x\geqslant0\end{cases}$ 处处连续.

（A）0　（B）1　（C）2　（D）-2　（E）-1

21. 下列函数的极限必不大于 1 的有（　　）个.

（1）$\lim\limits_{x\to 0}\dfrac{1-\cos x}{x^2}$　（2）$\lim\limits_{x\to 0}\dfrac{\tan x}{x}$　（3）$\lim\limits_{n\to\infty} n\sin\dfrac{x}{n}$　（4）$\lim\limits_{x\to\infty}\left(1-\dfrac{2}{x}\right)^{3x}$　（5）$\lim\limits_{x\to 2}(3-x)^{\frac{x-5}{x-2}}$

（A）0　（B）1　（C）2　（D）3　（E）4

22. 下列函数的极限必为负值的有（　　）个.

（1）$\lim\limits_{x\to\infty}\left(\dfrac{x+1}{x-1}\right)^{x}$　（2）$\lim\limits_{x\to 0}\dfrac{\ln(x+1)}{x}$　（3）$\lim\limits_{x\to 0}\dfrac{a^x-1}{x}(a>0)$

（4）$\lim\limits_{x\to 0}\dfrac{\tan x-\sin x}{\ln(x^3+1)}$　（5）$\lim\limits_{x\to 0}\dfrac{1-\sqrt{1+x}}{x^3+\sin 2x}$

（A）0　（B）1　（C）2　（D）3　（E）4

基础能力题详解

1. **D** 这是有关函数的定义域与性质的题目，$f(\varphi(x))=e^{\varphi(x)}=1-x^2\Rightarrow\varphi(x)=\ln(1-x^2)\Rightarrow 1-x^2>0\Rightarrow x\in(-1,1)$.

2. **B** 由定义可知：$\begin{cases}|x|\leqslant 2\\ x>-1\end{cases}$，又 $\ln(1+x)\neq 0$，得 $x\neq 0$. 所以所求定义域为 $(-1,0)\cup(0,2]$.

3. **E** $f(3x)=\dfrac{3x}{3x-1}=\dfrac{3\dfrac{x}{x-1}}{\dfrac{2x+x-1}{x-1}}=\dfrac{3f(x)}{2f(x)+1}$.

4. **D** $f(-x)=\ln(-x+\sqrt{a^2+x^2})=\ln\dfrac{a^2+x^2-x^2}{x+\sqrt{a^2+x^2}}=\ln\dfrac{a^2}{x+\sqrt{a^2+x^2}}=2\ln|a|-\ln(x+\sqrt{a^2+x^2})$，当 $|a|=1$ 时是奇函数，$|a|\neq 1$ 时是非奇非偶函数.

5. **A** 由　$2f(1+x)+f(1-x)=3e^x$　①

用 $-x$ 代 x：　$2f(1-x)+f(1+x)=3e^{-x}$　②

联立①和②$\Rightarrow f(1+x)=2e^x-e^{-x}$，令 $1+x=t$，得 $f(t)=2e^{t-1}-e^{1-t}$，

即 $f(x)=2e^{x-1}-e^{1-x}$.

$f'(x)=2e^{x-1}-e^{1-x}\cdot(-1)>0$，故 $f(x)$ 在 $(-\infty,+\infty)$ 上为单调函数.

6. **A** 令 $F(x)=f(g(x))$，则 $F(-x)=f(g(-x))=f(-g(x))=-f(g(x))=-F(x)$，为奇函数，选 A.

7. **D** 由偶函数的定义知道选项 A、B、C、E 中的函数为偶函数，对于 D 选项，不能判断 $|f(x)|$ 与 $|f(-x)|$ 是否相等.

8. **A** $\lim\limits_{x\to 0^+}\left(1+\dfrac{1}{x}\right)^x=\lim\limits_{x\to 0^+}e^{x\ln\left(1+\frac{1}{x}\right)}=e^{\lim\limits_{x\to 0^+}\frac{\ln\left(1+\frac{1}{x}\right)}{\frac{1}{x}}}=e^{\lim\limits_{t\to+\infty}\frac{\ln(1+t)}{t}}=e^0=1$.

9. **D** 本题属于 1^∞ 型未定式，原式 $=\lim\limits_{x\to 0}[(1+xe^x)^{\frac{1}{xe^x}}]^{e^x}=e^1=e$.

10. **E** 原式 $=\lim\limits_{x\to 0}\left[\dfrac{e^{2x}-1}{x}-\dfrac{\ln(2+x)}{x}\right]=2-\infty=\infty$.

11. **A**　由$\lim\limits_{x\to0}\frac{e^x-(ax^2+bx+1)}{x^2}=0\Rightarrow\lim\limits_{x\to0}\frac{e^x-2ax-b}{2x}=0$

$\Rightarrow\lim\limits_{x\to0}(e^x-2ax-b)=0\Rightarrow1-b=0\Rightarrow b=1.$

又$\lim\limits_{x\to0}\frac{e^x-2a}{2}=0\Rightarrow\lim\limits_{x\to0}(e^x-2a)=0\Rightarrow a=\frac{1}{2}.$

12. **C**　$\lim\limits_{n\to\infty}\frac{3}{\sqrt{n^2+2n}-n}=\lim\limits_{n\to\infty}\frac{3(\sqrt{n^2+2n}+n)}{n^2+2n-n^2}=\lim\limits_{n\to\infty}\frac{3(\sqrt{n^2+2n}+n)}{2n}=3.$

13. **A**　$\lim\limits_{x\to\infty}\left(\frac{x+2}{x}\right)^{4-x}=\lim\limits_{x\to\infty}\left(1+\frac{2}{x}\right)^{4-x}=e^{\lim\limits_{x\to\infty}\frac{2(4-x)}{x}}=e^{-2}.$

14. **C**　$\lim\limits_{x\to1}(3-2x)^{\frac{1}{1-x}}=\lim\limits_{x\to1}[1+(2-2x)]^{\frac{1}{1-x}}=e^2.$

15. **C**　$\frac{0}{0}$型未定式，分别用等价无穷小，

$\lim\limits_{x\to0}\frac{e^{2x}-1-\ln(1+x)}{x}=\lim\limits_{x\to0}\left[2\cdot\frac{e^{2x}-1}{2x}-\frac{\ln(1+x)}{x}\right]=2-1=1.$

【注意】$e^x-1\sim x$，$\ln(1+x)\sim x\quad(x\to0)$.

一般地：若$\lim\alpha(x)=0$，则$e^{\alpha(x)}-1\sim\alpha(x)$，$\ln[1+\alpha(x)]\sim\alpha(x)$.

16. **C**　若$\lim\alpha(x)=0$，则$\lim[1+\alpha(x)]^{\frac{1}{\alpha(x)}}=e$.

(A) $\lim\limits_{x\to0}[(1+x)^{\frac{1}{x}}]^{-1}=e^{-1}$　　(B) $\lim\limits_{x\to0}(1-x)^{\frac{1}{-x}}=e$

(C) $\lim\limits_{x\to\infty}\left\{\left[1+\left(-\frac{1}{x}\right)\right]^{-x}\right\}^{-1}=e^{-1}$　　(D) $\lim\limits_{x\to\infty}\left[\left(1+\frac{1}{x}\right)^{x}\right]^{-1}=e^{-1}$

(E) $\lim\limits_{x\to-\infty}\left(1+\frac{1}{x}\right)^{x}=e$

17. **C**　$f(x+1)=\lim\limits_{n\to\infty}\left[\left(1+\frac{2+x}{n-2}\right)^{\frac{n-2}{x+2}}\right]^{\frac{n(x+2)}{n-2}}=e^{x+2}$，故$f(x)=e^{x+1}$.

18. **A**　左极限$f(1^-)=3a$，右极限$f(1^+)=a+b$，$f(1)=3$，由连续的定义，当且仅当$3a=3=a+b$，即$a=1$，$b=2$时，$f(x)$在$x=1$处连续.

19. **B**　满足$f(0^+)=f(0^-)=f(0)=-1$，

$f(0^+)=\lim\limits_{x\to0^+}f(x)=\lim\limits_{x\to0^+}\frac{\ln(e^x-ax)}{x}=\lim\limits_{x\to0^+}\frac{\ln[1+(e^x-ax-1)]}{x}=\lim\limits_{x\to0^+}\frac{e^x-ax-1}{x}$

$=\lim\limits_{x\to0^+}\frac{e^x-a}{1}=1-a=-1$，可得$a=2$.

$f(0^-)=\lim\limits_{x\to0^-}f(x)=\lim\limits_{x\to0^-}\frac{\sqrt{1-bx}-1}{x}=\lim\limits_{x\to0^-}\frac{\frac{1}{2}\cdot(-bx)}{x}=-\frac{b}{2}=-1$，可得$b=2$.

20. **E**　函数在分段点外均连续，所以考查分段点处的连续性，左极限$f(0^-)=-1$，右极限$f(0^+)=k$，$f(0)=k$，由连续的定义，当且仅当$k=-1$时，$f(x)$处处连续.

21. **D**　(1) $\lim\limits_{x\to0}\frac{1-\cos x}{x^2}=\lim\limits_{x\to0}\frac{2\sin^2\frac{x}{2}}{x^2}=\lim\limits_{x\to0}\frac{1}{2}\left(\frac{\sin\frac{x}{2}}{\frac{x}{2}}\right)^2=\frac{1}{2}.$

(2) $\lim\limits_{x\to0}\frac{\tan x}{x}=\lim\limits_{x\to0}\left(\frac{\sin x}{x}\cdot\frac{1}{\cos x}\right)=1.$

(3) $\lim\limits_{n\to\infty}n\sin\frac{x}{n}=\lim\limits_{n\to\infty}\left(\frac{\sin\frac{x}{n}}{\frac{x}{n}}\cdot x\right)=x.$

(4) $\lim\limits_{x\to\infty}\left(1-\frac{2}{x}\right)^{3x}=\lim\limits_{x\to\infty}\left[\left(1-\frac{2}{x}\right)^{-\frac{x}{2}}\right]^{-6}=\mathrm{e}^{-6}.$

(5) $\lim\limits_{x\to2}(3-x)^{\frac{x-5}{x-2}}=\lim\limits_{x\to2}[1+(2-x)]^{\frac{1}{x-2}(x-5)}=\mathrm{e}^{3}.$

22. **B** (1) $\lim\limits_{x\to\infty}\left(\frac{x+1}{x-1}\right)^{x}=\lim\limits_{x\to\infty}\left(1+\frac{2}{x-1}\right)^{x}=\lim\limits_{x\to\infty}\left[\left(1+\frac{2}{x-1}\right)^{\frac{x-1}{2}}\right]^{\frac{2x}{x-1}}=\mathrm{e}^{2}.$

(2) $\lim\limits_{x\to0}\frac{\ln(x+1)}{x}=\lim\limits_{x\to0}\ln(x+1)^{\frac{1}{x}}=1.$

(3) 令 $t=a^{x}-1$，则 $x=\frac{\ln(t+1)}{\ln a}$，故$\lim\limits_{x\to0}\frac{a^{x}-1}{x}=\lim\limits_{t\to0}\frac{t}{\frac{\ln(t+1)}{\ln a}}=\lim\limits_{t\to0}\frac{\ln a}{\ln(t+1)^{\frac{1}{t}}}=\ln a.$

(4) $x\to0$ 时，有 $\tan x\sim x$，$1-\cos x\sim\frac{1}{2}x^{2}$，则

$$\lim_{x\to0}\frac{\tan x-\sin x}{\ln(x^{3}+1)}=\lim_{x\to0}\frac{\tan x(1-\cos x)}{x^{3}}=\lim_{x\to0}\frac{x\cdot\frac{1}{2}x^{2}}{x^{3}}=\frac{1}{2}.$$

(5) $x\to0$ 时，有 $\sqrt{1+x}-1\sim\frac{1}{2}x$，则

$$\lim_{x\to0}\frac{1-\sqrt{1+x}}{x^{3}+\sin2x}=\lim_{x\to0}\frac{-\frac{1}{2}x}{x^{3}+\sin2x}=-\frac{1}{2}\lim_{x\to0}\frac{1}{x^{2}+2\cdot\frac{\sin2x}{2x}}=-\frac{1}{4}.$$

综合提高题

1. 函数 $y=\frac{1}{\sqrt[3]{1+\lg(x-1)}}$ 的定义域为（　　）.

(A) $(1,1.1)\cup(1.1,+\infty)$　(B) $(1,1.1)$　(C) $(1.1,+\infty)$

(D) $(1,+\infty)$　(E) $(2,+\infty)$

2. 函数 $y=\sqrt{\frac{(x+1)(x-1)}{x-2}}$的定义域为（　　）.

(A) $[-1,1]$　(B) $[2,+\infty)$　(C) $[-1,1]\cup(2,+\infty)$

(D) $[-1,+\infty)$　(E) $[1,+\infty)$

3. 设函数$f(x)$的定义域是$[0,1]$，则函数 $g(x)=\sqrt{1-x}\cdot f(\sin\pi x)+\sqrt{1+x}\cdot f(1+\cos\pi x)$ 的定义域是（　　）.

(A) $|x|\leqslant1$　(B) $0\leqslant x\leqslant1$　(C) $|x|\leqslant0.5$

(D) $0.5\leqslant x\leqslant1$ 或 $x=-1$　(E) $|x|\leqslant2$

4. 下列各对函数中，相同的是（　　）.

（A）$\log_a x^2$ 与 $2\log_a x$　　（B）$\sqrt{\dfrac{x+1}{x-1}}$与$\dfrac{\sqrt{x+1}}{\sqrt{x-1}}$　　（C）$(\sqrt{1-x})^2$ 与 $\sqrt{(1-x)^2}$

（D）e^x 与 $e^{|x|}(x>0)$　　（E）$x+1$ 与$\dfrac{x^2-1}{x-1}$

5. 下列函数在区间$(0,+\infty)$上单调增加的是（　　）.

（A）x^3-x　　（B）$e^{-\frac{x^2}{2}}$　　（C）$\lg(x^2+1)$　（D）$\dfrac{1}{1+x^2}$　　（E）$\tan x$

6. 下列函数中，奇函数是（　　）.

（A）$x-x^2$　　（B）$\ln|x|$　　（C）$f(x)=\begin{cases}x^2 & x\leqslant 0\\ x^2+x & x>0\end{cases}$

（D）$\dfrac{a^x+1}{a^x-1}(a>0,a\neq 1)$　　（E）$\sin x\cdot\tan x$

7. 下列函数中，偶函数的个数是（　　）.

（1）$f(x)=\ln(\sqrt{1+x^2}-x)$；

（2）$f(x)=e^{-x^2}\left(\dfrac{1}{a^x+1}-\dfrac{1}{2}\right)$；

（3）$f(x)=\sqrt[3]{x}\,\dfrac{e^x-e^{-x}}{e^x+e^{-x}}$；

（4）$f(x)=|x+1|$.

（A）0　　（B）1　　（C）2　　（D）3　　（E）4

8. 设$f(x)$为偶函数，下列函数中偶函数的个数是（　　）.

（1）$F(x)=f(x)\ln\dfrac{a-x}{a+x}$；

（2）$F(x)=-|f(x)|$；

（3）$F(x)=-f(x)$；

（4）$F(x)=f(e^x-e^{-x})$.

（A）1　　（B）2　　（C）3　　（D）4　　（E）0

9. 设$f(x)=\begin{cases}1 & |x|\leqslant 1\\ -1 & |x|>1\end{cases}$，$g(x)=\begin{cases}-2 & |x|\leqslant 1\\ 2 & |x|>1\end{cases}$，则 $g(f(x))=$（　　），$x\in(-\infty,+\infty)$.

（A）1　　（B）-1　　（C）2　　（D）-2　　（E）3

10. 设$f(x)$是奇函数，$F(x)=f(x)\left(\dfrac{1}{a^x+1}-\dfrac{1}{2}\right)$，其中 a 为不等于 1 的正数，则 $F(x)$是（　　）.

（A）偶函数　　（B）奇函数　　（C）非奇非偶函数

（D）奇偶性与 a 的取值有关　　（E）无法确定

11. 设$f(x)$在$(0,+\infty)$上有定义，严格单调增加，且恒正，则（　　）在其定义域上是严格单调增加的.

（A）$f(\sqrt{-x})$　　（B）$-f(\sqrt{x})$　　（C）$f\left(\dfrac{1}{x}\right)$　　（D）$\dfrac{1}{f(-x)}$　　（E）$\dfrac{1}{f(x)}$

12. $\lim\limits_{x\to1}\dfrac{x^3-x^2}{2x-2}=$（　　）.

（A）-1　（B）1　（C）2　（D）$-\dfrac{1}{2}$　（E）$\dfrac{1}{2}$

13. 设$f(x)=\begin{cases}a(x+1)^2 & x>1\\ x+a & x<1\end{cases}$，$a$ 取（　　）时，$\lim\limits_{x\to1}f(x)$存在.

（A）$\dfrac{1}{3}$　（B）$\dfrac{1}{2}$　（C）2　（D）$-\dfrac{1}{2}$　（E）-2

14. $\lim\limits_{x\to-\infty}\dfrac{\sqrt{4x^2+1}+x+1}{\sqrt{x^2+3x+1}}=$（　　）.

（A）3　（B）2　（C）1　（D）-1　（E）-2

15. 极限$\lim\limits_{x\to0}\left(\dfrac{2+e^{\frac{1}{x}}}{1+e^{\frac{4}{x}}}+\dfrac{|\ln(1+x)|}{x}\right)=$（　　）.

（A）不存在　（B）2　（C）-1　（D）1　（E）3

16. 若$f(x)=\dfrac{x}{a+e^{bx}}$在$(-\infty,+\infty)$内连续，且$\lim\limits_{x\to-\infty}f(x)=0$，则 a，b 的取值情况为（　　）.

（A）$a<0$ 且 $b<0$　（B）$a>0$ 且 $b\leqslant0$　（C）$a\geqslant0$ 且 $b<0$

（D）$a\leqslant0$ 且 $b<0$　（E）$a\geqslant0$ 且 $b>0$

17. 当 $x\to0$ 时，$x^2\ln(1+x^2)$是 x^n 的高阶无穷小，而 x^n 是 $e^{x^2}-1$ 的高阶无穷小，那么 $n=$（　　）.

（A）2　（B）3　（C）4　（D）5　（E）6

18. 已知$f(x)=k(1-x^2)$，$g(x)=1-\sqrt[3]{x}$，使$f(x)$与$g(x)$在 $x\to1$ 时为等价无穷小的 k 的取值为（　　）.

（A）$\dfrac{1}{2}$　（B）$\dfrac{1}{3}$　（C）1　（D）-1　（E）$\dfrac{1}{6}$

19. $\lim\limits_{x\to+\infty}\ln(\sqrt{x^2+x+1}-\sqrt{x^2+2})=$（　　）.

（A）不存在　（B）$-\ln2$　（C）$\ln2$　（D）$-2\ln2$　（E）$2\ln2$

20. n 为（　　）时，有$\lim\limits_{x\to+\infty}\dfrac{x^{2024}}{(x+1)^n-x^n}$存在且不为零.

（A）2024　（B）2025　（C）2026　（D）2027　（E）2028

21. 已知$\lim\limits_{x\to\infty}2xf(x)=\lim\limits_{x\to\infty}(4f(x)+5)$，且极限$\lim\limits_{x\to\infty}2xf(x)$存在，则$\lim\limits_{x\to\infty}xf(x)$的值为（　　）.

（A）$\dfrac{1}{2}$　（B）$\dfrac{3}{2}$　（C）$\dfrac{5}{2}$　（D）$\dfrac{7}{2}$　（E）3

22. $\lim\limits_{x\to\infty}\left(\dfrac{x-a}{x+a}\right)^x=$（　　）.

（A）e^{2a}　（B）e^{-2a}　（C）e^{-a}　（D）e^a　（E）e^2

23. $\lim\limits_{x\to1}x^{\frac{1}{1-x}}=$（　　）.

（A）e^2　（B）e^{-2}　（C）e^{-1}　（D）e　（E）1

24. $\lim\limits_{x\to0}\dfrac{e^{x^2}-1}{x\ln(1-3x)}=$（　　）.

(A) 1　　(B) $\frac{1}{3}$　　(C) $\frac{1}{2}$　　(D) $-\frac{1}{2}$　　(E) $-\frac{1}{3}$

25. $\lim\limits_{x\to\infty}\left(\frac{3-2x}{5-2x}\right)^{\frac{x}{3}}=$ (　　).

(A) $e^{-\frac{1}{2}}$　　(B) $e^{\frac{1}{2}}$　　(C) $e^{-\frac{1}{3}}$　　(D) $e^{\frac{1}{3}}$　　(E) e

26. $\lim\limits_{x\to+\infty}\frac{\ln(1+e^x)-x}{e^{\frac{1}{x}}-1}=$ (　　).

(A) 2　　(B) 0　　(C) 1　　(D) -1　　(E) -2

27. 若$\lim\limits_{x\to\infty}\left(\frac{x-a}{x+a}\right)^x=e^{-1}$，则 $a=$ (　　).

(A) $\frac{1}{2}$　　(B) 1　　(C) -1　　(D) 0　　(E) 2

28. 函数$f(x)=\lim\limits_{n\to\infty}\frac{\ln(e^n+x^n)}{n}(x>0)$在定义域内 (　　).

(A) 有一个间断点　　(B) 有两个间断点　　(C) 有三个间断点
(D) 连续　　(E) 有无数个间断点

29. 函数$f(x)=\begin{cases}e^x & x\leqslant 0\\ \ln(1+x) & x>0\end{cases}$在 $x=0$ 处 (　　).

(A) 左连续，右不连续　　(B) 右连续，左不连续　　(C) 连续
(D) 左不连续，右不连续　　(E) 不连续

30. a 取 (　　) 时，函数$f(x)=\begin{cases}e^x & x\leqslant 0\\ \ln(1+x)+a & x>0\end{cases}$是连续函数.

(A) 0　　(B) -1　　(C) -2　　(D) 2　　(E) 1

31. 设函数$f(x)=\frac{x^2-2x+1}{(x^2-1)(1+e^{\frac{1}{x}})}$，$f(x)$的间断点个数为 (　　).

(A) 0　　(B) 1　　(C) 2　　(D) 3　　(E) 4

32. 设方程$x^n+a_{n-1}x^{n-1}+\cdots+a_1x+a_0=0$（$a_0$，$a_1$，$\cdots$，$a_{n-1}$为常数），且$a_0<0$，则 (　　).

(A) 方程没有实根　　(B) 不能确定方程是否有实根
(C) 方程至少有一个正实根　　(D) 方程至少有一个正实根和一个负实根
(E) 方程有无数个根

综合提高题详解

1. **A**　$\begin{cases}1+\lg(x-1)\neq 0\\ x-1>0\end{cases}\Rightarrow x\in(1,\ 1.1)\cup(1.1,\ +\infty)$.

2. **C**　$\begin{cases}\frac{(x+1)(x-1)}{x-2}\geqslant 0\\ x-2\neq 0\end{cases}\Rightarrow x\in[-1,\ 1]\cup(2,\ +\infty)$.

3. **D**　根据题意，显然有$\begin{cases}1+x\geqslant 0\\ 1-x\geqslant 0\\ 0\leqslant\sin\pi x\leqslant 1\\ 0\leqslant 1+\cos\pi x\leqslant 1\end{cases}$，解得 $0.5\leqslant x\leqslant 1$ 或 $x=-1$.

4. **D** 判断函数是否相同，仅根据确定函数的两大要素：定义域与对应规则.

(A) $\log_a x^2$ 的定义域为$(-\infty, 0)\cup(0, +\infty)$，而 $2\log_a x$ 的定义域为$(0, +\infty)$.

(B) $\sqrt{\frac{x+1}{x-1}}$的定义域为$(-\infty, -1]\cup(1, +\infty)$，而$\frac{\sqrt{x+1}}{\sqrt{x-1}}$的定义域为$(1, +\infty)$.

(C) $(\sqrt{1-x})^2$ 的定义域为$(-\infty, 1]$，而$\sqrt{(1-x)^2}$的定义域为全体实数.

(E) $x+1$ 的定义域为全体实数，$\frac{x^2-1}{x-1}$的定义域为$(-\infty, 1)\cup(1, +\infty)$.

5. **C** 根据基本初等函数的性质和图形特点易判断，在$(0, +\infty)$上只有选项 C 是正确的，所以选 C，A、E 是非单调的，B、D 是单调减少的.

6. **D** 根据奇函数的定义 $f(-x)=-f(x)$判断.

(A) $f(-x)=-x-x^2\neq -f(x)$，(B) $f(-x)=\ln|-x|=\ln|x|\neq -f(x)$，

(C) $f(-x)=\begin{cases}x^2 & x\geqslant 0\\ x^2-x & x<0\end{cases}\neq -f(x)$，(D) $f(-x)=\frac{a^{-x}+1}{a^{-x}-1}=\frac{1+a^x}{1-a^x}=-f(x)$，

(E) $f(-x)=\sin(-x)\cdot\tan(-x)=\sin x\cdot\tan x\neq -f(x)$.

7. **B** (1) $f(-x)=\ln(\sqrt{1+x^2}+x)=\ln\frac{1}{\sqrt{1+x^2}-x}=-\ln(\sqrt{1+x^2}-x)=-f(x)$，所以为奇函数.

(2) $f(-x)=e^{-x^2}\left(\frac{1}{a^{-x}+1}-\frac{1}{2}\right)=e^{-x^2}\left(\frac{1}{\frac{1}{a^x}+1}-\frac{1}{2}\right)=e^{-x^2}\left(\frac{1}{2}-\frac{1}{1+a^x}\right)=-f(x)$，所以为奇函数.

(3) $f(-x)=\sqrt[3]{-x}\,\frac{e^{-x}-e^x}{e^{-x}+e^x}=\sqrt[3]{x}\,\frac{e^x-e^{-x}}{e^x+e^{-x}}=f(x)$，所以为偶函数.

(4) $f(-x)=|-x+1|\neq -f(x)\neq f(x)$，所以为非奇非偶函数.

8. **C** (1) $F(-x)=f(-x)\ln\frac{a+x}{a-x}=f(x)\left(-\ln\frac{a-x}{a+x}\right)=-F(x)$，所以为奇函数.

(2) $F(-x)=-|f(-x)|=-|f(x)|=F(x)$，所以为偶函数.

(3) $F(-x)=-f(-x)=-f(x)=F(x)$，所以为偶函数.

(4) $F(-x)=f(e^{-x}-e^x)=f(e^x-e^{-x})=F(x)$，所以为偶函数.

9. **D** 当$|x|\leqslant 1$时，$f(x)=1\Rightarrow g(f(x))=g(1)=-2$.

当$|x|>1$时，$f(x)=-1\Rightarrow g(f(x))=g(-1)=-2$.

所以 $g(f(x))=-2$，$x\in(-\infty, +\infty)$.

10. **A** $F(-x)=f(-x)\left(\frac{1}{a^{-x}+1}-\frac{1}{2}\right)=-f(x)\left(\frac{a^x}{a^x+1}-\frac{1}{2}\right)=-f(x)\left(\frac{1}{2}-\frac{1}{a^x+1}\right)=F(x)$，为偶函数.

11. **D** 方法一（用函数严格单调增加的定义）：

记$A(x)=f(\sqrt{-x})$，$x\in(-\infty, 0)$，对任意满足 $x_1<x_2<0$ 的 x_1 和 x_2，有 $0<-x_2<-x_1\Rightarrow f(\sqrt{-x_2})<f(\sqrt{-x_1})\Rightarrow A(x_1)>A(x_2)$. $A(x)$严格单调减少.

记 $B(x)=-f(\sqrt{x})$，$x\in(0, +\infty)$，…，逐个检验.

方法二：取一特殊的$f(x)=x^2$，$x\in(0,\ +\infty)$（满足题设条件：在$(0,\ +\infty)$上严格单调增加，恒正）.

分别画出：$A(x)\sim E(x)$在其定义域内的图形（如图 1.2 所示）.

$A(x)=f(\sqrt{-x})=-x$，$x\in(-\infty,\ 0)$　　$B(x)=-f(\sqrt{x})=-x$，$x\in(0,\ +\infty)$

$C(x)=f\left(\dfrac{1}{x}\right)=\dfrac{1}{x^2}$，$x\in(0,\ +\infty)$　　$D(x)=\dfrac{1}{f(-x)}=\dfrac{1}{x^2}$，$x\in(-\infty,\ 0)$

$E(x)=\dfrac{1}{f(x)}=\dfrac{1}{x^2}$，$x\in(0,\ +\infty)$

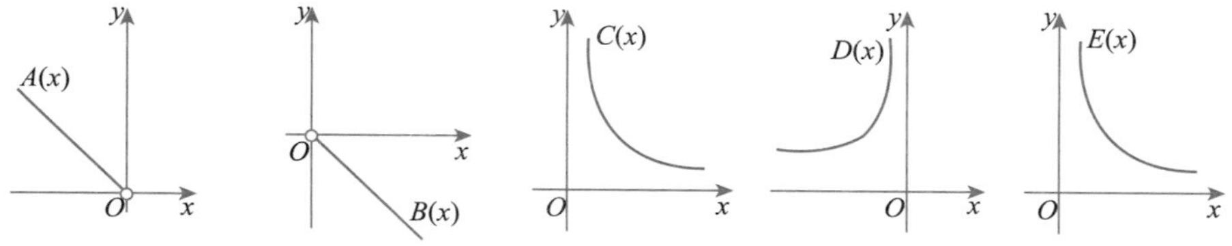

图 1.2

12. **E**　$\lim\limits_{x\to1}\dfrac{x^3-x^2}{2x-2}=\lim\limits_{x\to1}\dfrac{x^2(x-1)}{2(x-1)}=\lim\limits_{x\to1}\dfrac{x^2}{2}=\dfrac{1}{2}$.

由此题可知，虽然$f(x)=\dfrac{x^3-x^2}{2x-2}$在$x=1$处无定义，但是在$x=1$处的极限是存在的，图形如图 1.3 所示.

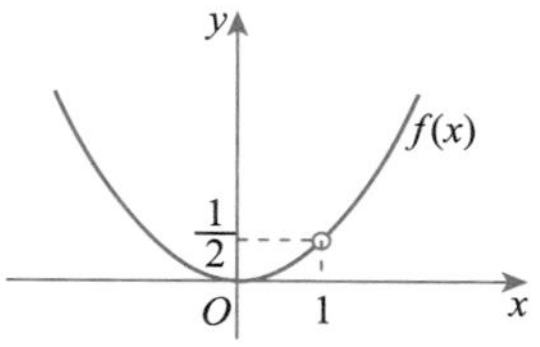

图 1.3

13. **A**　由$\lim\limits_{x\to1^-}f(x)=\lim\limits_{x\to1^-}(x+a)=1+a$，

$\lim\limits_{x\to1^+}f(x)=\lim\limits_{x\to1^+}a(x+1)^2=4a$.

可知当且仅当$1+a=4a$时，即$a=\dfrac{1}{3}$时，$f(1^-)=f(1^+)$，$\lim\limits_{x\to1}f(x)=\dfrac{4}{3}$.

14. **C**　原式$=\lim\limits_{x\to-\infty}\dfrac{\dfrac{1}{x}(\sqrt{4x^2+1}+x+1)}{\dfrac{1}{x}\sqrt{x^2+3x+1}}=\lim\limits_{x\to-\infty}\dfrac{-\sqrt{4+\dfrac{1}{x^2}}+1+\dfrac{1}{x}}{-\sqrt{1+\dfrac{3}{x}+\dfrac{1}{x^2}}}=\dfrac{-2+1}{-1}=1$.

本题需要注意的是，x是趋于负无穷且在根号内，所以根号外要变号.

15. **D**　分别讨论$x\to0^+$，$x\to0^-$的情形：

$$\lim_{x\to0^+}\left(\frac{2+e^{\frac{1}{x}}}{1+e^{\frac{4}{x}}}+\frac{\ln(1+x)}{x}\right)=\lim_{x\to0^+}\left(\frac{2e^{-\frac{4}{x}}+e^{-\frac{3}{x}}}{e^{-\frac{4}{x}}+1}+\frac{\ln(1+x)}{x}\right)=\frac{0}{0+1}+1=1.$$

$$\lim_{x\to0^-}\left(\frac{2+e^{\frac{1}{x}}}{1+e^{\frac{4}{x}}}+\frac{|\ln(1+x)|}{x}\right)=\lim_{x\to0^-}\left(\frac{2+e^{\frac{1}{x}}}{1+e^{\frac{4}{x}}}-\frac{\ln(1+x)}{x}\right)=2-1=1.$$

左右极限存在且相等.

【注意】在遇到$\dfrac{1}{x}$作指数时，一定要分别讨论$x\to0^+$，$x\to0^-$的情形.

16. **C**　$\lim\limits_{x\to-\infty}\dfrac{x}{a+e^{bx}}=0$时，$x$是无穷大量，所以只有$a+e^{bx}$也是无穷大量才能保证极限存在，又因为$x\to-\infty$，所以$b<0$.

还要保证函数连续，因为初等函数在定义域内均连续，所以只要保证分母不为 0 即可，而且 $e^{bx}>0$，可推出 $a\geqslant 0$，因为如果 $a<0$，一定会有不连续点.

17. **B** $x\to 0$ 时，$x^2\ln(1+x^2)$ 与 x^4 是等价无穷小；$x\to 0$ 时，$e^{x^2}-1$ 与 x^2 是等价无穷小，可推出 $2<n<4$，所以 $n=3$.

18. **E** $\lim\limits_{x\to 1}\dfrac{k(1-x^2)}{1-\sqrt[3]{x}}\xlongequal{令\sqrt[3]{x}=t}\lim\limits_{t\to 1}\dfrac{k(1-t^3)(1+t^3)}{1-t}=\lim\limits_{t\to 1}k(1+t+t^2)(1+t^3)=6k=1$，故 $k=\dfrac{1}{6}$.

19. **B** 根据极限复合运算性质：

$$原式=\ln\lim_{x\to+\infty}\left(\sqrt{x^2+x+1}-\sqrt{x^2+2}\right)=\ln\lim_{x\to+\infty}\frac{x-1}{\sqrt{x^2+x+1}+\sqrt{x^2+2}}$$

$$=\ln\lim_{x\to+\infty}\frac{1-\dfrac{1}{x}}{\sqrt{1+\dfrac{1}{x}+\dfrac{1}{x^2}}+\sqrt{1+\dfrac{2}{x^2}}}=-\ln 2，选 B.$$

20. **B** 利用二项式展开定理得到

$$\lim_{x\to+\infty}\frac{x^{2024}}{(x+1)^n-x^n}=\lim_{x\to+\infty}\frac{x^{2024}}{C_n^1x^{n-1}+C_n^2x^{n-2}+\cdots}$$

所以要保证极限存在且不为零，则 $n-1=2024\Rightarrow n=2025$.

[评注] 二项式定理 $(a+b)^n=C_n^0a^nb^0+C_n^1a^{n-1}b+\cdots+C_n^na^0b^n$.

21. **C** 由 $\lim\limits_{x\to\infty}2xf(x)=\lim\limits_{x\to\infty}[4f(x)+5]$，因为 $\lim\limits_{x\to\infty}2xf(x)$ 存在，所以 $\lim\limits_{x\to\infty}f(x)=0$

$\Rightarrow\lim\limits_{x\to\infty}2xf(x)=\lim\limits_{x\to\infty}4f(x)+5\Rightarrow\lim\limits_{x\to\infty}(2x-4)f(x)=5\Rightarrow\lim\limits_{x\to\infty}2xf(x)=5$

$\Rightarrow\lim\limits_{x\to\infty}xf(x)=\dfrac{5}{2}$.

22. **B** $\lim\limits_{x\to\infty}\left(\dfrac{x-a}{x+a}\right)^x=\lim\limits_{x\to\infty}\left(1-\dfrac{2a}{x+a}\right)^x=e^{\lim\limits_{x\to\infty}\frac{-2ax}{x+a}}=e^{-2a}$.

23. **C** $\lim\limits_{x\to 1}x^{\frac{1}{1-x}}=\lim\limits_{x\to 1}[1+(x-1)]^{\frac{1}{1-x}}=e^{\lim\limits_{x\to 1}\frac{x-1}{1-x}}=e^{-1}$.

24. **E** $\lim\limits_{x\to 0}\dfrac{e^{x^2}-1}{x\ln(1-3x)}=\lim\limits_{x\to 0}\dfrac{x^2}{x\cdot(-3x)}=-\dfrac{1}{3}$.

25. **D** 方法一：原式 $=\lim\limits_{x\to\infty}\left(1+\dfrac{-2}{5-2x}\right)^{\frac{x}{3}}=\lim\limits_{\alpha\to 0}(1+\alpha)^{\frac{1}{3}\left(\frac{5}{2}+\frac{1}{\alpha}\right)}=e^{\frac{1}{3}}$.

方法二：原式 $=e^{\lim\limits_{x\to\infty}\frac{x}{3}\ln\left(\frac{3-2x}{5-2x}\right)}=e^{\frac{1}{3}\lim\limits_{x\to\infty}x\ln\frac{1-\frac{3}{2x}}{1-\frac{5}{2x}}}$，令 $t=\dfrac{1}{x}$，

则上式 $=e^{\frac{1}{3}\lim\limits_{t\to 0}\frac{\ln\left(1-\frac{3}{2}t\right)-\ln\left(1-\frac{5}{2}t\right)}{t}}=e^{\frac{1}{3}\lim\limits_{t\to 0}\frac{-\frac{3}{2}t+\frac{5}{2}t}{t}}=e^{\frac{1}{3}}$.

方法三：原式 $=e^{\lim\limits_{x\to\infty}\frac{x}{3}\left(\frac{3-2x}{5-2x}-1\right)}=e^{\lim\limits_{x\to\infty}\frac{x}{3}\cdot\frac{-2}{5-2x}}=e^{\frac{1}{3}}$.

26. **B** 方法一：$\dfrac{0}{0}$ 型，当 $x\to+\infty$ 时，$e^{\frac{1}{x}}-1\sim\dfrac{1}{x}$.

$$原式=\lim_{x\to+\infty}\frac{\ln(1+e^x)-x}{x^{-1}}=\lim_{x\to+\infty}x\{\ln[e^x(e^{-x}+1)]-x\}=\lim_{x\to+\infty}x[x+\ln(1+e^{-x})-x]$$

$$=\lim_{x\to+\infty}x\ln(1+e^{-x})=\lim_{x\to+\infty}x\cdot e^{-x}=0.$$

方法二：令 $x=\frac{1}{t}$，原式 $=\lim\limits_{t\to0^+}\frac{\ln(1+e^{\frac{1}{t}})-\frac{1}{t}}{e^t-1}=\lim\limits_{t\to0^+}\frac{\ln(e^{-\frac{1}{t}}+1)}{e^t-1}=\lim\limits_{t\to0^+}\frac{e^{-\frac{1}{t}}}{t}=0.$

27. A　$\lim\limits_{x\to\infty}\left[1+\left(-\frac{2a}{x+a}\right)\right]^x=\lim\limits_{x\to\infty}\left[1+\left(-\frac{2a}{x+a}\right)\right]^{-\frac{x+a}{2a}\cdot\left(-\frac{2a}{x+a}\right)\cdot x}=e^{\lim\limits_{x\to\infty}-\frac{2ax}{x+a}}=e^{-2a}$，

得到 $-2a=-1$，所以 $a=\frac{1}{2}.$

28. D　$f(x)=\lim\limits_{n\to\infty}\frac{\ln(e^n+x^n)}{n}=\lim\limits_{n\to\infty}\frac{\ln\left\{e^n\left[1+\left(\frac{x}{e}\right)^n\right]\right\}}{n}$

（1）若 $0<x\leqslant e$，则 $f(x)=\lim\limits_{n\to\infty}\frac{\ln\left\{e^n\left[1+\left(\frac{x}{e}\right)^n\right]\right\}}{n}=\lim\limits_{n\to\infty}\frac{n+\ln\left[1+\left(\frac{x}{e}\right)^n\right]}{n}.$

所以 $\left(\frac{x}{e}\right)^n$ 是有界变量，故 $f(x)=1.$

（2）若 $x>e$，则 $\lim\limits_{n\to\infty}\frac{\ln(e^n+x^n)}{n}=\lim\limits_{n\to\infty}\frac{\ln\left\{x^n\left[1+\left(\frac{e}{x}\right)^n\right]\right\}}{n}=\ln x.$

即 $f(x)=\begin{cases}1 & 0<x\leqslant e\\ \ln x & x>e\end{cases}$，函数连续与否只要验证分段点处是否连续即可.

因为 $\lim\limits_{x\to e^-}f(x)=1$，$\lim\limits_{x\to e^+}f(x)=\lim\limits_{x\to e^+}\ln x=1=f(e)$，说明函数 $f(x)$ 在 $x=e$ 处连续，

所以 $f(x)$ 在定义域 $x>0$ 内连续.

29. A　$f(0)=1$，$\lim\limits_{x\to0^-}e^x=1=f(0)$，$\lim\limits_{x\to0^+}\ln(1+x)=0\neq f(0).$

所以此函数在 $x=0$ 处左连续，右不连续.

30. E　由定义可知，若左右极限相等，则要求 $a=1$，所以 $a=1$ 时连续.

31. D　因为 $f(x)$ 为初等函数，它的定义域为 $(-\infty,-1)\cup(-1,0)\cup(0,1)\cup(1,+\infty)$，根据初等函数的连续性，可知其定义域即为连续区间. 则 $f(x)$ 的间断点为 -1，0，1.

（1）$\lim\limits_{x\to-1}f(x)=\lim\limits_{x\to-1}\frac{x-1}{(x+1)(1+e^{\frac{1}{x}})}=\infty$，可知 $x=-1$ 是 $f(x)$ 的无穷间断点.

（2）$\lim\limits_{x\to0^-}f(x)=\lim\limits_{x\to0^-}\frac{x-1}{(x+1)(1+e^{\frac{1}{x}})}=-1$，$\lim\limits_{x\to0^+}f(x)=\lim\limits_{x\to0^+}\frac{x-1}{(x+1)(1+e^{\frac{1}{x}})}=0$，

可知 $x=0$ 是 $f(x)$ 的跳跃间断点.

（3）$\lim\limits_{x\to1}f(x)=\lim\limits_{x\to1}\frac{x-1}{(x+1)(1+e^{\frac{1}{x}})}=0$，可知 $x=1$ 是 $f(x)$ 的可去间断点.

32. C　令 $f(x)=x^n+a_{n-1}x^{n-1}+\cdots+a_1x+a_0$，则 $f(0)=a_0<0$，又 $\lim\limits_{x\to+\infty}f(x)=+\infty$，可得存在 x_0 使得 $f(x_0)>0$. $f(x)$ 为连续函数，由零点定理知，至少存在一个 $x'\in(0,x_0)$，使得 $f(x')=0.$

第二章 一元函数微分学

【大纲解读】

本部分是考试的核心部分，在考试中所占的分值很高．“导数”是微积分的核心，不仅在于它自身具有非常严谨的结构，更重要的是，它是一种联系宏观和微观的数学思维，用导数的运算去处理函数的性质更具一般性；把运算对象作用于导数上，是今后全面研究微积分的重要方法和基本工具，在物理学、经济学等领域都有广泛的应用．

【命题剖析】

本章求导是考试的重要方法，也是必考点，务必重点掌握求导法则及基本求导公式、四类特殊函数的求导（复合函数、隐函数、分段函数、参数方程的函数），此外，要理解一阶导数和二阶导数的应用．

【知识体系】

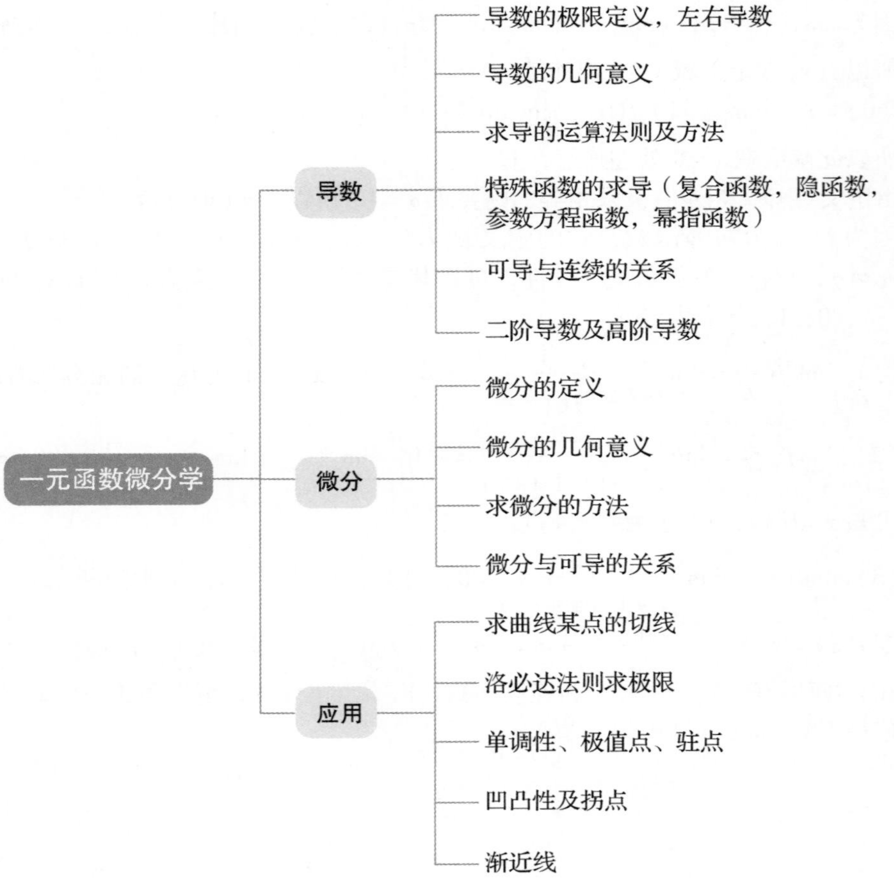

【备考建议】

由于本部分考试分值比重很大，建议多投入时间和精力来复习，熟练掌握考试题型和解题方法. 本章学习的情况决定微积分的分值，故要反复训练解题思路和方法.

第一节　考点剖析

一、导数的概念

1. 导数定义

设函数 $y=f(x)$ 在 x_0 点的某邻域内有定义，在该邻域内给自变量一个改变量 Δx，函数值有一相应改变量 $\Delta y=f(x_0+\Delta x)-f(x_0)$（如图 2.1 所示），若极限

$$\lim_{\Delta x\to 0}\frac{\Delta y}{\Delta x}=\lim_{\Delta x\to 0}\frac{f(x_0+\Delta x)-f(x_0)}{\Delta x}$$

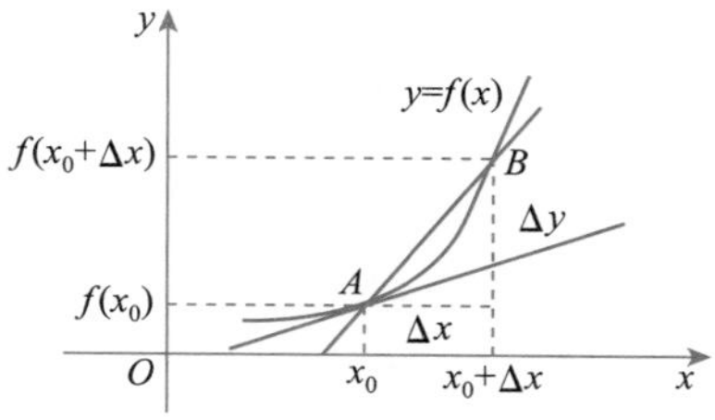

图 2.1

存在，则称此极限值为函数 $y=f(x)$ 在 x_0 点的导数，此时称 $y=f(x)$ 在 x_0 点可导，用 $f'(x_0)\left(或\ y'\Big|_{x=x_0}，或\frac{\mathrm{d}y}{\mathrm{d}x}\Big|_{x=x_0}，或\frac{\mathrm{d}f(x)}{\mathrm{d}x}\Big|_{x=x_0}\right)$表示.

若函数 $y=f(x)$ 在集合 D 内处处可导（这时称 $f(x)$ 在 D 内可导），则对任意 $x_0\in D$，相应的导数 $f'(x_0)$ 将随 x_0 的变化而变化，因此它是 x 的函数，称其为 $y=f(x)$ 的导函数，记作

$$f'(x)\left(或\ y'，或\frac{\mathrm{d}y}{\mathrm{d}x}，或\frac{\mathrm{d}f(x)}{\mathrm{d}x}\right).$$

2. 导数的几何意义

若函数 $f(x)$ 在点 x_0 处可导，相应的导数记为 $f'(x_0)$，则 $f'(x_0)$ 就是曲线 $y=f(x)$ 在点 (x_0, y_0) 处的切线的斜率，此时切线方程为 $y-y_0=f'(x_0)(x-x_0)$.

当 $f'(x_0)=0$，曲线 $y=f(x)$ 在点 (x_0, y_0) 处的切线平行于 x 轴，切线方程为 $y=y_0=f(x_0)$.

若函数 $f(x)$ 在点 x_0 处连续，又当 $x\to x_0$ 时，$f'(x)\to\infty$，此时曲线 $y=f(x)$ 在点 (x_0, y_0) 处的切线垂直于 x 轴，切线方程为 $x=x_0$.

3. 左、右导数

设函数 $f(x)$ 在点 x_0 的左侧邻域内有定义，若极限

$$\lim_{\Delta x\to 0^-}\frac{f(x_0+\Delta x)-f(x_0)}{\Delta x}$$

存在，则称此极限值为 $f(x)$ 在点 x_0 处的左导数，记为 $f'_-(x_0)$ 或 $f'(x_0-0)$，

$$f'_-(x_0)=f'(x_0-0)=\lim_{\Delta x\to 0^-}\frac{f(x_0+\Delta x)-f(x_0)}{\Delta x}.$$

类似可以定义右导数.

函数$f(x)$在点x_0处可导的充要条件是$f(x)$在点x_0处的左、右导数都存在且相等，即

$$f'(x_0)\text{存在}\Leftrightarrow f'_-(x_0)\text{与}f'_+(x_0)\text{存在且相等}.$$

若函数$f(x)$在$(a,\ b)$内可导，且$f'_+(a)$及$f'_-(b)$都存在，则称$f(x)$在$[a,\ b]$上可导.

4. 可导与连续的关系

若函数$y=f(x)$在x_0点可导，则$f(x)$在点x_0处一定连续. 反之不成立.

例如，$y=x^{\frac{1}{3}}$，$y=|x|$在$x=0$处连续，但不可导.

二、导数的运算

1. 几个基本初等函数的导数

(1) $(C)'=0$　　(2) $(x^{\alpha})'=\alpha x^{\alpha-1}$

(3) $(a^x)'=a^x\ln a$　　(4) $(\mathrm{e}^x)'=\mathrm{e}^x$

(5) $(\log_a x)'=\dfrac{1}{x\ln a}$　　(6) $(\ln x)'=\dfrac{1}{x}$

(7) $(\sin x)'=\cos x$　　(8) $(\cos x)'=-\sin x$

(9) $(\tan x)'=\sec^2 x$　　(10) $(\cot x)'=-\csc^2 x$

(11) $(\sec x)'=\sec x\cdot\tan x$　　(12) $(\csc x)'=-\csc x\cdot\cot x$

(13) $(\arcsin x)'=\dfrac{1}{\sqrt{1-x^2}}$　　(14) $(\arccos x)'=-\dfrac{1}{\sqrt{1-x^2}}$

(15) $(\arctan x)'=\dfrac{1}{1+x^2}$　　(16) $(\operatorname{arccot} x)'=-\dfrac{1}{1+x^2}$

2. 导数的四则运算

(1) $[C\cdot u(x)]'=C\cdot u'(x)$

(2) $[u(x)\pm v(x)]'=u'(x)\pm v'(x)$

(3) $[u(x)\cdot v(x)]'=u'(x)\cdot v(x)+u(x)\cdot v'(x)$

(4) $\left[\dfrac{u(x)}{v(x)}\right]'=\dfrac{u'(x)v(x)-u(x)v'(x)}{v^2(x)}(v(x)\neq 0)$

3. 复合函数的导数

设函数$u=\varphi(x)$在x处可导，而函数$y=f(u)$在相应的点$u=\varphi(x)$处可导，则复合函数$y=f(\varphi(x))$在点x处可导，且其导数为

$$\frac{\mathrm{d}y}{\mathrm{d}x}=f'(\varphi(x))\cdot\varphi'(x)\text{或}\frac{\mathrm{d}y}{\mathrm{d}x}=\frac{\mathrm{d}y}{\mathrm{d}u}\cdot\frac{\mathrm{d}u}{\mathrm{d}x}.$$

4. 参数方程的导数

若$\begin{cases}x=f(t)\\y=g(t)\end{cases}$，则$\dfrac{\mathrm{d}y}{\mathrm{d}x}=\dfrac{\frac{\mathrm{d}y}{\mathrm{d}t}}{\frac{\mathrm{d}x}{\mathrm{d}t}}=\dfrac{g'(t)}{f'(t)}.$

三、微分

1. 微分的定义

设函数$y=f(x)$在点x_0的某邻域内有定义，若在其中给x_0一个改变量Δx，则相应的函

数值的改变量 Δy 可以表示为

$$\Delta y = f(x_0+\Delta x)-f(x_0)=A\Delta x+o(\Delta x)\quad(\Delta x\to 0),$$

其中 A 与 Δx 无关，则称函数 $f(x)$ 在 x_0 点可微，且称 $A\Delta x$ 为 $f(x)$ 在 x_0 点的微分，记为

$$\mathrm{d}y\big|_{x=x_0}=\mathrm{d}f\big|_{x=x_0}=A\Delta x.$$

$A\Delta x$ 是函数改变量 Δy 的线性主部.

$y=f(x)$ 在点 x_0 处可微的充要条件是函数 $f(x)$ 在点 x_0 处可导，且 $\mathrm{d}y\big|_{x=x_0}=f'(x_0)\Delta x$. 当 $f(x)=x$ 时，可得 $\mathrm{d}x=\Delta x$，因此

$$\mathrm{d}y\big|_{x=x_0}=f'(x_0)\mathrm{d}x,\ \mathrm{d}y=f'(x)\mathrm{d}x$$

由此可以看出，微分的计算完全可以借助导数的计算来完成.

2. 微分的几何意义

当 x 由 x_0 变到 $x_0+\Delta x$ 时，函数纵坐标的改变量为 Δy，此时过 x_0 点的切线的纵坐标的改变量为 $\mathrm{d}y$，如图 2.2 所示.

当 $\mathrm{d}y<\Delta y$ 时，切线在曲线下方，曲线为凹弧.

当 $\mathrm{d}y>\Delta y$ 时，切线在曲线上方，曲线为凸弧.

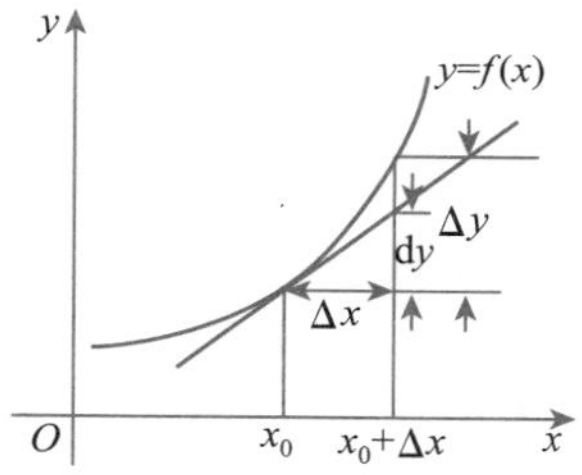

图 2.2

3. 微分运算法则

设函数 $u(x)$，$v(x)$ 可微，则

$\mathrm{d}[Cu(x)]=C\mathrm{d}u(x)$，$\mathrm{d}(C)=0$.

$\mathrm{d}[u(x)\pm v(x)]=\mathrm{d}u(x)\pm \mathrm{d}v(x)$.

$\mathrm{d}[u(x)\cdot v(x)]=u(x)\mathrm{d}v(x)+v(x)\mathrm{d}u(x)$.

$\mathrm{d}\dfrac{u(x)}{v(x)}=\dfrac{v(x)\mathrm{d}u(x)-u(x)\mathrm{d}v(x)}{v^2(x)}(v(x)\neq 0)$.

四、利用导数的几何意义求曲线的切线方程

1. 求曲线某点的切线方程

求过曲线 $y=f(x)$ 上一点 $(x_0, f(x_0))$ 的切线方程，此时只需求出 $f'(x_0)$，切线方程为 $y-f(x_0)=f'(x_0)(x-x_0)$.

2. 求两条曲线的公共切线

这两条曲线可能相离，也可能相交. 设两曲线为 $y=f(x)$ 与 $y=g(x)$.

解题方法是设在两条曲线上的切点分别为 $(a, f(a))$，$(b, g(b))$，这两点的切线斜率相等，从而有方程

$$f'(a)=g'(b) \quad ①$$

另外过点 $(a, f(a))$ 的切线方程 $y-f(a)=f'(a)(x-a)$ 也过点 $(b, g(b))$，故有

$$g(b)-f(a)=f'(a)(b-a) \quad ②$$

由①、②求出 a，b，有了切点，切线方程也就可以写出来了.

五、函数的增减性、极值、最值

1. 函数增减性的判定

设函数$f(x)$在$[a, b]$上连续，在(a, b)内可导，若$f'(x) \geqslant 0$（或$f'(x) \leqslant 0$），则$f(x)$在$[a, b]$上单调增加（或减少）. 设函数$f(x)$在$[a, b]$上连续，在(a, b)内可导，若$f'(x) > 0$（或$f'(x) < 0$），则$f(x)$在$[a, b]$上严格单调增加（或减少）. 二者的差异在于有没有等号.

【注意】设$f(x)$在(a, b)内可导，则$f(x)$在(a, b)内严格单调增加（或减少）的充分条件是$f'(x) > 0$（或$f'(x) < 0$）.

2. 极值概念与判定

设函数$f(x)$在点x_0的某邻域内有定义，对该去心邻域内任意点x，都有$f(x) < f(x_0)$（或$f(x) > f(x_0)$），则称$f(x_0)$为极大值（或极小值），x_0为极大值点（或极小值点）.

需要注意的是，极值点一定是内点，极值不可能在区间的端点取到.

（1）极值存在的必要条件：若函数$f(x)$在x_0点可导，且x_0为极值点，则$f'(x_0) = 0$. 因此，极值点只需在$f'(x) = 0$的点（驻点）或$f'(x)$不存在的点中去找，也就是说，极值点必定是$f'(x) = 0$或$f'(x)$不存在的点，但这种点并不一定都是极值点，故应加以判别.

（2）极值存在的充分条件，即极值的判别法，分为第一判别法和第二判别法.

第一判别法用一阶导数判定.

函数$f(x)$在x_0点连续，且$f'(x_0) = 0$，若存在$\delta > 0$，使得当$x \in (x_0 - \delta, x_0)$时，有$f'(x) > 0$（或$f'(x) < 0$），当$x \in (x_0, x_0 + \delta)$时，有$f'(x) < 0$（或$f'(x) > 0$），此时$x_0$为极大（极小）值点. $f(x_0)$为极大（极小）值. 若$f'(x)$在x_0的左右邻域不变号，则x_0不是极值点.

以上判别法用下表示意更清楚.

x	$(x_0 - \delta, x_0)$	x_0	$(x_0, x_0 + \delta)$
$f'(x)$	+	极大值点	−
	−	极小值点	+
	+	不是极值点	+
	−	不是极值点	−

第二判别法需用二阶导数判定，只适用于二阶导数存在且不为零的点，因此有局限性.

当$f'(x_0) = 0$，若$f''(x_0) > 0$，则x_0为极小值点，若$f''(x_0) < 0$，则x_0为极大值点，$f''(x_0) = 0$，第二判别法失效，仍需用第一判别法.

3. 函数在闭区间$[a, b]$上的最大值与最小值

极值是函数的局部性质. 最值是函数的整体性质. 求最大值与最小值只需找出极值的可疑点（驻点和不可导点），把这些点的函数值与区间的端点函数值比较，找出最大的与最小的即为最大值和最小值，相应的点为最大值点和最小值点.

六、函数图形的凹凸性、拐点及其判定

1. 概念

若在某区间内，曲线弧上任一点处的切线位于曲线的下方，则称曲线在此区间内是上凹

的，或称为凹弧（简记为∪）；反之，切线位于曲线上方，则称曲线是上凸的，亦称凸弧（简记为∩），曲线凹、凸的分界点称为拐点.

2. 凹凸的判定

设函数 $y=f(x)$ 在区间 (a, b) 内二阶可导，若在 (a, b) 内恒有 $f''(x)\geqslant 0$（或 $f''(x)\leqslant 0$），则曲线 $y=f(x)$ 在 (a, b) 内是凹弧（或凸弧）.

3. 拐点的求法与判定

拐点存在的必要条件是 $f''(x_0)=0$ 或 $f''(x_0)$ 不存在（请与极值比较其共性）.

设函数 $f(x)$ 在 (a, b) 内二阶可导，$x_0\in(a, b)$，$f''(x_0)=0$ 或 $f''(x_0)$ 不存在，若 $f''(x)$ 在 x_0 点的左右邻域变号，则点 $(x_0, f(x_0))$ 是曲线 $y=f(x)$ 的拐点，否则就不是拐点.

由以上可以看出，要求函数的单调区间和极值点，只要找出其一阶导数等于零和一阶导数不存在的点，设这种点一共有 k 个，则这 k 个点把整个区间分成 $k+1$ 个子区间，在每一个子区间内 $f'(x)$ 不变号，由 $f'(x)>0$（或 $f'(x)<0$）判定 $f(x)$ 在该子区间内单调递增（或递减），同时也可以将极大值点和极小值点求出.

求函数曲线的凹凸区间与拐点，只需求二阶导数等于零或二阶导数不存在的点，然后用上面的方法加以判定.

七、曲线的渐近线

1. 水平渐近线

若 $\lim\limits_{x\to\infty}f(x)=C$（$\lim\limits_{x\to-\infty}f(x)=C$ 或 $\lim\limits_{x\to+\infty}f(x)=C$），则称 $y=C$ 为曲线 $y=f(x)$ 的水平渐近线.

例如 $\lim\limits_{x\to\infty}\dfrac{1}{x}=0$，则 $y=0$ 是曲线 $y=\dfrac{1}{x}$ 的水平渐近线.

2. 垂直渐近线

若 $\lim\limits_{x\to x_0}f(x)=\infty$（$\lim\limits_{x\to x_0^-}f(x)=\infty$ 或 $\lim\limits_{x\to x_0^+}f(x)=\infty$），即函数在某点的极限值无穷大，则称 $x=x_0$ 是曲线 $y=f(x)$ 的垂直渐近线.

第二节　核心题型

题型 01　考查导数基本定义

提示　$\lim\limits_{\Delta x\to 0}\dfrac{f(x_0+\Delta x)-f(x_0)}{\Delta x}=f'(x_0)$（用于抽象函数判定是否可导）

$\lim\limits_{x\to x_0}\dfrac{f(x)-f(x_0)}{x-x_0}=f'(x_0)$（用于表达式给定的具体函数，求导数值）

【例 1】$f(x)$ 是 $(-1, 1)$ 内的连续奇函数，且 $\lim\limits_{x\to 0}\dfrac{f(x)}{x}=P$（常数），则 $f(x)$ 在 $x=0$ 点（　　）.

(A) 不可导　　(B) 可导，导数不为0
(C) 可导，导数不为 P　　(D) 可导，导数为 P　　(E) 不连续

[解析] 因为 $f(x)$ 是 $(-1,1)$ 内的连续奇函数，且在 $x=0$ 处连续，得 $f(0)=0$，所以 $\lim\limits_{x\to0}\dfrac{f(x)}{x}=\lim\limits_{x\to0}\dfrac{f(x)-0}{x}=\lim\limits_{x\to0}\dfrac{f(x)-f(0)}{x}=P$ 存在.

上式即为导数定义式，应选 D.

【例 2】设 $f'(1)=4$，则极限 $\lim\limits_{x\to1}\dfrac{x-1}{f(3-2x)-f(1)}=$ (　　).

(A) 1　　(B) -1　　(C) 8　　(D) $\dfrac{1}{8}$　　(E) $-\dfrac{1}{8}$

[解析] 令 $3-2x=t$，则 $x=\dfrac{3-t}{2}$. 当 $x\to1$，则 $t\to1$.

$$\lim_{x\to1}\frac{x-1}{f(3-2x)-f(1)}=\lim_{t\to1}\frac{\frac{3-t}{2}-1}{f(t)-f(1)}=\lim_{t\to1}\frac{\frac{1-t}{2}}{f(t)-f(1)}$$

$$=\lim_{t\to1}\left(-\frac{1}{2}\right)\cdot\frac{1}{\frac{f(t)-f(1)}{t-1}}=-\frac{1}{2}\cdot\frac{1}{f'(1)}=-\frac{1}{8}$$，选 E.

【例 3】设函数 $f(x)$ 在 $x=a$ 点可导，则 $\lim\limits_{h\to0}\dfrac{f(a+3h)-f(a-3h)}{h}=$ (　　).

(A) 0　　(B) $f'(a)$　　(C) $6f'(a)$　　(D) $3f'(a)$　　(E) $-f'(a)$

[解析] 原极限 $=\lim\limits_{h\to0}\dfrac{[f(a+3h)-f(a)]-[f(a-3h)-f(a)]}{h}$

$$=\lim_{h\to0}\left[3\cdot\frac{f(a+3h)-f(a)}{3h}+3\cdot\frac{f(a-3h)-f(a)}{-3h}\right]$$

$=3f'(a)+3f'(a)=6f'(a)$，选 C.

【例 4】已知 $f(x)=\dfrac{1}{\ln x}$，则 $\lim\limits_{x\to e}\dfrac{f(x)-1}{2(e-x)}=$ (　　).

(A) e^{-1}　　(B) $-2e^{-1}$　　(C) $-\dfrac{1}{2}e$　　(D) $\dfrac{1}{2e}$　　(E) $-\dfrac{1}{2e}$

[解析] $\lim\limits_{x\to e}\dfrac{f(x)-1}{2(e-x)}=\lim\limits_{x\to e}\dfrac{f(x)-f(e)}{x-e}\cdot\left(-\dfrac{1}{2}\right)=f'(e)\cdot\left(-\dfrac{1}{2}\right)$

而 $f'(x)=\dfrac{-\frac{1}{x}}{\ln^2x}=-\dfrac{1}{x\ln^2x}$，$f'(e)=-\dfrac{1}{e}\Rightarrow$ 原式 $=-\dfrac{1}{2}\cdot\left(-\dfrac{1}{e}\right)=\dfrac{1}{2e}$，故应选 D.

题型 02　考查分段函数是否可导

提示　一般地，$f(x)=\begin{cases}f_1(x) & x\leqslant x_0\\ f_2(x) & x>x_0\end{cases}\Rightarrow f'(x)=\begin{cases}f_1'(x) & x<x_0\\ f_2'(x) & x>x_0\end{cases}$

若$f(x)$在$x=x_0$处连续，且$\lim\limits_{x\to x_0^-}f_1'(x)=A$，则$A=f_-'(x_0)$；$\lim\limits_{x\to x_0^+}f_2'(x)=B$，$B=f_+'(x_0)$.

【例 5】函数$f(x)=\begin{cases}ax^2+b & x\leqslant 1\\ e^{\frac{1}{x}} & x>1\end{cases}$在点$x=1$处可导，则$a+b$为（　　）.

(A) 1　　(B) $-e$　　(C) e　　(D) $\dfrac{1}{e}$　　(E) -1

[解析] $f'(x)=\begin{cases}2ax & x<1\\ e^{\frac{1}{x}}\left(-\dfrac{1}{x^2}\right) & x>1\end{cases}\Rightarrow f_-'(1)=2a$，$f_+'(1)=-e$，

$$f_-'(1)=f_+'(1)\Rightarrow a=-\frac{1}{2}e.$$

代入原式得$b=\dfrac{3}{2}e$，得到$a+b=e$，选 C.

【例 6】函数$f(x)=\begin{cases}-ax^2 & x\geqslant 0\\ ax^2 & x<0\end{cases}$在点$x=0$处$f''(0)$存在，则$a$为（　　）.

(A) 0　　(B) 1　　(C) -1　　(D) 2　　(E) -2

[解析] 由题知$f'(x)=\begin{cases}-2ax & x>0\\ 0 & x=0\\ 2ax & x<0\end{cases}=\begin{cases}-2ax & x\geqslant 0\\ 2ax & x<0\end{cases}$，$f''(x)=\begin{cases}-2a & x>0\\ 2a & x<0\end{cases}$.

$f_-''(0)=2a$，$f_+''(0)=-2a$，$f''(0)$存在$\Leftrightarrow 2a=-2a\Rightarrow a=0$，故应选 A.

题型 03　考查函数的切线、法线、公切线

提示　函数$f(x)$的切线方程为$y=f'(x_0)(x-x_0)+f(x_0)$，

法线方程为$y=-\dfrac{1}{f'(x_0)}(x-x_0)+f(x_0)$.

【例 7】曲线$y=e^{a-x}$在点$x=x_0$处的切线为$x+y=2$，则$a+x_0=$（　　）.

(A) 2　　(B) 1　　(C) -1　　(D) -2　　(E) 3

[解析] 先求出过$(x_0, y_0)=(x_0, e^{a-x_0})$的切线，再与$x+y=2$比较，求出$a$，$x_0$.

$y-e^{a-x_0}=-e^{a-x}\big|_{x=x_0}\cdot(x-x_0)=-e^{a-x_0}(x-x_0)\Rightarrow e^{a-x_0}\cdot x+y=e^{a-x_0}(x_0+1)$，

与$x+y=2$比较，得$\begin{cases}e^{a-x_0}=1\\ e^{a-x_0}(x_0+1)=2\end{cases}\Rightarrow x_0=1$，$a=1$，故应选 A.

【例 8】已知曲线$y=x^3-3a^2x+b$与x轴相切，则$b^2=$（　　）.

(A) $2a^3$　　(B) $4a^3$　　(C) $4a^6$　　(D) $2a^4$　　(E) $2a^6$

[解析] 曲线$y=f(x)$与直线$y=g(x)$在点(x_0, y_0)相切$\Leftrightarrow\begin{cases}f(x_0)=g(x_0)\\ f'(x_0)=g'(x_0)\end{cases}$，

设切点为(x_0, y_0)，则$y_0=0$. $\begin{cases}x_0^3-3a^2x_0+b=0\\ 3x_0^2-3a^2=0\end{cases}\Rightarrow x_0^2=a^2$.

于是$b=3a^2x_0-x_0^3=x_0(3a^2-x_0^2)=2a^2x_0\Rightarrow b^2=4a^4x_0^2=4a^6$，故应选 C.

【例 9】曲线 $y=x^2+x-2$ 上某点的切线与直线 $y=4x-1$ 平行，则此切线方程为（　　）.

(A) $y=4x-\frac{17}{2}$　　(B) $y=4x+\frac{17}{2}$　　(C) $y=4x-\frac{17}{4}$

(D) $y=4x+\frac{17}{4}$　　(E) $y=4x+\frac{17}{8}$

[解析] $y'=2x+1=4$，得 $x=\frac{3}{2}$，将 $x=\frac{3}{2}$ 代入 $y=x^2+x-2$ 得 $y=\frac{7}{4}$，

则切线方程为 $y-\frac{7}{4}=4\left(x-\frac{3}{2}\right)$，即 $y=4x-\frac{17}{4}$，选 C.

【例 10】曲线 $y=\frac{x+4}{x+3}$ 的过原点的切线方程为（　　）.

(A) $y=x$ 或 $y=\frac{x}{9}$　　(B) $y=-x$ 或 $y=\frac{x}{9}$　　(C) $y=x$ 或 $y=-\frac{x}{9}$

(D) $y=-x$ 或 $y=-\frac{x}{9}$　　(E) $y=2x$ 或 $y=-\frac{x}{9}$

[解析] 令其切点为 $\left(a,\ \frac{a+4}{a+3}\right)$，则 $y'=\left(1+\frac{1}{x+3}\right)'=-\frac{1}{(x+3)^2}$，

则切线方程为 $y-\frac{a+4}{a+3}=-\frac{1}{(a+3)^2}(x-a)$.

将原点坐标代入得 $-\frac{a+4}{a+3}=-\frac{1}{(a+3)^2}\cdot(-a)$，得 $a_1=-2$，$a_2=-6$.

故切线方程为 $y=-x$ 或 $y=-\frac{x}{9}$. 选 D.

【例 11】曲线 $y=x^3+ax$ 与曲线 $y=bx^3+c$ 相交于 $(-1,\ 0)$ 点，并在该点处有公切线，则 $a+b+c=$（　　）.

(A) $-\frac{1}{3}$　　(B) $\frac{1}{2}$　　(C) $\frac{1}{3}$　　(D) $-\frac{1}{2}$　　(E) 1

[解析] 两曲线均过 $(-1,\ 0)$ 点，将此点分别代入两曲线方程：

$\begin{cases}0=(-1)^3+a\cdot(-1)\\0=b(-1)^3+c\end{cases}\Rightarrow\begin{cases}a=-1\\b=c\end{cases}$，故两曲线方程分别为 $\begin{cases}y=x^3-x\\y=bx^3+b\end{cases}$.

两曲线分别求导得到 $\begin{cases}y'=3x^2-1\\y'=3bx^2\end{cases}$，将 $x=-1$ 代入导数：$\begin{cases}y'(-1)=2\\y'(-1)=3b\end{cases}\Rightarrow b=\frac{2}{3}$.

综上，$a=-1$，$b=c=\frac{2}{3}$，$a+b+c=\frac{1}{3}$，选 C.

题型 04　考查二阶导数

提示　求二阶导数，一般是先求出一阶导数表达式，再继续求导得到二阶导数表达式.

【例 12】设 $y=\ln(x+\sqrt{1+x^2})$，则 $y''|_{x=\sqrt{3}}=$（　　）.

（A）$\frac{\sqrt{3}}{8}$　（B）$-\frac{\sqrt{3}}{8}$　（C）$\frac{1}{2}$　（D）0　（E）1

［解析］$y'=\frac{1}{x+\sqrt{1+x^2}}\cdot\left(1+\frac{2x}{2\sqrt{1+x^2}}\right)=\frac{1}{\sqrt{1+x^2}}$，

$y''=[(1+x^2)^{-\frac{1}{2}}]'=-\frac{1}{2}(1+x^2)^{-\frac{1}{2}-1}\cdot 2x=-\frac{x}{(1+x^2)^{\frac{3}{2}}}$

$\Rightarrow y''|_{x=\sqrt{3}}=-\frac{\sqrt{3}}{8}$，从而选 B.

题型 05　考查函数的微分

提示　核心公式：$dy=f'(x)dx$ 或 $dy|_{x=x_0}=f'(x_0)dx$.

【例 13】已知 $y=xe^{-\frac{1}{x}}$，则微分 $dy|_{x=1}=$（　　）.

（A）$\frac{2}{e}dx$　（B）$\frac{1}{e}dx$　（C）$-\frac{2}{e}dx$　（D）$-\frac{1}{e}dx$　（E）edx

［解析］由 $y=xe^{-\frac{1}{x}}\Rightarrow y'=e^{-\frac{1}{x}}+x\cdot e^{-\frac{1}{x}}\cdot\frac{1}{x^2}=\left(1+\frac{1}{x}\right)e^{-\frac{1}{x}}$，所以 $y'(1)=\frac{2}{e}$.

则 $dy|_{x=1}=\frac{2}{e}dx$，从而选 A.

题型 06　考查函数的单调性

提示　函数的单调性可以根据导数的符号来判断.

【例 14】设 $f(x)$，$g(x)$ 是恒大于 0 的可导函数，且 $f'(x)g(x)-f(x)g'(x)<0$，则当 $a<x<b$ 时，有（　　）.

（A）$f(x)g(a)>f(a)g(x)$　（B）$f(x)g(b)>f(b)g(x)$

（C）$f(x)g(x)>f(b)g(b)$　（D）$f(x)g(x)>f(a)g(a)$

（E）$f(x)g(b)<f(b)g(x)$

［解析］$f'(x)g(x)-f(x)g'(x)<0$

$\Rightarrow\left[\frac{f(x)}{g(x)}\right]'=\frac{f'(x)g(x)-f(x)g'(x)}{g^2(x)}<0\Rightarrow\frac{f(x)}{g(x)}$单调减少，则当 $a<x<b$ 时，有

$\frac{f(b)}{g(b)}<\frac{f(x)}{g(x)}<\frac{f(a)}{g(a)}$，即 $g(x)f(b)<f(x)g(b)$，$f(x)g(a)<f(a)g(x)$，故应选 B.

题型 07　考查函数的极值点

提示　对于极值点的问题关键要通过极值存在的充分条件来推导判断.

【例 15】设$f(x)$为连续的奇函数，且$\lim\limits_{x\to 0}\dfrac{f(x)}{x}=0$，则有（　　）.

（A）$x=0$ 为$f(x)$的极值点

（B）$x=0$ 为$f(x)$的极大值点

（C）$y=f(x)$在 $x=0$ 的切线平行于 x 轴

（D）$x=0$ 不是$f(x)$的驻点

（E）$x=0$ 为$f(x)$的极小值点

［解析］对于奇函数而言，图像关于原点对称，原点两侧单调性一致，从而原点不会是极值点，排除 A 和 B. 对于连续的奇函数而言，$f(0)=0$，

得到$\lim\limits_{x\to 0}\dfrac{f(x)}{x}=\lim\limits_{x\to 0}\dfrac{f(x)-f(0)}{x-0}=f'(0)=0$，

所以该点为驻点，驻点处的切线是平行于 x 轴的，从而选 C.

【例 16】设$f(x)$，$g(x)$二阶可导，且$f(x_0)=g(x_0)=0$，$f'(x_0)g'(x_0)>0$，则（　　）.

（A）x_0 不是$f(x)g(x)$的驻点，也不是极值点

（B）x_0 是$f(x)g(x)$的驻点，但不是极值点

（C）x_0 是$f(x)g(x)$的驻点，且为极小值点

（D）x_0 是$f(x)g(x)$的驻点，且为极大值点

（E）x_0 不是$f(x)g(x)$的驻点，但是极值点

［解析］构造函数，令 $F(x)=f(x)g(x)$，求导 $F'(x)=f'(x)g(x)+f(x)g'(x)$，将 x_0 代入上式，得到 $F'(x_0)=f'(x_0)g(x_0)+f(x_0)g'(x_0)=0$，所以 x_0 为驻点.

再求导 $F''(x)=f''(x)g(x)+2f'(x)g'(x)+f(x)g''(x)$，将 x_0 代入得到

$F''(x_0)=f''(x_0)g(x_0)+2f'(x_0)g'(x_0)+f(x_0)g''(x_0)=2f'(x_0)g'(x_0)>0$，

根据极值点的第二判别法得到：x_0 为极小值点，选 C.

【例 17】设$f(x)$在定义内可导，$f(x)$的图像如图 2.3 所示，则$f'(x)$的图像最有可能为（　　）.

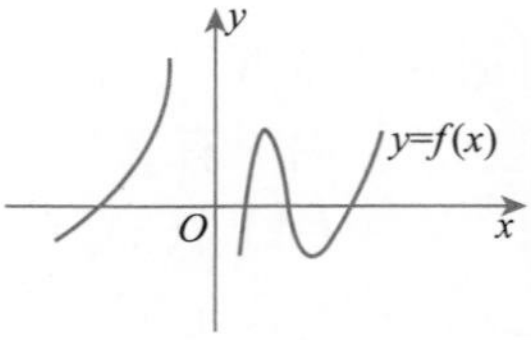

图 2.3

（A）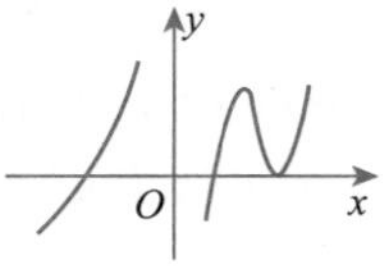

（B）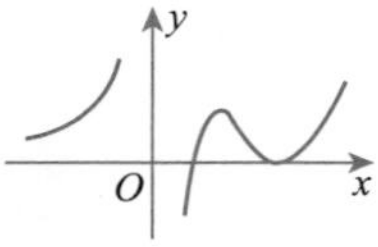

（C）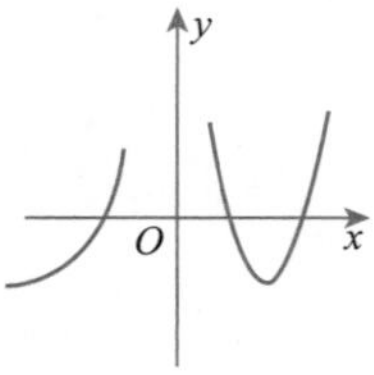

（D）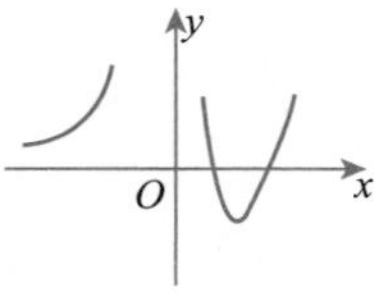

（E）无法确定

［解析］本题的关键是根据函数$f(x)$图像的单调性来确定导数$f'(x)$的符号，再根据导数$f'(x)$的符号来确定$f'(x)$图像与 x 轴的位置关系. 对于这个题目，$f(x)$图像在 y 轴左侧单调递增，所以$f'(x)$为正，得到$f'(x)$图像在 x 轴上方，先排除 A 和 C. $f(x)$图像在 y 轴右侧先单调递增，随后单调递减，接着单调递增，所以$f'(x)$图像先为正，随后为负，最后为正，根据这样的对应关系，所以选 D.

【例 18】已知函数 $f(x)$ 二阶可导，且 $f'(x_0)=0$，$f''(x_0)<0$，则函数 $g(x)=e^{f(x)}$ 在点 $x=x_0$ 处（　　）.

(A) 取极大值　(B) 取极小值　(C) 非极值

(D) 无法确定　(E) 不是驻点

[解析] $g'(x)=e^{f(x)}\cdot f'(x)$，$g''(x)=e^{f(x)}[f'(x)]^2+e^{f(x)}\cdot f''(x)$.

由题可得：$g'(x_0)=0$，$g''(x_0)=e^{f(x_0)}\cdot f''(x_0)<0$，

故 $x=x_0$ 为 $g(x)$ 的极大值点，故应选 A.

【例 19】设函数 $f(x)$ 在 $(-\infty,+\infty)$ 内连续，其导函数的图形如图 2.4 所示，则 $f(x)$ 有（　　）.

(A) 一个极小值点和两个极大值点

(B) 两个极小值点和一个极大值点

(C) 两个极小值点和两个极大值点

(D) 三个极小值点和一个极大值点

(E) 无极值点

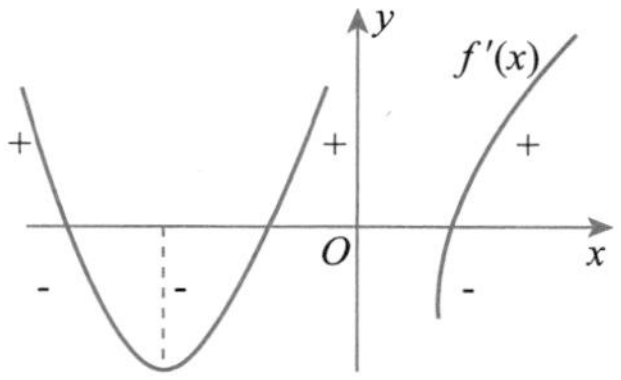

图 2.4

[解析] 因为函数 $f(x)$ 在 $(-\infty,+\infty)$ 内处处连续，所以根据极值点第一判别法，得到导数异号的点就为函数的极值点，由于导数与 x 轴的交点有三个，这三个点都为极值点. 但是容易忽略 $x=0$ 这个点，这个点两侧导数也是异号，虽然该点导数不存在，但不影响极值点的判别. 根据导数由正变负为极大值点，由负变正为极小值点，所以得到两个极小值点和两个极大值点，选 C.

[评注] 这个题目容易忽略 $x=0$ 这个点，注意要严格按照极值点概念来判断.

题型 08 考查函数的凹凸性

提示 函数的凹凸性一般可根据函数二阶导数符号来判断，在判断时，也可以结合函数图像来分析.

【例 20】当 $k<0$ 或 $k>1$ 时，函数 $y=x^k+ax+b$ 的图像在 $x>0$ 时为（　　）.

(A) 凹曲线弧

(B) 凸曲线弧

(C) 先为凹曲线弧，后为凸曲线弧

(D) 先为凸曲线弧，后为凹曲线弧

(E) 无法确定凹凸性

[解析] $y'=kx^{k-1}+a$，$y''=k(k-1)x^{k-2}$，因为 $x>0$，所以当 $k(k-1)\geqslant 0$ 时为凹弧. 故应选 A.

题型 09 考查函数的拐点

提示 拐点是函数图像凹凸的分界点，也是二阶导数发生变号的点. 需要注意的是，二阶导数等于零的点不一定是拐点.

【例 21】 函数$f(x)=x^3+6x^2+x+1$和$g(x)=\frac{1}{2}xe^x$，则$f(x)$和$g(x)$具有相同的拐点的横坐标$x_0=$（　　）.

(A) 2　　(B) -2　　(C) 1　　(D) -1　　(E) 3

[解析] (1) $f(x)=x^3+6x^2+x+1$，$f'(x)=3x^2+12x+1$，$f''(x)=6x+12$.

令$f''(x)=0\Rightarrow x_0=-2$，且当$x>-2$时，$f''(x)>0$；当$x<-2$时，$f''(x)<0\Rightarrow(-2, f(-2))$为曲线$f(x)$的拐点.

(2) $g(x)=\frac{1}{2}xe^x$，$g'(x)=\frac{1}{2}e^x+\frac{1}{2}xe^x$，

$g''(x)=\frac{1}{2}e^x+\frac{1}{2}e^x+\frac{1}{2}xe^x=\left(1+\frac{1}{2}x\right)e^x$，令$g''(x)=0$，得$x_0=-2$.

当$x<-2$时，$g''(x)<0$；当$x>-2$时，$g''(x)>0\Rightarrow(-2, g(-2))$为曲线$g(x)$的拐点. 故应选 B.

题型 10 考查函数的最值问题

提示 函数的最值问题一般是计算题目，这类题目一般要结合极值点来分析.

【例 22】 函数$f(x)=\frac{x^2}{2}-\frac{5}{2}x+\ln x$在区间$\left[\frac{1}{e}, 1\right]$上的最大值与最小值之差为（　　）.

(A) $\frac{1}{8}+\frac{1}{2}\ln 2$　　(B) $\frac{7}{8}-\ln 2$　　(C) $\frac{5}{8}+\ln 2$

(D) $\frac{3}{8}+2\ln 2$　　(E) $\frac{5}{8}-\frac{1}{2}\ln 2$

[解析] $f'(x)=x-\frac{5}{2}+\frac{1}{x}=\frac{1}{2x}(2x^2-5x+2)=\frac{1}{2x}(2x-1)(x-2)$，

所以当$\frac{1}{e}\leqslant x<\frac{1}{2}$时，$f'(x)>0$；当$\frac{1}{2}<x\leqslant 1$时，$f'(x)<0$，

故$x=\frac{1}{2}$为极大值点. 又由于$f\left(\frac{1}{e}\right)=\frac{1}{2e^2}-\frac{5}{2e}-1$，

$f\left(\frac{1}{2}\right)=\frac{1}{8}-\frac{5}{4}-\ln 2=-\frac{9}{8}-\ln 2$；$f(1)=\frac{1}{2}-\frac{5}{2}=-2<\frac{1}{2e^2}-\frac{5}{2e}-1$，

所以$f(x)$的最大值为$f\left(\frac{1}{2}\right)=-\frac{9}{8}-\ln 2$；最小值为$f(1)=-2$. 选 B.

题型 11 求曲线的渐近线

提示 求曲线的渐近线，必须通过计算函数极限来得到. 水平渐近线，是计算$x\to\infty$时函数的极限；而垂直渐近线，是当$x\to x_0$时函数的极限为无穷大，一般是找分母为零的那些点.

【例 23】下列两个函数共有（　　）条渐近线.

（1）$f(x)=-\frac{x^2}{2x^2+1}$.　　（2）$f(x)=\frac{e^x}{x^3}+1$.

（A）0　（B）1　（C）2　（D）3　（E）4

［解析］（1）$\lim\limits_{x\to\infty}f(x)=-\frac{1}{2}$，$y=-\frac{1}{2}$是一条水平渐近线.

（2）$\lim\limits_{x\to 0}f(x)=\infty$，$x=0$ 是一条垂直渐近线；$\lim\limits_{x\to-\infty}f(x)=1$，$y=1$ 是一条水平渐近线. 两个函数共有 3 条渐近线，选 D.

【例 24】函数$f(x)=\frac{x|x|}{(x-1)(x-2)}$在$(-\infty,+\infty)$上有（　　）.

（A）1 条垂直渐近线，1 条水平渐近线

（B）1 条垂直渐近线，2 条水平渐近线

（C）2 条垂直渐近线，1 条水平渐近线

（D）2 条垂直渐近线，2 条水平渐近线

（E）2 条垂直渐近线，0 条水平渐近线

［解析］$\lim\limits_{x\to+\infty}f(x)=1$，$\lim\limits_{x\to-\infty}f(x)=-1$，两条水平渐近线；$\lim\limits_{x\to 1}f(x)=\infty$，$\lim\limits_{x\to 2}f(x)=\infty$，两条垂直渐近线，选 D.

第三节　点睛归纳

本部分考试的重点是考查导数的应用，所以要着重把握. 利用导数求函数的极大（小）值，求函数在连续区间$[a,b]$上的最大（最小）值，或利用求导法解决一些实际应用问题是函数内容的继续与延伸，这种解决问题的方法使复杂问题变得简单. 利用一阶导数求函数的极大值和极小值的方法是导数在研究函数性质方面的继续深入，是导数应用的关键知识点，通过对函数极值的判定，可加深对函数单调性与其导数关系的理解.

技巧与方法：关于可导与连续的关系可总结如下：

若$f(x)$在点 x_0 处可导，则$f(x)$在点 x_0 处一定连续；

若$f(x)$在点 x_0 处连续，则$f(x)$在点 x_0 处不一定可导（可举例$|x|$说明）；

若$f(x)$在点 x_0 处不连续，则$f(x)$在点 x_0 处一定不可导；

若$f(x)$在点 x_0 处不可导，则$f(x)$在点 x_0 处不一定连续.

微分与导数是两个不同的概念，微分表示函数在局部范围内的线性近似，而导数则表示函数在一点处的变化率. 对于一个给定的函数来说，它的微分跟 x 与 Δx 有关，而导数只与 x 有关，因为微分具有形式不变性，所以提到微分，可以不说明关于哪个变量的微分，但提到导数，必须指明是对哪个变量的导数.

一、导数的定义

1. 左右导数

左导数：$f'_-(x_0)=\lim\limits_{x\to x_0^-}\dfrac{f(x)-f(x_0)}{x-x_0}=\lim\limits_{\Delta x\to 0^-}\dfrac{f(x_0+\Delta x)-f(x_0)}{\Delta x}$.

右导数：$f'_+(x_0)=\lim\limits_{x\to x_0^+}\dfrac{f(x)-f(x_0)}{x-x_0}=\lim\limits_{\Delta x\to 0^+}\dfrac{f(x_0+\Delta x)-f(x_0)}{\Delta x}$.

结论：$f'(x_0)=A\Leftrightarrow f'_-(x_0)=f'_+(x_0)=A$.

2. 导数的几何意义

设点 $M_0(x_0,f(x_0))$是曲线 $y=f(x)$上的点，则函数$f(x)$在 x_0 点处的导数$f'(x_0)$正好是曲线 $y=f(x)$过 M_0 点的切线的斜率 k，这就是导数的几何意义.

（1）切线方程为 $y=f'(x_0)(x-x_0)+f(x_0)$，法线方程为 $y=-\dfrac{1}{f'(x_0)}(x-x_0)+f(x_0)$.

（2）切线平行于 x 轴.

切线方程：$y=f(x_0)$，法线方程：$x=x_0$.

（3）切线平行于 y 轴.

切线方程：$x=x_0$，法线方程：$y=f(x_0)$.

3. 特殊函数的导数

（1）复合函数的求导法则（链式法则）

$y=f(u)$，$u=\varphi(x)\Rightarrow y=f(\varphi(x))\Rightarrow y'=f'(\varphi(x))\varphi'(x)$，也就是说，从外向里逐步求导，然后相乘即可.

【例 1】已知$f\left(\dfrac{1}{x}\right)=\dfrac{x}{1+x}$，则$f'\left(\dfrac{1}{x}\right)=$（　　）.

(A) $\dfrac{1}{(1+x)^2}$　　(B) $-\dfrac{x^2}{(1+x)^2}$　　(C) $-\dfrac{1}{(1+x)^2}$

(D) $\dfrac{x^2}{(1+x)^2}$　　(E) $\dfrac{x^2}{1+x^2}$

［解析］错误解法：$f'\left(\dfrac{1}{x}\right)=\left(\dfrac{x}{1+x}\right)'=\dfrac{(1+x)-x}{(1+x)^2}=\dfrac{1}{(1+x)^2}$，会误选 A.

正确解法：$\left(f\left(\dfrac{1}{x}\right)\right)'=f'\left(\dfrac{1}{x}\right)\cdot\left(\dfrac{1}{x}\right)'=f'\left(\dfrac{1}{x}\right)\left(-\dfrac{1}{x^2}\right)$，$\left(\dfrac{x}{1+x}\right)'=f'\left(\dfrac{1}{x}\right)\left(-\dfrac{1}{x^2}\right)$，

则 $f'\left(\dfrac{1}{x}\right)=-x^2\left(\dfrac{x}{1+x}\right)'=-\dfrac{x^2}{(1+x)^2}$，所以选 B.

另解：因为$f\left(\dfrac{1}{x}\right)=\dfrac{x}{1+x}=\dfrac{1}{1+\dfrac{1}{x}}\Rightarrow f(x)=\dfrac{1}{1+x}$，

$f'(x)=-\dfrac{1}{(1+x)^2}\Rightarrow f'\left(\dfrac{1}{x}\right)=-\dfrac{x^2}{(1+x)^2}$，选 B.

(2) 对数微分法

适用：$y=f(x)^{g(x)}$形式.

方法一：用公式 $a=\mathrm{e}^{\ln a}$，$y=f^g=\mathrm{e}^{\ln f^g}=\mathrm{e}^{g\ln f}$

$$y'=\mathrm{e}^{g\ln f}\left(g'\cdot\ln f+g\cdot\frac{1}{f}\cdot f'\right)=f^g\left(g'\ln f+\frac{gf'}{f}\right)$$

方法二：$y=f^g$两边取对数，$\ln y=\ln f^g=g\ln f$(两边求导)

$$\frac{1}{y}\cdot y'=g'\cdot\ln f+g\cdot\frac{1}{f}\cdot f',\ y'=y\cdot\left(g'\ln f+\frac{gf'}{f}\right)$$

【例 2】函数 $y=(1+2x)^{\frac{1}{x}}(x>0)$在 $x=1$ 处的导数值为（　　）.

(A) $3-2\ln3$　(B) $3-\ln3$　(C) $3+\ln3$　(D) $2+3\ln3$　(E) $2-3\ln3$

[解析] $\ln y=\frac{1}{x}\cdot\ln(1+2x)$，求导得$\frac{1}{y}\cdot y'=-\frac{1}{x^2}\ln(1+2x)+\frac{1}{x}\cdot\frac{2}{1+2x}$,

$$y'=(1+2x)^{\frac{1}{x}}\left[\frac{2}{x+2x^2}-\frac{\ln(1+2x)}{x^2}\right],\ y'(0)=2-3\ln3，选 E.$$

【例 3】函数 $y=\frac{(x+1)^{\frac{1}{2}}}{(x-2)^3(x+4)^2}$在 $x=0$ 处的导数值为（　　）.

(A) $-\frac{3}{128}$　(B) $-\frac{1}{256}$　(C) $-\frac{3}{256}$　(D) $\frac{1}{256}$　(E) $\frac{3}{256}$

[解析] 取对数：$\ln y=\frac{1}{2}\ln(x+1)-3\ln(x-2)-2\ln(x+4)$,

求导：$\frac{1}{y}y'=\frac{1}{2(x+1)}-\frac{3}{x-2}-\frac{2}{x+4}$，$y'=y\left[\frac{1}{2(x+1)}-\frac{3}{x-2}-\frac{2}{x+4}\right]$,

$$y'(0)=-\frac{1}{8\times16}\times\left(\frac{1}{2}+\frac{3}{2}-\frac{2}{4}\right)=-\frac{3}{256}，选 C.$$

二、重要公式与结论

1. 导数的定义与极限的联系

(1) $f'(x_0)=\lim\limits_{\Delta x\to0}\frac{f(x_0+\Delta x)-f(x_0)}{\Delta x}=\lim\limits_{x\to x_0}\frac{f(x)-f(x_0)}{x-x_0}$.

(2) 设$f(x)$在 $x=x_0$ 处连续，则$\lim\limits_{x\to x_0}\frac{f(x)}{x-x_0}=A\Leftrightarrow f(x_0)=0,\ f'(x_0)=A$.

2. 可导、可微、连续与极限的关系

可导一定连续，连续不一定可导. 如图 2.5 所示.

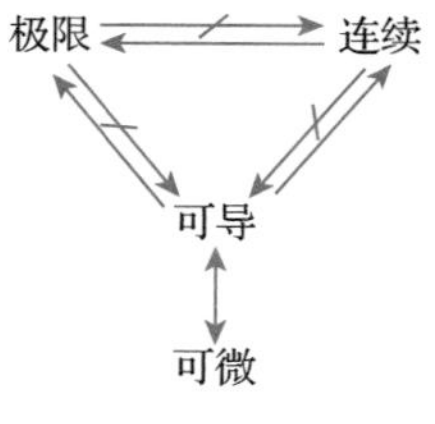

图 2.5

3. 奇偶函数、周期函数的导数

(1) 可导的偶函数的导函数为奇函数，且$f'(0)=0$.

(2) 可导的奇函数的导函数为偶函数.

(3) 可导的周期函数的导函数仍为同周期函数.

三、微分与导数的关系

$y=f(x)$在x_0点可导$\Leftrightarrow f(x)$在x_0点可微，且$\mathrm{d}y\big|_{x=x_0}=f'(x_0)\mathrm{d}x$，即$\dfrac{\mathrm{d}y}{\mathrm{d}x}\Big|_{x=x_0}=f'(x_0)$.

【例 4】设$y=\dfrac{(x+1)^2(x+2)^3}{(x-1)^3(x-2)^4}$，则$\dfrac{\mathrm{d}y}{\mathrm{d}x}\Big|_{x=0}=$（　　）.

(A) $-\dfrac{17}{2}$　　(B) $-\dfrac{17}{4}$　　(C) $\dfrac{17}{2}$　　(D) $\dfrac{17}{4}$　　(E) $\pm\dfrac{17}{4}$

[解析] 由于 $\ln|y|=\ln\left|\dfrac{(x+1)^2(x+2)^3}{(x-1)^3(x-2)^4}\right|$

$$=2\ln|x+1|+3\ln|x+2|-3\ln|x-1|-4\ln|x-2|,$$

上式两边关于x求导数得

$$\frac{1}{y}\cdot y'=\frac{2}{x+1}+\frac{3}{x+2}-\frac{3}{x-1}-\frac{4}{x-2},$$

所以，$y'=\dfrac{\mathrm{d}y}{\mathrm{d}x}=\dfrac{(x+1)^2(x+2)^3}{(x-1)^3(x-2)^4}\left(\dfrac{2}{x+1}+\dfrac{3}{x+2}-\dfrac{3}{x-1}-\dfrac{4}{x-2}\right)$,

$y'(0)=\dfrac{1\times 2^3}{-1\times 2^4}\times\left(2+\dfrac{3}{2}+3+2\right)=-\dfrac{17}{4}$，选 B.

需要说明的是：在解题过程中，用取对数方法求导时，在取对数的时候可以不加绝对值符号，隐含着在有意义的范围内进行．再看一个例子，说明这个问题.

【例 5】$y=\sqrt[5]{\dfrac{(x-1)(x-3)}{(x-2)^3(x-4)}}$的导数值$y'(0)=$（　　）.

(A) $\dfrac{1}{6}\sqrt[5]{3}$　　(B) $\dfrac{1}{12}\sqrt[5]{3}$　　(C) $-\dfrac{1}{12}\sqrt[5]{3}$　　(D) $\dfrac{1}{24}\sqrt[5]{3}$　　(E) $-\dfrac{1}{24}\sqrt[5]{3}$

[解析] 两边取对数，得

$$\ln y=\frac{1}{5}[\ln(x-1)+\ln(x-3)-3\ln(x-2)-\ln(x-4)],$$

两边同时对x求导数，得

$$\frac{1}{y}\cdot y'=\frac{1}{5}\left(\frac{1}{x-1}+\frac{1}{x-3}-\frac{3}{x-2}-\frac{1}{x-4}\right),$$

$$y'=\frac{1}{5}\cdot\sqrt[5]{\frac{(x-1)(x-3)}{(x-2)^3(x-4)}}\cdot\left(\frac{1}{x-1}+\frac{1}{x-3}-\frac{3}{x-2}-\frac{1}{x-4}\right),$$

$$y'(0)=\frac{1}{10}\sqrt[5]{3}\times\left(-1-\frac{1}{3}+\frac{3}{2}+\frac{1}{4}\right)=\frac{1}{24}\sqrt[5]{3}\text{，选 D.}$$

[评注] 如果直接用四则运算法则来解就比较麻烦了．当函数关系式是由若干个简单函数以及幂指函数经过乘方、开方、乘、除等运算组合而成的时候，应考虑用取对数求导法求这类函数的导数.

四、函数的最值及其求解

（1）若$f(x)$在$[a, b]$上连续，则$f(x)$在$[a, b]$上必有最大值、最小值.

（2）设函数$f(x)$在$[a, b]$上连续，在(a, b)内有一个极值点x_0，则：

若x_0是$f(x)$的极大值点，那么x_0必为$f(x)$在$[a, b]$上的最大值点；

若x_0是$f(x)$的极小值点，那么x_0必为$f(x)$在$[a, b]$上的最小值点.

（3）求最值的方法（最值是区间$[a, b]$上的整体概念，极值是局部概念）：

① 求$f(x)$在(a, b)内所有驻点和导数不存在的点.

② 求出以上各函数值及区间$[a, b]$端点的函数值.

③ 比较上述数值，最大的为最大值，最小的为最小值：

最大值M：$\max\{f(a), f(b), f(x_1), \cdots, f(x_0)\}$

最小值m：$\min\{f(a), f(b), f(x_1), \cdots, f(x_0)\}$

其中：x_1，x_2，…，x_0为$f(x)$所有可能的极值点.

【例 6】设$f(x)=ax^3-6ax^2+b$在区间$[-1, 4]$上，最大值为 3，最小值为-29，且$a>0$，则（　　）.

（A）$a=1$，$b=3$　　（B）$a=2$，$b=3$

（C）$a=2$，$b=-29$　　（D）$a=2$，$b=29$

（E）$a=3$，$b=1$

［解析］$f'(x)=3ax^2-12ax=3ax(x-4)$，令$f'(x)=0$，得驻点$x_1=0$，$x_2=4$，$f(0)=b$，$f(4)=-32a+b$，$f(-1)=-7a+b$，$f(4)<f(-1)<f(0)$，

即最大值$f(0)=b=3$，最小值$f(4)=-32a+b=-29$，$b=3$，$a=1$，选 A.

五、函数凹凸性及其判定

1. 凹弧

（1）定义：如果曲线在其任一点切线之上，称曲线为凹弧.

（2）凹弧的切线斜率随着x的增大而增大，即$f'(x)$单调递增.

（3）设$f(x)$在(a, b)内二阶可导，$f(x)$为凹弧的充要条件为$f''(x)\geqslant 0$，$\forall x\in(a, b)$.

2. 凸弧

（1）定义：若曲线在其任一点切线之下，称曲线为凸弧.

（2）凸弧的切线斜率随着x的增大而减小，即$f'(x)$单调递减.

（3）设$f(x)$在(a, b)内二阶可导，$f(x)$为凸弧的充要条件为$f''(x)\leqslant 0$，$\forall x\in(a, b)$.

六、拐点及其判定

（1）定义：曲线上凸弧与凹弧的分界点称为拐点.

即：二阶导数从大于 0 到小于 0，或从小于 0 到大于 0，中间的过渡点称为拐点.

（2）必要条件：$f''(x)$存在且$(x_0, f(x_0))$为拐点，则$f''(x_0)=0$.

充分条件：若$f''(x_0)=0$，且在x_0的两侧$f''(x)$异号，则$(x_0, f(x_0))$是拐点.

七、洛必达法则

洛必达法则：如果两个函数$f(x)$和$g(x)$满足

（1）$\lim f(x)=\lim g(x)=0$（或∞）；

（2）在极限点附近，$f'(x)$，$g'(x)$都存在，且$g'(x)\neq 0$；

（3）$\lim \dfrac{f'(x)}{g'(x)}$存在（或为无穷大）；

则有$\lim \dfrac{f(x)}{g(x)}=\lim \dfrac{f'(x)}{g'(x)}=A$.

【说明】洛必达法则通常用来计算未定型的极限问题，对于$\dfrac{0}{0}$型、$\dfrac{\infty}{\infty}$型可以直接计算. 如果是$0\cdot\infty$、$\infty-\infty$、1^{∞}、∞^{0}及0^{0}型的极限，则需要变形成$\dfrac{0}{0}$或$\dfrac{\infty}{\infty}$型后才可利用洛必达法则. 对于$0\cdot\infty$、$\infty-\infty$型，一般通过倒数、通分变换；而对于1^{∞}、∞^{0}、0^{0}型，通常利用取对数的方法.

【例7】极限$\lim\limits_{x\to 0}\dfrac{\ln(1+x)-x}{x^2}=$（　　）.

（A）$\dfrac{1}{2}$　　（B）0　　（C）$-\dfrac{1}{2}$　　（D）1　　（E）-1

[解析] $\lim\limits_{x\to 0}\dfrac{\ln(1+x)-x}{x^2}=\lim\limits_{x\to 0}\dfrac{\frac{1}{1+x}-1}{2x}=\lim\limits_{x\to 0}\dfrac{-x}{2x(1+x)}=-\lim\limits_{x\to 0}\dfrac{1}{2(1+x)}=-\dfrac{1}{2}$. 选C.

【例8】已知$\lim\limits_{x\to 0}\dfrac{\ln(1+x)+xf(x)}{x^2}=0$，则$\lim\limits_{x\to 0}\dfrac{1+f(x)}{x}=$（　　）.

（A）0　　（B）2　　（C）$\dfrac{1}{2}$　　（D）∞　　（E）1

[解析] 错误解法：

$\lim\limits_{x\to 0}\dfrac{\ln(1+x)+xf(x)}{x^2}=\lim\limits_{x\to 0}\dfrac{x+xf(x)}{x^2}=\lim\limits_{x\to 0}\dfrac{1+f(x)}{x}=0$，错误，原因是在加法运算中不能使用等价无穷小替换.

正确解法：

$$\lim_{x\to 0}\frac{1+f(x)}{x}=\lim_{x\to 0}\frac{x+xf(x)}{x^2}=\lim_{x\to 0}\frac{xf(x)+\ln(1+x)+x-\ln(1+x)}{x^2}$$

$$=\lim_{x\to 0}\left[\frac{xf(x)+\ln(1+x)}{x^2}+\frac{x-\ln(1+x)}{x^2}\right]=\lim_{x\to 0}\frac{x-\ln(1+x)}{x^2},$$

根据洛必达法则，有

$$\lim_{x\to 0}\frac{x-\ln(1+x)}{x^2}=\lim_{x\to 0}\frac{1-\frac{1}{1+x}}{2x}=\lim_{x\to 0}\frac{x}{2x(1+x)}=\lim_{x\to 0}\frac{1}{2(1+x)}=\frac{1}{2}，$$选C.

第四节 阶梯训练

基础能力题

1. 函数$f(x)$在$x=1$处连续，且$\lim\limits_{x\to 1}\frac{\ln[2+f(x)]}{x-1}=-1$，则下列说法正确的是（　　）.

(A) $f(1)=0$　(B) $f'(1)=0$　(C) $f'(1)=-1$

(D) $f'(1)$不存在　(E) $f(1)=1$

2. 已知函数$f(x)$在$x=a$处可导，则$\lim\limits_{x\to 0}\frac{f(a+x)-f(a-x)}{x}=$（　　）.

(A) $f'(a)$　(B) $2f'(a)$　(C) 0　(D) $f'(2a)$　(E) $\frac{1}{2}f'(a)$

3. 设$f(x)$为偶函数，且$f'(0)$存在，则$f'(0)=$（　　）.

(A) -1　(B) -2　(C) 1　(D) 2　(E) 0

4. 设$f(x)>0$，且导数存在，则$\lim\limits_{n\to\infty}n\ln\frac{f\left(a+\frac{1}{n}\right)}{f(a)}=$（　　）.

(A) 0　(B) ∞　(C) $\ln f'(a)$　(D) $\frac{f'(a)}{f(a)}$　(E) $f'(a)$

5. 设函数$f(x)=\begin{cases}ax^2+b & x\leqslant 1\\ e^{\frac{1}{x}} & x>1\end{cases}$在$x=1$点可导，则$a$，$b$的值为（　　）.

(A) $a=-\frac{1}{2}e$，$b=\frac{3}{2}e$　(B) $a=\frac{1}{2}e$，$b=\frac{3}{2}e$

(C) $a=-\frac{1}{2}e$，$b=-\frac{3}{2}e$　(D) $a=\frac{1}{2}e$，$b=-\frac{3}{2}e$

(E) $a=e$，$b=\frac{3}{2}e$

6. 函数$f(x)=\begin{cases}ax+b & x\leqslant 1\\ x^2 & x>1\end{cases}$在$x=1$点可导，则$a$，$b$的值为（　　）.

(A) $a=2$，$b=1$　(B) $a=1$，$b=2$

(C) $a=2$，$b=-1$　(D) $a=-1$，$b=2$

(E) $a=1$，$b=1$

7. 若$f(x)=|x^3-1|\varphi(x)$在$x=1$处可导，且$\varphi(x)$为连续函数，则$\varphi(1)=$（　　）.

(A) -1　(B) 2　(C) 1　(D) $\frac{1}{2}$　(E) 0

8. 若函数$f(x)$可导，且$f(0)=f'(0)=\sqrt{2}$，则$\lim\limits_{h\to 0}\frac{f^2(h)-2}{h}=$（　　）.

(A) 0　(B) 1　(C) $2\sqrt{2}$　(D) 4　(E) 2

9. 设函数$f(x)$可导，且$f(0)=1$，$f'(-\ln x)=x$，则$f(1)=$（　　）.

(A) $2-e^{-1}$　(B) $1-e^{-1}$　(C) $1+e^{-1}$　(D) e^{-1}　(E) $2+e^{-1}$

10. 设$y=\ln\dfrac{\sqrt{1+x^2}-1}{\sqrt{1+x^2}+1}$，则$y'=$（　　）.

(A) $-\dfrac{2}{x\sqrt{1+x^2}}$　(B) $\dfrac{2}{x\sqrt{1+x^2}}$　(C) $\dfrac{4}{x\sqrt{1+x^2}}$

(D) $-\dfrac{4}{x\sqrt{1+x^2}}$　(E) $\dfrac{1}{x\sqrt{1+x^2}}$

11. 设$y=\ln(x+\sqrt{x^2+1})$，则$y''|_{x=\sqrt{3}}=$（　　）.

(A) $\dfrac{1}{3}$　(B) $\dfrac{1}{4}$　(C) $\dfrac{3}{32}$　(D) $-\dfrac{\sqrt{3}}{8}$　(E) $\dfrac{1}{2}$

12. $y=\ln x-\dfrac{xe^x}{\sqrt{1+x}}$在$x=1$处的微分为（　　）.

(A) $dy|_{x=1}=\left(1+\dfrac{7\sqrt{2}}{8}e\right)dx$　(B) $dy|_{x=1}=\left(1-\dfrac{7\sqrt{2}}{8}\right)dx$

(C) $dy|_{x=1}=\left(1+\dfrac{7\sqrt{2}}{8}\right)dx$　(D) $dy|_{x=1}=\left(1-\dfrac{7\sqrt{2}}{8}e\right)dx$

(E) $dy|_{x=1}=\left(1+\dfrac{7\sqrt{2}}{8}e^2\right)dx$

13. $y=2x^2e^{-x}$在$x=1$处的微分为（　　）.

(A) $dy|_{x=1}=-\dfrac{2}{e}dx$　(B) $dy|_{x=1}=e^2dx$

(C) $dy|_{x=1}=2edx$　(D) $dy|_{x=1}=\dfrac{2}{e}dx$

(E) $dy|_{x=1}=\dfrac{1}{e}dx$

14. 设函数$f(x)$在$(-\infty, +\infty)$上满足$2f(1+x)+f(1-x)=e^x$，则$f'(1)=$（　　）.

(A) 0　(B) $\dfrac{1}{2}$　(C) 2　(D) e　(E) 1

15. 曲线$y=e^{1-x}$在点(1，1)处的切线为（　　）.

(A) $x+y=-2$　(B) $x+y=2$

(C) $x-y=2$　(D) $x-y=-2$

(E) $x+y=3$

16. $f(x)=(x^2-x-2)|x^3-x|$不可导点的个数为（　　）.

(A) 1　(B) 2　(C) 3　(D) 4　(E) 5

17. 函数$y=\dfrac{2x}{1+x^2}$在$[-2, 2]$上的最小值和最大值分别为（　　）.

(A) 0.8 和 1　(B) −1 和 1　(C) −1 和 0.8

(D) −0.8 和 1　(E) −1 和 −0.8

18. $\lim\limits_{x\to 0}\dfrac{e^{x^2}-x-1}{\ln(1+x)}=$（　　）.

（A）1　　（B）0　　（C）-1　　（D）2　　（E）-2

19. $\lim\limits_{x\to 1}\dfrac{\sqrt[5]{x}-1}{\sqrt[4]{x}-1}=$（　　）.

（A）1　　（B）0　　（C）-1　　（D）$\dfrac{4}{5}$　　（E）2

20. 设$f(x)$为连续函数，且$\lim\limits_{x\to 1}\dfrac{\ln x}{f(3-x)}=2$，则$f(x)$在$x=2$处（　　）.

（A）不可导　　（B）$f'(2)=2$

（C）$f'(2)=-2$　　（D）$f'(2)=-\dfrac{1}{2}$

（E）$f'(2)=1$

21. 设$f(x)$在$x=0$的某邻域内有定义，且$\lim\limits_{x\to 0}\dfrac{x}{f(3x)}=\dfrac{1}{3}$，则$\lim\limits_{x\to 0}\dfrac{f(-2x)}{x}=$（　　）.

（A）3　　（B）$f'(0)$　　（C）$\dfrac{1}{3}f'(0)$　　（D）-2　　（E）1

22. 函数$f(x)$为奇函数，在$x=0$点可导，则$\lim\limits_{x\to 0}\dfrac{f(tx)-f(x)}{x}=$（　　）.

（A）0　　（B）$(t-1)f'(0)$

（C）$tf'(0)$　　（D）$f'(0)$

（E）t

23. 若$\lim\limits_{h\to 0}\dfrac{f(x_0+2h)-f(x_0-h)}{h}=-2$，则$f'(x_0)=$（　　）.

（A）1　　（B）-6　　（C）$\dfrac{2}{3}$　　（D）6　　（E）$-\dfrac{2}{3}$

24. 曲线$y=\begin{cases}x(x-1)^2 & 0\leqslant x\leqslant 1\\ (x-1)^2(x-2) & 1<x\leqslant 2\end{cases}$在$(0,2)$区间内有（　　）.

（A）2个极值点，3个拐点　　（B）2个极值点，2个拐点

（C）2个极值点，1个拐点　　（D）3个极值点，3个拐点

（E）3个极值点，1个拐点

25. 下列不等式成立的是（　　）.

（A）在$(-3,0)$区间上，$\ln 3-x<\ln(3+x)$

（B）在$(-3,0)$区间上，$\ln 3-x>\ln(3+x)$

（C）在$[0,+\infty)$区间上，$\ln 3-x>\ln(3+x)$

（D）在$[0,+\infty)$区间上，$\ln 3-x<\ln(3+x)$

（E）以上均不成立

26. 已知$f(x)=3x^2+kx^{-3}(k>0)$，当$x>0$时，总有$f(x)\geqslant 20$成立，则参数k的最小取值是（　　）.

（A）32　　（B）64　　（C）72　　（D）96　　（E）98

27. 设曲线$f(x)=xe^{-\frac{1}{x}}$，$g(x)=xe^{-\frac{1}{x^2}}$，则（　　）.

（A）曲线$f(x)$、$g(x)$都有垂直渐近线
（B）曲线$f(x)$、$g(x)$都无垂直渐近线
（C）曲线$f(x)$有垂直渐近线，$g(x)$无垂直渐近线
（D）曲线$f(x)$无垂直渐近线，$g(x)$有垂直渐近线
（E）$f(x)$和$g(x)$都无渐近线

28. 函数$f(x)=\frac{(x-1)(x-2)}{|x|x}$在$(-\infty,+\infty)$上有（　　）.
（A）1 条垂直渐近线，1 条水平渐近线
（B）1 条垂直渐近线，2 条水平渐近线
（C）2 条垂直渐近线，1 条水平渐近线
（D）2 条垂直渐近线，2 条水平渐近线
（E）2 条垂直渐近线，3 条水平渐近线

29. 设某厂家打算生产一批产品投放市场，已知该产品的需求函数为$P=10e^{-\frac{x}{2}}$，其中x表示需求量，P表示价格，则最大收益为（　　）.
（A）$2e^{-1}$　（B）$20e^{-1}$　（C）$2e$　（D）$20e$　（E）$10e$

30. 设企业生产经营时的总利润、收入和成本均是关于产量的可导函数，若生产某产品产量为x单位时，收入和成本分别对产量的变化率（也称边际收入和边际成本）为$20-2x$和$120-10x$，且当产量为 0 时的总收入为 0 元，固定成本为 100 元，则生产x单位的总利润是（　　）.
（A）$4x^2-100x-100$　（B）$4x^2-100x$　（C）$8x-100$
（D）$100x-100$　（E）$100x+100$

基础能力题详解

1. **C**　由$\lim\limits_{x\to1}\frac{\ln[2+f(x)]}{x-1}=-1$得：分母$x-1\to0$，从而推出分子的极限也必为 0.
$\lim\limits_{x\to1}\ln[2+f(x)]=0=\ln[2+f(1)]$，从而$2+f(1)=1$，故$f(1)=-1$，排除 A 和 E.
再根据$\frac{0}{0}$类型，由洛必达法则，得
$$\lim_{x\to1}\frac{\ln[2+f(x)]}{x-1}=\lim_{x\to1}\frac{\ln[1+1+f(x)]}{x-1}=\lim_{x\to1}\frac{1+f(x)}{x-1}=\lim_{x\to1}\frac{f(x)-f(1)}{x-1}=f'(1)$$，得$f'(1)=-1$.

2. **B**　
$$\lim_{x\to0}\frac{f(a+x)-f(a)+f(a)-f(a-x)}{x}=\lim_{x\to0}\left[\frac{f(a+x)-f(a)}{x}+\frac{f(a)-f(a-x)}{x}\right]$$
$$=f'(a)+\lim_{x\to0}\frac{f(a-x)-f(a)}{(-x)}=2f'(a)$$

3. **E**　$f'(0)=\lim\limits_{x\to0}\frac{f(x)-f(0)}{x-0}=\lim\limits_{x\to0}\frac{f(-x)-f(0)}{x-0}=-\lim\limits_{-x\to0}\frac{f(-x)-f(0)}{-x-0}=-f'(0)\Rightarrow f'(0)=0$.

4. **D**　$\lim\limits_{n\to\infty}n\ln\frac{f\left(x+\frac{1}{n}\right)}{f(x)}=\lim\limits_{n\to\infty}\frac{\ln f\left(x+\frac{1}{n}\right)-\ln f(x)}{x+\frac{1}{n}-x}=[\ln f(x)]'=\frac{f'(x)}{f(x)}$，故当$x=a$时，有

$$\lim_{n\to\infty} n\ln\frac{f\left(a+\frac{1}{n}\right)}{f(a)}=\frac{f'(a)}{f(a)}.$$

5. **A**　$f(x)$在$x=1$点连续$\Rightarrow \lim\limits_{x\to1^+}f(x)=\mathrm{e}$，$\lim\limits_{x\to1^-}f(x)=a+b$

$$\Rightarrow a+b=\mathrm{e} \qquad ①$$

$f'_-(1)=\lim\limits_{x\to1^-}(ax^2+b)'=2a$，$f'_+(1)=\lim\limits_{x\to1^+}(\mathrm{e}^{\frac{1}{x}})'=-\mathrm{e}$

$$\Rightarrow -\mathrm{e}=2a \qquad ②$$

由①与②可得 $a=-\dfrac{1}{2}\mathrm{e}$，$b=\dfrac{3}{2}\mathrm{e}$.

6. **C**　根据题意，有$\begin{cases}a+b=1 & （连续）\\ f'_-(1)=f'_+(1) & （可导）\end{cases}\Rightarrow\begin{cases}a+b=1\\ a=2\end{cases}\Rightarrow\begin{cases}a=2\\ b=-1\end{cases}$.

7. **E**　$f'_+(1)=\lim\limits_{x\to1^+}\dfrac{f(x)-f(1)}{x-1}=\lim\limits_{x\to1^+}\dfrac{|x^3-1|\varphi(x)}{x-1}=\lim\limits_{x\to1^+}(x^2+x+1)\varphi(x)$

$f'_-(1)=\lim\limits_{x\to1^-}\dfrac{f(x)-f(1)}{x-1}=\lim\limits_{x\to1^-}\dfrac{|x^3-1|\varphi(x)}{x-1}=-\lim\limits_{x\to1^-}(x^2+x+1)\varphi(x)$

$\Rightarrow f'_-(1)=-3\varphi(1)=f'_+(1)=3\varphi(1)$，$\varphi(x)$是连续的，则$\varphi(1)=0$.

8. **D**　根据洛必达法则，$\lim\limits_{h\to0}\dfrac{f^2(h)-2}{h}=\lim\limits_{h\to0}\dfrac{2f(h)f'(h)}{1}=4$.

9. **A**　$f'(-\ln x)=x\Rightarrow f'(-\ln x)=\dfrac{1}{\mathrm{e}^{-\ln x}}\Rightarrow f'(x)=\dfrac{1}{\mathrm{e}^x}$，从而$f(x)=C-\mathrm{e}^{-x}$，又$f(0)=1$，

则$C=2$，故$f(x)=2-\mathrm{e}^{-x}$，$f(1)=2-\mathrm{e}^{-1}$.

10. **B**　$y=\ln(\sqrt{1+x^2}-1)-\ln(\sqrt{1+x^2}+1)$

$$y'=\frac{1}{\sqrt{1+x^2}-1}\cdot\frac{2x}{2\sqrt{1+x^2}}-\frac{1}{\sqrt{1+x^2}+1}\cdot\frac{2x}{2\sqrt{1+x^2}}=\frac{2}{x\sqrt{1+x^2}}.$$

11. **D**　$y'=\dfrac{1}{x+\sqrt{x^2+1}}\cdot\left(1+\dfrac{2x}{2\sqrt{x^2+1}}\right)=\dfrac{1}{\sqrt{x^2+1}}$,

$$y''=-\frac{1}{2}(1+x^2)^{-\frac{3}{2}}\cdot2x=-x(1+x^2)^{-\frac{3}{2}}\Rightarrow y''\big|_{x=\sqrt{3}}=-\frac{\sqrt{3}}{8}.$$

12. **D**　$\mathrm{d}y=y'\mathrm{d}x$，$\mathrm{d}y\big|_{x=1}=y'\big|_{x=1}\mathrm{d}x$，

$$而\ y'=\frac{1}{x}-\frac{(\mathrm{e}^x+x\mathrm{e}^x)\sqrt{1+x}-x\mathrm{e}^x\dfrac{1}{2\sqrt{1+x}}}{1+x}=\frac{1}{x}-\sqrt{1+x}\mathrm{e}^x+\frac{x\mathrm{e}^x}{2(1+x)^{\frac{3}{2}}}$$

$$y'\big|_{x=1}=1-\frac{7\sqrt{2}}{8}\mathrm{e}，\mathrm{d}y\big|_{x=1}=\left(1-\frac{7\sqrt{2}}{8}\mathrm{e}\right)\mathrm{d}x.$$

13. **D**　$y'=4x\mathrm{e}^{-x}-2x^2\mathrm{e}^{-x}\Rightarrow y'\big|_{x=1}=\dfrac{2}{\mathrm{e}}$，故$\mathrm{d}y\big|_{x=1}=\dfrac{2}{\mathrm{e}}\mathrm{d}x$.

14. **E**　$\left.\begin{aligned}2f(1+x)+f(1-x)=\mathrm{e}^x\\ 2f(1-x)+f(1+x)=\mathrm{e}^{-x}\end{aligned}\right\}$

$\Rightarrow f(1+x)=\frac{1}{3}(2e^{x}-e^{-x})\Rightarrow f(t)=\frac{1}{3}(2e^{t-1}-e^{1-t})\Rightarrow f(x)=\frac{1}{3}(2e^{x-1}-e^{1-x})$

$\Rightarrow f'(x)=\frac{1}{3}(2e^{x-1}+e^{1-x})\Rightarrow f'(1)=1.$

另解：$2f(1+x)+f(1-x)=e^{x}$，两边对 x 求导得到 $2f'(1+x)-f'(1-x)=e^{x}$，再令 $x=0$ 得到 $f'(1)=1$.

15. **B** 曲线在 x_0 处的切线方程为 $y-y_0=y'|_{x=x_0}(x-x_0)$，又 $y'|_{x=1}=-e^{1-x}|_{x=1}=-1$，则切线方程为 $y-1=-(x-1)$，即 $x+y=2$.

16. **B** $f(x)=(x+1)(x-2)|x||x+1||x-1|\Rightarrow$可能不可导的点为 -1，0，1.
对于 $f(x)=|x|$ 在 $x=0$ 处不可导，但 $f(x)=x|x|$ 在 $x=0$ 处是可导的.
对于 $f(x)=(x-x_0)|x-x_0|$ 在 x_0 点一定是可导的且 $f'(x_0)=0$.
$f(x)=|x-x_0|$ 在 x_0 点一定不可导，因此不可导的点为 0，1.

17. **B** $y'=\frac{2(1+x^2)-2x\cdot 2x}{(1+x^2)^2}=\frac{2(1-x^2)}{(1+x^2)^2}$，令 $y'=0\Rightarrow x=\pm 1$，
$f(-1)=-1$，$f(1)=1$，$f(2)=0.8$，$f(-2)=-0.8$，
所以最大值为 $f(1)=1$，最小值为 $f(-1)=-1$.

18. **C** 分子、分母分别求导，$\lim\limits_{x\to 0}\frac{e^{x^2}-x-1}{\ln(1+x)}=\lim\limits_{x\to 0}\frac{2xe^{x^2}-1}{\frac{1}{1+x}}=-1$.

19. **D** 分子、分母分别求导，$\lim\limits_{x\to 1}\frac{\sqrt[5]{x}-1}{\sqrt[4]{x}-1}=\lim\limits_{x\to 1}\frac{\frac{1}{5}x^{-\frac{4}{5}}}{\frac{1}{4}x^{-\frac{3}{4}}}=\frac{4}{5}$.

20. **D** $\lim\limits_{x\to 1}\frac{\ln x}{f(3-x)}=\lim\limits_{x\to 1}\frac{\ln x}{f(2+(1-x))}$，令 $t=1-x$，
上式 $=\lim\limits_{t\to 0}\frac{\ln(1-t)}{f(2+t)}=\lim\limits_{t\to 0}\frac{-t}{f(2+t)}$，分子极限为 0，分母极限则必为 0.
$f(x)$连续，$\lim\limits_{t\to 0}f(2+t)=f(2)$，故 $f(2)=0$.
$\lim\limits_{t\to 0}\frac{-t}{f(2+t)-f(2)}=\lim\limits_{t\to 0}\frac{1}{\frac{f(2+t)-f(2)}{-t}}=-\frac{1}{f'(2)}$，则 $f'(2)=-\frac{1}{2}$.

21. **D** $\lim\limits_{x\to 0}\frac{x}{f(3x)}=\frac{1}{3}$，则$\lim\limits_{x\to 0}\frac{3x}{f(3x)}=1$，
故$\lim\limits_{x\to 0}\frac{x}{f(x)}=1$，$\lim\limits_{x\to 0}\frac{f(-2x)}{x}=-2\lim\limits_{x\to 0}\frac{f(-2x)}{-2x}=-2$.

22. **B** $\lim\limits_{x\to 0}\frac{f(tx)-f(x)}{x}=\lim\limits_{x\to 0}\frac{f(tx)-f(0)+[f(0)-f(x)]}{x}$
$=\lim\limits_{x\to 0}t\frac{f(tx)-f(0)}{tx}+\lim\limits_{x\to 0}\frac{f(0)-f(x)}{x}=tf'(0)-f'(0)=(t-1)f'(0)$.

23. **E** $\lim\limits_{h\to 0}\frac{f(x_0+2h)-f(x_0)+f(x_0)-f(x_0-h)}{h}=2f'(x_0)+f'(x_0)=-2$，故 $f'(x_0)=-\frac{2}{3}$.

24. **A**　$f'(x)=\begin{cases}3x^2-4x+1 & 0\leqslant x<1\\ 0 & x=1\\ 3x^2-8x+5 & 1<x\leqslant 2\end{cases}$，$x=\frac{1}{3}$，1，$\frac{5}{3}$时，$f'(x)=0$，$x=\frac{1}{3}$时取极大值，

$x=\frac{5}{3}$时取极小值；$f''(x)=\begin{cases}6x-4 & 0\leqslant x<1\\ 6x-8 & 1<x\leqslant 2\end{cases}$，$x=1$，$\frac{2}{3}$，$\frac{4}{3}$都是拐点.

25. **B**　令$f(x)=\ln(3+x)+x-\ln 3$，则$f'(x)=\frac{x+4}{x+3}$，$x>-3$时，$f(x)$是增函数，且$f(0)=0$.

26. **B**　$f(x)=3x^2+kx^{-3}=x^2+x^2+x^2+\frac{k}{2x^3}+\frac{k}{2x^3}\geqslant 5\sqrt[5]{x^2\cdot x^2\cdot x^2\cdot\frac{k}{2x^3}\cdot\frac{k}{2x^3}}=20$，得$k=64$.

27. **C**　$\lim\limits_{x\to 0^+}f(x)=\lim\limits_{x\to 0^+}x\mathrm{e}^{-\frac{1}{x}}=0$，$\lim\limits_{x\to 0^-}f(x)=\lim\limits_{x\to 0^-}x\mathrm{e}^{-\frac{1}{x}}=\infty$，所以$x=0$是$f(x)$的垂直渐近线；

$\lim\limits_{x\to 0}g(x)=\lim\limits_{x\to 0}x\mathrm{e}^{-\frac{1}{x^2}}=0$，所以$x=0$不是$g(x)$的垂直渐近线.

28. **B**　$\lim\limits_{x\to 0}f(x)=\lim\limits_{x\to 0}\frac{(x-1)(x-2)}{|x|x}=\infty$，$x=0$是垂直渐近线；

$\lim\limits_{x\to +\infty}f(x)=\lim\limits_{x\to +\infty}\frac{(x-1)(x-2)}{|x|x}=1$，$y=1$是一条水平渐近线；

$\lim\limits_{x\to -\infty}f(x)=\lim\limits_{x\to -\infty}\frac{(x-1)(x-2)}{|x|x}=-1$，$y=-1$是一条水平渐近线.

29. **B**　收益$R(x)=P\cdot x=10x\mathrm{e}^{-\frac{x}{2}}$，

令$R'(x)=10\mathrm{e}^{-\frac{x}{2}}+10x\cdot\mathrm{e}^{-\frac{x}{2}}\cdot\left(-\frac{1}{2}\right)=5(2-x)\mathrm{e}^{-\frac{x}{2}}=0$，得$x=2$，

且当$0\leqslant x<2$时，$R'(x)>0$；当$x>2$时，$R'<0$.

可见：当$x=2$时，$R(x)$取极大值，即最大值，且$R(2)=20\mathrm{e}^{-1}$.

30. **A**　设总利润为L，收入为R，成本为C，产量为x，则

$R'_x=20-2x$，$C'_x=120-10x\Rightarrow R=20x-x^2+C_1$，$C=120x-5x^2+C_2$.

$C_1=0$，$C_2=100$，$L=R-C=20x-x^2-120x+5x^2-100=4x^2-100x-100$.

综合提高题

1. 函数$f(x)=\begin{cases}ax^2+b & x\geqslant 1\\ \frac{\pi}{2}x & x<1\end{cases}$在$x=1$处可导，则（　　）.

（A）$a=\frac{\pi}{4}$，$b=\frac{\pi}{4}$　　（B）$a=\frac{\pi}{4}$，b为任意数

（C）$a=\frac{\pi}{2}$，$b=\pi$　　（D）$a=\pi$，$b=\frac{\pi}{2}$

（E）$a=\frac{\pi}{4}$，$b=\frac{\pi}{2}$

2. 方程$x^4-x^3-2x^2+3x+1=0$在$(-\infty,+\infty)$内有（　　）个实根.

（A）1　（B）0　（C）2　（D）3　（E）4

3. 设$\lim\limits_{x\to a}\dfrac{f(x)-f(a)}{(x-a)^2}=-1$，则$f(x)$在$x=a$处（　　）.

（A）不可导　（B）可导且$f'(a)\neq0$　（C）有极大值
（D）有极小值　（E）无极值

4. 设函数$f(x)$在点$x=1$处连续，$\lim\limits_{x\to1}\dfrac{\ln[2+f(x)]}{x-1}=-1$，则（　　）.

（A）$f(1)=0$　（B）$f'(1)=0$　（C）$f'(1)=-1$
（D）$f'(1)$不存在　（E）$f(1)=2$

5. 设函数$f(x)=|x^3-1|\cdot\varphi(x)$，其中$\varphi(x)$在$x=1$处连续，则$\varphi(1)=0$是$f(x)$在$x=1$处可导的（　　）.

（A）充要条件　（B）必要但非充分条件
（C）充分但非必要条件　（D）既非充分又非必要条件
（E）无法确定

6. 若函数$f(x)$在$x=a$的某邻域内有定义，且$\lim\limits_{h\to0}\dfrac{f(a+h)-f(a-h)}{2h}$存在，则$f(x)$在$x=a$处（　　）.

（A）可导　（B）不一定可导
（C）可导且$f'(a)\neq0$　（D）可导且$f'(a)=0$
（E）一定不可导

7. 设$f(x)$有连续的导函数，$f(0)=0$，$f'(0)=b$，则函数$F(x)=\begin{cases}\dfrac{f(x)+a\ln(1+x)}{x} & x\neq0\\ A & x=0\end{cases}$在$x=0$处连续，那么有$A=$（　　）.

（A）a　（B）ab　（C）b　（D）$b-a$　（E）$a+b$

8. $f(x)=\begin{cases}-ax^2 & x\geqslant0\\ ax^2 & x<0\end{cases}$在点$x=0$处$f''(0)$存在，则（　　）.

（A）$a=0$　（B）$a=1$　（C）$a=-1$　（D）$a\neq0$　（E）$a=2$

9. 已知$f\left(\dfrac{1}{x}\right)=\dfrac{x}{x+1}$，则$f'(x)=$（　　）.

（A）$\dfrac{1}{(x+1)^2}$　（B）$-\dfrac{x^2}{(x+1)^2}$　（C）$-\dfrac{1}{(x+1)^2}$　（D）$\dfrac{x^2}{(x+1)^2}$　（E）$\dfrac{x^2}{x^2+1}$

10. 已知$f(x)=\dfrac{1}{\ln x}$，则$\lim\limits_{x\to e}\dfrac{f(x)-1}{2(e-x)}=$（　　）.

（A）e^{-1}　（B）$-2e^{-1}$　（C）$-\dfrac{1}{2}e$　（D）$\dfrac{1}{2e}$　（E）$-\dfrac{1}{e}$

11. 设$a>0$，$f'(a)=a^2$，则$\lim\limits_{h\to0}\dfrac{f(a+h)-f(a)}{\ln(a+h)-\ln a}=$（　　）.

（A）a　（B）a^2　（C）a^3　（D）$\dfrac{1}{a}$　（E）$\dfrac{1}{a^2}$

12. 设$y=y(x)$由$x=y^y$确定，则$dy=$（　　）.

（A）$\frac{1}{x(1+\ln y)}dx$　　（B）$\frac{1}{y^y}dx$　　（C）$\frac{1}{1+\ln y}dx$

（D）$\frac{1}{x\ln y}dx$　　（E）$x\ln y dx$

13. 设函数$f(u)$可导，$y=f(x^2)$，当自变量 x 在 $x=-1$ 处取得增量 $\Delta x=-0.1$ 时，相应函数的增量 Δy 的线性主部为 0.1，则$f'(1)=$（　　）.

（A）-1　　（B）0.1　　（C）1　　（D）0.5　　（E）0.2

14. 设$f(x)$在 $x=1$ 处连续且是周期为 2 的周期函数，$\lim\limits_{x\to1}\frac{f(x)}{x-1}=2$，则曲线 $y=f(x)$过点$(-1, f(-1))$的切线方程为（　　）.

（A）$y=2(x-1)$　　（B）$y=2(x+1)$　　（C）$y=x-1$

（D）$y=2x-1$　　（E）$y=x+1$

15. 设$f(x)$在$(0, +\infty)$上可导，且 $xf'(x)>f(x)$，则 $y=\frac{f(x)}{x}$是（　　）.

（A）单调递增函数　　（B）单调递减函数　　（C）凹函数

（D）凸函数　　（E）奇函数

16. 函数$f(x)$在$[1, +\infty)$上具有连续导数，且 $\lim\limits_{x\to+\infty}f'(x)=0$，则（　　）.

（A）$f(x)$在$[1, +\infty)$上有界　　（B）$\lim\limits_{x\to+\infty}f(x)$存在

（C）$\lim\limits_{x\to+\infty}[f(2x)-f(x)]=0$　　（D）$\lim\limits_{x\to+\infty}[f(x+1)-f(x)]=0$

（E）$\lim\limits_{x\to1^+}f(x)=0$

17. 若函数$f(x)=\begin{cases}\frac{1}{x^3}\int_0^{3x}(e^{-t^2}-1)dt & x\neq0\\ a & x=0\end{cases}$在 $x=0$ 处连续,则 $a=$（　　）.

（A）9　　（B）-3　　（C）0　　（D）1　　（E）-9

综合提高题详解

1. **A**　因为$f'(1^+)=\lim\limits_{x\to1^+}(ax^2+b)'=\lim\limits_{x\to1^+}2ax=2a$，

$f'(1^-)=\lim\limits_{x\to1^-}\left(\frac{\pi}{2}x\right)'=\lim\limits_{x\to1^-}\frac{\pi}{2}=\frac{\pi}{2}$，故 $2a=\frac{\pi}{2}\Rightarrow a=\frac{\pi}{4}$，又$f(x)$在 $x=1$ 处连续，

故$\lim\limits_{x\to1^+}f(x)=\lim\limits_{x\to1^-}f(x)=f(1)$，即 $ax^2+b\big|_{x=1}=a+b=\lim\limits_{x\to1^-}\frac{\pi}{2}x=\frac{\pi}{2}\Rightarrow b=\frac{\pi}{4}$.

2. **C**　令$f(x)=x^4-x^3-2x^2+3x+1$，此题先求出$f(x)$的极值点，然后由$f(x)$的图形求出$f(x)=0$ 的根.

$f'(x)=4x^3-3x^2-4x+3=(x^2-1)(4x-3)=0$，

令$f'(x)=0$，$x=\frac{3}{4}$，$x=\pm1$. $f''(x)=12x^2-6x-4$，

$f''(1)=2>0$，$x=1$ 为极小值点，极小值$f(1)=2$.

$f''(-1)=14>0$，$x=-1$ 为极小值点，极小值$f(-1)=-2$.

$f''\left(\frac{3}{4}\right)=-\frac{7}{4}<0$，$x=\frac{3}{4}$为极大值点，极大值$f\left(\frac{3}{4}\right)=\frac{517}{256}>0$.

又$\lim\limits_{x\to\pm\infty}f(x)=+\infty$，$f(x)$的图像大致如图 2.6 所示，所以$f(x)=0$有两个实根.

【注意】掌握这种利用极值来研究根的个数的方法，并学会结合图像.

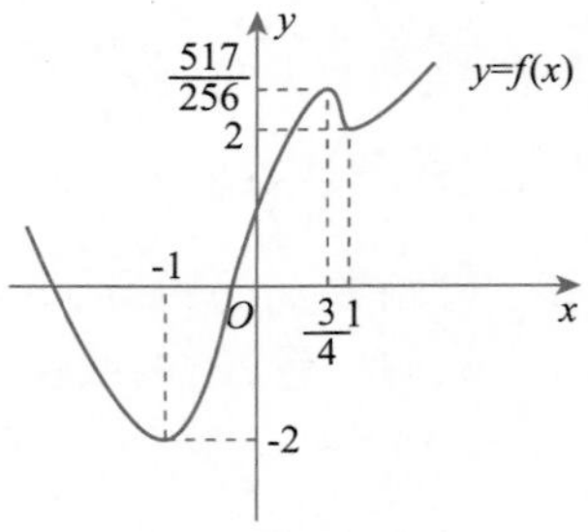

图 2.6

3. C　由$\lim\limits_{x\to a}\dfrac{f(x)-f(a)}{(x-a)^2}=-1\Rightarrow\exists\mathring{U}(a)$，

即$\mathring{U}(a)=\{x\,|\,0<|x-a|<\delta\}$，如图 2.7 所示.

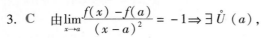

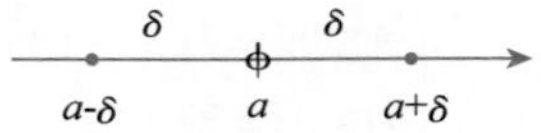

图 2.7

$\dfrac{f(x)-f(a)}{(x-a)^2}<0\Rightarrow f(x)-f(a)<0$，

即$f(x)<f(a)$，故应选 C.

4. C　$\lim\limits_{x\to1}\dfrac{\ln[2+f(x)]}{x-1}=-1\Rightarrow\lim\limits_{x\to1}\ln[2+f(x)]=0$，

$\ln[2+f(1)]=0$，$2+f(1)=1$，故$f(1)=-1$.

又$f'(1)=\lim\limits_{x\to1}\dfrac{f(x)-f(1)}{x-1}=\lim\limits_{x\to1}\dfrac{f(x)+1}{x-1}$

$=\lim\limits_{x\to1}\dfrac{\ln\{1+[f(x)+1]\}}{x-1}$　　$[\ln(1+x)\sim x]$

$=\lim\limits_{x\to1}\dfrac{\ln[2+f(x)]}{x-1}=-1$，故选 C.

5. A　$f'_+(1)=\lim\limits_{x\to1^+}\dfrac{f(x)-f(1)}{x-1}=\lim\limits_{x\to1^+}\dfrac{|x^3-1|\varphi(x)}{x-1}$

$=\lim\limits_{x\to1^+}\dfrac{(x^3-1)\varphi(x)}{x-1}=\lim\limits_{x\to1^+}(x^2+x+1)\varphi(x)=3\varphi(1)$.

$f'_-(1)=\lim\limits_{x\to1^-}\dfrac{f(x)-f(1)}{x-1}=\lim\limits_{x\to1^-}\dfrac{|x^3-1|\varphi(x)}{x-1}=-\lim\limits_{x\to1^-}\dfrac{(x^3-1)\varphi(x)}{x-1}=-3\varphi(1)$.

$f'(1)$存在$\Leftrightarrow f'_-(1)=f'_+(1)\Leftrightarrow3\varphi(1)=-3\varphi(1)\Leftrightarrow\varphi(1)=0$，选 A.

6. B　$\lim\limits_{h\to0}\dfrac{f(a+h)-f(a-h)}{2h}=\lim\limits_{h\to0}\dfrac{f(a+h)-f(a)+f(a)-f(a-h)}{2h}$

$=\dfrac{1}{2}\lim\limits_{h\to0}\left[\dfrac{f(a+h)-f(a)}{h}+\dfrac{f(a-h)-f(a)}{-h}\right]$

如：$f(x)=\begin{cases}1 & x\neq a\\0 & x=a\end{cases}$在$x=a$处不可导，但$\lim\limits_{h\to0}\dfrac{f(a+h)-f(a-h)}{2h}=\lim\limits_{h\to0}\dfrac{1-1}{2h}=0$.

7. E　由题设$A=F(0)=\lim\limits_{x\to0}F(x)=\lim\limits_{x\to0}\dfrac{f(x)+a\ln(1+x)}{x}$

$=\lim\limits_{x\to0}\left[\dfrac{f(x)-f(0)}{x}+a\cdot\dfrac{\ln(1+x)}{x}\right]=f'(0)+a=a+b$.

8. A　$f'(x)=\begin{cases}-2ax & x>0\\0 & x=0\\2ax & x<0\end{cases}$，即$f'(x)=\begin{cases}-2ax & x\geqslant0\\2ax & x<0\end{cases}$，则$f''(x)=\begin{cases}-2a & x>0\\2a & x<0\end{cases}$.

$f''_-(0)=2a$，$f''_+(0)=-2a$，$f''(0)$存在$\Leftrightarrow2a=-2a\Rightarrow a=0$.

9. **C**　$f\left(\frac{1}{x}\right)=\frac{1}{\frac{1}{x}+1}\Rightarrow f(x)=\frac{1}{x+1}\Rightarrow f'(x)=-\frac{1}{(x+1)^2}$.

10. **D**　$\lim\limits_{x\to e}\frac{f(x)-1}{2(e-x)}=\lim\limits_{x\to e}\frac{f(x)-f(e)}{x-e}\cdot\left(-\frac{1}{2}\right)=f'(e)\cdot\left(-\frac{1}{2}\right)$

而 $f'(x)=\frac{-\frac{1}{x}}{\ln^2x}=-\frac{1}{x\ln^2x}$，$f'(e)=-\frac{1}{e}\Rightarrow$ 原式 $=-\frac{1}{2}\cdot\left(-\frac{1}{e}\right)=\frac{1}{2e}$.

11. **C**　原式 $=\lim\limits_{h\to0}\frac{\frac{f(a+h)-f(a)}{h}}{\frac{\ln(a+h)-\ln a}{h}}=\frac{f'(a)}{(\ln x)'\big|_{x=a}}=\frac{a^2}{\frac{1}{a}}=a^3$.

12. **A**　$x=y^y\Rightarrow\ln x=y\ln y$

两边对 x 求导：$\frac{1}{x}=y'\ln y+y\cdot\frac{1}{y}\cdot y'\Rightarrow y'=\frac{1}{x(1+\ln y)}$

所以 $dy=y'dx=\frac{1}{x(1+\ln y)}dx$.

13. **D**　$\Delta y=A\cdot\Delta x+o(\Delta x)\Rightarrow dy=y'(x_0)\cdot\Delta x=A\cdot\Delta x$

$dy=y'dx$，$x_0=-1$，即 $0.1=f'(x_0^2)\cdot2x_0\cdot\Delta x=f'(1)\cdot(-2)\cdot(-0.1)\Rightarrow f'(1)=\frac{1}{2}$.

14. **B**　切线：$y-f(-1)=f'(-1)(x+1)$，又 $f(x+2)=f(x)\Rightarrow f(-1)=f(1)$

$f'(x+2)=f'(x)\Rightarrow f'(-1)=f'(1)$

由 $\lim\limits_{x\to1}\frac{f(x)}{x-1}=2$ 知：$f(1)=0$，$f'(1)=\lim\limits_{x\to1}\frac{f(x)-f(1)}{x-1}=\lim\limits_{x\to1}\frac{f(x)}{x-1}=2$，

所以 $f(-1)=0$，$f'(-1)=2$，故过点 $(-1,f(-1))$ 的切线为 $y-0=2(x+1)$，

即 $y=2(x+1)$.

15. **A**　$y'=\left[\frac{f(x)}{x}\right]'=\frac{xf'(x)-f(x)}{x^2}>0\Leftrightarrow xf'(x)-f(x)>0\Leftrightarrow xf'(x)>f(x)$，题干中并没说 $f(x)$ 是否二次可导，故无法判断是凹函数还是凸函数.

16. **D**　若 $f(x)=\ln x$，可排除 A，B，C 选项；若 $f(x)=\frac{1}{x}$，可排除 E 选项.

$\lim\limits_{x\to+\infty}f'(x)=\lim\limits_{x\to+\infty}\left[\lim\limits_{a\to0}\frac{f(x+a)-f(x)}{a}\right]=0\Rightarrow\lim\limits_{x\to+\infty}[f(x+a)-f(x)]=0$.

17. **E**　$\lim\limits_{x\to0}f(x)=\lim\limits_{x\to0}\frac{1}{x^3}\int_0^{3x}(e^{-t^2}-1)dt=\lim\limits_{x\to0}\frac{3(e^{-9x^2}-1)}{3x^2}=\lim\limits_{x\to0}\frac{-54xe^{-9x^2}}{6x}=-9$.

第三章　一元函数积分学

【大纲解读】

不定积分和定积分的概念，牛顿－莱布尼茨公式，不定积分和定积分的计算，定积分的几何应用．理解原函数、不定积分的概念；掌握不定积分、定积分的性质．掌握不定积分、定积分的换元积分法和分部积分法，理解变限积分函数，会求它的导数；掌握牛顿－莱布尼茨公式．

【命题剖析】

要理解原函数与不定积分的概念，牢记不定积分的基本公式以及不定积分的性质，在此基础上能灵活运用换元积分法和分部积分法求一些函数的不定积分．本章考试的重点是积分的计算，特别是要会求分段函数与复合函数的不定积分；利用原函数与不定积分的关系解题，是本章的难点，也是重点．

【知识体系】

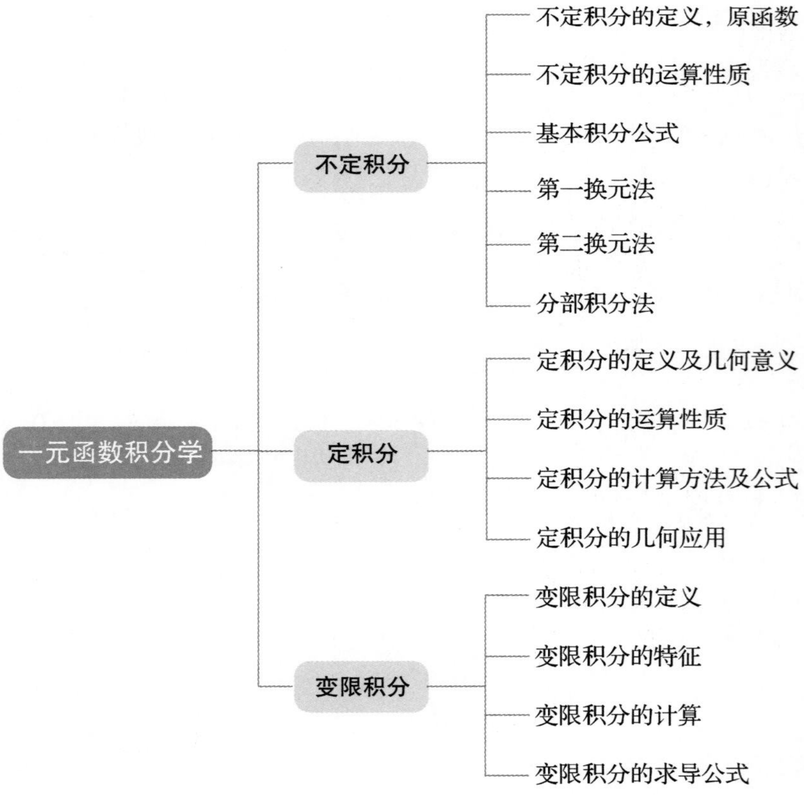

【备考建议】

不定积分是一元函数积分学的重要组成部分，是计算定积分的基础. 不定积分的基本概念是原函数概念，重点在于不定积分的计算，运算量大，技巧性强，复习时须多做练习，特别是综合性题目的练习.

第一节　考点剖析

一、不定积分

1. 不定积分概念

原函数的定义　若对区间 I 上的每一点 x，都有 $F'(x)=f(x)$ 或 $\mathrm{d}F(x)=f(x)\mathrm{d}x$，则称 $F(x)$ 是函数 $f(x)$ 在该区间上的一个原函数.

原函数的特性　若函数 $f(x)$ 有一个原函数 $F(x)$，则它就有无穷多个原函数，且这无穷多个原函数可表示为 $F(x)+C$ 的形式，其中 C 是任意常数.

不定积分的定义　函数 $f(x)$ 的原函数的全体称为 $f(x)$ 的不定积分，记作 $\int f(x)\mathrm{d}x$. 若 $F(x)$ 是 $f(x)$ 的一个原函数，则

$$\int f(x)\mathrm{d}x = F(x) + C \quad (C\text{ 是任意常数})$$

原函数的存在性　在区间 I 上连续的函数在该区间上存在原函数；且原函数在该区间上也必连续.

如果 $F(x)$ 是 $f(x)$ 的一个原函数，那么曲线 $y=F(x)$ 称为被积函数 $f(x)$ 的一条积分曲线，由于不定积分：$\int f(x)\mathrm{d}x = F(x) + C$，那么在几何上，不定积分 $\int f(x)\mathrm{d}x$ 表示的是：积分曲线 $y=F(x)$ 沿着 y 轴由 $-\infty$ 到 $+\infty$ 平行移动的积分曲线族，这个曲线族中的所有曲线可表示成 $y=F(x)+C$，它们在同一横坐标 x 处的切线彼此平行；因为它们的斜率都等于 $f(x)$. 如图 3.1 所示.

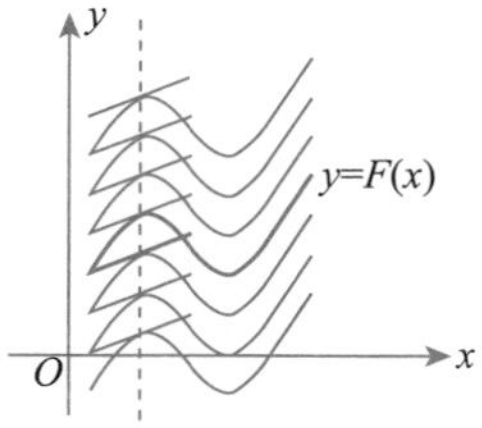

图 3.1

2. 不定积分的性质

（1）积分运算与导数（微分）运算互为逆运算.

$$\frac{\mathrm{d}}{\mathrm{d}x}\left(\int f(x)\mathrm{d}x\right) = f(x) \text{ 或 } \mathrm{d}\left(\int f(x)\mathrm{d}x\right) = f(x)\mathrm{d}x,$$

$$\int F'(x)\mathrm{d}x = F(x) + C \text{ 或} \int \mathrm{d}F(x) = F(x) + C.$$

（2）$\int kf(x)\mathrm{d}x = k\int f(x)\mathrm{d}x$　（常数 $k\neq 0$）.

（3）$\int [f(x) \pm g(x)]\mathrm{d}x = \int f(x)\mathrm{d}x \pm \int g(x)\mathrm{d}x.$

3. **基本积分公式**

(1) $\int k\mathrm{d}x = kx + C$ (k 是常数)

(2) $\int x^{\alpha}\mathrm{d}x = \dfrac{x^{\alpha+1}}{\alpha+1} + C$,($\alpha \neq -1$),尤其 $\int \dfrac{1}{\sqrt{x}}\mathrm{d}x = 2\sqrt{x} + C$,$\int \dfrac{1}{x^2}\mathrm{d}x = -\dfrac{1}{x} + C$.

(3) $\int \dfrac{1}{x}\mathrm{d}x = \ln|x| + C$

(4) $\int a^x\mathrm{d}x = \dfrac{a^x}{\ln a} + C$,($a>0$,且 $a\neq 1$)

(5) $\int \mathrm{e}^x\mathrm{d}x = \mathrm{e}^x + C$

(6) $\int \cos x\mathrm{d}x = \sin x + C$

(7) $\int \sin x\mathrm{d}x = -\cos x + C$

(8) $\int \dfrac{1}{\cos^2 x}\mathrm{d}x = \tan x + C$

(9) $\int \dfrac{1}{\sin^2 x}\mathrm{d}x = -\cot x + C$

(10) $\int \sec x\tan x\mathrm{d}x = \sec x + C$

(11) $\int \csc x\cot x\mathrm{d}x = -\csc x + C$

(12) $\int \dfrac{\mathrm{d}x}{1+x^2} = \arctan x + C$

(13) $\int \dfrac{\mathrm{d}x}{\sqrt{1-x^2}} = \arcsin x + C$

(14) $\int \dfrac{1}{a^2+x^2}\mathrm{d}x = \dfrac{1}{a}\arctan\dfrac{x}{a} + C$

(15) $\int \dfrac{1}{x^2-a^2}\mathrm{d}x = \dfrac{1}{2a}\ln\left|\dfrac{x-a}{x+a}\right| + C$

(16) $\int \dfrac{1}{\sqrt{a^2-x^2}}\mathrm{d}x = \arcsin\dfrac{x}{a} + C$

(17) $\int \dfrac{1}{\sqrt{a^2+x^2}}\mathrm{d}x = \ln(x + \sqrt{a^2+x^2}) + C$

(18) $\int \dfrac{\mathrm{d}x}{\sqrt{x^2-a^2}} = \ln|x + \sqrt{x^2-a^2}| + C$

(19) $\int \tan x\mathrm{d}x = -\ln|\cos x| + C$

(20) $\int \cot x\mathrm{d}x = \ln|\sin x| + C$

（21）$\int \sec x \mathrm{d}x = \ln|\sec x + \tan x| + C$

（22）$\int \csc x \mathrm{d}x = \ln|\csc x - \cot x| + C$

4. 求不定积分的基本方法和重要公式

（1）直接积分法

所谓直接积分法就是用基本积分公式和不定积分的运算性质，或先将被积函数通过代数或三角恒等变形，再用基本积分公式和不定积分的运算性质可求出不定积分的结果.

（2）换元积分法

①第一换元积分法

若 $\int f(u)\mathrm{d}u = F(u) + C$，则

$$\int f(\varphi(x))\varphi'(x)\mathrm{d}x = \int f(\varphi(x))\mathrm{d}\varphi(x) = \int f(u)\mathrm{d}u = F(u) + C = F(\varphi(x)) + C$$

【说明】Ⅰ. 运算较熟练后，可不设中间变量 $u=\varphi(x)$，上式可写作

$$\int f(\varphi(x))\mathrm{d}\varphi(x) = F(\varphi(x)) + C.$$

Ⅱ. 第一换元积分法的实质正是复合函数求导公式的逆用. 它相当于将基本积分公式中的积分变量 x 用 x 的可微函数 $\varphi(x)$ 替换后公式仍然成立.

用第一换元积分法的思路：不定积分 $\int f(x)\mathrm{d}x$ 可用第一换元积分法，并用变量替换 $u = \varphi(x)$，其关键是被积函数 $g(x)$ 可视为两个因子的乘积

$$g(x) = f(\varphi(x))\varphi'(x)$$

且一个因子 $f(\varphi(x))$ 是 $\varphi(x)$ 的函数（是积分变量 x 的复合函数），另一个因子 $\varphi'(x)$ 是 $\varphi(x)$ 的导数（可以相差常数因子）.

有些不定积分，初看起来，被积函数不具有上述第一换元积分法所要求的特征，在熟记基本积分公式的前提下，注意观察被积函数的特点，将其略加恒等变形——代数或三角变形，便可用第一换元积分法.

②第二换元积分法

【换元过程】$\int f(x)\mathrm{d}x \xlongequal[\text{令 } x = \varphi(t)]{\text{变量替换}} \int f(\varphi(t))\varphi'(t)\mathrm{d}t = F(t) + C$

$$\xlongequal[t = \varphi^{-1}(x)]{\text{变量还原}} F(\varphi^{-1}(x)) + C.$$

【说明】第二换元积分法与第一换元积分法实际上正是一个公式从两个不同的方向运用

$$\int f(\varphi(x))\varphi'(x)\mathrm{d}x \underset{\substack{\text{令 } u = \varphi(x) \\ \text{第二换元法}}}{\overset{\substack{\text{第一换元法} \\ \text{令 } \varphi(x) = u}}{\rightleftharpoons}} \int f(u)\mathrm{d}u.$$

用第二换元积分法的思路：若所给的积分 $\int f(x)\mathrm{d}x$ 不易求解，就将原积分变量 x 用新变

量 t 的某一函数 $\varphi(t)$ 来替换，化成以 t 为积分变量的不定积分 $\int f(\varphi(t))\varphi'(t)\,\mathrm{d}t$，若该积分易于求解，便达到目的.

被积函数是下述情况，一般要用第二换元积分法：

Ⅰ. 被积函数含根式 $\sqrt[n]{ax+b}$($a\neq 0$，b 可以是 0)时，令 $\sqrt[n]{ax+b}=t$，求其反函数，作替换 $x=\frac{1}{a}(t^n-b)$，可消去根式，化为代数有理式的积分.

Ⅱ. 被积函数含根式 $\sqrt{e^x\pm a}$时，令 $\sqrt{e^x\pm a}=t$，求其反函数，作替换 $x=\ln(t^2\pm a)$，可消去根式. 被积函数含指数函数 a^x(或 e^x)，有时也要作变量替换：令 $a^x=t$(或 $e^x=t$)，设 $x=\frac{\ln t}{\ln a}$(或 $x=\ln t$)，以消去 a^x(或 e^x).

Ⅲ. 三角换元. 遇到 $\sqrt{1-x^2}$，令 $x=\sin t$ 或 $\cos t$. 遇到 $\sqrt{1+x^2}$，令 $x=\tan t$. 遇到 $\sqrt{x^2-1}$，令 $x=\sec t$.

(3) 分部积分法

分部积分公式：$\int u(x)v'(x)\,\mathrm{d}x = u(x)v(x) - \int v(x)u'(x)\,\mathrm{d}x$ 或

$$\int u(x)\,\mathrm{d}v(x) = u(x)v(x) - \int v(x)\,\mathrm{d}u(x)$$

【说明】分部积分法是两个函数乘积求导数公式的逆用. 用分部积分法的思路：

①公式的意义：欲求 $\int uv'\mathrm{d}x$，转化为先求 $\int vu'\mathrm{d}x$.

②关于选取 u 和 v'：用分部积分法的关键是，当被积函数看作是两个函数乘积时，选取哪一个因子为 $u=u(x)$，哪一个因子为 $v'=v'(x)$. 一般来说，选取 u 和 v'应遵循如下原则：

Ⅰ. 选取作 v'的函数，应易于计算它的原函数；

Ⅱ. 所选取的 u 和 v'，要使积分 $\int vu'\mathrm{d}x$ 较积分 $\int uv'\mathrm{d}x$ 易于计算；

Ⅲ. 有的不定积分需要连续两次（或多于两次）运用分部积分法，第一次选作 v'（或 u）的函数，第二次不能选由 v'（或 u）所得到的 v（或 u'）. 否则，经第二次运用，被积函数又将复原.

③分部积分法所适用的情况：由于分部积分法公式是微分法中两个函数乘积的求导公式的逆用，因此，被积函数是两个函数乘积时，往往用分部积分法易见效.

二、定积分

1. 定积分的定义

函数 $f(x)$ 在区间 $[a, b]$ 上的定积分定义为 $I=\int_a^b f(x)\,\mathrm{d}x=\lim\limits_{\Delta x\to 0}\sum\limits_{i=1}^{n} f(\xi)\Delta x_i$，其中 $\Delta x=\max\limits_{1\leqslant i\leqslant n}|\Delta x_i|$.

由定积分的定义，可推出以下结论：

(1) 定积分只与被积函数和积分区间有关；

(2) 定积分的值与积分变量无关，即 $\int_a^b f(x)\,\mathrm{d}x=\int_a^b f(t)\,\mathrm{d}t$；

(3) $\int_a^b f(x)\mathrm{d}x = -\int_b^a f(x)\mathrm{d}x$, 特别地, $\int_a^a f(x)\mathrm{d}x = 0$.

2. **定积分的几何意义**

设函数$f(x)$在区间$[a, b]$上连续，$\int_a^b f(x)\mathrm{d}x$ 在几何上表示介于x轴、曲线$y=f(x)$及直线$x=a$，$x=b$之间各部分面积的代数和，在x轴上方取正号，在x轴下方取负号.

利用定积分的几何意义，可以计算平面图形的面积，也是考纲中要求的定义应用内容.

3. **定积分的性质**

设$f(x)$，$g(x)$在区间$[a, b]$上可积：

(1) $\int_a^b kf(x)\mathrm{d}x = k\int_a^b f(x)\mathrm{d}x$, k 为常数.

(2) $\int_a^b [f(x) \pm g(x)]\mathrm{d}x = \int_a^b f(x)\mathrm{d}x \pm \int_a^b g(x)\mathrm{d}x$.

(3) 对积分区间的可加性：对任意三个数a，b，c，总有

$$\int_a^b f(x)\mathrm{d}x = \int_a^c f(x)\mathrm{d}x + \int_c^b f(x)\mathrm{d}x.$$

(4) 比较性质：设$f(x) \leqslant g(x)$，$x \in [a, b]$，则$\int_a^b f(x)\mathrm{d}x \leqslant \int_a^b g(x)\mathrm{d}x$.

特别地，

①若$f(x) \geqslant 0$，$x \in [a, b]$，则$\int_a^b f(x)\mathrm{d}x \geqslant 0$.

② $\left|\int_a^b f(x)\mathrm{d}x\right| \leqslant \int_a^b |f(x)|\mathrm{d}x$.

(5) $\int_a^b \mathrm{d}x = b - a$.

4. **变限积分与微积分基本定理**

变限积分：若函数$f(x)$在区间$[a, b]$上连续，则函数$\Phi(x) = \int_a^x f(t)\mathrm{d}t (x \in [a,b])$是$f(x)$在$[a, b]$上的一个原函数，即$\Phi'(x) = \frac{\mathrm{d}}{\mathrm{d}x}\left(\int_a^x f(t)\mathrm{d}t\right) = f(x)$.

变限积分求导总公式：

若$\Phi(x) = \int_{\alpha(x)}^{\beta(x)} \varphi(t)\mathrm{d}t$, 则$\Phi'(x) = \varphi(\beta(x))\beta'(x) - \varphi(\alpha(x))\alpha'(x)$.

牛顿－莱布尼茨公式：若函数$f(x)$在区间$[a, b]$上连续，$F(x)$是$f(x)$在$[a, b]$上的一个原函数，则$\int_a^b f(x)\mathrm{d}x = F(x)\Big|_a^b = F(b) - F(a)$.

【注意】上述公式也称为微积分基本定理，是计算定积分的基本公式.

5. **计算定积分的方法和重要公式**

(1) 直接用牛顿-莱布尼茨公式

这时要注意被积函数$f(x)$在积分区间$[a, b]$上必须连续.

(2) 换元积分法

设函数$f(x)$在区间$[a, b]$上连续，而函数$x=\varphi(t)$满足下列条件：

①$\varphi(t)$在区间$[\alpha, \beta]$上是单调连续函数；

②$\varphi(\alpha)=a$，$\varphi(\beta)=b$；

③$\varphi'(t)$在$[\alpha, \beta]$上连续，

则$\int_a^b f(x)\mathrm{d}x = \int_\alpha^\beta f(\varphi(t))\varphi'(t)\mathrm{d}t$.

该公式从右端到左端相当于不定积分的第一换元积分法；从左端到右端相当于不定积分的第二换元积分法，即用定积分的换元积分法与不定积分的换元积分法思路是一致的. 作变量替换时，要相应地变换积分上下限.

(3) 分部积分法

设函数$u(x)$，$v(x)$在区间$[a, b]$上有连续的导数，则

$$\int_a^b u(x)v'(x)\mathrm{d}x = u(x)v(x)\Big|_a^b - \int_a^b v(x)u'(x)\mathrm{d}x.$$

用该公式时，其思路与不定积分法的分部积分法是相同的. 除此以外，当被积函数为变上限的定积分时，一般要用分部积分法. 例如，设$f(x)=\int_c^x \varphi(t)\mathrm{d}t$，求$\int_a^b f(x)\mathrm{d}x$，这时，应设$u=f(x)$，$\mathrm{d}v=\mathrm{d}x$.

(4) 计算定积分常用的公式

①$\int_0^a \sqrt{a^2-x^2}\mathrm{d}x = \frac{1}{4}\pi a^2$.（看成$\frac{1}{4}$圆的面积）

②奇偶函数积分：设$f(x)$在区间$[-a, a]$上连续，则

$$\int_{-a}^a f(x)\mathrm{d}x = \begin{cases} 2\int_0^a f(x)\mathrm{d}x & f(x)\text{ 为偶函数时} \\ 0 & f(x)\text{ 为奇函数时} \end{cases}.$$

③$\int_{-a}^a f(x)\mathrm{d}x = \frac{1}{2}\int_{-a}^a [f(x)+f(-x)]\mathrm{d}x = \int_0^a [f(x)+f(-x)]\mathrm{d}x$.

计算定积分，当积分区间为$[-a, a]$时，应考虑两种情况：其一是函数的奇偶性；其二是作变量替换$x=-u$，用上述公式③，当公式右端的积分易于计算时，便达目的.

6. 定积分的应用

(1) 面积公式

①曲线$y=f(x)$，直线$x=a$，$x=b(a<b)$及$y=0$所围图形的面积为

$$S = \int_a^b |f(x)|\mathrm{d}x.$$

②曲线$y=f(x)$，$y=g(x)$，和直线$x=a$，$x=b(a<b)$所围图形的面积为

$$S = \int_a^b |f(x)-g(x)|\mathrm{d}x.$$

③曲线 $x=\varphi(y)$，直线 $y=c$，$y=d(c<d)$ 及 $x=0$ 所围图形的面积为

$$S=\int_c^d|\varphi(y)|\mathrm{d}y.$$

④曲线 $x=\varphi(y)$，$x=\psi(y)$ 和直线 $y=c$，$y=d(c<d)$ 及 $x=0$ 所围图形的面积为

$$S=\int_c^d|\varphi(y)-\psi(y)|\mathrm{d}y.$$

（2）解题步骤

①据已知条件画出草图；

②选择积分变量并确定积分上、下限：直接判定或解方程组确定曲线的交点；

③用相应的公式计算面积.

【说明】选择积分变量时，一般情况下计算面积以图形不分块或少分块为好.

第二节　核心题型

题型 01　被积函数含有无理式的积分

提示　对于含有无理式的积分表达式，一般要通过第二换元法，转化成有理式来求解.

【例 1】$\int\frac{\mathrm{d}x}{1+\sqrt[3]{1-x}}$ 的结果必然含有的项为(　　).

(A) $\frac{3}{2}(1-x)^{\frac{1}{3}}$　　(B) $\frac{1}{3}(1+x)^{\frac{1}{3}}$

(C) $3\ln|1+(1-x)^{\frac{2}{3}}|$　　(D) $-3\ln|1-(1-x)^{\frac{1}{3}}|$

(E) $3(1-x)^{\frac{1}{3}}$

[解析] 令 $\sqrt[3]{1-x}=t$，则 $t^3=1-x$，即 $x=1-t^3$，故 $\mathrm{d}x=-3t^2\mathrm{d}t$，

$$\int\frac{\mathrm{d}x}{1+\sqrt[3]{1-x}}=\int\frac{-3t^2}{1+t}\mathrm{d}t=-3\int\frac{(t+1)^2-2t-1}{1+t}\mathrm{d}t=-3\int\frac{(t+1)^2-2(t+1)+1}{1+t}\mathrm{d}t$$

$$=-3\int\left[(t+1)-2+\frac{1}{1+t}\right]\mathrm{d}t=-3\int\left(t-1+\frac{1}{1+t}\right)\mathrm{d}t$$

$$=-3\left(\frac{t^2}{2}-t+\ln|1+t|\right)+C$$

$$=-\frac{3}{2}(1-x)^{\frac{2}{3}}+3(1-x)^{\frac{1}{3}}-3\ln|1+(1-x)^{\frac{1}{3}}|+C.$$ 选 E.

【例 2】$\int\frac{1}{x}\sqrt{\frac{1+x}{x}}\mathrm{d}x$ 的结果必然含有的项为(　　).

(A) $-2\sqrt{\frac{1+x}{x}}$　　(B) $-2\sqrt{1+x}$　　(C) $\frac{1}{2}\ln(\sqrt{x-1}+\sqrt{x})$

(D) $\frac{1}{2}\ln(\sqrt{x-1}-\sqrt{x})$　　(E) $\frac{1}{2}\sqrt{\frac{x}{1+x}}$

[解析] 令$\sqrt{\frac{1+x}{x}}=t$,则 $1+\frac{1}{x}=t^2$,$x=\frac{1}{t^2-1}$,$dx=\frac{-2t}{(t^2-1)^2}dt$,

$$\int\frac{1}{x}\sqrt{\frac{1+x}{x}}dx=\int(t^2-1)\cdot t\cdot\frac{-2t}{(t^2-1)^2}dt=-2\int\frac{t^2}{t^2-1}dt$$

$$=-2\int\frac{t^2-1+1}{t^2-1}dt=-2t-\int\frac{2}{t^2-1}dt$$

$$=-2t-\int\left(\frac{1}{t-1}-\frac{1}{t+1}\right)dt=-2t-\ln|t-1|+\ln|t+1|+C$$

$$=-2t+\ln\left|\frac{1+t}{t-1}\right|+C=-2\sqrt{\frac{1+x}{x}}+\ln\left|\frac{\sqrt{\frac{1+x}{x}}+1}{\sqrt{\frac{1+x}{x}}-1}\right|+C.$$ 选 A.

题型 02 关于积分和导数关系

提示 此类题目一般含有抽象函数，通过两边求导得到函数$f(x)$的表达式.

【例 3】设函数$f(x)$满足$\int xf(x)dx=x^2e^x+C$，则$\int f(x)dx=$(　　).

(A) $(x-1)e^x+C$　　(B) $(x-2)e^x+C$　　(C) $(2x+1)e^x+C$

(D) $(x^2+1)e^x+C$　　(E) $(x+1)e^x+C$

[解析] 对$\int xf(x)dx=x^2e^x+C$两边求导，则$xf(x)=x^2e^x+2xe^x\Rightarrow f(x)=xe^x+2e^x$，

所以$\int f(x)dx=\int(xe^x+2e^x)dx=(x-1)e^x+2e^x+C=(x+1)e^x+C$. 选 E.

题型 03 被积函数为奇偶函数的积分

提示 当积分区间关于原点对称时，可以通过被积函数的奇偶性来化简求解.

$$\int_{-a}^{a}f(x)dx=\begin{cases}0 & f(x)\text{ 为奇函数}\\ 2\int_0^a f(x)dx & f(x)\text{ 为偶函数}\end{cases}.$$

【例 4】若$a=1$，$\int_{a-3}^{a+1}\ln(x+\sqrt{x^2+1})dx=$(　　).

(A) 1　　(B) -1　　(C) -2　　(D) 2　　(E) 0

[解析] $f(x)=\ln(x+\sqrt{x^2+1})$为奇函数，并且区间$[-2,2]$关于原点对称，

所以$\int_{a-3}^{a+1}f(x)dx=0$，选 E.

【例 5】$\int_{-1}^{1} x(1+x^{2019})(e^{x}-e^{-x})dx=$（　　）.

(A) $\frac{1}{e}$　(B) $\frac{2}{e}$　(C) $\frac{4}{e}$　(D) $-\frac{4}{e}$　(E) $-\frac{2}{e}$

[解析] 原式 $=\int_{-1}^{1} x(e^{x}-e^{-x})dx+\int_{-1}^{1} x^{2020}(e^{x}-e^{-x})dx=\int_{-1}^{1} xd(e^{x}+e^{-x})+0$

$$=x(e^{x}+e^{-x})\Big|_{-1}^{1}-\int_{-1}^{1}(e^{x}+e^{-x})dx=\frac{4}{e}$$，选 C.

[评注] 函数 $(e^{x}-e^{-x})$ 为奇函数是本题的关键.

【例 6】已知 $\int_{-a}^{a}\frac{x+|x|}{2+x^{2}}dx=\ln 3$，则 $a=$（　　）.

(A) 2　(B) 1　(C) 2 或 −2　(D) −1　(E) 3

[解析] $\int_{-a}^{a}\frac{x+|x|}{2+x^{2}}dx=\int_{-a}^{a}\frac{x}{2+x^{2}}dx+\int_{-a}^{a}\frac{|x|}{2+x^{2}}dx=2\int_{0}^{a}\frac{x}{2+x^{2}}dx=\int_{0}^{a}\frac{d(2+x^{2})}{2+x^{2}}$

$$=\ln(2+x^{2})\Big|_{0}^{a}=\ln 3\Rightarrow a=2$$，选 A.

[评注] 当 $a=-2$ 时，原积分为负，故舍去.

题型 04　考查积分的恒等变形

提示　对于积分表达式恒等变形，通常采用的变换方法：(1)作变量代换；(2)用分部积分.

【例 7】设函数 $f(x)$ 在区间 $[0,a]$ 上连续，则 $\int_{0}^{a} x^{3}f(x^{2})dx=$（　　）.

(A) $\frac{1}{2}\int_{0}^{a} xf(x)dx$　(B) $\frac{1}{2}\int_{0}^{a^{2}} xf(x)dx$　(C) $2\int_{0}^{a^{2}} xf(x)dx$

(D) $\int_{0}^{a} xf(x)dx$　(E) $\int_{0}^{a^{2}} xf(x)dx$

[解析] 根据选项中的积分表达式，可以知道题目要求进行变量替换 $t=x^{2}$，则 $x=0$ 时，$t=0$，$x=a$ 时，$t=a^{2}$，$dt=2xdx$，即 $xdx=\frac{1}{2}dt$，所以原式变为 $\frac{1}{2}\int tf(t)dt$，积分区间为 0 到 a^{2}，因为定积分与积分区间及被积表达式有关，与积分变量所取符号无关，所以我们把 t 换成 x，选 B.

【例 8】$\int_{x}^{1}\frac{1}{1+x^{2}}dx=$（　　）.

(A) $\int_{\frac{1}{x}}^{1}\frac{x^{2}}{1+x^{2}}dx$　(B) $\int_{\frac{1}{x}}^{1}\frac{1}{1+x^{2}}dx$　(C) $\int_{1}^{\frac{1}{x}}\frac{1}{1+x^{2}}dx$

(D) $\int_{1}^{\frac{1}{x}}\frac{x^{2}}{1+x^{2}}dx$　(E) $\int_{1}^{x}\frac{x^{2}}{1+x^{2}}dx$

[解析] A 从积分区间可以看出，原式进行了变量替换：$t=\frac{1}{x}$，当 x 从 x 变到 1 时，t

从$\frac{1}{x}$变到1，则$x=\frac{1}{t}$，$dx=-\frac{1}{t^2}dt$，代入原积分后得到的是B的式子前加一负号，而B的上下限和A相同，所进行的变量替换也是一样的，所以A、B都错，而B式前应有一负号，那么交换积分上下限后这个负号就消失了，得到的式子是C，因此选C.

【例9】$\int_a^b f(c-x)dx=$（　　）.

(A) $\int_{c-a}^{c-b} f(x)dx$　(B) $\int_{c-b}^{c-a} f(x)dx$　(C) $\int_{a-c}^{b-c} f(x)dx$

(D) $\int_{b-c}^{a-c} f(x)dx$　(E) $\int_{b+c}^{a+c} f(x)dx$

[解析] 原式进行变量替换，令$t=c-x$，则$dx=-dt$，x从a变到b时，t由$c-a$变到$c-b$，因此原积分变为$-\int f(t)dt$，积分区间为$c-a$到$c-b$，交换积分上下限，则负号消失，得到的式子为B，选B.

【例10】设函数$f(x)$在闭区间$[0,a]$上连续，则$\int_0^a f(x)dx=$（　　）.

(A) $\int_0^{\frac{a}{2}}[f(x)+f(x-a)]dx$　(B) $\int_0^{\frac{a}{2}}[f(x)+f(a-x)]dx$

(C) $\int_0^{\frac{a}{2}}[f(x)-f(x-a)]dx$　(D) $\int_0^{\frac{a}{2}}[f(x)-f(a-x)]dx$

(E) $\int_0^{-\frac{a}{2}}[f(x)+f(a-x)]dx$

[解析] A可以拆成两个定积分之和，关键看$f(x-a)$在0到$\frac{a}{2}$上的定积分，作变量替换$t=x-a$，则$dx=dt$，x由0到$\frac{a}{2}$，t由$-a$到$-\frac{a}{2}$，显然无法合并成题目所给定积分的形式；B也是拆成两部分，看后半部分的定积分，作变量替换$t=a-x$，则$dx=-dt$，x由0到$\frac{a}{2}$，t由a到$\frac{a}{2}$，原式化为$-f(t)dt$，t由a到$\frac{a}{2}$，交换积分上下限，负号消失，即$\int f(t)dt$，t由$\frac{a}{2}$到a，与前半部分合并成题目所给定积分的形式，因此选B.

【例11】设函数$f(x)$在$[a,b]$上连续，则$\int_a^b f(x)dx=$（　　）.

(A) $\int_0^1 f(a+(b-a)x)dx$　(B) $\int_{-1}^0 f(a+(b-a)x)dx$

(C) $(b-a)\int_0^1 f(a+(b-a)x)dx$　(D) $(b-a)\int_{-1}^0 f(a+(b-a)x)dx$

(E) $\int_0^1 f(a+(a-b)x)dx$

[解析] 作变量替换，令$x=a+(b-a)t$，积分上下限也要变化.

$$\int_a^b f(x)\mathrm{d}x = (b-a)\int_0^1 f(a+(b-a)t)\mathrm{d}t = (b-a)\int_0^1 f(a+(b-a)x)\mathrm{d}x$$，选 C.

题型 05　分部积分

提示　遇到被积函数中含有一阶、二阶导数时，可以采用分部积分进行求解.

【例 12】设 $f''(x)$ 在区间 $[a, b]$ 上连续，则 $\int_a^b xf''(x)\mathrm{d}x = (\quad)$.

(A) $[af'(a)-f(a)]-[bf'(b)-f(b)]$

(B) $[af'(a)-f(a)]+[bf'(b)-f(b)]$

(C) $[bf'(b)-f(b)]+[af'(a)-f(a)]$

(D) $[bf'(b)-f(b)]-[af'(a)-f(a)]$

(E) $[af'(a)-f(b)]+[bf'(b)-f(a)]$

[解析] 关键是要求出被积函数的一个原函数，因为被积表达式可以写成 $x\mathrm{d}f'(x)$，用分部积分法得：

$$\int_a^b xf''(x)\mathrm{d}x = \int_a^b x\mathrm{d}f'(x) = xf'(x)\Big|_a^b - \int_a^b f'(x)\mathrm{d}x = bf'(b) - af'(a) - [f(b)-f(a)].$$

用牛顿－莱布尼茨公式即得 D.

【例 13】设 $f'(x)$ 在 $[1, 2]$ 上可积，且 $f(1)=1$，$f(2)=1$，$\int_1^2 f(x)\mathrm{d}x=-1$，则 $\int_1^2 xf'(x)\mathrm{d}x = (\quad)$.

(A) 2　　(B) 1　　(C) 0　　(D) -1　　(E) -2

[解析] 被积表达式变为 $x\mathrm{d}f(x)$，用分部积分法得 $xf(x)-\int f(x)\mathrm{d}x$，积分区间为 1 到 2，根据题意，有

$$\int_1^2 xf'(x)\mathrm{d}x = \int_1^2 x\mathrm{d}f(x) = xf(x)\Big|_1^2 - \int_1^2 f(x)\mathrm{d}x = 2f(2)-f(1)+1 = 2$$，从而选 A.

【例 14】设 $f(x)$ 在 $(-\infty, +\infty)$ 内具有连续的二阶导数，且 $f(0)=1$，$f(2)=3$，$f'(2)=5$，则 $\int_0^1 xf''(2x)\mathrm{d}x = (\quad)$.

(A) 1　　(B) 2　　(C) 3　　(D) 4　　(E) -2

[解析] 被积表达式中有 $f(2x)$，所以先进行变量替换：$t=2x$，则 $\mathrm{d}t=2\mathrm{d}x$，积分上下限变为 0 到 2，被积表达式变为 $\frac{1}{4}tf''(t)\mathrm{d}t=\frac{1}{4}t\mathrm{d}f'(t)$，用分部积分法得：

$$\int_0^1 xf''(2x)\mathrm{d}x = \frac{1}{4}\int_0^2 tf''(t)\mathrm{d}t = \frac{1}{4}\int_0^2 t\mathrm{d}f'(t) = \frac{1}{4}\left[tf'(t)\Big|_0^2 - \int_0^2 f'(t)\mathrm{d}t\right] = 2$$，选 B.

题型 06　变限积分

提示　变限积分求导总公式：$\left[\int_{\alpha(x)}^{\beta(x)} f(t)\mathrm{d}t\right]_x' = f(\beta(x))\cdot\beta'(x) - f(\alpha(x))\cdot\alpha'(x)$.

【例 15】设连续函数$f(x)$满足$\int_0^{2x} f\left(\frac{t}{2}\right)dt = e^{-x}-1$，则$\int_0^1 f(x)dx=$（　　）.

（A）$-\frac{1}{2}e$　（B）$-e^{-1}$　（C）$\frac{1}{2e}$　（D）$\frac{1-e}{2e}$　（E）$\frac{2}{e}$

［解析］两边求导得，$f(x)\cdot 2=-e^{-x}$，即$f(x)=-\frac{e^{-x}}{2}$，

于是：$\int_0^1 f(x)dx=-\frac{1}{2}\int_0^1 e^{-x}dx=\frac{1}{2}e^{-x}\Big|_0^1=\frac{1}{2}(e^{-1}-1)=\frac{1-e}{2e}$，选 D.

【例 16】曲线$y=\int_0^x (t-1)(t-2)dt$过点$x_0=0$处的切线方程是（　　）.

（A）$y=2x$　（B）$y=2x-\frac{9}{2}$　（C）$y=\frac{1}{2}x$

（D）$y=2x+\frac{9}{2}$　（E）$y=x$

［解析］求导，$y'=(x-1)(x-2)$，在$x_0=0$处的切线斜率为$y'\Big|_{x=0}=2$，且$y_0=0$，从而切线方程为$y=2x$，选 A.

【例 17】已知函数$f(x)$连续，且$\int_0^x tf(2x-t)dt=\frac{1}{2}\ln(1+x^2)$，$f(1)=1$，则$\int_1^2 f(x)dx=$（　　）.

（A）$\frac{3}{2}$　（B）$\frac{3}{4}$　（C）$3\ln 2$　（D）$\frac{3}{2}\ln 2$　（E）$\ln 2$

［解析］令$2x-t=u$，则$\int_0^x tf(2x-t)dt=\int_{2x}^x (2x-u)f(u)(-du)=\int_x^{2x}(2x-u)f(u)du$

$$=2x\int_x^{2x} f(u)du-\int_x^{2x} uf(u)du=\frac{1}{2}\ln(1+x^2)$$

求导：$2\int_x^{2x} f(u)du+2x[f(2x)\cdot 2-f(x)\cdot 1]-[2xf(2x)\cdot 2-xf(x)\cdot 1]=\frac{1}{2}\cdot\frac{2x}{1+x^2}$

$\Rightarrow 2\int_x^{2x} f(u)du-xf(x)=\frac{x}{1+x^2}$，令$x=1$，有

$2\int_1^2 f(u)du-f(1)=\frac{1}{2}\Rightarrow\int_1^2 f(x)dx=\frac{3}{4}$，选 B.

【例 18】设函数$f(x)$在闭区间$[a,b]$上连续且$f(x)>0$，则方程$\int_a^x f(t)dt+\int_b^x \frac{1}{f(t)}dt=0$在开区间$(a,b)$内的根有（　　）.

（A）0 个　（B）1 个　（C）2 个　（D）3 个　（E）4 个

［解析］$F(x)=\int_a^x f(t)dt+\int_b^x \frac{1}{f(t)}dt$，则$F(x)$在$[a,b]$上连续，且

$F(a)=\int_b^a \frac{1}{f(t)}dt=-\int_a^b \frac{1}{f(t)}dt<0$，$F(b)=\int_a^b f(t)dt>0\Rightarrow F(x)$在$(a,b)$内有根.

又$F'(x)=f(x)+\frac{1}{f(x)}\geqslant 2>0\Rightarrow F(x)$在$x\in(a,b)$时单调增加，所以$F(x)=0$在

(a,b)内有唯一根，从而选 B.

【例 19】若 $\int_1^{\sqrt{x}} f(t)\mathrm{d}t = -\frac{x}{2}(1-\ln x)+\frac{1}{2}$, $f(x)=($　　$)$.

(A) $x\ln x$　(B) $-x\ln x$　(C) $-2x\ln x$　(D) $x\ln 2x$　(E) $2x\ln x$

［解析］对等式两边求导，得 $f(\sqrt{x})\cdot(\sqrt{x})'=-\frac{1}{2}(1-\ln x)+\frac{1}{2}$，即 $f(\sqrt{x})\cdot\frac{1}{2\sqrt{x}}=\frac{1}{2}\ln x$，令 $\sqrt{x}=t$，有 $f(t)=t\cdot\ln t^2=2t\ln t$，即 $f(x)=2x\ln x$，选 E.

题型 07 考查定积分为一个常数

提示 遇到定积分出现，可以令定积分为一个常数，代入题目分析. 并且定积分的数值与用什么符号表示无关，如 $\int_a^b f(x)\mathrm{d}x=\int_a^b f(u)\mathrm{d}u=\int_a^b f(t)\mathrm{d}t=\cdots$.

【例 20】设函数 $f(x)$ 连续，且满足 $f(x)=x^2+\int_0^1 xf(t)\mathrm{d}t$, 则 $f(x)=($　　$)$.

(A) $x^2+\frac{2}{3}x$　(B) $x^2-\frac{2}{3}x$　(C) $x^2+\frac{1}{3}x$

(D) $x^2-\frac{1}{3}x$　(E) x^2+x

［解析］令 $A=\int_0^1 f(t)\mathrm{d}t \Rightarrow f(x)=x^2+x\int_0^1 f(t)\mathrm{d}t=x^2+Ax$, 积分得到：

$$A=\int_0^1 f(t)\mathrm{d}t=\int_0^1 (x^2+Ax)\mathrm{d}x=\int_0^1 x^2\mathrm{d}x+A\cdot\int_0^1 x\mathrm{d}x=\frac{1}{3}x^3\Big|_0^1+\frac{1}{2}Ax^2\Big|_0^1=\frac{1}{3}+\frac{1}{2}A$$

$\Rightarrow A=\frac{2}{3}$, 即 $f(x)=x^2+\frac{2}{3}x$, 选 A.

题型 08 定积分求面积

提示 定积分的几何意义为求解曲线之间围绕的面积，这种类型也是考试必考的题目.

【例 21】由曲线 $xy=1$，及直线 $y=x$，$y=2$ 所围平面图形的面积为(　　).

(A) $\frac{3}{2}$　(B) $\frac{3}{2}+\ln 2$　(C) $\frac{3}{2}-\ln 2$

(D) $\frac{1}{2}+\ln 2$　(E) $3-\ln 2$

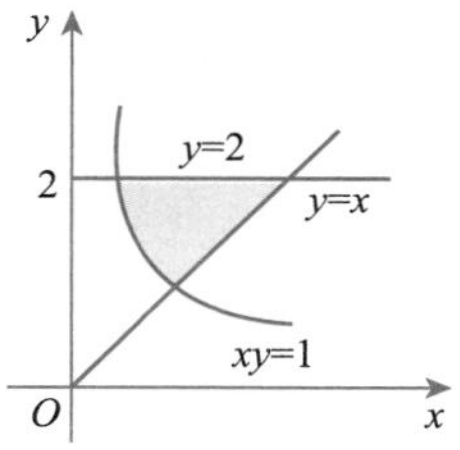

图 3.2

［解析］画出示意图 3.2. 求交点，由 $y=x$，$xy=1$，得 $x=1$，$y=1$. 所求平面图形的面积为

$$S=\int_1^2\left(y-\frac{1}{y}\right)\mathrm{d}y=\left(\frac{1}{2}y^2-\ln y\right)\Big|_1^2=\frac{3}{2}-\ln 2$$, 选 C.

【例 22】曲线 $y=2-x^2$ 和直线 $y=2x+2$ 所围成的平面图形的面积为（　　）.

（A）$\frac{1}{3}$　（B）$\frac{2}{3}$　（C）1

（D）$\frac{1}{2}$　（E）$\frac{4}{3}$

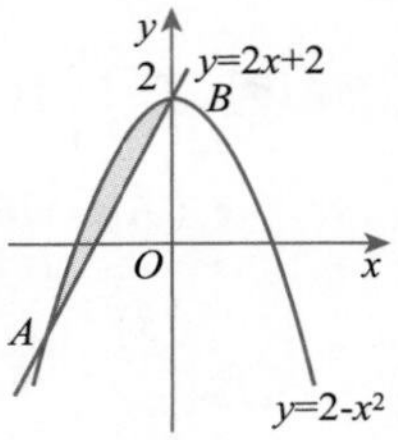

图 3.3

[解析] 先画出 $y=2-x^2$ 和 $y=2x+2$ 所围成的平面图形，如图 3.3 所示，再求出交点 A，B 的坐标，即 $A(-2,\ -2)$，$B(0,\ 2)$，面积为

$$\int_{-2}^{0}[(2-x^2)-(2x+2)]\mathrm{d}x=\int_{-2}^{0}(-x^2-2x)\mathrm{d}x=\frac{4}{3}，选 E.$$

【例 23】曲线 $y=x^2-3$ 与它在 $x=1$ 对应点处的切线及 y 轴所围图形的面积为（　　）.

（A）$\frac{1}{2}$　（B）$\frac{1}{3}$　（C）$\frac{2}{3}$

（D）1　（E）$\frac{1}{5}$

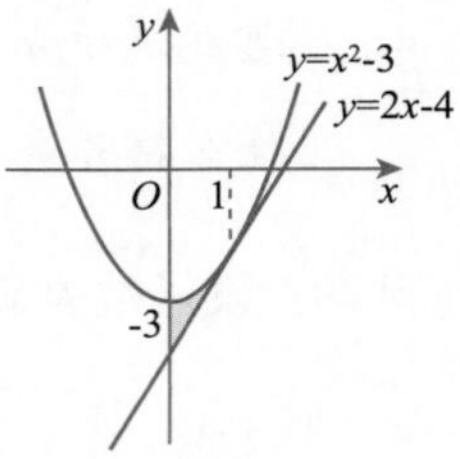

图 3.4

[解析] 如图 3.4 所示，$y'=2x$，在 $x=1$ 处切线方程 $y=2(x-1)-2=2x-4$，故面积

$$S=\int_{0}^{1}[(x^2-3)-(2x-4)]\mathrm{d}x$$

$$=\int_{0}^{1}(x^2-2x+1)\mathrm{d}x=\frac{1}{3}-1+1=\frac{1}{3}，选 B.$$

第三节　点睛归纳

不定积分的计算求解是本章的核心内容，其求解步骤：考虑直接积分→凑微分→分部积分，即

（1）首先考虑能否直接用积分基本公式和性质；

（2）其次考虑能否用凑微分法；

（3）再考虑能否用适当的变量代换即第二换元积分法；

（4）再考虑对两类不同函数的乘积，能否用分部积分法；

（5）最后考虑能否综合运用或反复使用上述方法.

一、积分计算

1. 换元法

（1）第一换元法（凑微分法）

第一换元法又称凑微分法，它是复合函数微分公式在不定积分中的运用.

$$\int f(\varphi(x))\varphi'(x)\mathrm{d}x = \int f(\varphi(x))\mathrm{d}\varphi(x) \xlongequal{u=\varphi(x)} \int f(u)\mathrm{d}u = F(u)+C = F(\varphi(x))+C.$$

凑微分法常见类型及换元关系：

① $\int f(ax+b)\mathrm{d}x = \frac{1}{a}\int f(ax+b)\mathrm{d}(ax+b), a \neq 0, u = ax+b.$

【例 1】$\int \frac{1}{(3-5x)^3}\mathrm{d}x = (\quad)$.

(A) $\frac{1}{(3-5x)^2}+C$　(B) $\frac{5}{(3-5x)^2}+C$　(C) $\frac{10}{(3-5x)^2}+C$

(D) $\frac{1}{5(3-5x)^2}+C$　(E) $\frac{1}{10(3-5x)^2}+C$

[解析] 原式 $= \int -\frac{1}{5}\cdot(3-5x)^{-3}\mathrm{d}(3-5x) \xlongequal{u=3-5x} -\frac{1}{5}\int u^{-3}\mathrm{d}u$

$= -\frac{1}{5}\cdot\frac{1}{1-3}u^{1-3}+C = \frac{1}{10}\cdot\frac{1}{(3-5x)^2}+C$. 选 E.

② $\int f(ax^b)x^{b-1}\mathrm{d}x = \frac{1}{ab}\int f(ax^b)\mathrm{d}(ax^b), ab \neq 0, u = ax^b.$

【例 2】$\int \frac{x^3}{\sqrt{1+x^2}}\mathrm{d}x = (\quad)$.

(A) $\frac{1}{3}(1+x^2)^{\frac{3}{2}}+\sqrt{1+x^2}+C$　(B) $\frac{2}{3}(1+x^2)^{\frac{3}{2}}+\sqrt{1+x^2}+C$

(C) $\frac{1}{3}(1+x^2)^{\frac{3}{2}}-\sqrt{1+x^2}+C$　(D) $\frac{1}{3}(1+x^2)^{\frac{3}{2}}+\frac{1}{2}\sqrt{1+x^2}+C$

(E) $\frac{2}{3}(1+x^2)^{\frac{3}{2}}+\frac{1}{2}\sqrt{1+x^2}+C$

[解析] 原式 $= \int \frac{1+x^2-1}{\sqrt{1+x^2}}x\mathrm{d}x = \frac{1}{2}\int\left(\frac{1+x^2}{\sqrt{1+x^2}}-\frac{1}{\sqrt{1+x^2}}\right)\mathrm{d}(1+x^2)$

$= \frac{1}{2}\int\left(\sqrt{1+x^2}-\frac{1}{\sqrt{1+x^2}}\right)\mathrm{d}(1+x^2) \xlongequal{1+x^2=u} \frac{1}{2}\int\left(\sqrt{u}-\frac{1}{\sqrt{u}}\right)\mathrm{d}u$

$= \frac{1}{2}\int\sqrt{u}\mathrm{d}u - \frac{1}{2}\int\frac{1}{\sqrt{u}}\mathrm{d}u = \frac{1}{2}\cdot\frac{1}{1+\frac{1}{2}}u^{1+\frac{1}{2}}-\sqrt{u}+C$

$= \frac{1}{3}(1+x^2)^{\frac{3}{2}}-\sqrt{1+x^2}+C$. 选 C.

③ $\int f(\ln x)\frac{1}{x}\mathrm{d}x = \int f(\ln x)\mathrm{d}(\ln x), u = \ln x.$

【例 3】$\int \frac{\mathrm{d}x}{x\sqrt{1+\ln x}} = (\quad)$.

(A) $\frac{1}{2}\sqrt{1+\ln x}+C$　(B) $2\sqrt{1+\ln x}+C$　(C) $2\sqrt{1-\ln x}+C$

(D) $\frac{\sqrt{1+\ln x}}{2x}+C$　　(E) $\frac{1}{2\sqrt{1+\ln x}}+C$

[解析] 原式 $=\int\frac{1}{\sqrt{1+\ln x}}\mathrm{d}(\ln x)=\int\frac{\mathrm{d}(1+\ln x)}{\sqrt{1+\ln x}}=2\sqrt{1+\ln x}+C$. 选 B.

④$\int f(\sqrt{x})\cdot\frac{1}{\sqrt{x}}\mathrm{d}x=2\int f(\sqrt{x})\,\mathrm{d}\sqrt{x}$.

【例 4】 $\int\frac{\mathrm{d}x}{\sqrt{x}\cdot\sqrt{1+\sqrt{x}}}=(\quad)$.

(A) $\sqrt{1+\sqrt{x}}+C$　　(B) $2\sqrt{1+\sqrt{x}}+C$　　(C) $\frac{1}{2}\sqrt{1+\sqrt{x}}+C$

(D) $\frac{1}{4}\sqrt{1+\sqrt{x}}+C$　　(E) $4\sqrt{1+\sqrt{x}}+C$

[解析] 原式 $=\int\frac{2\mathrm{d}\sqrt{x}}{\sqrt{1+\sqrt{x}}}=2\int\frac{\mathrm{d}(1+\sqrt{x})}{\sqrt{1+\sqrt{x}}}\xlongequal{1+\sqrt{x}=u}2\int\frac{\mathrm{d}u}{\sqrt{u}}$

$=2\cdot2\sqrt{u}+C=4\sqrt{1+\sqrt{x}}+C$. 选 E.

⑤$\int f\left(\frac{1}{x}\right)\frac{1}{x^2}\mathrm{d}x=-\int f\left(\frac{1}{x}\right)\mathrm{d}\,\frac{1}{x}$.

【例 5】 $\int\frac{\mathrm{e}^{-\frac{2}{x}}}{x^2}\mathrm{d}x=(\quad)$.

(A) $\mathrm{e}^{-\frac{2}{x}}+C$　　(B) $\frac{1}{2}\mathrm{e}^{-\frac{1}{x}}+C$　　(C) $\frac{1}{2}\mathrm{e}^{-\frac{2}{x}}+C$

(D) $-\frac{1}{2}\mathrm{e}^{-\frac{1}{x}}+C$　　(E) $-\frac{1}{2}\mathrm{e}^{-\frac{2}{x}}+C$

[解析] 原式 $=\int\mathrm{e}^{-\frac{2}{x}}\cdot\frac{1}{x^2}\mathrm{d}x=-\int\mathrm{e}^{-\frac{2}{x}}\mathrm{d}\left(\frac{1}{x}\right)=\frac{1}{2}\int\mathrm{e}^{-\frac{2}{x}}\mathrm{d}\left(-\frac{2}{x}\right)\xlongequal{-\frac{2}{x}=u}\frac{1}{2}\int\mathrm{e}^{u}\mathrm{d}u$

$=\frac{1}{2}\mathrm{e}^{u}+C=\frac{1}{2}\mathrm{e}^{-\frac{2}{x}}+C$. 选 C.

⑥$\int f(\mathrm{e}^x)\cdot\mathrm{e}^x\mathrm{d}x=\int f(\mathrm{e}^x)\,\mathrm{d}\mathrm{e}^x$.

【例 6】 $\int\frac{\mathrm{e}^x}{1+\mathrm{e}^x}\sqrt{\ln(1+\mathrm{e}^x)}\,\mathrm{d}x=(\quad)$.

(A) $\frac{1}{3}\ln(1+\mathrm{e}^x)+C$　　(B) $\ln(1+\mathrm{e}^x)+C$

(C) $\frac{2}{3}\ln(1+\mathrm{e}^x)+C$　　(D) $\frac{2}{3}[\ln(1+\mathrm{e}^x)]^{\frac{3}{2}}+C$

(E) $\frac{1}{3}[\ln(1+\mathrm{e}^x)]^{\frac{3}{2}}+C$

[解析] 原式 $=\int\sqrt{\ln(1+e^x)}\cdot\frac{1}{1+e^x}d(e^x+1)=\int\sqrt{\ln(1+e^x)}\cdot d[\ln(1+e^x)]$

$\xlongequal{\ln(1+e^x)=u}\int\sqrt{u}du=\frac{2}{3}u^{\frac{3}{2}}+C=\frac{2}{3}[\ln(1+e^x)]^{\frac{3}{2}}+C$. 选 D.

(2) 第二换元法（引入新变量）

$$\int f(x)dx\xlongequal{x=\varphi(t)}\int f(\varphi(t))\cdot\varphi'(t)dt=\int g(t)dt=G(t)+C\xlongequal[t=\varphi^{-1}(x)]{\text{变量还原}}G(\varphi^{-1}(x))+C.$$

① 被积函数含有根式 $\sqrt[n]{ax+b}(a\neq0,\ b$ 可为 $0)$.

换元方法：令 $\sqrt[n]{ax+b}=t$，则 $x=\frac{1}{a}(t^n-b)$.

【例 7】$\int\frac{\sqrt{1+x}}{x}dx=(\quad)$.

(A) $2\sqrt{1+x}+\frac{1}{2}\ln\left|\frac{\sqrt{1+x}-1}{\sqrt{1+x}+1}\right|+C$　　(B) $2\sqrt{1+x}-\frac{1}{2}\ln\left|\frac{\sqrt{1+x}-1}{\sqrt{1+x}+1}\right|+C$

(C) $2\sqrt{1+x}-\ln\left|\frac{\sqrt{1+x}-1}{\sqrt{1+x}+1}\right|+C$　　(D) $\sqrt{1+x}+\ln\left|\frac{\sqrt{1+x}-1}{\sqrt{1+x}+1}\right|+C$

(E) $2\sqrt{1+x}+\ln\left|\frac{\sqrt{1+x}-1}{\sqrt{1+x}+1}\right|+C$

[解析] 令 $\sqrt{1+x}=t$，$x=t^2-1$，$dx=2tdt$，

$$\int\frac{\sqrt{1+x}}{x}dx=\int\frac{t}{t^2-1}\cdot2tdt=2\int\left(1+\frac{1}{t^2-1}\right)dt=2\left(t+\frac{1}{2}\ln\left|\frac{t-1}{t+1}\right|\right)+C$$

$$=2\left[\sqrt{1+x}+\frac{1}{2}\ln\left|\frac{\sqrt{1+x}-1}{\sqrt{1+x}+1}\right|\right]+C.\text{ 选 E.}$$

【例 8】$\int\frac{dx}{(1-\sqrt[3]{x})\sqrt{x}}=(\quad)$.

(A) $-6\left(\sqrt[6]{x}+\frac{1}{2}\ln\left|\frac{\sqrt[6]{x}-1}{\sqrt[6]{x}+1}\right|\right)+C$　　(B) $6\left(\sqrt[6]{x}+\frac{1}{2}\ln\left|\frac{\sqrt[6]{x}-1}{\sqrt[6]{x}+1}\right|\right)+C$

(C) $6\left(\sqrt[6]{x}+\ln\left|\frac{\sqrt[6]{x}-1}{\sqrt[6]{x}+1}\right|\right)+C$　　(D) $-6\left(\sqrt[6]{x}+\ln\left|\frac{\sqrt[6]{x}-1}{\sqrt[6]{x}+1}\right|\right)+C$

(E) $-6\left(\sqrt[6]{x}-\frac{1}{2}\ln\left|\frac{\sqrt[6]{x}-1}{\sqrt[6]{x}+1}\right|\right)+C$

[解析] 令 $x=t^6$，$dx=6t^5dt$，

$$\int\frac{dx}{(1-\sqrt[3]{x})\sqrt{x}}=\int\frac{6t^5}{(1-t^2)t^3}dt=6\int\frac{t^2}{1-t^2}dt=6\int\left(-1+\frac{1}{1-t^2}\right)dt$$

$$=6\left(-t-\frac{1}{2}\ln\left|\frac{t-1}{t+1}\right|\right)+C=-6\left(\sqrt[6]{x}+\frac{1}{2}\ln\left|\frac{\sqrt[6]{x}-1}{\sqrt[6]{x}+1}\right|\right)+C.\text{ 选 A.}$$

② 被积函数中含有 $\sqrt{e^x\pm a}$.

换元方法：令 $t=\sqrt{e^x\pm a}$，$x=\ln(t^2\mp a)$.

【例 9】$\int \sqrt{1+e^{2x}}dx = (\quad)$.

(A) $\sqrt{1+e^{x}}+\frac{1}{2}\ln\left|\frac{\sqrt{1+e^{x}}-1}{\sqrt{1+e^{x}}+1}\right|+C$　　(B) $\sqrt{1+e^{2x}}+\ln\left|\frac{\sqrt{1+e^{2x}}-1}{\sqrt{1+e^{2x}}+1}\right|+C$

(C) $\sqrt{1+e^{2x}}-\ln\left|\frac{\sqrt{1+e^{2x}}-1}{\sqrt{1+e^{2x}}+1}\right|+C$　　(D) $\sqrt{1+e^{2x}}+\frac{1}{2}\ln\left|\frac{\sqrt{1+e^{2x}}-1}{\sqrt{1+e^{2x}}+1}\right|+C$

(E) $\sqrt{1+e^{2x}}-\frac{1}{2}\ln\left|\frac{\sqrt{1+e^{2x}}-1}{\sqrt{1+e^{2x}}+1}\right|+C$

[解析] 令 $t=\sqrt{1+e^{2x}}$，$x=\frac{1}{2}\ln(t^2-1)$，则

$$\int \sqrt{1+e^{2x}}dx = \int t\cdot\frac{t}{t^2-1}dt = \int\left(1+\frac{1}{t^2-1}\right)dt = t+\frac{1}{2}\ln\left|\frac{t-1}{t+1}\right|+C$$

$$= \sqrt{1+e^{2x}}+\frac{1}{2}\ln\left|\frac{\sqrt{1+e^{2x}}-1}{\sqrt{1+e^{2x}}+1}\right|+C.$$ 选 D.

以上主要是针对不定积分，那么对于定积分的换元，在处理时稍微有所不同，一般有两种方式：在进行换元时，积分上下限同时也要变换，而不必作变量还原，这样可以直接计算出结果；另外一种思路是先把定积分对应的不定积分的原函数求出来，最后对原函数利用牛顿－莱布尼茨公式即可计算出来.

【例 10】$\int_0^{\frac{\pi}{2}} \sin t\cos^2 t dt = (\quad)$.

(A) $\frac{1}{2}$　　(B) $\frac{1}{3}$　　(C) $\frac{1}{4}$　　(D) $\frac{1}{6}$　　(E) $\frac{1}{8}$

[解析] 方法一：$\int_0^{\frac{\pi}{2}} \sin t\cos^2 t dt \xlongequal{x=\cos t} -\int_1^0 x^2dx = \int_0^1 x^2 dx = \frac{1}{3}$，选 B.

方法二：$\int \sin t\cos^2 t dt = -\frac{1}{3}\cos^3 t$，从而 $\int_0^{\frac{\pi}{2}} \sin t\cos^2 t dt = -\frac{1}{3}\cos^3 t\Big|_0^{\frac{\pi}{2}} = \frac{1}{3}$.

2. 分部积分法

分部积分法是由函数乘积求导公式导出的求原函数的公式，运用它可以将一个积分换成另一个积分. 假定函数 $u(x)$，$v(x)$ 可微，则 $d(uv)=vdu+udv$，由此得到 $udv=d(uv)-vdu$，两端积分得 $\int udv = uv-\int vdu$. 这就是分部积分公式，它将两个积分 $\int udv$，$\int vdu$ 互相转化，只要能求出其中一个，就能求出另一个. 在实用中是希望将其中一个较难的积分转化为另一个较为简单的积分.

【说明】正确使用分部积分的关键是：适当选择 u 和 dv.

一般考虑两点：① v 要容易求得；② $\int vdu$ 较 $\int udv$ 更易积分.

【注意】① 被积函数是幂函数与指数或三角函数的乘积，选幂函数为 u；

② 被积函数是幂函数与对数或反三角函数的乘积，选对数函数或反三角函数为 u；

③ 循环积分：经过有限次分部积分后，等式中出现相同积分式.

▲分部积分法中 u、v 选择的规律

被积表达式($P_n(x)$为多项式)	$u(x)$	dv
$P_n(x)\cdot\sin ax\mathrm{d}x$，$P_n(x)\cdot\cos ax\mathrm{d}x$，$P_n(x)\mathrm{e}^{ax}\mathrm{d}x$	$P_n(x)$	$\sin ax\mathrm{d}x$，$\cos ax\mathrm{d}x$，$\mathrm{e}^{ax}\mathrm{d}x$
$P_n(x)\ln x\mathrm{d}x$，$P_n(x)\arcsin x\mathrm{d}x$，$P_n(x)\arctan x\mathrm{d}x$	$\ln x$，$\arcsin x$，$\arctan x$	$P_n(x)\mathrm{d}x$
$\mathrm{e}^{ax}\cdot\sin bx\mathrm{d}x$，$\mathrm{e}^{ax}\cdot\cos bx\mathrm{d}x$	e^{ax}，$\sin bx$，$\cos bx$ 均可选作 $u(x)$，余下作为 $\mathrm{d}v$	

(1) 设 $P_n(x)=a_nx^n+a_{n-1}x^{n-1}+\cdots+a_1x+a_0(a\neq0)$，计算 $\int P_n(x)\cdot a^x\mathrm{d}x$.

积分方法：$\int P_n(x)\cdot a^x\mathrm{d}x=\frac{1}{\ln a}\int P_n(x)\mathrm{d}a^x=\frac{1}{\ln a}\left[P_n(x)\cdot a^x-\int a^x\mathrm{d}P_n(x)\right]$.

【例 11】$\int\mathrm{e}^{-\sqrt{1-2x}}\mathrm{d}x=(\quad)$.

(A) $(\sqrt{1-2x}+1)\mathrm{e}^{\sqrt{1-2x}}+C$　　(B) $(\sqrt{1-2x}-1)\mathrm{e}^{-\sqrt{1-2x}}+C$

(C) $\left(\frac{1}{2}\sqrt{1-2x}+1\right)\mathrm{e}^{-\sqrt{1-2x}}+C$　　(D) $(\sqrt{1-2x}+1)\mathrm{e}^{-\sqrt{1-2x}}+C$

(E) $\left(\frac{1}{2}\sqrt{1-2x}-1\right)\mathrm{e}^{-\sqrt{1-2x}}+C$

[解析] 令 $\sqrt{1-2x}=t$，$1-2x=t^2$，则 $-2\mathrm{d}x=2t\mathrm{d}t$，

于是，原式 $=\int\mathrm{e}^{-t}\cdot(-t)\mathrm{d}t=-\int t\cdot\mathrm{e}^{-t}\mathrm{d}t=\int t\mathrm{d}\mathrm{e}^{-t}=t\cdot\mathrm{e}^{-t}-\int\mathrm{e}^{-t}\mathrm{d}t$

$=t\mathrm{e}^{-t}+\mathrm{e}^{-t}+C=(\sqrt{1-2x}+1)\mathrm{e}^{-\sqrt{1-2x}}+C$. 选 D.

(2) $\int P(x)\cdot\log_a^n x\mathrm{d}x$，用分部积分，次数由 $\log_a x$ 的次方数决定.

【例 12】$\int x\ln x\mathrm{d}x=(\quad)$.

(A) $\frac{x^2}{2}\ln x-\frac{x^2}{2}+C$　　(B) $\frac{x^2}{2}\ln x-\frac{x^2}{4}+C$

(C) $\frac{x^2}{2}\ln x+\frac{x^2}{4}+C$　　(D) $\frac{x^2}{2}\ln x+\frac{x^2}{2}+C$

(E) $\frac{x}{2}\ln x-\frac{x^2}{4}+C$

[解析] $\int x\ln x\mathrm{d}x=\int\ln x\mathrm{d}\left(\frac{x^2}{2}\right)=\frac{x^2}{2}\cdot\ln x-\int\frac{x^2}{2}\cdot\frac{1}{x}\mathrm{d}x=\frac{x^2}{2}\ln x-\frac{x^2}{4}+C$. 选 B.

【例 13】$\int x\cdot\ln^2x\mathrm{d}x=(\quad)$.

(A) $\frac{x^2}{2}\ln^2x+\frac{x^2}{2}\ln x-\frac{1}{4}x^2+C$　　(B) $\frac{x^2}{2}\ln^2x-\frac{x^2}{2}\ln x-\frac{1}{4}x^2+C$

(C) $\frac{x^2}{2}\ln^2x-\frac{x^2}{2}\ln x+\frac{1}{4}x^2+C$　　(D) $\frac{x^2}{2}\ln^2x+\frac{x^2}{4}\ln x-\frac{1}{4}x^2+C$

(E) $\frac{x^2}{2}\ln^2x-\frac{x^2}{4}\ln x-\frac{1}{4}x^2+C$

[解析] $\int x\cdot\ln^2 x\mathrm{d}x=\int\ln^2 x\mathrm{d}\left(\frac{x^2}{2}\right)=\frac{x^2}{2}\cdot\ln^2 x-\int\frac{x^2}{2}\cdot2\cdot\ln x\cdot\frac{1}{x}\mathrm{d}x$

$=\frac{x^2}{2}\cdot\ln^2 x-\int x\cdot\ln x\mathrm{d}x=\frac{x^2}{2}\cdot\ln^2 x-\int\ln x\mathrm{d}\left(\frac{x^2}{2}\right)$

$=\frac{x^2}{2}\cdot\ln^2 x-\left(\frac{x^2}{2}\cdot\ln x-\int\frac{x^2}{2}\cdot\frac{1}{x}\mathrm{d}x\right)$

$=\frac{x^2}{2}\cdot\ln^2 x-\frac{x^2}{2}\cdot\ln x+\frac{1}{4}x^2+C$. 选 C.

【例 14】 $\int\frac{\ln x}{x^2}\mathrm{d}x=(\quad)$.

(A) $-\frac{\ln x+1}{x}+C$ (B) $-\frac{\ln x-1}{x}+C$ (C) $\frac{\ln x}{x}+C$

(D) $-\frac{\ln x+4}{x}+C$ (E) $-\frac{x+\ln x}{x}+C$

[解析] $\int\frac{\ln x}{x^2}\mathrm{d}x=\int\ln x\mathrm{d}\left(-\frac{1}{x}\right)=-\frac{\ln x}{x}+\int\frac{1}{x}\cdot\frac{1}{x}\mathrm{d}x=-\frac{\ln x}{x}-\frac{1}{x}+C=-\frac{\ln x+1}{x}+C$.

选 A.

(3) 应用：在被积函数中含有导函数 $f'(x)$ 时，用分部积分处理.

【例 15】 已知 $\frac{e^x}{x}$ 为 $f(x)$ 的一个原函数，则 $\int xf'(x)\mathrm{d}x=(\quad)$.

(A) $e^x+\frac{e^x}{x}+C$ (B) $e^x+\frac{2e^x}{x}+C$ (C) $e^x-\frac{2e^x}{x}+C$

(D) $e^x+\frac{e^x}{x^2}+C$ (E) $e^x-\frac{e^x}{x^2}+C$

[解析] $f(x)=\left(\frac{e^x}{x}\right)'=(x^{-1}e^x)'=-\frac{e^x}{x^2}+\frac{e^x}{x}$,

$\int xf'(x)\mathrm{d}x=\int x\mathrm{d}f(x)=xf(x)-\int f(x)\mathrm{d}x=-\frac{e^x}{x}+e^x-\frac{e^x}{x}+C=e^x-\frac{2e^x}{x}+C$. 选 C.

【例 16】 已知非负函数 $F(x)$ 为 $f(x)$ 的原函数，且 $F(0)=1$，$f(x)\cdot F(x)=e^{-2x}$，则 $f(1)=$ (　　).

(A) $\frac{e^{-2}}{\sqrt{2+e}}$ (B) $\frac{e^{-2}}{\sqrt{1-e^{-2}}}$ (C) $\frac{e^2}{\sqrt{2-e^{-2}}}$

(D) $\frac{e}{\sqrt{2-e^{-2}}}$ (E) $\frac{e^{-2}}{\sqrt{2-e^{-2}}}$

[解析] $f(x)=F'(x)$，$F'(x)\cdot F(x)=e^{-2x}$,

$\int F'(x)\cdot F(x)\mathrm{d}x=\int e^{-2x}\mathrm{d}x,\int F(x)\mathrm{d}F(x)=-\frac{1}{2}e^{-2x}+C,\frac{1}{2}F^2(x)=-\frac{1}{2}e^{-2x}+C$,

由 $F(0)=1$，得 $C=1$，即 $F^2(x)=2-e^{-2x}$，$F(x)=\sqrt{2-e^{-2x}}$.

$f(x)=F'(x)=\frac{2e^{-2x}}{2\sqrt{2-e^{-2x}}}=\frac{e^{-2x}}{\sqrt{2-e^{-2x}}}$. $f(1)=\frac{e^{-2}}{\sqrt{2-e^{-2}}}$，选 E.

【例 17】设 $F(x)$ 为 $f(x)$ 的原函数，且有 $f(x)F(x)=e^{4x}$，$F(0)=\frac{\sqrt{2}}{2}$，$F(x)\geqslant 0$，则 $f(x)=$（　　）.

（A）$\frac{1}{2}$　　（B）$\frac{\sqrt{2}}{2}e^{2x}$　　（C）$2e^{2x}$　　（D）$\sqrt{2}e^{2x}$　　（E）e^{2x}

［解析］对 $f(x)F(x)=e^{4x}$ 两边积分有

$$\int f(x)F(x)dx=\int F(x)dF(x)=\frac{1}{2}F^2(x)=\int e^{4x}dx=\frac{1}{4}e^{4x}+C$$

将 $F(0)=\frac{\sqrt{2}}{2}$ 代入上式：$\frac{1}{2}F^2(0)=\frac{1}{4}e^{4\times 0}+C\Rightarrow\frac{1}{2}\cdot\left(\frac{\sqrt{2}}{2}\right)^2=\frac{1}{4}+C\Rightarrow C=0.$

即 $F^2(x)=\frac{1}{2}e^{4x}$，又 $F(x)\geqslant 0$，所以 $F(x)=\frac{\sqrt{2}}{2}e^{2x}$.

$f(x)=F'(x)=\left(\frac{\sqrt{2}}{2}e^{2x}\right)'=\sqrt{2}e^{2x}$，选 D.

【例 18】计算 $\int_1^e x^2\ln x dx=$（　　）.

（A）$\frac{1}{9}(2e^3+1)$　　（B）$\frac{2}{9}(2e^3+1)$　　（C）$\frac{1}{9}(2e^3-1)$

（D）$\frac{2}{9}(2e^3-1)$　　（E）$\frac{1}{3}(2e^3+1)$

［解析］方法一：$\int_1^e x^2\ln x dx=\frac{1}{3}\int_1^e \ln x dx^3=\frac{1}{3}\left(x^3\ln x\Big|_1^e-\int_1^e x^2dx\right)$

$$=\frac{e^3}{3}-\frac{1}{9}x^3\Big|_1^e=\frac{1}{9}(2e^3+1).$$

方法二：$\int x^2\ln x dx=\frac{1}{3}x^3\ln x-\frac{1}{9}x^3$，

从而 $\int_1^e x^2\ln x dx=\left(\frac{1}{3}x^3\ln x-\frac{1}{9}x^3\right)\Big|_1^e=\frac{1}{9}(2e^3+1)$. 选 A.

二、变限积分

1. 变上限的定积分定义

设 $f(x)$ 在 $[a,b]$ 上连续，x 为 $[a,b]$ 上任一点，则在 $[a,x]$ 上的定积分 $\int_a^x f(t)dt$ 是变上限 x 的函数，记为 $\Phi(x)=\int_a^x f(t)dt, x\in[a,b]$.

2. 求导定理

设函数 $f(x)$ 在 $[a,b]$ 上连续，则函数 $\Phi(x)$ 对积分上限 x 的导数，等于被积函数在上限 x 处的值，即 $\Phi'(x)=\left[\int_a^x f(t)dt\right]'=f(x)$.

因此，变上限定积分 $\Phi(x)=\int_a^x f(t)dt$ 是 $f(x)$ 在 $[a,b]$ 上的一个原函数.

3. 求导总公式

$$\left[\int_{\alpha(x)}^{\beta(x)} f(t)\mathrm{d}t\right]_x' = f(\beta(x))\cdot\beta'(x) - f(\alpha(x))\cdot\alpha'(x).$$

【例 19】设 $f(x) = \int_0^{-x} t\ln(1+t^2)\mathrm{d}t$，求 $f(x)$ 的增减区间和凹凸区间.

[解析] $f'(x) = -x\ln(1+x^2)\cdot(-1) = x\ln(1+x^2)$.

当 $x>0$ 时，$f'(x)>0$，则 $f(x)$ 单调递增；当 $x<0$ 时，$f'(x)<0$，则 $f(x)$ 单调递减.

$f''(x) = \ln(1+x^2) + x\cdot\dfrac{2x}{1+x^2} = \ln(1+x^2) + \dfrac{2x^2}{1+x^2} \geqslant 0$，从而 $f(x)$ 在 $(-\infty, +\infty)$ 内为凹的.

【注意】在被积函数中含有求导变量 x 时，要先拆分变形，再求导.

$$\int f(t)g(t)\mathrm{d}t \neq f(t)\int g(t)\mathrm{d}t, \int f(x)g(t)\mathrm{d}t = f(x)\int g(t)\mathrm{d}t.$$

【例 20】$F(x) = \int_0^x \dfrac{\sqrt{x}-\sqrt{t}}{1+t}\mathrm{d}t$，则 $F'(1) = (\quad)$.

(A) $\ln 2$　　(B) $-\ln 2$　　(C) $\dfrac{1}{2}\ln 2$　　(D) $-\dfrac{1}{2}\ln 2$　　(E) $2\ln 2$

[解析] $F(x) = \int_0^x \dfrac{\sqrt{x}}{1+t}\mathrm{d}t - \int_0^x \dfrac{\sqrt{t}}{1+t}\mathrm{d}t = \sqrt{x}\int_0^x \dfrac{\mathrm{d}t}{1+t} - \int_0^x \dfrac{\sqrt{t}}{1+t}\mathrm{d}t$,

$F'(x) = \dfrac{1}{2\sqrt{x}}\cdot\int_0^x \dfrac{1}{1+t}\mathrm{d}t + \sqrt{x}\cdot\dfrac{1}{1+x} - \dfrac{\sqrt{x}}{1+x} = \dfrac{1}{2\sqrt{x}}\int_0^x \dfrac{\mathrm{d}t}{1+t}$.

$F'(1) = \dfrac{1}{2}\int_0^1 \dfrac{\mathrm{d}t}{1+t} = \dfrac{1}{2}\ln(t+1)\Big|_0^1 = \dfrac{1}{2}\ln 2$. 选 C.

三、定积分的应用

1. 求面积

分类	公式	图形
X 型	由曲线 $y=f(x)$ ($f(x)\geqslant 0$，分段连续) 及 $x=a, x=b(a<b)$ 与 x 轴所围成的曲边梯形的面积：$A=\int_a^b f(x)\mathrm{d}x$	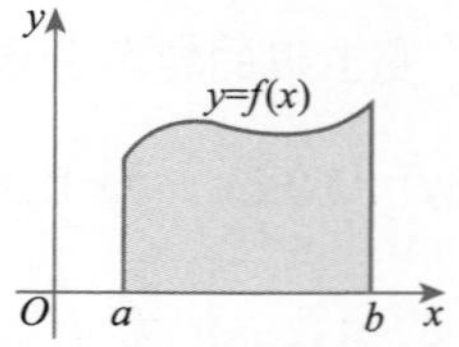
	由曲线 $y=\varphi_1(x), y=\varphi_2(x)$ ($\varphi_1(x), \varphi_2(x)$ 分段连续) 及 $x=a, x=b(a<b)$ 所围成的曲边图形的面积：$A=\int_a^b \lvert\varphi_1(x)-\varphi_2(x)\rvert\mathrm{d}x$	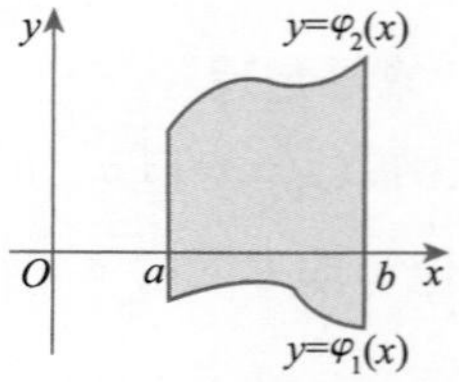

（续）

分类	公式	图形
Y型	由曲线 $x=\varphi(y)$（$\varphi(y)\geqslant 0$，分段连续）及 $y=c,y=d(c<d)$ 与 y 轴所围成的曲边梯形的面积：$A=\int_c^d \varphi(y)\mathrm{d}y$	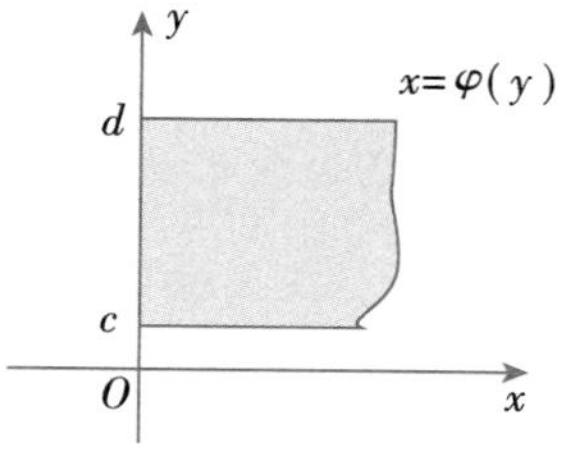
	由曲线 $x=\varphi(y),x=\psi(y)$（$\varphi(y),\psi(y)$ 分段连续）及 $y=c,y=d(c<d)$ 所围成的曲边图形的面积：$A=\int_c^d \lvert\varphi(y)-\psi(y)\rvert\mathrm{d}y$	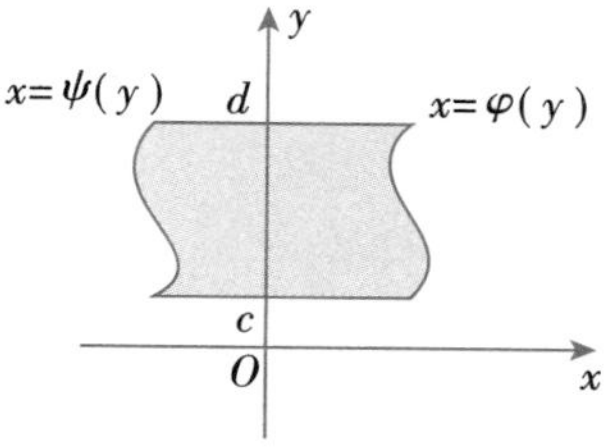

【例 21】曲线 $y^2=2x$ 与 $y=x-4$ 所围区域的面积为（　　）.

（A）6　　（B）12　　（C）18　　（D）24　　（E）28

［解析］先找两曲线的交点 $\begin{cases} y^2=2x \\ y=x-4 \end{cases}$ ⇒两个交点为(2，−2)，(8，4)，从而根据图形有

$$S=\int_0^2[\sqrt{2x}-(-\sqrt{2x})]\mathrm{d}x+\int_2^8(\sqrt{2x}-x+4)\mathrm{d}x$$

或 $S=\int_{-2}^4\left(y+4-\frac{1}{2}y^2\right)\mathrm{d}y=\left(\frac{1}{2}y^2+4y-\frac{1}{2}\cdot\frac{1}{3}y^3\right)\Big|_{-2}^4=18$，选 C.

【例 22】曲线 $y=\ln x$ 与 x 轴及直线 $x=\frac{1}{\mathrm{e}}$，$x=\mathrm{e}$ 围成图形的面积是（　　）.

（A）$\mathrm{e}-\frac{1}{\mathrm{e}}$　　（B）$2-\frac{2}{\mathrm{e}}$　　（C）$\mathrm{e}-\frac{2}{\mathrm{e}}$　　（D）$\mathrm{e}+\frac{1}{\mathrm{e}}$　　（E）$\mathrm{e}+\frac{2}{\mathrm{e}}$

［解析］如图 3.5 所示，所围成的面积为阴影部分，从而

$$S=\int_{\frac{1}{\mathrm{e}}}^1(-\ln x)\mathrm{d}x+\int_1^{\mathrm{e}}\ln x\mathrm{d}x$$

$$=(x-x\ln x)\Big|_{\frac{1}{\mathrm{e}}}^1+(x\ln x-x)\Big|_1^{\mathrm{e}}=2-\frac{2}{\mathrm{e}}$$，选 B.

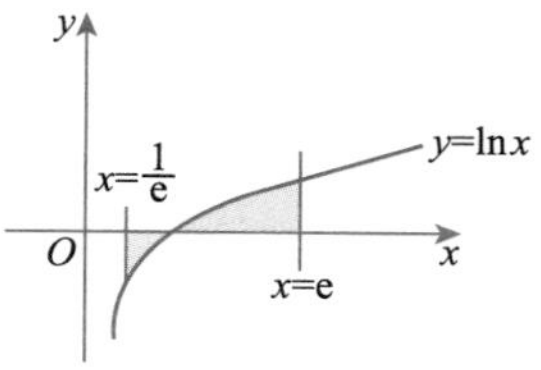

图 3.5

【例 23】设曲线过点(1，2)并且它的每一点$(x，y)$处的切线斜率为 $\frac{2}{y}$，则该曲线与其在点(1，2)处的法线所围成平面图形的面积为（　　）.

（A）$\frac{40}{3}$　　（B）$\frac{44}{3}$　　（C）$\frac{52}{3}$　　（D）$\frac{62}{3}$　　（E）$\frac{64}{3}$

［解析］由已知 $y'=\frac{2}{y}$，即 $y\mathrm{d}y=2\mathrm{d}x$，所以 $\frac{1}{2}y^2=2x+C$，又曲线过点 $(1,2)$，所以 $\frac{1}{2}\times 2^2=2\times 1+C$，即 $C=0$，所以曲线的方程为 $y^2=4x$. 又 $k_{切}=y'(1)=1$，则 $k_{法}=-\frac{1}{k_{切}}=-1$，从而法线方程为 $y-2=-(x-1)$，即 $x+y-3=0$，如图 3.6 所示，法线与曲线的交点为 $(1,2)$，$(9,-6)$，故面积为 $S=\int_{-6}^{2}\left(3-y-\frac{y^2}{4}\right)\mathrm{d}y=\frac{64}{3}$，选 E.

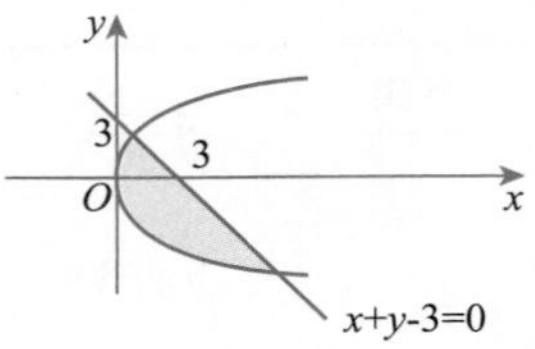

图 3.6

【例 24】过抛物线 $y=-x^2+4x-3$ 上两点 $(0,-3)$，$(3,0)$ 的两条切线与 x 轴所围成图形的面积是（　　）.

(A) $\frac{4}{9}$　　(B) $\frac{27}{8}$　　(C) $\frac{9}{4}$　　(D) $\frac{8}{27}$　　(E) 1

［解析］$y'=-2x+4$，从而在点 $(0,-3)$ 的切线为 $4x-y-3=0$，在点 $(3,0)$ 的切线为 $2x+y-6=0$，从而两条切线与 x 轴围成的面积为 $\frac{1}{2}\times\left(3-\frac{3}{4}\right)\times 3=\frac{27}{8}$，选 B.

2. **求体积**

分类	公式	图形
绕 x 轴	由曲线 $y=f(x)\ (f(x)\geqslant 0)$，直线 $x=a, x=b\ (a<b)$ 及 x 轴所围成的曲边梯形绕 x 轴旋转一周而成的立体体积为：$V_x=\pi\int_a^b[f(x)]^2\mathrm{d}x$	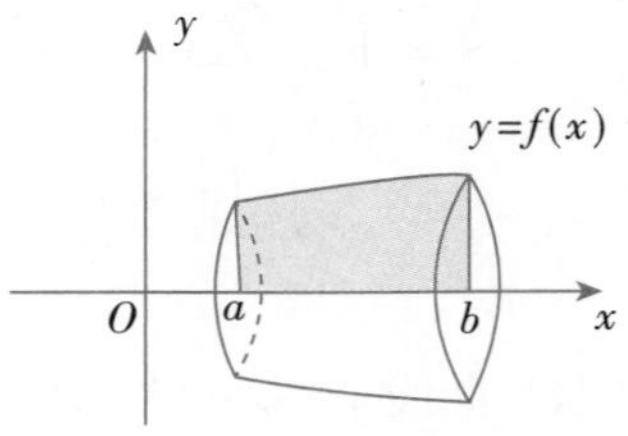
绕 y 轴	由曲线 $x=g(y)\ (g(y)\geqslant 0)$，直线 $y=c, y=d\ (c<d)$ 及 y 轴所围成的曲边梯形绕 y 轴旋转一周而成的立体体积为：$V_y=\pi\int_c^d[g(y)]^2\mathrm{d}y$	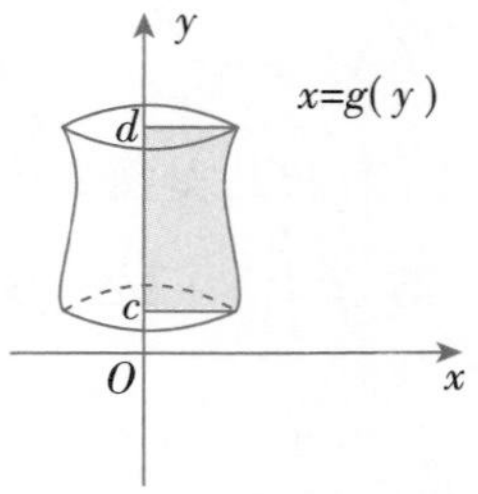

【例 25】由 $y\geqslant 2x, y\geqslant -x, x^2+y^2\leqslant 10$ 所确定的平面图形绕 x 轴旋转所成立体的体积为（　　）.

(A) $\frac{10\pi}{3}(\sqrt{2}+\sqrt{5})$　　(B) $\frac{16\pi}{3}(\sqrt{2}+\sqrt{5})$　　(C) $\frac{20\pi}{3}(\sqrt{3}+\sqrt{5})$

(D) $\frac{16\pi}{3}(\sqrt{3}+\sqrt{5})$　　(E) $\frac{20\pi}{3}(\sqrt{2}+\sqrt{5})$

［解析］如图 3.7 所示，

$$V=\int_{-\sqrt{5}}^{\sqrt{2}}\pi(10-x^2)\mathrm{d}x-\int_{-\sqrt{5}}^{0}\pi x^2\mathrm{d}x-\int_{0}^{\sqrt{2}}4\pi x^2\mathrm{d}x$$

$$=\pi\left(10x-\frac{1}{3}x^3\right)\Bigg|_{-\sqrt{5}}^{\sqrt{2}}-\frac{\pi}{3}x^3\Bigg|_{-\sqrt{5}}^{0}-\frac{4\pi}{3}x^3\Bigg|_{0}^{\sqrt{2}}$$

$$=\frac{20\pi}{3}(\sqrt{2}+\sqrt{5})$$

故选 E.

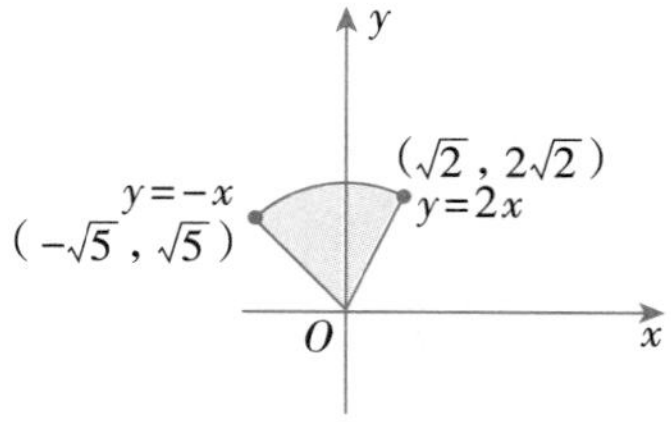

图 3.7

【例 26】由曲线 $xy=4, y\geqslant 1, x>0$ 所围图形绕 y 轴旋转所成的立体的体积为（　　）.

(A) 12π　　(B) 14π　　(C) 16π

(D) 18π　　(E) 32π

［解析］如图 3.8 所示，由 $\begin{cases}xy=4\\ y=1\end{cases}$，得交点（4，1）.

$V=\pi\int_1^{+\infty}x^2\mathrm{d}y=\pi\int_1^{+\infty}\frac{16}{y^2}\mathrm{d}y=\pi\left(-\frac{16}{y}\right)\Bigg|_1^{+\infty}=16\pi$，选 C.

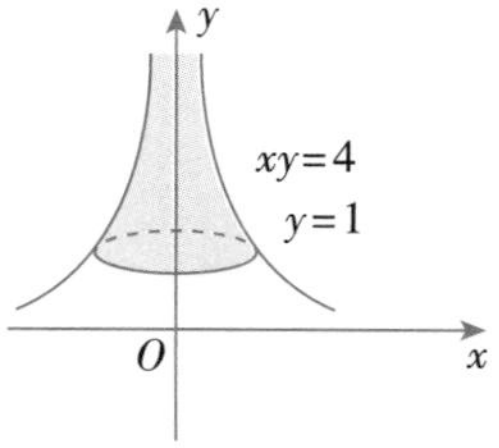

图 3.8

3. **求曲线的弧长**

设曲线弧由直角坐标方程 $y=f(x)$ 确定，其中 $f(x)$ 在区间 $[a,b]$ 上具有一阶连续导数，现在来计算这条曲线弧的长度.

取横坐标 x 为积分变量，它的变化区间为 $[a,b]$，曲线 $y=f(x)$ 上相应于 $[a,b]$ 上任一小区间 $[x,x+\mathrm{d}x]$ 的一段弧的长度，可以用该曲线在点 $(x,f(x))$ 处的切线上相应的一小段的长度来近似代替，而切线上这相应的小段的长度为 $\sqrt{(\mathrm{d}x)^2+(\mathrm{d}y)^2}=\sqrt{1+y'^2}\mathrm{d}x$，从而得弧长元素（即弧微分）$\mathrm{d}s=\sqrt{1+y'^2}\mathrm{d}x$.

以 $\sqrt{1+y'^2}\mathrm{d}x$ 为被积表达式，在闭区间 $[a,b]$ 上作定积分，便得所求的弧长为 $s=\int_a^b\sqrt{1+y'^2}\mathrm{d}x$.

分类	公式
直角坐标	设 $y=f(x)$ 为光滑曲线，则在 $[a,b]$ 弧段上弧长为： $s=\int_a^b\sqrt{1+[f'(x)]^2}\mathrm{d}x$
参数方程	若光滑曲线由参数方程 $\begin{cases}x=\varphi(t)\\ y=h(t)\end{cases}$ $\alpha\leqslant t\leqslant\beta$ 给出，则曲线弧弧长为： $s=\int_\alpha^\beta\sqrt{[\varphi'(t)]^2+[h'(t)]^2}\mathrm{d}t$

【例 27】曲线 $y=\int_0^x\sqrt{\sin t}\mathrm{d}t(0\leqslant x\leqslant\pi)$ 的长度为（　　）.

(A) 4　　(B) 5　　(C) 5.5　　(D) 6　　(E) 8

［解析］$y'=\sqrt{\sin x}$，故所求曲线长为

$$s=\int_0^{\pi}\sqrt{1+y'^2}\mathrm{d}x=\int_0^{\pi}\sqrt{1+\sin x}\mathrm{d}x=\int_0^{\pi}\left(\sin\frac{x}{2}+\cos\frac{x}{2}\right)\mathrm{d}x=4$$，选 A.

【例 28】圆的渐开线 $\begin{cases}x=\cos t+t\sin t\\ y=\sin t-t\cos t\end{cases}$，自 $t=0$ 至 $t=\pi$ 一段弧的弧长为（　　）.

(A) $\frac{\pi^2}{6}$　(B) $\frac{\pi^2}{4}$　(C) $\frac{\pi^2}{3}$　(D) $\frac{\pi^2}{2}$　(E) $\frac{2\pi^2}{3}$

[解析] $x'(t)=t\cos t$，$y'(t)=t\sin t$.

$$s=\int_0^{\pi}\sqrt{[x'(t)]^2+[y'(t)]^2}\mathrm{d}t=\int_0^{\pi}t\mathrm{d}t=\frac{1}{2}t^2\Big|_0^{\pi}=\frac{\pi^2}{2}$$，选 D.

第四节　阶梯训练

基础能力题

1. 在下列等式中，正确的为（　　）.

(A) $\int f'(x)\mathrm{d}x=f(x)$　(B) $\int \mathrm{d}f(x)=f(x)$　(C) $\frac{\mathrm{d}}{\mathrm{d}x}\int f(x)\mathrm{d}x=f(x)$

(D) $\mathrm{d}\int f(x)\mathrm{d}x=f(x)$　(E) $\int \mathrm{d}f'(x)=f(x)$

2. $\int\sqrt{x\sqrt{x}}\left(1-\frac{1}{x^2}\right)\mathrm{d}x=$（　　）.

(A) $\frac{4}{7}x^{\frac{7}{4}}+4x^{-\frac{1}{4}}$　(B) $\frac{4}{7}x^{\frac{7}{4}}+4x^{-\frac{1}{4}}+C$　(C) $\frac{4}{7}x^{\frac{7}{4}}-4x^{-\frac{1}{4}}$

(D) $\frac{4}{7}x^{\frac{7}{4}}-4x^{-\frac{1}{4}}+C$　(E) $\frac{4}{7}x^{\frac{7}{4}}-2x^{-\frac{1}{2}}+C$

3. $\int\frac{1}{3-2x}\mathrm{d}x=$（　　）.

(A) $-\frac{1}{2}\ln|3-2x|+C$　(B) $\frac{1}{2}\ln|3-2x|+C$　(C) $-\frac{1}{2}\ln|3-2x|$

(D) $\frac{1}{2}\ln|3-2x|$　(E) $\frac{1}{2}\ln|2-3x|+C$

4. $\int\frac{\sqrt{\ln x}}{x}\mathrm{d}x=$（　　）.

(A) $\frac{2}{5}(\ln x)^{\frac{3}{2}}+C$　(B) $-\frac{2}{3}(\ln x)^{\frac{3}{2}}+C$　(C) $\frac{2}{3}(\ln x)^{\frac{3}{2}}+C$

(D) $-\frac{2}{5}(\ln x)^{\frac{3}{2}}+C$　(E) $\frac{2}{5}(\ln x)^{\frac{5}{2}}+C$

5. $\int\frac{x}{\sqrt{1-x^2}}\mathrm{d}x=$（　　）.

(A) $\frac{1}{2}\sqrt{1+x^2}+C$　(B) $-\frac{1}{2}\sqrt{1-x^2}+C$　(C) $\frac{1}{2}\sqrt{1-x^2}+C$

(D) $-\sqrt{1-x^2}+C$　(E) $\frac{1}{2}\sqrt{x^2-1}+C$

6. $\int x^2 e^{-x^3} dx =$ (　　).

(A) $-\frac{1}{5}e^{-x^3}+C$　(B) $-\frac{1}{7}e^{-x^3}+C$　(C) $\frac{1}{3}e^{-x^3}+C$

(D) $-\frac{1}{3}e^{-x^3}+C$　(E) $\frac{1}{3}e^{-x^2}+C$

7. $\int xe^{-x} dx =$ (　　).

(A) $-xe^{-x}-e^{-x}+C$　(B) $-xe^{-x}+e^{-x}+C$　(C) $xe^{-x}-e^{-x}+C$

(D) $xe^{-x}+e^{-x}+C$　(E) $xe^{-x}+e^{x}+C$

8. $\int \frac{\ln x}{x^2} dx =$ (　　).

(A) $-\frac{\ln x}{x}+\frac{1}{x}+C$　(B) $\frac{\ln x}{x}+\frac{1}{x}+C$　(C) $-\frac{\ln x}{x}-\frac{1}{x}+C$

(D) $\frac{\ln x}{x}-\frac{1}{x}+C$　(E) $\frac{\ln x}{x}+C$

9. $\int \frac{\ln x}{x\sqrt{1+\ln x}} dx =$ (　　).

(A) $\frac{2}{3}(1+\ln x)^{\frac{3}{2}}+2(1+\ln x)^{\frac{1}{2}}+C$　(B) $\frac{2}{3}(1+\ln x)^{\frac{3}{2}}-2(1+\ln x)^{\frac{1}{2}}+C$

(C) $\frac{2}{5}(1+\ln x)^{\frac{3}{2}}-2(1+\ln x)^{\frac{1}{2}}+C$　(D) $\frac{2}{3}(1+\ln x)^{\frac{3}{2}}-(1+\ln x)^{\frac{1}{2}}+C$

(E) $\ln x+C$

10. $\int_{-1}^{1}(1+\sqrt{1-x^2})dx =$ (　　).

(A) $2-\frac{\pi}{2}$　(B) $1+\frac{\pi}{2}$　(C) 2　(D) 1　(E) $2+\frac{\pi}{2}$

11. $\int_{-1}^{1}(1+x^3)dx =$ (　　).

(A) 4　(B) 3　(C) 2　(D) 1　(E) 5

12. $\int_{2}^{4}\frac{dx}{x^2-1} =$ (　　).

(A) $\frac{1}{2}\left(\ln\frac{3}{5}+\ln\frac{1}{3}\right)$　(B) $\frac{1}{2}\left(\ln\frac{3}{5}-\ln\frac{1}{3}\right)$　(C) $\frac{1}{4}\left(\ln\frac{3}{5}-\ln\frac{1}{3}\right)$

(D) $\frac{1}{4}\left(\ln\frac{3}{5}+\ln\frac{1}{3}\right)$　(E) $\frac{1}{2}\ln\frac{3}{5}$

13. $\int_{1}^{4}\frac{dx}{x(1+\sqrt{x})} =$ (　　).

(A) $\ln\frac{4}{3}$　(B) $2\ln\frac{4}{3}$　(C) $3\ln\frac{4}{3}$　(D) $4\ln\frac{4}{3}$　(E) $4\ln\frac{3}{4}$

14. $\int_0^4 e^{\sqrt{x}}dx = (\quad)$.

(A) $\frac{1}{2}(e^2+1)$ (B) $-2(e^2+1)$ (C) $2(e^2-1)$

(D) $2(e^2+1)$ (E) $2e^2+1$

15. $\int_0^{\frac{1}{2}} x\ln\frac{1+x}{1-x}dx = (\quad)$.

(A) $\frac{1}{2}-\frac{3}{8}\ln3$ (B) $\frac{1}{2}+\frac{3}{8}\ln3$ (C) $\frac{1}{2}-\frac{3}{4}\ln3$

(D) $\frac{1}{2}+\frac{3}{4}\ln3$ (E) $\frac{1}{2}+\frac{3}{2}\ln3$

16. $\int_0^a \frac{xe^{-x}}{(1+e^{-x})^2}dx = (\quad)$.

(A) $\frac{a}{1+e^{-a}}+\ln(1+e^a)-\ln2$ (B) $\frac{a}{1+e^{-a}}+\ln(1+e^a)+\ln2$

(C) $\frac{a}{1+e^{-a}}-\ln(1+e^a)+\ln2$ (D) $\frac{a}{1+e^{-a}}-\ln(2-e^a)+\ln2$

(E) 1

17. 以下定积分大小的比较，正确的是（　　）.

(A) $\int_1^2 \ln x dx < \int_1^2 \ln^2 x dx$ (B) $\int_{-1}^0 e^{-x}dx > \int_{-1}^0 e^x dx$

(C) $\int_{\frac{1}{e}}^e \ln x dx > \int_{\frac{1}{e}}^e |\ln x| dx$ (D) $\int_{-1}^0 e^{-x}dx = \int_{-1}^0 e^x dx$

(E) $\int_{-1}^1 e^{-x}dx \neq \int_{-1}^1 e^x dx$

18. $\int_1^e \frac{\ln x-1}{x^2}dx = (\quad)$.

(A) $\frac{1}{e}$ (B) $-\frac{1}{e}$ (C) e (D) $-e$ (E) 1

19. $\int_{\frac{1}{2}}^1 e^{\sqrt{2x-1}}dx = (\quad)$.

(A) $\frac{2}{e}$ (B) $\frac{1}{e}$ (C) e (D) 0 (E) 1

20. $\int_0^1 \frac{\ln(1+x)}{(2-x)^2}dx = (\quad)$.

(A) $\ln2$ (B) $\frac{1}{4}\ln2$ (C) $\frac{1}{3}\ln2$ (D) $\frac{3}{2}\ln2$ (E) $2\ln2$

21. $\int_0^1 \frac{x^3}{1+x^4}dx = (\quad)$.

(A) $\frac{1}{4}(1-\ln2)$ (B) $\frac{1}{4}\ln2$ (C) $\frac{1}{2}(1-\ln2)$

(D) $\frac{1}{2}\ln2$ (E) $\ln2$

22. $\int_0^2 \frac{2x+3}{x^2+3x-11}dx = ($ $)$.

(A) $\ln 11$ (B) 11 (C) $-\ln 11$ (D) $\frac{1}{11}$ (E) 1

23. 已知$f(0)=0$，且$f'(x)\cdot\int_0^2 f(x)dx = 8$，则$f(x) = ($ $)$.

(A) $\pm x$ (B) $\pm 2x$ (C) $\pm 3x$ (D) $\pm 4x$ (E) x

24. 设$f(x)$为连续函数，且$F(x) = \int_x^{e^{-x}} f(t)dt$，则$F'(x) = ($ $)$.

(A) $-e^{-x}f(e^{-x})+f(x)$ (B) $-e^{-x}f(e^{-x})-f(x)$

(C) $e^{-x}f(e^{-x})-f(x)$ (D) $e^{-x}f(e^{-x})+f(x)$

(E) $e^{x}f(e^{x})+f(x)$

25. 已知e^{x^2}为$f(x)$的一个原函数，则$\int(x+1)f'(x)dx = ($ $)$.

(A) $(x+1)e^{x^2}\cdot 2x-e^{x^2}+C$ (B) $(x+1)e^{x^2}\cdot 2x+e^{x^2}+C$

(C) $(x-1)e^{x^2}\cdot 2x-e^{x^2}+C$ (D) $(x-1)e^{x^2}\cdot 2x+e^{x^2}+C$

(E) $(x-1)e^{x^2}+C$

26. $f(x)=2x-x^2$与x轴及$x=-1$，$x=2$所围面积为（ ）.

(A) $\frac{5}{3}$ (B) $\frac{8}{3}$ (C) $\frac{11}{3}$ (D) $\frac{13}{3}$ (E) 4

27. 抛物线$y=-x^2+4x-3$与分别过点$(1,0)$和$(3,0)$的两条切线之间所围图形的面积为（ ）.

(A) $\frac{5}{3}$ (B) $\frac{7}{3}$ (C) $\frac{8}{3}$ (D) $\frac{11}{3}$ (E) $\frac{2}{3}$

28. 已知$x>0$，两曲线$y=x^2$与$y=\frac{1}{2}x^3$所围成图形的面积为（ ）.

(A) $\frac{1}{3}$ (B) $\frac{2}{3}$ (C) $\frac{1}{2}$ (D) 1 (E) 2

29. 曲线$y=\frac{1}{2}x^2$与圆$x^2+(y-1)^2=1$及直线$y=2$在第一象限所围图形的面积为（ ）.

(A) $\frac{\pi}{2}$ (B) $\frac{8}{3}-\frac{\pi}{2}$ (C) $\frac{10}{3}-\frac{\pi}{2}$ (D) $\frac{10}{3}$ (E) $\frac{5}{3}+\pi$

30. 从原点向抛物线$y=x^2+x+1$引两条切线，此切线与抛物线所围图形的面积为（ ）.

(A) $\frac{1}{3}$ (B) $\frac{2}{3}$ (C) 1 (D) $\frac{4}{3}$ (E) $\frac{5}{3}$

31. 设$f(x) = \ln(1+2x^2) - b\int_0^x \frac{dt}{1+2t^2}$，则$f''(0) = ($ $)$.

(A) 4 (B) 2 (C) 1 (D) 0 (E) -2

基础能力题详解

1. C A、B选项漏掉了常数C，应该为$\int f'(x)dx = f(x)+C$，$\int df(x) = f(x)+C$. D选项应该为$d\int f(x)dx = f(x)dx$. E选项应该为$\int df'(x) = f'(x)+C$.

2. **B** $\int \sqrt{x\sqrt{x}}\left(1-\frac{1}{x^2}\right)\mathrm{d}x = \int x^{\frac{1}{2}} \cdot x^{\frac{1}{4}}\left(1-\frac{1}{x^2}\right)\mathrm{d}x = \int (x^{\frac{3}{4}} - x^{-\frac{5}{4}})\mathrm{d}x = \frac{4}{7}x^{\frac{7}{4}} + 4x^{-\frac{1}{4}} + C.$

3. **A** $\int \frac{1}{3-2x}\mathrm{d}x = -\frac{1}{2}\int \frac{1}{3-2x}\mathrm{d}(3-2x) = -\frac{1}{2}\ln|3-2x| + C.$

4. **C** $\int \frac{\sqrt{\ln x}}{x}\mathrm{d}x = \int \sqrt{\ln x}\,\mathrm{d}(\ln x) = \frac{2}{3}(\ln x)^{\frac{3}{2}} + C.$

5. **D** $\int \frac{x}{\sqrt{1-x^2}}\mathrm{d}x = -\frac{1}{2}\int \frac{\mathrm{d}(1-x^2)}{\sqrt{1-x^2}} = -\sqrt{1-x^2} + C.$

6. **D** $\int x^2 \mathrm{e}^{-x^3}\mathrm{d}x = -\frac{1}{3}\int \mathrm{e}^{-x^3}\mathrm{d}(-x^3) = -\frac{1}{3}\mathrm{e}^{-x^3} + C.$

7. **A** $\int x\mathrm{e}^{-x}\mathrm{d}x = -\int x\mathrm{d}\mathrm{e}^{-x} = -x\mathrm{e}^{-x} + \int \mathrm{e}^{-x}\mathrm{d}x = -x\mathrm{e}^{-x} - \mathrm{e}^{-x} + C.$

8. **C** $\int \frac{\ln x}{x^2}\mathrm{d}x = -\int \ln x\,\mathrm{d}\left(\frac{1}{x}\right) = -\frac{\ln x}{x} + \int \frac{1}{x^2}\mathrm{d}x = -\frac{\ln x}{x} - \frac{1}{x} + C.$

9. **B** 原式 $= \int \frac{\ln x}{\sqrt{1+\ln x}}\mathrm{d}(\ln x) \xlongequal{\ln x = u} \int \frac{u}{\sqrt{1+u}}\mathrm{d}u = \int \frac{1+u-1}{\sqrt{1+u}}\mathrm{d}u$

$$= \int\left(\sqrt{1+u} - \frac{1}{\sqrt{1+u}}\right)\mathrm{d}u = \frac{2}{3}(1+u)^{\frac{3}{2}} - 2(1+u)^{\frac{1}{2}} + C$$

$$= \frac{2}{3}(1+\ln x)^{\frac{3}{2}} - 2(1+\ln x)^{\frac{1}{2}} + C.$$

10. **E** 令 $y=\sqrt{1-x^2}\geqslant 0$，有 $x^2+y^2=1$，被积函数图像如图 3.9 所示.

阴影的面积即为所求，即$\frac{1}{2}\times\pi+2\times 1=2+\frac{\pi}{2}$.

11. **C** $y=1+x^3$ 的图像如图 3.10 所示，

所求定积分为图中正方形面积的一半，即$\frac{1}{2}\times 2\times 2=2$.

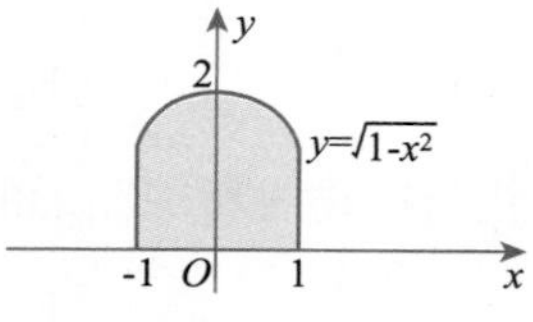

图 3.9

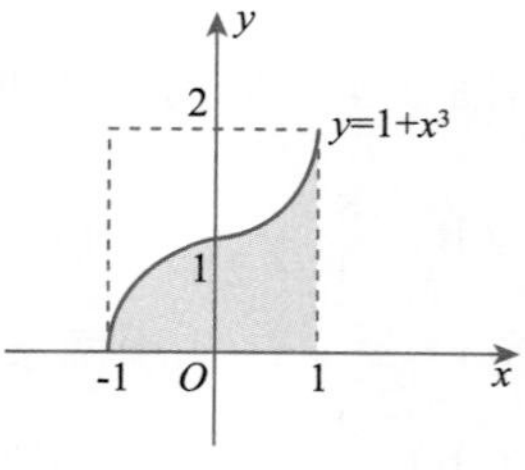

图 3.10

12. **B** $\int_2^4 \frac{\mathrm{d}x}{x^2-1} = \frac{1}{2}\int_2^4\left(\frac{1}{x-1} - \frac{1}{x+1}\right)\mathrm{d}x = \frac{1}{2}\ln\frac{x-1}{x+1}\Big|_2^4 = \frac{1}{2}\left(\ln\frac{3}{5} - \ln\frac{1}{3}\right).$

13. **B** 令$\sqrt{x}=u$，

$$\int_1^4 \frac{\mathrm{d}x}{x(1+\sqrt{x})} = \int_1^2 \frac{2u}{u^2(1+u)}\mathrm{d}u = 2\int_1^2 \frac{1+u-u}{u(1+u)}\mathrm{d}u$$

$$= 2\left[\ln u\Big|_1^2 - \ln(1+u)\Big|_1^2\right] = 2\ln\frac{4}{3}.$$

14. **D**　令$\sqrt{x}=t$，$x=t^2$，

原式 $=\int_0^2 2te^t\mathrm{d}t=2\left(te^t\Big|_0^2-\int_0^2 e^t\mathrm{d}t\right)=4e^2-2e^t\Big|_0^2=2(e^2+1)$.

15. **A**　原式 $=\ln\frac{1+x}{1-x}\cdot\frac{x^2}{2}\Big|_0^{\frac{1}{2}}-\int_0^{\frac{1}{2}}\frac{x^2}{2}\left(\frac{1}{1+x}+\frac{1}{1-x}\right)\mathrm{d}x$

$$=\frac{1}{8}\ln3+\int_0^{\frac{1}{2}}\frac{(-x^2+1)-1}{1-x^2}\mathrm{d}x=\frac{1}{8}\ln3+\int_0^{\frac{1}{2}}\mathrm{d}x-\frac{1}{2}\int_0^{\frac{1}{2}}\left(\frac{1}{1-x}+\frac{1}{1+x}\right)\mathrm{d}x$$

$$=\frac{1}{8}\ln3+\frac{1}{2}-\frac{1}{2}\ln\frac{1+x}{1-x}\Big|_0^{\frac{1}{2}}=\frac{1}{2}-\frac{3}{8}\ln3.$$

16. **C**　$\int_0^a\frac{xe^{-x}}{(1+e^{-x})^2}\mathrm{d}x=\int_0^a x\mathrm{d}\frac{1}{1+e^{-x}}=\frac{x}{1+e^{-x}}\Big|_0^a-\int_0^a\frac{1}{1+e^{-x}}\mathrm{d}x$

$$=\frac{a}{1+e^{-a}}-\int_0^a\frac{e^x}{1+e^x}\mathrm{d}x=\frac{a}{1+e^{-a}}-\ln(1+e^x)\Big|_0^a$$

$$=\frac{a}{1+e^{-a}}-\ln(1+e^a)+\ln2.$$

17. **B**　利用定积分的性质：$f(x)\leqslant g(x)\Rightarrow\int_a^b f(x)\mathrm{d}x\leqslant\int_a^b g(x)\mathrm{d}x$

对 A：$x\in(1,2)$，有 $\ln x<1$，所以 $\ln x>(\ln x)^2$.

对 B：结合图 3.11，所以，$x\in(-1,0)$有 $e^{-x}>e^x$.

对 C：$\ln x\leqslant|\ln x|$.

对 D：由选项 B 正确，可知选项 D 错误.

对 E：令 $x=-t$，$\int_{-1}^1 e^{-x}\mathrm{d}x=-\int_1^{-1}e^t\mathrm{d}t=\int_{-1}^1 e^x\mathrm{d}x$.

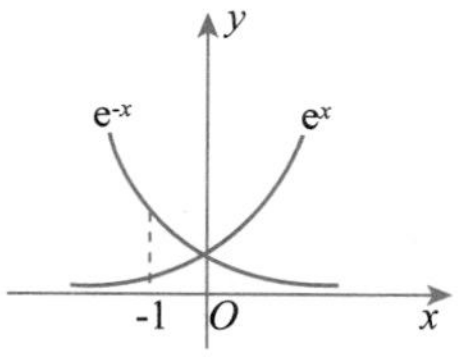

图 3.11

18. **B**　$\int_1^e\frac{\ln x-1}{x^2}\mathrm{d}x=-\int_1^e(\ln x-1)\mathrm{d}\left(\frac{1}{x}\right)=-(\ln x-1)\cdot\frac{1}{x}\Big|_1^e+\int_1^e\frac{1}{x}\cdot\frac{1}{x}\mathrm{d}x$

$$=-1-\frac{1}{x}\Big|_1^e=-\frac{1}{e}.$$

19. **E**　$\int_{\frac{1}{2}}^1 e^{\sqrt{2x-1}}\mathrm{d}x\xlongequal{令\sqrt{2x-1}=t}\int_0^1 e^t\cdot t\mathrm{d}t=\int_0^1 t\mathrm{d}e^t=t\cdot e^t\Big|_0^1-\int_0^1 e^t\mathrm{d}t=e-0-e^t\Big|_0^1=1.$

20. **C**　原式 $=\int_0^1\ln(1+x)\mathrm{d}\left(\frac{1}{2-x}\right)=\frac{1}{2-x}\ln(1+x)\Big|_0^1-\int_0^1\frac{1}{2-x}\cdot\frac{1}{1+x}\mathrm{d}x$

$$=\ln2-\frac{1}{3}\int\left(\frac{1}{2-x}+\frac{1}{1+x}\right)\mathrm{d}x=\ln2-\frac{1}{3}(-\ln|2-x|+\ln|1+x|)\Big|_0^1$$

$$=\frac{1}{3}\ln2.$$

21. **B**　$\int_0^1\frac{x^3}{1+x^4}\mathrm{d}x=\frac{1}{4}\ln(1+x^4)\Big|_0^1=\frac{1}{4}\ln2.$

22. **C**　$\int_0^2\frac{2x+3}{x^2+3x-11}\mathrm{d}x=\ln|x^2+3x-11|\Big|_0^2=-\ln11.$

23. **B**　易知$\int_0^2 f(x)\mathrm{d}x$是一个实数（根据定积分定义），而$f(x)=\frac{8}{\int_0^2 f(x)\mathrm{d}x}\cdot x+C$.

因为$f(0)=0$，所以 $C=0, f(x)=\dfrac{8}{\int_0^2 f(x)\mathrm{d}x}\cdot x$.

而$\int_0^2 f(x)\mathrm{d}x=\dfrac{8}{\int_0^2 f(x)\mathrm{d}x}\int_0^2 x\mathrm{d}x=\dfrac{16}{\int_0^2 f(x)\mathrm{d}x}$，所以 $\int_0^2 f(x)\mathrm{d}x=\pm 4, f(x)=\pm 2x$.

24. **B** $F(x)=\int_x^{\mathrm{e}^{-x}} f(t)\mathrm{d}t=\int_a^{\mathrm{e}^{-x}} f(t)\mathrm{d}t-\int_a^x f(t)\mathrm{d}t$,

$$F'(x)=\left(\int_a^{\mathrm{e}^{-x}} f(t)\mathrm{d}t\right)'_{\mathrm{e}^{-x}}\cdot(\mathrm{e}^{-x})'_x-\left(\int_a^x f(t)\mathrm{d}t\right)'_x$$
$$=f(\mathrm{e}^{-x})\cdot(-\mathrm{e}^{-x})-f(x)=-\mathrm{e}^{-x}f(\mathrm{e}^{-x})-f(x).$$

25. **A** $\int(x+1)\mathrm{d}f(x)=(x+1)f(x)-\int f(x)\mathrm{d}x=(x+1)(\mathrm{e}^{x^2})'-\mathrm{e}^{x^2}+C$

$$=(x+1)\mathrm{e}^{x^2}\cdot 2x-\mathrm{e}^{x^2}+C.$$

26. **B** 如图 3.12 所示，$S=\int_{-1}^2 |f(x)|\mathrm{d}x=\int_{-1}^0 (x^2-2x)\mathrm{d}x+\int_0^2 (2x-x^2)\mathrm{d}x$

$$=\left(\frac{x^3}{3}-x^2\right)\bigg|_{-1}^0+\left(x^2-\frac{x^3}{3}\right)\bigg|_0^2=\frac{8}{3}.$$

27. **E** 如图 3.13 所示，$y=-x^2+4x-3=-(x-3)(x-1)=-(x-2)^2+1$,

$$y'=-2x+4,\ y'(1)=2,\ y'(3)=-2.$$

切线方程为 $y=2(x-1)=2x-2$ 和 $y=-2(x-3)=-2x+6$.

交点为$\begin{cases}y=2x-2\\y=-2x+6\end{cases}$，即点$(2, 2)$，

所求面积 $=S_{\triangle ABC}-\int_1^3(-x^2+4x-3)\mathrm{d}x$

$$=\frac{1}{2}\times 2\times 2-\left(-\frac{x^3}{3}+2x^2-3x\right)\bigg|_1^3=2-\frac{4}{3}=\frac{2}{3}.$$

28. **B** 如图 3.14 所示，交点为$\begin{cases}y=x^2\\y=\dfrac{1}{2}x^3\end{cases}$，解得$(0, 0)$，$(2, 4)$，从而

所求面积 $=\int_0^2\left(x^2-\frac{1}{2}x^3\right)\mathrm{d}x=\left(\frac{x^3}{3}-\frac{1}{2}\cdot\frac{x^4}{4}\right)\bigg|_0^2=\frac{2}{3}.$

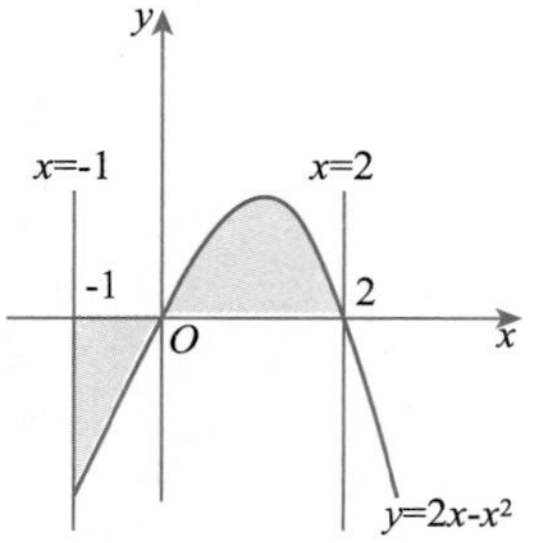

图 3.12

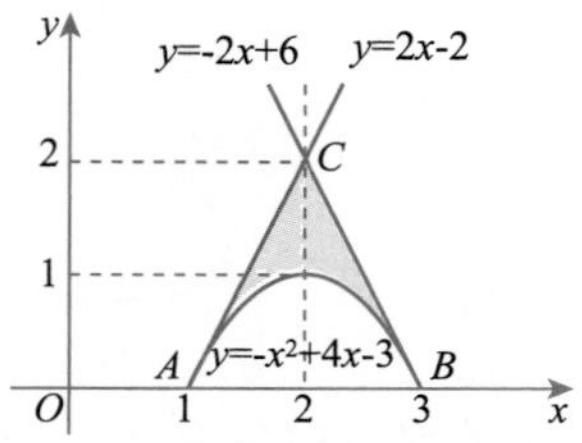

图 3.13

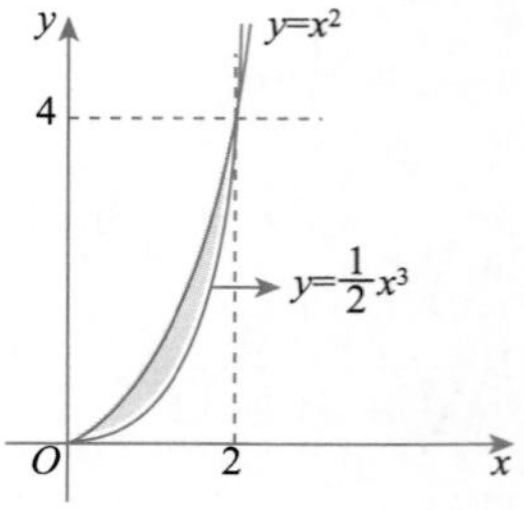

图 3.14

29. **B** 如图 3.15 所示，面积 $A = \int_0^2 [\sqrt{2y} - \sqrt{1-(y-1)^2}]dy$

$$= \sqrt{2} \times \frac{2}{3} y^{\frac{3}{2}} \Big|_0^2 - \frac{\pi}{2}$$

$$= \frac{8}{3} - \frac{\pi}{2}.$$

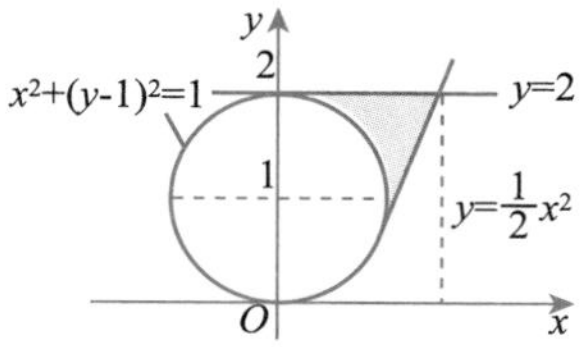

图 3.15

30. **B** 如图 3.16 所示，$y = x^2 + x + 1 = \left(x + \frac{1}{2}\right)^2 + \frac{3}{4}$，

$$y' = 2x + 1,$$

设切点为(x_0, y_0)，则切线方程为 $y = y'(x_0) \cdot x = (2x_0+1)x$，

即$(2x_0+1)x_0 = x_0^2 + x_0 + 1$，从而 $x_0 = \pm 1$，

切点为 $A(-1, 1)$，$B(1, 3)$，切线为 $y = -x$，$y = 3x$，

所求面积 $= \int_{-1}^0 [x^2 + x + 1 - (-x)]dx + \int_0^1 (x^2 + x + 1 - 3x)dx$

$$= \frac{(x+1)^3}{3}\Big|_{-1}^0 + \frac{(x-1)^3}{3}\Big|_0^1 = \frac{2}{3}.$$

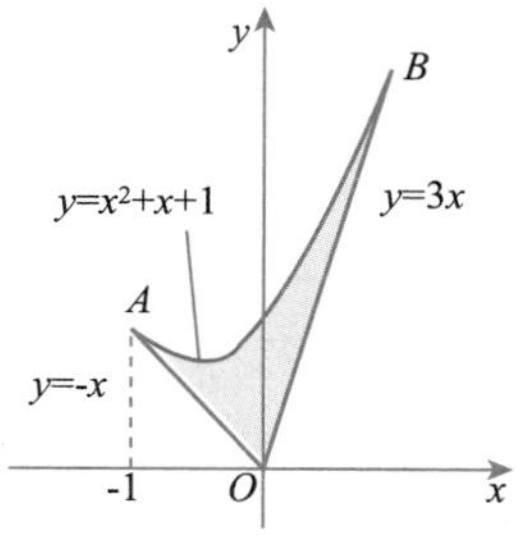

图 3.16

31. **A** $\left[\int_{a(x)}^{b(x)} f(t)dt\right]' = f(b(x))b'(x) - f(a(x))a'(x)$

$$\Rightarrow f'(x) = \frac{4x}{1+2x^2} - b \cdot \frac{1}{1+2x^2} = \frac{4x-b}{1+2x^2},$$

$$f''(x) = \frac{4(1+2x^2) - (4x-b) \cdot 4x}{(1+2x^2)^2} \Rightarrow f''(0) = 4.$$

综合提高题

1. $\int \frac{1}{1+e^x}dx = (\quad)$.

(A) $x - \ln(1+e^x) + C$　(B) $2x - \ln(1+e^x) + C$　(C) $x + \ln(1+e^x) + C$

(D) $x - \ln(1-e^x) + C$　(E) $2x + \ln(1+e^x) + C$

2. $\int \frac{dx}{1+\sqrt[3]{x+2}} = (\quad)$.

(A) $\frac{3}{2}\sqrt[3]{(x+2)^2} - 3\sqrt[3]{x+2} + 3\ln|1+\sqrt[3]{x+2}| + C$

(B) $\frac{3}{2}\sqrt[3]{(x+2)^2} + 3\sqrt[3]{x+2} + 3\ln|1+\sqrt[3]{x+2}| + C$

(C) $\frac{3}{2}\sqrt[3]{(x+2)^2} - 3\sqrt[3]{x+2} - 3\ln|1+\sqrt[3]{x+2}| + C$

(D) $\frac{3}{2}\sqrt[3]{(x+2)^2} + 3\sqrt[3]{x+2} - 3\ln|1+\sqrt[3]{x+2}| + C$

(E) $-\frac{3}{2}\sqrt[3]{(x+2)^2} + 3\sqrt[3]{x+2} - 3\ln|1+\sqrt[3]{x+2}| + C$

3. $\int \frac{1}{\sqrt{x}+\sqrt[3]{x^2}}dx = (\quad)$.

(A) $3\sqrt[3]{x}+6\sqrt[6]{x}+6\ln|1+\sqrt[6]{x}|+C$

(B) $3\sqrt[3]{x}-6\sqrt[6]{x}+6\ln|1+\sqrt[6]{x}|+C$

(C) $3\sqrt[3]{x}-6\sqrt[6]{x}-6\ln|1+\sqrt[6]{x}|+C$

(D) $3\sqrt[3]{x}+6\sqrt[6]{x}-6\ln|1+\sqrt[6]{x}|+C$

(E) $3\sqrt[3]{x}+6\sqrt[6]{x}-6\ln|1+\sqrt[3]{x}|+C$

4. $\int\sqrt{e^x+1}\,dx=(\quad)$.

(A) $2\sqrt{e^x+1}+\ln(\sqrt{e^x+1}-1)+\ln(\sqrt{e^x+1}+1)+C$

(B) $2\sqrt{e^x+1}-\ln(\sqrt{e^x+1}-1)-\ln(\sqrt{e^x+1}+1)+C$

(C) $2\sqrt{e^x+1}-\ln(\sqrt{e^x+1}-1)+\ln(\sqrt{e^x+1}+1)+C$

(D) $2\sqrt{e^x+1}+\ln(\sqrt{e^x+1}-1)-\ln(\sqrt{e^x+1}+1)+C$

(E) $2\sqrt{e^x+1}+\ln(\sqrt{e^x-1}+1)-\ln(\sqrt{e^x+1}-1)+C$

5. $\int\frac{\ln(\ln x)}{x}dx=(\quad)$.

(A) $\ln x\cdot\ln(\ln x)-\ln x+C$

(B) $\ln x\cdot\ln(\ln x)+\ln x+C$

(C) $-\ln x\cdot\ln(\ln x)+\ln x+C$

(D) $-\ln x\cdot\ln(\ln x)-\ln x+C$

(E) $\ln x\cdot\ln(\ln x)+C$

6. $\int\ln(x+\sqrt{1+x^2})\,dx=(\quad)$.

(A) $x\ln(x+\sqrt{1+x^2})+\sqrt{1+x^2}+C$

(B) $x\ln(x-\sqrt{1+x^2})-\sqrt{1+x^2}+C$

(C) $x\ln(x-\sqrt{1+x^2})+\sqrt{1+x^2}+C$

(D) $x\ln(x+\sqrt{1+x^2})-\sqrt{1+x^2}+C$

(E) $x\ln(x+\sqrt{1-x^2})+\sqrt{1-x^2}+C$

7. 已知$f(x)$的一个原函数为e^{x^2}，则$\int xf'(2x)\,dx=(\quad)$.

(A) $\frac{1}{4}e^{4x^2}(8x^2+1)+C$

(B) $-\frac{1}{4}e^{4x^2}(8x^2-1)+C$

(C) $\frac{1}{4}e^{4x^2}(8x^2-1)+C$

(D) $\frac{1}{3}e^{4x^2}(8x^2-1)+C$

(E) $-\frac{1}{3}e^{4x^2}(8x^2-1)+C$

8. $\int_0^1\frac{dx}{9-4x^2}=(\quad)$.

(A) $\frac{1}{6}\ln 10$　(B) $\frac{1}{6}\ln 5$　(C) $\frac{1}{12}\ln 5$　(D) $\frac{1}{12}\ln 10$　(E) $\frac{1}{5}\ln 10$

9. 若$a<0<b$，则$\int_a^b|x|\,dx=(\quad)$.

(A) $\frac{1}{2}(a^2+b^2)$　(B) $\frac{1}{2}(a^2-b^2)$　(C) $\frac{1}{2}(b^2-a^2)$

(D) $\frac{1}{2}(|a|+|b|)$　(E) $\frac{1}{2}(b-a)$

10. 设函数$f(x)=\begin{cases}(1+e^{x^2})\ln\frac{3-x}{3+x} & -2\leqslant x\leqslant 2\\ 1 & x>2\end{cases}$，则$\int_1^8 f(x-3)\,dx=(\quad)$.

(A) 3　(B) 4　(C) 6　(D) 10　(E) 12

11. 设函数 $f(x)$ 在区间 $[0, 1]$ 内有连续导数，且 $f(x)$ 无零点，$f(0)=1$，$f(1)=2$，则 $\int_0^1 \frac{f'(x)}{f^2(x)}dx = (\quad)$.

(A) $\frac{1}{2}$　(B) 1　(C) $-\frac{1}{2}$　(D) -1　(E) 2

12. 设函数 $f(x)$ 连续，且有 $f(x)+\int_0^1 f(x)dx = 1+6x$，则 $f(x)=(\quad)$.

(A) $6x+1$　(B) $6x-1$　(C) $6x-2$　(D) $6x-3$　(E) $6x+2$

13. 设函数 $f(x) = 3x^2 - x\cdot\int_0^1 f(x)dx$，则 $f(x)=(\quad)$.

(A) x^2-2x　(B) $3x^2-2x$　(C) $3x^2+x+1$　(D) $3x^2-\frac{2}{3}x$　(E) $3x^2+\frac{2}{3}x$

14. 设函数 $f(x)$ 在 $[0, +\infty)$ 上可导，$f(0)=0$，且其反函数为 $g(x)$，若 $\int_0^{f(x)} g(t)dt = x^2e^x$，则 $f(x)=(\quad)$.

(A) $(x+1)e^x-1$　(B) $(x+1)e^x$　(C) $(x-1)e^x-1$
(D) $(x-1)e^x$　(E) $(x+1)e^x+1$

15. 设函数 $f(x)$ 在 $x>0$ 时连续，$f(1)=3$，且 $\int_1^{xy} f(t)dt = x\int_1^y f(t)dt + y\int_1^x f(t)dt\ (x>0, y>0)$，则 $f(x)=(\quad)$.

(A) $3\ln x+3$　(B) $3\ln x$　(C) $3\ln x-3$　(D) $\frac{3}{x}$　(E) $\frac{\ln x}{x}$

16. 已知函数 $f(x)$ 连续，且 $\int_0^x tf(2x-t)dt = \frac{1}{2}\ln(1+x^2)$，$f(1)=1$，则 $\int_1^2 f(x)dx = (\quad)$.

(A) $\frac{3}{2}$　(B) $\frac{5}{4}$　(C) $3\ln 2$　(D) $\frac{3}{2}\ln 2$　(E) $\frac{3}{4}$

17. 设 $f(x)$ 为已知连续函数，$I = t\int_0^{\frac{s}{t}} f(tx)dx$，其中 $t>0$，$s>0$，则 I 的值 (　　).

(A) 依赖于 s 和 t　(B) 依赖于 s、t 和 x
(C) 依赖于 t 和 x，不依赖于 s　(D) 依赖于 s，不依赖于 t
(E) 不依赖于 s、t 和 x

18. 设 $f(x) = \int_1^x \frac{\ln t}{1+t}dt$，其中 $x>0$，则 $f(x)+f\left(\frac{1}{x}\right) = (\quad)$.

(A) $\ln x$　(B) $\ln^2 x$　(C) $2\ln^2 x$　(D) $\frac{1}{2}\ln^2 x$　(E) $-\ln^2 x$

19. 已知 $f(x)$ 的一个原函数为 $\ln^2 x$，则 $\int_1^e xf'(x)dx = (\quad)$.

(A) 0　(B) 1　(C) 2　(D) $\ln 2$　(E) $\frac{1}{2}$

20. 设 $f(x) = x+\sqrt{2x-x^2}\int_0^1 f(x)dx$，则 $\int_0^1 f(x)dx = (\quad)$.

(A) π　(B) 2π　(C) $\frac{2}{4-\pi}$　(D) $\frac{\pi}{2}$　(E) 3π

21. 设在区间$[a, b]$上函数$f(x)$满足：$f(x)>0$，$f'(x)<0$，$f''(x)>0$.
令$S_1=\int_a^b f(x)\mathrm{d}x$，$S_2=f(b)(b-a)$，$S_3=\frac{1}{2}[f(a)+f(b)](b-a)$，则（　　）.

（A）$S_1<S_2<S_3$　　（B）$S_2<S_1<S_3$　　（C）$S_3<S_1<S_2$

（D）$S_2<S_3<S_1$　　（E）$S_1<S_3<S_2$

22. 设函数$f(x)$在$[0, +\infty)$上可导，$f(0)=0$，且其反函数为$g(x)$，若$\int_0^{f(x)} g(t)\mathrm{d}t=x^2\mathrm{e}^x$，则$f(x)$的极小值点为（　　）.

（A）1　　（B）-1　　（C）2　　（D）-2　　（E）e

23. 函数$I(x)=\int_{\mathrm{e}}^{x}\frac{\ln t}{t^2-2t+1}\mathrm{d}t$在区间$[\mathrm{e}, \mathrm{e}^2]$上的最大值为（　　）.

（A）$\ln(1+\mathrm{e})$　　（B）$-\frac{\mathrm{e}}{1+\mathrm{e}}$　　（C）$\ln(1+\mathrm{e})-\frac{\mathrm{e}}{1+\mathrm{e}}$

（D）$\ln(1+\mathrm{e})+\frac{\mathrm{e}}{1+\mathrm{e}}$　　（E）$\ln(\mathrm{e}-1)$

24. 曲线$y^2=x$与$y=x^2$所围图形的面积为（　　）.

（A）1　　（B）$\frac{1}{2}$　　（C）$\frac{1}{3}$　　（D）2　　（E）4

25. 设曲线$y=1-x^2(0<x<1)$与x轴、y轴所围图形被$y=ax^2(a>0)$分成面积相等的两部分，则a的数值为（　　）.

（A）0.5　　（B）1　　（C）2　　（D）3　　（E）4

26. 曲线$y=x\mathrm{e}^x$与直线$y=\mathrm{e}x$所围图形的面积为（　　）.

（A）1　　（B）$\frac{\mathrm{e}}{2}$　　（C）$\frac{\mathrm{e}}{2}+1$　　（D）$\mathrm{e}-1$　　（E）$\frac{\mathrm{e}}{2}-1$

27. 曲线$y=x+\frac{1}{x}$，$x=2$，$y=2$所围图形的面积为（　　）.

（A）$\ln2-\frac{1}{2}$　　（B）$\ln2$　　（C）$2\ln2$　　（D）$2\ln2-1$　　（E）$2\ln2+1$

28. 曲线$y=x(x-1)(2-x)$与x轴所围图形的面积为（　　）.

（A）$-\int_0^2 x(x-1)(2-x)\mathrm{d}x$

（B）$\int_0^1 x(x-1)(2-x)\mathrm{d}x-\int_1^2 x(x-1)(2-x)\mathrm{d}x$

（C）$-\int_0^1 x(x-1)(2-x)\mathrm{d}x+\int_1^2 x(x-1)(2-x)\mathrm{d}x$

（D）$\int_0^2 x(x-1)(2-x)\mathrm{d}x$

（E）$\int_0^2 x(1-x)(2-x)\mathrm{d}x$

29. 过点$(1, 0)$可以作曲线$y=x^2$的两条切线，它们与曲线$y=x^2$所围图形的面积是（　　）.

（A）$\frac{1}{3}$　　（B）$\frac{2}{3}$　　（C）1　　（D）$\frac{4}{3}$　　（E）2

30. 过坐标原点作曲线 $y=\ln x$ 的切线，该切线与曲线 $y=\ln x$ 及 x 轴围成的平面图形的面积为（ ）.

（A）$\frac{1}{2}e-1$ （B）$\frac{1}{2}e$ （C）$e-1$ （D）$2e-1$ （E）$e+1$

31. 在曲线 $y=x^2(x\geqslant 0)$ 某点 A 处作一切线，使之与曲线以及 x 轴所围图形的面积为 $\frac{1}{12}$，则切点 A 的坐标为（ ）.

（A）(1，1) （B）(1，2) （C）(2，2) （D）(2，1) （E）(3，1)

32. 由 $y=2\sqrt{x-1}$ 与过原点的这条曲线的切线，及 x 轴所围图形的面积为（ ）.

（A）$\frac{1}{3}$ （B）$\frac{2}{3}$ （C）1 （D）$\frac{4}{3}$ （E）2

33. 曲线 $y=\ln x$ 与曲线在 $(e, 1)$ 点处的法线及 $y=0$ 所围图形的面积为（ ）.

（A）$\frac{1}{e}+1$ （B）$\frac{1}{2e}+1$ （C）$\frac{1}{e}+2$ （D）$\frac{1}{2e}+2$ （E）$\frac{1}{e}+3$

34. 曲线 $y = \sin^{\frac{3}{2}}x(0 \leqslant x \leqslant \pi)$ 与 x 轴围成的图形绕 x 轴旋转一周形成的旋转体体积为（ ）.

（A）π （B）$\frac{3\pi}{4}$ （C）$\frac{3\pi}{2}$ （D）2π （E）$\frac{4\pi}{3}$

35. 曲线 $y = e^x(x \leqslant 0)$，$x = 0$，$y = 0$ 所围图形绕 x 轴旋转所得的旋转体的体积记为 V_x，绕 y 轴旋转所得的旋转体的体积记为 V_y，则 $V_y - V_x =$（ ）.

（A）$\frac{\pi}{2}$ （B）$\frac{3\pi}{4}$ （C）$\frac{3\pi}{2}$ （D）2π （E）$\frac{2\pi}{3}$

36. 曲线 $y = e^{-x}\sqrt{\sin x}(0 \leqslant x \leqslant \pi)$ 绕 x 轴旋转所得旋转体的体积为（ ）.

（A）$\frac{\pi}{5}(e^{-\pi}+1)$ （B）$\frac{\pi}{10}(e^{-2\pi}+1)$ （C）$\frac{\pi}{10}(e^{-\pi}+1)$

（D）$\frac{2\pi}{5}(e^{-2\pi}+1)$ （E）$\frac{\pi}{5}(e^{-2\pi}+1)$

37. 曲线 $y = \frac{2}{3}x^{\frac{3}{2}}$ 上相应于 x 从 0 到 3 的一段弧的长度为（ ）.

（A）4 （B）$\frac{16}{3}$ （C）$\frac{14}{3}$ （D）5 （E）6

38. 已知均匀摆线 $\begin{cases} x = t - \sin t \\ y = 1 - \cos t \end{cases}$，当 $0 \leqslant t \leqslant \pi$ 时的弧长为（ ）.

（A）3 （B）4 （C）6 （D）$\frac{9}{2}$ （E）$\frac{13}{3}$

综合提高题详解

1. **A** $\int\frac{1}{1+e^x}dx = \int\frac{1+e^x-e^x}{1+e^x}dx = \int\left(1-\frac{e^x}{1+e^x}\right)dx = x-\int\frac{d(1+e^x)}{1+e^x} = x-\ln(1+e^x)+C.$

2. **A** 令 $\sqrt[3]{x+2}=t$，$x=t^3-2$，$dx=3t^2dt$，

$$原式=\int\frac{3t^2}{1+t}dt=3\int\left(t-1+\frac{1}{1+t}\right)dt$$

$$=\frac{3}{2}\sqrt[3]{(x+2)^2}-3\sqrt[3]{x+2}+3\ln\left|1+\sqrt[3]{x+2}\right|+C.$$

3. **B** 令 $x=t^6$，$dx=6t^5dt$，$原式=\int\frac{6t^5}{t^3+t^4}dt=6\int\frac{t^2}{1+t}dt=6\int\left(t-1+\frac{1}{1+t}\right)dt$

$$=6\left(\frac{t^2}{2}-t+\ln|1+t|\right)+C$$

$$=3\sqrt[3]{x}-6\sqrt[6]{x}+6\ln\left|1+\sqrt[6]{x}\right|+C.$$

4. **D** 令 $\sqrt{e^x+1}=t$，$e^x=t^2-1$，$x=\ln(t^2-1)$，$dx=\frac{2t}{t^2-1}dt$

$$原式=\int t\cdot\frac{2t}{t^2-1}dt=2\int\left(1+\frac{1}{t^2-1}\right)dt=2t+\ln\frac{t-1}{t+1}+C$$

$$=2\sqrt{e^x+1}+\ln(\sqrt{e^x+1}-1)-\ln(\sqrt{e^x+1}+1)+C.$$

5. **A** $\int\frac{\ln(\ln x)}{x}dx=\int\ln(\ln x)d(\ln x)=\ln x\cdot\ln(\ln x)-\int\ln x\cdot\frac{1}{\ln x}\cdot\frac{1}{x}dx$

$$=\ln x\cdot\ln(\ln x)-\ln x+C.$$

6. **D** $\int\ln(x+\sqrt{1+x^2})dx=x\ln(x+\sqrt{1+x^2})-\int\frac{xdx}{\sqrt{1+x^2}}$

$$=x\ln(x+\sqrt{1+x^2})-\sqrt{1+x^2}+C.$$

7. **C** $\int xf'(2x)dx\xlongequal{2x=t}\int\frac{1}{2}tf'(t)\cdot\frac{1}{2}dt=\frac{1}{4}\int tf'(t)dt=\frac{1}{4}\int tdf(t)$

$$=\frac{1}{4}\left[tf(t)-\int f(t)dt\right]=\frac{1}{4}[t(e^{t^2})'-e^{t^2}]+C$$

$$=\frac{1}{4}(te^{t^2}\cdot 2t-e^{t^2})+C=\frac{1}{4}e^{4x^2}(8x^2-1)+C.$$

8. **C** $\int_0^1\frac{dx}{9-4x^2}=\int_0^1\frac{1}{2}\cdot\frac{d(2x)}{3^2-(2x)^2}=\frac{1}{2}\cdot\frac{1}{6}\ln\left|\frac{3+2x}{3-2x}\right|\Big|_0^1=\frac{1}{12}\ln\left|\frac{3+2}{3-2}\right|=\frac{1}{12}\ln5.$

9. **A** $\int_a^b|x|dx=-\int_a^0xdx+\int_0^bxdx=\int_0^axdx+\int_0^bxdx=\frac{1}{2}(a^2+b^2).$

10. **A** 变量替换$\int_1^8f(x-3)dx=\int_{-2}^5f(t)dt=\int_{-2}^2f(t)dt+\int_2^5f(t)dt=3.$

11. **A** $\int_0^1\frac{f'(x)}{f^2(x)}dx=\int_0^1\frac{1}{f^2(x)}df(x)=-\frac{1}{f(x)}\Big|_0^1=\frac{1}{f(0)}-\frac{1}{f(1)}=\frac{1}{2}.$

12. **B** 设$\int_0^1f(x)dx=m$,则$f(x)=6x+1-m$,取定积分

$$\int_0^1f(x)dx=\int_0^1(6x+1-m)dx=(3x^2+x-mx)\Big|_0^1=m\Rightarrow4-m=m\Rightarrow m=2.$$

故$f(x)=6x+1-2=6x-1.$

13. **D** $f(x)=3x^2-kx,k=\int_0^1f(x)dx,$

$\int_0^1 f(x)\mathrm{d}x = \int_0^1 (3x^2 - kx)\mathrm{d}x = 1 - \frac{k}{2} = k \Rightarrow k = \frac{2}{3}$，故$f(x) = 3x^2 - \frac{2}{3}x$.

14. **A**　求导，$g(f(x)) \cdot f'(x) = 2xe^x + x^2e^x$，又

$g(f(x)) = x \Rightarrow x \cdot f'(x) = 2xe^x + x^2e^x \Rightarrow f'(x) = 2e^x + xe^x$，于是

$f(x) = \int (2e^x + xe^x)\mathrm{d}x = 2e^x + \int xe^x\mathrm{d}x = 2e^x + \int x\mathrm{d}e^x = 2e^x + xe^x - \int e^x\mathrm{d}x$

$= 2e^x + xe^x - e^x + C = (x+1)e^x + C.$

又$f(0) = 0 \Rightarrow C = -1$，即$f(x) = (x+1)e^x - 1$.

15. **A**　对y求导：$f(xy) \cdot x = xf(y) + \int_1^x f(t)\mathrm{d}t$. 令$y = 1$，有$xf(x) = 3x + \int_1^x f(t)\mathrm{d}t$.

再对x求导：$f(x) + xf'(x) = 3 + f(x)$，$f'(x) = \frac{3}{x} \Rightarrow f(x) = \int \frac{3}{x}\mathrm{d}x = 3\ln x + C$.

又$f(1) = 3$，得$C = 3$，故$f(x) = 3\ln x + 3$.

16. **E**　令$2x - t = u$，则$\int_0^x tf(2x - t)\mathrm{d}t = \int_{2x}^x (2x - u)f(u)(-\mathrm{d}u) = \int_x^{2x} (2x - u)f(u)\mathrm{d}u$，

$2x\int_x^{2x} f(u)\mathrm{d}u - \int_x^{2x} uf(u)\mathrm{d}u = \frac{1}{2}\ln(1 + x^2)$.

求导：$2\int_x^{2x} f(u)\mathrm{d}u + 2x[f(2x) \cdot 2 - f(x) \cdot 1] - [2xf(2x) \cdot 2 - xf(x) \cdot 1] = \frac{1}{2} \cdot \frac{2x}{1 + x^2}$

$\Rightarrow 2\int_x^{2x} f(u)\mathrm{d}u - xf(x) = \frac{x}{1 + x^2}$，令$x = 1$，有$2\int_1^2 f(u)\mathrm{d}u - f(1) = \frac{1}{2} \Rightarrow \int_1^2 f(x)\mathrm{d}x = \frac{3}{4}$

17. **D**　$I = t\int_0^{\frac{s}{t}} f(tx)\mathrm{d}x \xlongequal{tx = u} t \cdot \int_0^s f(u) \cdot \frac{1}{t}\mathrm{d}u = \int_0^s f(u)\mathrm{d}u$，故$I$的值只依赖于$s$.

18. **D**　$f\left(\frac{1}{x}\right) = \int_1^{\frac{1}{x}} \frac{\ln t}{1 + t}\mathrm{d}t \xlongequal{\frac{1}{t} = u} \int_1^x \frac{\ln\frac{1}{u}}{1 + \frac{1}{u}} \cdot \left(-\frac{1}{u^2}\right)\mathrm{d}u = \int_1^x \frac{\ln u}{u^2 + u}\mathrm{d}u.$

于是$f(x) + f\left(\frac{1}{x}\right) = \int_1^x \frac{\ln t}{1 + t}\mathrm{d}t + \int_1^x \frac{\ln t}{t^2 + t}\mathrm{d}t = \int_1^x \frac{t\ln t + \ln t}{t(t + 1)}\mathrm{d}t = \int_1^x \frac{\ln t}{t}\mathrm{d}t$

$= \int_1^x \ln t\mathrm{d}(\ln t) = \frac{1}{2}\ln^2 t\Big|_1^x = \frac{1}{2}\ln^2 x.$

19. **B**　$\int_1^e xf'(x)\mathrm{d}x = \int_1^e x\mathrm{d}f(x) = x \cdot f(x)\Big|_1^e - \int_1^e f(x)\mathrm{d}x$，

又$f(x) = (\ln^2 x)' = 2\ln x \cdot \frac{1}{x}$，于是，原式$= x \cdot \frac{2}{x}\ln x\Big|_1^e - \ln^2 x\Big|_1^e = 2 - (1 - 0) = 1$.

20. **C**　设$A = \int_0^1 f(x)\mathrm{d}x \Rightarrow f(x) = x + \sqrt{2x - x^2}A$，

$A = \int_0^1 f(x)\mathrm{d}x = \int_0^1 x\mathrm{d}x + A\int_0^1 \sqrt{2x - x^2}\mathrm{d}x = \frac{1}{2} + A\int_0^1 \sqrt{1 - (x - 1)^2}\mathrm{d}x$，

如图 3.17 所示，即$A = \frac{1}{2} + \frac{\pi}{4}A$，故$\int_0^1 f(x)\mathrm{d}x = \frac{2}{4 - \pi}$.

21. **B**　如图 3.18 所示，$S_1 = \int_a^b f(x)\mathrm{d}x$，$S_2 = f(b)(b - a) < S_1$，

$$S_3=\frac{1}{2}[f(a)+f(b)](b-a)>S_1,$$

故 $S_2<S_1<S_3$.

另解：特值法，取 $f(x)=\frac{1}{x}$，$[a,b]=[1,e]$.

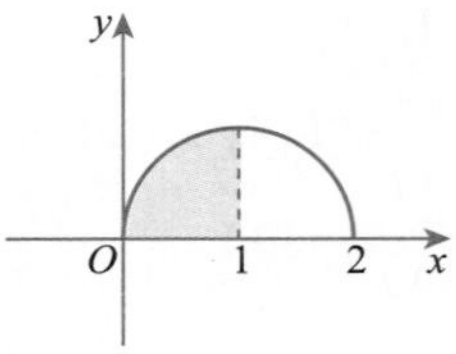

图 3.17

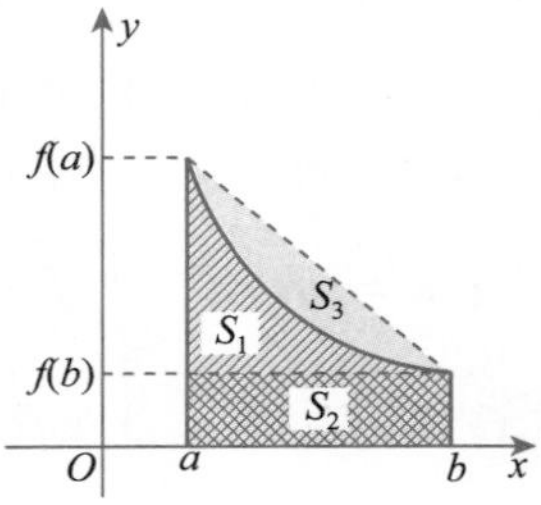

图 3.18

22. **D** 求导：$g(f(x))f'(x)=2xe^x+x^2e^x$.

又 $g(f(x))=x\Rightarrow xf'(x)=2xe^x+x^2e^x\Rightarrow f'(x)=2e^x+xe^x=(x+2)e^x$.

令 $f'(x)=0\Rightarrow x=-2$.

又 $f''(x)=e^x+(x+2)e^x=(x+3)e^x$，$f''(-2)=e^{-2}>0$.

$\Rightarrow x=-2$ 为 $f(x)$ 的极小值点.

23. **C** $I'(x)=\frac{\ln x}{x^2-2x+1}=\frac{\ln x}{(x-1)^2}>0$，$x\in[e,e^2]$.

故 $I(x)$ 在 $[e,e^2]$ 上的最大值为：

$$\begin{aligned}I(e^2)&=\int_e^{e^2}\frac{\ln t}{t^2-2t+1}dt=\int_e^{e^2}\frac{\ln t}{(t-1)^2}dt\\&=-\int_e^{e^2}\ln t\,d\left(\frac{1}{t-1}\right)=\frac{-1}{t-1}\ln t\Big|_e^{e^2}+\int_e^{e^2}\frac{1}{t-1}\cdot\frac{1}{t}dt\\&=-\left(\frac{1}{e^2-1}\ln e^2-\frac{1}{e-1}\right)+\int_e^{e^2}\left(\frac{1}{t-1}-\frac{1}{t}\right)dt=\ln(1+e)-\frac{e}{1+e}.\end{aligned}$$

24. **C** 先求两曲线的交点 $\begin{cases}y^2=x\\y=x^2\end{cases}\Rightarrow(0,0),(1,1)$，则面积

$$S=\int_0^1(\sqrt{x}-x^2)dx=\left(\frac{2}{3}x^{\frac{3}{2}}-\frac{1}{3}x^3\right)\Big|_0^1=\frac{1}{3}\left(\text{或 }S=\int_0^1(\sqrt{y}-y^2)dy=\frac{1}{3}\right).$$

25. **D** 求交点 $ax^2=1-x^2\Rightarrow x=\frac{1}{\sqrt{1+a}}$，如图 3.19 所示，从而面积为

$$S_1=\int_0^{\frac{1}{\sqrt{1+a}}}[(1-x^2)-ax^2]dx=\frac{1}{2}\int_0^1(1-x^2)dx,$$

即 $S_1=\frac{2}{3\sqrt{1+a}}=\frac{1}{2}\times\frac{2}{3}\Rightarrow a=3$.

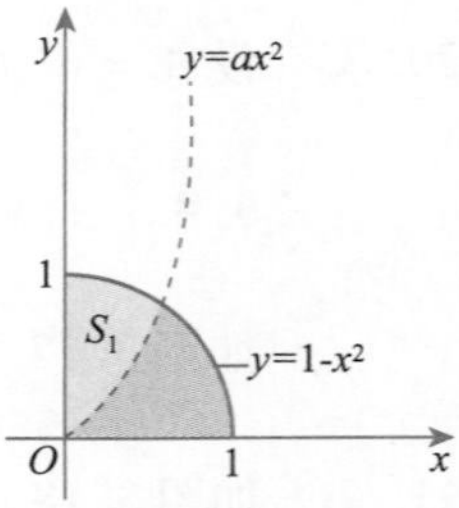

图 3.19

26. **E**　先求交点，$\begin{cases}y=xe^x\\y=ex\end{cases}\Rightarrow(0,0)$，$(1,e)$，如图 3.20 所示，从而面积为

$$S=\int_0^1(ex-xe^x)dx=\frac{1}{2}ex^2\Big|_0^1-\int_0^1 xe^xdx=\frac{1}{2}e-(xe^x-e^x)\Big|_0^1=\frac{e}{2}-1.$$

27. **A**　如图 3.21 所示，$S=\int_1^2\left(x+\frac{1}{x}-2\right)dx=\left(\frac{1}{2}x^2+\ln x-2x\right)\Big|_1^2=\ln2-\frac{1}{2}.$

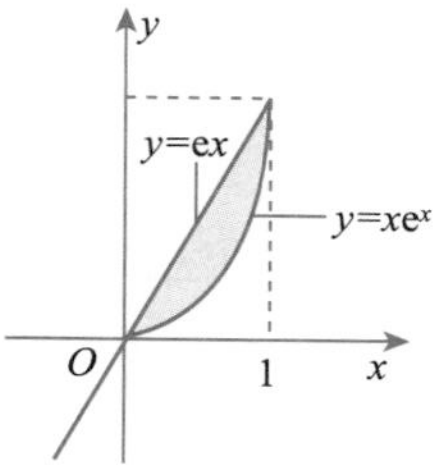

图 3.20

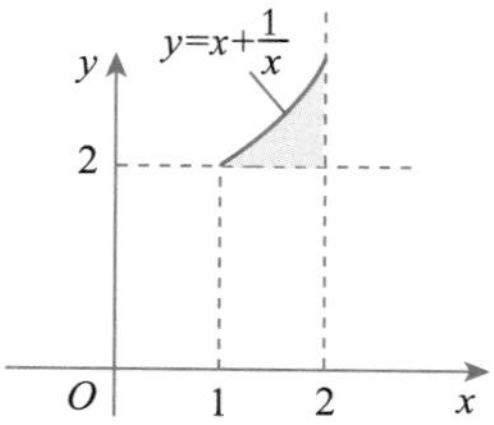

图 3.21

28. **C**　$S=\int_0^2|f(x)|dx=\int_0^2|x(x-1)(2-x)|dx$

$$=-\int_0^1 x(x-1)(2-x)dx+\int_1^2 x(x-1)(2-x)dx.$$

29. **B**　设切点为(x_0,x_0^2)，切线为 $y-x_0^2=2x_0(x-x_0)$，

过点$(1,0)\Rightarrow -x_0^2=2x_0(1-x_0)$，即 $x_0=0$，$x_0=2$，

故所求切线为 $y=0$，$y=4(x-1)$，如图 3.22 所示，

则 $S=\int_0^4\left(1+\frac{y}{4}-\sqrt{y}\right)dy=\frac{2}{3}.$

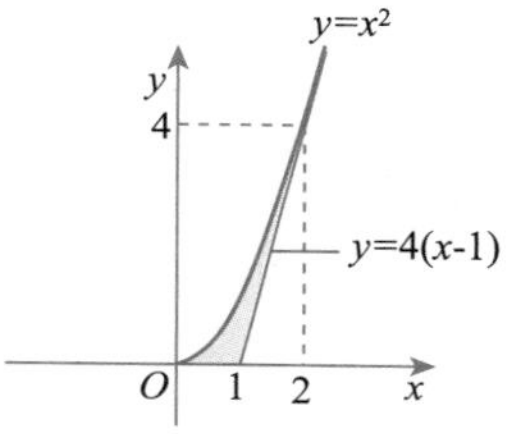

图 3.22

30. **A**　设切点为$(x_0,\ln x_0)$，切线方程为 $y-\ln x_0=\frac{1}{x_0}(x-x_0)$，过点$(0,0)$，有：

$-\ln x_0=\frac{1}{x_0}\cdot(-x_0)=-1\Rightarrow x_0=e$，切线为：

$y-1=\frac{1}{e}(x-e)$，即 $y=\frac{1}{e}x.$

$$S=\int_0^1(e^y-e\cdot y)dy=\left(e^y-\frac{1}{2}ey^2\right)\Big|_0^1=\frac{1}{2}e-1.$$

31. **A**　设切点为(x_0,x_0^2)，则切线为 $y-x_0^2=2x_0(x-x_0)$，

如图 3.23 所示，面积为

$$S=\int_0^{x_0^2}\left[x_0+\frac{1}{2x_0}(y-x_0^2)-\sqrt{y}\right]dy=\frac{1}{12}\Rightarrow x_0=1$$

从而切点为$(1,1)$.

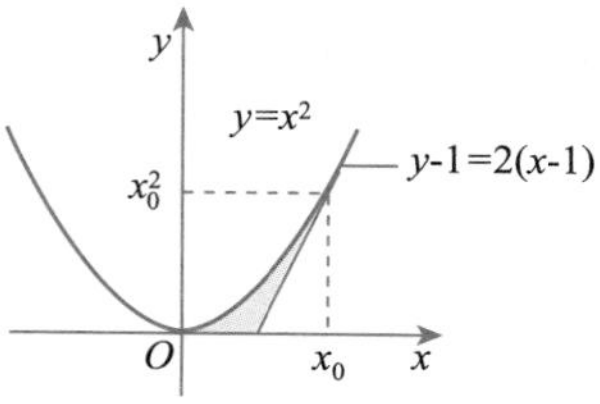

图 3.23

32. **B**　如图 3.24 所示，

方法一：设切点 $P(x_0,y_0)$，$y'=\frac{1}{\sqrt{x_0-1}}$，切线方程为

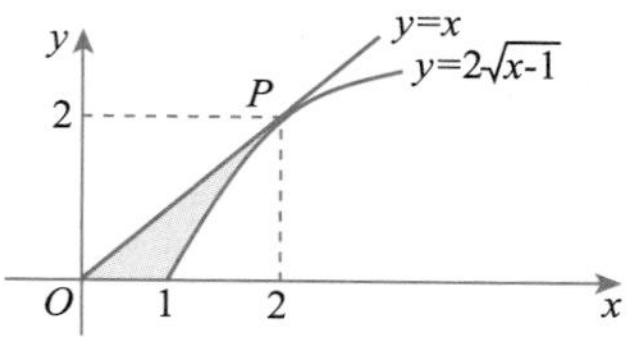

图 3.24

$y=\dfrac{1}{\sqrt{x_0-1}}x$，由点$(x_0,\ 2\sqrt{x_0-1})$在切线上，$\dfrac{1}{\sqrt{x_0-1}}x_0=2\sqrt{x_0-1}$得$x_0=2$，$y_0=2$，

故切线方程为$y=x$，从而面积为

$$S=\int_0^2\left(\frac{y^2}{4}+1-y\right)dy=\left(\frac{y^3}{12}+y-\frac{y^2}{2}\right)\Big|_0^2=\frac{8}{12}+2-2=\frac{2}{3}.$$

方法二：$S=\dfrac{1}{2}\times2\times2-\displaystyle\int_1^2 2\sqrt{x-1}dx=2-2\int_1^2\sqrt{x-1}d(x-1)$

$$=2-2\times\frac{2}{3}\times(x-1)^{\frac{3}{2}}\Big|_1^2=\frac{2}{3}.$$

33. B　$y'=\dfrac{1}{x}$，$y'\Big|_{(e,1)}=\dfrac{1}{x}\Big|_{(e,1)}=\dfrac{1}{e}$，从而过点(e，1)的法线方程为

$y=-e(x-e)+1=-ex+e^2+1$，如图3.25所示，面积

$$S=\int_0^1\left(-\frac{1}{e}y+\frac{1}{e}+e-e^y\right)dy$$

$$=\left[-\frac{1}{e}\cdot\frac{y^2}{2}+\left(\frac{1}{e}+e\right)y-e^y\right]\Big|_0^1=\frac{1}{2e}+1.$$

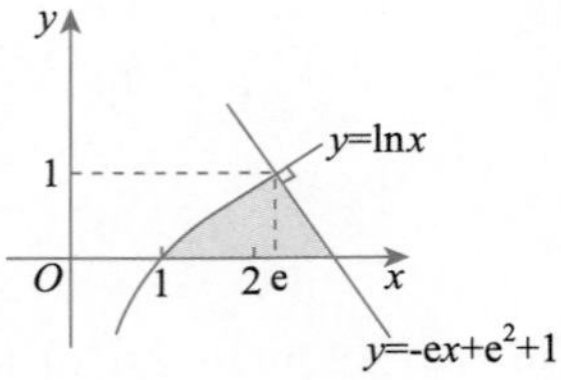

图3.25

34. E　$V=\displaystyle\int_0^{\pi}\pi\sin^3xdx=-\pi\int_0^{\pi}(1-\cos^2x)d(\cos x)=\frac{4\pi}{3}.$

35. C　如图3.26所示，$V_x=\displaystyle\int_{-\infty}^0\pi e^{2x}dx=\frac{\pi}{2}e^{2x}\Big|_{-\infty}^0=\frac{\pi}{2}$，

$$V_y=\int_0^1\pi\ln^2ydy=\pi\left(y\ln^2y\Big|_0^1-2\int_0^1y\cdot\ln y\cdot\frac{1}{y}dy\right)$$

$$=\pi\left(-2\int_0^1\ln ydy\right)=-2\pi\left(y\ln y\Big|_0^1-\int_0^1dy\right)=2\pi.$$

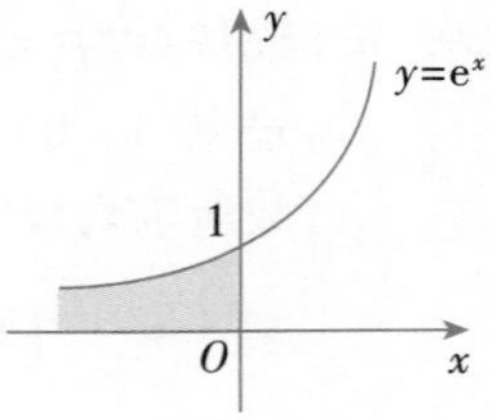

图3.26

（用分部积分法计算）

$$V_y-V_x=2\pi-\frac{\pi}{2}=\frac{3}{2}\pi.$$

36. E　$V=\displaystyle\int_0^{\pi}\pi e^{-2x}\sin xdx=\pi\int_0^{\pi}-e^{-2x}d\cos x=\pi\left(-\cos xe^{-2x}\Big|_0^{\pi}+\int_0^{\pi}-2\cos xe^{-2x}dx\right)$

$$=\pi\left[e^{-2\pi}+1+(-2e^{-2x}\sin x)\Big|_0^{\pi}-4\int_0^{\pi}e^{-2x}\sin xdx\right]=\pi\left(e^{-2\pi}+1-4\int_0^{\pi}e^{-2x}\sin xdx\right),$$

故$V=\dfrac{\pi}{5}(e^{-2\pi}+1)$.

37. C　先求导，$y'=x^{\frac{1}{2}}$，从而弧长元素：$ds=\sqrt{1+y'^2}dx=\sqrt{1+x}dx$.

因此所求弧长$s=\displaystyle\int_0^3\sqrt{1+x}dx=\frac{2}{3}(1+x)^{\frac{3}{2}}\Big|_0^3=\frac{14}{3}$.

38. B　先求导，$x'(t)=1-\cos t$，$y'(t)=\sin t$，

故弧长$s=\displaystyle\int_0^{\pi}\sqrt{[x'(t)]^2+[y'(t)]^2}dt=2\int_0^{\pi}\sin\frac{t}{2}dt=4$.

第四章 多元函数微分学

【大纲解读】

理解多元函数的概念、二元函数的几何意义、二元函数的极限、连续性、偏导数、全微分的概念，以及有界闭区域上连续函数的性质．掌握多元复合函数求一阶偏导数的方法，会求多元隐函数的偏导数，会求全微分．

【命题剖析】

二元函数及其极限与连续的概念、几何意义，偏导数、偏增量、全增量、全微分．二元函数极限与连续性、偏导存在性、可微性的讨论．

【知识体系】

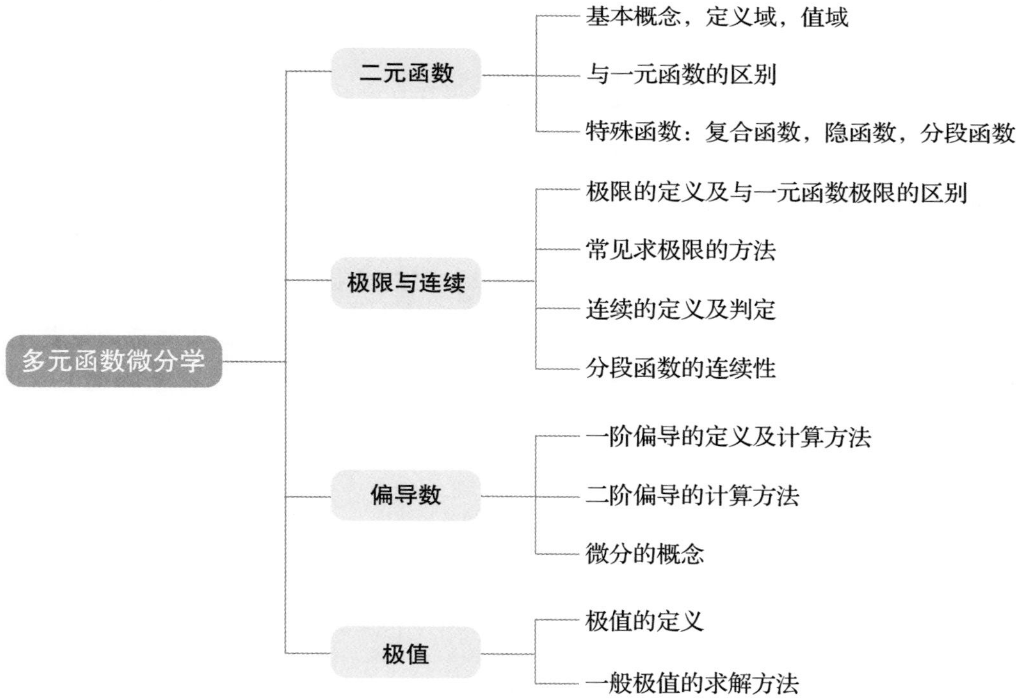

【备考建议】

利用定义灵活转化为一元函数计算极限；运用链式法则、隐函数求导法则或利用一阶微分不变性求复合函数、隐函数的一阶偏导数．

第一节　考点剖析

一、多元函数的概念

1. 二元函数的定义

设 D 是平面上的一个非空点集，如果对每个点 $P(x, y) \in D$，按照某一对应规则 f，变量 z 都有一个值与之对应，则称 z 是变量 x，y 的二元函数，记 $z=f(x, y)$，D 称为定义域.

二元函数 $z=f(x, y)$ 的图形为空间一个曲面，它在 xy 平面上的投影区域就是定义域 D. 例如 $z=\sqrt{1-x^2-y^2}$，D：$x^2+y^2\leqslant 1$.

2. 三元函数与 n 元函数

$u=f(x, y, z)$，$(x, y, z)\in\Omega$（空间一个点集）称为三元函数.

$u=f(x_1, x_2, \cdots, x_n)$，称为 n 元函数.

二、二元函数的极限

设 $f(x, y)$ 在点 (x_0, y_0) 的邻域内有定义，如果存在常数 A，对任意给定的 $\varepsilon>0$，总存在 $\delta>0$，只要 $\sqrt{(x-x_0)^2+(y-y_0)^2}<\delta$，就有 $|f(x, y)-A|<\varepsilon$，

则记 $\lim\limits_{\substack{x\to x_0\\ y\to y_0}} f(x, y)=A$ 或 $\lim\limits_{(x,y)\to(x_0,y_0)} f(x, y)=A$.

称常数 A 为函数 $f(x, y)$ 当 (x, y) 趋于 (x_0, y_0) 时的极限，否则，称极限不存在.

【注意】这里 (x, y) 趋于 (x_0, y_0) 是在平面范围内，可以按任何方式沿任意曲线趋于 (x_0, y_0)，所以二元函数的极限比一元函数的极限复杂；但考试大纲只要求考生知道基本概念，简单讨论极限存在性和计算极限值，不像一元函数求极限要求掌握各种方法和技巧.

三、二元函数的连续性

设函数 $f(x, y)$ 在开区域（或闭区域）D 内有定义，$P_0(x_0, y_0)$ 是 D 的内点或边界点且 $P_0\in D$，如果 $\lim\limits_{\substack{x\to x_0\\ y\to y_0}} f(x, y)=f(x_0, y_0)$，则称函数 $f(x, y)$ 在点 $P_0(x_0, y_0)$ 连续.

如果 $f(x, y)$ 在区域 D 上每一点都连续，则称 $f(x, y)$ 在区域 D 上连续.

四、偏导数

1. 某点偏导数定义

设函数 $z=f(x, y)$ 在点 (x_0, y_0) 的某一邻域内有定义，当 y 固定在 y_0 而 x 在 x_0 处有增量 Δx 时，相应的函数有增量 $f(x_0+\Delta x, y_0)-f(x_0, y_0)$.

如果$\lim\limits_{x\to x_0}\dfrac{f(x,y_0)-f(x_0,y_0)}{x-x_0}=\lim\limits_{\Delta x\to 0}\dfrac{f(x_0+\Delta x,y_0)-f(x_0,y_0)}{\Delta x}$存在，则称此极限为函数$z=f(x,y)$在点$(x_0,y_0)$处对$x$的偏导数，记作$\left.\dfrac{\partial z}{\partial x}\right|_{\substack{x=x_0\\y=y_0}}$，$\left.\dfrac{\partial f}{\partial x}\right|_{\substack{x=x_0\\y=y_0}}$，$\left.z'_x\right|_{\substack{x=x_0\\y=y_0}}$或$f'_x(x_0,y_0)$.

同理，类似的函数$z=f(x,y)$在点(x_0,y_0)处对y的偏导数定义为

$$\lim_{y\to y_0}\frac{f(x_0,y)-f(x_0,y_0)}{y-y_0}=\lim_{\Delta y\to 0}\frac{f(x_0,y_0+\Delta y)-f(x_0,y_0)}{\Delta y},$$

记作$\left.\dfrac{\partial z}{\partial y}\right|_{\substack{x=x_0\\y=y_0}}$，$\left.\dfrac{\partial f}{\partial y}\right|_{\substack{x=x_0\\y=y_0}}$，$\left.z'_y\right|_{\substack{x=x_0\\y=y_0}}$或$f'_y(x_0,y_0)$.

2. 偏导函数

如果二元函数$z=f(x,y)$在区域D上每一点都有偏导数，一般地说，它们仍是x，y的函数，称为$f(x,y)$的偏导函数，简称偏导数，记为$\dfrac{\partial z}{\partial x}$，$\dfrac{\partial f}{\partial x}$，$f'_x(x,y)$，$\dfrac{\partial z}{\partial y}$，$\dfrac{\partial f}{\partial y}$，$f'_y(x,y)$.

3. 高阶偏导数【了解】

函数$z=f(x,y)$的二阶偏导数为$\dfrac{\partial}{\partial x}\left(\dfrac{\partial z}{\partial x}\right)=\dfrac{\partial^2 z}{\partial x^2}=f''_{xx}(x,y)$，

$$\frac{\partial}{\partial y}\left(\frac{\partial z}{\partial y}\right)=\frac{\partial^2 z}{\partial y^2}=f''_{yy}(x,y),\quad \frac{\partial}{\partial y}\left(\frac{\partial z}{\partial x}\right)=\frac{\partial^2 z}{\partial x\partial y}=f''_{xy}(x,y),\quad \frac{\partial}{\partial x}\left(\frac{\partial z}{\partial y}\right)=\frac{\partial^2 z}{\partial y\partial x}=f''_{yx}(x,y).$$

五、全微分

1. 定义

如果函数$z=f(x,y)$在点(x,y)的全增量$\Delta z=f(x+\Delta x,y+\Delta y)-f(x,y)$可以表示为$\Delta z=A\Delta x+B\Delta y+o(\rho)$，其中$A$，$B$不依赖于$\Delta x$，$\Delta y$而仅与$x$，$y$有关，$\rho=\sqrt{(\Delta x)^2+(\Delta y)^2}$，则称函数$z=f(x,y)$在点$(x,y)$可微分，$A\Delta x+B\Delta y$称为函数$z=f(x,y)$在点$(x,y)$的全微分，记为$\mathrm{d}z$，即$\mathrm{d}z=A\Delta x+B\Delta y$.

函数若在某区域D内各点处都可微分，则称该函数在D内可微分.

2. 可微的必要条件

如果函数$z=f(x,y)$在点(x,y)可微分，则该函数在点(x,y)的偏导数$\dfrac{\partial z}{\partial x}$、$\dfrac{\partial z}{\partial y}$必存在，且函数$z=f(x,y)$在点$(x,y)$的全微分为$\mathrm{d}z=\dfrac{\partial z}{\partial x}\Delta x+\dfrac{\partial z}{\partial y}\Delta y$.

3. 可微的充分条件

如果函数$z=f(x,y)$的偏导数$\dfrac{\partial z}{\partial x}$、$\dfrac{\partial z}{\partial y}$在点$(x,y)$连续，则该函数在点$(x,y)$可微分.

定义$\Delta x=\mathrm{d}x$，$\Delta y=\mathrm{d}y$，记全微分为$\mathrm{d}z=\dfrac{\partial z}{\partial x}\mathrm{d}x+\dfrac{\partial z}{\partial y}\mathrm{d}y$.

要牢记下面的关系：

$$\begin{array}{ccccc}\text{偏导数存在且连续} & \Rightarrow & \text{可微} & \Rightarrow & \text{连续}\\ & & \Downarrow & & \not\Updownarrow\\ & & \text{偏导数存在} & & \end{array}$$

其中，“$A \Rightarrow B$”表示若 A 则 B，A 是 B 的充分条件，B 则是 A 的必要条件；而符号“$A \not\Leftrightarrow B$”则表示 A 与 B 无关.

【注意】前面与后面的关系都不是充要条件.

六、特殊函数求导方法

1. 复合函数求导法则

(1) 如果函数 $u=\varphi(t)$ 及 $v=\psi(t)$ 都在点 t 可导，函数 $z=f(u, v)$ 在对应点 (u, v) 具有连续偏导数，则复合函数 $z=f(\varphi(t), \psi(t))$ 在对应点 t 可导，且其导数可用下列公式计算

$$\frac{\mathrm{d}z}{\mathrm{d}t}=\frac{\partial z}{\partial u}\frac{\mathrm{d}u}{\mathrm{d}t}+\frac{\partial z}{\partial v}\frac{\mathrm{d}v}{\mathrm{d}t}.$$

以上定理的结论可推广到中间变量多于两个的情况.

如
$$\frac{\mathrm{d}z}{\mathrm{d}t}=\frac{\partial z}{\partial u}\frac{\mathrm{d}u}{\mathrm{d}t}+\frac{\partial z}{\partial v}\frac{\mathrm{d}v}{\mathrm{d}t}+\frac{\partial z}{\partial w}\frac{\mathrm{d}w}{\mathrm{d}t}$$

以上公式中的导数 $\frac{\mathrm{d}z}{\mathrm{d}t}$ 称为全导数.

(2) 设函数 $z=f(\varphi(x, y), \psi(x, y))$，如果 $u=\varphi(x, y)$ 及 $v=\psi(x, y)$ 都在点 (x, y) 具有对 x 和 y 的偏导数，且函数 $z=f(u, v)$ 在对应点 (u, v) 具有连续偏导数，则复合函数 $z=f(\varphi(x, y), \psi(x, y))$ 在对应点 (x, y) 的两个偏导数存在，且可用下列公式计算

$$\frac{\partial z}{\partial x}=\frac{\partial z}{\partial u}\frac{\partial u}{\partial x}+\frac{\partial z}{\partial v}\frac{\partial v}{\partial x},\quad \frac{\partial z}{\partial y}=\frac{\partial z}{\partial u}\frac{\partial u}{\partial y}+\frac{\partial z}{\partial v}\frac{\partial v}{\partial y}.$$

(3) 特殊地：$z=f(u, x, y)$，其中 $u=\varphi(x, y)$，即 $z=f(\varphi(x, y), x, y)$，

则
$$\frac{\partial z}{\partial x}=\frac{\partial f}{\partial u}\cdot\frac{\partial u}{\partial x}+\frac{\partial f}{\partial x},\quad \frac{\partial z}{\partial y}=\frac{\partial f}{\partial u}\cdot\frac{\partial u}{\partial y}+\frac{\partial f}{\partial y}.$$

2. 隐函数的求导公式

(1) 设函数 $F(x, y)$ 在点 $P(x_0, y_0)$ 的某一邻域内具有连续的偏导数，且 $F(x_0, y_0)=0$，$F'_y(x_0, y_0)\neq 0$，则方程 $F(x, y)$ 在点 $P(x_0, y_0)$ 的某一邻域内恒能唯一确定一个单值连续且具有连续导数的函数 $y=f(x)$，它满足条件 $y_0=f(x_0)$，并有 $\frac{\mathrm{d}y}{\mathrm{d}x}=-\frac{F'_x}{F'_y}$.

(2) 设函数 $F(x, y, z)$ 在点 $P(x_0, y_0, z_0)$ 的某一邻域内有连续的偏导数，且 $F(x_0, y_0, z_0)=0$，$F'_z(x_0, y_0, z_0)\neq 0$，则方程 $F(x, y, z)=0$ 在点 $P(x_0, y_0, z_0)$ 的某一邻域内恒能唯一确定一个单值连续且具有连续偏导数的函数 $z=f(x, y)$，它满足条件 $z_0=f(x_0, y_0)$，并有 $\frac{\partial z}{\partial x}=-\frac{F'_x}{F'_z}$，$\frac{\partial z}{\partial y}=-\frac{F'_y}{F'_z}$.

七、二元函数 $z=f(x, y)$ 的极值

1. 定义

设函数 $z=f(x, y)$ 的定义域为 D，$P_0(x_0, y_0)$ 为 D 的内点，若存在 P_0 的某个邻域 $U(P_0)\subset D$，使得对于该邻域内异于 P_0 的任何点 (x, y)，都有 $f(x, y)<f(x_0, y_0)$

$(f(x, y) > f(x_0, y_0))$，则称函数$f(x, y)$在点(x_0, y_0)有极大（小）值$f(x_0, y_0)$，点(x_0, y_0)称为函数$f(x, y)$的极大（小）值点.

极大值、极小值统称为极值．使函数取得极值的点称为极值点.

2. 极值的必要条件

设函数$z = f(x, y)$在点(x_0, y_0)具有偏导数，且在点(x_0, y_0)处有极值，则它在该点的偏导数必然为零：$f'_x(x_0, y_0) = 0$，$f'_y(x_0, y_0) = 0$.

3. 极值的充分条件

设函数$z = f(x, y)$在点(x_0, y_0)的某领域内连续且有一阶及二阶连续偏导数，又$f'_x(x_0, y_0) = 0$，$f'_y(x_0, y_0) = 0$，令

$f''_{xx}(x_0, y_0) = A$，$f''_{xy}(x_0, y_0) = B$，$f''_{yy}(x_0, y_0) = C$，

则$f(x, y)$在(x_0, y_0)处是否取得极值的条件如下：

（1）$AC - B^2 > 0$时具有极值，且当$A < 0$时有极大值，当$A > 0$时有极小值；

（2）$AC - B^2 < 0$时没有极值；

（3）$AC - B^2 = 0$时可能有极值，也可能没有极值，还需另作讨论.

具有二阶连续偏导数的函数$z = f(x, y)$的极值的求法：

第一步：解方程组$f'_x(x, y) = 0$，$f'_y(x, y) = 0$，求得一切实数解，即可求得一切驻点.

第二步：对于每一个驻点(x_0, y_0)，求出二阶偏导数的值A、B和C.

第三步：定出$AC - B^2$的符号，按极值充分条件的结论判定$f(x_0, y_0)$是否是极值、是极大值还是极小值.

4. 二元函数的最值

求二元连续函数在有界平面区域D上的最值的一般方法：将函数在D内的所有驻点处的函数值及在D的边界上的最大值和最小值相互比较，其中最大者即为最大值，最小者即为最小值.

在通常遇到的实际问题中，如果根据问题的性质，知道函数$f(x, y)$的最大值（最小值）一定在D的内部取得，而函数在D内只有一个驻点，那么可以肯定该驻点处的函数值就是函数$f(x, y)$在D上的最大值（最小值）.

第二节　核心题型

题型 01　求二元函数的定义域

提示　可以参照一元函数的定义域要求.

【例 1】求函数$z = \arcsin\dfrac{x}{3} + \sqrt{xy}$的定义域.

［解析］要求$\left|\dfrac{x}{3}\right| \leqslant 1$，即$-3 \leqslant x \leqslant 3$；又要求$xy \geqslant 0$，即$x \geqslant 0$，$y \geqslant 0$或$x \leqslant 0$，$y \leqslant 0$，

综合上述要求得定义域$\begin{cases}-3\leqslant x\leqslant 0\\ y\leqslant 0\end{cases}$或$\begin{cases}0\leqslant x\leqslant 3\\ y\geqslant 0\end{cases}$.

【例2】求函数$z=\sqrt{4-x^2-y^2}+\ln(y^2-2x+1)$的定义域.

[解析] 要求$4-x^2-y^2\geqslant 0$和$y^2-2x+1>0$，即$\begin{cases}x^2+y^2\leqslant 2^2\\ y^2+1>2x\end{cases}$.

如图4.1所示，函数定义域D在圆$x^2+y^2\leqslant 2^2$的内部（包括边界）和抛物线$y^2+1=2x$的左侧（不包括抛物线上的点）.

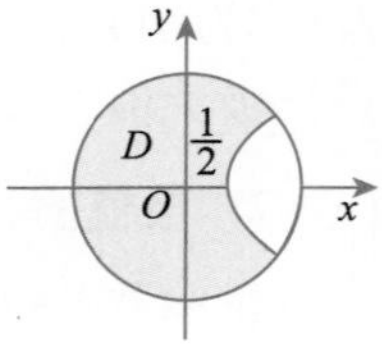

图4.1

题型02 有关二元复合函数

提示 可以参照一元函数的复合运算.

【例3】设$f(x+y,\ x-y)=x^2y+y^2$，求$f(x,\ y)$.

[解析] 设$x+y=u$，$x-y=v$，解出$x=\dfrac{1}{2}(u+v)$，$y=\dfrac{1}{2}(u-v)$，

代入所给函数化简$f(u,\ v)=\dfrac{1}{8}(u+v)^2(u-v)+\dfrac{1}{4}(u-v)^2$，

故$f(x,\ y)=\dfrac{1}{8}(x+y)^2(x-y)+\dfrac{1}{4}(x-y)^2$.

【例4】设$z=\sqrt{y}+f(\sqrt{x}-1)$，当$y=1$时，$z=x$，求函数$f(x)$和z.

[解析] 由条件可知$x=1+f(\sqrt{x}-1)$，令$\sqrt{x}-1=u$，

则$f(u)=x-1=(u+1)^2-1=u^2+2u$，

所以$f(x)=x^2+2x$，$z=\sqrt{y}+x-1$.

【例5】设$z=x+y+f(x-y)$，当$y=0$时，$z=x^2$，求函数$f(x)$和z.

[解析] 由条件可知$z\big|_{y=0}=x+f(x)=x^2\Rightarrow f(x)=x^2-x$，

所以$z=x+y+(x-y)^2-(x-y)=(x-y)^2+2y$.

【例6】设$u=y^2F(2x-y)$，且$u(x,\ 2)=x^3$，求$u(x,\ y)$.

[解析] $u(x,\ 2)=4F(2x-2)=x^3$，设$t=2x-2$，$x=\dfrac{t+2}{2}$，则有$4F(t)=\left(\dfrac{t+2}{2}\right)^3$，

$F(t)=\dfrac{(t+2)^3}{32}$，所以$F(2x-y)=\dfrac{1}{32}(2x-y+2)^3$，$u(x,\ y)=\dfrac{y^2}{32}(2x-y+2)^3$.

题型03 有关二元函数的极限（了解）

提示 注意与一元函数极限的区别，二元函数极限只需了解即可，不做重点要求.

【例7】已知a是不等于0的常数，则$\lim\limits_{\substack{x\to\infty\\ y\to a}}\left(1+\dfrac{1}{xy}\right)^{\frac{x^2}{x+y}}=$（　　）.

(A) $e^{\frac{1}{a}}$　(B) $e^{-\frac{1}{a}}$　(C) e^{a}　(D) e^{-a}　(E) 不存在

[解析] 原式 $=\lim\limits_{\substack{x\to\infty\\y\to a}}\left[\left(1+\frac{1}{xy}\right)^{xy}\right]^{\frac{x2}{xy(x+y)}}$，而 $\lim\limits_{\substack{x\to\infty\\y\to a}}\left(1+\frac{1}{xy}\right)^{xy}\xlongequal{令\ t=xy}\lim\limits_{t\to\infty}\left(1+\frac{1}{t}\right)^{t}=e$，

又 $\lim\limits_{\substack{x\to\infty\\y\to a}}\frac{x^2}{xy(x+y)}=\lim\limits_{\substack{x\to\infty\\y\to a}}\frac{1}{y\left(1+\frac{y}{x}\right)}=\frac{1}{a}$，所以原式 $=e^{\frac{1}{a}}$. 选 A.

【例 8】$\lim\limits_{\substack{x\to0\\y\to0}}\frac{x^2y}{x^4+y^2}=$ (　　).

(A) 0　(B) 1　(C) -1　(D) $\frac{1}{2}$　(E) 不存在

[解析] 沿 $y=lx$，原式 $=\lim\limits_{x\to0}\frac{lx^3}{x^4+l^2x^2}=0$，沿 $y=lx^2$，原式 $=\lim\limits_{x\to0}\frac{lx^4}{x^4+l^2x^4}=\frac{l}{1+l^2}$，由于不同路径极限不同，所以原式的极限不存在. 选 E.

【例 9】设 $f(x,y)=\frac{y}{1+xy}-\frac{1-y\sin\frac{\pi x}{y}}{\arctan x}$，$x>0$，$y>0$.

(1) 求 $g(x)=\lim\limits_{y\to\infty}f(x,y)$；

(2) $\lim\limits_{x\to0^+}g(x)=$ (　　).

(A) 1　(B) -1　(C) π　(D) $-\pi$　(E) 不存在

[解析] (1) $g(x)=\lim\limits_{y\to\infty}f(x,y)=\frac{1}{x}-\frac{1-\pi x}{\arctan x}$.

(2) $$\lim\limits_{x\to0^+}g(x)=\lim\limits_{x\to0^+}\frac{\arctan x-x+\pi x^2}{x\arctan x}=\lim\limits_{x\to0^+}\frac{\arctan x-x+\pi x^2}{x^2}$$
$$=\lim\limits_{x\to0^+}\frac{\frac{1}{1+x^2}-1+2\pi x}{2x}=\lim\limits_{x\to0^+}\frac{2\pi-x+2\pi x^2}{2(1+x^2)}=\pi.$$ 选 C.

【例 10】下列极限不存在的有 (　　) 个.

(1) $\lim\limits_{\substack{x\to0\\y\to0}}\frac{x^2+y^2}{\sqrt{x^2+y^2+1}}$；(2) $\lim\limits_{\substack{x\to0\\y\to0}}\frac{x+y}{x-y}$；(3) $\lim\limits_{\substack{x\to0\\y\to0}}\frac{\ln(1+xy)}{x+\tan y}$；(4) $\lim\limits_{\substack{x\to0\\y\to0}}(x^2+y^2)^{(x^2-y^2)}$.

(A) 0　(B) 1　(C) 2　(D) 3　(E) 4

[解析] (1) 设 $u=x^2+y^2$，则原式 $=\lim\limits_{u\to0^+}\frac{u}{\sqrt{u+1}}=0$.

(2) 考虑点 (x,y) 沿直线 $y=kx(k\neq1)$ 趋近于点 $(0,0)$，则有 $\lim\limits_{\substack{x\to0\\y\to0}}\frac{x+y}{x-y}\xlongequal[k\neq1]{y=kx}\frac{1+k}{1-k}$，

它将随着 k 值的不同而改变，故极限不存在.

(3) 原式 $=\lim\limits_{\substack{x\to0\\y\to0}}\frac{xy}{x+\tan y}\xlongequal[k\neq0]{y=\arctan(kx^2-x)}\lim\limits_{x\to0}\frac{x^2(kx-1)}{kx^2}=-\frac{1}{k}$，故极限不存在.

(4) 因为 $0\leqslant|(x^2-y^2)\ln(x^2+y^2)|\leqslant(x^2+y^2)|\ln(x^2+y^2)|$，

而 $\lim\limits_{\substack{x\to0\\y\to0}}(x^2+y^2)|\ln(x^2+y^2)|\xlongequal{t=x^2+y^2}\lim\limits_{t\to0^+}t\ln t=0$，所以原式 $=e^0=1$. 选 C.

题型 04 求解偏导数

提示 注意比较与一元函数的导数关系.

【例 11】考虑二元函数 $f(x, y)$ 下面的四条性质：

①$f(x, y)$ 在点 (x_0, y_0) 处连续；②$f(x, y)$ 在点 (x_0, y_0) 处有连续的偏导数；

③$f(x, y)$ 在点 (x_0, y_0) 处可微；④$f(x, y)$ 在点 (x_0, y_0) 处的两个偏导数存在.

若用“$P\Rightarrow Q$”表示可由性质 P 推出性质 Q，则有（　　）.

(A) ②⇒③⇒①　　(B) ③⇒②⇒①　　(C) ③⇒④⇒①

(D) ③⇒①⇒④　　(E) 无法确定

[解析] ②⇒③⇒①

⇓

④　　故选 A.

【例 12】设函数 $u(x, y)=\varphi(x+y)+\varphi(x-y)+\int_{x-y}^{x+y}g(t)\,dt$，其中函数 φ 具有二阶导数，g 具有一阶导数，则必有（　　）.

(A) $\dfrac{\partial^2 u}{\partial x^2}=-\dfrac{\partial^2 u}{\partial y^2}$　　(B) $\dfrac{\partial^2 u}{\partial x^2}=\dfrac{\partial^2 u}{\partial y^2}$　　(C) $\dfrac{\partial^2 u}{\partial x\partial y}=\dfrac{\partial^2 u}{\partial y^2}$

(D) $\dfrac{\partial^2 u}{\partial x\partial y}=\dfrac{\partial^2 u}{\partial x^2}$　　(E) $\dfrac{\partial^2 u}{\partial x^2}=2\dfrac{\partial^2 u}{\partial y^2}$

[解析] 先分别求出 $\dfrac{\partial^2 u}{\partial x^2}$，$\dfrac{\partial^2 u}{\partial y^2}$，$\dfrac{\partial^2 u}{\partial x\partial y}$，再比较答案即可.

因为 $\dfrac{\partial u}{\partial x}=\varphi'(x+y)+\varphi'(x-y)+g(x+y)-g(x-y)$，

$\dfrac{\partial u}{\partial y}=\varphi'(x+y)-\varphi'(x-y)+g(x+y)+g(x-y)$，

于是，$\dfrac{\partial^2 u}{\partial x^2}=\varphi''(x+y)+\varphi''(x-y)+g'(x+y)-g'(x-y)$，

$\dfrac{\partial^2 u}{\partial x\partial y}=\varphi''(x+y)-\varphi''(x-y)+g'(x+y)+g'(x-y)$，

$\dfrac{\partial^2 u}{\partial y^2}=\varphi''(x+y)+\varphi''(x-y)+g'(x+y)-g'(x-y)$，

可见有 $\dfrac{\partial^2 u}{\partial x^2}=\dfrac{\partial^2 u}{\partial y^2}$，应选 B.

【例 13】已知 $u=\left(\dfrac{x}{y}\right)^z$，则 $\left.\dfrac{\partial u}{\partial x}\right|_{(1,1,1)}+\left.\dfrac{\partial u}{\partial y}\right|_{(1,1,1)}+\left.\dfrac{\partial u}{\partial z}\right|_{(1,1,1)}=$（　　）.

(A) 0　　(B) 1　　(C) -1　　(D) 2　　(E) -2

[解析] $\frac{\partial u}{\partial x}=\frac{z}{y}\left(\frac{x}{y}\right)^{z-1}$，$\frac{\partial u}{\partial y}=z\left(\frac{x}{y}\right)^{z-1}\left(-\frac{x}{y^2}\right)=-\frac{z\cdot x^z}{y^{z+1}}$，$\frac{\partial u}{\partial z}=\left(\frac{x}{y}\right)^z\ln\frac{x}{y}$.

故$\left.\frac{\partial u}{\partial x}\right|_{(1,1,1)}+\left.\frac{\partial u}{\partial y}\right|_{(1,1,1)}+\left.\frac{\partial u}{\partial z}\right|_{(1,1,1)}=1-1+0=0$. 选 A.

【例 14】设 $u=f(x,y,z)$ 有连续的一阶偏导数，又函数 $y=y(x)$ 及 $z=z(x)$ 分别由下列两式确定：$e^{xy}-xy=2$ 和 $e^x=\int_0^{x-z}\frac{\sin t}{t}dt$，求$\frac{du}{dx}$.

[解析] $\frac{du}{dx}=f'_x+f'_y\frac{dy}{dx}+f'_z\frac{dz}{dx}$,

由 $e^{xy}-xy=2$，两边对 x 求导，得 $e^{xy}\left(y+x\frac{dy}{dx}\right)-\left(y+x\frac{dy}{dx}\right)=0$,

解出$\frac{dy}{dx}=-\frac{y}{x}$（分子和分母消除公因子$(e^{xy}-1)$）.

由 $e^x=\int_0^{x-z}\frac{\sin t}{t}dt$ 两边对 x 求导，得 $e^x=\frac{\sin(x-z)}{x-z}\left(1-\frac{dz}{dx}\right)$,

解出$\frac{dz}{dx}=1-\frac{e^x(x-z)}{\sin(x-z)}$，所以$\frac{du}{dx}=\frac{\partial f}{\partial x}-\frac{y}{x}\cdot\frac{\partial f}{\partial y}+\left[1-\frac{e^x(x-z)}{\sin(x-z)}\right]\frac{\partial f}{\partial z}$.

【例 15】设 $y=y(x)$，$z=z(x)$ 是由 $z=xf(x+y)$ 和 $F(x,y,z)=0$ 所确定的函数，其中 f 具有一阶连续导数，F 具有一阶连续偏导数，求$\frac{dz}{dx}$.

[解析] 分别在两方程两边对 x 求导得

$$\begin{cases}\frac{dz}{dx}=f+x\left(1+\frac{dy}{dx}\right)f'\\ F'_x+F'_y\frac{dy}{dx}+F'_z\frac{dz}{dx}=0\end{cases}，化简\begin{cases}-xf'\frac{dy}{dx}+\frac{dz}{dx}=f+xf'\\ F'_y\cdot\frac{dy}{dx}+F'_z\frac{dz}{dx}=-F'_x\end{cases}$$

解出$\frac{dz}{dx}=\frac{(f+xf')F'_y-xf'F'_x}{F'_y+xf'F'_z}$.

【例 16】设 $u=f(x,y,z)$ 有连续偏导数，$z=z(x,y)$ 由方程 $xe^x-ye^y=ze^z$ 所确定，求 du.

[解析] 方法一：令 $F(x,y,z)=xe^x-ye^y-ze^z$，得 $F'_x=(x+1)e^x$，$F'_y=-(y+1)e^y$，$F'_z=-(z+1)e^z$，则用隐函数求导公式得

$$\frac{\partial z}{\partial x}=-\frac{F'_x}{F'_z}=\frac{x+1}{z+1}e^{x-z};\quad \frac{\partial z}{\partial y}=-\frac{F'_y}{F'_z}=-\frac{y+1}{z+1}e^{y-z}$$

$$\frac{\partial u}{\partial x}=f'_x+f'_z\frac{\partial z}{\partial x}=f'_x+f'_z\cdot\frac{x+1}{z+1}e^{x-z}$$

$$\frac{\partial u}{\partial y}=f'_y+f'_z\frac{\partial z}{\partial y}=f'_y-f'_z\cdot\frac{y+1}{z+1}e^{y-z}$$

所以 $du=\frac{\partial u}{\partial x}dx+\frac{\partial u}{\partial y}dy=\left(f'_x+f'_z\frac{x+1}{z+1}e^{x-z}\right)dx+\left(f'_y-f'_z\frac{y+1}{z+1}e^{y-z}\right)dy$.

方法二：在 $xe^x-ye^y=ze^z$ 两边求微分得

$$(1+x)e^x dx-(1+y)e^y dy=(1+z)e^z dz$$

则 $dz=\dfrac{(1+x)e^x dx-(1+y)e^y dy}{(1+z)e^z}$

代入 $du=f'_x dx+f'_y dy+f'_z dz=f'_x dx+f'_y dy+f'_z\left[\dfrac{(1+x)e^x dx-(1+y)e^y dy}{(1+z)e^z}\right]$,

合并化简得 $du=\left(f'_x+f'_z\dfrac{x+1}{z+1}e^{x-z}\right)dx+\left(f'_y-f'_z\dfrac{y+1}{z+1}e^{y-z}\right)dy.$

【例 17】设 $\begin{cases}x=-u^2+v+z\\ y=u+vz\end{cases}$，求 $\dfrac{\partial u}{\partial x}$，$\dfrac{\partial v}{\partial x}$，$\dfrac{\partial u}{\partial z}$.

［解析］对 $\begin{cases}x=-u^2+v+z\\ y=u+vz\end{cases}$ 的两边求全微分，得

$$\begin{cases}dx=-2udu+dv+dz\\ dy=du+zdv+vdz\end{cases}\Rightarrow\begin{cases}2udu-dv=-dx+dz\\ du+zdv=dy-vdz\end{cases}\Rightarrow du=\frac{-zdx+(z-v)dz+dy}{2uz+1},$$

$$dv=\frac{2udy+dx-(1+2uv)dz}{2uz+1}\Rightarrow\frac{\partial u}{\partial x}=-\frac{z}{2uz+1},\ \frac{\partial v}{\partial x}=\frac{1}{2uz+1},\ \frac{\partial u}{\partial z}=\frac{z-v}{2uz+1}.$$

题型 05 一般极值问题

提示 注意极值的求解方法及与一元函数的区别.

【例 18】设可微函数 $f(x,y)$ 在点 (x_0,y_0) 处取得极小值，则下列结论正确的是（　　）.

(A) $f(x_0,y)$ 在 $y=y_0$ 的导数等于零

(B) $f(x_0,y)$ 在 $y=y_0$ 的导数大于零

(C) $f(x_0,y)$ 在 $y=y_0$ 的导数小于零

(D) $f(x_0,y)$ 在 $y=y_0$ 的导数不存在

(E) $f(x_0,y)$ 在 $y=y_0$ 处不可导

［解析］由题设，函数 $f(x,y)$ 可微，则两个一阶偏导数都存在，又知 $f(x,y)$ 在点 (x_0,y_0) 处取得极小值，故 $f'_x(x_0,y_0)=0$，$f'_y(x_0,y_0)=0$. 若二元可微函数 $f(x,y)$ 固定 $x=x_0$，则 $f(x_0,y)$ 是一元可导函数，$f(x,y)$ 在点 (x_0,y_0) 处取得极小值，则 $f(x_0,y)$ 在 $y=y_0$ 处必取得极小值，因此 $f(x_0,y)$ 在 $y=y_0$ 的导数等于零，选 A.

【例 19】已知 $f(x,y)$ 在点 $(0,0)$ 的某个邻域内连续，且有：$\lim\limits_{\substack{x\to0\\y\to0}}\dfrac{f(x,y)-xy}{(x^2+y^2)^2}=1$，则（　　）.

(A) 点 $(0,0)$ 不是 $f(x,y)$ 的极值点

(B) 点 $(0,0)$ 是 $f(x,y)$ 的极大值点

(C) 点 $(0,0)$ 是 $f(x,y)$ 的极小值点

(D) 根据所给的条件无法判断点 $(0,0)$ 是否为 $f(x,y)$ 的极值点

（E）以上均不正确

［解析］由$\lim\limits_{\substack{x\to 0\\ y\to 0}}\frac{f(x,y)-xy}{(x^2+y^2)^2}=1$知分母→0，故分子$f(x,y)-xy\to 0$.

①若$f(x,y)=xy$，则不存在极值点；

②$f(x,y)=xy+(x^2+y^2)^2+o[(x^2+y^2)^2]$，

因为$f(x,x)=x^2+4x^4+o(x^4)$，当$|x|\ll 1$时，$f(x,x)>0$；$f(x,-x)=-x^2+4x^4+o(x^4)$，当$|x|\ll 1$时，$f(x,-x)<0$；所以点(0，0)不是$f(x,y)$的极值点，故选A.

【例20】设$f(x,y)=x^3-4x^2+2xy-y^2$，则下面结论正确的是（　　）.

（A）点(2，2)是$f(x,y)$的驻点，且为极大值点

（B）点(2，2)是极小值点

（C）点(0，0)是$f(x,y)$的驻点，但不是极值点

（D）点(0，0)是极大值点

（E）点(0，0)是极小值点

［解析］解方程组$\begin{cases}f'_x=3x^2-8x+2y=0\\ f'_y=2x-2y=0\end{cases}$，解得$f(x,y)$的驻点为(0，0)，(2，2).

又$f''_{xx}(x,y)=6x-8$，$f''_{xy}(x,y)=2$，$f''_{yy}(x,y)=-2$，

在点(2，2)处，$A=f''_{xx}(2,2)=4$，$B^2-AC=12>0$，点(2，2)不是极值点；

在点(0，0)处，$A=f''_{xx}(0,0)=-8<0$，$B^2-AC=-12<0$，点(0，0)是极大值点.

选D.

第三节　点睛归纳

一、多元函数概念归纳

<table>
<tr><td rowspan="5">区域</td><td>邻域</td><td colspan="2">$\mathbf{R}^n$空间中点P_0的δ邻域为$U(P_0)=\{P\mid |P_0P|<\delta\}$，
平面上点$P_0(x_0,y_0)$的δ邻域为$U(P_0)=\{(x,y)\mid\sqrt{(x-x_0)^2+(y-y_0)^2}<\delta\}$</td></tr>
<tr><td rowspan="4">点集</td><td>开集</td><td>所有点都是内点的点集</td></tr>
<tr><td>闭集</td><td>开集连同边界构成的点集</td></tr>
<tr><td>连通集</td><td>任意两点都可用一条完全在点集中的折线连接的点集</td></tr>
<tr><td>区域</td><td>连通的点集. 开区域、闭区域；有界区域、无界区域</td></tr>
<tr><td>多元函数</td><td>定义</td><td colspan="2">D为平面上非空点集，如果对D中任一点(x,y)，按某种法则f，都有唯一确定的实数z与之对应，则称f为D上的二元函数，记$z=f(x,y)$，$(x,y)\in D$，D为定义域.
几何意义：$z=f(x,y)$为空间曲面，D为曲面在xOy面上的投影.
可定义三元及以上函数</td></tr>
</table>

（续）

<table>
<tr><td rowspan="2">多元函数</td><td>二重极限</td><td>若存在常数 A，$\forall \varepsilon>0$，$\exists \delta>0$，当 $\sqrt{(x-x_0)^2+(y-y_0)^2}<\delta$ 时，恒有 $|f(x,y)-A|<\varepsilon$，则称 $\lim\limits_{\substack{x\to x_0\\y\to y_0}} f(x,y)=A$.
【注意】其中 $(x,y)\to(x_0,y_0)$ 为任意方式. 从而若 (x,y) 以不同方式趋于 (x_0,y_0) 时，$f(x,y)$ 无限靠近不同的常数，则二重极限不存在</td></tr>
<tr><td>多元函数连续</td><td>若 $\lim\limits_{\substack{x\to x_0\\y\to y_0}} f(x,y)=f(x_0,y_0)$，则函数 $z=f(x,y)$ 在 (x_0,y_0) 连续.
初等函数在其定义区域内连续.
闭区域上连续函数必有最大、最小值；有界；满足介值定理</td></tr>
</table>

二、多元函数偏导及微分归纳

<table>
<tr><td></td><td>类型</td><td>求导法则</td></tr>
<tr><td rowspan="3">复合函数微分</td><td>复合函数的中间变量均为一元函数的情形</td><td>如果函数 $u=u(t)$ 及 $v=v(t)$ 在点 t 处可导，函数 $z=f(u,v)$ 在对应点 (u,v) 处具有连续偏导数，则复合函数 $z=f(u(t),v(t))$ 在对应点 t 处可导，且 $\frac{\mathrm{d}z}{\mathrm{d}t}=\frac{\partial z}{\partial u}\frac{\mathrm{d}u}{\mathrm{d}t}+\frac{\partial z}{\partial v}\frac{\mathrm{d}v}{\mathrm{d}t}$</td></tr>
<tr><td>复合函数中间变量为多元函数情形</td><td>如果函数 $u=u(x,y)$ 及 $v=v(x,y)$ 在点 (x,y) 处可导，函数 $z=f(u,v)$ 在对应点 (u,v) 处具有连续偏导数，则复合函数 $z=f(u(x,y),v(x,y))$ 在对应点 (x,y) 处可导，且 $\frac{\partial z}{\partial x}=\frac{\partial z}{\partial u}\frac{\partial u}{\partial x}+\frac{\partial z}{\partial v}\frac{\partial v}{\partial x}$，$\frac{\partial z}{\partial y}=\frac{\partial z}{\partial u}\frac{\partial u}{\partial y}+\frac{\partial z}{\partial v}\frac{\partial v}{\partial y}$</td></tr>
<tr><td>复合函数中间变量既有一元函数又有多元函数的情形</td><td>如果函数 $u=u(x,y)$ 在点 (x,y) 处可导，函数 $v=v(y)$ 在 y 点可导，函数 $z=f(u,v)$ 在对应点 (u,v) 处具有连续偏导数，则复合函数 $z=f(u(x,y),v(y))$ 在对应点 (x,y) 处可导，且 $\frac{\partial z}{\partial x}=\frac{\partial z}{\partial u}\frac{\partial u}{\partial x}$，$\frac{\partial z}{\partial y}=\frac{\partial z}{\partial u}\frac{\partial u}{\partial y}+\frac{\partial z}{\partial v}\frac{\mathrm{d}v}{\mathrm{d}y}$
注：若 $z=f(x,y,u)$，$u=u(x,y)$，则 $z=f(x,y,u(x,y))$，
$$\frac{\partial z}{\partial x}=\frac{\partial f}{\partial x}+\frac{\partial f}{\partial u}\frac{\partial u}{\partial x};\ \frac{\partial z}{\partial y}=\frac{\partial f}{\partial y}+\frac{\partial f}{\partial u}\frac{\partial u}{\partial y}$$
其中 $\frac{\partial f}{\partial x}$ 为 f 对中间变量 x 的偏导数，此时应将 $z=f(x,y,u)$ 中变量 y，u 看作常数；而 $\frac{\partial z}{\partial x}$ 为 $z=f(x,y,u(x,y))$ 对自变量 x 的偏导数，此时将自变量 y 看作常数.
$\frac{\partial f}{\partial y}$ 与 $\frac{\partial z}{\partial y}$ 区别同上</td></tr>
<tr><td>隐函数微分</td><td>一个方程情形</td><td>若二元方程 $F(x,y)=0$ 确定一元隐函数 $y=f(x)$，则 $\frac{\mathrm{d}y}{\mathrm{d}x}=-\frac{F'_x}{F'_y}$.
若三元方程 $F(x,y,z)=0$ 确定二元隐函数 $z=f(x,y)$，则
$$\frac{\partial z}{\partial x}=-\frac{F'_x}{F'_z},\ \frac{\partial z}{\partial y}=-\frac{F'_y}{F'_z}$$</td></tr>
</table>

三、多元函数极值归纳

	定义	性质
多元函数极值	函数 $z=f(x,y)$ 在点 (x_0,y_0) 某领域内有定义，对领域内任一异于 (x_0,y_0) 的点 (x,y)，如果 $f(x,y)<f(x_0,y_0)$ $(f(x,y)>f(x_0,y_0))$，则称函数在点 (x_0,y_0) 取得极大（小）值，(x_0,y_0) 为极值点	1. （必要条件）函数 $z=f(x,y)$ 在点 (x_0,y_0) 处具有连续偏导数，且在点 (x_0,y_0) 有极值，则必有 $f'_x(x_0,y_0)=0$，$f'_y(x_0,y_0)=0$. （可推广至多元函数） 2. （充分条件）函数 $z=f(x,y)$ 在点 (x_0,y_0) 处具有二阶连续偏导数，且 $f'_x(x_0,y_0)=0$，$f'_y(x_0,y_0)=0$， 令 $f''_{xx}(x_0,y_0)=A$，$f''_{xy}(x_0,y_0)=B$，$f''_{yy}(x_0,y_0)=C$，则 （1）当 $AC-B^2>0$ 时，函数在 (x_0,y_0) 处有极值，且 $A>0$ 时有极小值，$A<0$ 时有极大值. （2）当 $AC-B^2<0$ 时，函数在 (x_0,y_0) 处没有极值. （3）当 $AC-B^2=0$ 时，不确定是否有极值

【例 1】 设 $z=e^{-x}-f(x-2y)$，且当 $y=0$ 时，$z=x^2$，则 $\left.\dfrac{\partial z}{\partial x}\right|_{(2,1)}=$（　　）.

(A) $e^{-2}+1$　(B) e^2+1　(C) $-e^{-2}+1$　(D) $-e^2+1$　(E) $-2e+1$

［解析］ 当 $y=0$ 时，$z=x^2$，则 $f(x)=e^{-x}-x^2$，从而 $f(x-2y)=e^{-x+2y}-(x-2y)^2$，

$z=e^{-x}-e^{-x+2y}+(x-2y)^2$，$\dfrac{\partial z}{\partial x}=-e^{-x}+e^{-x+2y}+2(x-2y)$. $\left.\dfrac{\partial z}{\partial x}\right|_{(2,1)}=-e^{-2}+1$.

选 C.

【例 2】 函数 $f(u,v)$ 由关系式 $f(xg(y),y)=x+g(y)$ 确定，其中函数 $g(y)$ 可微，且 $g(y)\neq 0$，则 $\dfrac{\partial^2 f}{\partial u\partial v}=$（　　）.

(A) $-\dfrac{g'(v)}{g(v)}$　(B) $\dfrac{g'(v)}{g^2(v)}$　(C) $\dfrac{g'(v)}{g(v)}$　(D) $\dfrac{2g'(v)}{g^2(v)}$　(E) $-\dfrac{g'(v)}{g^2(v)}$

［解析］ 设 $u=xg(y)$，$v=y$，则 $f(u,v)=\dfrac{u}{g(v)}+g(v)$，

故 $\dfrac{\partial f}{\partial u}=\dfrac{1}{g(v)}$，$\dfrac{\partial^2 f}{\partial u\partial v}=-\dfrac{g'(v)}{g^2(v)}$. 选 E.

【例 3】 设 $z=z(x,y)$ 由方程 $z=e^{2x-3z}+2y$ 确定，则 $3\dfrac{\partial z}{\partial x}+\dfrac{\partial z}{\partial y}=$（　　）.

(A) 0　(B) 1　(C) -1　(D) 2　(E) -2

［解析］ 方法一：用公式法，设 $F(x,y,z)=z-e^{2x-3z}-2y$，则

$$\frac{\partial z}{\partial x}=-\frac{F'_x}{F'_z}=-\frac{-2e^{2x-3z}}{1+3e^{2x-3z}}=\frac{2e^{2x-3z}}{1+3e^{2x-3z}},\quad \frac{\partial z}{\partial y}=-\frac{F'_y}{F'_z}=-\frac{-2}{1+3e^{2x-3z}}=\frac{2}{1+3e^{2x-3z}},$$

故 $3\frac{\partial z}{\partial x}+\frac{\partial z}{\partial y}=2$.

方法二：用微分法，方程 $z=e^{2x-3z}+2y$ 两边取微分.

$dz=d(e^{2x-3z}+2y)=e^{2x-3z}d(2x-3z)+2dy=e^{2x-3z}(2dx-3dz)+2dy$,

$(1+3e^{2x-3z})dz=2e^{2x-3z}dx+2dy$，$dz=\frac{2e^{2x-3z}}{1+3e^{2x-3z}}dx+\frac{2}{1+3e^{2x-3z}}dy$,

$\frac{\partial z}{\partial x}=\frac{2e^{2x-3z}}{1+3e^{2x-3z}}$，$\frac{\partial z}{\partial y}=\frac{2}{1+3e^{2x-3z}}$，故 $3\frac{\partial z}{\partial x}+\frac{\partial z}{\partial y}=2$. 选 D.

【例 4】设 $z=xy+\frac{x}{y}$，其中 $y=y(x)$ 是由方程 $x^2+y^2=1$ 所确定的函数，计算 $\frac{dz}{dx}$.

[解析] $\frac{dz}{dx}=\frac{\partial z}{\partial x}+\frac{\partial z}{\partial y}\cdot\frac{dy}{dx}=y+\frac{1}{y}+x\frac{dy}{dx}-\frac{x}{y^2}\frac{dy}{dx}$

设 $F(x,\ y)=x^2+y^2-1$，则有 $\frac{dy}{dx}=-\frac{F'_x}{F'_y}=-\frac{2x}{2y}=-\frac{x}{y}$，将其代入上式有

$$\frac{dz}{dx}=y+\frac{1}{y}-\frac{x^2}{y}+\frac{x^2}{y^3}=\frac{y^2+x^2}{y^3}+\frac{y^2-x^2}{y}=\frac{1}{y^3}+2y-\frac{1}{y}.$$

【例 5】设 $\varphi(u,\ v,\ w)$ 有一阶连续偏导数，且 $z=z(x,\ y)$ 是由 $\varphi(bz-cy,\ cx-az,\ ay-bx)=0$ 确定的函数，则 $a\frac{\partial z}{\partial x}+b\frac{\partial z}{\partial y}=$（ ）.

(A) a　(B) b　(C) c　(D) $a+b$　(E) $a+c$

[解析] 设 $F=\varphi(bz-cy,\ cx-az,\ ay-bx)$，则有

$$\frac{\partial z}{\partial x}=-\frac{F'_x}{F'_z}=-\frac{c\varphi'_2-b\varphi'_3}{b\varphi'_1-a\varphi'_2},\quad \frac{\partial z}{\partial y}=-\frac{F'_y}{F'_z}=-\frac{-c\varphi'_1+a\varphi'_3}{b\varphi'_1-a\varphi'_2},$$

$$\text{故 } a\frac{\partial z}{\partial x}+b\frac{\partial z}{\partial y}=-\frac{ca\varphi'_2-ab\varphi'_3-bc\varphi'_1+ab\varphi'_3}{b\varphi'_1-a\varphi'_2}=\frac{c(b\varphi'_1-a\varphi'_2)}{b\varphi'_1-a\varphi'_2}=c.$$ 选 C.

【例 6】设 $f(x,\ y,\ z)=e^xyz^2$，其中 $z=z(x,\ y)$ 是由 $x+y+z+xyz=0$ 确定的隐函数，$f'_x(0,\ 1,\ -1)=$（ ）.

(A) 0　(B) -1　(C) -2　(D) 2　(E) 1

[解析] $x+y+z+xyz=0$ 两边对 x 求导，得 $1+z'_x+yz+xyz'_x=0$,

将 $(0,\ 1,\ -1)$ 代入，得 $z'_x(0,\ 1)=0$,

$f'_x(0,\ 1,\ -1)=(e^xyz^2+2e^xyzz'_x)\Big|_{(0,1,-1)}=1$，选 E.

【例 7】若从函数 $F(x,\ y,\ z)=0$ 可分别解出 $x=f(z,\ y)$，$y=g(z,\ x)$，$z=h(x,\ y)$. 则下列各式成立的个数为（ ）.

(1) $F'_xdx+F'_ydy+F'_zdz=0$;　(2) $\frac{\partial F}{\partial x}=\frac{\partial F}{\partial y}=\frac{\partial F}{\partial z}$;

(3) $\frac{\partial z}{\partial x}\cdot\frac{\partial x}{\partial y}\cdot\frac{\partial y}{\partial z}=1$;　(4) $\left(\frac{\partial z}{\partial x}\cdot\frac{\partial x}{\partial y}\cdot\frac{\partial y}{\partial z}\right)^2=1$;

（5）$\frac{\partial z}{\partial x}\cdot\frac{\partial x}{\partial y}\cdot\frac{\partial y}{\partial z}=-1$.

（A）1　（B）2　（C）3　（D）4　（E）5

［解析］因为 $F(x, y, z)=0$，所以 $\mathrm{d}F(x, y, z)=F'_x\mathrm{d}x+F'_y\mathrm{d}y+F'_z\mathrm{d}z=0$，

$\frac{\partial z}{\partial x}\cdot\frac{\partial x}{\partial y}\cdot\frac{\partial y}{\partial z}=\left(-\frac{F'_x}{F'_z}\right)\cdot\left(-\frac{F'_y}{F'_x}\right)\cdot\left(-\frac{F'_z}{F'_y}\right)=-1$，所以（1）（4）（5）正确，选 C.

第四节　阶梯训练

基础能力题

1. 设 $f(x, y)=\frac{2xy}{x^2+y^2}$，则 $f\left(1, \frac{y}{x}\right)=$（　）.

（A）$f(x, y)$　（B）$\frac{1}{2}f(x, y)$　（C）$-f(x, y)$

（D）$2f(x, y)$　（E）$-f(y, x)$

2. 已知函数 $f(u, v, w)=u^w+w^{u+v}$，则 $f(x+y, x-y, xy)=$（　）.

（A）$(x+y)^{xy}-(xy)^x$　（B）$(x+y)^x+(xy)^{2x}$　（C）$(x+y)^{xy}+(xy)^{2x}$

（D）$(x-y)^{xy}+(xy)^{2x}$　（E）$(x+y)^{xy}-(xy)^{2x}$

3. $\lim\limits_{\substack{x\to1\\y\to0}}\frac{\ln(x+\mathrm{e}^y)}{\sqrt{x^2+y^2}}=$（　）.

（A）ln2　（B）－ln2　（C）ln3　（D）－ln3　（E）2ln2

4. $\lim\limits_{\substack{x\to0\\y\to0}}\frac{2-\sqrt{xy+4}}{xy}=$（　）.

（A）$\frac{1}{2}$　（B）$-\frac{1}{2}$　（C）$-\frac{1}{4}$　（D）$\frac{1}{4}$　（E）2

5. $\lim\limits_{\substack{x\to+\infty\\y\to+\infty}}(x^2+y^2)\mathrm{e}^{-(x+y)}=$（　）.

（A）1　（B）－1　（C）2　（D）－2　（E）0

6. $\lim\limits_{\substack{x\to0\\y\to0}}\frac{1-\cos(x^2+y^2)}{(x^2+y^2)\mathrm{e}^{x^2y^2}}=$（　）.

（A）e　（B）－e　（C）1　（D）0　（E）－1

7. $\lim\limits_{(x,y)\to(0,0)}\frac{x+y}{x-y}=$（　）.

（A）1　（B）－1　（C）2　（D）－2　（E）不存在

8. $\lim\limits_{\substack{x\to0\\y\to0}}(1+xy)^{\frac{1}{x+y}}=$（　）.

（A）e　（B）$\frac{1}{\mathrm{e}}$　（C）－e　（D）$-\frac{1}{\mathrm{e}}$　（E）不存在

9. 设$f(x,y)=\begin{cases}\dfrac{ye^{\frac{1}{x^2}}}{y^2e^{\frac{2}{x^2}}+1} & x\neq 0,\ y任意\\ 0 & x=0,\ y任意\end{cases}$，则下列正确的有（　　）个.

（1）$\lim\limits_{\substack{x\to 0\\ y\to 0}}f(x,y)=0$；　　（2）$\lim\limits_{\substack{x\to 0\\ y=0}}f(x,y)=0$；

（3）$\lim\limits_{\substack{x\to 0\\ y=e^{-\frac{1}{x^2}}}}f(x,y)=e$；　　（4）$f(x,y)$在点$(0,0)$处连续.

（A）0　（B）1　（C）2　（D）3　（E）4

10. 设$z=\dfrac{y}{x}$，而$x=e^t$，$y=1-e^{2t}$，则$\left.\dfrac{dz}{dt}\right|_{t=0}=$（　　）.

（A）-2　（B）2　（C）-1　（D）1　（E）0

11. 设$z=e^{x-2y}$，而$x=\sin t$，$y=t^3$，则$\left.\dfrac{dz}{dt}\right|_{t=0}=$（　　）.

（A）e　（B）$-e$　（C）1　（D）-1　（E）0

12. 设$z=u^2+v^2$，而$u=x+y$，$v=x-y$，则$\dfrac{\partial z}{\partial x}+\dfrac{\partial z}{\partial y}=$（　　）.

（A）$x+y$　（B）$x-y$　（C）$2(x+y)$　（D）$4(x-y)$　（E）$4(x+y)$

13. 设$z=(x^2+y^2)^{xy}$，则$\left.\dfrac{\partial z}{\partial x}\right|_{(1,1)}=$（　　）.

（A）$1+\ln 2$　（B）$2+\ln 2$　（C）$2-\ln 2$

（D）$2(1+\ln 2)$　（E）$2(1-\ln 2)$

14. 设$z=\arctan(xy)$，$y=e^x$，则$\dfrac{dz}{dx}=$（　　）.

（A）$\dfrac{e^x(1-x)}{1-x^2e^{2x}}$　（B）$\dfrac{e^x(1+x)}{1-x^2e^{2x}}$　（C）$\dfrac{e^x(1+x)}{1+x^2e^{2x}}$

（D）$\dfrac{e^x(1-x)}{1+x^2e^{2x}}$　（E）$\dfrac{e^x(1+2x)}{1+x^2e^{2x}}$

15. $u=f(x^2-y^2,xy)$，则$y\dfrac{\partial u}{\partial x}+x\dfrac{\partial u}{\partial y}=$（　　）.

（A）$2xyf_2'$　（B）$(x^2+y^2)f_1'$　（C）$2xyf_1'$

（D）$(x^2+y^2)f_2'$　（E）$4xyf_2'$

16. $u=f\left(\dfrac{x}{y},\dfrac{y}{z}\right)$，若$f_1'(1,1)=f_2'(1,1)=1$，则$\left.\dfrac{\partial u}{\partial x}\right|_{(1,1)}+\left.\dfrac{\partial u}{\partial y}\right|_{(1,1)}+\left.\dfrac{\partial u}{\partial z}\right|_{(1,1)}=$（　　）.

（A）1　（B）2　（C）0　（D）-1　（E）-2

17. 已知$\ln\sqrt{x^2+y^2}=\arctan\dfrac{y}{x}$，则$\dfrac{dy}{dx}=$（　　）.

（A）$\dfrac{x-y}{x+y}$　（B）$\dfrac{x-y}{x+2y}$　（C）$\dfrac{x-2y}{x+2y}$　（D）$\dfrac{x+y}{x-2y}$　（E）$\dfrac{x+y}{x-y}$

18. 设$z=z(x,y)$由方程$x+2y+z-2\sqrt{xyz}=0$确定，则$\left.\dfrac{\partial z}{\partial x}\right|_{(2,-1)}+\left.\dfrac{\partial z}{\partial y}\right|_{(2,-1)}=$（　　）.

（A）1　（B）2　（C）-1　（D）-2　（E）0

基础能力题详解

1. **A**　$f\left(1,\ \dfrac{y}{x}\right)=\dfrac{2\dfrac{y}{x}}{1^2+\left(\dfrac{y}{x}\right)^2}=\dfrac{2xy}{x^2+y^2}=f(x,\ y).$

2. **C**　$f(x+y,\ x-y,\ xy)=(x+y)^{xy}+(xy)^{2x}.$

3. **A**　(1，0)为函数定义域内的点，故极限值等于函数值. $\lim\limits_{\substack{x\to1\\y\to0}}\dfrac{\ln(x+e^y)}{\sqrt{x^2+y^2}}=\dfrac{\ln 2}{1}=\ln 2.$

4. **C**　应用有理化方法去根号. 原式 $=\lim\limits_{\substack{x\to0\\y\to0}}\dfrac{-xy}{xy(2+\sqrt{xy+4})}=\lim\limits_{\substack{x\to0\\y\to0}}\dfrac{-1}{2+\sqrt{xy+4}}=-\dfrac{1}{4}.$

5. **E**　原式 $=\lim\limits_{\substack{x\to+\infty\\y\to+\infty}}\dfrac{(x+y)^2-2xy}{e^{x+y}}=\lim\limits_{\substack{x\to+\infty\\y\to+\infty}}\left[\dfrac{(x+y)^2}{e^{x+y}}-\dfrac{2x}{e^x}\cdot\dfrac{y}{e^y}\right],$

因为 $\lim\limits_{\substack{x\to+\infty\\y\to+\infty}}\dfrac{2x}{e^x}=0,\ \lim\limits_{\substack{x\to+\infty\\y\to+\infty}}\dfrac{y}{e^y}=0,$

$$\lim_{\substack{x\to+\infty\\y\to+\infty}}\frac{(x+y)^2}{e^{x+y}}\xlongequal{u=x+y}\lim_{u\to+\infty}\frac{u^2}{e^u}=\lim_{u\to+\infty}\frac{2u}{e^u}=\lim_{u\to+\infty}\frac{2}{e^u}=0,$$

所以 $\lim\limits_{\substack{x\to+\infty\\y\to+\infty}}(x^2+y^2)e^{-(x+y)}=0.$

6. **D**　$\lim\limits_{\substack{x\to0\\y\to0}}\dfrac{1-\cos(x^2+y^2)}{(x^2+y^2)e^{x^2y^2}}=\lim\limits_{\substack{x\to0\\y\to0}}\dfrac{1-\cos(x^2+y^2)}{x^2+y^2}\lim\limits_{\substack{x\to0\\y\to0}}\dfrac{1}{e^{x^2y^2}}=\lim\limits_{\substack{x\to0\\y\to0}}\dfrac{1-\cos(x^2+y^2)}{x^2+y^2}$

$$\xlongequal{x^2+y^2=u}\lim_{u\to0^+}\frac{1-\cos u}{u}=\lim_{u\to0^+}\frac{\frac{1}{2}u^2}{u}=0.$$

7. **E**　取 $y=kx$，则 $\lim\limits_{(x,y)\to(0,0)}\dfrac{x+y}{x-y}=\lim\limits_{\substack{x\to0\\y=kx}}\dfrac{(1+k)x}{(1-k)x}=\dfrac{1+k}{1-k}$，易见极限会随 k 值的变化而变化，故原式极限不存在.

【评注】若$(x,\ y)$沿不同曲线趋于$(x_0,\ y_0)$时，极限值不同，则二重极限不存在.

8. **E**　方法一：$\lim\limits_{\substack{x\to0\\y\to0}}(1+xy)^{\frac{1}{x+y}}=\lim\limits_{\substack{x\to0\\y\to0}}(1+xy)^{\frac{1}{xy}\cdot\frac{xy}{x+y}}=\lim\limits_{\substack{x\to0\\y\to0}}\left[(1+xy)^{\frac{1}{xy}}\right]^{\frac{xy}{x+y}}$，现考虑 $\lim\limits_{\substack{x\to0\\y\to0}}\dfrac{xy}{x+y}$，

若$(x,\ y)$沿 x 轴趋于(0，0)，则上式 $\lim\limits_{\substack{x\to0\\y=0}}\dfrac{0}{x}=0$，从而 $\lim\limits_{\substack{x\to0\\y\to0}}(1+xy)^{\frac{1}{x+y}}=e^0=1$；

若$(x,\ y)$沿曲线 $y=\dfrac{x}{x-1}$ 趋于(0，0)，则 $\lim\limits_{\substack{x\to0\\y\to0}}\dfrac{xy}{x+y}=\lim\limits_{\substack{x\to0\\y=\frac{x}{x-1}}}\dfrac{x\cdot\dfrac{x}{x-1}}{x+\dfrac{x}{x-1}}=1,$

从而 $\lim\limits_{\substack{x\to0\\y\to0}}(1+xy)^{\frac{1}{x+y}}=e$，故原式极限不存在.

方法二：若取 $x_n=\dfrac{1}{n},\ y_n=\dfrac{1}{n}$，则

$$\lim_{\substack{x\to0\\y\to0}}(1+xy)^{\frac{1}{x+y}}=\lim_{n\to\infty}\left(1+\frac{1}{n^2}\right)^{\frac{n}{2}}=\lim_{n\to\infty}\left[\left(1+\frac{1}{n^2}\right)^{n^2}\right]^{\frac{1}{2n}}=e^0=1.$$

若取 $x_n=-\frac{1}{n}$，$y_n=\frac{1}{n+1}$，则$\lim\limits_{\substack{x\to0\\y\to0}}(1+xy)^{\frac{1}{x+y}}=\lim\limits_{n\to\infty}\left[1-\frac{1}{n(n+1)}\right]^{-n(n+1)}=e$.

故原式极限不存在.

9. **B** 若$\lim\limits_{\substack{x\to x_0\\y\to y_0}}f(x,y)=f(x_0,y_0)$，则函数 $z=f(x,y)$在(x_0,y_0)连续. 讨论(x_0,y_0)处二重极限的存在性，若(x,y)沿不同曲线趋于(x_0,y_0)时，极限值不同，则二重极限不存在.

若(x,y)沿 x 轴趋于$(0,0)$，则$\lim\limits_{\substack{x\to0\\y\to0}}\frac{ye^{\frac{1}{x^2}}}{y^2e^{\frac{2}{x^2}}+1}=\lim\limits_{\substack{x\to0\\y=0}}\frac{0}{1}=0$.

若(x,y)沿 $y=e^{-\frac{1}{x^2}}$趋于$(0,0)$，则$\lim\limits_{\substack{x\to0\\y\to0}}\frac{ye^{\frac{1}{x^2}}}{y^2e^{\frac{2}{x^2}}+1}=\lim\limits_{\substack{x\to0\\y=e^{-\frac{1}{x^2}}}}\frac{1}{1+1}=\frac{1}{2}$.

故$\lim\limits_{\substack{x\to0\\y\to0}}f(x,y)$不存在，从而函数$f(x,y)$在$(0,0)$处不连续. 只有（2）正确.

10. **A** $\frac{dz}{dt}=\frac{\partial z}{\partial x}\cdot\frac{dx}{dt}+\frac{\partial z}{\partial y}\cdot\frac{dy}{dt}=-\frac{y}{x^2}\cdot e^t+\frac{1}{x}\cdot(-2e^{2t})$

$=-\frac{1-e^{2t}}{e^{2t}}\cdot e^t+\frac{1}{e^t}\cdot(-2e^{2t})=-(e^{-t}+e^t)$.

故$\left.\frac{dz}{dt}\right|_{t=0}=-2$.

11. **C** $\frac{dz}{dt}=\frac{\partial z}{\partial x}\cdot\frac{dx}{dt}+\frac{\partial z}{\partial y}\cdot\frac{dy}{dt}=e^{x-2y}\cdot\cos t+e^{x-2y}\cdot(-2)\cdot3t^2=e^{\sin t-2t^3}(\cos t-6t^2)$.

故$\left.\frac{dz}{dt}\right|_{t=0}=1$.

12. **E** $\frac{\partial z}{\partial x}=\frac{\partial z}{\partial u}\cdot\frac{\partial u}{\partial x}+\frac{\partial z}{\partial v}\cdot\frac{\partial v}{\partial x}=2u\cdot1+2v\cdot1=2(x+y)+2(x-y)=4x$.

$\frac{\partial z}{\partial y}=\frac{\partial z}{\partial u}\cdot\frac{\partial u}{\partial y}+\frac{\partial z}{\partial v}\cdot\frac{\partial v}{\partial y}=2u\cdot1+2v\cdot(-1)=2(x+y)-2(x-y)=4y$.

故$\frac{\partial z}{\partial x}+\frac{\partial z}{\partial y}=4(x+y)$.

13. **D** 令 $u=x^2+y^2$，$v=xy$，则函数可看为 $z=u^v$，$u=x^2+y^2$，$v=xy$ 复合而成的函数，从而$\frac{\partial z}{\partial x}=\frac{\partial z}{\partial u}\cdot\frac{\partial u}{\partial x}+\frac{\partial z}{\partial v}\cdot\frac{\partial v}{\partial x}=vu^{v-1}\cdot2x+u^v\ln u\cdot y=(x^2+y^2)^{xy}\left[\frac{2x^2y}{x^2+y^2}+y\ln(x^2+y^2)\right]$.

故$\left.\frac{\partial z}{\partial x}\right|_{(1,1)}=2(1+\ln2)$.

【注意】本题也可根据幂指函数求导法则$(u(x)^{v(x)})'_x=(e^{\ln u(x)^{v(x)}})'_x=(e^{v(x)\ln u(x)})'_x$ 计算或用对数求导法.

14. **C** $\frac{dz}{dx}=\frac{\partial z}{\partial x}+\frac{\partial z}{\partial y}\cdot\frac{dy}{dx}=\frac{y}{1+(xy)^2}+\frac{x}{1+(xy)^2}\cdot e^x=\frac{e^x(1+x)}{1+x^2e^{2x}}$.

$\left(\dfrac{\partial z}{\partial x}\right.$指 z 对中间变量 x 的偏导数，此时将 $z=\arctan(xy)$ 中 y 看作常量$\left.\right)$

15. **D** 按多元复合函数求导法则有

$$\frac{\partial u}{\partial x}=\frac{\partial f}{\partial s}\cdot\frac{\partial s}{\partial x}+\frac{\partial f}{\partial t}\cdot\frac{\partial t}{\partial x}=2xf_1'+yf_2';\ \frac{\partial u}{\partial y}=\frac{\partial f}{\partial s}\cdot\frac{\partial s}{\partial y}+\frac{\partial f}{\partial t}\cdot\frac{\partial t}{\partial y}=-2yf_1'+xf_2'$$

故 $y\dfrac{\partial u}{\partial x}+x\dfrac{\partial u}{\partial y}=(x^2+y^2)f_2'$.

16. **C** 按多元复合函数求导法则有

$$\frac{\partial u}{\partial x}=\frac{\partial f}{\partial s}\cdot\frac{\partial s}{\partial x}+\frac{\partial f}{\partial t}\cdot\frac{\partial t}{\partial x}=\frac{1}{y}f_1'+0=\frac{1}{y}f_1'$$

$$\frac{\partial u}{\partial y}=\frac{\partial f}{\partial s}\cdot\frac{\partial s}{\partial y}+\frac{\partial f}{\partial t}\cdot\frac{\partial t}{\partial y}=-\frac{x}{y^2}f_1'+\frac{1}{z}f_2'$$

$$\frac{\partial u}{\partial z}=\frac{\partial f}{\partial s}\cdot\frac{\partial s}{\partial z}+\frac{\partial f}{\partial t}\cdot\frac{\partial t}{\partial z}=0-\frac{y}{z^2}f_2'=-\frac{y}{z^2}f_2'$$

在(1，1)处，有$\dfrac{x}{y}=\dfrac{y}{z}=1$，即 $x=y=z$.

故$\left.\dfrac{\partial u}{\partial x}\right|_{(1,1)}+\left.\dfrac{\partial u}{\partial y}\right|_{(1,1)}+\left.\dfrac{\partial u}{\partial z}\right|_{(1,1)}=0$.

17. **E** 隐函数求导. 将方程写成 $F(x,\ y)=0$ 的形式，先求出 F_x'，F_y'，代入$\dfrac{dy}{dx}=-\dfrac{F_x'}{F_y'}$.

设$F(x,\ y)=\ln\sqrt{x^2+y^2}-\arctan\dfrac{y}{x}$，$F_x'(x,\ y)=\dfrac{1}{2}\cdot\dfrac{2x}{x^2+y^2}-\dfrac{1}{1+\left(\dfrac{y}{x}\right)^2}\cdot\left(-\dfrac{y}{x^2}\right)=\dfrac{x+y}{x^2+y^2}$，

$F_y'(x,\ y)=\dfrac{1}{2}\cdot\dfrac{2y}{x^2+y^2}-\dfrac{1}{1+\left(\dfrac{y}{x}\right)^2}\cdot\dfrac{1}{x}=\dfrac{y-x}{x^2+y^2}$，所以$\dfrac{dy}{dx}=-\dfrac{F_x'}{F_y'}=\dfrac{x+y}{x-y}$.

【注意】本题也可通过一元函数隐函数求导法则求解.

18. **E** 方法一：应用隐函数存在定理公式$\dfrac{\partial z}{\partial x}=-\dfrac{F_x'}{F_z'}$，$\dfrac{\partial z}{\partial y}=-\dfrac{F_y'}{F_z'}$

设 $F(x,\ y,\ z)=x+2y+z-2\sqrt{xyz}$，

$F_x'=1-\dfrac{yz}{\sqrt{xyz}}$，$F_y'=2-\dfrac{xz}{\sqrt{xyz}}$，$F_z'=1-\dfrac{xy}{\sqrt{xyz}}$，

故$\dfrac{\partial z}{\partial x}=-\dfrac{F_x'}{F_z'}=-\dfrac{1-\dfrac{yz}{\sqrt{xyz}}}{1-\dfrac{xy}{\sqrt{xyz}}}=\dfrac{yz-\sqrt{xyz}}{\sqrt{xyz}-xy}$；$\dfrac{\partial z}{\partial y}=-\dfrac{F_y'}{F_z'}=-\dfrac{2-\dfrac{xz}{\sqrt{xyz}}}{1-\dfrac{xy}{\sqrt{xyz}}}=\dfrac{xz-2\sqrt{xyz}}{\sqrt{xyz}-xy}$.

将 $x=2$，$y=-1$ 代入方程，得 $z=0$，故$\left.\dfrac{\partial z}{\partial x}\right|_{(2,-1)}+\left.\dfrac{\partial z}{\partial y}\right|_{(2,-1)}=0$.

方法二：在方程两边对自变量求偏导，注意变量 z 为 x，y 的函数

方程两边同时对自变量 x 求偏导，得

$$1+\frac{\partial z}{\partial x}-\left(\frac{yz}{\sqrt{xyz}}+\frac{xy\frac{\partial z}{\partial x}}{\sqrt{xyz}}\right)=0$$，整理可得$\left(1-\frac{xy}{\sqrt{xyz}}\right)\frac{\partial z}{\partial x}=\frac{yz}{\sqrt{xyz}}-1$，

故$\frac{\partial z}{\partial x}=\frac{1-\frac{yz}{\sqrt{xyz}}}{\frac{xy}{\sqrt{xyz}}-1}=\frac{yz-\sqrt{xyz}}{\sqrt{xyz}-xy}$.

方程两边同时对自变量 y 求偏导，得

$$2+\frac{\partial z}{\partial y}-\left(\frac{xz}{\sqrt{xyz}}+\frac{xy\frac{\partial z}{\partial y}}{\sqrt{xyz}}\right)=0$$，整理可得$\left(1-\frac{xy}{\sqrt{xyz}}\right)\frac{\partial z}{\partial y}=\frac{xz}{\sqrt{xyz}}-2$，

故$\frac{\partial z}{\partial y}=\frac{2-\frac{xz}{\sqrt{xyz}}}{\frac{xy}{\sqrt{xyz}}-1}=\frac{xz-2\sqrt{xyz}}{\sqrt{xyz}-xy}$. 后面的计算过程同方法一.

综合提高题

1. 极限$\lim\limits_{\substack{x\to0\\y\to0}}\frac{xy}{\sqrt{1+xy}-1}=$（　　）.

（A）0　　（B）1　　（C）2　　（D）-2　　（E）-1

2. 极限$\lim\limits_{\substack{x\to0\\y\to0}}\frac{\sin(xy)}{x}=$（　　）.

（A）1　　（B）-1　　（C）2　　（D）0　　（E）不存在

3. 极限$\lim\limits_{\substack{x\to0\\y\to0}}\frac{e^x\cos y}{1+x+y}=$（　　）.

（A）0　　（B）1　　（C）2　　（D）-2　　（E）不存在

4. 设函数 $z=x^2\ln(x^2+y^2)$，则 $\left.\frac{\partial z}{\partial x}\right|_{(1,1)}=$（　　）.

（A）$1+\ln2$　　（B）$1+\frac{1}{2}\ln2$　　（C）$2+2\ln2$　　（D）$2+\frac{1}{2}\ln2$　　（E）$1+2\ln2$

5. 设函数 $z=\arctan\frac{y}{x}$，则 $\left.\frac{\partial z}{\partial x}\right|_{(1,-1)}+\left.\frac{\partial z}{\partial y}\right|_{(1,1)}=$（　　）.

（A）1　　（B）0　　（C）2　　（D）-2　　（E）3

6. 设函数 $z=e^x(\cos y+x\sin y)$，则 $\left.\frac{\partial z}{\partial x}\right|_{(0,0)}+\left.\frac{\partial z}{\partial y}\right|_{(0,0)}=$（　　）.

（A）0　　（B）-1　　（C）1　　（D）-2　　（E）4

7. 设$f(x,y)=x^2y^2-2y$，则$f_x'(2,3)+f_y'(0,0)=$（　　）.

（A）14　　（B）16　　（C）22　　（D）32　　（E）34

8. 设$f(x, y)=x+y-\sqrt{x^2+y^2}$，则$f_x'(3, 4)+f_y'(3, 4)=$（　　）.

（A）$\frac{1}{5}$　（B）$\frac{2}{5}$　（C）$\frac{3}{5}$　（D）$\frac{4}{5}$　（E）1

9. 设$2\sin(x+2y-3z)=x+2y-3z$，则$\frac{\partial z}{\partial x}+\frac{\partial z}{\partial y}=$（　　）.

（A）0　（B）-1　（C）2　（D）1　（E）4

10. 设函数F具有一阶连续偏导数，$z=z(x, y)$由方程$F\left(x+\frac{z}{y}, y+\frac{z}{x}\right)=0$所确定，$xy\neq 0$，$yF_2'+xF_1'\neq 0$，则$x\frac{\partial z}{\partial x}+y\frac{\partial z}{\partial y}=$（　　）.

（A）$z+xy$　（B）$z-xy$　（C）$xz+y$　（D）$zy+x$　（E）$x-yz$

11. 设$x^2+z^2=y\varphi\left(\frac{z}{y}\right)$，其中$\varphi$为可微函数，则$\frac{\partial z}{\partial y}=$（　　）.

（A）$\frac{y\varphi-z\varphi'}{y(2z-\varphi')}$　（B）$\frac{y\varphi-z\varphi'}{y(2z+\varphi')}$　（C）$\frac{y\varphi+z\varphi'}{y(2z-\varphi')}$

（D）$\frac{y\varphi-z\varphi'}{y(z-\varphi')}$　（E）$\frac{y\varphi+z\varphi'}{y(z-\varphi')}$

12. 设函数$u=e^{x-2y}$，其中$x=\sin t$，$y=t^3$，则$\left.\frac{du}{dt}\right|_{t=0}=$（　　）.

（A）0　（B）-1　（C）1　（D）-2　（E）2

13. 设函数$z=x^2y-xy^2$，其中$x=u\cos v$，$y=u\sin v$，则$\left.\frac{\partial z}{\partial u}\right|_{(\frac{\pi}{2},\frac{\pi}{2})}+\left.\frac{\partial z}{\partial v}\right|_{(\frac{\pi}{2},\frac{\pi}{2})}=$（　　）.

（A）$\frac{\pi^3}{2}$　（B）$-\frac{\pi^3}{4}$　（C）$-\frac{\pi^3}{8}$　（D）$\frac{\pi^3}{4}$　（E）$\frac{\pi^3}{8}$

14. 设函数$z=u^mv^n$，其中$u=x+2y$，$v=x-y$，则下列说法正确的有（　　）个.

（1）当$m=n=1$时，$\left.\frac{\partial z}{\partial x}\right|_{(2,1)}=5$；　（2）当$m=n=1$时，$\left.\frac{\partial z}{\partial y}\right|_{(2,1)}=-2$；

（3）当$m=n=2$时，$\left.\frac{\partial z}{\partial x}\right|_{(2,1)}=40$；　（4）当$m=n=2$时，$\left.\frac{\partial z}{\partial y}\right|_{(2,1)}=-16$.

（A）0　（B）1　（C）2　（D）3　（E）4

15. 设函数$x^2+2xy-y^2=a^2$，则$\frac{dy}{dx}=$（　　）.

（A）$\frac{y+x}{y-x}$　（B）$\frac{y+x}{y-2x}$　（C）$\frac{y+2x}{y-x}$　（D）$\frac{y-x}{y+x}$　（E）$\frac{y-2x}{y+x}$

16. 设函数$x^y=y^x$，则$\left.\frac{dy}{dx}\right|_{x=1}=$（　　）.

（A）0　（B）1　（C）2　（D）3　（E）4

17. 设函数$\ln\sqrt{x^2+y^2}=\arctan\frac{y}{x}$，则$\frac{dy}{dx}=$（　　）.

（A）$\frac{x+y}{y-x}$　（B）$\frac{x+y}{y-2x}$　（C）$\frac{2x+y}{y-x}$　（D）$\frac{x+y}{x-y}$　（E）$\frac{y-2x}{x+y}$

18. 设函数$\frac{x^2}{a^2}+\frac{y^2}{b^2}+\frac{z^2}{c^2}=1$，在点$\left(\frac{\sqrt{3}a}{3},\frac{\sqrt{3}b}{3},\frac{\sqrt{3}c}{3}\right)$处，$\frac{\partial z}{\partial x}+\frac{\partial z}{\partial y}=$（　　）.

（A）$\frac{1}{2}\left(\frac{c}{a}+\frac{c}{b}\right)$　（B）$-\left(\frac{c}{a}+\frac{c}{b}\right)$　（C）$2\left(\frac{c}{a}+\frac{c}{b}\right)$

（D）$-\left(\frac{c}{a}-\frac{c}{b}\right)$　（E）$\frac{c}{a}+\frac{c}{b}$

19. 设函数 $e^x-xyz=0$，在点$(1,1,e)$处，$\frac{\partial z}{\partial x}+\frac{\partial z}{\partial y}=$（　　）.

（A）0　（B）1　（C）2e　（D）e　（E）$-e$

20. 设函数 $\cos^2x+\cos^2y+\cos^2z=1$，在点$\left(\frac{\pi}{6},\frac{\pi}{2},\frac{\pi}{3}\right)$处，$\frac{\partial z}{\partial x}+\frac{\partial z}{\partial y}=$（　　）.

（A）-1　（B）1　（C）2　（D）3　（E）4

21. 设函数 $x^3+y^3+z^3-3axyz=0$，在点$(1,-1,0)$处，$\frac{\partial z}{\partial x}+\frac{\partial z}{\partial y}=$（　　）.

（A）$-\frac{1}{2a}$　（B）$\frac{2}{a}$　（C）$-\frac{2}{a}$　（D）$-\frac{1}{a}$　（E）$\frac{1}{a}$

22. 关于函数$f(x,y)=x^3-y^3-3xy$，下列叙述正确的有（　　）个.

（1）有 2 个驻点；　（2）有 2 个极值点；

（3）有 1 个极大值点；　（4）有 1 个极小值点.

（A）0　（B）1　（C）2　（D）3　（E）4

23. 关于函数$f(x,y)=(x^2+y^2)^2-2(x^2-y^2)$，下列叙述正确的有（　　）个.

（1）有 3 个驻点；　（2）有 2 个极值点；

（3）有 1 个极大值点；　（4）有 1 个极小值点.

（A）0　（B）1　（C）2　（D）3　（E）4

24. 函数$f(x,y)=e^{2x}(x+y^2+2y)$的极小值为（　　）.

（A）$-\frac{e}{2}$　（B）$-\frac{e}{3}$　（C）$\frac{e}{2}$　（D）$\frac{e}{3}$　（E）$-\frac{e}{4}$

25. 函数$f(x,y)=\sin x+\cos y+\cos(x-y)$，$0\leqslant x\leqslant\frac{\pi}{2}$，$0\leqslant y\leqslant\frac{\pi}{2}$，则函数的极大值为（　　）.

（A）$-\frac{3\sqrt{3}}{2}$　（B）$\frac{3\sqrt{3}}{2}$　（C）$\frac{\sqrt{3}}{2}$　（D）$-\frac{\sqrt{3}}{2}$　（E）$\frac{3\sqrt{3}}{4}$

26. 关于函数 $z=x^2+y^2-xy+x+y$ 在闭区域 D：$x\leqslant0$，$y\leqslant0$，$x+y\geqslant-3$ 上，最大值与最小值之差为（　　）.

（A）4　（B）5　（C）6　（D）7　（E）8

综合提高题详解

1. **C**　令 $u=xy$，则$\lim\limits_{\substack{x\to0\\y\to0}}u=\lim\limits_{\substack{x\to0\\y\to0}}xy=0$.

$$\lim_{\substack{x\to0\\y\to0}}\frac{xy}{\sqrt{1+xy}-1}=\lim_{u\to0}\frac{u}{\sqrt{1+u}-1}=\lim_{u\to0}(\sqrt{1+u}+1)=2.$$

2. **D**　令 $u=xy$，则 $\lim\limits_{\substack{x\to0\\y\to0}}u=\lim\limits_{\substack{x\to0\\y\to0}}xy=0$.

$$\lim_{\substack{x\to0\\y\to0}}\frac{\sin(xy)}{x}=\lim_{\substack{x\to0\\y\to0}}y\cdot\frac{\sin(xy)}{xy}=\lim_{\substack{x\to0\\y\to0}}y\cdot\lim_{u\to0}\frac{\sin u}{u}=0.$$

3. **B**　$\lim\limits_{\substack{x\to0\\y\to0}}\frac{e^x\cos y}{1+x+y}=\frac{e^0\cos0}{1+0+0}=1$.

4. **E**　$\frac{\partial z}{\partial x}=2x\ln(x^2+y^2)+x^2\cdot\frac{2x}{x^2+y^2}=2x\left[\ln(x^2+y^2)+\frac{x^2}{x^2+y^2}\right]$，故 $\left.\frac{\partial z}{\partial x}\right|_{(1,1)}=1+2\ln2$.

5. **A**　$\frac{\partial z}{\partial x}=\frac{-\frac{y}{x^2}}{1+\left(\frac{y}{x}\right)^2}=\frac{-y}{x^2+y^2}$，$\frac{\partial z}{\partial y}=\frac{\frac{1}{x}}{1+\left(\frac{y}{x}\right)^2}=\frac{x}{x^2+y^2}$. 故 $\left.\frac{\partial z}{\partial x}\right|_{(1,-1)}+\left.\frac{\partial z}{\partial y}\right|_{(1,1)}=\frac{1}{2}+\frac{1}{2}=1$.

6. **C**　$\frac{\partial z}{\partial x}=e^x(\cos y+x\sin y)+e^x\sin y=e^x[\cos y+(x+1)\sin y]$，

$\frac{\partial z}{\partial y}=e^x(-\sin y+x\cos y)$. 故 $\left.\frac{\partial z}{\partial x}\right|_{(0,0)}+\left.\frac{\partial z}{\partial y}\right|_{(0,0)}=1+0=1$.

7. **E**　$f'_x(x,\ y)=2xy^2$，$f'_y(x,\ y)=2x^2y-2$，$f'_x(2,\ 3)=36$，$f'_y(0,\ 0)=-2$.
$f'_x(2,\ 3)+f'_y(0,\ 0)=34$.

8. **C**　$f'_x(x,\ y)=1-\frac{x}{\sqrt{x^2+y^2}}$，由对称性，知 $f'_y(x,\ y)=1-\frac{y}{\sqrt{x^2+y^2}}$，

故 $f'_x(3,\ 4)=1-\frac{3}{\sqrt{3^2+4^2}}=\frac{2}{5}$，$f'_y(3,\ 4)=1-\frac{4}{\sqrt{3^2+4^2}}=\frac{1}{5}$.

$f'_x(3,\ 4)+f'_y(3,\ 4)=\frac{3}{5}$.

9. **D**　设 $F=2\sin(x+2y-3z)-x-2y+3z$，则 $\frac{\partial z}{\partial x}=-\frac{F'_x}{F'_z}=-\frac{2\cos(x+2y-3z)-1}{-6\cos(x+2y-3z)+3}=\frac{1}{3}$，

$\frac{\partial z}{\partial y}=-\frac{F'_y}{F'_z}=-\frac{4\cos(x+2y-3z)-2}{-6\cos(x+2y-3z)+3}=\frac{2}{3}$，所以，$\frac{\partial z}{\partial x}+\frac{\partial z}{\partial y}=1$.

10. **B**　$F'_x=F'_1-\frac{z}{x^2}F'_2$，$F'_y=-\frac{z}{y^2}F'_1+F'_2$，$F'_z=\frac{1}{y}F'_1+\frac{1}{x}F'_2$，

$$x\frac{\partial z}{\partial x}+y\frac{\partial z}{\partial y}=x\left(-\frac{F'_x}{F'_z}\right)+y\left(-\frac{F'_y}{F'_z}\right)=z-xy.$$

11. **A**　设 $F(x,\ y,\ z)=x^2+z^2-y\varphi\left(\frac{z}{y}\right)$，$F'_y=-\varphi+\frac{z}{y}\varphi'$，$F'_z=2z-\varphi'$，

$$\frac{\partial z}{\partial y}=-\frac{F'_y}{F'_z}=\frac{y\varphi-z\varphi'}{y(2z-\varphi')}.$$

12. **C**　$\frac{du}{dt}=\frac{\partial u}{\partial x}\cdot\frac{dx}{dt}+\frac{\partial u}{\partial y}\cdot\frac{dy}{dt}=e^{x-2y}\cdot\cos t-2e^{x-2y}\cdot(3t^2)=e^{\sin t-2t^3}(\cos t-6t^2)$. 故 $\left.\frac{du}{dt}\right|_{t=0}=1$.

13. **E**　$\frac{\partial z}{\partial u}=\frac{\partial z}{\partial x}\cdot\frac{\partial x}{\partial u}+\frac{\partial z}{\partial y}\cdot\frac{\partial y}{\partial u}=(2xy-y^2)\cos v+(x^2-2xy)\sin v=3u^2\sin v\cos v(\cos v-\sin v)$；

$$\frac{\partial z}{\partial v}=\frac{\partial z}{\partial x}\cdot\frac{\partial x}{\partial v}+\frac{\partial z}{\partial y}\cdot\frac{\partial y}{\partial v}=(2xy-y^2)(-u\sin v)+(x^2-2xy)u\cos v$$

$= u^3(\sin v+\cos v)(1-3\sin v\cos v)$.

故$\left.\dfrac{\partial z}{\partial u}\right|_{(\frac{\pi}{2},\frac{\pi}{2})}+\left.\dfrac{\partial z}{\partial v}\right|_{(\frac{\pi}{2},\frac{\pi}{2})}=\dfrac{\pi^3}{8}$.

14. **E** $\dfrac{\partial z}{\partial x}=\dfrac{\partial z}{\partial u}\cdot\dfrac{\partial u}{\partial x}+\dfrac{\partial z}{\partial v}\cdot\dfrac{\partial v}{\partial x}=mu^{m-1}v^n+nu^mv^{n-1}$

$=(x+2y)^{m-1}(x-y)^{n-1}[(m+n)x-(m-2n)y]$;

$\dfrac{\partial z}{\partial y}=\dfrac{\partial z}{\partial u}\cdot\dfrac{\partial u}{\partial y}+\dfrac{\partial z}{\partial v}\cdot\dfrac{\partial v}{\partial y}=2mu^{m-1}v^n-nu^mv^{n-1}$

$=(x+2y)^{m-1}(x-y)^{n-1}[(2m-n)x-2(m+n)y]$.

分别代入计算，可知正确的有 4 个.

15. **A** 令 $F(x,y)=x^2+2xy-y^2-a^2$，则有$\dfrac{\partial F}{\partial x}=2(x+y)$，$\dfrac{\partial F}{\partial y}=2(x-y)$，

故$\dfrac{\mathrm{d}y}{\mathrm{d}x}=-\dfrac{\frac{\partial F}{\partial x}}{\frac{\partial F}{\partial y}}=\dfrac{y+x}{y-x}$.

16. **B** 令 $F(x,y)=x^y-y^x$，则$\dfrac{\partial F}{\partial x}=yx^{y-1}-y^x\ln y$，$\dfrac{\partial F}{\partial y}=x^y\ln x-xy^{x-1}$，

$\dfrac{\mathrm{d}y}{\mathrm{d}x}=-\dfrac{\frac{\partial F}{\partial x}}{\frac{\partial F}{\partial y}}=\dfrac{yx^{y-1}-y^x\ln y}{xy^{x-1}-x^y\ln x}$. 当 $x=1$ 时，代入方程得 $y=1$，故$\left.\dfrac{\mathrm{d}y}{\mathrm{d}x}\right|_{x=1}=1$.

17. **D** 令 $F(x,y)=\ln\sqrt{x^2+y^2}-\arctan\dfrac{y}{x}$，

$\dfrac{\partial F}{\partial x}=\dfrac{x+y}{x^2+y^2}$，$\dfrac{\partial F}{\partial y}=\dfrac{y-x}{x^2+y^2}$，$\dfrac{\mathrm{d}y}{\mathrm{d}x}=-\dfrac{\frac{\partial F}{\partial x}}{\frac{\partial F}{\partial y}}=\dfrac{x+y}{x-y}$.

18. **B** 令 $F(x,y,z)=\dfrac{x^2}{a^2}+\dfrac{y^2}{b^2}+\dfrac{z^2}{c^2}-1$，则有

$\dfrac{\partial F}{\partial x}=\dfrac{2x}{a^2}$，$\dfrac{\partial F}{\partial y}=\dfrac{2y}{b^2}$，$\dfrac{\partial F}{\partial z}=\dfrac{2z}{c^2}$，故$\dfrac{\partial z}{\partial x}=-\dfrac{\frac{\partial F}{\partial x}}{\frac{\partial F}{\partial z}}=-\dfrac{c^2x}{a^2z}$，$\dfrac{\partial z}{\partial y}=-\dfrac{\frac{\partial F}{\partial y}}{\frac{\partial F}{\partial z}}=-\dfrac{c^2y}{b^2z}$.

在点$\left(\dfrac{\sqrt{3}a}{3},\dfrac{\sqrt{3}b}{3},\dfrac{\sqrt{3}c}{3}\right)$处，$\dfrac{\partial z}{\partial x}+\dfrac{\partial z}{\partial y}=-\dfrac{c}{a}-\dfrac{c}{b}=-\left(\dfrac{c}{a}+\dfrac{c}{b}\right)$.

19. **E** 令 $F(x,y,z)=\mathrm{e}^x-xyz$，$\dfrac{\partial F}{\partial x}=\mathrm{e}^x-yz$，$\dfrac{\partial F}{\partial y}=-xz$，$\dfrac{\partial F}{\partial z}=-xy$，

$\dfrac{\partial z}{\partial x}=-\dfrac{\frac{\partial F}{\partial x}}{\frac{\partial F}{\partial z}}=\dfrac{\mathrm{e}^x-yz}{xy}$，$\dfrac{\partial z}{\partial y}=-\dfrac{\frac{\partial F}{\partial y}}{\frac{\partial F}{\partial z}}=-\dfrac{z}{y}$. 在点 $(1,1,\mathrm{e})$ 处，$\dfrac{\partial z}{\partial x}+\dfrac{\partial z}{\partial y}=-\mathrm{e}$.

20. **A** 令 $F(x,y,z)=\cos^2x+\cos^2y+\cos^2z-1$，则$\dfrac{\partial F}{\partial x}=-\sin 2x$，$\dfrac{\partial F}{\partial y}=-\sin 2y$，$\dfrac{\partial F}{\partial z}=-\sin 2z$，

$$\frac{\partial z}{\partial x}=-\frac{\frac{\partial F}{\partial x}}{\frac{\partial F}{\partial z}}=-\frac{\sin 2x}{\sin 2z},\ \frac{\partial z}{\partial y}=-\frac{\frac{\partial F}{\partial y}}{\frac{\partial F}{\partial z}}=-\frac{\sin 2y}{\sin 2z}.$$ 在点 $\left(\frac{\pi}{6},\frac{\pi}{2},\frac{\pi}{3}\right)$ 处，$\frac{\partial z}{\partial x}+\frac{\partial z}{\partial y}=-1.$

21. **C**　令 $F(x,\ y,\ z)=x^3+y^3+z^3-3axyz$，

$$\frac{\partial F}{\partial x}=3(x^2-ayz),\ \frac{\partial F}{\partial y}=3(y^2-azx),\ \frac{\partial F}{\partial z}=3(z^2-axy),$$

$$\frac{\partial z}{\partial x}=-\frac{\frac{\partial F}{\partial x}}{\frac{\partial F}{\partial z}}=-\frac{x^2-ayz}{z^2-axy},\ \frac{\partial z}{\partial y}=-\frac{\frac{\partial F}{\partial y}}{\frac{\partial F}{\partial z}}=-\frac{y^2-azx}{z^2-axy}.$$

在点 $(1,\ -1,0)$ 处，$\frac{\partial z}{\partial x}+\frac{\partial z}{\partial y}=-\frac{1}{a}-\frac{1}{a}=-\frac{2}{a}.$

22. **C**　解方程组 $f'_x(x,\ y)=0$，$f'_y(x,\ y)=0$ 得出函数的驻点，然后求出函数二阶偏导数，确定驻点处 A，B，C 的值，依据 $AC-B^2$ 符号判定是否为极值点.

解方程组 $\begin{cases}f'_x=3x^2-3y=0 & ①\\ f'_y=-3y^2-3x=0 & ②\end{cases}$

由①得 $y=x^2$，代入②得 $x(x^3+1)=0$，故 $x=0$，$x=-1$，

故有两个驻点 $(0,\ 0)$，$(-1,\ 1)$.

又 $f''_{xx}=6x$，$f''_{xy}=-3$，$f''_{yy}=-6y$，

驻点 $(0,\ 0)$，$A=0$，$B=-3$，$C=0$，$AC-B^2=-9<0$，故 $(0,\ 0)$ 不是极值点；

驻点 $(-1,\ 1)$，$A=-6$，$B=-3$，$C=-6$，$AC-B^2=27>0$，又 $A=-6<0$，所以函数在点 $(-1,\ 1)$ 处取得极大值 1. 只有（1）（3）正确.

23. **C**　解方程组 $\begin{cases}f'_x=2(x^2+y^2)\cdot 2x-4x=4x(x^2+y^2-1)=0 & ①\\ f'_y=2(x^2+y^2)\cdot 2y+4y=4y(x^2+y^2+1)=0 & ②\end{cases}$

由②得 $y=0$，代入①得 $x=0$，$x=\pm1$，故有驻点 $(-1,\ 0)$，$(0,\ 0)$，$(1,\ 0)$.

$f''_{xx}=4(3x^2+y^2-1)$，$f''_{xy}=8xy$，$f''_{yy}=4(x^2+3y^2+1)$，对 $(-1,\ 0)$，$A=8$，$B=0$，$C=8$，$AC-B^2=64>0$，且 $A=8>0$，所以函数在点 $(-1,\ 0)$ 取得极小值 -1，同样可得函数在点 $(1,\ 0)$ 也取得极小值 -1（函数及偏导数关于 x，y 均为偶函数），对 $(0,\ 0)$，$A=-4$，$B=0$，$C=4$，$AC-B^2=-16<0$，所以 $(0,\ 0)$ 不是极值点.

只有（1）（2）正确.

24. **A**　解方程组 $\begin{cases}f'_x=2e^{2x}(x+y^2+2y)+e^{2x}=e^{2x}(2x+2y^2+4y+1)=0 & ①\\ f'_y=e^{2x}(2y+2)=0 & ②\end{cases}$

由②得 $y=-1$，代入①得 $2x+2-4+1=0$，$x=\frac{1}{2}$，故驻点为 $\left(\frac{1}{2},\ -1\right)$.

又 $f''_{xx}=2e^{2x}(2x+2y^2+4y+2)$，$f''_{xy}=e^{2x}(4y+4)$，$f''_{yy}=2e^{2x}$，

故 $A=2e$，$B=0$，$C=2e$，$AC-B^2=4e^2>0$，又 $A=2e>0$，

所以函数在点 $\left(\frac{1}{2},\ -1\right)$ 处取得极小值 $-\frac{e}{2}$.

25. **B** 解方程组$\begin{cases} f'_x = \cos x - \sin(x-y) = 0 & ① \\ f'_y = -\sin y + \sin(x-y) = 0 & ② \end{cases}$

①+②并代入①得 $\cos x = \sin y = \sin(x-y)$，$0 \leqslant x \leqslant \frac{\pi}{2}$，$0 \leqslant y \leqslant \frac{\pi}{2}$，得驻点$\left(\frac{\pi}{3}, \frac{\pi}{6}\right)$，

$f''_{xx} = -\sin x - \cos(x-y)$，$f''_{xy} = \cos(x-y)$，$f''_{yy} = -\cos y - \cos(x-y)$，

对$\left(\frac{\pi}{3}, \frac{\pi}{6}\right)$，$A = -\sqrt{3}$，$B = \frac{\sqrt{3}}{2}$，$C = -\sqrt{3}$，$AC - B^2 = \frac{9}{4} > 0$，且 $A = -\sqrt{3} < 0$，

所以函数在$\left(\frac{\pi}{3}, \frac{\pi}{6}\right)$处取得极大值$\frac{3\sqrt{3}}{2}$.

26. **D** 先找驻点. 令$\frac{\partial z}{\partial x} = 2x - y + 1 = 0$，$\frac{\partial z}{\partial y} = 2y - x + 1 = 0$，联立得 $x = -1$，$y = -1$，且驻点$(-1, -1) \in D$.

再找边界上可能的极值点.

①当 $x = 0$ 时，$z = y^2 + y$，其中 $-3 \leqslant y \leqslant 0$，此时的驻点和边界点分别为$\left(0, -\frac{1}{2}\right)$，$(0, 0)$，$(0, -3)$；

②当 $y = 0$ 时，$z = x^2 + x$，其中 $-3 \leqslant x \leqslant 0$，此时的驻点和边界点分别为$\left(-\frac{1}{2}, 0\right)$，$(0, 0)$，$(-3, 0)$；

③当 $x + y = -3$ 时，$z = 3(x^2 + 3x + 2)$，令$\frac{\mathrm{d}z}{\mathrm{d}x} = 3(2x + 3) = 0$，得 $x = -\frac{3}{2}$，$y = -\frac{3}{2}$，

故此时可能的极值点为$\left(-\frac{3}{2}, -\frac{3}{2}\right)$.

最后，考察所有可能的极值点：$(-1, -1)$，$\left(0, -\frac{1}{2}\right)$，$(0, 0)$，$(0, -3)$，$\left(-\frac{1}{2}, 0\right)$，$(-3, 0)$，$\left(-\frac{3}{2}, -\frac{3}{2}\right)$，寻找最值点. 因为 $z(-1, -1) = -1$，$z(0, 0) = 0$，$z(0, -3) = 6$，$z(-3, 0) = 6$，$z\left(0, -\frac{1}{2}\right) = -\frac{1}{4}$，$z\left(-\frac{1}{2}, 0\right) = -\frac{1}{4}$，$z\left(-\frac{3}{2}, -\frac{3}{2}\right) = -\frac{3}{4}$；显然，最大值为 $z(0, -3) = z(-3, 0) = 6$，最小值为 $z(-1, -1) = -1$. 最大值与最小值之差为 7.

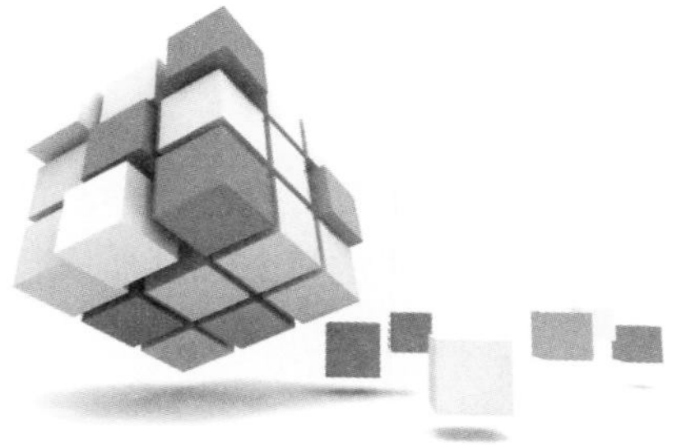

2 第二部分

线性代数

线性代数部分的考点主要包括行列式、矩阵、向量、线性方程组.其中行列式部分主要考查行列式的概念和性质、行列式展开定理、行列式的计算；矩阵部分主要考查矩阵的概念、矩阵的运算、逆矩阵、矩阵的初等变换；向量部分主要考查向量组的线性相关和线性无关、向量组的秩和矩阵的秩；方程组主要考查线性方程组的克莱姆法则、线性方程组解的判别法则、齐次和非齐次线性方程组的求解.

第五章　行列式

【大纲解读】

行列式是线性代数的一个重要工具，是整个学科的基础．就考试来说，掌握行列式是至关重要的第一站．因此要学习行列式的概念和性质、行列式按行展开定理、行列式的计算．

【命题剖析】

行列式的核心考点是掌握计算行列式的方法，计算行列式的主要方法是降阶法，用按行、按列展开公式将行列式降阶．但在展开之前往往先用行列式的性质对行列式进行恒等变形，化简之后再展开．

【知识体系】

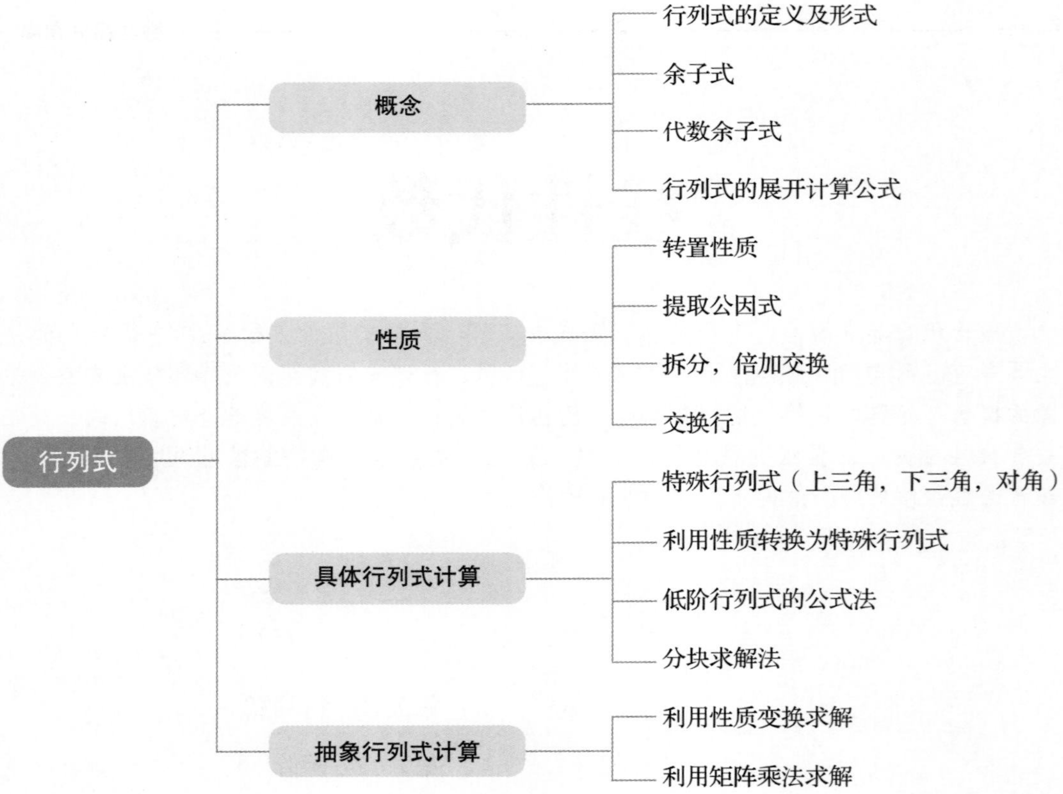

【备考建议】

本章包含了很多概念，所以在学习本章时，要理解相关的概念，掌握行列式的化简方法，尤其三阶行列式是考试的重点.

第一节 考点剖析

一、形式和定义

1. 形式

用n^2个数排列成的一个n行n列的表格，两边界以竖线，就构成一个n阶行列式：

$$D_n=\begin{vmatrix} a_{11} & a_{12} & \cdots & a_{1n} \\ a_{21} & a_{22} & \cdots & a_{2n} \\ \vdots & \vdots & & \vdots \\ a_{n1} & a_{n2} & \cdots & a_{nn} \end{vmatrix}$$

【评注】 (1) D_n是一个确定的值，可以是正数，也可以是负数，还可以是0（注意与绝对值形式上的区别、与矩阵的区别）. 当两个行列式的值相等时，就可以在它们之间写等号！（不必形式一样，甚至阶数可不同.）

如：
$$\begin{vmatrix} 1 & 2 \\ 0 & -1 \end{vmatrix}=\begin{vmatrix} 1 & 0 & 0 \\ 0 & -1 & 0 \\ 4 & 1 & 1 \end{vmatrix}=-1.$$

(2) 行列式一定是方阵的形式，也就是说行数与列数相等；其中某一项（某一元素）为a_{ij}，i为行标，j为列标.

(3) 若一个行列式是n行n列的，则此行列式的阶数是n（可以说是n阶的）.

(4) 将D_n划去第i行第j列后，按原来的顺序分布形成一个新的行列式M_{ij}，M_{ij}称为D_n中a_{ij}的余子式，即

$$M_{ij}=\begin{vmatrix} a_{11} & a_{12} & \cdots & a_{1j} & \cdots & a_{1n} \\ \vdots & \vdots & & \vdots & & \vdots \\ a_{i1} & a_{i2} & \cdots & a_{ij} & \cdots & a_{in} \\ \vdots & \vdots & & \vdots & & \vdots \\ a_{n1} & a_{n2} & \cdots & a_{nj} & \cdots & a_{nn} \end{vmatrix}=\begin{vmatrix} a_{11} & \cdots & a_{1,j-1} & a_{1,j+1} & \cdots & a_{1n} \\ \vdots & & \vdots & \vdots & & \vdots \\ a_{i-1,1} & \cdots & a_{i-1,j-1} & a_{i-1,j+1} & \cdots & a_{i-1,n} \\ a_{i+1,1} & \cdots & a_{i+1,j-1} & a_{i+1,j+1} & \cdots & a_{i+1,n} \\ \vdots & & \vdots & \vdots & & \vdots \\ a_{n1} & \cdots & a_{n,j-1} & a_{n,j+1} & \cdots & a_{nn} \end{vmatrix}$$

而$A_{ij}=(-1)^{i+j}M_{ij}$称为a_{ij}的代数余子式.

（5）行列式的主对角线、副对角线

主对角线：$\begin{vmatrix} a_{11} & & & \\ & a_{22} & & \\ & & \ddots & \\ & & & a_{nn} \end{vmatrix}$；副对角线：$\begin{vmatrix} & & & a_{1n} \\ & & a_{2,n-1} & \\ & \iddots & & \\ a_{n1} & & & \end{vmatrix}$.

2. 定义（完全展开式）

- 一阶行列式定义为 $|a_{11}| = a_{11}$.
- 二阶行列式定义为 $\begin{vmatrix} a_{11} & a_{12} \\ a_{21} & a_{22} \end{vmatrix} = a_{11}a_{22} - a_{12}a_{21}$.
- 三阶行列式定义为

$$\begin{vmatrix} a_{11} & a_{12} & a_{13} \\ a_{21} & a_{22} & a_{23} \\ a_{31} & a_{32} & a_{33} \end{vmatrix} = a_{11}a_{22}a_{33} + a_{12}a_{23}a_{31} + a_{13}a_{21}a_{32} - a_{13}a_{22}a_{31} - a_{11}a_{23}a_{32} - a_{12}a_{21}a_{33}.$$

可按照如下对角线法则记忆：

$$\left|\begin{matrix} a_{11} & a_{12} & a_{13} \\ a_{21} & a_{22} & a_{23} \\ a_{31} & a_{32} & a_{33} \end{matrix}\right|\begin{matrix} a_{11} & a_{12} \\ a_{21} & a_{22} \\ a_{31} & a_{32} \end{matrix} = (3\text{ 条}\setminus\text{线上元素的乘积之和}) - (3\text{ 条}/\text{线上元素的乘积之和}).$$

- n 阶行列式定义为 $\begin{vmatrix} a_{11} & \cdots & a_{1n} \\ \vdots & & \vdots \\ a_{n1} & \cdots & a_{nn} \end{vmatrix} = a_{11}A_{11} + a_{12}A_{12} + \cdots + a_{1n}A_{1n}$.

【了解】一般地，一个 n 阶行列式 $\begin{vmatrix} a_{11} & a_{12} & \cdots & a_{1n} \\ a_{21} & a_{22} & \cdots & a_{2n} \\ \vdots & \vdots & & \vdots \\ a_{n1} & a_{n2} & \cdots & a_{nm} \end{vmatrix}$ 的值是 $n!$ 项的代数和，每一项都是取自不同行、不同列的 n 个元素的乘积.

二、行列式的性质

（1）把行列式转置，值不变，即 $D^{\mathrm{T}} = D$.

【评注】D^{T} 是 D 的转置，若 $D = \begin{vmatrix} a_{11} & a_{12} & \cdots & a_{1n} \\ a_{21} & a_{22} & \cdots & a_{2n} \\ \vdots & \vdots & & \vdots \\ a_{n1} & a_{n2} & \cdots & a_{nn} \end{vmatrix}$，则 $D^{\mathrm{T}} = \begin{vmatrix} a_{11} & a_{21} & \cdots & a_{n1} \\ a_{12} & a_{22} & \cdots & a_{n2} \\ \vdots & \vdots & & \vdots \\ a_{1n} & a_{2n} & \cdots & a_{nn} \end{vmatrix}$，转置还有其他的记号，$D' = D^{\mathrm{T}}$.

（2）某一行（列）的公因子可提出.

【评注】三阶：$\begin{vmatrix} a_{11} & a_{12} & a_{13} \\ ka_{21} & ka_{22} & ka_{23} \\ a_{31} & a_{32} & a_{33} \end{vmatrix} = k\begin{vmatrix} a_{11} & a_{12} & a_{13} \\ a_{21} & a_{22} & a_{23} \\ a_{31} & a_{32} & a_{33} \end{vmatrix}$，

$$\begin{vmatrix} a_{11} & ka_{12} & a_{13} \\ a_{21} & ka_{22} & a_{23} \\ a_{31} & ka_{32} & a_{33} \end{vmatrix} = k\begin{vmatrix} a_{11} & a_{12} & a_{13} \\ a_{21} & a_{22} & a_{23} \\ a_{31} & a_{32} & a_{33} \end{vmatrix}$$

n 阶：$\begin{vmatrix} a_{11} & a_{12} & \cdots & a_{1n} \\ \vdots & \vdots & & \vdots \\ ka_{i1} & ka_{i2} & \cdots & ka_{in} \\ \vdots & \vdots & & \vdots \\ a_{n1} & a_{n2} & \cdots & a_{nn} \end{vmatrix} = k\begin{vmatrix} a_{11} & a_{12} & \cdots & a_{1n} \\ \vdots & \vdots & & \vdots \\ a_{i1} & a_{i2} & \cdots & a_{in} \\ \vdots & \vdots & & \vdots \\ a_{n1} & a_{n2} & \cdots & a_{nn} \end{vmatrix}$，

$$\begin{vmatrix} a_{11} & \cdots & ka_{1i} & \cdots & a_{1n} \\ a_{21} & \cdots & ka_{2i} & \cdots & a_{2n} \\ \vdots & & \vdots & & \vdots \\ a_{n1} & \cdots & ka_{ni} & \cdots & a_{nn} \end{vmatrix} = k\begin{vmatrix} a_{11} & \cdots & a_{1i} & \cdots & a_{1n} \\ a_{21} & \cdots & a_{2i} & \cdots & a_{2n} \\ \vdots & & \vdots & & \vdots \\ a_{n1} & \cdots & a_{ni} & \cdots & a_{nn} \end{vmatrix}$$

（3）行列式中如果某行（列）的每个元素都是两个数的和，则这个行列式等于两个行列式的和.

$$\begin{vmatrix} a_{11} & a_{12} & \cdots & a_{1n} \\ \vdots & \vdots & & \vdots \\ b_1+c_1 & b_2+c_2 & \cdots & b_n+c_n \\ \vdots & \vdots & & \vdots \\ a_{n1} & a_{n2} & \cdots & a_{nn} \end{vmatrix} = \begin{vmatrix} a_{11} & a_{12} & \cdots & a_{1n} \\ \vdots & \vdots & & \vdots \\ b_1 & b_2 & \cdots & b_n \\ \vdots & \vdots & & \vdots \\ a_{n1} & a_{n2} & \cdots & a_{nn} \end{vmatrix} + \begin{vmatrix} a_{11} & a_{12} & \cdots & a_{1n} \\ \vdots & \vdots & & \vdots \\ c_1 & c_2 & \cdots & c_n \\ \vdots & \vdots & & \vdots \\ a_{n1} & a_{n2} & \cdots & a_{nn} \end{vmatrix}$$

（4）把两个行（列）向量交换，行列式的值变号.

$$\begin{vmatrix} a_{11} & a_{12} & \cdots & a_{1n} \\ \vdots & \vdots & & \vdots \\ a_{i1} & a_{i2} & \cdots & a_{in} \\ \vdots & \vdots & & \vdots \\ a_{j1} & a_{j2} & \cdots & a_{jn} \\ \vdots & \vdots & & \vdots \\ a_{n1} & a_{n2} & \cdots & a_{nn} \end{vmatrix} = -\begin{vmatrix} a_{11} & a_{12} & \cdots & a_{1n} \\ \vdots & \vdots & & \vdots \\ a_{j1} & a_{j2} & \cdots & a_{jn} \\ \vdots & \vdots & & \vdots \\ a_{i1} & a_{i2} & \cdots & a_{in} \\ \vdots & \vdots & & \vdots \\ a_{n1} & a_{n2} & \cdots & a_{nn} \end{vmatrix}$$

（5）如果一个行（列）向量是另一个行（列）向量的倍数，则行列式的值为0.

（6）行列式里某一行（列）全为0，则行列式的值为0.

(7) 行列式中某行元素的 k 倍加到另一行对应元素上，则行列式的值不变.

$$\begin{vmatrix} a_{11} & a_{12} & \cdots & a_{1n} \\ \vdots & \vdots & & \vdots \\ a_{i1} & a_{i2} & \cdots & a_{in} \\ \vdots & \vdots & & \vdots \\ a_{n1} & a_{n2} & \cdots & a_{nn} \end{vmatrix} = \begin{vmatrix} a_{11} & a_{12} & \cdots & a_{1n} \\ \vdots & \vdots & & \vdots \\ a_{i1}+ka_{j1} & a_{i2}+ka_{j2} & \cdots & a_{in}+ka_{jn} \\ \vdots & \vdots & & \vdots \\ a_{n1} & a_{n2} & \cdots & a_{nn} \end{vmatrix} \quad (i \neq j)$$

(8) n 阶行列式 D_n 中，某一行（列）的元素与另一行（列）对应的元素的代数余子式乘积的和等于0，即

① 行：$a_{i1}A_{j1}+a_{i2}A_{j2}+\cdots+a_{in}A_{jn}=\begin{cases} 0 & i\neq j \\ D_n & i=j \end{cases}$.

② 列：$a_{1i}A_{1j}+a_{2i}A_{2j}+\cdots+a_{ni}A_{nj}=\begin{cases} 0 & i\neq j \\ D_n & i=j \end{cases}$.

第二节 核心题型

题型 01 考查代数余子式

提示 在代数余子式题目中，一类是考查代数余子式的定义，另一类题目是将代数余子式和行列式的计算联系起来.

【例 1】已知行列式 $\begin{vmatrix} 1 & a & -2 \\ 8 & 3 & 5 \\ -1 & 4 & 6 \end{vmatrix}$ 的代数余子式 $A_{21}=4$，则 $a=$（　　）.

(A) 2　　(B) -2　　(C) 1　　(D) -1　　(E) $\frac{1}{2}$

[解析] $A_{21}=(-1)^{2+1}\begin{vmatrix} a & -2 \\ 4 & 6 \end{vmatrix}=-(6a+8)=4$，$-6a=12$，得到 $a=-2$，选 B.

【例 2】$D=\begin{vmatrix} 2 & -1 & 4 \\ 3 & 2 & 5 \\ 1 & 8 & 6 \end{vmatrix}$，则 $4A_{12}+5A_{22}+6A_{32}=$（　　）.

(A) 3　　(B) -2　　(C) 1　　(D) 0　　(E) 2

[解析] $4A_{12}+5A_{22}+6A_{32}=a_{13}A_{12}+a_{23}A_{22}+a_{33}A_{32}=0$，选 D.

【例 3】$D=\begin{vmatrix} 1 & 2 & 1 \\ 2 & -3 & 5 \\ 3 & 1 & -1 \end{vmatrix}$，$A_{21}+3A_{22}+2A_{23}=$（　　）.

(A) 0　　(B) -1　　(C) -2　　(D) 2　　(E) 1

[解析] 根据性质替换. $A_{21}+3A_{22}+2A_{23}=\begin{vmatrix} 1 & 2 & 1 \\ 1 & 3 & 2 \\ 3 & 1 & -1 \end{vmatrix}=\begin{vmatrix} 1 & 2 & 1 \\ 0 & 1 & 1 \\ 0 & -5 & -4 \end{vmatrix}=1$，选 E.

【例 4】已知 4 阶行列式的值为 3，它的第 3 个行向量为（0，2，4，a），它们对应的代数余子式分别等于 10，3，-2，-1. 则 $a=$（　　）.

(A) 3　(B) -5　(C) 2　(D) -3　(E) -2

［解析］按第 3 行展开：$|\boldsymbol{A}|=a_{31}A_{31}+a_{32}A_{32}+a_{33}A_{33}+a_{34}A_{34}=0\times10+2\times3+4\times(-2)+a\times(-1)=3\Rightarrow a=-5$. 选 B.

【例 5】若行列式 $D=\begin{vmatrix}1&2&3&4\\3&3&4&4\\1&5&6&7\\1&1&2&2\end{vmatrix}=-6$，则 $A_{41}+A_{42}$ 与 $A_{43}+A_{44}$ 的值分别为（　　）.

(A) 12，9　(B) -12，9　(C) 9，12　(D) -9，12　(E) 12，-9

［解析］由题有 $\begin{cases}A_{41}+A_{42}+2(A_{43}+A_{44})=-6\\3(A_{41}+A_{42})+4(A_{43}+A_{44})=0\end{cases}$，

解之：$A_{41}+A_{42}=12$，$A_{43}+A_{44}=-9$，选 E.

题型 02 具体行列式的计算

提示 行列式的核心问题是值的计算，常用的计算方法有：

(1) 用展开式求行列式的值一般来说工作量很大. 只在有大量元素为 0，使得只有少数项不为 0 时，才可能用它作行列式的计算.

(2) 化零降阶法：取定一行（列），先用倍加变换把这行（列）的元素消到只有一个或很少几个不为 0，再对这行（列）展开.

(3) 利用性质简化计算，主要应用于元素有规律的行列式. 例如对角行列式，上（下）三角行列式的值就等于主对角线上的元素的乘积.

【例 6】已知 $\begin{vmatrix}x-1&-2&-2\\-2&x-1&-2\\-2&-2&x-1\end{vmatrix}=\begin{vmatrix}-2&x-1&-2\\x-1&-2&-2\\-2&-2&x-1\end{vmatrix}$，则 x 的值可能为（　　）.

(A) 1　(B) 2　(C) -2　(D) -5　(E) 5

［解析］等式右边的行列式可由左边的行列式交换前两行得到，$D=-D$，故 $D=0$.

$$\text{原式}=(x-5)\begin{vmatrix}1&1&1\\-2&x-1&-2\\-2&-2&x-1\end{vmatrix}=(x-5)\begin{vmatrix}1&1&1\\0&x+1&0\\0&0&x+1\end{vmatrix}$$

$=(x-5)(x+1)^2$，则 $x_1=5$，$x_2=x_3=-1$（二重根）. 选 E.

【例 7】设三阶矩阵 $\boldsymbol{A}=\begin{pmatrix}a&-1&a\\5&-3&3\\1-a&0&-a\end{pmatrix}$，已知 $|\boldsymbol{A}|=-1$，$a=$（　　）.

(A) 0　(B) 1　(C) -1　(D) 2　(E) -2

［解析］ $|\boldsymbol{A}|=\begin{vmatrix} a & -1 & a \\ 5 & -3 & 3 \\ 1-a & 0 & -a \end{vmatrix}=\begin{vmatrix} a & -1 & a \\ 5 & -3 & 3 \\ 1 & -1 & 0 \end{vmatrix}=\begin{vmatrix} a & a-1 & a \\ 5 & 2 & 3 \\ 1 & 0 & 0 \end{vmatrix}=(-1)^{3+1}\begin{vmatrix} a-1 & a \\ 2 & 3 \end{vmatrix}$

$=3(a-1)-2a=a-3=-1\Rightarrow a=2$，选 D.

【例 8】若行列式 $D=\begin{vmatrix} 1 & 1 & 1 & 1 \\ -2 & x & 3 & 1 \\ 2 & 2 & x & 4 \\ 3 & 3 & 4 & x \end{vmatrix}$ 的值为 0，则 x 的值可能为（　　）.

（A）2　　（B）-1　　（C）-4　　（D）-2　　（E）3

［解析］取第 1 列，把第 2，3，4 列各减去第一列，得到

$$D=\begin{vmatrix} 1 & 0 & 0 & 0 \\ -2 & x+2 & 5 & 3 \\ 2 & 0 & x-2 & 2 \\ 3 & 0 & 1 & x-3 \end{vmatrix}=\begin{vmatrix} x+2 & 5 & 3 \\ 0 & x-2 & 2 \\ 0 & 1 & x-3 \end{vmatrix}=(x+2)\begin{vmatrix} x-2 & 2 \\ 1 & x-3 \end{vmatrix}$$

$=(x+2)[(x-2)(x-3)-2]=(x+2)(x-1)(x-4)$，

所以当 $x=-2，1，4$ 时，原行列式的数值为 0. 选 D.

【例 9】行列式 $D=\begin{vmatrix} 1 & 1 & 2 & 3 \\ 1 & 2-x^2 & 2 & 3 \\ 2 & 3 & 1 & 5 \\ 2 & 3 & 1 & 9-x^2 \end{vmatrix}=0$，则 x 不可能取（　　）.

（A）1　　（B）-1　　（C）-2　　（D）2　　（E）5

［解析］取 $x=\pm1，\pm2$ 时，都有 $D=0$，所以 D 中含有因式 $(x+1)，(x-1)，(x+2)，(x-2)$.

所以可设 $D=A(x+1)(x-1)(x+2)(x-2)$ 比较展开式中 x^4 的系数可得到 $A=-3$，故 $D=-3(x+1)(x-1)(x+2)(x-2)$. 选 E.

题型 03　抽象行列式的计算

提示　抽象行列式计算的核心问题是性质的灵活应用，最常用的是拆分和倍加变换.

【例 10】已知三阶行列式 $|\boldsymbol{\alpha}_1，\boldsymbol{\alpha}_2，\boldsymbol{\alpha}_3|=2$.

（1）$|\boldsymbol{\alpha}_2+\boldsymbol{\alpha}_3，\boldsymbol{\alpha}_1+\boldsymbol{\alpha}_3，\boldsymbol{\alpha}_1+\boldsymbol{\alpha}_2|=$（　　）.

（A）1　　（B）2　　（C）-2　　（D）4　　（E）-4

（2）$|\lambda\boldsymbol{\alpha}_2+\mu\boldsymbol{\alpha}_3，\lambda\boldsymbol{\alpha}_3+\mu\boldsymbol{\alpha}_1，\lambda\boldsymbol{\alpha}_1+\mu\boldsymbol{\alpha}_2|=$（　　）.

（A）$\mu^3+\lambda^3$　　（B）$\mu^3-\lambda^3$　　（C）$2(\mu^3+\lambda^3)$

（D）$2(\mu^3-\lambda^3)$　　（E）$\mu^2+\lambda^2$

［解析］（1）$(\boldsymbol{\alpha}_2+\boldsymbol{\alpha}_3,\ \boldsymbol{\alpha}_1+\boldsymbol{\alpha}_3,\ \boldsymbol{\alpha}_1+\boldsymbol{\alpha}_2)=(\boldsymbol{\alpha}_1,\ \boldsymbol{\alpha}_2,\ \boldsymbol{\alpha}_3)\begin{pmatrix}0&1&1\\1&0&1\\1&1&0\end{pmatrix}$,

所以 $|\boldsymbol{\alpha}_2+\boldsymbol{\alpha}_3,\ \boldsymbol{\alpha}_1+\boldsymbol{\alpha}_3,\ \boldsymbol{\alpha}_1+\boldsymbol{\alpha}_2|=|\boldsymbol{\alpha}_1,\ \boldsymbol{\alpha}_2,\ \boldsymbol{\alpha}_3|\begin{vmatrix}0&1&1\\1&0&1\\1&1&0\end{vmatrix}=2\begin{vmatrix}2&2&2\\1&0&1\\1&1&0\end{vmatrix}=$

$2\times2\begin{vmatrix}1&1&1\\1&0&1\\1&1&0\end{vmatrix}=4\begin{vmatrix}1&0&0\\1&-1&0\\1&0&-1\end{vmatrix}=4$，选 D.

（2）$(\lambda\boldsymbol{\alpha}_2+\mu\boldsymbol{\alpha}_3,\ \lambda\boldsymbol{\alpha}_3+\mu\boldsymbol{\alpha}_1,\ \lambda\boldsymbol{\alpha}_1+\mu\boldsymbol{\alpha}_2)=(\boldsymbol{\alpha}_1,\ \boldsymbol{\alpha}_2,\ \boldsymbol{\alpha}_3)\begin{pmatrix}0&\mu&\lambda\\\lambda&0&\mu\\\mu&\lambda&0\end{pmatrix}$

所以 $|\lambda\boldsymbol{\alpha}_2+\mu\boldsymbol{\alpha}_3,\ \lambda\boldsymbol{\alpha}_3+\mu\boldsymbol{\alpha}_1,\ \lambda\boldsymbol{\alpha}_1+\mu\boldsymbol{\alpha}_2|=|\boldsymbol{\alpha}_1,\ \boldsymbol{\alpha}_2,\ \boldsymbol{\alpha}_3|\begin{vmatrix}0&\mu&\lambda\\\lambda&0&\mu\\\mu&\lambda&0\end{vmatrix}=$

$2\begin{vmatrix}\mu+\lambda&\mu+\lambda&\mu+\lambda\\\lambda&0&\mu\\\mu&\lambda&0\end{vmatrix}=2(\mu+\lambda)\begin{vmatrix}1&1&1\\\lambda&0&\mu\\\mu&\lambda&0\end{vmatrix}=2(\mu+\lambda)\begin{vmatrix}1&0&0\\\lambda&-\lambda&\mu-\lambda\\\mu&\lambda-\mu&-\mu\end{vmatrix}=$

$2(\mu+\lambda)\begin{vmatrix}-\lambda&\mu-\lambda\\\lambda-\mu&-\mu\end{vmatrix}=2(\mu+\lambda)[\lambda\mu-(\mu-\lambda)(\lambda-\mu)]=2(\mu^3+\lambda^3)$，选 C.

【例 11】设 4 阶矩阵 $\boldsymbol{A}=(\boldsymbol{\alpha},\ \boldsymbol{\gamma}_1,\ \boldsymbol{\gamma}_2,\ \boldsymbol{\gamma}_3)$，$\boldsymbol{B}=(\boldsymbol{\beta},\ \boldsymbol{\gamma}_1,\ \boldsymbol{\gamma}_2,\ \boldsymbol{\gamma}_3)$，且 $|\boldsymbol{A}|=4$，$|\boldsymbol{B}|=1$，$|\boldsymbol{A}+\boldsymbol{B}|=(\quad)$.

（A）20　（B）30　（C）40　（D）60　（E）80

［解析］$|\boldsymbol{A}+\boldsymbol{B}|=|(\boldsymbol{\alpha},\ \boldsymbol{\gamma}_1,\ \boldsymbol{\gamma}_2,\ \boldsymbol{\gamma}_3)+(\boldsymbol{\beta},\ \boldsymbol{\gamma}_1,\ \boldsymbol{\gamma}_2,\ \boldsymbol{\gamma}_3)|$

$=|\boldsymbol{\alpha}+\boldsymbol{\beta},\ 2\boldsymbol{\gamma}_1,\ 2\boldsymbol{\gamma}_2,\ 2\boldsymbol{\gamma}_3|$

$=2^3|\boldsymbol{\alpha},\ \boldsymbol{\gamma}_1,\ \boldsymbol{\gamma}_2,\ \boldsymbol{\gamma}_3|+2^3|\boldsymbol{\beta},\ \boldsymbol{\gamma}_1,\ \boldsymbol{\gamma}_2,\ \boldsymbol{\gamma}_3|$

$=8|\boldsymbol{A}|+8|\boldsymbol{B}|=8\times4+8\times1=40$，选 C.

【例 12】$\boldsymbol{A}$ 为 n 阶方阵，$\boldsymbol{A}\boldsymbol{A}^{\mathrm{T}}=\boldsymbol{E}$ 且 $|\boldsymbol{A}|<0$，$|\boldsymbol{A}+\boldsymbol{E}|=(\quad)$.

（A）1　（B）2　（C）-1　（D）-2　（E）0

［解析］由已知条件：

$\boldsymbol{A}\boldsymbol{A}^{\mathrm{T}}=\boldsymbol{E}\Rightarrow|\boldsymbol{A}\boldsymbol{A}^{\mathrm{T}}|=|\boldsymbol{A}||\boldsymbol{A}^{\mathrm{T}}|=|\boldsymbol{A}|^2=|\boldsymbol{E}|=1\Rightarrow|\boldsymbol{A}|=\pm1\Rightarrow|\boldsymbol{A}|=-1$,

而 $|\boldsymbol{A}+\boldsymbol{E}|=|\boldsymbol{A}+\boldsymbol{A}\boldsymbol{A}^{\mathrm{T}}|=|\boldsymbol{A}||\boldsymbol{E}+\boldsymbol{A}^{\mathrm{T}}|=|\boldsymbol{A}||\boldsymbol{A}+\boldsymbol{E}|=-|\boldsymbol{A}+\boldsymbol{E}|$

$\Rightarrow|\boldsymbol{A}+\boldsymbol{E}|=0$，选 E.

第三节　点睛归纳

本章的重点是计算行列式，熟练掌握行列式计算的各种方法和技巧. 行列式是线性代数的基础，在矩阵求逆、求解方程组和求特征值中均要用到行列式的计算.

行列式的等价定义，可从行列式的本质来理解，每项是位于不同行不同列的 n 个元素乘积，等价定义实际上是说项可按行排列，也可以按列排列.

一、行列式计算

(1) 主对角形式的行列式的计算

$$\begin{vmatrix} a_{11} & & & \\ & a_{22} & & \\ & & \ddots & \\ & & & a_{nn} \end{vmatrix} = a_{11}a_{22}\cdots a_{nn} = \prod_{i=1}^{n} a_{ii}$$

(2) 上三角形式的行列式的计算

$$\begin{vmatrix} a_{11} & a_{12} & \cdots & a_{1n} \\ 0 & a_{22} & \cdots & a_{2n} \\ \vdots & \vdots & & \vdots \\ 0 & 0 & \cdots & a_{nn} \end{vmatrix} = a_{11}a_{22}\cdots a_{nn} = \prod_{i=1}^{n} a_{ii}$$

(3) 下三角形式的行列式的计算

$$\begin{vmatrix} a_{11} & 0 & \cdots & 0 \\ a_{21} & a_{22} & \cdots & 0 \\ \vdots & \vdots & & \vdots \\ a_{n1} & a_{n2} & \cdots & a_{nn} \end{vmatrix} = a_{11}a_{22}\cdots a_{nn} = \prod_{i=1}^{n} a_{ii}$$

(4) 副对角形式的行列式的计算

$$\begin{vmatrix} & & & a_{1n} \\ & & a_{2,n-1} & \\ & \cdot^{\cdot^{\cdot}} & & \\ a_{n1} & & & \end{vmatrix} = (-1)^{\frac{n(n-1)}{2}} a_{1n}a_{2,n-1}\cdots a_{n1} = (-1)^{\frac{n(n-1)}{2}} \prod_{i=1}^{n} a_{i,n-i+1}$$

如果 $\boldsymbol{A}$ 与 $\boldsymbol{B}$ 都是方阵（不必同阶），则 $\begin{vmatrix} \boldsymbol{A} & * \\ \boldsymbol{O} & \boldsymbol{B} \end{vmatrix} = \begin{vmatrix} \boldsymbol{A} & \boldsymbol{O} \\ * & \boldsymbol{B} \end{vmatrix} = |\boldsymbol{A}|\ |\boldsymbol{B}|$

【例 1】计算行列式 $\begin{vmatrix} 2 & a & a & a & a \\ a & 2 & a & a & a \\ a & a & 2 & a & a \\ a & a & a & 2 & a \\ a & a & a & a & 2 \end{vmatrix} = (\quad)$.

(A) $2(2a-1)(a-2)^4$　　(B) $2(2a+1)(a-2)^4$　　(C) $(2a+1)(a-2)^4$

(D) $(2a-1)(a-2)^4$　　(E) $2(a+1)(a-2)^4$

[解析] 把各列都加到第 1 列上，提出公因子.

$$\begin{vmatrix} 2 & a & a & a & a \\ a & 2 & a & a & a \\ a & a & 2 & a & a \\ a & a & a & 2 & a \\ a & a & a & a & 2 \end{vmatrix} \xlongequal[\text{第一列}]{\text{所有列累加到}} \begin{vmatrix} 2+4a & a & a & a & a \\ 2+4a & 2 & a & a & a \\ 2+4a & a & 2 & a & a \\ 2+4a & a & a & 2 & a \\ 2+4a & a & a & a & 2 \end{vmatrix} \xlongequal{\text{提出列公因式}}$$

$$(2+4a)\begin{vmatrix} 1 & a & a & a & a \\ 1 & 2 & a & a & a \\ 1 & a & 2 & a & a \\ 1 & a & a & 2 & a \\ 1 & a & a & a & 2 \end{vmatrix} \xlongequal[c_3-ac_1,c_4-ac_1,c_5-ac_1]{c_2-ac_1}$$

$$(2+4a)\begin{vmatrix} 1 & 0 & 0 & 0 & 0 \\ 1 & 2-a & 0 & 0 & 0 \\ 1 & 0 & 2-a & 0 & 0 \\ 1 & 0 & 0 & 2-a & 0 \\ 1 & 0 & 0 & 0 & 2-a \end{vmatrix} \xlongequal{\text{下三角}}$$

$(4a+2)\times(2-a)^4=2(2a+1)(a-2)^4$，选 B.

【例 2】计算行列式 $\begin{vmatrix} 1 & 4 & 9 & 16 \\ 4 & 9 & 16 & 25 \\ 9 & 16 & 25 & 36 \\ 16 & 25 & 36 & 49 \end{vmatrix} = (\quad)$.

(A) 0　　(B) 4　　(C) 9　　(D) 16　　(E) 25

[解析] 自下而上，各行减去上一行（做两次）.

$$\begin{vmatrix} 1 & 4 & 9 & 16 \\ 4 & 9 & 16 & 25 \\ 9 & 16 & 25 & 36 \\ 16 & 25 & 36 & 49 \end{vmatrix} \xlongequal{\text{等差数列下行减上行}} \begin{vmatrix} 1 & 4 & 9 & 16 \\ 3 & 5 & 7 & 9 \\ 5 & 7 & 9 & 11 \\ 7 & 9 & 11 & 13 \end{vmatrix} \xlongequal{\text{重复再减}}$$

$$\begin{vmatrix} 1 & 4 & 9 & 16 \\ 2 & 1 & -2 & -7 \\ 2 & 2 & 2 & 2 \\ 2 & 2 & 2 & 2 \end{vmatrix} \xlongequal[\text{或相同}]{r_4-r_3} \begin{vmatrix} 1 & 4 & 9 & 16 \\ 2 & 1 & -2 & -7 \\ 2 & 2 & 2 & 2 \\ 0 & 0 & 0 & 0 \end{vmatrix} = 0$$，选 A.

【例 3】计算行列式 $\begin{vmatrix} a_1 & 0 & a_2 & 0 \\ 0 & b_1 & 0 & b_2 \\ c_1 & 0 & c_2 & 0 \\ 0 & d_1 & 0 & d_2 \end{vmatrix} = (\quad)$.

(A) $(a_1c_2 - a_2c_1)(b_1d_2 + b_2d_1)$　　(B) $(a_1c_2 + a_2c_1)(b_1d_2 - b_2d_1)$

(C) $(a_1c_2 - a_2c_1)(b_1d_2 - b_2d_1)$　　(D) $(a_1b_1 - a_2b_2)(c_1d_1 - c_2d_2)$

(E) $(a_1d_1 - a_2d_2)(b_1c_1 - b_2c_2)$

[解析] $\begin{vmatrix} a_1 & 0 & a_2 & 0 \\ 0 & b_1 & 0 & b_2 \\ c_1 & 0 & c_2 & 0 \\ 0 & d_1 & 0 & d_2 \end{vmatrix} \xlongequal{\text{按第 1 行展开}} a_1 \times (-1)^{1+1} \begin{vmatrix} b_1 & 0 & b_2 \\ 0 & c_2 & 0 \\ d_1 & 0 & d_2 \end{vmatrix} +$

$a_2 \times (-1)^{1+3} \begin{vmatrix} 0 & b_1 & b_2 \\ c_1 & 0 & 0 \\ 0 & d_1 & d_2 \end{vmatrix} \xlongequal[\text{法则}]{\text{对角线}} a_1(b_1c_2d_2 - b_2c_2d_1) + a_2(b_2c_1d_1 - b_1c_1d_2)$

$= a_1b_1c_2d_2 - a_1b_2c_2d_1 + a_2b_2c_1d_1 - a_2b_1c_1d_2 = (a_1c_2 - a_2c_1)(b_1d_2 - b_2d_1)$，选 C.

【例 4】已知行列式 $\begin{vmatrix} a & b & c & d \\ x & -1 & -y & z+1 \\ 1 & -z & x+3 & y \\ y-2 & x+1 & 0 & z+3 \end{vmatrix}$ 的代数余子式 $A_{11} = -9$，$A_{12} = 3$，$A_{13} = -1$，$A_{14} = 3$，$x + y + z = (\quad)$.

(A) 0　(B) 1　(C) 2　(D) -2　(E) -1

[解析] $A_{11} \cdot a_{21} + A_{12} \cdot a_{22} + A_{13} \cdot a_{23} + A_{14} \cdot a_{24} = 0$

$\Rightarrow -9 \cdot x + 3 \cdot (-1) + (-1) \cdot (-y) + 3 \cdot (z+1) = 0$，得到 $-9x + y + 3z = 0$.

同理可得：$-9 \cdot 1 + 3 \cdot (-z) + (-1) \cdot (x+3) + 3 \cdot y = 0$（第 3 行）

$-3z - x + 3y - 12 = 0$

$-9 \cdot (y-2) + 3 \cdot (x+1) + 0 + 3 \cdot (z+3) = 0$（第 4 行）

$-9y + 3x + 3z + 30 = 0$

解得：$x = 0$，$y = 3$，$z = -1$，$x + y + z = 2$，选 C.

二、通过行列式变换，直接判断展开式某项的系数

【例 5】行列式 $\begin{vmatrix} 2 & -1 & x & 2x \\ 1 & 1 & x & -1 \\ 0 & x & 2 & 0 \\ x & 0 & -1 & -x \end{vmatrix}$ 展开式中 x^4 的系数是（　）.

(A) 2　(B) -2　(C) 1　(D) -1　(E) 3

[解析] 观察能出现 x^4 的可能只有副对角线上，$2x \cdot x \cdot x \cdot x = 2x^4$，所以选 A.

【例 6】行列式 $\begin{vmatrix} x & 1 & 0 & 1 \\ 0 & 1 & x & 1 \\ 1 & x & 1 & 0 \\ 1 & 0 & 1 & x \end{vmatrix}$ 展开式中常数项为（　　）.

（A）4　　（B）2　　（C）1　　（D）0　　（E）3

［解析］行列式 $\begin{vmatrix} x & 1 & 0 & 1 \\ 0 & 1 & x & 1 \\ 1 & x & 1 & 0 \\ 1 & 0 & 1 & x \end{vmatrix} = \begin{vmatrix} x & 1 & 0 & 1 \\ 0 & 1 & x & 1 \\ 1 & x & 1 & 0 \\ 0 & -x & 0 & x \end{vmatrix}$（第 4 行减去第 3 行）

观察第 4 行可以提出 x，所以展开式无常数项，也就是常数项为 0，所以选 D.

第四节　阶梯训练

基础能力题

1. 行列式 $\begin{vmatrix} k-1 & 2 \\ 2 & k-1 \end{vmatrix} -12 \neq 0$，则（　　）.

（A）$k \neq 5$　　（B）$k \neq -3$　　（C）$k \neq 5$ 且 $k \neq -3$

（D）$k \neq 5$ 或 $k \neq -3$　　（E）$k \neq -5$

2. $n(n>1)$ 阶行列式 D 没有一行元素全为 0，且行列式中任意两列不成比例，则（　　）.

（A）行列式 D 的值一定为 0　　（B）行列式 D 的值一定不为 0

（C）行列式 D 的值一定大于 0　　（D）行列式 D 的值不一定为 0

（E）行列式 D 的值一定小于 0

3. 已知三阶行列式 $\begin{vmatrix} a_{11} & a_{12} & a_{13} \\ a_{21} & a_{22} & a_{23} \\ a_{31} & a_{32} & a_{33} \end{vmatrix} = a$，则 $\begin{vmatrix} a_{31} & 2a_{11}-5a_{21} & 3a_{21} \\ a_{32} & 2a_{12}-5a_{22} & 3a_{22} \\ a_{33} & 2a_{13}-5a_{23} & 3a_{23} \end{vmatrix} =$（　　）.

（A）$-6a$　　（B）$6a$　　（C）$-15a$　　（D）$15a$　　（E）$10a$

4. 设三阶行列式 $D = |\boldsymbol{\alpha}, \boldsymbol{\beta}, \boldsymbol{\gamma}|$，且 $|\boldsymbol{\alpha}+a\boldsymbol{\beta}, \boldsymbol{\beta}+a\boldsymbol{\gamma}, \boldsymbol{\gamma}+a\boldsymbol{\alpha}| = 2D$，则 $a =$（　　）.

（A）1　　（B）2　　（C）3　　（D）4　　（E）5

5. $D = \begin{vmatrix} t & 0 & 0 & 0 \\ 0 & t & 0 & 4 \\ 3 & 0 & t & 3 \\ 0 & 4 & 0 & t \end{vmatrix} = 0$，则（　　）.

（A）$t=0$　　（B）$t=4$　　（C）$t=0$ 或 $t=4$

（D）$t=0$ 或 $t=\pm 4$　　（E）$t=\pm 4$

6. 已知 $|\boldsymbol{\alpha}, \boldsymbol{\beta}, \boldsymbol{\gamma}| = 3$，$\boldsymbol{\alpha}, \boldsymbol{\beta}, \boldsymbol{\gamma}$ 均为 3 维列向量，则 $|-\boldsymbol{\alpha}-\boldsymbol{\beta}+\boldsymbol{\gamma}, 2\boldsymbol{\alpha}-\boldsymbol{\beta}-7\boldsymbol{\gamma}, 3\boldsymbol{\alpha}+$

$5\boldsymbol{\beta}+2\boldsymbol{\gamma}|=$（　　）.

（A）9　（B）-9　（C）10　（D）-15　（E）15

7. 已知 $\boldsymbol{\alpha}_1$，$\boldsymbol{\alpha}_2$，$\boldsymbol{\beta}_1$，$\boldsymbol{\beta}_2$，$\boldsymbol{\beta}_3$ 是四维列向量，且 $|\boldsymbol{A}|=|\boldsymbol{\alpha}_1,\boldsymbol{\beta}_1,\boldsymbol{\beta}_2,\boldsymbol{\beta}_3|=5$，$|\boldsymbol{B}|=|\boldsymbol{\alpha}_2,\boldsymbol{\beta}_1,\boldsymbol{\beta}_2,\boldsymbol{\beta}_3|=-2$，则 $|\boldsymbol{A}+\boldsymbol{B}|=$（　　）.

（A）20　（B）24　（C）16　（D）6　（E）4

8. 设 $\boldsymbol{A}$，$\boldsymbol{B}$ 是 n 阶方阵（$n\geqslant 2$），则必有（　　）.

（A）$|\boldsymbol{A}+\boldsymbol{B}|=|\boldsymbol{A}|+|\boldsymbol{B}|$　（B）$|\boldsymbol{AB}|=|\boldsymbol{BA}|$

（C）$||\boldsymbol{A}|\boldsymbol{B}|=||\boldsymbol{B}|\boldsymbol{A}|$　（D）$|\boldsymbol{A}-\boldsymbol{B}|=|\boldsymbol{B}-\boldsymbol{A}|$

（E）$|\boldsymbol{A}-\boldsymbol{B}|=|\boldsymbol{A}|-|\boldsymbol{B}|$

9. 设行列式 $D=\begin{vmatrix}2&1&3&4\\1&0&2&3\\1&5&2&1\\-1&1&5&2\end{vmatrix}$，第 3 列各元素的代数余子式之和 $A_{13}+A_{23}+2A_{43}=$（　　）.

（A）1　（B）2　（C）3　（D）4　（E）5

10. 记行列式 $\begin{vmatrix}x&x-1&x-4\\2x&2x-1&2x-3\\3x&3x-3&3x-5\end{vmatrix}$ 为 $f(x)$，则方程 $f(x)=0$ 的根的个数为（　　）.

（A）1　（B）2　（C）3　（D）0　（E）4

11. 设 x，y 为实数，且 $\begin{vmatrix}x&y&0\\-y&x&0\\0&x&1\end{vmatrix}=0$，则（　　）.

（A）$x=0$，$y=1$　（B）$x=-1$，$y=1$

（C）$x=1$，$y=-1$　（D）$x=0$，$y=0$

（E）$x=1$，$y=0$

12. $\begin{vmatrix}0&0&0&a\\b&0&0&0\\0&c&0&0\\0&0&d&0\end{vmatrix}$ 的值为（　　）.

（A）abc　（B）bcd　（C）acd　（D）$abcd$　（E）$-abcd$

基础能力题详解

1. **C**　$(k-1)^2-4-12\neq 0$，所以 $(k-1)^2\neq 16$，$k-1\neq\pm 4$，所以 $k\neq 5$ 且 $k\neq -3$.

2. **D**　可举反例：$\begin{vmatrix}1&0&0\\0&1&0\\0&0&-1\end{vmatrix}=-1\neq 0$，而 $\begin{vmatrix}1&2&3\\4&5&6\\7&8&9\end{vmatrix}=0$.

3. **B**　原式 $=\begin{vmatrix}a_{31}&2a_{11}&3a_{21}\\a_{32}&2a_{12}&3a_{22}\\a_{33}&2a_{13}&3a_{23}\end{vmatrix}+\begin{vmatrix}a_{31}&-5a_{21}&3a_{21}\\a_{32}&-5a_{22}&3a_{22}\\a_{33}&-5a_{23}&3a_{23}\end{vmatrix}$

因为后一个行列式的第 2 列和第 3 列对应成比例，故其值为 0.

所以原式 $=2\times3\begin{vmatrix}a_{31}&a_{11}&a_{21}\\a_{32}&a_{12}&a_{22}\\a_{33}&a_{13}&a_{23}\end{vmatrix}=6\begin{vmatrix}a_{11}&a_{21}&a_{31}\\a_{12}&a_{22}&a_{32}\\a_{13}&a_{23}&a_{33}\end{vmatrix}=6a.$

4. **A** $|\boldsymbol{\alpha}+a\boldsymbol{\beta},\ \boldsymbol{\beta}+a\boldsymbol{\gamma},\ \boldsymbol{\gamma}+a\boldsymbol{\alpha}|=|\boldsymbol{\alpha},\ \boldsymbol{\beta}+a\boldsymbol{\gamma},\ \boldsymbol{\gamma}+a\boldsymbol{\alpha}|+|a\boldsymbol{\beta},\ \boldsymbol{\beta}+a\boldsymbol{\gamma},\ \boldsymbol{\gamma}+a\boldsymbol{\alpha}|$

$=|\boldsymbol{\alpha},\ \boldsymbol{\beta},\ \boldsymbol{\gamma}+a\boldsymbol{\alpha}|+|\boldsymbol{\alpha},\ a\boldsymbol{\gamma},\ \boldsymbol{\gamma}+a\boldsymbol{\alpha}|+|a\boldsymbol{\beta},\ \boldsymbol{\beta},\ \boldsymbol{\gamma}+a\boldsymbol{\alpha}|+|a\boldsymbol{\beta},\ a\boldsymbol{\gamma},\ \boldsymbol{\gamma}+a\boldsymbol{\alpha}|$

$=|\boldsymbol{\alpha},\ \boldsymbol{\beta},\ \boldsymbol{\gamma}|+|\boldsymbol{\alpha},\ \boldsymbol{\beta},\ a\boldsymbol{\alpha}|+|\boldsymbol{\alpha},\ a\boldsymbol{\gamma},\ \boldsymbol{\gamma}|\ |\boldsymbol{\alpha},\ a\boldsymbol{\gamma},\ a\boldsymbol{\alpha}|+|a\boldsymbol{\beta},\ \boldsymbol{\beta},\ \boldsymbol{\gamma}|$

$+|a\boldsymbol{\beta},\ \boldsymbol{\beta},\ a\boldsymbol{\alpha}|+|a\boldsymbol{\beta},\ a\boldsymbol{\gamma},\ \boldsymbol{\gamma}|+|a\boldsymbol{\beta},\ a\boldsymbol{\gamma},\ a\boldsymbol{\alpha}|$

$=|\boldsymbol{\alpha},\ \boldsymbol{\beta},\ \boldsymbol{\gamma}|+a^3|\boldsymbol{\beta},\ \boldsymbol{\gamma},\ \boldsymbol{\alpha}|=|\boldsymbol{\alpha},\ \boldsymbol{\beta},\ \boldsymbol{\gamma}|+a^3|\boldsymbol{\alpha},\ \boldsymbol{\beta},\ \boldsymbol{\gamma}|=(1+a^3)|\boldsymbol{\alpha},\ \boldsymbol{\beta},\ \boldsymbol{\gamma}|$,

得 $1+a^3=2$，所以 $a=1$.

5. **D** $D=\begin{vmatrix}t&0&0&0\\0&t&0&4\\3&0&t&3\\0&4&0&t\end{vmatrix}\xlongequal[\text{展开}]{\text{按第一行}}t\begin{vmatrix}t&0&4\\0&t&3\\4&0&t\end{vmatrix}=t\left(t\begin{vmatrix}t&3\\0&t\end{vmatrix}+4\begin{vmatrix}0&t\\4&0\end{vmatrix}\right)$

$=t\cdot[t\cdot t^2+4\cdot(-4t)]=t^2(t^2-16)=0$，得 $t=0$ 或 $t=\pm4$.

6. **E** 原式 $=|\boldsymbol{\alpha},\ \boldsymbol{\beta},\ \boldsymbol{\gamma}|\begin{vmatrix}-1&2&3\\-1&-1&5\\1&-7&2\end{vmatrix}=3\times5=15.$

【评注】注意掌握这种矩阵相乘分解的方法.

7. **B** $|\boldsymbol{A}+\boldsymbol{B}|=|\boldsymbol{\alpha}_1+\boldsymbol{\alpha}_2,\ 2\boldsymbol{\beta}_1,\ 2\boldsymbol{\beta}_2,\ 2\boldsymbol{\beta}_3|$

$=|\boldsymbol{\alpha}_1,\ 2\boldsymbol{\beta}_1,\ 2\boldsymbol{\beta}_2,\ 2\boldsymbol{\beta}_3|+|\boldsymbol{\alpha}_2,\ 2\boldsymbol{\beta}_1,\ 2\boldsymbol{\beta}_2,\ 2\boldsymbol{\beta}_3|$

$=8|\boldsymbol{\alpha}_1,\ \boldsymbol{\beta}_1,\ \boldsymbol{\beta}_2,\ \boldsymbol{\beta}_3|+8|\boldsymbol{\alpha}_2,\ \boldsymbol{\beta}_1,\ \boldsymbol{\beta}_2,\ \boldsymbol{\beta}_3|=8|\boldsymbol{A}|+8|\boldsymbol{B}|$

$=5\times8-2\times8=24.$

8. **B** $|\boldsymbol{AB}|=|\boldsymbol{A}|\ |\boldsymbol{B}|=|\boldsymbol{B}|\ |\boldsymbol{A}|=|\boldsymbol{BA}|$.

9. **D** $A_{13}+A_{23}+2A_{43}=\begin{vmatrix}2&1&1&4\\1&0&1&3\\1&5&0&1\\-1&1&2&2\end{vmatrix}=4.$

10. **A** 因为 $\begin{vmatrix}x&x-1&x-4\\2x&2x-1&2x-3\\3x&3x-3&3x-5\end{vmatrix}=x\begin{vmatrix}1&-1&-4\\2&-1&-3\\3&-3&-5\end{vmatrix}=7x.$

11. **D** $\begin{vmatrix}x&y&0\\-y&x&0\\0&x&1\end{vmatrix}=x^2+y^2=0\Rightarrow x=y=0.$

12. **E** 将行列式按第一行展开：$\begin{vmatrix}0&0&0&a\\b&0&0&0\\0&c&0&0\\0&0&d&0\end{vmatrix}=a\cdot(-1)^{1+4}\begin{vmatrix}b&0&0\\0&c&0\\0&0&d\end{vmatrix}=-abcd.$

综合提高题

1. $\begin{vmatrix} a^2 & ab & b^2 \\ 2a & a+b & 2b \\ 1 & 1 & 1 \end{vmatrix} = ($　　$)$.

(A) $(a-b)^3$　(B) $(a+b)^3$　(C) $-(a-b)^3$　(D) $-(a+b)^3$　(E) a^3-b^3

2. $\begin{vmatrix} a_1+b_1 & b_1+c_1 & c_1+a_1 \\ a_2+b_2 & b_2+c_2 & c_2+a_2 \\ a_3+b_3 & b_3+c_3 & c_3+a_3 \end{vmatrix} = m\begin{vmatrix} a_1 & b_1 & c_1 \\ a_2 & b_2 & c_2 \\ a_3 & b_3 & c_3 \end{vmatrix}$，则 m 为（　　）.

(A) 1　(B) 2　(C) 3　(D) 4　(E) 5

3. $\begin{vmatrix} a^2 & (a+1)^2 & (a+2)^2 \\ b^2 & (b+1)^2 & (b+2)^2 \\ c^2 & (c+1)^2 & (c+2)^2 \end{vmatrix} = m(b-a)(c-a)(b-c)$，则 m 为（　　）.

(A) 1　(B) 2　(C) 3　(D) 4　(E) 5

4. $\begin{vmatrix} \lambda-6 & 5 & 3 \\ -3 & \lambda+2 & 2 \\ -2 & 2 & \lambda \end{vmatrix} = 0$，则 λ 为（　　）.

(A) 1 或 2　(B) -1 或 2　(C) 1 或 -2　(D) -1 或 -2　(E) ± 1

5. $\begin{vmatrix} 1 & 1 & 2 & 3 \\ 1 & 2-x^2 & 2 & 3 \\ 2 & 3 & 1 & 5 \\ 2 & 3 & 1 & 9-x^2 \end{vmatrix} = 0$，则 x 为（　　）.

(A) ± 1，± 2　(B) 1，± 2　(C) ± 1，2　(D) -1，± 2　(E) ± 2

6. 设 x_1，x_2，x_3 是方程 $x^3+px+q=0$ 的三个根，则行列式 $\begin{vmatrix} x_1 & x_2 & x_3 \\ x_3 & x_1 & x_2 \\ x_2 & x_3 & x_1 \end{vmatrix} = ($　　$)$.

(A) 1　(B) 2　(C) -1　(D) 0　(E) -2

7. 设 $f(x) = \begin{vmatrix} a_{11} & a_{12} & a_{13} & x \\ a_{21} & a_{22} & x & a_{24} \\ a_{31} & x & a_{33} & a_{34} \\ x & a_{42} & a_{43} & a_{44} \end{vmatrix}$，则多项式 $f(x)$ 中 x^3 的系数为（　　）.

(A) 1　(B) 2　(C) -1　(D) 0　(E) -2

8. 如果 $\begin{vmatrix} 1 & 2 & 3 & 4 \\ 6 & 5 & 4 & 3 \\ 0 & 0 & 2 & x \\ 0 & 0 & 3 & 3 \end{vmatrix} = 0$，则 $x=$（　　）.

(A) 1　(B) -2　(C) -1　(D) 0　(E) 2

9. 如果 $\begin{vmatrix} a & 3 & 1 \\ b & 0 & 1 \\ c & 2 & 1 \end{vmatrix}=1$，则 $\begin{vmatrix} a-3 & b-3 & c-3 \\ 5 & 2 & 4 \\ 1 & 1 & 1 \end{vmatrix}=$（　　）.

（A）1　　（B）2　　（C）-1　　（D）0　　（E）3

10. 如果 $\begin{vmatrix} a_{11} & a_{12} & a_{13} \\ a_{21} & a_{22} & a_{23} \\ a_{31} & a_{32} & a_{33} \end{vmatrix}=2$，则 $\begin{vmatrix} 2a_{11} & 2a_{12} & 2a_{12}-2a_{13} \\ 2a_{21} & 2a_{22} & 2a_{22}-2a_{23} \\ 2a_{31} & 2a_{32} & 2a_{32}-2a_{33} \end{vmatrix}=$（　　）.

（A）16　　（B）4　　（C）-16　　（D）8　　（E）-4

综合提高题详解

1. **A**　原式 $\xlongequal[c_3-c_1]{c_2-c_1} \begin{vmatrix} a^2 & ab-a^2 & b^2-a^2 \\ 2a & b-a & 2b-2a \\ 1 & 0 & 0 \end{vmatrix}$

$$=(-1)^{3+1}\begin{vmatrix} ab-a^2 & b^2-a^2 \\ b-a & 2b-2a \end{vmatrix}=(b-a)(b-a)\begin{vmatrix} a & b+a \\ 1 & 2 \end{vmatrix}=(a-b)^3.$$

2. **B**　$\begin{vmatrix} a_1+b_1 & b_1+c_1 & c_1+a_1 \\ a_2+b_2 & b_2+c_2 & c_2+a_2 \\ a_3+b_3 & b_3+c_3 & c_3+a_3 \end{vmatrix}=\begin{vmatrix} a_1 & b_1 & c_1 \\ a_2 & b_2 & c_2 \\ a_3 & b_3 & c_3 \end{vmatrix}+\begin{vmatrix} a_1 & b_1 & a_1 \\ a_2 & b_2 & a_2 \\ a_3 & b_3 & a_3 \end{vmatrix}+\begin{vmatrix} a_1 & c_1 & c_1 \\ a_2 & c_2 & c_2 \\ a_3 & c_3 & c_3 \end{vmatrix}+\begin{vmatrix} a_1 & c_1 & a_1 \\ a_2 & c_2 & a_2 \\ a_3 & c_3 & a_3 \end{vmatrix}$

$$+\begin{vmatrix} b_1 & b_1 & c_1 \\ b_2 & b_2 & c_2 \\ b_3 & b_3 & c_3 \end{vmatrix}+\begin{vmatrix} b_1 & b_1 & a_1 \\ b_2 & b_2 & a_2 \\ b_3 & b_3 & a_3 \end{vmatrix}+\begin{vmatrix} b_1 & c_1 & c_1 \\ b_2 & c_2 & c_2 \\ b_3 & c_3 & c_3 \end{vmatrix}+\begin{vmatrix} b_1 & c_1 & a_1 \\ b_2 & c_2 & a_2 \\ b_3 & c_3 & a_3 \end{vmatrix}=2\begin{vmatrix} a_1 & b_1 & c_1 \\ a_2 & b_2 & c_2 \\ a_3 & b_3 & c_3 \end{vmatrix}.$$

3. **D**　$\begin{vmatrix} a^2 & (a+1)^2 & (a+2)^2 \\ b^2 & (b+1)^2 & (b+2)^2 \\ c^2 & (c+1)^2 & (c+2)^2 \end{vmatrix}=\begin{vmatrix} a^2 & a^2+2a+1 & a^2+4a+4 \\ b^2 & b^2+2b+1 & b^2+4b+4 \\ c^2 & c^2+2c+1 & c^2+4c+4 \end{vmatrix}=\begin{vmatrix} a^2 & 2a+1 & 4a+4 \\ b^2 & 2b+1 & 4b+4 \\ c^2 & 2c+1 & 4c+4 \end{vmatrix}$

$$=2\begin{vmatrix} a^2 & 2a+1 & 1 \\ b^2 & 2b+1 & 1 \\ c^2 & 2c+1 & 1 \end{vmatrix}=4\begin{vmatrix} a^2 & a & 1 \\ b^2 & b & 1 \\ c^2 & c & 1 \end{vmatrix}=4\begin{vmatrix} a^2 & a & 1 \\ b^2-a^2 & b-a & 0 \\ c^2-a^2 & c-a & 0 \end{vmatrix}=4\begin{vmatrix} b^2-a^2 & b-a \\ c^2-a^2 & c-a \end{vmatrix}$$

$=4(b-a)(c-a)(b-c)$.

4. **A**　$\begin{vmatrix} \lambda-6 & 5 & 3 \\ -3 & \lambda+2 & 2 \\ -2 & 2 & \lambda \end{vmatrix}=\begin{vmatrix} \lambda-1 & 5 & 3 \\ \lambda-1 & \lambda+2 & 2 \\ 0 & 2 & \lambda \end{vmatrix}=(\lambda-1)\begin{vmatrix} 1 & 5 & 3 \\ 1 & \lambda+2 & 2 \\ 0 & 2 & \lambda \end{vmatrix}$

$$=(\lambda-1)\begin{vmatrix} 1 & 5 & 3 \\ 0 & \lambda-3 & -1 \\ 0 & 2 & \lambda \end{vmatrix}=(\lambda-1)\begin{vmatrix} \lambda-3 & -1 \\ 2 & \lambda \end{vmatrix}=(\lambda-1)^2(\lambda-2)=0,$$

解得 $\lambda_1=\lambda_2=1$，$\lambda_3=2$.

5. A $\begin{vmatrix}1&1&2&3\\1&2-x^2&2&3\\2&3&1&5\\2&3&1&9-x^2\end{vmatrix}=\begin{vmatrix}1&1&2&3\\0&1-x^2&0&0\\0&1&-3&-1\\0&1&-3&3-x^2\end{vmatrix}=\begin{vmatrix}1-x^2&0&0\\1&-3&-1\\1&-3&3-x^2\end{vmatrix}$

$$=-3(1-x^2)\begin{vmatrix}1&-1\\1&3-x^2\end{vmatrix}=-3(1-x^2)(4-x^2)=0,$$

解得 $x_1=1$，$x_2=-1$，$x_3=2$，$x_4=-2$.

6. D 根据条件有 $x^3+px+q=(x-x_1)(x-x_2)(x-x_3)=x^3-(x_1+x_2+x_3)x^2+ax-x_1x_2x_3$，比较系数可得 $x_1+x_2+x_3=0$，$x_1x_2x_3=-q$.

再根据条件得 $\begin{cases}x_1^3=-px_1-q\\x_2^3=-px_2-q\\x_3^3=-px_3-q\end{cases}$

原行列式 $=x_1^3+x_2^3+x_3^3-3x_1x_2x_3=-p(x_1+x_2+x_3)-3q-3\cdot(-q)=0$.

7. D 按第一列展开，$f(x)=a_{11}A_{11}+a_{21}A_{21}+a_{31}A_{31}+xA_{41}$，

因为 A_{11}，A_{21}，A_{31} 中最多只含有 x^2 项，所以含有 x^3 的项只可能是 xA_{41}.

$$xA_{41}=x\cdot(-1)^{4+1}\begin{vmatrix}a_{12}&a_{13}&x\\a_{22}&x&a_{24}\\x&a_{33}&a_{34}\end{vmatrix}$$

$$=-x[x(a_{12}a_{34}+a_{13}a_{24}+a_{22}a_{33})-(x^3+a_{13}a_{22}a_{34}+a_{12}a_{24}a_{33})]$$

因为 xA_{41} 不含 x^3 项，所以 $f(x)$ 中 x^3 的系数为 0.

8. E $\begin{vmatrix}1&2&3&4\\6&5&4&3\\0&0&2&x\\0&0&3&3\end{vmatrix}=\begin{vmatrix}1&2\\6&5\end{vmatrix}\cdot\begin{vmatrix}2&x\\3&3\end{vmatrix}=(5-12)(6-3x)=0$，所以 $x=2$.

9. A $\begin{vmatrix}a&3&1\\b&0&1\\c&2&1\end{vmatrix}\xlongequal{D=D^{\mathrm T}}\begin{vmatrix}a&b&c\\3&0&2\\1&1&1\end{vmatrix}\xlongequal[r_2+2r_3]{r_1-3r_3}\begin{vmatrix}a-3&b-3&c-3\\5&2&4\\1&1&1\end{vmatrix}=1.$

10. C $\begin{vmatrix}2a_{11}&2a_{12}&2a_{12}-2a_{13}\\2a_{21}&2a_{22}&2a_{22}-2a_{23}\\2a_{31}&2a_{32}&2a_{32}-2a_{33}\end{vmatrix}=|2\boldsymbol{\alpha}_1,2\boldsymbol{\alpha}_2,2\boldsymbol{\alpha}_2-2\boldsymbol{\alpha}_3|=2^3|\boldsymbol{\alpha}_1,\boldsymbol{\alpha}_2,\boldsymbol{\alpha}_2-\boldsymbol{\alpha}_3|$

$$=8(|\boldsymbol{\alpha}_1,\boldsymbol{\alpha}_2,\boldsymbol{\alpha}_2|+|\boldsymbol{\alpha}_1,\boldsymbol{\alpha}_2,-\boldsymbol{\alpha}_3|)$$

$$=8(0-D)=-16.$$

第六章 矩 阵

【大纲解读】

矩阵的概念，矩阵的运算，逆矩阵，矩阵的初等变换.

【命题剖析】

矩阵是线性代数的主要研究对象，有着广泛的应用. 矩阵考试的重点是：矩阵的乘法运算，逆矩阵，伴随矩阵，初等矩阵. 考生应掌握矩阵的概念和矩阵的各种运算，特别是矩阵的乘法、矩阵的转置、逆矩阵、方阵的行列式等.

【知识体系】

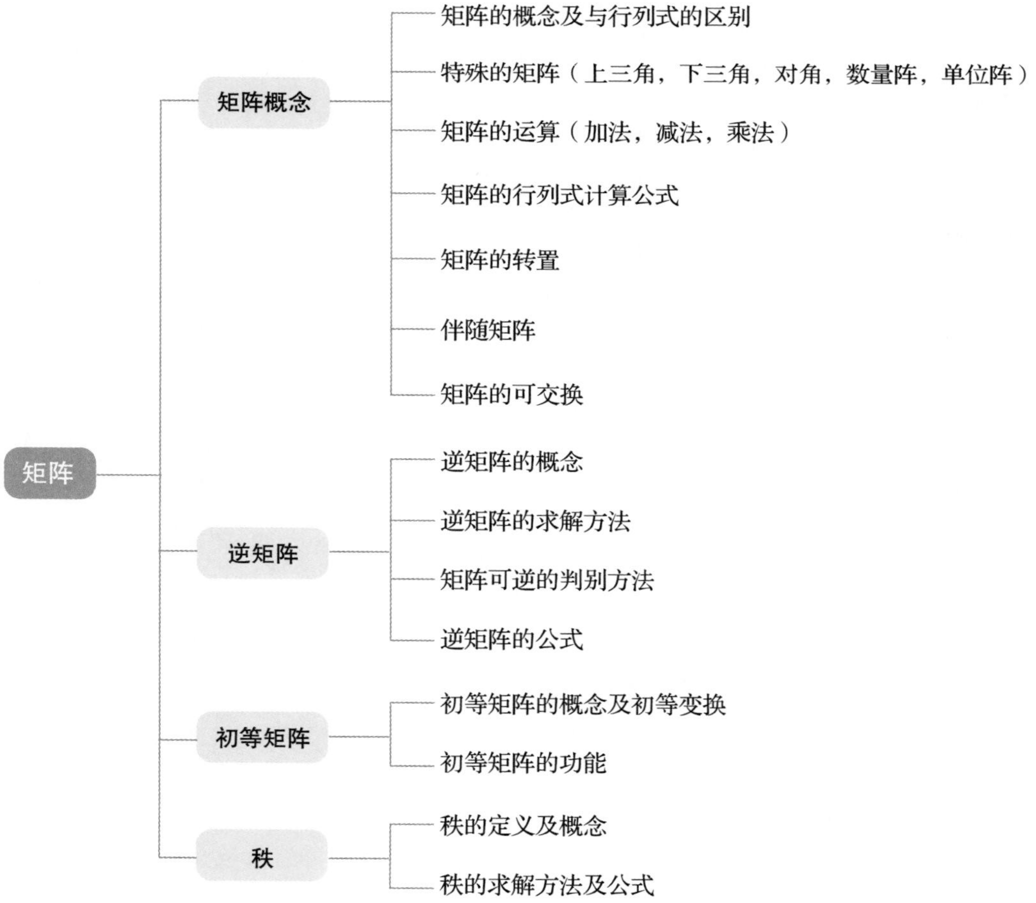

【备考建议】

要掌握矩阵的运算规律、逆矩阵的性质及矩阵可逆的充分必要条件，会用各种方法求出矩阵的逆矩阵，矩阵的初等变换是研究矩阵各种性质和应用矩阵解决各种问题的重要方法，因此必须掌握矩阵的初等变换，会用初等变换解决有关问题.

第一节　考点剖析

一、矩阵概念

1. 概念

由 $m\times n$ 个数 $a_{ij}(i=1, 2, \cdots, m; j=1, 2, \cdots, n)$排成 m 行 n 列的矩形数据表

$$\boldsymbol{A}=\begin{pmatrix} a_{11} & \cdots & a_{1n} \\ \vdots & & \vdots \\ a_{m1} & \cdots & a_{mn} \end{pmatrix}$$

称为 $m\times n$ 矩阵，记作 $\boldsymbol{A}=(a_{ij})_{m\times n}$，简记为 $\boldsymbol{A}_{m\times n}$，数 a_{ij}称为矩阵 $\boldsymbol{A}$ 中第 i 行第 j 列的元素.

【说明】(1) 当 $m=n$ 时，称 $\boldsymbol{A}$ 为 n 阶方阵.

(2) 当 $m=1$ 时，矩阵 $\boldsymbol{A}$ 退化为 $1\times n$ 的 n 维行向量.

(3) 当 $n=1$ 时，矩阵 $\boldsymbol{A}$ 退化为 $m\times 1$ 的 m 维列向量.

2. 特殊矩阵

n 阶单位矩阵：$\boldsymbol{E}_n=\begin{pmatrix} 1 & 0 & \cdots & 0 \\ 0 & 1 & \cdots & 0 \\ \vdots & \vdots & & \vdots \\ 0 & 0 & \cdots & 1 \end{pmatrix}$，也可记为 $\boldsymbol{I}_n$.

负矩阵：若 $\boldsymbol{A}=\begin{pmatrix} a_{11} & \cdots & a_{1n} \\ \vdots & & \vdots \\ a_{m1} & \cdots & a_{mn} \end{pmatrix}$，则 $-\boldsymbol{A}=-\begin{pmatrix} a_{11} & \cdots & a_{1n} \\ \vdots & & \vdots \\ a_{m1} & \cdots & a_{mn} \end{pmatrix}=\begin{pmatrix} -a_{11} & \cdots & -a_{1n} \\ \vdots & & \vdots \\ -a_{m1} & \cdots & -a_{mn} \end{pmatrix}$

3. 矩阵相等

若两个矩阵 $\boldsymbol{A}_{m\times n}$，$\boldsymbol{B}_{m\times n}$有关系 $a_{ij}=b_{ij}(i=1, \cdots, m; j=1, \cdots, n)$，则 $\boldsymbol{A}=\boldsymbol{B}$.

二、矩阵运算

1. 矩阵的加减法

(1) 矩阵加减法的定义

若 $\boldsymbol{A}_{m\times n}=\begin{pmatrix} a_{11} & \cdots & a_{1n} \\ \vdots & & \vdots \\ a_{m1} & \cdots & a_{mn} \end{pmatrix}$，$\boldsymbol{B}_{m\times n}=\begin{pmatrix} b_{11} & \cdots & b_{1n} \\ \vdots & & \vdots \\ b_{m1} & \cdots & b_{mn} \end{pmatrix}$，则有

$$A \pm B = \begin{pmatrix} a_{11} \pm b_{11} & \cdots & a_{1n} \pm b_{1n} \\ \vdots & & \vdots \\ a_{m1} \pm b_{m1} & \cdots & a_{mn} \pm b_{mn} \end{pmatrix}$$

（2）运算律

① 交换律：$\boldsymbol{A}_{m\times n} + \boldsymbol{B}_{m\times n} = \boldsymbol{B}_{m\times n} + \boldsymbol{A}_{m\times n}$.

② 结合律：$(\boldsymbol{A}_{m\times n} + \boldsymbol{B}_{m\times n}) + \boldsymbol{C}_{m\times n} = \boldsymbol{A}_{m\times n} + (\boldsymbol{B}_{m\times n} + \boldsymbol{C}_{m\times n})$.

③ $\boldsymbol{A} + \boldsymbol{O} = \boldsymbol{O} + \boldsymbol{A} = \boldsymbol{A}$，$-\boldsymbol{A} + \boldsymbol{A} = \boldsymbol{A} + (-\boldsymbol{A}) = \boldsymbol{O}$.

2. 矩阵的数量乘法

（1）定义

若 $\boldsymbol{A} = \begin{pmatrix} a_{11} & \cdots & a_{1n} \\ \vdots & & \vdots \\ a_{m1} & \cdots & a_{mn} \end{pmatrix}$，$k$ 为一数，则 $k\boldsymbol{A} = k\begin{pmatrix} a_{11} & \cdots & a_{1n} \\ \vdots & & \vdots \\ a_{m1} & \cdots & a_{mn} \end{pmatrix} = \begin{pmatrix} ka_{11} & \cdots & ka_{1n} \\ \vdots & & \vdots \\ ka_{m1} & \cdots & ka_{mn} \end{pmatrix}$，称为矩阵的数量乘法.

（2）运算律

① $1 \cdot \boldsymbol{A} = \boldsymbol{A}$；$0 \cdot \boldsymbol{A} = \boldsymbol{O}$.

② $k(l\boldsymbol{A}) = (kl)\boldsymbol{A}$.

③ $k(\boldsymbol{A} + \boldsymbol{B}) = k\boldsymbol{A} + k\boldsymbol{B}$.

④ $(k + l)\boldsymbol{A} = k\boldsymbol{A} + l\boldsymbol{A}$.

3. 矩阵乘法

（1）定义

若矩阵 $\boldsymbol{A}$ 的列数和 $\boldsymbol{B}$ 的行数相等，则 $\boldsymbol{A}$ 和 $\boldsymbol{B}$ 可以相乘，乘积记作 $\boldsymbol{AB}$. $\boldsymbol{AB}$ 的行数和 $\boldsymbol{A}$ 相等，列数和 $\boldsymbol{B}$ 相等. $\boldsymbol{AB}$ 的 (i, j) 位元素等于 $\boldsymbol{A}$ 的第 i 个行向量和 $\boldsymbol{B}$ 的第 j 个列向量（维数相同）对应分量乘积之和.

若 $\boldsymbol{A}_{m\times s} = \begin{pmatrix} a_{11} & \cdots & a_{1s} \\ \vdots & & \vdots \\ a_{m1} & \cdots & a_{ms} \end{pmatrix}$，$\boldsymbol{B}_{s\times n} = \begin{pmatrix} b_{11} & \cdots & b_{1n} \\ \vdots & & \vdots \\ b_{s1} & \cdots & b_{sn} \end{pmatrix}$，则 $\boldsymbol{C} = (c_{ij})_{m\times n}$，其中 $c_{ij} = \sum_{k=1}^{s} a_{ik}b_{kj}$，称为矩阵 $\boldsymbol{A}$ 与 $\boldsymbol{B}$ 的乘积，记为 $\boldsymbol{C} = \boldsymbol{AB}$.

（2）运算律

① $\boldsymbol{OA} = \boldsymbol{AO} = \boldsymbol{O}$.

② $\boldsymbol{A}(\boldsymbol{BC}) = (\boldsymbol{AB})\boldsymbol{C}$.

③ $k(\boldsymbol{AB}) = (k\boldsymbol{A})\boldsymbol{B} = \boldsymbol{A}(k\boldsymbol{B})$.

④ $\boldsymbol{A}(\boldsymbol{B} + \boldsymbol{C}) = \boldsymbol{AB} + \boldsymbol{AC}$，$(\boldsymbol{B} + \boldsymbol{C})\boldsymbol{A} = \boldsymbol{BA} + \boldsymbol{CA}$.

(3) 矩阵的 k 次幂

设 $\boldsymbol{A}$ 为 n 阶矩阵，则 k 个 $\boldsymbol{A}$ 连乘称为 $\boldsymbol{A}$ 的 k 次幂，记为 $\boldsymbol{A}^k$，并且有 $\boldsymbol{A}^l\boldsymbol{A}^k=\boldsymbol{A}^{l+k}$，$(\boldsymbol{A}^k)^l=\boldsymbol{A}^{kl}$.

(4) 矩阵乘法中不一定成立的式子

① $(\boldsymbol{A}+\boldsymbol{B})^2\neq\boldsymbol{A}^2+2\boldsymbol{AB}+\boldsymbol{B}^2$.

② $(\boldsymbol{A}+\boldsymbol{B})(\boldsymbol{A}-\boldsymbol{B})\neq\boldsymbol{A}^2-\boldsymbol{B}^2$.

③ $(\boldsymbol{AB})^k\neq\boldsymbol{A}^k\boldsymbol{B}^k$.

【说明】以上式子相等的条件为 $\boldsymbol{A}$ 与 $\boldsymbol{B}$ 可交换，即 $\boldsymbol{AB}=\boldsymbol{BA}$.

【注意】矩阵的乘法在规则上与数的乘法有不同：

① 矩阵乘法有条件.

② 矩阵乘法无交换律.

③ 矩阵乘法无消去律，即一般地：

由 $\boldsymbol{AB}=\boldsymbol{O}$ 推不出 $\boldsymbol{A}=\boldsymbol{O}$ 或 $\boldsymbol{B}=\boldsymbol{O}$.

由 $\boldsymbol{AB}=\boldsymbol{AC}$ 和 $\boldsymbol{A}\neq\boldsymbol{O}$ 推不出 $\boldsymbol{B}=\boldsymbol{C}$.（无左消去律）

由 $\boldsymbol{BA}=\boldsymbol{CA}$ 和 $\boldsymbol{A}\neq\boldsymbol{O}$ 推不出 $\boldsymbol{B}=\boldsymbol{C}$.（无右消去律）

请注意不要犯一种常见的错误：把数的乘法的性质简单地应用到矩阵乘法中.

4. 转置

(1) 定义

若 $\boldsymbol{A}=\begin{pmatrix}a_{11}&a_{12}&\cdots&a_{1n}\\a_{21}&a_{22}&\cdots&a_{2n}\\\vdots&\vdots&&\vdots\\a_{n1}&a_{n2}&\cdots&a_{nn}\end{pmatrix}$，则 $\boldsymbol{A}^{\mathrm{T}}=\begin{pmatrix}a_{11}&a_{21}&\cdots&a_{n1}\\a_{12}&a_{22}&\cdots&a_{n2}\\\vdots&\vdots&&\vdots\\a_{1n}&a_{2n}&\cdots&a_{nn}\end{pmatrix}$，$\boldsymbol{A}^{\mathrm{T}}$ 也可以用 $\boldsymbol{A}'$ 表示.

(2) 计算公式

$(\boldsymbol{A}\pm\boldsymbol{B})^{\mathrm{T}}=\boldsymbol{A}^{\mathrm{T}}\pm\boldsymbol{B}^{\mathrm{T}}$；$(k\boldsymbol{A})^{\mathrm{T}}=k(\boldsymbol{A}^{\mathrm{T}})$；$(\boldsymbol{AB})^{\mathrm{T}}=\boldsymbol{B}^{\mathrm{T}}\boldsymbol{A}^{\mathrm{T}}$.

5. 方阵的行列式

(1) $|\boldsymbol{A}^{\mathrm{T}}|=|\boldsymbol{A}|$. (2) $|\boldsymbol{AB}|=|\boldsymbol{A}|\cdot|\boldsymbol{B}|$（$\boldsymbol{A}$，$\boldsymbol{B}$ 为方阵）. (3) $|k\boldsymbol{A}|=k^n|\boldsymbol{A}|$（$\boldsymbol{A}$ 为 n 阶方阵）.

6. 初等变换

(1) 初等行变换

① 互换两行的位置；② 一行乘一个非零常数；③ 一行的 k 倍加到另外一行.

(2) 初等列变换

① 互换两列的位置；② 一列乘一个非零常数；③ 一列的 k 倍加到另外一列.

三、可逆矩阵

1. 概念

若 $\boldsymbol{A}$ 是一个 n 阶矩阵（$n\times n$ 矩阵），如果存在一个 n 阶矩阵 $\boldsymbol{B}$，使得 $\boldsymbol{AB}=\boldsymbol{BA}=\boldsymbol{E}$，则称 $\boldsymbol{A}$ 为可逆矩阵，$\boldsymbol{B}$ 为 $\boldsymbol{A}$ 的逆矩阵，记为 $\boldsymbol{B}=\boldsymbol{A}^{-1}$.

2. 方阵可逆的充要条件

（1）伴随矩阵 $\boldsymbol{A}^*$

$$\boldsymbol{A}^*=\begin{pmatrix} A_{11} & A_{21} & \cdots & A_{n1} \\ A_{12} & A_{22} & \cdots & A_{n2} \\ \vdots & \vdots & & \vdots \\ A_{1n} & A_{2n} & \cdots & A_{nn} \end{pmatrix}.$$

（2）一个重要公式

$$\boldsymbol{AA}^*=\boldsymbol{A}^*\boldsymbol{A}=|\boldsymbol{A}|\boldsymbol{E}.$$

（3）充要条件

显然，只要 $|\boldsymbol{A}|\neq 0$，则有 $\boldsymbol{A}\dfrac{\boldsymbol{A}^*}{|\boldsymbol{A}|}=\boldsymbol{E}$，故 $\boldsymbol{A}^{-1}=\dfrac{\boldsymbol{A}^*}{|\boldsymbol{A}|}$，即 $\boldsymbol{A}$ 可逆，所以有：$\boldsymbol{A}$ 可逆$\Leftrightarrow$ $|\boldsymbol{A}|\neq 0$.

3. 可逆矩阵的性质

（1）若 $\boldsymbol{A}$ 可逆，则 $\boldsymbol{A}^{-1}$是唯一的.

（2）若 $\boldsymbol{A}$ 可逆，则 $\boldsymbol{A}^{-1}$可逆，且$(\boldsymbol{A}^{-1})^{-1}=\boldsymbol{A}$；

$\boldsymbol{A}^{\mathrm{T}}$ 可逆，且$(\boldsymbol{A}^{\mathrm{T}})^{-1}=(\boldsymbol{A}^{-1})^{\mathrm{T}}$；

$k\boldsymbol{A}(k\neq 0)$可逆，且$(k\boldsymbol{A})^{-1}=k^{-1}\boldsymbol{A}^{-1}=\dfrac{1}{k}\boldsymbol{A}^{-1}$.

（3）若 $\boldsymbol{A}$，$\boldsymbol{B}$ 为同阶可逆矩阵，则有$(\boldsymbol{AB})^{-1}=\boldsymbol{B}^{-1}\boldsymbol{A}^{-1}$（对照$(\boldsymbol{AB})^{\mathrm{T}}=\boldsymbol{B}^{\mathrm{T}}\boldsymbol{A}^{\mathrm{T}}$）.

（4）若 $\boldsymbol{A}$ 可逆，则 $\boldsymbol{A}^*=|\boldsymbol{A}|\boldsymbol{A}^{-1}$，$|\boldsymbol{AA}^{-1}|=|\boldsymbol{A}||\boldsymbol{A}^{-1}|=1$，$|\boldsymbol{A}^{-1}|=\dfrac{1}{|\boldsymbol{A}|}$，$|\boldsymbol{A}^*_{n\times n}|=|\boldsymbol{A}|^{n-1}$.

（5）若 $\boldsymbol{A}$ 可逆，且 $\boldsymbol{AX}=\boldsymbol{B}$，$\boldsymbol{YA}=\boldsymbol{C}$，则有 $\boldsymbol{X}=\boldsymbol{A}^{-1}\boldsymbol{B}$，$\boldsymbol{Y}=\boldsymbol{CA}^{-1}$（注意左乘、右乘）.

4. 可逆矩阵的求法

利用矩阵的初等行（列）变换，可以求出可逆矩阵的逆矩阵.

方法一：$(\boldsymbol{A}\ \vdots\ \boldsymbol{E})\xrightarrow{\text{初等行变换}}(\boldsymbol{E}\ \vdots\ \boldsymbol{A}^{-1})$.

方法二：$\begin{pmatrix}\boldsymbol{A}\\ \cdots \\ \boldsymbol{E}\end{pmatrix}\xrightarrow{\text{初等列变换}}\begin{pmatrix}\boldsymbol{E}\\ \cdots \\ \boldsymbol{A}^{-1}\end{pmatrix}$.

四、矩阵的秩

1. 相关概念

(1) k 阶子式

在矩阵 $\boldsymbol{A}=(a_{ij})_{m\times n}$ 中，任取 k 行、k 列，位于这 k 行、k 列交叉处的 k^2 个元素，按其原来顺序排成一个 k 阶行列式，称为 k 阶子式.

(2) 矩阵的秩

矩阵 $\boldsymbol{A}$ 的不为零的子式的最高阶阶数称为矩阵的秩；或者可以说：存在一个 k 阶子式不为零，但任意的 $k+1$，$k+2$，…，n 阶子式均为零，则 k 为矩阵的秩. 矩阵 $\boldsymbol{A}$ 的秩记为 $r(\boldsymbol{A})=k$.

2. 重要结论

(1) 矩阵的行秩（行向量的秩）、矩阵的列秩（列向量的秩）、矩阵的秩三秩相等.

(2) 对矩阵初等行（列）变换，不改变矩阵的秩.

(3) $r(\boldsymbol{A}_{m\times n})\leqslant\min\{m,n\}$.

(4) $r(\boldsymbol{A})=0\Leftrightarrow\boldsymbol{A}=\boldsymbol{O}$.

(5) $r(\boldsymbol{A})\geqslant r\Leftrightarrow\boldsymbol{A}$ 存在 r 阶子式不为零.

(6) $r(\boldsymbol{A})\leqslant r\Leftrightarrow\boldsymbol{A}$ 中所有 $r+1$ 阶子式全为零.

(7) $r(\boldsymbol{A}_{n\times n})=n\Leftrightarrow|\boldsymbol{A}|\neq0$（或者 $r(\boldsymbol{A}_{n\times n})<n\Leftrightarrow|\boldsymbol{A}|=0$）；若 $r(\boldsymbol{A}_{n\times n})=n$，则称 $\boldsymbol{A}$ 为满秩矩阵.

3. 矩阵的秩的一些性质

(1) $r(\boldsymbol{A}^{\mathrm{T}})=r(\boldsymbol{A})$，$r(k\boldsymbol{A})=r(\boldsymbol{A})(k\neq0)$.

(2) $r(\boldsymbol{A}+\boldsymbol{B})\leqslant r(\boldsymbol{A})+r(\boldsymbol{B})$.

(3) $r(\boldsymbol{A})+r(\boldsymbol{B})\leqslant n+r(\boldsymbol{AB})$，其中 n 为矩阵 $\boldsymbol{A}$ 的列数.

特殊：$r(\boldsymbol{AB})=0$，即 $\boldsymbol{AB}=\boldsymbol{O}$ 时，有 $r(\boldsymbol{A})+r(\boldsymbol{B})\leqslant n$.

(4) 若 $\boldsymbol{A}$ 为可逆矩阵，则 $r(\boldsymbol{AB})=r(\boldsymbol{B})$，$r(\boldsymbol{BA})=r(\boldsymbol{B})$，即一个矩阵乘一个可逆矩阵，其结果的秩不改变.

(5) $r(\boldsymbol{A}^*_{n\times n})=\begin{cases}n & r(\boldsymbol{A})=n\\1 & r(\boldsymbol{A})=n-1\\0 & r(\boldsymbol{A})<n-1\end{cases}$.

4. 矩阵的秩的计算

(1) 利用定义，计算出不为 0 的最高阶子式.

(2) 利用初等变换，把矩阵 $\boldsymbol{A}$ 利用初等行（列）变换变换成阶梯形矩阵 $\boldsymbol{B}$，然后数出矩阵 $\boldsymbol{B}$ 不为 0 的行数，即矩阵 $\boldsymbol{A}$ 的秩.

阶梯形矩阵具有的特征：① 全零行位于矩阵的下方；② 各非零行的第一个非零元素 c_{ij} 的列指标 j 随着行指标 i 的递增而严格增大.

第二节　核心题型

题型 01　求低阶（$n\leqslant 4$）矩阵的高次方（$k>100$）问题，注意次方数尤其以年代、年份为标志出题

提示　将矩阵拆成两个向量（列、行）相乘，然后利用矩阵乘法的结合律求解. 应用范围：任意两行（列）非零元素成比例的方阵，即方阵的 $r(\boldsymbol{A})=1$，则可以将其分解成一列与一行两个向量的乘积.

解题步骤：1）选定某行 $\boldsymbol{\alpha}$，确定其他行与该行的比例系数.

2）令 $\boldsymbol{A}=\boldsymbol{\beta\alpha}$（$\boldsymbol{\alpha}$ 为某行向量，$\boldsymbol{\beta}$ 为比例系数列向量）.

3）$\boldsymbol{A}^k=\boldsymbol{AA}\cdots\boldsymbol{A}=\boldsymbol{\beta\alpha\beta\alpha}\cdots\boldsymbol{\beta\alpha\beta\alpha}=\boldsymbol{\beta}(\boldsymbol{\alpha\beta})^{k-1}\boldsymbol{\alpha}=(\boldsymbol{\alpha\beta})^{k-1}\boldsymbol{A}$

$=[\operatorname{tr}(\boldsymbol{A})]^{k-1}\boldsymbol{A}=(\lambda_1+\lambda_2+\cdots+\lambda_n)^{k-1}\boldsymbol{A}$（因为 $\boldsymbol{\alpha\beta}$ 为一个常数），

其中 $\operatorname{tr}(\boldsymbol{A})$ 表示方阵 $\boldsymbol{A}$ 的迹，其数值等于主对角线元素之和.

【例 1】已知 $\boldsymbol{A}=\begin{pmatrix}1 & -\frac{1}{2} & \frac{1}{3}\\ -2 & 1 & -\frac{2}{3}\\ 3 & -\frac{3}{2} & 1\end{pmatrix}$，则 $\boldsymbol{A}^{2020}=$（　　）.

(A) $3^{2019}\boldsymbol{A}$　(B) $-3^{2019}\boldsymbol{A}$　(C) $3^{2020}\boldsymbol{A}$　(D) $3^{2019}\boldsymbol{A}^2$　(E) $-3^{2019}\boldsymbol{A}^2$

[解析] 取 $\boldsymbol{\alpha}=\left(1,\ -\frac{1}{2},\ \frac{1}{3}\right)$，$\boldsymbol{\beta}=\begin{pmatrix}1\\-2\\3\end{pmatrix}$，则 $\boldsymbol{A}=\boldsymbol{\beta}\cdot\boldsymbol{\alpha}=\begin{pmatrix}1\\-2\\3\end{pmatrix}\left(1,\ -\frac{1}{2},\ \frac{1}{3}\right)$，

从而 $\boldsymbol{\alpha}\cdot\boldsymbol{\beta}=\left(1,\ -\frac{1}{2},\ \frac{1}{3}\right)\begin{pmatrix}1\\-2\\3\end{pmatrix}=3$.

所以 $\boldsymbol{A}^{2020}=\boldsymbol{AA}\cdots\boldsymbol{AA}=\boldsymbol{\beta\alpha\beta\alpha}\cdots\boldsymbol{\beta\alpha\beta\alpha}=\boldsymbol{\beta}(\boldsymbol{\alpha\beta})^{2019}\boldsymbol{\alpha}=3^{2019}\boldsymbol{A}$，选 A.

题型 02　可逆矩阵的问题

提示　重点掌握以下矩阵可逆性的判断：

n 阶方阵 $\boldsymbol{A}$ 可逆 $\Leftrightarrow|\boldsymbol{A}|\neq 0$

$\Leftrightarrow r(\boldsymbol{A})=n$

$\Leftrightarrow\boldsymbol{A}$ 的行（列）向量组线性无关

$\Leftrightarrow$ 存在 n 阶方阵 $\boldsymbol{B}$，有 $\boldsymbol{AB}=\boldsymbol{BA}=\boldsymbol{E}$（可逆矩阵的定义）

$\Leftrightarrow$ 齐次方程组 $\boldsymbol{Ax}=\boldsymbol{0}$ 只有零解

$\Leftrightarrow$ 对于任意的 $\boldsymbol{b}$，非齐次方程组 $\boldsymbol{Ax}=\boldsymbol{b}$ 总有唯一解

$\Leftrightarrow\boldsymbol{A}$ 可表示成若干个初等矩阵的乘积

【例 2】设 A，B，$A+B$，$A^{-1}+B^{-1}$ 均为 n 阶可逆矩阵，则 $(A^{-1}+B^{-1})^{-1}=$（　　）.

(A) $A+B$　(B) $A^{-1}+B^{-1}$　(C) $A(A+B)^{-1}B$　(D) $(A+B)^{-1}$　(E) $A-B$

[解析] 采用倒推的方法来验证：

$[A(A+B)^{-1}B]^{-1}=B^{-1}(A+B)A^{-1}=B^{-1}AA^{-1}+B^{-1}BA^{-1}=B^{-1}+A^{-1}=A^{-1}+B^{-1}$，

所以选 C.

或者根据选项的特点直接推导：

$(A^{-1}+B^{-1})^{-1}=[B^{-1}(E+BA^{-1})]^{-1}=[B^{-1}(A+B)A^{-1}]^{-1}=A(A+B)^{-1}B.$

【例 3】$A^3=O$，则 $(E+A+A^2)^{-1}=$（　　）.

(A) $2E$　(B) $E-A$　(C) $-E$　(D) A　(E) $E+A$

[解析] 根据 $(E-A)(E+A+A^2)=E-A^3=E$，所以选 B.

【例 4】$A^3=2E$，则 $A^{-1}=$（　　）.

(A) $2A^2$　(B) A^2　(C) $\frac{1}{2}A^2$　(D) $\frac{A^2}{4}$　(E) $-A^2$

[解析] $A^3=A\cdot A^2=2E$，即 $A\cdot\frac{1}{2}A^2=E$，所以 $A^{-1}=\frac{1}{2}A^2$，选 C.

【例 5】设 $A=\begin{pmatrix}1&0&0&0\\-2&3&0&0\\0&-4&5&0\\0&0&-6&7\end{pmatrix}$，$B=(A+E)^{-1}(E-A)$，则 $(E+B)^{-1}=$（　　）.

(A) $\frac{1}{2}\begin{pmatrix}1&0&0&0\\-2&3&0&0\\0&-4&5&0\\0&0&-6&7\end{pmatrix}$　(B) $\frac{1}{2}\begin{pmatrix}2&0&0&0\\-2&4&0&0\\0&-4&6&0\\0&0&-6&8\end{pmatrix}$

(C) $\begin{pmatrix}1&0&0&0\\-2&3&0&0\\0&-4&5&0\\0&0&-6&7\end{pmatrix}$　(D) $\begin{pmatrix}2&0&0&0\\-2&4&0&0\\0&-4&6&0\\0&0&-6&8\end{pmatrix}$

(E) $\begin{pmatrix}1&0&0&0\\-2&2&0&0\\0&-4&6&0\\0&0&-6&8\end{pmatrix}$

[解析] $B+E=(E+A)^{-1}(E-A)+E=(E+A)^{-1}(E-A)+(E+A)^{-1}(E+A)$

$=(E+A)^{-1}[(E-A)+(E+A)]=(E+A)^{-1}\cdot 2E=2(E+A)^{-1}$，

所以 $(B+E)^{-1}=\frac{1}{2}(E+A)$，选 B.

【例 6】A，B，C 是 n 阶矩阵，且 $ABC=E$，则必有（　　）.

(A) $CBA=E$　(B) $BCA=E$　(C) $BAC=E$　(D) $ACB=E$　(E) $CA=E$

[解析] 由 $ABC=E$ 知 A，B，C 均可逆，且 $A(BC)=(BC)A$ 或 $(AB)C=C(AB)=E$，选 B.

【例 7】已知 A 是 n 阶对称矩阵，且 A 可逆，如果 $(A-B)^2=E$，则 $[E^T+(A^{-1}B^T)]^T\cdot(AA^{-1}-BA^{-1})^{-1}$ 可以化简为（　　）.

(A) $A+B$　　(B) $A-B$　　(C) A^2-B^2

(D) $(A+B)(A-B)$　　(E) A^2+B^2

[解析] $[E^T+(A^{-1}B^T)]^T(AA^{-1}-BA^{-1})^{-1}$

$$=[E+B(A^{-1})^T][(A-B)A^{-1}]^{-1}=[E+B(A^T)^{-1}]A(A-B)^{-1}$$

$$=(E+BA^{-1})A(A-B)=(A+B)(A-B)$$，选 D.

题型 03 初等变换及初等矩阵

提示 初等变换是线性代数的核心技能，要掌握初等变换的应用及初等矩阵的功能.

【例 8】用初等变换方法求 $A=\begin{pmatrix}1&2&2\\2&1&-2\\2&-2&1\end{pmatrix}$ 的逆矩阵，逆矩阵所有元素之和为（　　）.

(A) $\frac{7}{9}$　　(B) $\frac{17}{9}$　　(C) 2　　(D) 7　　(E) 9

[解析] $(A\mid E)=\left(\begin{array}{ccc|ccc}1&2&2&1&0&0\\2&1&-2&0&1&0\\2&-2&1&0&0&1\end{array}\right)\xrightarrow[(2)-2\times(1)]{(3)-(2)}\left(\begin{array}{ccc|ccc}1&2&2&1&0&0\\0&-3&-6&-2&1&0\\0&-3&3&0&-1&1\end{array}\right)$

$$\xrightarrow{(3)-(2)}\left(\begin{array}{ccc|ccc}1&2&2&1&0&0\\0&-3&-6&-2&1&0\\0&0&9&2&-2&1\end{array}\right)\xrightarrow{\frac{1}{9}\times(3)}\left(\begin{array}{ccc|ccc}1&2&0&1&0&0\\0&-3&-6&-2&1&0\\0&0&1&\frac{2}{9}&-\frac{2}{9}&\frac{1}{9}\end{array}\right)$$

$$\xrightarrow[-\frac{1}{3}\times(2)-2\times(3)]{(1)-2\times(3)}\left(\begin{array}{ccc|ccc}1&2&0&\frac{5}{9}&\frac{4}{9}&-\frac{2}{9}\\0&1&0&\frac{2}{9}&\frac{1}{9}&-\frac{2}{9}\\0&0&1&\frac{2}{9}&-\frac{2}{9}&\frac{1}{9}\end{array}\right)$$

$$\xrightarrow{(1)-2\times(2)}\left(\begin{array}{ccc|ccc}1&0&0&\frac{1}{9}&\frac{2}{9}&\frac{2}{9}\\0&1&0&\frac{2}{9}&\frac{1}{9}&-\frac{2}{9}\\0&0&1&\frac{2}{9}&-\frac{2}{9}&\frac{1}{9}\end{array}\right)$$

所以 $A^{-1}=\frac{1}{9}\begin{pmatrix}1&2&2\\2&1&-2\\2&-2&1\end{pmatrix}$. 选 A.

【例 9】设 A 为三阶矩阵，将 A 的第 2 行加到第 1 行得 B，再将 B 的第 1 列的 -1 倍加到第 2 列得 C，记 $P=\begin{pmatrix}1&1&0\\0&1&0\\0&0&1\end{pmatrix}$，则（　　）.

(A) $C=P^{-1}AP$　　(B) $C=PAP^{-1}$　　(C) $C=P^{T}AP$

(D) $C=PAP^{T}$　　(E) $C=PAP$

[解析] 由题设可得 $B=\begin{pmatrix}1&1&0\\0&1&0\\0&0&1\end{pmatrix}A$，$C=B\begin{pmatrix}1&-1&0\\0&1&0\\0&0&1\end{pmatrix}=\begin{pmatrix}1&1&0\\0&1&0\\0&0&1\end{pmatrix}A\begin{pmatrix}1&-1&0\\0&1&0\\0&0&1\end{pmatrix}$，

而 $P^{-1}=\begin{pmatrix}1&-1&0\\0&1&0\\0&0&1\end{pmatrix}$，则有 $C=PAP^{-1}$. 故应选 B.

题型 04 求抽象矩阵的行列式

提示 在抽象矩阵的行列式中，通常用如下公式求解：

设 A 为 n 阶矩阵，B 为 m 阶矩阵，m 与 n 可以不相等，$*$ 表示任意.

$$\begin{vmatrix}A&O\\O&B\end{vmatrix}=\begin{vmatrix}A&*\\O&B\end{vmatrix}=\begin{vmatrix}A&O\\*&B\end{vmatrix}=|A|\cdot|B|.$$

$$\begin{vmatrix}O&A\\B&O\end{vmatrix}=\begin{vmatrix}*&A\\B&O\end{vmatrix}=\begin{vmatrix}O&A\\B&*\end{vmatrix}=(-1)^{mn}|A|\cdot|B|.$$

【例 10】A 是三阶矩阵，$|A|=5$，B 是二阶矩阵，$|B|=-2$，则 $\begin{vmatrix}O&A^*\\(3B)^{-1}&O\end{vmatrix}=$ (　　).

(A) $\frac{75}{2}$　　(B) $\frac{25}{6}$　　(C) $-\frac{50}{9}$　　(D) $-\frac{25}{18}$　　(E) $\frac{25}{18}$

[解析] 原式 $=(-1)^{3\times 2}|A^*||(3B)^{-1}|$

$=|A|^{3-1}\frac{1}{|3B|}=5^2\times\frac{1}{9\times(-2)}=-\frac{25}{18}$，选 D.

题型 05 考查矩阵的对称与反对称的定义

提示 在矩阵的对称与反对称判别中，要按照定义来判断. 如果 $A^{T}=A$，则称 A 为对称矩阵，如果 $A^{T}=-A$，则称 A 为反对称矩阵.

【例 11】A 是 n 阶对称矩阵，B 是 n 阶反对称矩阵，则 (　　) 是对称矩阵.

(A) $A+B$　　(B) $A-B^2$　　(C) $B-A^2$　　(D) AB　　(E) $A-B$

[解析] 有 $A-B^2=A-B\cdot B=A+B^{T}B$，

$(A-B^2)^{T}=(A+B^{T}B)^{T}=A^{T}+B^{T}B=A+B^{T}B$，从而选 B.

题型 06 考查矩阵的运算及方程

提示 在矩阵乘法中，AB 与 BA 一般不相等，当 $AB=BA$ 时，称 A 与 B 是可交换的. 当 A 与 B 可交换时，有以下等式成立：

$(A\pm B)^2=A^2\pm 2AB+B^2$；$(AB)^2=A^2B^2$，$(AB)^k=A^kB^k$；$(A+B)(A-B)=A^2-B^2$.

当 $B=E$ 时，上面等式任何情况下均成立.

【例 12】 $\boldsymbol{A}$，$\boldsymbol{B}$ 都是 n 阶可逆矩阵，且 $\boldsymbol{ABA}=\boldsymbol{A}^2\boldsymbol{B}$，则错误的是（　　）.

（A）$(\boldsymbol{A}+\boldsymbol{B})(\boldsymbol{A}-\boldsymbol{B})=\boldsymbol{A}^2-\boldsymbol{B}^2$　　（B）$(\boldsymbol{AB})^2=\boldsymbol{A}^2\boldsymbol{B}^2$

（C）$(\boldsymbol{A}+\boldsymbol{B})^2=\boldsymbol{A}^2+2\boldsymbol{AB}+\boldsymbol{B}^2$　　（D）$\boldsymbol{B}=k\boldsymbol{E}$

（E）$(\boldsymbol{A}-\boldsymbol{B})^2=\boldsymbol{A}^2-2\boldsymbol{AB}+\boldsymbol{B}^2$

［解析］ $\boldsymbol{ABA}=\boldsymbol{A}^2\boldsymbol{B}$，说明 $\boldsymbol{A}$ 与 $\boldsymbol{B}$ 是可交换的，所以选项 A、B、C、E 都成立，选 D.

【例 13】 设矩阵 $\boldsymbol{A}=\begin{pmatrix}2&0\\3&1\end{pmatrix}$，$\boldsymbol{B}=\begin{pmatrix}-1&1\\2&5\end{pmatrix}$，$\boldsymbol{B}^2-\boldsymbol{A}^2(\boldsymbol{B}^{-1}\boldsymbol{A})^{-1}$的主对角线之和为（　　）.

（A）24　　（B）20　　（C）18　　（D）16　　（E）12

［解析］ 因为 $|\boldsymbol{A}|=2$，$|\boldsymbol{B}|=-7$，所以都可逆，有

$$\boldsymbol{B}^2-\boldsymbol{A}^2(\boldsymbol{B}^{-1}\boldsymbol{A})^{-1}=\boldsymbol{B}^2-\boldsymbol{A}^2\boldsymbol{A}^{-1}\boldsymbol{B}=\boldsymbol{B}^2-\boldsymbol{AB}$$

$$=(\boldsymbol{B}-\boldsymbol{A})\boldsymbol{B}=\begin{pmatrix}-3&1\\-1&4\end{pmatrix}\begin{pmatrix}-1&1\\2&5\end{pmatrix}=\begin{pmatrix}5&2\\9&19\end{pmatrix}.$$ 选 A.

【例 14】 矩阵方程 $\boldsymbol{AX}+\boldsymbol{B}=\boldsymbol{X}$，其中 $\boldsymbol{A}=\begin{pmatrix}0&1&0\\-1&1&1\\-1&0&-1\end{pmatrix}$，$\boldsymbol{B}=\begin{pmatrix}1&-1\\2&0\\5&-3\end{pmatrix}$. 则 $\boldsymbol{X}$ 的第二列元素之和为（　　）.

（A）1　　（B）2　　（C）4　　（D）-4　　（E）-2

［解析］ $\boldsymbol{AX}+\boldsymbol{B}=\boldsymbol{X}\Rightarrow(\boldsymbol{A}-\boldsymbol{E})\boldsymbol{X}=-\boldsymbol{B}\Rightarrow\boldsymbol{X}=-(\boldsymbol{A}-\boldsymbol{E})^{-1}\boldsymbol{B}$，

$$(\boldsymbol{A}-\boldsymbol{E})^{-1}=\begin{pmatrix}0&-\frac{2}{3}&-\frac{1}{3}\\1&-\frac{2}{3}&-\frac{1}{3}\\0&\frac{1}{3}&-\frac{1}{3}\end{pmatrix}\Rightarrow\boldsymbol{X}=-(\boldsymbol{A}-\boldsymbol{E})^{-1}\boldsymbol{B}=\begin{pmatrix}3&-1\\2&0\\1&-1\end{pmatrix}.$$ 选 E.

【例 15】 已知三阶方阵 $\boldsymbol{A}=\begin{pmatrix}1&1&-1\\0&1&1\\0&0&-1\end{pmatrix}$，且 $\boldsymbol{A}^2-\boldsymbol{AB}=\boldsymbol{E}$，则 $\boldsymbol{B}$ 的第一行元素之和为（　　）.

（A）1　　（B）2　　（C）3　　（D）-2　　（E）-3

［解析］ $|\boldsymbol{A}|=-1$，$\boldsymbol{A}$ 可逆，$\boldsymbol{AB}=\boldsymbol{A}^2-\boldsymbol{E}\Rightarrow$

$$\boldsymbol{B}=\boldsymbol{A}-\boldsymbol{A}^{-1}=\begin{pmatrix}1&1&-1\\0&1&1\\0&0&-1\end{pmatrix}-\begin{pmatrix}1&-1&-2\\0&1&1\\0&0&-1\end{pmatrix}=\begin{pmatrix}0&2&1\\0&0&0\\0&0&0\end{pmatrix}.$$ 选 C.

第三节　点睛归纳

矩阵的运算包括转置、加法、减法、数乘和乘法. 矩阵的加减法和数乘称为矩阵的线性运算. 只有同型矩阵才能进行矩阵的加减运算，矩阵的乘法要求前面矩阵的列数和后面矩阵的行数相等，矩阵的乘法具有结合律但没有交换律，矩阵乘法对加法有左右分配律. 只有方阵才有矩阵幂的运算. 同阶方阵乘积的行列式等于各方阵因子行列式的乘积.

一、关于矩阵的计算

1. 矩阵的乘法一般没有交换律，即 $\boldsymbol{AB}\neq\boldsymbol{BA}$；常见可交换矩阵：

（1）逆 $\boldsymbol{A}^{-1}$：$\boldsymbol{A}\cdot\boldsymbol{A}^{-1}=\boldsymbol{A}^{-1}\cdot\boldsymbol{A}=\boldsymbol{E}$.

（2）单位矩阵 $\boldsymbol{E}$：$\boldsymbol{A}\cdot\boldsymbol{E}=\boldsymbol{E}\cdot\boldsymbol{A}=\boldsymbol{A}$.

（3）数量矩阵 $k\boldsymbol{E}$：$\boldsymbol{A}\cdot(k\boldsymbol{E})=(k\boldsymbol{E})\cdot\boldsymbol{A}=k\boldsymbol{A}$.

（4）零矩阵 $\boldsymbol{O}$：$\boldsymbol{A}\cdot\boldsymbol{O}=\boldsymbol{O}\cdot\boldsymbol{A}=\boldsymbol{O}$.

（5）幂：$\boldsymbol{A}^m\cdot\boldsymbol{A}^n=\boldsymbol{A}^n\cdot\boldsymbol{A}^m=\boldsymbol{A}^{m+n}$.

（6）伴随矩阵 $\boldsymbol{A}^*$：$\boldsymbol{A}\boldsymbol{A}^*=\boldsymbol{A}^*\boldsymbol{A}=|\boldsymbol{A}|\boldsymbol{E}$（重要）.

2. 一般说来：

$(\boldsymbol{A}+\boldsymbol{B})^2=\boldsymbol{A}^2+\boldsymbol{AB}+\boldsymbol{BA}+\boldsymbol{B}^2\neq\boldsymbol{A}^2+2\boldsymbol{AB}+\boldsymbol{B}^2$,

$(\boldsymbol{AB})^2=\boldsymbol{AB}\cdot\boldsymbol{AB}\neq\boldsymbol{A}^2\boldsymbol{B}^2$，$(\boldsymbol{AB})^k\neq\boldsymbol{A}^k\boldsymbol{B}^k$,

$(\boldsymbol{A}+\boldsymbol{B})(\boldsymbol{A}-\boldsymbol{B})\neq\boldsymbol{A}^2-\boldsymbol{B}^2$,

以上当且仅当 $\boldsymbol{A}$ 与 $\boldsymbol{B}$ 可交换时等式才成立.

3. $\boldsymbol{AB}=\boldsymbol{O}\not\Rightarrow\boldsymbol{A}=\boldsymbol{O}$ 或 $\boldsymbol{B}=\boldsymbol{O}$，当且仅当 $\boldsymbol{A}$ 或 $\boldsymbol{B}$ 可逆时左边才能推出右边；对于 $\boldsymbol{AB}=\boldsymbol{O}$，应该认识到 $\boldsymbol{B}$ 的每一列都是齐次方程组 $\boldsymbol{Ax}=\boldsymbol{0}$ 的解，若 $\boldsymbol{B}\neq\boldsymbol{O}$，则齐次方程组有非零解.

4. $\boldsymbol{AB}=\boldsymbol{AC}\not\Rightarrow\boldsymbol{B}=\boldsymbol{C}$，当且仅当 $\boldsymbol{A}$ 可逆时，左边才能推出右边.

5. $\boldsymbol{A}^2=\boldsymbol{A}\not\Rightarrow\boldsymbol{A}=\boldsymbol{E}$ 或 $\boldsymbol{A}=\boldsymbol{O}$，当 $\boldsymbol{A}$ 可逆时，才有 $\boldsymbol{A}=\boldsymbol{E}$；当 $\boldsymbol{A}-\boldsymbol{E}$ 可逆时，才有 $\boldsymbol{A}=\boldsymbol{O}$.

6. $\boldsymbol{A}^2=\boldsymbol{O}\not\Rightarrow\boldsymbol{A}=\boldsymbol{O}$，仅当 $\boldsymbol{A}$ 为对称矩阵，即 $\boldsymbol{A}=\boldsymbol{A}^{\mathrm{T}}$ 时，左边才能推出右边.

7. 注意数乘矩阵和数乘行列式的区别：$|k\boldsymbol{A}|=k^n|\boldsymbol{A}|\neq k|\boldsymbol{A}|$.

二、列表对比矩阵的逆、转置和伴随的公式

逆	转置	伴随
$(\boldsymbol{A}^{-1})^{-1}=\boldsymbol{A}$	$(\boldsymbol{A}^{\mathrm{T}})^{\mathrm{T}}=\boldsymbol{A}$	$(\boldsymbol{A}^*)^*=\|\boldsymbol{A}\|^{n-2}\boldsymbol{A}$
$(k\boldsymbol{A})^{-1}=k^{-1}\boldsymbol{A}^{-1}(k\neq0)$	$(k\boldsymbol{A})^{\mathrm{T}}=k\boldsymbol{A}^{\mathrm{T}}(k\in\mathbf{R})$	$(k\boldsymbol{A})^*=k^{n-1}\boldsymbol{A}^*(k\in\mathbf{R})$
$(\boldsymbol{AB})^{-1}=\boldsymbol{B}^{-1}\boldsymbol{A}^{-1}$	$(\boldsymbol{AB})^{\mathrm{T}}=\boldsymbol{B}^{\mathrm{T}}\boldsymbol{A}^{\mathrm{T}}$	$(\boldsymbol{AB})^*=\boldsymbol{B}^*\boldsymbol{A}^*$
$\|\boldsymbol{A}^{-1}\|=\|\boldsymbol{A}\|^{-1}$	$\|\boldsymbol{A}^{\mathrm{T}}\|=\|\boldsymbol{A}\|$	$\|\boldsymbol{A}^*\|=\|\boldsymbol{A}\|^{n-1}(n\geqslant2)$
一般$(\boldsymbol{A}\pm\boldsymbol{B})^{-1}\neq\boldsymbol{A}^{-1}\pm\boldsymbol{B}^{-1}$	$(\boldsymbol{A}\pm\boldsymbol{B})^{\mathrm{T}}=\boldsymbol{A}^{\mathrm{T}}\pm\boldsymbol{B}^{\mathrm{T}}$	一般$(\boldsymbol{A}\pm\boldsymbol{B})^*\neq\boldsymbol{A}^*\pm\boldsymbol{B}^*$

互换性：$(\boldsymbol{A}^{-1})^{\mathrm{T}}=(\boldsymbol{A}^{\mathrm{T}})^{-1}$，$(\boldsymbol{A}^{-1})^*=(\boldsymbol{A}^*)^{-1}$，$(\boldsymbol{A}^*)^{\mathrm{T}}=(\boldsymbol{A}^{\mathrm{T}})^*$，$(\boldsymbol{A}^k)^*=(\boldsymbol{A}^*)^k$；即这四种符号（$-1$，T，$*$，$k$）可以进行互换，以简化运算.

三、矩阵方程和可逆矩阵

矩阵不能规定除法，乘法的逆运算是解下面两种基本形式的矩阵方程：

$$(\text{Ⅰ})\ \boldsymbol{AX}=\boldsymbol{B}. \qquad (\text{Ⅱ})\ \boldsymbol{XA}=\boldsymbol{B}.$$

其中 $\boldsymbol{A}$ 必须是行列式不为0的 n 阶矩阵，在此条件下，这两个方程的解都是存在并且唯一的.

这些方程组系数矩阵都是 $\boldsymbol{A}$，可同时求解，即得

（Ⅰ）的解法：将 $\boldsymbol{A}$ 和 $\boldsymbol{B}$ 并列作矩阵 $(\boldsymbol{A}\mid\boldsymbol{B})$，对它作初等行变换，使得 $\boldsymbol{A}$ 变为单位矩阵，此时 $\boldsymbol{B}$ 变为解 $\boldsymbol{X}$.

$$(\boldsymbol{A}\mid\boldsymbol{B}) \rightarrow (\boldsymbol{E}\mid\boldsymbol{X})$$

（Ⅱ）的解法：对两边转置化为（Ⅰ）的形式：$\boldsymbol{A}^{\mathrm{T}}\boldsymbol{X}^{\mathrm{T}}=\boldsymbol{B}^{\mathrm{T}}$. 再用解（Ⅰ）的方法求出 $\boldsymbol{X}^{\mathrm{T}}$，转置得 $\boldsymbol{X}$.

$$(\boldsymbol{A}^{\mathrm{T}}\mid\boldsymbol{B}^{\mathrm{T}}) \rightarrow (\boldsymbol{E}\mid\boldsymbol{X}^{\mathrm{T}})$$

矩阵方程是历年考题中常见的题型，但是考试真题往往并不直接写成（Ⅰ）或（Ⅱ）的形式，要用恒等变形简化为以上基本形式再求解.

【例1】已知 $\boldsymbol{A}=\begin{pmatrix}1&1&-1\\0&1&1\\0&0&1\end{pmatrix}$，且 $\boldsymbol{A}^2-\boldsymbol{AB}=\boldsymbol{E}$，则 $\boldsymbol{B}$ 的第二列元素之和为（　　）.

（A）1　（B）-1　（C）2　（D）-2　（E）3

［解析］由 $\boldsymbol{A}^2-\boldsymbol{AB}=\boldsymbol{E}$ 得 $\boldsymbol{A}(\boldsymbol{A}-\boldsymbol{B})=\boldsymbol{E}$，而 $\boldsymbol{A}$ 可逆，所以 $\boldsymbol{B}=\boldsymbol{A}-\boldsymbol{A}^{-1}$. 用初等变换法或伴随矩阵法可求得 $\boldsymbol{A}^{-1}=\begin{pmatrix}1&-1&2\\0&1&-1\\0&0&1\end{pmatrix}$，所以 $\boldsymbol{B}=\begin{pmatrix}0&2&-3\\0&0&2\\0&0&0\end{pmatrix}$. 选C.

【例2】$\boldsymbol{A}$ 是四阶矩阵，且 $r(\boldsymbol{A}^*)=1$，则 $r(\boldsymbol{A})=$（　　）.

（A）1　（B）2　（C）3　（D）4　（E）0

［解析］根据 $r(\boldsymbol{A}^*_{n\times n})=\begin{cases}n & r(\boldsymbol{A})=n\\1 & r(\boldsymbol{A})=n-1\\0 & r(\boldsymbol{A})<n-1\end{cases}$，得到 $r(\boldsymbol{A})=3$，所以选C.

【例3】$\boldsymbol{A}$ 是 n 阶矩阵，且满足 $\boldsymbol{A}^2+\boldsymbol{A}=\boldsymbol{O}$，则错误的是（　　）.

（A）$\boldsymbol{A}+2\boldsymbol{E}$ 可逆　（B）$\boldsymbol{A}+\boldsymbol{E}$ 可逆　（C）$\boldsymbol{A}-\boldsymbol{E}$ 可逆

（D）$\boldsymbol{A}-2\boldsymbol{E}$ 可逆　（E）$\boldsymbol{A}+3\boldsymbol{E}$ 可逆

［解析］已知 $\boldsymbol{A}^2+\boldsymbol{A}=\boldsymbol{O}$ 得到 $\boldsymbol{A}(\boldsymbol{A}+\boldsymbol{E})=\boldsymbol{O}$，

两边取行列式 $|\boldsymbol{A}|\,|\boldsymbol{A}+\boldsymbol{E}|=0$，所以不一定 $|\boldsymbol{A}+\boldsymbol{E}|\neq0$，选B.

【例 4】 已知 $A=\begin{pmatrix}\frac{1}{7}&0&0\\0&\frac{1}{4}&0\\0&0&\frac{1}{3}\end{pmatrix}$，且 $A^{-1}BA=6A+BA$，则 $B=$（　　）.

(A) $\begin{pmatrix}1&0&0\\0&2&0\\0&0&3\end{pmatrix}$　　(B) $\begin{pmatrix}3&0&0\\0&2&0\\0&0&1\end{pmatrix}$　　(C) $\begin{pmatrix}0&0&1\\0&2&0\\3&0&0\end{pmatrix}$

(D) $\begin{pmatrix}6&0&0\\0&\frac{1}{3}&0\\0&0&\frac{1}{2}\end{pmatrix}$　　(E) $\begin{pmatrix}0&0&3\\0&2&0\\1&0&0\end{pmatrix}$

[解析] 等式两边右乘 A^{-1} 得到 $A^{-1}B=6E+B$，整理有 $B=6(A^{-1}-E)^{-1}$.

因为 $A^{-1}=\begin{pmatrix}7&0&0\\0&4&0\\0&0&3\end{pmatrix}$，所以 $B=6\begin{pmatrix}6&0&0\\0&3&0\\0&0&2\end{pmatrix}^{-1}$，选 A.

第四节　阶梯训练

基础能力题

1. 设 A，B 均为 n 阶方阵，则下面结论正确的是（　　）.

(A) 若 A 或 B 可逆，则 AB 必可逆　　(B) 若 A 或 B 不可逆，则 AB 必不可逆

(C) 若 A，B 均可逆，则 $A+B$ 必可逆　　(D) 若 A，B 均不可逆，则 $A+B$ 必不可逆

(E) 若 A，B 均可逆，则 $A-B$ 必可逆

2. 设 A，B 均为 n 阶方阵，且 $A(B-E)=O$，则（　　）.

(A) $A=O$ 或 $B=E$　　(B) $|A|=0$ 或 $|B-E|=0$

(C) $|A|=0$ 或 $|B|=1$　　(D) $A=BA$

(E) $B=BA$

3. 设 A，B 均为 n 阶非零矩阵，且 $AB=O$，则 A 和 B 的秩（　　）.

(A) 必有一个为零　　(B) 一个等于 n，一个小于 n

(C) 都等于 n　　(D) 都小于 n

(E) 都为 1

4. 设 n 阶方阵 A 经过初等变换后得方阵 B，则（　　）.

(A) $|A|=|B|$　　(B) $|A|\neq|B|$

(C) $|A||B|>0$　　(D) 若 $|A|=0$，则 $|B|=0$

(E) $A=-B$

5. 设$\boldsymbol{A}$，$\boldsymbol{B}$均为n阶方阵，$\boldsymbol{E}+\boldsymbol{AB}$可逆，则$\boldsymbol{E}+\boldsymbol{BA}$也可逆，且$(\boldsymbol{E}+\boldsymbol{BA})^{-1}=$（ ）.

(A) $\boldsymbol{E}+\boldsymbol{A}^{-1}\boldsymbol{B}^{-1}$ (B) $\boldsymbol{E}+\boldsymbol{B}^{-1}\boldsymbol{A}^{-1}$

(C) $\boldsymbol{E}-\boldsymbol{B}(\boldsymbol{E}+\boldsymbol{AB})^{-1}\boldsymbol{A}$ (D) $\boldsymbol{B}(\boldsymbol{E}+\boldsymbol{AB}^{-1})\boldsymbol{A}$

(E) $\boldsymbol{E}+\boldsymbol{AB}^{-1}$

6. 设n阶方阵$\boldsymbol{A}$，$\boldsymbol{B}$，$\boldsymbol{C}$满足$\boldsymbol{ABC}=\boldsymbol{E}$，则必有（ ）.

(A) $\boldsymbol{ACB}=\boldsymbol{E}$ (B) $\boldsymbol{BAC}=\boldsymbol{E}$ (C) $\boldsymbol{CBA}=\boldsymbol{E}$ (D) $\boldsymbol{BCA}=\boldsymbol{E}$ (E) $\boldsymbol{AB}=\boldsymbol{C}$

7. 设n阶方阵$\boldsymbol{A}$，$\boldsymbol{B}$，$\boldsymbol{C}$均是可逆方阵，则$(\boldsymbol{ACB}^{\mathrm{T}})^{-1}=$（ ）.

(A) $(\boldsymbol{B}^{-1})^{-1}\boldsymbol{A}^{-1}\boldsymbol{C}^{-1}$ (B) $\boldsymbol{A}^{-1}\boldsymbol{C}^{-1}\ (\boldsymbol{B}^{\mathrm{T}})^{-1}$

(C) $\boldsymbol{B}^{-1}\boldsymbol{C}^{-1}\boldsymbol{A}^{-1}$ (D) $(\boldsymbol{B}^{-1})^{\mathrm{T}}\boldsymbol{C}^{-1}\boldsymbol{A}^{-1}$

(E) $\boldsymbol{B}^{-1}\boldsymbol{CA}^{-1}$

8. 设$\boldsymbol{A}$是$m\times n$矩阵，$\boldsymbol{B}$是$n\times m$矩阵，则（ ）.

(A) $m>n$时必有$|\boldsymbol{AB}|=0$ (B) $m<n$时必有$|\boldsymbol{AB}|=0$

(C) $m>n$时必有$|\boldsymbol{AB}|\neq 0$ (D) $m<n$时必有$|\boldsymbol{AB}|\neq 0$

(E) $m=n$时必有$|\boldsymbol{AB}|\neq 0$

9. 设$\boldsymbol{A}=\begin{pmatrix} a & b & b \\ b & a & b \\ b & b & a \end{pmatrix}$，$\boldsymbol{A}$的伴随矩阵的秩为1，则（ ）.

(A) $a=b$或$a+2b=0$ (B) $a\neq b$且$a+2b=0$

(C) $a=b$或$a+2b\neq 0$ (D) $a\neq b$且$a+2b\neq 0$

(E) $a\neq b$或$a+2b\neq 0$

10. 设$\boldsymbol{A}$为n阶非零矩阵，$\boldsymbol{E}$为n阶单位矩阵. 若$\boldsymbol{A}^3=\boldsymbol{O}$，则（ ）.

(A) $\boldsymbol{E}-\boldsymbol{A}$不可逆，$\boldsymbol{E}+\boldsymbol{A}$不可逆

(B) $\boldsymbol{E}-\boldsymbol{A}$不可逆，$\boldsymbol{E}+\boldsymbol{A}$可逆

(C) $\boldsymbol{E}-\boldsymbol{A}$可逆，$\boldsymbol{E}+\boldsymbol{A}$可逆

(D) $\boldsymbol{E}-\boldsymbol{A}$可逆，$\boldsymbol{E}+\boldsymbol{A}$不可逆

(E) $\boldsymbol{E}-\boldsymbol{A}$和$\boldsymbol{A}$都不可逆

11. 设$\boldsymbol{A}=\begin{pmatrix} 1 & -1 & 1 \\ 1 & 2 & 3 \end{pmatrix}$，$\boldsymbol{A}^{\mathrm{T}}$为$\boldsymbol{A}$的转置矩阵，则行列式$|\boldsymbol{A}^{\mathrm{T}}\boldsymbol{A}|=$（ ）.

(A) 1 (B) -1 (C) 2 (D) -2 (E) 0

12. 已知$\begin{pmatrix} a & 1 & 1 \\ 3 & 0 & 1 \\ 0 & 2 & -1 \end{pmatrix}\begin{pmatrix} 3 \\ a \\ -3 \end{pmatrix}=\begin{pmatrix} b \\ 6 \\ -b \end{pmatrix}$，则$a$和$b$的值为（ ）.

(A) $a=0$，$b=3$ (B) $a=1$，$b=-3$

(C) $a=0$，$b=-3$ (D) $a=-3$，$b=0$

(E) $a=-3$，$b=1$

13. 设$\boldsymbol{A}=\begin{pmatrix} 0 & -1 & 0 \\ 1 & 0 & 0 \\ 0 & 0 & -1 \end{pmatrix}$，则$\boldsymbol{A}^{2022}-3\boldsymbol{A}^2=$（ ）.

(A) $\begin{pmatrix}2&&\\&1&\\&&2\end{pmatrix}$ (B) $\begin{pmatrix}2&&\\&2&\\&&2\end{pmatrix}$ (C) $\begin{pmatrix}2&&\\&-2&\\&&2\end{pmatrix}$

(D) $\begin{pmatrix}-2&&\\&2&\\&&2\end{pmatrix}$ (E) $\begin{pmatrix}2&&\\&2&\\&&-2\end{pmatrix}$

14. 若 $\boldsymbol{A}$，$\boldsymbol{B}$ 均为三阶方阵，且 $|\boldsymbol{A}|=2$，$\boldsymbol{B}=-2\boldsymbol{E}$，则 $|\boldsymbol{AB}|=$（　　）.

(A) 4 (B) -4 (C) 16 (D) -16 (E) 8

15. $\boldsymbol{A}$ 为三阶方阵，且 $|\boldsymbol{A}|=-2$，$\boldsymbol{A}=\begin{pmatrix}\boldsymbol{A}_1\\\boldsymbol{A}_2\\\boldsymbol{A}_3\end{pmatrix}$，则 $\begin{vmatrix}\boldsymbol{A}_3-2\boldsymbol{A}_1\\3\boldsymbol{A}_2\\\boldsymbol{A}_1\end{vmatrix}=$（　　），其中 $\boldsymbol{A}_1$，$\boldsymbol{A}_2$，$\boldsymbol{A}_3$ 分别为 $\boldsymbol{A}$ 的第1，2，3 行.

(A) 2 (B) 4 (C) 6 (D) -6 (E) -4

16. 已知 $\boldsymbol{\alpha}=(1,1,1)$，则 $|\boldsymbol{\alpha}^{\mathrm{T}}\boldsymbol{\alpha}|=$（　　）.

(A) 0 (B) 1 (C) -1 (D) 2 (E) -2

17. 设 $\boldsymbol{A}=\begin{pmatrix}1&0&1\\0&2&0\\2&0&1\end{pmatrix}$满足 $\boldsymbol{A}^2\boldsymbol{B}-\boldsymbol{A}-\boldsymbol{B}=\boldsymbol{E}$，则 $|\boldsymbol{B}|=$（　　）.

(A) $\frac{1}{2}$ (B) $-\frac{1}{2}$ (C) 1 (D) -1 (E) 2

18. 设矩阵 $\boldsymbol{B}=\begin{pmatrix}1&1&-6&-10\\2&5&a&1\\1&2&-1&-a\end{pmatrix}$的秩为2，则 $a=$（　　）.

(A) 1 (B) -1 (C) 2 (D) -2 (E) 3

19. 设矩阵 $\boldsymbol{A}=\begin{pmatrix}k&1&1&1\\1&k&1&1\\1&1&k&1\\1&1&1&k\end{pmatrix}$，且 $r(\boldsymbol{A})=3$，则 $k=$（　　）.

(A) 1 (B) -1 (C) -3 (D) 3 (E) 1 或 -3

20. 设矩阵 $\boldsymbol{A}=\begin{pmatrix}1&1&2\\1&1&-1\\2&-1&1\end{pmatrix}$，$\boldsymbol{B}=\begin{pmatrix}1&2&3\\-1&-2&2\\0&3&-1\end{pmatrix}$，求 $(\boldsymbol{AB})^{\mathrm{T}}$ 及 $3\boldsymbol{AB}-2\boldsymbol{A}^{\mathrm{T}}$.

21. 下列结论正确的有（　　）个，其中 $\boldsymbol{A}$，$\boldsymbol{B}$ 均为 n 阶方阵.

(1) 如果 $\boldsymbol{A}^2=\boldsymbol{O}$ 则 $\boldsymbol{A}=\boldsymbol{O}$；

(2) 如果 $\boldsymbol{A}^2=\boldsymbol{A}$，则 $\boldsymbol{A}=\boldsymbol{O}$ 或 $\boldsymbol{A}=\boldsymbol{E}$；

(3) 如果 $\boldsymbol{AX}=\boldsymbol{AY}$，则 $\boldsymbol{X}=\boldsymbol{Y}$；

(4) 方阵 $\boldsymbol{A}$ 和 $\boldsymbol{B}$ 的乘积 $\boldsymbol{AB}=\boldsymbol{O}$（其中 $\boldsymbol{O}$ 为零矩阵），且 $\boldsymbol{A}\neq\boldsymbol{O}$，则 $\boldsymbol{B}=\boldsymbol{O}$；

(5) 设方阵 $\boldsymbol{A}$，$\boldsymbol{B}$ 均可逆，则 $\boldsymbol{A}^{-1}+\boldsymbol{B}^{-1}$可逆.

(A) 0 (B) 1 (C) 2 (D) 3 (E) 4

22. $A=\begin{pmatrix}2&1&4&0\\1&-1&3&3\end{pmatrix}\begin{pmatrix}1&3&-1\\0&1&-2\\1&-3&1\\2&0&-1\end{pmatrix}$，则矩阵 A 的第 3 列元素之和为（　　）.

（A）2　（B）-1　（C）1　（D）-2　（E）3

23. $A=\begin{pmatrix}2&1&3\\0&1&-1\\0&0&5\end{pmatrix}\begin{pmatrix}-1&2&0\\0&1&7\\0&0&-3\end{pmatrix}$，则矩阵 A 的主对角线元素之和为（　　）.

（A）-14　（B）-15　（C）-16　（D）-18　（E）16

24. $(1\quad 2\quad 3)\begin{pmatrix}3\\2\\-1\end{pmatrix}=$（　　）.

（A）4　（B）3　（C）2　（D）1　（E）-1

25. $(x_1\quad x_2\quad x_3)\begin{pmatrix}a_{11}&a_{12}&a_{13}\\a_{21}&a_{22}&a_{23}\\a_{31}&a_{32}&a_{33}\end{pmatrix}\begin{pmatrix}x_1\\x_2\\x_3\end{pmatrix}$中 x_2x_3 的系数为（　　）.

（A）$a_{12}+a_{21}$　（B）$a_{13}+a_{31}$　（C）$a_{23}+a_{31}$
（D）$a_{12}+a_{31}$　（E）$a_{23}+a_{32}$

26. 已知 $A=\begin{pmatrix}2&1&0\\1&2&1\\0&1&2\end{pmatrix}$，$C=\begin{pmatrix}1&2\\3&4\\2&1\end{pmatrix}$，$AX=X+C$，则 X 的第 2 列元素之和为（　　）.

（A）1　（B）2　（C）3　（D）4　（E）-2

27. 设矩阵 $A=\begin{pmatrix}2&1\\-1&2\end{pmatrix}$，$E$ 为二阶单位矩阵，矩阵 B 满足 $BA=B+2E$，则 $|B|=$（　　）.

（A）1　（B）2　（C）-1　（D）-2　（E）3

基础能力题详解

1. **B**　A 可逆$\Leftrightarrow|A|\neq0$，A 不可逆$\Leftrightarrow|A|=0$.

（A）若 A 可逆，B 不可逆$\Rightarrow|A|\neq0$，$|B|=0$，$|AB|=|A|\cdot|B|=0$，故 AB 不可逆，故(A)错误.

（B）$|A|=0$ 或 $|B|=0\Rightarrow|AB|=|A|\cdot|B|=0$，故(B)正确.

（C）设 A 可逆，则 $B=-A$ 也可逆，但 $A+B=A-A=O$ 不可逆，故(C)错误.

（D）$A=\begin{pmatrix}0&0\\0&1\end{pmatrix}$，$B=\begin{pmatrix}1&0\\0&0\end{pmatrix}$均不可逆，但 $A+B=\begin{pmatrix}1&0\\0&1\end{pmatrix}$可逆，故(D)错误.

（E）$A=B=\begin{pmatrix}1&0\\0&1\end{pmatrix}$均可逆，但 $A-B=\begin{pmatrix}0&0\\0&0\end{pmatrix}$不可逆，故(E)错误.

2. **B**　$A(B-E)=O$，两边取行列式，则 $|A|\cdot|B-E|=0$，故 $|A|=0$ 或 $|B-E|=0$，故（B）正确.

（A）反例：$A(B-E)=\begin{pmatrix}1&0\\0&0\end{pmatrix}\begin{pmatrix}0&0\\0&1\end{pmatrix}=\begin{pmatrix}0&0\\0&0\end{pmatrix}=O$.

(C) $|B-E|=0 \nRightarrow |B|=1$，故(C)错.

(D) $A(B-E)=O \Leftrightarrow AB-A=O \Leftrightarrow AB=A \nRightarrow A=BA$，故(D)错.

(E) 无法由已知得出 $B=BA$，故(E)错.

3. D　方法一：$AB=O$，因此 $r(A)+r(B)\leqslant n$，又 A，B 均为非零矩阵，故 $r(A)\geqslant 1$，$r(B)\geqslant 1$，$r(A)\leqslant n-r(B)\leqslant n-1<n$，同理 $r(B)<n$，故(D)正确.

方法二：

反证：若 A 可逆，则 $A^{-1}AB=B=A^{-1}O=O$，与 $B\neq O$ 矛盾；

若 B 可逆，则 $A=ABB^{-1}=OB^{-1}=O$，与 $A\neq O$ 矛盾. 故 A 和 B 的秩都小于 n.

4. D　由题意知 $A\cong B$，故存在可逆阵 P，Q，使 $PAQ=B$，$|P|\neq 0$，$|Q|\neq 0$，由 $|PAQ|=|P|\cdot|A|\cdot|Q|=|B|$ 得 $|A|=0\Leftrightarrow|B|=0$，$|A|\neq 0\Leftrightarrow|B|\neq 0$. 故(D)正确. (A)(B)(C)均不正确，由 $|P|\cdot|A|\cdot|Q|=|B|$，可构造 P，Q，使(A)(B)(C)不成立. (E)显然也不正确.

5. C　经验证知 (C) 正确，即

$(E+BA)^{-1}=E-B(E+AB)^{-1}A\Leftrightarrow(E+BA)[E-B(E+AB)^{-1}A]=E$，

$$E+BA-B(E+AB)^{-1}A-BAB(E+AB)^{-1}A=E+BA-B(E+AB)(E+AB)^{-1}A$$
$$=E+BA-BA=E.$$

6. D　由 $ABC=E$，则 $(AB)C=E$，AB 与 C 互逆，故有 $CAB=E$. 同理有 $A(BC)=E$，A 与 BC 互逆，故有 $BCA=E$，故(D)正确.

7. D　$(ACB^{\mathrm{T}})^{-1}=(B^{\mathrm{T}})^{-1}C^{-1}A^{-1}=(B^{-1})^{\mathrm{T}}C^{-1}A^{-1}$，故(D)正确.

8. A　对(A)(C)有 $m>n$，$r(AB)_{m\times m}\leqslant r(A)\leqslant n<m\Rightarrow|AB|=0$，故(A)正确；

对(B)(D)有 $m<n$，$r(AB)_{m\times m}\leqslant r(A)\leqslant m<n$，$r(AB)\begin{cases}=m\Leftrightarrow|AB|\neq 0\\<m\Leftrightarrow|AB|=0\end{cases}$，

均有可能，故(B)(D)错误. (E)显然也不正确.

9. B　$r(A^*)=\begin{cases}n & r(A)=n\\1 & r(A)=n-1\\0 & r(A)\leqslant n-2\end{cases}$，此题有 $r(A^*)=\begin{cases}3 & r(A)=3\\1 & r(A)=2\\0 & r(A)\leqslant 1\end{cases}$，

由 $r(A^*)=1\Rightarrow r(A)=2\Rightarrow|A|=0$.

$$|A|=\begin{vmatrix}a&b&b\\b&a&b\\b&b&a\end{vmatrix}=a^3+2b^3-3ab^2=(a-b)^2(a+2b)=0\Rightarrow a=b \text{ 或 } a+2b=0.$$

若 $a=b$，$A=\begin{pmatrix}b&b&b\\b&b&b\\b&b&b\end{pmatrix}$，$r(A)=1$ 与 $r(A)=2$ 矛盾；

若 $a+2b=0$，$a=-2b$，此时 $b\neq 0$，若 $b=0$，则 $a-2b=0$，$A=\begin{pmatrix}0&0&0\\0&0&0\\0&0&0\end{pmatrix}$，与 $r(A)=2$ 矛盾，故 $b\neq 0$. $A=\begin{pmatrix}-2b&b&b\\b&-2b&b\\b&b&-2b\end{pmatrix}$，$\begin{vmatrix}-2b&b\\b&-2b\end{vmatrix}=3b^2\neq 0$，故 $r(A)=2$.

综上所述，$a\neq b$ 且 $a+2b=0$，(B)正确.

10. C $(\boldsymbol{E}-\boldsymbol{A})(\boldsymbol{E}+\boldsymbol{A}+\boldsymbol{A}^2)=\boldsymbol{E}-\boldsymbol{A}^3=\boldsymbol{E}$，$(\boldsymbol{E}+\boldsymbol{A})(\boldsymbol{E}-\boldsymbol{A}+\boldsymbol{A}^2)=\boldsymbol{E}+\boldsymbol{A}^3=\boldsymbol{E}$，故 $\boldsymbol{E}-\boldsymbol{A}$，$\boldsymbol{E}+\boldsymbol{A}$ 均可逆.

11. E $\boldsymbol{A}^{\mathrm{T}}\boldsymbol{A}$ 是三阶矩阵，$\boldsymbol{A}$ 为 2×3 矩阵，得 $r(\boldsymbol{A}^{\mathrm{T}}\boldsymbol{A})\leqslant r(\boldsymbol{A})\leqslant2$，故 $|\boldsymbol{A}^{\mathrm{T}}\boldsymbol{A}|=0$.

12. C $\begin{pmatrix}a&1&1\\3&0&1\\0&2&-1\end{pmatrix}\begin{pmatrix}3\\a\\-3\end{pmatrix}=\begin{pmatrix}b\\6\\-b\end{pmatrix}\Leftrightarrow\begin{cases}3a+a-3=b\\9-3=6\\2a+3=-b\end{cases}\Leftrightarrow\begin{cases}4a-b=3\\2a+b=-3\end{cases}\Leftrightarrow\begin{cases}a=0\\b=-3\end{cases}$.

13. E $\boldsymbol{A}=\begin{pmatrix}0&-1&0\\1&0&0\\0&0&-1\end{pmatrix}$，$\boldsymbol{A}^2=\begin{pmatrix}-1&&\\&-1&\\&&1\end{pmatrix}$，$\boldsymbol{A}^4=\begin{pmatrix}1&&\\&1&\\&&1\end{pmatrix}=\boldsymbol{E}$.

$$\boldsymbol{A}^{2022}-3\boldsymbol{A}^2=\boldsymbol{A}^{2020+2}-3\boldsymbol{A}^2=\boldsymbol{A}^2-3\boldsymbol{A}^2=-2\boldsymbol{A}^2=\begin{pmatrix}2&&\\&2&\\&&-2\end{pmatrix}.$$

14. D $|\boldsymbol{AB}|=|\boldsymbol{A}|\cdot|\boldsymbol{B}|=2\cdot|-2\boldsymbol{E}_{3\times3}|=2\cdot(-2)^3\cdot|\boldsymbol{E}|=-16$.

15. C $\begin{vmatrix}\boldsymbol{A}_3-2\boldsymbol{A}_1\\3\boldsymbol{A}_2\\\boldsymbol{A}_1\end{vmatrix}=\begin{vmatrix}\boldsymbol{A}_3\\3\boldsymbol{A}_2\\\boldsymbol{A}_1\end{vmatrix}-\begin{vmatrix}2\boldsymbol{A}_1\\3\boldsymbol{A}_2\\\boldsymbol{A}_1\end{vmatrix}=3\begin{vmatrix}\boldsymbol{A}_3\\\boldsymbol{A}_2\\\boldsymbol{A}_1\end{vmatrix}-0=-3\begin{vmatrix}\boldsymbol{A}_1\\\boldsymbol{A}_2\\\boldsymbol{A}_3\end{vmatrix}=-3|\boldsymbol{A}|=6$.

16. A $|\boldsymbol{\alpha}^{\mathrm{T}}\boldsymbol{\alpha}|=\left|\begin{pmatrix}1\\1\\1\end{pmatrix}(1\quad1\quad1)\right|=\begin{vmatrix}1&1&1\\1&1&1\\1&1&1\end{vmatrix}=0$.

17. B $\boldsymbol{A}^2\boldsymbol{B}-\boldsymbol{A}-\boldsymbol{B}=\boldsymbol{E}\Rightarrow(\boldsymbol{A}^2-\boldsymbol{E})\boldsymbol{B}=\boldsymbol{A}+\boldsymbol{E}\Rightarrow(\boldsymbol{A}+\boldsymbol{E})(\boldsymbol{A}-\boldsymbol{E})\boldsymbol{B}=\boldsymbol{A}+\boldsymbol{E}$，两边取行列式得 $|\boldsymbol{A}+\boldsymbol{E}|\cdot|\boldsymbol{A}-\boldsymbol{E}|\cdot|\boldsymbol{B}|=|\boldsymbol{A}+\boldsymbol{E}|$，

$$|\boldsymbol{A}+\boldsymbol{E}|=6,\ |\boldsymbol{A}-\boldsymbol{E}|=-2\Rightarrow|\boldsymbol{B}|=-\frac{1}{2}.$$

18. E 由 $\boldsymbol{B}$ 的秩为 2，则 $\boldsymbol{B}$ 的所有三阶子式为 0，

$$\begin{vmatrix}1&1&-6\\2&5&a\\1&2&-1\end{vmatrix}=\begin{vmatrix}1&1&-6\\0&3&a+12\\0&1&5\end{vmatrix}=-\begin{vmatrix}1&1&-6\\0&1&5\\0&3&a+12\end{vmatrix}=-\begin{vmatrix}1&1&-6\\0&1&5\\0&0&a-3\end{vmatrix}$$
$$=-(a-3)=0\Rightarrow a=3.$$

19. C 由 $r(\boldsymbol{A})=3$ 知 $|\boldsymbol{A}|=0$，即

$$|\boldsymbol{A}|=\begin{vmatrix}k&1&1&1\\1&k&1&1\\1&1&k&1\\1&1&1&k\end{vmatrix}=\begin{vmatrix}k+3&k+3&k+3&k+3\\1&k&1&1\\1&1&k&1\\1&1&1&k\end{vmatrix}=(k+3)\begin{vmatrix}1&1&1&1\\0&k-1&0&0\\0&0&k-1&0\\0&0&0&k-1\end{vmatrix}$$
$$=(k+3)(k-1)^3=0\Rightarrow k=1\text{ 或 }-3.$$

若 $k=1$，则 $|\boldsymbol{A}|=\begin{vmatrix}1&1&1&1\\1&1&1&1\\1&1&1&1\\1&1&1&1\end{vmatrix}$，$r(\boldsymbol{A})=1$，与已知矛盾，故 $k\neq1$；

若 $k=-3$，则 $|\boldsymbol{A}|=\begin{vmatrix}-3&1&1&1\\1&-3&1&1\\1&1&-3&1\\1&1&1&-3\end{vmatrix}$，$r(\boldsymbol{A})=3$，因为有一个三阶子式

$\begin{vmatrix}-3&1&1\\1&-3&1\\1&1&-3\end{vmatrix}=-16\neq0$，与已知相符，故 $k=-3$.

20. $\boldsymbol{AB}=\begin{pmatrix}0&6&3\\0&-3&6\\3&9&3\end{pmatrix}$，$\boldsymbol{A}^{\mathrm{T}}=\begin{pmatrix}1&1&2\\1&1&-1\\2&-1&1\end{pmatrix}$，$(\boldsymbol{AB})^{\mathrm{T}}=\begin{pmatrix}0&0&3\\6&-3&9\\3&6&3\end{pmatrix}$.

$$3\boldsymbol{AB}-2\boldsymbol{A}^{\mathrm{T}}=3\begin{pmatrix}0&6&3\\0&-3&6\\3&9&3\end{pmatrix}-2\begin{pmatrix}1&1&2\\1&1&-1\\2&-1&1\end{pmatrix}=\begin{pmatrix}0&18&9\\0&-9&18\\9&27&9\end{pmatrix}-\begin{pmatrix}2&2&4\\2&2&-2\\4&-2&2\end{pmatrix}=\begin{pmatrix}-2&16&5\\-2&-11&20\\5&29&7\end{pmatrix}.$$

21. A （1）$\boldsymbol{A}=\begin{pmatrix}0&1\\0&0\end{pmatrix}$，$\boldsymbol{A}^2=\boldsymbol{O}$，但 $\boldsymbol{A}\neq\boldsymbol{O}$；故(1)错误.

（2）$\boldsymbol{A}=\begin{pmatrix}1&0\\0&0\end{pmatrix}$，$\boldsymbol{A}^2=\boldsymbol{A}$，但 $\boldsymbol{A}\neq\boldsymbol{O}$ 或 $\boldsymbol{A}\neq\boldsymbol{E}$；故(2)错误.

（3）$\boldsymbol{A}=\begin{pmatrix}1&0\\0&0\end{pmatrix}$，$\boldsymbol{X}=\begin{pmatrix}1&1\\-1&1\end{pmatrix}$，$\boldsymbol{Y}=\begin{pmatrix}1&1\\0&1\end{pmatrix}$，$\boldsymbol{AX}=\boldsymbol{AY}$，但 $\boldsymbol{X}\neq\boldsymbol{Y}$；故(3)错误.

（4）$\boldsymbol{A}=\begin{pmatrix}1&0\\0&0\end{pmatrix}$，$\boldsymbol{B}=\begin{pmatrix}0&0\\1&1\end{pmatrix}$，$\boldsymbol{AB}=\begin{pmatrix}1&0\\0&0\end{pmatrix}\begin{pmatrix}0&0\\1&1\end{pmatrix}=\begin{pmatrix}0&0\\0&0\end{pmatrix}$；故(4)错误.

（5）$\boldsymbol{A}=\begin{pmatrix}1&0\\0&-1\end{pmatrix}$，$\boldsymbol{B}=\begin{pmatrix}-1&0\\0&1\end{pmatrix}$均可逆，但 $\boldsymbol{A}^{-1}+\boldsymbol{B}^{-1}=\begin{pmatrix}0&0\\0&0\end{pmatrix}$不可逆. 故(5)错误.

22. C $\begin{pmatrix}2&1&4&0\\1&-1&3&3\end{pmatrix}\begin{pmatrix}1&3&-1\\0&1&-2\\1&-3&1\\2&0&-1\end{pmatrix}=\begin{pmatrix}6&-5&0\\10&-7&1\end{pmatrix}$. 第3列元素之和为1.

23. C $\begin{pmatrix}2&1&3\\0&1&-1\\0&0&5\end{pmatrix}\begin{pmatrix}-1&2&0\\0&1&7\\0&0&-3\end{pmatrix}=\begin{pmatrix}-2&5&-2\\0&1&10\\0&0&-15\end{pmatrix}$. 主对角线元素之和为 -16.

24. A $(1\quad 2\quad 3)\begin{pmatrix}3\\2\\-1\end{pmatrix}=1\times3+2\times2-3\times1=4$.

25. E $(x_1\quad x_2\quad x_3)\begin{pmatrix}a_{11}&a_{12}&a_{13}\\a_{21}&a_{22}&a_{23}\\a_{31}&a_{32}&a_{33}\end{pmatrix}\begin{pmatrix}x_1\\x_2\\x_3\end{pmatrix}$

$=(a_{11}x_1+a_{21}x_2+a_{31}x_3\quad a_{12}x_1+a_{22}x_2+a_{32}x_3\quad a_{13}x_1+a_{23}x_2+a_{33}x_3)\begin{pmatrix}x_1\\x_2\\x_3\end{pmatrix}$

$=a_{11}x_1^2+a_{22}x_2^2+a_{33}x_3^2+(a_{12}+a_{21})x_1x_2+(a_{13}+a_{31})x_1x_3+(a_{23}+a_{32})x_2x_3.$

26. D $AX=X+C\Rightarrow X=(A-E)^{-1}C$，其中 $A-E=\begin{pmatrix}1&1&0\\1&1&1\\0&1&1\end{pmatrix}$，$C=\begin{pmatrix}1&2\\3&4\\2&1\end{pmatrix}$

根据 $(A-E \vdots C)\xrightarrow{\text{初等行变换}}(E \vdots (A-E)^{-1}C)$，则有

$$\left(\begin{array}{ccc:cc}1&1&0&1&2\\1&1&1&3&4\\0&1&1&2&1\end{array}\right)\to\left(\begin{array}{ccc:cc}1&1&0&1&2\\0&0&1&2&2\\0&1&1&2&1\end{array}\right)\to\left(\begin{array}{ccc:cc}1&1&0&1&2\\0&1&1&2&1\\0&0&1&2&2\end{array}\right)\to\left(\begin{array}{ccc:cc}1&1&0&1&2\\0&1&0&0&-1\\0&0&1&2&2\end{array}\right)\to$$

$$\left(\begin{array}{ccc:cc}1&0&0&1&3\\0&1&0&0&-1\\0&0&1&2&2\end{array}\right)\Rightarrow X=\begin{pmatrix}1&3\\0&-1\\2&2\end{pmatrix}$$. X 的第 2 列元素之和为 4.

27. B $BA-B=B(A-E)=2E$，$|B|\cdot|A-E|=|2E|=4$，而 $|A-E|=2$，故 $|B|=2$.

综合提高题

1. $A=E-\alpha^{T}\alpha$，$B=E+2\alpha^{T}\alpha$，设 n 维行向量 $\alpha=\left(\frac{1}{2},0,\cdots,0,\frac{1}{2}\right)$，则 $AB=$（ ）.

(A) O (B) $-E$ (C) E (D) 数量矩阵 (E) $2E$

2. 设三阶矩阵 $A=(\alpha_1,\alpha_2,\alpha_3)$，已知 $|A|=5$，则 $|2\alpha_1+\alpha_2-\alpha_3,\ -\alpha_1+2\alpha_2,\ \alpha_2+\alpha_3|=$（ ）.

(A) 10 (B) 20 (C) 30 (D) 40 (E) 50

3. A 是三阶矩阵，α 是 3 维列向量，使得 $P=(\alpha, A\alpha, A^2\alpha)$ 是可逆矩阵，并且 $A^3\alpha=3A\alpha-2A^2\alpha$，设三阶矩阵 B，使得 $A=PBP^{-1}$，则 $|A+E|=$（ ）.

(A) 4 (B) -4 (C) 2 (D) -2 (E) 1

4. 4 阶矩阵 A，B 满足 $ABA^{-1}=BA^{-1}+3E$，并且 $A^*=\begin{pmatrix}1&0&0&0\\0&1&0&0\\1&0&1&0\\0&-3&0&8\end{pmatrix}$，则 B 的主对角线元素之和为（ ）.

(A) 13 (B) 15 (C) 16 (D) 17 (E) 18

5. 设 $\gamma_1=(5,1,-5)^T$，$\gamma_2=(1,-3,2)^T$，$\gamma_3=(1,-2,1)^T$，$A\gamma_1=(4,3)^T$，$A\gamma_2=(7,-8)^T$，$A\gamma_3=(5,-5)^T$，则 $A=$（ ）.

(A) $\begin{pmatrix}2&-4\\-1&-2\\1&-5\end{pmatrix}$ (B) $\begin{pmatrix}-4&2\\-2&-1\\-5&1\end{pmatrix}$ (C) $\begin{pmatrix}2&-1&1\\-4&-2&-5\end{pmatrix}$

(D) $\begin{pmatrix}-2&-1&1\\-4&-2&-5\end{pmatrix}$ (E) $\begin{pmatrix}2&-1&-1\\-4&2&-5\end{pmatrix}$

6. 设 A，B，C，D 是 n 阶矩阵，A 可逆，$H=\begin{pmatrix}A&C\\D&B\end{pmatrix}$，$G=\begin{pmatrix}E&-A^{-1}C\\O&E\end{pmatrix}$，则 $|H|=$（ ）.

(A) $|A||B-DA^{-1}C|$ (B) $|A||B|$ (C) $|A||B|-|C||D|$

(D) $-|C||D|$ (E) $|C||D|$

7. 设A，B是两个三阶矩阵，$|A^{-1}|=2$，$|B^{-1}|=3$，则$|A^*B^{-1}-A^{-1}B^*|=$（　　）.

（A）$\frac{1}{12}$　（B）$\frac{1}{24}$　（C）$\frac{1}{30}$　（D）$\frac{1}{32}$　（E）$\frac{1}{36}$

8. 设矩阵$A=\begin{pmatrix}0&1&0&0\\0&0&1&0\\0&0&0&1\\0&0&0&0\end{pmatrix}$，则$A^3$的秩为（　　）.

（A）0　（B）1　（C）2　（D）3　（E）4

9. 设A，B为三阶矩阵，且$|A|=3$，$|B|=2$，$|A^{-1}+B|=2$，则$|A+B^{-1}|=$（　　）.

（A）1　（B）2　（C）3　（D）-3　（E）-2

10. 设$A=\begin{pmatrix}1&2\\1&3\end{pmatrix}$，$B=\begin{pmatrix}1&0\\1&2\end{pmatrix}$，下列叙述错误的有（　　）个.

（1）$AB=BA$；（2）$(A+B)^2=A^2+2AB+B^2$；（3）$(A+B)(A-B)=A^2-B^2$.

（A）0　（B）1　（C）2　（D）3　（E）无法确定

11. 下列命题错误的有（　　）个.

（1）若$A^2=O$，则$A=O$；（2）若$A^2=A$，则$A=O$或$A=E$；

（3）若$AX=AY$，且$A\neq O$，则$X=Y$.

（A）0　（B）1　（C）2　（D）3　（E）无法确定

12. 设A，B为n阶矩阵，且A为对称矩阵，则B^TAB为（　　）.

（A）对称矩阵　（B）反对称矩阵（C）对角矩阵　（D）上三角阵　（E）单位矩阵

13. 设n阶可逆方阵A满足$2|A|=|kA|$，$k>0$，则$k=$（　　）.

（A）$\sqrt{2}$　（B）2　（C）$\sqrt[n]{2}$　（D）1　（E）$\frac{1}{2}$

14. 设n阶方阵A满足$|A|=2$，则下列正确的有（　　）个.

（1）$|A^TA|=4$；　（2）$|A^{-1}|=\frac{1}{2}$；　（3）$|A^*|=4$；

（4）$|(A^*)^*|=8$；　（5）$|(A^*)^{-1}+A|=3$；　（6）$|A^{-1}(A^*+A^{-1})A|=\frac{3}{2}$.

（A）1　（B）2　（C）3　（D）4　（E）5

15. A为n阶方阵，A^*为A的伴随矩阵，$|A|=\frac{1}{3}$，则$\left|\left(\frac{1}{4}A\right)^{-1}-15A^*\right|=$（　　）.

（A）3　（B）-3　（C）±3　（D）$(-1)^n\times3$　（E）$(-1)^{n+1}\times3$

16. 设$A=\begin{pmatrix}1&0&0\\2&2&0\\3&4&5\end{pmatrix}$，$A^*$为$A$的伴随矩阵，则$(A^*)^{-1}=$（　　）.

（A）A　（B）$10A$　（C）$\frac{1}{10}A$　（D）$\frac{1}{5}A$　（E）$5A$

17. 设A^*，A^{-1}分别为n阶方阵A的伴随矩阵和逆矩阵，则$|A^*A^{-1}|=$（　　）.

（A）$|A|$　（B）$|A|^2$　（C）$|A|^n$　（D）$|A|^{n-1}$　（E）$|A|^{n-2}$

18. A为$n(n\geqslant2)$阶矩阵，若$r(A)=n-1$，则$r(A^*)=$（　　）.

（A）1　（B）2　（C）n　（D）$n-1$　（E）$n-2$

19. $A=\begin{pmatrix}2&3&4\\6&t&2\\4&6&3\end{pmatrix}$，$B=\begin{pmatrix}1\\3\\0\end{pmatrix}(2\quad 3\quad 4)$，$r(A+AB)=2$，则 $t=$（　　）.

（A）10　　（B）9　　（C）8　　（D）7　　（E）6

20. 设方阵 A 满足 $A^2-A-2E=O$，则$(A+2E)^{-1}=$（　　）.

（A）$\frac{1}{2}(3E-A)$　　（B）$\frac{1}{4}(2E+A)$　　（C）$\frac{1}{4}(3E-A)$

（D）$\frac{1}{4}(3E+A)$　　（E）$\frac{1}{2}(3E+A)$

21. 设 $A=\begin{pmatrix}0&3&3\\1&1&0\\-1&2&3\end{pmatrix}$，$AB=A+2B$，则 B 的主对角线元素之和为（　　）.

（A）1　　（B）2　　（C）3　　（D）4　　（E）-2

22. 设 $P^{-1}AP=\Lambda$，其中 $P=\begin{pmatrix}-1&-4\\1&1\end{pmatrix}$，$\Lambda=\begin{pmatrix}-1&0\\0&2\end{pmatrix}$，则 A^{11} 中第 2 行第 1 列的元素为（　　）.

（A）-583　　（B）-593　　（C）-673　　（D）-678　　（E）-683

23. 设 $A=\begin{pmatrix}3&4&&\\4&-3&&\\&&2&0\\&&2&2\end{pmatrix}$.

（1）$|A^8|=$（　　）.

（A）10^{16}　　（B）10^{15}　　（C）10^{14}　　（D）10^{12}　　（E）10^{10}

（2）A^4 的主对角线元素之积为（　　）.

（A）10^6　　（B）10^7　　（C）10^8　　（D）10^4　　（E）10^5

综合提高题详解

1. **C**　$AB=(E-\alpha^T\alpha)(E+2\alpha^T\alpha)=E+\alpha^T\alpha-2\alpha^T\alpha\alpha^T\alpha=E+\alpha^T\alpha-2\alpha^T(\alpha\alpha^T)\alpha=E+\alpha^T\alpha-\alpha^T\alpha=E$，从而选 C.

2. **C**　$(2\alpha_1+\alpha_2-\alpha_3,\ -\alpha_1+2\alpha_2,\ \alpha_2+\alpha_3)=(\alpha_1,\ \alpha_2,\ \alpha_3)\begin{pmatrix}2&-1&0\\1&2&1\\-1&0&1\end{pmatrix}$

$$\text{原式}=|\alpha_1,\ \alpha_2,\ \alpha_3|\cdot\begin{vmatrix}2&-1&0\\1&2&1\\-1&0&1\end{vmatrix}=5\times(2\times2+2)=30.$$

3. **B**　因为 $A=PBP^{-1}$，所以 $PB=AP=(A\alpha,\ A^2\alpha,\ A^3\alpha)=(A\alpha,\ A^2\alpha,\ 3A\alpha-2A^2\alpha)$

$$=(\alpha,\ A\alpha,\ A^2\alpha)\begin{pmatrix}0&0&0\\1&0&3\\0&1&-2\end{pmatrix}=P\begin{pmatrix}0&0&0\\1&0&3\\0&1&-2\end{pmatrix}$$

因为 P 可逆，所以 $B=\begin{pmatrix}0&0&0\\1&0&3\\0&1&-2\end{pmatrix}$，

$$|A+E|=|P(B+E)P^{-1}|=|P||B+E||P^{-1}|=\begin{vmatrix}1&0&0\\1&1&3\\0&1&-1\end{vmatrix}=-4.$$

4. D　由 $ABA^{-1}=BA^{-1}+3E\Rightarrow AB=B+3A\Rightarrow A^*(AB)=A^*(B+3A)\Rightarrow|A|B=A^*B+3|A|E$，

$|A^*|=8$，即 $|A|^{4-1}=|A|^3=8$，所以 $|A|=2$，$(2E-A^*)B=6E$，

所以 $B=6(2E-A^*)^{-1}$，而 $(2E-A^*)^{-1}=\begin{pmatrix}1&0&0&0\\0&1&0&0\\1&0&1&0\\0&\frac{1}{2}&0&-\frac{1}{6}\end{pmatrix}$

所以 $B=\begin{pmatrix}6&0&0&0\\0&6&0&0\\6&0&6&0\\0&3&0&-1\end{pmatrix}$. 主对角线元素之和为 17.

5. C　$A(\gamma_1,\gamma_2,\gamma_3)=(A\gamma_1,A\gamma_2,A\gamma_3)=\begin{pmatrix}4&7&5\\3&-8&-5\end{pmatrix}$，

$$\left((\gamma_1,\gamma_2,\gamma_3)^{\mathrm T}\ \vdots\ \begin{pmatrix}4&7&5\\3&-8&-5\end{pmatrix}^{\mathrm T}\right)=\left(\begin{array}{ccc:cc}5&1&-5&4&3\\1&-3&2&7&8\\1&-2&1&5&-5\end{array}\right)\to\left(\begin{array}{ccc:cc}1&0&0&2&-4\\0&1&0&-1&-2\\0&0&1&1&-5\end{array}\right).$$

故 $A^{\mathrm T}=\begin{pmatrix}2&-4\\-1&-2\\1&-5\end{pmatrix}$，$A=\begin{pmatrix}2&-1&1\\-4&-2&-5\end{pmatrix}$.

6. A　$HG=\begin{pmatrix}A&C\\D&B\end{pmatrix}\begin{pmatrix}E&-A^{-1}C\\O&E\end{pmatrix}=\begin{pmatrix}A&O\\D&B-DA^{-1}C\end{pmatrix}$，

所以 $|HG|=|H||G|=|H|=|A||B-DA^{-1}C|$，$|H|=|A||B-DA^{-1}C|$.

7. E　利用 $A^*=|A|A^{-1}$ 进行化简.

$$|A^*B^{-1}-A^{-1}B^*|=||A|A^{-1}B^{-1}-A^{-1}\cdot|B|\cdot B^{-1}|$$
$$=|(|A|-|B|)A^{-1}B^{-1}|=(|A|-|B|)^3\cdot|A^{-1}|\cdot|B^{-1}|\quad(1)$$

再根据 $|A\cdot A^{-1}|=|A|\cdot|A^{-1}|=|E|=1$，

可得 $|A|=\dfrac{1}{|A^{-1}|}=\dfrac{1}{2}$，$|B|=\dfrac{1}{|B^{-1}|}=\dfrac{1}{3}$，代入(1)可得，

原式 $=\left(\dfrac{1}{2}-\dfrac{1}{3}\right)^3\times2\times3=\left(\dfrac{1}{6}\right)^3\times6=\dfrac{1}{36}$.

8. B　依矩阵乘法直接计算得 $A^3=\begin{pmatrix}0&0&0&1\\0&0&0&0\\0&0&0&0\\0&0&0&0\end{pmatrix}$，故 $r(A^3)=1$.

9. **C** 由于$A(A^{-1}+B)B^{-1}=(E+AB)B^{-1}=B^{-1}+A$，所以

$$|A+B^{-1}|=|A(A^{-1}+B)B^{-1}|=|A||A^{-1}+B||B^{-1}|.$$

因为$|B|=2$，所以$|B^{-1}|=|B|^{-1}=\frac{1}{2}$，

因此$|A+B^{-1}|=|A||A^{-1}+B||B^{-1}|=3\times 2\times\frac{1}{2}=3$.

10. **D** （1）$A=\begin{pmatrix}1&2\\1&3\end{pmatrix}$，$B=\begin{pmatrix}1&0\\1&2\end{pmatrix}$，则$AB=\begin{pmatrix}3&4\\4&6\end{pmatrix}$，$BA=\begin{pmatrix}1&2\\3&8\end{pmatrix}$，所以$AB\neq BA$.

（2）$(A+B)^2=\begin{pmatrix}2&2\\2&5\end{pmatrix}\begin{pmatrix}2&2\\2&5\end{pmatrix}=\begin{pmatrix}8&14\\14&29\end{pmatrix}$，

但$A^2+2AB+B^2=\begin{pmatrix}3&8\\4&11\end{pmatrix}+\begin{pmatrix}6&8\\8&12\end{pmatrix}+\begin{pmatrix}1&0\\3&4\end{pmatrix}=\begin{pmatrix}10&16\\15&27\end{pmatrix}$，

故$(A+B)^2\neq A^2+2AB+B^2$.

（3）$(A+B)(A-B)=\begin{pmatrix}2&2\\2&5\end{pmatrix}\begin{pmatrix}0&2\\0&1\end{pmatrix}=\begin{pmatrix}0&6\\0&9\end{pmatrix}$，

而$A^2-B^2=\begin{pmatrix}3&8\\4&11\end{pmatrix}-\begin{pmatrix}1&0\\3&4\end{pmatrix}=\begin{pmatrix}2&8\\1&7\end{pmatrix}$，

故 $(A+B)(A-B)\neq A^2-B^2$，所以选 D.

11. **D** （1）取$A=\begin{pmatrix}0&1\\0&0\end{pmatrix}$，$A^2=O$，但$A\neq O$.

（2）取$A=\begin{pmatrix}1&1\\0&0\end{pmatrix}$，$A^2=A$，但$A\neq O$且$A\neq E$.

（3）取$A=\begin{pmatrix}1&0\\0&0\end{pmatrix}$，$X=\begin{pmatrix}1&1\\-1&1\end{pmatrix}$，$Y=\begin{pmatrix}1&1\\0&1\end{pmatrix}$，

$AX=AY$且$A\neq O$，但$X\neq Y$，所以选 D.

12. **A** 已知：$A^T=A$，则 $(B^TAB)^T=B^T(B^TA)^T=B^TA^TB=B^TAB$

从而B^TAB也是对称矩阵，所以选 A.

13. **C** 由A是可逆方阵知$|A|\neq 0$，$2|A|=|kA|=k^n|A|\Rightarrow k^n=2$，由$k>0\Rightarrow k=\sqrt[n]{2}$.

14. **B** $|A^TA|=|A|^2=2^2=4$，$|A^{-1}|=|A|^{-1}=2^{-1}=\frac{1}{2}$，$|A^*|=|A|^{n-1}=2^{n-1}$，

$|(A^*)^*|=||A|^{n-2}A|=(|A|^{n-2})^n|A|=|A|^{(n-1)^2}=2^{(n-1)^2}$，

$|(A^*)^{-1}+A|=\left|\frac{1}{|A|}A+A\right|=\left|\frac{1}{2}A+A\right|=\left|\frac{3}{2}A\right|=\left(\frac{3}{2}\right)^n\cdot 2$，

$|A^{-1}(A^*+A^{-1})A|=|A^{-1}(|A|A^{-1}+A^{-1})A|=|A^{-1}\cdot 3A^{-1}\cdot A|=|3A^{-1}|=\frac{3^n}{2}$.

只有（1）（2）正确.

15. **D** $\left|\left(\frac{1}{4}A\right)^{-1}-15A^*\right|=|4A^{-1}-15\cdot|A|\cdot A^{-1}|=\left|4A^{-1}-15\cdot\frac{1}{3}A^{-1}\right|$

$=|-A^{-1}|=(-1)^n\cdot 3$.

16. **C** $(A^*)^{-1}=(A^{-1})^*=\frac{A}{|A|}=\frac{1}{10}A$.

17. E　$|A^*A^{-1}| = |A^*| \cdot |A^{-1}| = |A|^{n-1} \cdot |A|^{-1} = |A|^{n-2}$.

18. A　根据 $r(A^*) = \begin{cases} n & r(A) = n \\ 1 & r(A) = n-1. \\ 0 & r(A) < n-1 \end{cases}$

19. B　$B = \begin{pmatrix} 2 & 3 & 4 \\ 6 & 9 & 12 \\ 0 & 0 & 0 \end{pmatrix}$，$r(A+AB) = r[A(E+B)]$，因为$(E+B)$可逆，$r(A)=2$.

$$A = \begin{pmatrix} 2 & 3 & 4 \\ 6 & t & 2 \\ 4 & 6 & 3 \end{pmatrix} \to \begin{pmatrix} 2 & 3 & 4 \\ 0 & t-9 & -10 \\ 0 & 0 & -5 \end{pmatrix}, \ r(A) = 2 \Rightarrow t-9=0 \Rightarrow t=9.$$

20. C　由$A^2 - A - 2E = O \Rightarrow (A+2E)A - 3(A+2E) = -4E \Rightarrow (A+2E)(A-3E) = -4E$.

所以$(A+2E)^{-1}(A+2E)(A-3E) = -4(A+2E)^{-1}$，

$(A+2E)^{-1} = \dfrac{1}{4}(3E-A)$.

21. B　由 $AB = A + 2B$ 可得$(A-2E)B = A$，

$$故\ B = (A-2E)^{-1}A = \begin{pmatrix} -2 & 3 & 3 \\ 1 & -1 & 0 \\ -1 & 2 & 1 \end{pmatrix}^{-1} \begin{pmatrix} 0 & 3 & 3 \\ 1 & 1 & 0 \\ -1 & 2 & 3 \end{pmatrix} = \begin{pmatrix} 0 & 3 & 3 \\ -1 & 2 & 3 \\ 1 & 1 & 0 \end{pmatrix}.$$

主对角线元素之和为2.

22. E　$P^{-1}AP = \Lambda$，故 $A = P\Lambda P^{-1}$，所以 $A^{11} = P\Lambda^{11}P^{-1}$

$|P| = 3$，$P^* = \begin{pmatrix} 1 & 4 \\ -1 & -1 \end{pmatrix}$，$P^{-1} = \dfrac{1}{3}\begin{pmatrix} 1 & 4 \\ -1 & -1 \end{pmatrix}$

而
$$\Lambda^{11} = \begin{pmatrix} -1 & 0 \\ 0 & 2 \end{pmatrix}^{11} = \begin{pmatrix} -1 & 0 \\ 0 & 2^{11} \end{pmatrix},$$

故
$$A^{11} = \begin{pmatrix} -1 & -4 \\ 1 & 1 \end{pmatrix} \begin{pmatrix} -1 & 0 \\ 0 & 2^{11} \end{pmatrix} \begin{pmatrix} \frac{1}{3} & \frac{4}{3} \\ -\frac{1}{3} & -\frac{1}{3} \end{pmatrix} = \begin{pmatrix} 2731 & 2732 \\ -683 & -684 \end{pmatrix}.$$

23. (1) A　$A = \begin{pmatrix} 3 & 4 & & \\ 4 & -3 & & \\ & & 2 & 0 \\ & & 2 & 2 \end{pmatrix}$（右上、左下为 O），令 $A_1 = \begin{pmatrix} 3 & 4 \\ 4 & -3 \end{pmatrix}$，$A_2 = \begin{pmatrix} 2 & 0 \\ 2 & 2 \end{pmatrix}$，则 $A = \begin{pmatrix} A_1 & O \\ O & A_2 \end{pmatrix}$，

故 $A^8 = \begin{pmatrix} A_1 & O \\ O & A_2 \end{pmatrix}^8 = \begin{pmatrix} A_1^8 & O \\ O & A_2^8 \end{pmatrix}$，$|A^8| = |A_1^8||A_2^8| = |A_1|^8 \, |A_2|^8 = 10^{16}$.

(2) D　$A^4 = \begin{pmatrix} A_1^4 & O \\ O & A_2^4 \end{pmatrix} = \begin{pmatrix} 5^4 & 0 & & \\ 0 & 5^4 & & \\ & & 2^4 & 0 \\ & & 2^6 & 2^4 \end{pmatrix}$（右上、左下为 O）. 主对角线元素之积为10^8.

第七章　向量组

【大纲解读】

n 维向量，向量组的线性相关和线性无关，向量组的秩和矩阵的秩.

【命题剖析】

本章是考试的核心，属于必考点. 线性相关、线性无关与行列式、矩阵、方程组等联系密切，要注意内部的逻辑关系. 本章内容抽象，需要在理解的基础上来记忆结论，相关的定理和结论要能在考试中灵活应用，尤其涉及很重要的推导关系，要能举例说明分析正误. 尤为重要的是，秩是联系各概念的枢纽，要从理论和做题应用的双重角度去掌握，这样才能应对灵活多变的考题.

【知识体系】

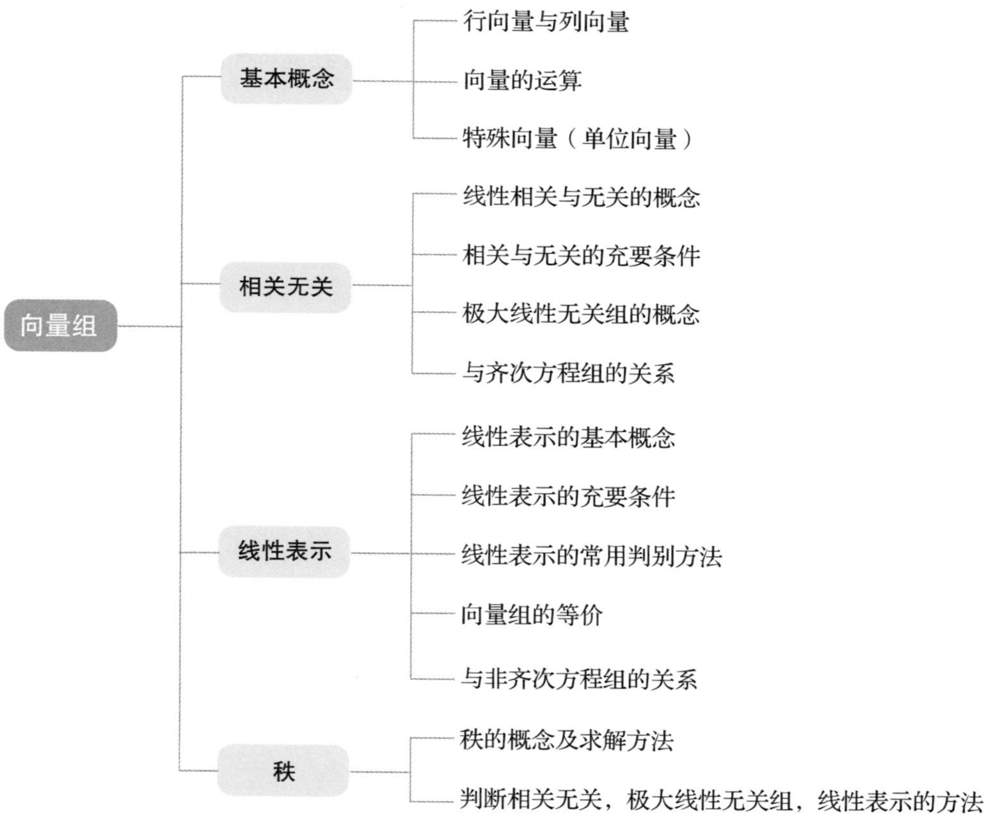

【备考建议】

本章是线性代数复习的重点，也是难点. 一定要吃透线性相关、线性无关的概念、性质和判别法，并能灵活运用. 熟记一些常见结论，并能将线性相关、线性无关的概念与矩阵的秩、线性方程组的解的结构定理进行转换、连接，开阔思路，提高综合能力. 理解 n 维向量的概念、向量的线性组合与线性表示；理解向量组线性相关与线性无关的概念；了解并会用向量组线性相关与线性无关的有关性质及判别法，会求向量组的极大线性无关组和向量组的秩；了解向量组的秩与矩阵的秩之间的关系，会用矩阵的秩解决有关问题.

第一节　考点剖析

一、向量的概念

1. 定义

n 个有顺序的数 a_1，a_2，…，a_n 组成的数组$(a_1, a_2, \cdots, a_n)$叫作 n 维行向量，第 i 个数 a_i 称为第 i 个分量.

说明：(1) 同样可以定义 n 维列向量.

(2) n 维向量可以看成是特殊的矩阵，行向量看成 $1\times n$ 的矩阵，列向量看成 $n\times 1$的矩阵.

2. 两向量相等的要求

(1) 维数相等；(2) 对应的分量也相等.

二、向量的线性运算

向量的线性运算，类似于矩阵的加法、数乘运算.

1. 向量线性运算的运算性质

(1) $\boldsymbol{\alpha}+\boldsymbol{\beta}=\boldsymbol{\beta}+\boldsymbol{\alpha}$.

(2) $(\boldsymbol{\alpha}+\boldsymbol{\beta})+\boldsymbol{\gamma}=\boldsymbol{\alpha}+(\boldsymbol{\beta}+\boldsymbol{\gamma})$.

(3) $\boldsymbol{\alpha}+\mathbf{0}=\boldsymbol{\alpha}$.

(4) $\boldsymbol{\alpha}+(-\boldsymbol{\alpha})=\mathbf{0}$.

(5) $1\cdot\boldsymbol{\alpha}=\boldsymbol{\alpha}$.

(6) $k(l\boldsymbol{\alpha})=(kl)\boldsymbol{\alpha}$.

(7) $(k+l)\boldsymbol{\alpha}=k\boldsymbol{\alpha}+l\boldsymbol{\alpha}$.

(8) $k(\boldsymbol{\alpha}+\boldsymbol{\beta})=k\boldsymbol{\alpha}+k\boldsymbol{\beta}$.

2. 向量的长度

设 $\boldsymbol{\alpha}=(a_1, a_2, \cdots, a_n)^{\mathrm{T}}$，则 $\boldsymbol{\alpha}^{\mathrm{T}}\boldsymbol{\alpha}=a_1^2+a_2^2+\cdots+a_n^2\geqslant 0$，称 $\sqrt{\boldsymbol{\alpha}^{\mathrm{T}}\boldsymbol{\alpha}}=\sqrt{a_1^2+a_2^2+\cdots+a_n^2}$ 为向量 $\boldsymbol{\alpha}$ 的长度，记为 $|\boldsymbol{\alpha}|$.

3. 单位向量

若 $|\boldsymbol{\alpha}|=1$，则称 $\boldsymbol{\alpha}$ 为单位向量. 显然，$(1,0,0,\cdots,0)^{T}$，$(0,1,0,\cdots,0)^{T}$，$(0,0,1,\cdots,0)^{T}$，…，$(0,0,0,\cdots,1)^{T}$ 为一组单位向量.

三、向量组的线性相关性

1. 向量的线性组合与线性表出

对 n 维向量 $\boldsymbol{\alpha}_1$，$\boldsymbol{\alpha}_2$，…，$\boldsymbol{\alpha}_s$ 和 $\boldsymbol{\beta}$，若存在常数 k_1，k_2，…，k_s，使得 $\boldsymbol{\beta}=k_1\boldsymbol{\alpha}_1+k_2\boldsymbol{\alpha}_2+\cdots+k_s\boldsymbol{\alpha}_s$，则称 $\boldsymbol{\beta}$ 可由向量组 $\boldsymbol{\alpha}_1$，$\boldsymbol{\alpha}_2$，…，$\boldsymbol{\alpha}_s$ 线性表出.

称 $k_1\boldsymbol{\alpha}_1+k_2\boldsymbol{\alpha}_2+\cdots+k_s\boldsymbol{\alpha}_s$ 为向量组 $\boldsymbol{\alpha}_1$，$\boldsymbol{\alpha}_2$，…，$\boldsymbol{\alpha}_s$ 的一个线性组合，k_1，k_2，…，k_s 称为组合系数.

$\boldsymbol{\beta}$ 可由向量组 $\boldsymbol{\alpha}_1$，$\boldsymbol{\alpha}_2$，…，$\boldsymbol{\alpha}_s$ 线性表出 $\Leftrightarrow \boldsymbol{\beta}=x_1\boldsymbol{\alpha}_1+x_2\boldsymbol{\alpha}_2+\cdots+x_s\boldsymbol{\alpha}_s$ 有解

$\Leftrightarrow r(\boldsymbol{A})=r(\boldsymbol{B})$，其中 $\boldsymbol{A}=(\boldsymbol{\alpha}_1,\boldsymbol{\alpha}_2,\cdots,\boldsymbol{\alpha}_s)$，$\boldsymbol{B}=(\boldsymbol{\alpha}_1,\boldsymbol{\alpha}_2,\cdots,\boldsymbol{\alpha}_s,\boldsymbol{\beta})$.

2. 向量的线性相关性

（1）定义

设有 n 维向量组 $\boldsymbol{\alpha}_1$，$\boldsymbol{\alpha}_2$，…，$\boldsymbol{\alpha}_s$，如果存在不全为零的数 k_1，k_2，…，k_s，使得 $k_1\boldsymbol{\alpha}_1+k_2\boldsymbol{\alpha}_2+\cdots+k_s\boldsymbol{\alpha}_s=\boldsymbol{0}$，则称向量组 $\boldsymbol{\alpha}_1$，$\boldsymbol{\alpha}_2$，…，$\boldsymbol{\alpha}_s$ 线性相关；否则称为线性无关（即 $k_1=k_2=\cdots=k_s=0$）.

显然，含有一个向量 $\boldsymbol{\alpha}$ 的向量组线性相关 $\Leftrightarrow \boldsymbol{\alpha}=\boldsymbol{0}$；两个向量 $\boldsymbol{\alpha}_1$，$\boldsymbol{\alpha}_2$ 构成的向量组线性相关 $\Leftrightarrow \boldsymbol{\alpha}_1=k\boldsymbol{\alpha}_2$.

（2）性质

n 维向量组 $\boldsymbol{\alpha}_1$，$\boldsymbol{\alpha}_2$，…，$\boldsymbol{\alpha}_s(s\geqslant 2)$ 线性相关 $\Leftrightarrow$

① $\boldsymbol{\alpha}_1$，$\boldsymbol{\alpha}_2$，…，$\boldsymbol{\alpha}_s$ 中至少有一个向量可以被其余 $s-1$ 个向量线性表出；

② 齐次线性方程组 $x_1\boldsymbol{\alpha}_1+x_2\boldsymbol{\alpha}_2+\cdots+x_s\boldsymbol{\alpha}_s=\boldsymbol{0}$ 有非零解；

③ 矩阵 $\boldsymbol{A}=(\boldsymbol{\alpha}_1,\boldsymbol{\alpha}_2,\cdots,\boldsymbol{\alpha}_s)$ 的秩，$r(\boldsymbol{A})<s$（其中 $s\leqslant n$）.

n 维向量组 $\boldsymbol{\alpha}_1$，$\boldsymbol{\alpha}_2$，…，$\boldsymbol{\alpha}_s(s\geqslant 2)$ 线性无关 $\Leftrightarrow$

① $\boldsymbol{\alpha}_1$，$\boldsymbol{\alpha}_2$，…，$\boldsymbol{\alpha}_s$ 中没有一个向量可以被其余向量线性表出；

② 齐次线性方程组 $x_1\boldsymbol{\alpha}_1+x_2\boldsymbol{\alpha}_2+\cdots+x_s\boldsymbol{\alpha}_s=\boldsymbol{0}$ 只有零解；

③ 矩阵 $\boldsymbol{A}=(\boldsymbol{\alpha}_1,\boldsymbol{\alpha}_2,\cdots,\boldsymbol{\alpha}_s)$ 的秩，$r(\boldsymbol{A})=s$.

（3）重要结论

① 含有零向量的向量组必线性相关；

② 含有两个相同向量的向量组必线性相关；

③ 若部分组线性相关，则整体组线性相关，即若 $\boldsymbol{\alpha}_1$，$\boldsymbol{\alpha}_2$，…，$\boldsymbol{\alpha}_r$ 线性相关，则 $\boldsymbol{\alpha}_1$，$\boldsymbol{\alpha}_2$，…，$\boldsymbol{\alpha}_r$，$\boldsymbol{\alpha}_{r+1}$，…，$\boldsymbol{\alpha}_s$ 必线性相关；

④ 若整体组线性无关，则部分组也线性无关，即若 $\boldsymbol{\alpha}_1$，$\boldsymbol{\alpha}_2$，…，$\boldsymbol{\alpha}_r$，$\boldsymbol{\alpha}_{r+1}$，…，$\boldsymbol{\alpha}_s$ 线性无关，则 $\boldsymbol{\alpha}_1$，$\boldsymbol{\alpha}_2$，…，$\boldsymbol{\alpha}_r$ 线性无关；

⑤ 增加向量组中向量的个数，不改变向量组的线性相关性；减少向量组中向量的个数，不改变向量组的无关性；

⑥ 设向量组 $\boldsymbol{\alpha}_1$，$\boldsymbol{\alpha}_2$，…，$\boldsymbol{\alpha}_s$ 线性无关，而向量组 $\boldsymbol{\alpha}_1$，$\boldsymbol{\alpha}_2$，…，$\boldsymbol{\alpha}_s$，$\boldsymbol{\beta}$ 线性相关，则 $\boldsymbol{\beta}$ 必能由向量组 $\boldsymbol{\alpha}_1$，$\boldsymbol{\alpha}_2$，…，$\boldsymbol{\alpha}_s$ 线性表出，且表出系数唯一；

⑦ $n+1$ 个 n 维向量必线性相关，即向量个数多于向量维数时，此向量组必线性相关；

⑧ n 个 n 维向量 $\boldsymbol{\alpha}_1$，$\boldsymbol{\alpha}_2$，…，$\boldsymbol{\alpha}_n$ 线性相关$\Leftrightarrow|\boldsymbol{A}|=0$，其中 $\boldsymbol{A}=(\boldsymbol{\alpha}_1,\boldsymbol{\alpha}_2,\cdots,\boldsymbol{\alpha}_n)$；

n 个 n 维向量 $\boldsymbol{\alpha}_1$，$\boldsymbol{\alpha}_2$，…，$\boldsymbol{\alpha}_n$ 线性无关$\Leftrightarrow|\boldsymbol{A}|\neq0\Leftrightarrow$矩阵 $\boldsymbol{A}$ 是满秩的.

四、向量组的秩

1. 向量组的秩的定义

在向量组 $\boldsymbol{\alpha}_1$，$\boldsymbol{\alpha}_2$，…，$\boldsymbol{\alpha}_m$ 中，若存在 r 个向量 $\boldsymbol{\alpha}_1$，$\boldsymbol{\alpha}_2$，…，$\boldsymbol{\alpha}_r$ 线性无关，并且任意 $r+1$个向量均线性相关，则称 $\boldsymbol{\alpha}_1$，$\boldsymbol{\alpha}_2$，…，$\boldsymbol{\alpha}_r$ 为向量组 $\boldsymbol{\alpha}_1$，$\boldsymbol{\alpha}_2$，…，$\boldsymbol{\alpha}_m$ 的一个极大线性无关组，并且称向量组 $\boldsymbol{\alpha}_1$，$\boldsymbol{\alpha}_2$，…，$\boldsymbol{\alpha}_m$ 的秩为 r，记为 $r(\boldsymbol{\alpha}_1,\boldsymbol{\alpha}_2,\cdots,\boldsymbol{\alpha}_m)=r$.

2. 极大线性无关组的求法

把向量组按分块构造成矩阵 $\boldsymbol{A}$，即 $\boldsymbol{A}=(\boldsymbol{\alpha}_1,\boldsymbol{\alpha}_2,\cdots,\boldsymbol{\alpha}_m)$，对 $\boldsymbol{A}$ 进行初等行变换化成阶梯形矩阵. 阶梯形矩阵中主元的个数即向量组的秩，与主元所在列的列标相对应的向量即向量组的一个极大线性无关组.

3. 向量组的秩和矩阵的秩

矩阵 $\boldsymbol{A}$ 的行向量组的秩等于矩阵 $\boldsymbol{A}$ 的列向量组的秩，也等于矩阵 $\boldsymbol{A}$ 的秩.

第二节　核心题型

题型 01　已知向量组的线性相关性，求待定的参数

提示

（1）方法一：根据基本定义进行判断，这是判断向量组线性相关性的基本方法，这种方法既适用于分量没有具体给出的抽象向量组，又适用于分量已经给出的向量组.

（2）方法二：将所给的向量组转化成矩阵，利用矩阵的秩进行判断. 这是常用的一种方法，通过用初等变换的方式进行判断，迅速而直观，需要注意的是运算的正误.

（3）方法三：当所给向量组的个数与维数相同时，可以将其转化成行列式来判断. 若行列式的数值等于零，则它们线性相关，否则线性无关.

（4）方法四：利用齐次线性方程组的解向量相关性来判别. 若 $\boldsymbol{\alpha}_1$，$\boldsymbol{\alpha}_2$，…，$\boldsymbol{\alpha}_m$ 为 $\boldsymbol{Ax}=\boldsymbol{0}$的解向量，且 $m>n-r(\boldsymbol{A})$，即向量的个数大于基础解系所包含的向量个数，则此向量组线性相关.

【例 1】向量组 $\boldsymbol{\alpha}_1=(6, r+1, 7)$，$\boldsymbol{\alpha}_2=(r, 2, 2)$，$\boldsymbol{\alpha}_3=(r, 1, 0)$线性相关，则 $r=$（　　）.

(A) 1 或 4　(B) 2 或 4　(C) 3 或 4　(D) $-\frac{3}{2}$ 或 4　(E) 4

［解析］由线性相关性，得到 $\begin{vmatrix} 6 & r & r \\ r+1 & 2 & 1 \\ 7 & 2 & 0 \end{vmatrix}=2r^2-5r-12=0$，解得 $r=-\frac{3}{2}$ 或 4，选 D.

【例 2】向量组 $\boldsymbol{\alpha}_1=(1, 0, 5, 2)^{\mathrm{T}}$，$\boldsymbol{\alpha}_2=(3, -2, 3, -4)^{\mathrm{T}}$，$\boldsymbol{\alpha}_3=(-1, 1, t, 3)^{\mathrm{T}}$，$\boldsymbol{\alpha}_4=(-2, 1, -4, 1)^{\mathrm{T}}$线性相关，则 $t=$（　　）.

(A) 3　(B) -3　(C) 4　(D) -4　(E) 任意实数

［解析］$\begin{pmatrix} 1 & 3 & -1 & -2 \\ 0 & -2 & 1 & 1 \\ 5 & 3 & t & -4 \\ 2 & -4 & 3 & 1 \end{pmatrix} \to \begin{pmatrix} 1 & 3 & -1 & -2 \\ 0 & -2 & 1 & 1 \\ 0 & -12 & t+5 & 6 \\ 0 & -10 & 5 & 5 \end{pmatrix} \to \begin{pmatrix} 1 & 3 & -1 & -2 \\ 0 & -2 & 1 & 1 \\ 0 & 0 & t-1 & 0 \\ 0 & 0 & 0 & 0 \end{pmatrix}$，

可见不管 t 为何值，向量组的秩均小于 4，所以选 E.

题型 02　已知一组向量的线性相关性，讨论另外一组向量的线性相关性

提示　可以通过初等列变换的方法进行化简，化成与已知向量组相联系的向量组.

【例 3】设向量组 $\boldsymbol{\alpha}_1$，$\boldsymbol{\alpha}_2$，$\boldsymbol{\alpha}_3$ 线性无关，则向量组 $\boldsymbol{\beta}_1=\boldsymbol{\alpha}_1+\boldsymbol{\alpha}_2+\boldsymbol{\alpha}_3$，$\boldsymbol{\beta}_2=\boldsymbol{\alpha}_1-\boldsymbol{\alpha}_2$，$\boldsymbol{\beta}_3=\boldsymbol{\alpha}_3$（　　）.

(A) 线性无关　(B) 线性相关　(C) 都有可能

(D) β_1，β_2 线性相关　(E) 无法确定

［解析］方法一：设有数 x_1，x_2，x_3 使 $x_1\boldsymbol{\beta}_1+x_2\boldsymbol{\beta}_2+x_3\boldsymbol{\beta}_3=\mathbf{0}$，

即 $(x_1+x_2)\boldsymbol{\alpha}_1+(x_1-x_2)\boldsymbol{\alpha}_2+(x_1+x_3)\boldsymbol{\alpha}_3=\mathbf{0}$，

由 $\boldsymbol{\alpha}_1$，$\boldsymbol{\alpha}_2$，$\boldsymbol{\alpha}_3$ 线性无关，有

$$\begin{cases} x_1+x_2=0 \\ x_1-x_2=0, \\ x_1+x_3=0 \end{cases}$$

该方程组只有零解 $x_1=x_2=x_3=0$，故 $\boldsymbol{\beta}_1$，$\boldsymbol{\beta}_2$，$\boldsymbol{\beta}_3$ 线性无关.

方法二：因 $\boldsymbol{\alpha}_1$，$\boldsymbol{\alpha}_2$，$\boldsymbol{\alpha}_3$ 线性无关，$\boldsymbol{\beta}_1$，$\boldsymbol{\beta}_2$，$\boldsymbol{\beta}_3$ 用 $\boldsymbol{\alpha}_1$，$\boldsymbol{\alpha}_2$，$\boldsymbol{\alpha}_3$ 线性表出的系数行列式

$\Delta=\begin{vmatrix} 1 & 1 & 1 \\ 1 & -1 & 0 \\ 0 & 0 & 1 \end{vmatrix}=\begin{vmatrix} 1 & 1 \\ 1 & -1 \end{vmatrix}=-2\neq 0$，故线性无关，选 A.

【例 4】已知向量组（Ⅰ）$\boldsymbol{\alpha}_1$，$\boldsymbol{\alpha}_2$，$\boldsymbol{\alpha}_3$；（Ⅱ）$\boldsymbol{\alpha}_1$，$\boldsymbol{\alpha}_2$，$\boldsymbol{\alpha}_3$，$\boldsymbol{\alpha}_4$；（Ⅲ）$\boldsymbol{\alpha}_1$，$\boldsymbol{\alpha}_2$，$\boldsymbol{\alpha}_3$，$\boldsymbol{\alpha}_5$，如果各向量组的秩分别为 r（Ⅰ）$=r$（Ⅱ）$=3$，r（Ⅲ）$=4$，则 $\boldsymbol{\alpha}_1$，$\boldsymbol{\alpha}_2$，$\boldsymbol{\alpha}_3$，$\boldsymbol{\alpha}_5-\boldsymbol{\alpha}_4$（　　）.

(A) 线性无关　(B) 线性相关　(C) 都有可能　(D) 秩为 3　(E) 无法确定

[解析] 由题意知，向量组(Ⅰ)$\boldsymbol{\alpha}_1$，$\boldsymbol{\alpha}_2$，$\boldsymbol{\alpha}_3$和(Ⅱ)$\boldsymbol{\alpha}_1$，$\boldsymbol{\alpha}_2$，$\boldsymbol{\alpha}_3$，$\boldsymbol{\alpha}_4$的秩都是3，则$\boldsymbol{\alpha}_1$，$\boldsymbol{\alpha}_2$，$\boldsymbol{\alpha}_3$必线性无关，$\boldsymbol{\alpha}_1$，$\boldsymbol{\alpha}_2$，$\boldsymbol{\alpha}_3$，$\boldsymbol{\alpha}_4$线性相关，故$\boldsymbol{\alpha}_4$可由$\boldsymbol{\alpha}_1$，$\boldsymbol{\alpha}_2$，$\boldsymbol{\alpha}_3$线性表示，记为$\boldsymbol{\alpha}_4=t_1\boldsymbol{\alpha}_1+t_2\boldsymbol{\alpha}_2+t_3\boldsymbol{\alpha}_3$；而(Ⅲ)$\boldsymbol{\alpha}_1$，$\boldsymbol{\alpha}_2$，$\boldsymbol{\alpha}_3$，$\boldsymbol{\alpha}_5$的秩为4，则$\boldsymbol{\alpha}_1$，$\boldsymbol{\alpha}_2$，$\boldsymbol{\alpha}_3$，$\boldsymbol{\alpha}_5$必线性无关.

设$k_1\boldsymbol{\alpha}_1+k_2\boldsymbol{\alpha}_2+k_3\boldsymbol{\alpha}_3+k_4(\boldsymbol{\alpha}_5-\boldsymbol{\alpha}_4)=\mathbf{0}$，代入$\boldsymbol{\alpha}_4=t_1\boldsymbol{\alpha}_1+t_2\boldsymbol{\alpha}_2+t_3\boldsymbol{\alpha}_3$得

$k_1\boldsymbol{\alpha}_1+k_2\boldsymbol{\alpha}_2+k_3\boldsymbol{\alpha}_3+k_4\boldsymbol{\alpha}_5-k_4(t_1\boldsymbol{\alpha}_1+t_2\boldsymbol{\alpha}_2+t_3\boldsymbol{\alpha}_3)=\mathbf{0}$，整理得

$(k_1-k_4t_1)\boldsymbol{\alpha}_1+(k_2-k_4t_2)\boldsymbol{\alpha}_2+(k_3-k_4t_3)\boldsymbol{\alpha}_3+k_4\boldsymbol{\alpha}_5=\mathbf{0}$，

由$\boldsymbol{\alpha}_1$，$\boldsymbol{\alpha}_2$，$\boldsymbol{\alpha}_3$，$\boldsymbol{\alpha}_5$线性无关知，$k_1-k_4t_1=0$，$k_2-k_4t_2=0$，$k_3-k_4t_3=0$，$k_4=0$

所以$k_1=k_2=k_3=k_4=0$，即$\boldsymbol{\alpha}_1$，$\boldsymbol{\alpha}_2$，$\boldsymbol{\alpha}_3$，$\boldsymbol{\alpha}_5-\boldsymbol{\alpha}_4$线性无关. 选A.

【例5】设向量组Ⅰ：$\boldsymbol{\alpha}_1$，$\boldsymbol{\alpha}_2$，…，$\boldsymbol{\alpha}_r$可由向量组Ⅱ：$\boldsymbol{\beta}_1$，$\boldsymbol{\beta}_2$，…，$\boldsymbol{\beta}_s$线性表示，则（　　）.

(A) 当$r<s$时，向量组Ⅱ必线性相关

(B) 当$r>s$时，向量组Ⅱ必线性相关

(C) 当$r<s$时，向量组Ⅰ必线性相关

(D) 当$r>s$时，向量组Ⅰ必线性相关

(E) 当$r=s$时，向量组Ⅰ必线性相关

[解析] 本题是一道将已知定理、性质改造成的选择题. 由线性表示的关系可知，直接选(D). 如果定理记不清楚，也可以通过构造适当的反例用排除法找到正确选项.

例如，令$\boldsymbol{\alpha}_1=\begin{pmatrix}0\\0\end{pmatrix}$，$\boldsymbol{\beta}_1=\begin{pmatrix}1\\0\end{pmatrix}$，$\boldsymbol{\beta}_2=\begin{pmatrix}0\\1\end{pmatrix}$，则$\boldsymbol{\alpha}_1=0\cdot\boldsymbol{\beta}_1+0\cdot\boldsymbol{\beta}_2$，但$\boldsymbol{\beta}_1$，$\boldsymbol{\beta}_2$线性无关，排除(A)；再令$\boldsymbol{\alpha}_1=\begin{pmatrix}0\\0\end{pmatrix}$，$\boldsymbol{\alpha}_2=\begin{pmatrix}1\\0\end{pmatrix}$，$\boldsymbol{\beta}_1=\begin{pmatrix}1\\0\end{pmatrix}$，则$\boldsymbol{\alpha}_1$，$\boldsymbol{\alpha}_2$可由$\boldsymbol{\beta}_1$线性表示，但$\boldsymbol{\beta}_1$线性无关，排除(B)；再令$\boldsymbol{\alpha}_1=\begin{pmatrix}1\\0\end{pmatrix}$，$\boldsymbol{\beta}_1=\begin{pmatrix}1\\0\end{pmatrix}$，$\boldsymbol{\beta}_2=\begin{pmatrix}0\\1\end{pmatrix}$，$\boldsymbol{\alpha}_1$可由$\boldsymbol{\beta}_1$，$\boldsymbol{\beta}_2$线性表示，但$\boldsymbol{\alpha}_1$线性无关，排除(C)；再令$\boldsymbol{\alpha}_1=\begin{pmatrix}0\\1\end{pmatrix}$，$\boldsymbol{\alpha}_2=\begin{pmatrix}1\\0\end{pmatrix}$，$\boldsymbol{\beta}_1=\begin{pmatrix}0\\1\end{pmatrix}$，$\boldsymbol{\beta}_2=\begin{pmatrix}1\\0\end{pmatrix}$，$\boldsymbol{\alpha}_1$，$\boldsymbol{\alpha}_2$可由$\boldsymbol{\beta}_1$，$\boldsymbol{\beta}_2$线性表示，但$\boldsymbol{\alpha}_1$，$\boldsymbol{\alpha}_2$线性无关，排除(E)；故正确选项为(D).

【例6】已知三维向量组$\boldsymbol{\alpha}_1$，$\boldsymbol{\alpha}_2$，$\boldsymbol{\alpha}_3$线性无关，向量组$\boldsymbol{\beta}_1=\boldsymbol{\alpha}_1-k\boldsymbol{\alpha}_2$，$\boldsymbol{\beta}_2=\boldsymbol{\alpha}_2+\boldsymbol{\alpha}_3$，$\boldsymbol{\beta}_3=\boldsymbol{\alpha}_3+k\boldsymbol{\alpha}_1$线性相关，则$k=$（　　）.

(A) 1　　(B) -1　　(C) 2　　(D) -2　　(E) ±1

[解析]
$$\begin{aligned}\lambda_1\boldsymbol{\beta}_1+\lambda_2\boldsymbol{\beta}_2+\lambda_3\boldsymbol{\beta}_3&=\lambda_1(\boldsymbol{\alpha}_1-k\boldsymbol{\alpha}_2)+\lambda_2(\boldsymbol{\alpha}_2+\boldsymbol{\alpha}_3)+\lambda_3(\boldsymbol{\alpha}_3+k\boldsymbol{\alpha}_1)\\&=(\lambda_1+k\lambda_3)\boldsymbol{\alpha}_1+(-\lambda_1k+\lambda_2)\boldsymbol{\alpha}_2+(\lambda_2+\lambda_3)\boldsymbol{\alpha}_3=\mathbf{0},\end{aligned}$$

由$\boldsymbol{\alpha}_1$，$\boldsymbol{\alpha}_2$，$\boldsymbol{\alpha}_3$线性无关，得$\begin{cases}\lambda_1+k\lambda_3=0\\-\lambda_1k+\lambda_2=0\\\lambda_2+\lambda_3=0\end{cases}\Rightarrow\begin{pmatrix}1&0&k\\-k&1&0\\0&1&1\end{pmatrix}\begin{pmatrix}\lambda_1\\\lambda_2\\\lambda_3\end{pmatrix}=\mathbf{0}$，

因为$\boldsymbol{\beta}_1$，$\boldsymbol{\beta}_2$，$\boldsymbol{\beta}_3$线性相关，所以λ_1，λ_2，λ_3有非零解，故系数行列式为0，得$k=\pm1$. 选E.

题型 03 有关向量组秩的命题

提示 求已知向量组的秩的步骤：

（1）将向量组中的各向量作为矩阵 $\boldsymbol{A}$ 的各列；

（2）对 $\boldsymbol{A}$ 进行初等行变换；

（3）化 $\boldsymbol{A}$ 为阶梯形，非零阶梯的个数表示秩.

【例 7】当 s，t 满足（ ）时，矩阵 $\begin{pmatrix} 1 & 2 & 5 & t-1 & 3 \\ 2 & 3 & 7 & t & 6 \\ 2 & s+1 & 10 & 2s & 10-t \end{pmatrix}$ 的秩是 2.

（A）$s=4$ 或 $t=4$ （B）$s=4$ 或 $t=3$

（C）$s=3$ 且 $t=4$ （D）$s=4$ 且 $t=3$ （E）$s=t=3$

［解析］
$$\begin{pmatrix} 1 & 2 & 5 & t-1 & 3 \\ 2 & 3 & 7 & t & 6 \\ 2 & s+1 & 10 & 2s & 10-t \end{pmatrix} \to \begin{pmatrix} 1 & 2 & 5 & t-1 & 3 \\ 0 & -1 & -3 & -t+2 & 0 \\ 0 & 0 & -3(s-3) & -st+t+4s-4 & 4-t \end{pmatrix}$$
显然，矩阵的秩是 2，必须 $s-3=0$，$4-t=0$，解得 $s=3$ 且 $t=4$，选 C.

题型 04 有关极大线性无关组的命题

提示 有关极大线性无关组的概念理解：

（1）向量组中含有向量个数最多的线性无关的部分组称为向量组的极大线性无关组.

（2）如果向量组中的 r 个向量线性无关，且向量组中任何一个向量都可以由这 r 个向量线性表示，则这 r 个向量称为该向量组的一个极大线性无关组.

（3）任何一个向量组和它的极大线性无关组是相互等价的.

（4）向量组的任何两个极大线性无关组是相互等价的.

（5）向量组的任何两个极大线性无关组所包含向量的个数是相等的.

（6）相互等价的向量组具有相同的秩，但秩相同的向量组不一定等价.

（7）只由一个零向量构成的向量组不存在极大线性无关组，一个线性无关的向量组的极大线性无关组就是它本身.

将给定的向量按列排列成矩阵，利用初等行变换将其化为阶梯形矩阵即可.

【例 8】向量组 $\boldsymbol{\alpha}_1=(1,\ -1,\ 2,\ 4)^{\mathrm{T}}$，$\boldsymbol{\alpha}_2=(0,\ 3,\ 1,\ 2)^{\mathrm{T}}$，$\boldsymbol{\alpha}_3=(3,\ 0,\ 7,\ 14)^{\mathrm{T}}$，$\boldsymbol{\alpha}_4=(1,\ -2,\ 2,\ 0)^{\mathrm{T}}$，$\boldsymbol{\alpha}_5=(2,\ 1,\ 5,\ 10)^{\mathrm{T}}$ 的极大线性无关组不能是（ ）.

（A）$\boldsymbol{\alpha}_1$，$\boldsymbol{\alpha}_2$，$\boldsymbol{\alpha}_4$ （B）$\boldsymbol{\alpha}_1$，$\boldsymbol{\alpha}_3$，$\boldsymbol{\alpha}_4$

（C）$\boldsymbol{\alpha}_1$，$\boldsymbol{\alpha}_4$，$\boldsymbol{\alpha}_5$ （D）$\boldsymbol{\alpha}_1$，$\boldsymbol{\alpha}_3$，$\boldsymbol{\alpha}_5$

（E）无法确定

[解析]

$$(\boldsymbol{\alpha}_1,\boldsymbol{\alpha}_2,\boldsymbol{\alpha}_3,\boldsymbol{\alpha}_4,\boldsymbol{\alpha}_5)=\begin{pmatrix}1&0&3&1&2\\-1&3&0&-2&1\\2&1&7&2&5\\4&2&14&0&10\end{pmatrix}\to\begin{pmatrix}1&0&3&1&2\\0&1&1&0&1\\0&0&0&1&0\\0&0&0&0&0\end{pmatrix},$$

由于阶梯形矩阵中有三个非零行和三个非零的阶梯，所以原向量组的秩为3. 其最大线性无关组中含有三个向量，从每一个不同的阶梯中取一列向量，则所在的列对应的原向量就是原向量组的一个最大线性无关组. 因此，最大线性无关组可以是 $\boldsymbol{\alpha}_1$，$\boldsymbol{\alpha}_2$，$\boldsymbol{\alpha}_4$，或 $\boldsymbol{\alpha}_1$，$\boldsymbol{\alpha}_3$，$\boldsymbol{\alpha}_4$，或 $\boldsymbol{\alpha}_1$，$\boldsymbol{\alpha}_4$，$\boldsymbol{\alpha}_5$，或 $\boldsymbol{\alpha}_3$，$\boldsymbol{\alpha}_4$，$\boldsymbol{\alpha}_5$，每组都有 $\boldsymbol{\alpha}_4$，因而最大线性无关组不能是 $\boldsymbol{\alpha}_1$，$\boldsymbol{\alpha}_3$，$\boldsymbol{\alpha}_5$，选 D.

[评注] 采用阶梯形矩阵找极大线性无关组，会出现找不全的情况，有时还需结合定义分析.

【例9】设4维向量组 $\boldsymbol{\alpha}_1=(1+a,1,1,1)^{\mathrm{T}}$，$\boldsymbol{\alpha}_2=(2,2+a,2,2)^{\mathrm{T}}$，$\boldsymbol{\alpha}_3=(3,3,3+a,3)^{\mathrm{T}}$，$\boldsymbol{\alpha}_4=(4,4,4,4+a)^{\mathrm{T}}$，问 a 为何值时 $\boldsymbol{\alpha}_1$，$\boldsymbol{\alpha}_2$，$\boldsymbol{\alpha}_3$，$\boldsymbol{\alpha}_4$ 线性相关？当 $\boldsymbol{\alpha}_1$，$\boldsymbol{\alpha}_2$，$\boldsymbol{\alpha}_3$，$\boldsymbol{\alpha}_4$ 线性相关时，求其一个极大线性无关组，并将其余向量用该极大线性无关组线性表出.

[解析] 记以 $\boldsymbol{\alpha}_1$，$\boldsymbol{\alpha}_2$，$\boldsymbol{\alpha}_3$，$\boldsymbol{\alpha}_4$ 为列向量的矩阵为 $\boldsymbol{A}$，则

$$|\boldsymbol{A}|=\begin{vmatrix}1+a&2&3&4\\1&2+a&3&4\\1&2&3+a&4\\1&2&3&4+a\end{vmatrix}=(10+a)a^3.$$

于是当 $|\boldsymbol{A}|=0$，即 $a=0$ 或 $a=-10$ 时，$\boldsymbol{\alpha}_1$，$\boldsymbol{\alpha}_2$，$\boldsymbol{\alpha}_3$，$\boldsymbol{\alpha}_4$ 线性相关.

当 $a=0$ 时，显然 $\boldsymbol{\alpha}_1$ 是一个极大线性无关组，且 $\boldsymbol{\alpha}_2=2\boldsymbol{\alpha}_1$，$\boldsymbol{\alpha}_3=3\boldsymbol{\alpha}_1$，$\boldsymbol{\alpha}_4=4\boldsymbol{\alpha}_1$；

当 $a=-10$ 时，

$$\begin{matrix}&\boldsymbol{\alpha}_1&\boldsymbol{\alpha}_2&\boldsymbol{\alpha}_3&\boldsymbol{\alpha}_4\end{matrix}$$
$$\boldsymbol{A}=\begin{pmatrix}-9&2&3&4\\1&-8&3&4\\1&2&-7&4\\1&2&3&-6\end{pmatrix},$$

由于此时 $\boldsymbol{A}$ 有三阶非零行列式 $\begin{vmatrix}-9&2&3\\1&-8&3\\1&2&-7\end{vmatrix}=-400\neq0$，所以 $\boldsymbol{\alpha}_1$，$\boldsymbol{\alpha}_2$，$\boldsymbol{\alpha}_3$ 为极大线性无关组，且 $\boldsymbol{\alpha}_1+\boldsymbol{\alpha}_2+\boldsymbol{\alpha}_3+\boldsymbol{\alpha}_4=\boldsymbol{0}$，即 $\boldsymbol{\alpha}_4=-\boldsymbol{\alpha}_1-\boldsymbol{\alpha}_2-\boldsymbol{\alpha}_3$.

第三节 点睛归纳

向量组的秩与矩阵的秩之间有着密切的关系，因此对于秩的问题要灵活运用条件，注意知识点的转化. 求秩、求极大线性无关组的重要方法是初等变换，要熟练掌握向量极大线性无关组、判断向量的线性相关性以及秩.

1. 线性相关的定义

$$\lambda_1\boldsymbol{\alpha}_1+\lambda_2\boldsymbol{\alpha}_2+\cdots+\lambda_n\boldsymbol{\alpha}_n=\mathbf{0}.$$

（1）存在不全为0的λ_1，λ_2，…，λ_n使上式成立，则其线性相关.

（2）当且仅当$\lambda_1=\lambda_2=\cdots=\lambda_n=0$时，上式成立，则其线性无关.

2. 向量$\boldsymbol{\beta}$可由（不可由）$\boldsymbol{\alpha}_1$，$\boldsymbol{\alpha}_2$，…，$\boldsymbol{\alpha}_n$线性表示的主要结论

（1）若$\boldsymbol{\beta}=k_1\boldsymbol{\alpha}_1+k_2\boldsymbol{\alpha}_2+\cdots+k_n\boldsymbol{\alpha}_n$（$k_i$为实数），则$\boldsymbol{\beta}$可由$\boldsymbol{\alpha}_1$，$\boldsymbol{\alpha}_2$，…，$\boldsymbol{\alpha}_n$线性表示.

命题：$\boldsymbol{\beta}$可由向量组$\boldsymbol{\alpha}_1$，$\boldsymbol{\alpha}_2$，…，$\boldsymbol{\alpha}_n$线性表示$\Leftrightarrow$方程组$\boldsymbol{A}\boldsymbol{x}=\boldsymbol{\beta}$有解，其中$\boldsymbol{A}=(\boldsymbol{\alpha}_1,\boldsymbol{\alpha}_2,\cdots,\boldsymbol{\alpha}_n)\Leftrightarrow$秩$(\boldsymbol{A})=$秩$(\boldsymbol{A},\boldsymbol{\beta})$.

推论1：$\boldsymbol{\beta}$可由$\boldsymbol{\alpha}_1$，$\boldsymbol{\alpha}_2$，…，$\boldsymbol{\alpha}_n$线性表示，且表达式是唯一的$\Leftrightarrow$方程组$\boldsymbol{A}\boldsymbol{x}=\boldsymbol{\beta}$有唯一解$\Leftrightarrow$秩$(\boldsymbol{A})=$秩$(\boldsymbol{A},\boldsymbol{\beta})=n\Leftrightarrow\boldsymbol{\alpha}_1$，$\boldsymbol{\alpha}_2$，…，$\boldsymbol{\alpha}_n$线性无关，$\boldsymbol{\alpha}_1$，$\boldsymbol{\alpha}_2$，…，$\boldsymbol{\alpha}_n$，$\boldsymbol{\beta}$线性相关.

推论2：$\boldsymbol{\beta}$可由$\boldsymbol{\alpha}_1$，$\boldsymbol{\alpha}_2$，…，$\boldsymbol{\alpha}_n$线性表示，且表达式是不唯一的$\Leftrightarrow$秩$(\boldsymbol{A})=$秩$(\boldsymbol{A},\boldsymbol{\beta})<n$.

（2）若对于任何一组数k_1，k_2，…，k_n都有$\boldsymbol{\beta}\neq k_1\boldsymbol{\alpha}_1+k_2\boldsymbol{\alpha}_2+\cdots+k_n\boldsymbol{\alpha}_n$，则称$\boldsymbol{\beta}$不可由$\boldsymbol{\alpha}_1$，$\boldsymbol{\alpha}_2$，…，$\boldsymbol{\alpha}_n$线性表示.

命题：$\boldsymbol{\beta}$不可由$\boldsymbol{\alpha}_1$，$\boldsymbol{\alpha}_2$，…，$\boldsymbol{\alpha}_n$线性表示$\Leftrightarrow$方程组$\boldsymbol{A}\boldsymbol{x}=\boldsymbol{\beta}$无解$\Leftrightarrow$秩$(\boldsymbol{A})\neq$秩$(\boldsymbol{A},\boldsymbol{\beta})$，其中$\boldsymbol{A}=(\boldsymbol{\alpha}_1,\boldsymbol{\alpha}_2,\cdots,\boldsymbol{\alpha}_n)$.

3. m维向量组$\boldsymbol{\alpha}_1$，$\boldsymbol{\alpha}_2$，…，$\boldsymbol{\alpha}_n$线性无关的充分必要条件

向量组$\boldsymbol{\alpha}_1$，$\boldsymbol{\alpha}_2$，…，$\boldsymbol{\alpha}_n$线性无关$\Leftrightarrow$对于任何一组不全为零的数组k_1，k_2，…，k_n都有$k_1\boldsymbol{\alpha}_1+k_2\boldsymbol{\alpha}_2+\cdots+k_n\boldsymbol{\alpha}_n\neq\mathbf{0}\Leftrightarrow$对于任一个$\boldsymbol{\alpha}_i(1\leqslant i\leqslant n)$都不能由其余向量线性表示$\Leftrightarrow\boldsymbol{A}\boldsymbol{x}=\mathbf{0}$只有零解$\Leftrightarrow$秩$(\boldsymbol{A})=n$，其中$\boldsymbol{A}=(\boldsymbol{\alpha}_1,\boldsymbol{\alpha}_2,\cdots,\boldsymbol{\alpha}_n)$.

4. m维向量组$\boldsymbol{\alpha}_1$，$\boldsymbol{\alpha}_2$，…，$\boldsymbol{\alpha}_n$线性相关的充分必要条件

向量组$\boldsymbol{\alpha}_1$，$\boldsymbol{\alpha}_2$，…，$\boldsymbol{\alpha}_n$线性相关$\Leftrightarrow$存在一组不全为零的数组k_1，k_2，…，k_n，使得$k_1\boldsymbol{\alpha}_1+k_2\boldsymbol{\alpha}_2+\cdots+k_n\boldsymbol{\alpha}_n=\mathbf{0}\Leftrightarrow$至少存在一个$\boldsymbol{\alpha}_i(1\leqslant i\leqslant n)$使得$\boldsymbol{\alpha}_i$可由其余向量线性表示$\Leftrightarrow\boldsymbol{A}\boldsymbol{x}=\mathbf{0}$有非零解$\Leftrightarrow$秩$(\boldsymbol{A})<n$，其中$\boldsymbol{A}=(\boldsymbol{\alpha}_1,\boldsymbol{\alpha}_2,\cdots,\boldsymbol{\alpha}_n)$.

5. 线性相关向量组的主要结论

（1）设$\boldsymbol{\alpha}_1$，$\boldsymbol{\alpha}_2$线性相关，则$\boldsymbol{\alpha}_1$，$\boldsymbol{\alpha}_2$，$\boldsymbol{\alpha}_3$必线性相关（反之不一定对）；

（2）含有零向量的向量组必线性相关（反之不一定对）；

（3）若向量个数>向量维数，则向量组必线性相关.

6. 向量组可线性表示的结论

列向量组$\boldsymbol{\beta}_1$，$\boldsymbol{\beta}_2$，…，$\boldsymbol{\beta}_t$可由$\boldsymbol{\alpha}_1$，$\boldsymbol{\alpha}_2$，…，$\boldsymbol{\alpha}_s$线性表示，则

（1）若$t>s$，则$\boldsymbol{\beta}_1$，$\boldsymbol{\beta}_2$，…，$\boldsymbol{\beta}_t$线性相关；

（2）若$\boldsymbol{\beta}_1$，$\boldsymbol{\beta}_2$，…，$\boldsymbol{\beta}_t$线性无关，则$t\leqslant s$.

7. 矩阵秩的有关结论

（1）设$m\times n$矩阵$\boldsymbol{A}$的秩为r，则$r\leqslant\min\{m, n\}$；

（2）$m\times n$矩阵$\boldsymbol{A}$的秩为$r\Leftrightarrow\boldsymbol{A}$有一个$r$阶子式不为零，所有$r+1$阶子式全为零；

（3）若矩阵$\boldsymbol{A}$的秩$r=\boldsymbol{A}$的列数，则$\boldsymbol{A}$的列向量组线性无关；若矩阵$\boldsymbol{A}$的秩$r<\boldsymbol{A}$的列数，则$\boldsymbol{A}$的列向量组线性相关；

（4）n阶矩阵$\boldsymbol{A}$的秩为$n\Leftrightarrow|\boldsymbol{A}|\neq 0$；$n$阶矩阵$\boldsymbol{A}$的秩$<n\Leftrightarrow|\boldsymbol{A}|=0$；

（5）阶梯形矩阵、行最简形矩阵的秩等于非零行向量的行数；

（6）初等变换不改变矩阵的秩，所以矩阵$\boldsymbol{A}$的秩等于$\boldsymbol{A}$的阶梯形矩阵（或行最简形矩阵）的秩；

（7）秩$(\boldsymbol{A})$ = 秩$(\boldsymbol{A}^{\mathrm{T}})$；

（8）若$k\neq 0$，则秩$(k\boldsymbol{A})$=秩$(\boldsymbol{A})$(其中k为数)；

（9）秩$(\boldsymbol{AB})\leqslant\min\{$秩$(\boldsymbol{A})$，秩$(\boldsymbol{B})\}$，且秩$(\boldsymbol{AB})\neq$ 秩$(\boldsymbol{BA})$(只有特殊情况下等式成立)；

（10）设$\boldsymbol{A}$是$m\times n$矩阵，$\boldsymbol{P}$是m阶可逆矩阵，$\boldsymbol{Q}$是n阶可逆矩阵，则

秩$(\boldsymbol{A})$ = 秩$(\boldsymbol{PA})$ = 秩$(\boldsymbol{AQ})$ = 秩$(\boldsymbol{PAQ})$.

第四节　阶梯训练

基础能力题

1. 设$\boldsymbol{\alpha}_1$，$\boldsymbol{\alpha}_2$，…，$\boldsymbol{\alpha}_m$为一组n维向量，则下列说法正确的是（　　）.

（A）若$\boldsymbol{\alpha}_1$，$\boldsymbol{\alpha}_2$，…，$\boldsymbol{\alpha}_m$不线性相关，则一定线性无关

（B）若存在m个全为零的数k_1，k_2，…，k_m，使得$k_1\boldsymbol{\alpha}_1+k_2\boldsymbol{\alpha}_2+\cdots+k_m\boldsymbol{\alpha}_m=\boldsymbol{0}$，则$\boldsymbol{\alpha}_1$，$\boldsymbol{\alpha}_2$，…，$\boldsymbol{\alpha}_m$线性无关

（C）若存在m个不全为零的数k_1，k_2，…，k_m，使得$k_1\boldsymbol{\alpha}_1+k_2\boldsymbol{\alpha}_2+\cdots+k_m\boldsymbol{\alpha}_m\neq\boldsymbol{0}$，则$\boldsymbol{\alpha}_1$，$\boldsymbol{\alpha}_2$，…，$\boldsymbol{\alpha}_m$线性无关

（D）若向量组$\boldsymbol{\alpha}_1$，$\boldsymbol{\alpha}_2$，…，$\boldsymbol{\alpha}_m$线性相关，则$\boldsymbol{\alpha}_1$可由$\boldsymbol{\alpha}_2$，…，$\boldsymbol{\alpha}_m$线性表示

（E）$\boldsymbol{\alpha}_1$，$\boldsymbol{\alpha}_2$，…，$\boldsymbol{\alpha}_m$的极大线性无关组为其本身

2. 向量组$\boldsymbol{\alpha}_1$，$\boldsymbol{\alpha}_2$，…，$\boldsymbol{\alpha}_m$线性相关的充要条件是（　　）.

（A）$\boldsymbol{\alpha}_1$，$\boldsymbol{\alpha}_2$，…，$\boldsymbol{\alpha}_m$中有一个零向量

（B）$\boldsymbol{\alpha}_1$，$\boldsymbol{\alpha}_2$，…，$\boldsymbol{\alpha}_m$中任意两个向量成比例

（C）$\boldsymbol{\alpha}_1$，$\boldsymbol{\alpha}_2$，…，$\boldsymbol{\alpha}_m$中有一个向量是其余向量的线性组合

（D）$\boldsymbol{\alpha}_1$，$\boldsymbol{\alpha}_2$，…，$\boldsymbol{\alpha}_m$中任意一个向量都是其余向量的线性组合

（E）$\boldsymbol{\alpha}_1$，$\boldsymbol{\alpha}_2$，…，$\boldsymbol{\alpha}_m$中没有零向量

3. n 维向量组 $\boldsymbol{\alpha}_1$，$\boldsymbol{\alpha}_2$，…，$\boldsymbol{\alpha}_s(3\leqslant s\leqslant n)$线性无关的充要条件是（　　）.

（A）存在一组不全为零的数 k_1，k_2，…，k_s，使 $\sum_{i=1}^{s} k_i\boldsymbol{\alpha}_i \neq \mathbf{0}$

（B）$\boldsymbol{\alpha}_1$，$\boldsymbol{\alpha}_2$，…，$\boldsymbol{\alpha}_s$ 中任意两个向量都线性无关

（C）$\boldsymbol{\alpha}_1$，$\boldsymbol{\alpha}_2$，…，$\boldsymbol{\alpha}_s$ 存在一个向量不能由其余向量线性表示

（D）$\boldsymbol{\alpha}_1$，$\boldsymbol{\alpha}_2$，…，$\boldsymbol{\alpha}_s$ 中任一个向量不能由其余向量线性表示

（E）$\boldsymbol{\alpha}_1$，$\boldsymbol{\alpha}_2$，…，$\boldsymbol{\alpha}_m$ 中没有零向量

4. 设向量组（Ⅰ）：$\boldsymbol{\alpha}_1$，$\boldsymbol{\alpha}_2$，…，$\boldsymbol{\alpha}_r$；向量组（Ⅱ）：$\boldsymbol{\alpha}_1$，$\boldsymbol{\alpha}_2$，…，$\boldsymbol{\alpha}_r$，$\boldsymbol{\alpha}_{r+1}$，…，$\boldsymbol{\alpha}_m$，则必有（　　）.

（A）（Ⅰ）线性相关⇒（Ⅱ）线性相关　（B）（Ⅰ）线性相关⇒（Ⅱ）线性无关

（C）（Ⅱ）线性相关⇒（Ⅰ）线性相关　（D）（Ⅱ）线性相关⇒（Ⅰ）线性无关

（E）（Ⅰ）线性无关⇒（Ⅱ）线性无关

5. 已知向量组 $\boldsymbol{\alpha}_1$，$\boldsymbol{\alpha}_2$，$\boldsymbol{\alpha}_3$，$\boldsymbol{\alpha}_4$ 线性无关，则向量组（　　）.

（A）$\boldsymbol{\alpha}_1+\boldsymbol{\alpha}_2$，$\boldsymbol{\alpha}_2+\boldsymbol{\alpha}_3$，$\boldsymbol{\alpha}_3+\boldsymbol{\alpha}_4$，$\boldsymbol{\alpha}_4+\boldsymbol{\alpha}_1$ 线性无关

（B）$\boldsymbol{\alpha}_1-\boldsymbol{\alpha}_2$，$\boldsymbol{\alpha}_2-\boldsymbol{\alpha}_3$，$\boldsymbol{\alpha}_3-\boldsymbol{\alpha}_4$，$\boldsymbol{\alpha}_4-\boldsymbol{\alpha}_1$ 线性无关

（C）$\boldsymbol{\alpha}_1+\boldsymbol{\alpha}_2$，$\boldsymbol{\alpha}_2+\boldsymbol{\alpha}_3$，$\boldsymbol{\alpha}_3+\boldsymbol{\alpha}_4$，$\boldsymbol{\alpha}_4-\boldsymbol{\alpha}_1$ 线性无关

（D）$\boldsymbol{\alpha}_1+\boldsymbol{\alpha}_2$，$\boldsymbol{\alpha}_2+\boldsymbol{\alpha}_3$，$\boldsymbol{\alpha}_3-\boldsymbol{\alpha}_4$，$\boldsymbol{\alpha}_4-\boldsymbol{\alpha}_1$ 线性无关

（E）以上均不正确

6. 设 $\boldsymbol{\beta}$，$\boldsymbol{\alpha}_1$，$\boldsymbol{\alpha}_2$ 线性相关，$\boldsymbol{\beta}$，$\boldsymbol{\alpha}_2$，$\boldsymbol{\alpha}_3$ 线性无关，则（　　）.

（A）$\boldsymbol{\alpha}_1$，$\boldsymbol{\alpha}_2$，$\boldsymbol{\alpha}_3$ 线性相关　（B）$\boldsymbol{\alpha}_1$，$\boldsymbol{\alpha}_2$，$\boldsymbol{\alpha}_3$ 线性无关

（C）$\boldsymbol{\alpha}_1$ 能由 $\boldsymbol{\beta}$，$\boldsymbol{\alpha}_2$，$\boldsymbol{\alpha}_3$ 线性表示　（D）$\boldsymbol{\beta}$ 能由 $\boldsymbol{\alpha}_1$，$\boldsymbol{\alpha}_2$ 线性表示

（E）$\boldsymbol{\alpha}_1$ 不能由 $\boldsymbol{\alpha}_2$，$\boldsymbol{\beta}$ 线性表示

7. 设向量 $\boldsymbol{\beta}$ 能由向量组 $\boldsymbol{\alpha}_1$，$\boldsymbol{\alpha}_2$，…，$\boldsymbol{\alpha}_m$ 线性表示但不能由向量组（Ⅰ）：$\boldsymbol{\alpha}_1$，$\boldsymbol{\alpha}_2$，…，$\boldsymbol{\alpha}_{m-1}$线性表示，记向量组（Ⅱ）：$\boldsymbol{\alpha}_1$，$\boldsymbol{\alpha}_2$，…，$\boldsymbol{\alpha}_{m-1}$，$\boldsymbol{\beta}$，则（　　）.

（A）$\boldsymbol{\alpha}_m$ 不能由（Ⅰ）线性表示，也不能由（Ⅱ）线性表示

（B）$\boldsymbol{\alpha}_m$ 不能由（Ⅰ）线性表示，但能由（Ⅱ）线性表示

（C）$\boldsymbol{\alpha}_m$ 能由（Ⅰ）线性表示，也能由（Ⅱ）线性表示

（D）$\boldsymbol{\alpha}_m$ 能由（Ⅰ）线性表示，但不能由（Ⅱ）线性表示

（E）无法确定

8. 设矩阵 $\boldsymbol{A}$ 为 n 阶方阵，且 $r(\boldsymbol{A})=r<n$，则在 $\boldsymbol{A}$ 的 n 个行向量中（　　）.

（A）任意 r 个行向量线性无关

（B）必有 r 个行向量线性无关

（C）任意 r 个行向量构成极大线性无关组

（D）任意一个行向量都可以由其中任意 r 个行向量线性表示

（E）任意 r 个行向量线性相关

9. 设矩阵 $\boldsymbol{A}$ 为 n 阶方阵，且 $|\boldsymbol{A}|=0$，则矩阵 $\boldsymbol{A}$ 中（　　）.

（A）必有一列元素全为0

（B）必有两列元素对应成比例

（C）必有一列向量是其余列向量的线性组合

(D) 任意一列向量都是其余列向量的线性组合

(E) 任意两列线性相关

10. 设向量组 $\boldsymbol{\alpha}_1$，$\boldsymbol{\alpha}_2$，$\boldsymbol{\alpha}_3$ 线性无关，向量 $\boldsymbol{\beta}_1$ 可由向量组 $\boldsymbol{\alpha}_1$，$\boldsymbol{\alpha}_2$，$\boldsymbol{\alpha}_3$ 线性表示，而向量 $\boldsymbol{\beta}_2$ 不能由向量组 $\boldsymbol{\alpha}_1$，$\boldsymbol{\alpha}_2$，$\boldsymbol{\alpha}_3$ 线性表示，则对于任意的常数 k，必有（　　）.

(A) $\boldsymbol{\alpha}_1$，$\boldsymbol{\alpha}_2$，$\boldsymbol{\alpha}_3$，$k\boldsymbol{\beta}_1+\boldsymbol{\beta}_2$ 线性无关　　(B) $\boldsymbol{\alpha}_1$，$\boldsymbol{\alpha}_2$，$\boldsymbol{\alpha}_3$，$k\boldsymbol{\beta}_1+\boldsymbol{\beta}_2$ 线性相关

(C) $\boldsymbol{\alpha}_1$，$\boldsymbol{\alpha}_2$，$\boldsymbol{\alpha}_3$，$\boldsymbol{\beta}_1+k\boldsymbol{\beta}_2$ 线性无关　　(D) $\boldsymbol{\alpha}_1$，$\boldsymbol{\alpha}_2$，$\boldsymbol{\alpha}_3$，$\boldsymbol{\beta}_1+k\boldsymbol{\beta}_2$ 线性相关

(E) $\boldsymbol{\alpha}_1$，$\boldsymbol{\alpha}_2$，$\boldsymbol{\alpha}_3$，$k\boldsymbol{\beta}_1+k\boldsymbol{\beta}_2$ 线性无关

11. $\{\boldsymbol{\beta}_1, \boldsymbol{\beta}_2, \cdots, \boldsymbol{\beta}_\zeta\}$ 的每个向量可由另一个向量组 $\{\boldsymbol{\alpha}_1, \boldsymbol{\alpha}_2, \cdots, \boldsymbol{\alpha}_\gamma\}$ 线性表示，且 $\zeta>\gamma$，则向量组 $\{\boldsymbol{\beta}_1, \boldsymbol{\beta}_2, \cdots, \boldsymbol{\beta}_\zeta\}$（　　）.

(A) 必线性相关　　(B) 必线性无关

(C) 有可能线性无关　　(D) 有可能线性相关

(E) 无法确定

12. 下列命题错误的是（　　）.

(A) 若 $\boldsymbol{\alpha}_1$，…，$\boldsymbol{\alpha}_m$ 线性无关，则其中每一个向量都不是其余向量的线性组合

(B) 若 $\boldsymbol{\alpha}_1$，$\boldsymbol{\alpha}_2$，$\boldsymbol{\alpha}_3$ 线性相关，则 $\boldsymbol{\alpha}_1+\boldsymbol{\alpha}_2$，$\boldsymbol{\alpha}_2+\boldsymbol{\alpha}_3$，$\boldsymbol{\alpha}_3+\boldsymbol{\alpha}_1$ 也线性相关

(C) 设 $\boldsymbol{\alpha}_1$，$\boldsymbol{\alpha}_2$ 线性无关,则 $\boldsymbol{\alpha}_1+\boldsymbol{\alpha}_2$，$\boldsymbol{\alpha}_1-\boldsymbol{\alpha}_2$ 也线性无关

(D) 若 $\boldsymbol{\alpha}_1$，$\boldsymbol{\alpha}_2$ 线性相关，$\boldsymbol{\beta}_1$，$\boldsymbol{\beta}_2$ 线性相关，则 $\boldsymbol{\alpha}_1+\boldsymbol{\beta}_1$，$\boldsymbol{\alpha}_2+\boldsymbol{\beta}_2$ 也线性相关

(E) 若 $\boldsymbol{\alpha}_1$，$\boldsymbol{\alpha}_2$ 线性无关，$\boldsymbol{\beta}_1$，$\boldsymbol{\beta}_2$ 线性无关，则 $\boldsymbol{\alpha}_1+\boldsymbol{\beta}_1$，$\boldsymbol{\alpha}_2+\boldsymbol{\beta}_2$ 有可能线性相关

13. 向量组（Ⅰ）：$\boldsymbol{\alpha}_1$，…，$\boldsymbol{\alpha}_m(m\geqslant 3)$线性无关的充分必要条件是（　　）.

(A) 任意一个向量都不能由其余 $m-1$ 个向量线性表出

(B) 存在一个向量，它不能由其余 $m-1$ 个向量线性表出

(C) 任意两个向量线性无关

(D) 存在不全为零的常数 k_1，…，k_m，使 $k_1\boldsymbol{\alpha}_1+\cdots+k_m\boldsymbol{\alpha}_m\neq\mathbf{0}$

(E) 任意一个向量均不为零向量

14. 以下命题正确的是（　　）.

(A) 若 $\boldsymbol{\alpha}_1$，…，$\boldsymbol{\alpha}_m(m>2)$线性无关，则其中每一个向量都是其余向量的线性组合

(B) $\boldsymbol{\alpha}_1$，…，$\boldsymbol{\alpha}_m(m>2)$线性无关的充要条件是任意两个向量都线性无关

(C) 若 $\boldsymbol{\alpha}_1$，$\boldsymbol{\alpha}_2$ 线性相关，$\boldsymbol{\beta}_1$，$\boldsymbol{\beta}_2$ 线性相关，则 $\boldsymbol{\alpha}_1+\boldsymbol{\beta}_1$，$\boldsymbol{\alpha}_2+\boldsymbol{\beta}_2$ 也线性相关

(D) 若 $\boldsymbol{\alpha}_1$，$\boldsymbol{\alpha}_2$ 线性无关，则 $\boldsymbol{\alpha}_1+\boldsymbol{\alpha}_2$，$\boldsymbol{\alpha}_1-\boldsymbol{\alpha}_2$ 也线性无关

(E) 若 $\boldsymbol{\alpha}_1$，$\boldsymbol{\alpha}_2$ 线性相关，则 $\boldsymbol{\alpha}_1+\boldsymbol{\alpha}_2$，$\boldsymbol{\alpha}_1-\boldsymbol{\alpha}_2$ 有可能线性无关

15. 已知两个 n 维向量组 $\boldsymbol{\alpha}_1$，…，$\boldsymbol{\alpha}_m$ 和 $\boldsymbol{\beta}_1$，…，$\boldsymbol{\beta}_m$，若存在两组不全为零的数 λ_1，…，λ_m 和 k_1，…，k_m，使$(\lambda_1+k_1)\boldsymbol{\alpha}_1+\cdots+(\lambda_m+k_m)\boldsymbol{\alpha}_m+(\lambda_1-k_1)\boldsymbol{\beta}_1+\cdots+(\lambda_m-k_m)\boldsymbol{\beta}_m=\mathbf{0}$，则下列正确的是（　　）.

(A) $\boldsymbol{\alpha}_1$，…，$\boldsymbol{\alpha}_m$ 和 $\boldsymbol{\beta}_1$，…，$\boldsymbol{\beta}_m$ 都线性无关

(B) $\boldsymbol{\alpha}_1$，…，$\boldsymbol{\alpha}_m$ 和 $\boldsymbol{\beta}_1$，…，$\boldsymbol{\beta}_m$ 都线性相关

(C) $\boldsymbol{\alpha}_1+\boldsymbol{\beta}_1$，…，$\boldsymbol{\alpha}_m+\boldsymbol{\beta}_m$，$\boldsymbol{\alpha}_1-\boldsymbol{\beta}_1$，…，$\boldsymbol{\alpha}_m-\boldsymbol{\beta}_m$ 都线性相关

(D) $\boldsymbol{\alpha}_1+\boldsymbol{\beta}_1$，…，$\boldsymbol{\alpha}_m+\boldsymbol{\beta}_m$，$\boldsymbol{\alpha}_1-\boldsymbol{\beta}_1$，…，$\boldsymbol{\alpha}_m-\boldsymbol{\beta}_m$ 都线性无关

(E) 无法确定

16. $\boldsymbol{\beta}_1=(1,\ -1,\ 0,\ 0)$，$\boldsymbol{\beta}_2=(-1,\ 2,\ 1,\ -1)$，$\boldsymbol{\beta}_3=(0,\ 1,\ 1,\ -1)$，$\boldsymbol{\beta}_4=(-1,\ 3,\ 2,\ 1)$，$\boldsymbol{\beta}_5=(-2,\ 6,\ 4,\ -1)$，对于$\boldsymbol{\beta}_1$，…，$\boldsymbol{\beta}_5$正确的是（　　）.

（A）$\boldsymbol{\beta}_1$，…，$\boldsymbol{\beta}_5$线性无关　　（B）$r(\boldsymbol{\beta}_1,\ \cdots,\ \boldsymbol{\beta}_5)=4$

（C）一个极大线性无关组为$\boldsymbol{\beta}_1$，$\boldsymbol{\beta}_2$，$\boldsymbol{\beta}_4$　　（D）$\boldsymbol{\beta}_1$，$\boldsymbol{\beta}_2$，$\boldsymbol{\beta}_3$，$\boldsymbol{\beta}_4$线性无关

（E）无法确定

17. 设向量组$\boldsymbol{\alpha}_1$，$\boldsymbol{\alpha}_2$，$\boldsymbol{\alpha}_3$线性无关，则下列向量组线性相关的是（　　）.

（A）$\boldsymbol{\alpha}_1-\boldsymbol{\alpha}_2$，$\boldsymbol{\alpha}_2-\boldsymbol{\alpha}_3$，$\boldsymbol{\alpha}_3-\boldsymbol{\alpha}_1$　　（B）$\boldsymbol{\alpha}_1+\boldsymbol{\alpha}_2$，$\boldsymbol{\alpha}_2+\boldsymbol{\alpha}_3$，$\boldsymbol{\alpha}_3+\boldsymbol{\alpha}_1$

（C）$\boldsymbol{\alpha}_1-2\boldsymbol{\alpha}_2$，$\boldsymbol{\alpha}_2-2\boldsymbol{\alpha}_3$，$\boldsymbol{\alpha}_3-2\boldsymbol{\alpha}_1$　　（D）$\boldsymbol{\alpha}_1+2\boldsymbol{\alpha}_2$，$\boldsymbol{\alpha}_2+2\boldsymbol{\alpha}_3$，$\boldsymbol{\alpha}_3+2\boldsymbol{\alpha}_1$

（E）$\boldsymbol{\alpha}_1-\boldsymbol{\alpha}_2$，$\boldsymbol{\alpha}_2+\boldsymbol{\alpha}_3$，$\boldsymbol{\alpha}_3-\boldsymbol{\alpha}_1$

18. 设向量组$\boldsymbol{\alpha}_1=\begin{pmatrix}1\\1\\2\\1\end{pmatrix}$，$\boldsymbol{\alpha}_2=\begin{pmatrix}1\\0\\0\\2\end{pmatrix}$，$\boldsymbol{\alpha}_3=\begin{pmatrix}-1\\-4\\-8\\k\end{pmatrix}$线性相关，则$k=$（　　）.

（A）1　　（B）-1　　（C）3　　（D）-2　　（E）2

19. 设向量组$\boldsymbol{\alpha}_1=\begin{pmatrix}a\\0\\c\end{pmatrix}$，$\boldsymbol{\alpha}_2=\begin{pmatrix}b\\c\\0\end{pmatrix}$，$\boldsymbol{\alpha}_3=\begin{pmatrix}0\\a\\b\end{pmatrix}$线性无关，则$a$，$b$，$c$必满足（　　）.

（A）$a+b+c=0$　　（B）$abc=0$　　（C）$abc\neq0$

（D）$a+b+c\neq0$　　（E）$a=b=c$

20. 设向量组$\boldsymbol{\alpha}_1=\begin{pmatrix}1+\lambda\\1\\1\end{pmatrix}$，$\boldsymbol{\alpha}_2=\begin{pmatrix}1\\1+\lambda\\1\end{pmatrix}$，$\boldsymbol{\alpha}_3=\begin{pmatrix}1\\1\\1+\lambda\end{pmatrix}$的秩为2，则$\lambda=$（　　）.

（A）1　　（B）-1　　（C）3　　（D）2　　（E）-3

21. 向量组$\boldsymbol{\alpha}_1$，$\boldsymbol{\alpha}_2$，$\boldsymbol{\alpha}_3$的秩为2，则$\boldsymbol{\beta}_1=\boldsymbol{\alpha}_1+\boldsymbol{\alpha}_2$，$\boldsymbol{\beta}_2=\boldsymbol{\alpha}_2+\boldsymbol{\alpha}_3$，$\boldsymbol{\beta}_3=\boldsymbol{\alpha}_3+\boldsymbol{\alpha}_1$的秩为（　　）.

（A）0　　（B）1　　（C）2　　（D）3　　（E）1或2

22. 设三阶矩阵$\boldsymbol{A}=\begin{pmatrix}1&2&-2\\2&1&2\\3&0&4\end{pmatrix}$，向量$\boldsymbol{\alpha}=\begin{pmatrix}a\\1\\1\end{pmatrix}$，且满足$\boldsymbol{A\alpha}$与$\boldsymbol{\alpha}$线性相关，则$a=$（　　）.

（A）-1　　（B）1　　（C）2　　（D）-2　　（E）3

23. 设$\boldsymbol{\alpha}_1=\begin{pmatrix}1\\1\\k\end{pmatrix}$，$\boldsymbol{\alpha}_2=\begin{pmatrix}1\\k\\1\end{pmatrix}$，$\boldsymbol{\alpha}_3=\begin{pmatrix}k\\1\\1\end{pmatrix}$线性无关，则$k$满足（　　）.

（A）$k\neq1$　　（B）$k\neq-2$　　（C）$k=1$或$k=-2$

（D）$k\neq1$且$k\neq-2$　　（E）$k\neq1$或$k\neq-2$

24. 设$\boldsymbol{\alpha}_1$，$\boldsymbol{\alpha}_2$，$\boldsymbol{\alpha}_3$均为3维列向量，记矩阵$\boldsymbol{A}=(\boldsymbol{\alpha}_1,\ \boldsymbol{\alpha}_2,\ \boldsymbol{\alpha}_3)$，$\boldsymbol{B}=(\boldsymbol{\alpha}_1+\boldsymbol{\alpha}_2+\boldsymbol{\alpha}_3,\ \boldsymbol{\alpha}_1+2\boldsymbol{\alpha}_2+4\boldsymbol{\alpha}_3,\ \boldsymbol{\alpha}_1+3\boldsymbol{\alpha}_2+9\boldsymbol{\alpha}_3)$，如果$|\boldsymbol{A}|=1$，则$|\boldsymbol{B}|=$（　　）.

（A）-1　　（B）-2　　（C）-3　　（D）1　　（E）2

25. 设行向量组$(2,\ 1,\ 1,\ 1)$，$(2,\ 1,\ a,\ a)$，$(3,\ 2,\ 1,\ a)$，$(4,\ 3,\ 2,\ 1)$线性相关，且$a\neq1$，则$a=$（　　）.

（A）1　　（B）$\frac{1}{2}$　　（C）2　　（D）$-\frac{1}{2}$　　（E）-2

基础能力题详解

1. **A** （B）$\boldsymbol{\alpha}_1$，$\boldsymbol{\alpha}_2$，…，$\boldsymbol{\alpha}_m$ 可以线性相关.

（C）对任意的 m 个不全为零的数 k_1，k_2，…，k_m，使得 $k_1\boldsymbol{\alpha}_1+k_2\boldsymbol{\alpha}_2+\cdots+k_m\boldsymbol{\alpha}_m\neq\mathbf{0}$，则 $\boldsymbol{\alpha}_1$，$\boldsymbol{\alpha}_2$，…，$\boldsymbol{\alpha}_m$ 线性无关.

（D）定理指出：$\boldsymbol{\alpha}_1$，$\boldsymbol{\alpha}_2$，…，$\boldsymbol{\alpha}_m(m\geqslant2)$线性相关⇔至少存在一个向量可由其余 $m-1$ 个向量线性表示，但并没有指明是哪一个向量可由其余 $m-1$ 个向量线性表示.

（E）$\boldsymbol{\alpha}_1$，$\boldsymbol{\alpha}_2$，…，$\boldsymbol{\alpha}_m$ 线性相关时，其极大线性无关组不是其本身.

2. **C** （C）正确.（A）(B)(D)是充分条件.（E)既不充分，也不必要.

3. **D** （A）$\boldsymbol{\alpha}_1$，$\boldsymbol{\alpha}_2$，…，$\boldsymbol{\alpha}_s$ 线性无关⇔若 $k_1\boldsymbol{\alpha}_1+k_2\boldsymbol{\alpha}_2+\cdots+k_s\boldsymbol{\alpha}_s=\mathbf{0}$，则 $k_1=\cdots=k_s=0$⇔任意一组不全为 0 的数 k_1，k_2，…，k_s，则 $k_1\boldsymbol{\alpha}_1+k_2\boldsymbol{\alpha}_2+\cdots+k_s\boldsymbol{\alpha}_s\neq\mathbf{0}$.

（B）取 $s=3$，$\boldsymbol{\alpha}_1=\begin{pmatrix}1\\0\end{pmatrix}$，$\boldsymbol{\alpha}_2=\begin{pmatrix}0\\1\end{pmatrix}$，$\boldsymbol{\alpha}_3=\boldsymbol{\alpha}_1+\boldsymbol{\alpha}_2=\begin{pmatrix}1\\1\end{pmatrix}$，则 $\boldsymbol{\alpha}_1$，$\boldsymbol{\alpha}_2$，$\boldsymbol{\alpha}_3$ 中任意两个向量都线性无关，但是 $\boldsymbol{\alpha}_1$，$\boldsymbol{\alpha}_2$，$\boldsymbol{\alpha}_3$ 线性相关.

定理的逆否命题为：$\boldsymbol{\alpha}_1$，$\boldsymbol{\alpha}_2$，…，$\boldsymbol{\alpha}_m(m\geqslant2)$线性无关⇔不存在一个向量可由其余 $m-1$个向量线性表示⇔任何一个向量都不能由其余 $m-1$ 个向量线性表示，故(C)错误，(D)正确.

（E）不能推出向量组线性无关.

4. **A** $\boldsymbol{\alpha}_1$，$\boldsymbol{\alpha}_2$，…，$\boldsymbol{\alpha}_r$ 线性相关⇒增加一个向量或者减少一维向量仍线性相关；

$\boldsymbol{\alpha}_1$，$\boldsymbol{\alpha}_2$，…，$\boldsymbol{\alpha}_r$ 线性无关⇒减少一个向量或者增加一维向量仍线性无关.

5. **C** 一般地，$(\boldsymbol{\beta}_1,\boldsymbol{\beta}_2,\boldsymbol{\beta}_3,\boldsymbol{\beta}_4)^{\mathrm{T}}=\boldsymbol{A}(\boldsymbol{\alpha}_1,\boldsymbol{\alpha}_2,\boldsymbol{\alpha}_3,\boldsymbol{\alpha}_4)^{\mathrm{T}}$，即 $\boldsymbol{\beta}=\boldsymbol{A\alpha}$. 若 $|\boldsymbol{A}|\neq0$，则 $\boldsymbol{A}$ 可逆，$\boldsymbol{A}=\boldsymbol{P}_1\boldsymbol{P}_2\cdots\boldsymbol{P}_s$ 为初等方阵的乘积，初等变换不改变矩阵的秩，从而不改变向量组的秩，从而 $\boldsymbol{\beta}_1$，$\boldsymbol{\beta}_2$，$\boldsymbol{\beta}_3$，$\boldsymbol{\beta}_4$ 线性相关⇔$\boldsymbol{\alpha}_1$，$\boldsymbol{\alpha}_2$，$\boldsymbol{\alpha}_3$，$\boldsymbol{\alpha}_4$ 线性相关，$\boldsymbol{\beta}_1$，$\boldsymbol{\beta}_2$，$\boldsymbol{\beta}_3$，$\boldsymbol{\beta}_4$ 线性无关⇔$\boldsymbol{\alpha}_1$，$\boldsymbol{\alpha}_2$，$\boldsymbol{\alpha}_3$，$\boldsymbol{\alpha}_4$ 线性无关；若 $|\boldsymbol{A}|=0$，下面用两种方法证明 $\boldsymbol{\beta}_1$，$\boldsymbol{\beta}_2$，$\boldsymbol{\beta}_3$，$\boldsymbol{\beta}_4$ 一定线性相关：

方法一：$r(\boldsymbol{\beta})=r(\boldsymbol{A\alpha})\leqslant r(\boldsymbol{A})<4$，$\boldsymbol{\beta}_1$，$\boldsymbol{\beta}_2$，$\boldsymbol{\beta}_3$，$\boldsymbol{\beta}_4$ 线性相关；

方法二：$|\boldsymbol{A}|=|\boldsymbol{A}^{\mathrm{T}}|=0$，则 $\boldsymbol{A}^{\mathrm{T}}\boldsymbol{x}=\mathbf{0}$ 一定有非零解，设此非零解为 $\boldsymbol{x}\neq\mathbf{0}$，即 $\boldsymbol{A}^{\mathrm{T}}\boldsymbol{x}=\mathbf{0}$，则 $\boldsymbol{x}^{\mathrm{T}}\boldsymbol{A}=\mathbf{0}$，$\boldsymbol{x}^{\mathrm{T}}\boldsymbol{\beta}=\boldsymbol{x}^{\mathrm{T}}\boldsymbol{A\alpha}=\mathbf{0}\cdot\boldsymbol{\alpha}=\mathbf{0}=x_1\boldsymbol{\beta}_1+x_2\boldsymbol{\beta}_2+x_3\boldsymbol{\beta}_3+x_4\boldsymbol{\beta}_4$，$\boldsymbol{\beta}_1$，$\boldsymbol{\beta}_2$，$\boldsymbol{\beta}_3$，$\boldsymbol{\beta}_4$ 线性相关.

$$|\boldsymbol{A}_3|=\begin{vmatrix}1&1&0&0\\0&1&1&0\\0&0&1&1\\-1&0&0&1\end{vmatrix}=2\neq0$$，故(C)正确.

同理，$|\boldsymbol{A}_1|=|\boldsymbol{A}_2|=|\boldsymbol{A}_4|=0$，故其余三项错误.

6. **C** $\boldsymbol{\beta}$，$\boldsymbol{\alpha}_2$，$\boldsymbol{\alpha}_3$ 线性无关⇒$\boldsymbol{\beta}$，$\boldsymbol{\alpha}_2$ 线性无关，又 $\boldsymbol{\beta}$，$\boldsymbol{\alpha}_1$，$\boldsymbol{\alpha}_2$ 线性相关⇒$\boldsymbol{\alpha}_1$ 能由 $\boldsymbol{\beta}$，$\boldsymbol{\alpha}_2$ 线性表示⇒$\boldsymbol{\alpha}_1$ 能由 $\boldsymbol{\beta}$，$\boldsymbol{\alpha}_2$，$\boldsymbol{\alpha}_3$ 线性表示，故(C)正确.

7. **B** 因为 $\boldsymbol{\beta}$ 能由向量组 $\boldsymbol{\alpha}_1$，$\boldsymbol{\alpha}_2$，…，$\boldsymbol{\alpha}_m$ 线性表示，

所以存在 λ_1，…，$\lambda_m\in\mathbf{R}$，使 $\boldsymbol{\beta}=\lambda_1\boldsymbol{\alpha}_1+\cdots+\lambda_{m-1}\boldsymbol{\alpha}_{m-1}+\lambda_m\boldsymbol{\alpha}_m$.

又因为 $\boldsymbol{\beta}$ 不能由向量组（Ⅰ）：$\boldsymbol{\alpha}_1$，$\boldsymbol{\alpha}_2$，…，$\boldsymbol{\alpha}_{m-1}$线性表示，于是 $\lambda_m\neq0$，

所以 $\boldsymbol{\alpha}_m=-\frac{\lambda_1}{\lambda_m}\boldsymbol{\alpha}_1-\frac{\lambda_2}{\lambda_m}\boldsymbol{\alpha}_2-\cdots-\frac{\lambda_{m-1}}{\lambda_m}\boldsymbol{\alpha}_{m-1}+\frac{1}{\lambda_m}\boldsymbol{\beta}$，即 $\boldsymbol{\alpha}_m$ 能由（Ⅱ）线性表示；

假设 $\boldsymbol{\alpha}_m$ 能由（Ⅰ）线性表示，则存在 k_1，…，$k_{m-1}\in\mathbf{R}$，使 $\boldsymbol{\alpha}_m=k_1\boldsymbol{\alpha}_1+\cdots+k_{m-1}\boldsymbol{\alpha}_{m-1}$，代入 $\boldsymbol{\beta}=\lambda_1\boldsymbol{\alpha}_1+\cdots+\lambda_{m-1}\boldsymbol{\alpha}_{m-1}+\lambda_m\boldsymbol{\alpha}_m$ 得到 $\boldsymbol{\beta}$ 能由向量组（Ⅰ）：$\boldsymbol{\alpha}_1$，$\boldsymbol{\alpha}_2$，…，$\boldsymbol{\alpha}_{m-1}$ 线性表示，矛盾，故 $\boldsymbol{\alpha}_m$ 不能由（Ⅰ）线性表示.

8. **B** $r(\boldsymbol{A})=r<n$，$\boldsymbol{A}=\begin{pmatrix}\boldsymbol{\alpha}_1\\ \vdots\\ \boldsymbol{\alpha}_n\end{pmatrix}$，$\boldsymbol{\alpha}_1$，…，$\boldsymbol{\alpha}_n$ 为 $\boldsymbol{A}$ 的行向量组，则 $r(\boldsymbol{\alpha}_1,\cdots,\boldsymbol{\alpha}_n)=r$，$\boldsymbol{\alpha}_1$，…，$\boldsymbol{\alpha}_n$ 的最大线性无关组的向量个数为 r，$\boldsymbol{\alpha}_1$，…，$\boldsymbol{\alpha}_n$ 必有 r 个行向量线性无关，故(B)正确.

例如：$\boldsymbol{A}=\left(\begin{array}{c:c}\boldsymbol{E}_{r\times r} & \boldsymbol{O}\\ \hdashline \boldsymbol{O} & \boldsymbol{O}\end{array}\right)=(\boldsymbol{\alpha}_1^{\mathrm{T}}\ \cdots\ \boldsymbol{\alpha}_r^{\mathrm{T}}\mid\boldsymbol{\alpha}_{r+1}^{\mathrm{T}}\ \cdots\ \boldsymbol{\alpha}_n^{\mathrm{T}})^{\mathrm{T}}$，$r(\boldsymbol{A})=r$，则 $\boldsymbol{\alpha}_1$，…，$\boldsymbol{\alpha}_r$ 线性无关.

9. **C** $\boldsymbol{A}=(\boldsymbol{\alpha}_1,\cdots,\boldsymbol{\alpha}_n)$. $|\boldsymbol{A}|=0\Leftrightarrow r(\boldsymbol{A})<n\Leftrightarrow\boldsymbol{\alpha}_1$，…，$\boldsymbol{\alpha}_n$ 线性相关$\Leftrightarrow$存在不全为零的数 k_1，…，k_n，使得 $k_1\boldsymbol{\alpha}_1+\cdots+k_n\boldsymbol{\alpha}_n=\mathbf{0}\Leftrightarrow$存在一个向量可由其余 $n-1$ 个向量线性表示，故(C)正确. 选项(A)(B)是 $|\boldsymbol{A}|=0$ 的充分条件.

10. **A** $\boldsymbol{\beta}_1$ 可由向量组 $\boldsymbol{\alpha}_1$，$\boldsymbol{\alpha}_2$，$\boldsymbol{\alpha}_3$ 线性表示$\Rightarrow\boldsymbol{\beta}_1=k_1\boldsymbol{\alpha}_1+k_2\boldsymbol{\alpha}_2+k_3\boldsymbol{\alpha}_3$.

①$\boldsymbol{\alpha}_1$，$\boldsymbol{\alpha}_2$，$\boldsymbol{\alpha}_3$，$k\boldsymbol{\beta}_1+\boldsymbol{\beta}_2$ 一定线性无关.

若线性相关，因为 $\boldsymbol{\alpha}_1$，$\boldsymbol{\alpha}_2$，$\boldsymbol{\alpha}_3$ 线性无关，所以 $k\boldsymbol{\beta}_1+\boldsymbol{\beta}_2=\lambda_1\boldsymbol{\alpha}_1+\lambda_2\boldsymbol{\alpha}_2+\lambda_3\boldsymbol{\alpha}_3$，则 $\boldsymbol{\beta}_2=\lambda_1\boldsymbol{\alpha}_1+\lambda_2\boldsymbol{\alpha}_2+\lambda_3\boldsymbol{\alpha}_3-k(k_1\boldsymbol{\alpha}_1+k_2\boldsymbol{\alpha}_2+k_3\boldsymbol{\alpha}_3)=(\lambda_1-kk_1)\boldsymbol{\alpha}_1+(\lambda_2-kk_2)\boldsymbol{\alpha}_2+(\lambda_3-kk_3)\boldsymbol{\alpha}_3$，与已知矛盾，故 $\boldsymbol{\alpha}_1$，$\boldsymbol{\alpha}_2$，$\boldsymbol{\alpha}_3$，$k\boldsymbol{\beta}_1+\boldsymbol{\beta}_2$ 线性无关.

②当 $k\neq0$ 时，$\boldsymbol{\alpha}_1$，$\boldsymbol{\alpha}_2$，$\boldsymbol{\alpha}_3$，$\boldsymbol{\beta}_1+k\boldsymbol{\beta}_2$ 线性无关；当 $k=0$ 时，$\boldsymbol{\alpha}_1$，$\boldsymbol{\alpha}_2$，$\boldsymbol{\alpha}_3$，$\boldsymbol{\beta}_1+k\boldsymbol{\beta}_2$ 线性相关.

当 $k\neq0$ 时，若线性相关，因为 $\boldsymbol{\alpha}_1$，$\boldsymbol{\alpha}_2$，$\boldsymbol{\alpha}_3$ 线性无关，

所以 $\boldsymbol{\beta}_1+k\boldsymbol{\beta}_2=\lambda_1\boldsymbol{\alpha}_1+\lambda_2\boldsymbol{\alpha}_2+\lambda_3\boldsymbol{\alpha}_3$，

则 $k\boldsymbol{\beta}_2=\lambda_1\boldsymbol{\alpha}_1+\lambda_2\boldsymbol{\alpha}_2+\lambda_3\boldsymbol{\alpha}_3-(k_1\boldsymbol{\alpha}_1+k_2\boldsymbol{\alpha}_2+k_3\boldsymbol{\alpha}_3)$

$$\Rightarrow\boldsymbol{\beta}_2=\frac{1}{k}(\lambda_1-k_1)\boldsymbol{\alpha}_1+\frac{1}{k}(\lambda_2-k_2)\boldsymbol{\alpha}_2+\frac{1}{k}(\lambda_3-k_3)\boldsymbol{\alpha}_3,$$

与已知矛盾，故线性无关；

当 $k=0$ 时，$\boldsymbol{\beta}_1=k_1\boldsymbol{\alpha}_1+k_2\boldsymbol{\alpha}_2+k_3\boldsymbol{\alpha}_3$，故 $\boldsymbol{\alpha}_1$，$\boldsymbol{\alpha}_2$，$\boldsymbol{\alpha}_3$，$\boldsymbol{\beta}_1$ 线性相关.

11. **A** 向量个数多的向量组可由向量个数少的向量组线性表示，则向量个数多的向量组线性相关.

12. **D** (D)不正确，例如：(1，0)，(2，0)线性相关，(0，1)，(0，3)线性相关，但(1，1)，(2，3)线性无关.

13. **A** (B)错误，“存在”改为“任意”；(C)错误，它是线性无关的必要条件.

14. **D** 若 $\boldsymbol{\alpha}_1$，$\boldsymbol{\alpha}_2$ 线性无关，则 $\boldsymbol{\alpha}_1+\boldsymbol{\alpha}_2$，$\boldsymbol{\alpha}_1-\boldsymbol{\alpha}_2$ 也线性无关.

15. **C** 因为原式可改写为 $\lambda_1(\boldsymbol{\alpha}_1+\boldsymbol{\beta}_1)+\cdots+\lambda_m(\boldsymbol{\alpha}_m+\boldsymbol{\beta}_m)+k_1(\boldsymbol{\alpha}_1-\boldsymbol{\beta}_1)+\cdots+k_m(\boldsymbol{\alpha}_m-\boldsymbol{\beta}_m)=\mathbf{0}$，由 λ_1，…，λ_m 不全为0，k_1，…，k_m 不全为0，故 $\boldsymbol{\alpha}_1+\boldsymbol{\beta}_1$，…，$\boldsymbol{\alpha}_m+\boldsymbol{\beta}_m$，$\boldsymbol{\alpha}_1-\boldsymbol{\beta}_1$，…，$\boldsymbol{\alpha}_m-\boldsymbol{\beta}_m$ 线性相关.

16. C $A=(\boldsymbol{\beta}_1^{T},\cdots,\boldsymbol{\beta}_5^{T})=\begin{pmatrix}1&-1&0&-1&-2\\-1&2&1&3&6\\0&1&1&2&4\\0&-1&-1&1&-1\end{pmatrix}\to\begin{pmatrix}1&-1&0&-1&-2\\0&1&1&2&4\\0&1&1&2&4\\0&-1&-1&1&-1\end{pmatrix}\to$

$$\begin{pmatrix}1&-1&0&-1&-2\\0&1&1&2&4\\0&0&0&1&1\\0&0&0&0&0\end{pmatrix}=\boldsymbol{U},$$

所以秩$(\boldsymbol{A})=3$，$\boldsymbol{U}$ 中每一个非零行第一个非零元素所在列为第 1，2，4 列，所以$\boldsymbol{\beta}_1$，…，$\boldsymbol{\beta}_5$ 一个极大线性无关组为$\boldsymbol{\beta}_1$，$\boldsymbol{\beta}_2$，$\boldsymbol{\beta}_4$.

17. A 方法一：直接可看出（A）中 3 个向量组有关系，

$(\boldsymbol{\alpha}_1-\boldsymbol{\alpha}_2)+(\boldsymbol{\alpha}_2-\boldsymbol{\alpha}_3)=-(\boldsymbol{\alpha}_3-\boldsymbol{\alpha}_1)$，

即(A)中 3 个向量线性相关，所以选(A).

方法二：用定义进行判定.

令 $x_1(\boldsymbol{\alpha}_1-\boldsymbol{\alpha}_2)+x_2(\boldsymbol{\alpha}_2-\boldsymbol{\alpha}_3)+x_3(\boldsymbol{\alpha}_3-\boldsymbol{\alpha}_1)=\boldsymbol{0}$，

得$(x_1-x_3)\boldsymbol{\alpha}_1+(-x_1+x_2)\boldsymbol{\alpha}_2+(-x_2+x_3)\boldsymbol{\alpha}_3=\boldsymbol{0}$.

因 $\boldsymbol{\alpha}_1$，$\boldsymbol{\alpha}_2$，$\boldsymbol{\alpha}_3$ 线性无关，所以$\begin{cases}x_1-x_3=0,\\-x_1+x_2=0,\\-x_2+x_3=0.\end{cases}$又$\begin{vmatrix}1&0&-1\\-1&1&0\\0&-1&1\end{vmatrix}=0$，

故上述齐次线性方程组有非零解，即 $\boldsymbol{\alpha}_1-\boldsymbol{\alpha}_2$，$\boldsymbol{\alpha}_2-\boldsymbol{\alpha}_3$，$\boldsymbol{\alpha}_3-\boldsymbol{\alpha}_1$ 线性相关.

类似可得(B)(C)(D)(E)中的向量组都是线性无关的.

18. E 方法一：$\boldsymbol{\alpha}_1$，$\boldsymbol{\alpha}_2$，$\boldsymbol{\alpha}_3$ 线性相关，则存在不全为 0 的数 k_1，k_2，k_3，使

$$k_1\boldsymbol{\alpha}_1+k_2\boldsymbol{\alpha}_2+k_3\boldsymbol{\alpha}_3=(\boldsymbol{\alpha}_1,\boldsymbol{\alpha}_2,\boldsymbol{\alpha}_3)\begin{pmatrix}k_1\\k_2\\k_3\end{pmatrix}=\begin{pmatrix}0\\0\\0\end{pmatrix}\Leftrightarrow\begin{cases}k_1+k_2-k_3=0\\k_1-4k_3=0\\2k_1-8k_3=0\\k_1+2k_2+kk_3=0\end{cases},$$

前三个方程解出$\begin{cases}k_1=4k_3\\k_2=-3k_3,\\k_3=k_3\end{cases}$ $k_3\neq0$（因 k_1，k_2，k_3 不全为 0），

把 k_1，k_2，k_3 代入第四个方程得$(k-2)k_3=0$，因为 $k_3\neq0$，故 $k=2$.

方法二：$\boldsymbol{\alpha}_1$，$\boldsymbol{\alpha}_2$，$\boldsymbol{\alpha}_3$ 线性相关，则 $r(\boldsymbol{\alpha}_1,\boldsymbol{\alpha}_2,\boldsymbol{\alpha}_3)<3$.

$$\boldsymbol{A}=(\boldsymbol{\alpha}_1,\boldsymbol{\alpha}_2,\boldsymbol{\alpha}_3)=\begin{pmatrix}1&1&-1\\1&0&-4\\2&0&-8\\1&2&k\end{pmatrix}\to\begin{pmatrix}1&1&-1\\0&-1&-3\\0&-2&-6\\0&1&k+1\end{pmatrix}\to\begin{pmatrix}1&1&-1\\0&1&3\\0&0&0\\0&0&k-2\end{pmatrix},$$

由 $r(\boldsymbol{\alpha}_1,\boldsymbol{\alpha}_2,\boldsymbol{\alpha}_3)<3\Rightarrow k-2=0$，即 $k=2$.

方法三：$r(\boldsymbol{A})=r(\boldsymbol{\alpha}_1,\boldsymbol{\alpha}_2,\boldsymbol{\alpha}_3)<3$，则 $\boldsymbol{A}$ 的任意三阶子式为 0，取 $\boldsymbol{A}$ 的一个三阶子式

$$\begin{vmatrix}1&1&-1\\2&0&-8\\1&2&k\end{vmatrix}=0\Rightarrow k=2.$$

19. **C**　$\boldsymbol{A}=(\boldsymbol{\alpha}_1,\boldsymbol{\alpha}_2,\boldsymbol{\alpha}_3)=\begin{pmatrix}a&b&0\\0&c&a\\c&0&b\end{pmatrix}$，则 $\boldsymbol{\alpha}_1,\boldsymbol{\alpha}_2,\boldsymbol{\alpha}_3$ 线性无关 $\Leftrightarrow|\boldsymbol{A}|\neq0$，

$\begin{vmatrix}a&b&0\\0&c&a\\c&0&b\end{vmatrix}=2abc\neq0$，即 $abc\neq0$.

20. **E**　$r(\boldsymbol{\alpha}_1,\boldsymbol{\alpha}_2,\boldsymbol{\alpha}_3)=2<3\Rightarrow|\boldsymbol{\alpha}_1\quad\boldsymbol{\alpha}_2\quad\boldsymbol{\alpha}_3|=0\Rightarrow\lambda=0$，$\lambda=-3$.

当 $\lambda=0$ 时，$r(\boldsymbol{\alpha}_1,\boldsymbol{\alpha}_2,\boldsymbol{\alpha}_3)=1\neq2$，矛盾，故 $\lambda\neq0$；

当 $\lambda=-3$ 时，$r(\boldsymbol{\alpha}_1,\boldsymbol{\alpha}_2,\boldsymbol{\alpha}_3)=2$，故 $\lambda=-3$.

21. **C**　$\begin{pmatrix}\boldsymbol{\beta}_1\\\boldsymbol{\beta}_2\\\boldsymbol{\beta}_3\end{pmatrix}=\begin{pmatrix}1&1&0\\0&1&1\\1&0&1\end{pmatrix}\begin{pmatrix}\boldsymbol{\alpha}_1\\\boldsymbol{\alpha}_2\\\boldsymbol{\alpha}_3\end{pmatrix}=\boldsymbol{A}\begin{pmatrix}\boldsymbol{\alpha}_1\\\boldsymbol{\alpha}_2\\\boldsymbol{\alpha}_3\end{pmatrix}$，

$|\boldsymbol{A}|=2\neq0\Rightarrow\boldsymbol{A}=\boldsymbol{P}_1\boldsymbol{P}_2\cdots\boldsymbol{P}_s$ 为初等方阵的乘积，初等变换不改变矩阵的秩，从而不改变向量组的秩，所以 $r(\boldsymbol{\beta}_1,\boldsymbol{\beta}_2,\boldsymbol{\beta}_3)=r(\boldsymbol{\alpha}_1,\boldsymbol{\alpha}_2,\boldsymbol{\alpha}_3)=2$.

22. **A**　$\boldsymbol{A\alpha}$ 与 $\boldsymbol{\alpha}$ 线性相关 $\Leftrightarrow\boldsymbol{A\alpha}$ 与 $\boldsymbol{\alpha}$ 对应分量成比例，

$$\boldsymbol{A\alpha}=\begin{pmatrix}1&2&-2\\2&1&2\\3&0&4\end{pmatrix}\begin{pmatrix}a\\1\\1\end{pmatrix}=\begin{pmatrix}a\\2a+3\\3a+4\end{pmatrix}=k\boldsymbol{\alpha}=k\begin{pmatrix}a\\1\\1\end{pmatrix}\Rightarrow\frac{a}{a}=\frac{2a+3}{1}=\frac{3a+4}{1}=k=1.$$

所以 $a=-1$.

23. **D**　$|\boldsymbol{\alpha}_1\quad\boldsymbol{\alpha}_2\quad\boldsymbol{\alpha}_3|=\begin{vmatrix}1&1&k\\1&k&1\\k&1&1\end{vmatrix}=3k-k^3-2=-(k-1)^2(k+2)\neq0\Rightarrow k\neq1$ 且 $k\neq-2$.

24. **E**　由题，有 $\boldsymbol{B}=(\boldsymbol{\alpha}_1+\boldsymbol{\alpha}_2+\boldsymbol{\alpha}_3,\ \boldsymbol{\alpha}_1+2\boldsymbol{\alpha}_2+4\boldsymbol{\alpha}_3,\ \boldsymbol{\alpha}_1+3\boldsymbol{\alpha}_2+9\boldsymbol{\alpha}_3)$

$$=(\boldsymbol{\alpha}_1,\boldsymbol{\alpha}_2,\boldsymbol{\alpha}_3)\begin{pmatrix}1&1&1\\1&2&3\\1&4&9\end{pmatrix},$$

于是有 $|\boldsymbol{B}|=|\boldsymbol{A}|\cdot\begin{vmatrix}1&1&1\\1&2&3\\1&4&9\end{vmatrix}=1\times2=2.$

25. **B**　由题，有 $\begin{vmatrix}2&1&1&1\\2&1&a&a\\3&2&1&a\\4&3&2&1\end{vmatrix}=(a-1)(2a-1)=0$，

得 $a=1$ 或 $a=\dfrac{1}{2}$，已知 $a\neq1$，故 $a=\dfrac{1}{2}$.

综合提高题

1. $\boldsymbol{\alpha}_1$，$\boldsymbol{\alpha}_2$，…，$\boldsymbol{\alpha}_r$ 线性无关等价于（　　）.

（A）存在全为零的实数 k_1，k_2，…，k_r，使得 $k_1\boldsymbol{\alpha}_1+k_2\boldsymbol{\alpha}_2+\cdots+k_r\boldsymbol{\alpha}_r=\mathbf{0}$

（B）存在不全为零的实数 k_1，k_2，…，k_r，使得 $k_1\boldsymbol{\alpha}_1+k_2\boldsymbol{\alpha}_2+\cdots+k_r\boldsymbol{\alpha}_r\neq\mathbf{0}$

（C）每个 $\boldsymbol{\alpha}_i$ 都不能用其他向量线性表示

（D）有线性无关的部分组

（E）不包含零向量

2. 设 $\boldsymbol{A}$ 是 4×5 矩阵，$\boldsymbol{\alpha}_1$，$\boldsymbol{\alpha}_2$，$\boldsymbol{\alpha}_3$，$\boldsymbol{\alpha}_4$，$\boldsymbol{\alpha}_5$ 是 $\boldsymbol{A}$ 的列向量组，$r(\boldsymbol{A})=3$，则（　　）正确.

（A）$\boldsymbol{A}$ 的任何 3 个行向量都线性无关

（B）$\boldsymbol{A}$ 的任何阶数大于 3 的子式都是 0 子式，任何三阶子式都为非 0 子式

（C）$\boldsymbol{\alpha}_1$，$\boldsymbol{\alpha}_2$，$\boldsymbol{\alpha}_3$，$\boldsymbol{\alpha}_4$，$\boldsymbol{\alpha}_5$ 的含有 3 个向量的线性无关部分组一定是它的极大线性无关组

（D）$\boldsymbol{\alpha}_1$，$\boldsymbol{\alpha}_2$，$\boldsymbol{\alpha}_3$，$\boldsymbol{\alpha}_4$，$\boldsymbol{\alpha}_5$ 的线性相关的部分组一定含有多于 3 个向量

（E）$\boldsymbol{A}$ 的任何 3 个列向量都线性无关

3. 设 n 维向量组 $\boldsymbol{\alpha}_1$，$\boldsymbol{\alpha}_2$，…，$\boldsymbol{\alpha}_s$ 的秩等于 3，则（　　）.

（A）$\boldsymbol{\alpha}_1$，$\boldsymbol{\alpha}_2$，…，$\boldsymbol{\alpha}_s$ 中的任何 4 个向量线性相关，任何 3 个向量线性无关.

（B）存在含有两个向量的线性无关的部分组

（C）线性相关的部分组包含向量的个数多于 3

（D）如果 $s>3$，则 $\boldsymbol{\alpha}_1$，$\boldsymbol{\alpha}_2$，…，$\boldsymbol{\alpha}_s$ 中有零向量

（E）向量组中存在零向量

4. 设 n 维向量组 $\boldsymbol{\alpha}_1$，$\boldsymbol{\alpha}_2$，…，$\boldsymbol{\alpha}_s$的秩为 k，它的一个部分组 $\boldsymbol{\alpha}_1$，$\boldsymbol{\alpha}_2$，…，$\boldsymbol{\alpha}_t(t<s)$的秩为 h. 下列条件中，有（　　）个可判定 $\boldsymbol{\alpha}_1$，$\boldsymbol{\alpha}_2$，…，$\boldsymbol{\alpha}_t$是 $\boldsymbol{\alpha}_1$，$\boldsymbol{\alpha}_2$，…，$\boldsymbol{\alpha}_s$ 的一个极大线性无关组.

（1）$h=k$，并且 $\boldsymbol{\alpha}_1$，$\boldsymbol{\alpha}_2$，…，$\boldsymbol{\alpha}_t$ 线性无关.

（2）$h=k$，并且 $\boldsymbol{\alpha}_1$，$\boldsymbol{\alpha}_2$，…，$\boldsymbol{\alpha}_t$ 与 $\boldsymbol{\alpha}_1$，$\boldsymbol{\alpha}_2$，…，$\boldsymbol{\alpha}_s$ 等价.

（3）$t=k$，并且 $\boldsymbol{\alpha}_1$，$\boldsymbol{\alpha}_2$，…，$\boldsymbol{\alpha}_t$与 $\boldsymbol{\alpha}_1$，$\boldsymbol{\alpha}_2$，…，$\boldsymbol{\alpha}_s$ 等价.

（4）$h=k=t$.

（5）$t=k$，并且 $\boldsymbol{\alpha}_1$，$\boldsymbol{\alpha}_2$，…，$\boldsymbol{\alpha}_t$线性无关

（6）$h=t$，并且 $\boldsymbol{\alpha}_1$，$\boldsymbol{\alpha}_2$，…，$\boldsymbol{\alpha}_t$ 线性无关.

（A）2　　（B）3　　（C）4　　（D）5　　（E）6

5. 设 $\boldsymbol{A}$ 是 n 阶矩阵，$\boldsymbol{\alpha}_1$，$\boldsymbol{\alpha}_2$，…，$\boldsymbol{\alpha}_s$ 是一组 n 维向量，$\boldsymbol{\beta}_i=\boldsymbol{A}\boldsymbol{\alpha}_i$，$i=1$，2，…，$s$. 则（　　）成立.

（A）如果 $\boldsymbol{\alpha}_1$，$\boldsymbol{\alpha}_2$，…，$\boldsymbol{\alpha}_s$ 线性无关，则 $\boldsymbol{\beta}_1$，$\boldsymbol{\beta}_2$，…，$\boldsymbol{\beta}_s$ 也线性无关

（B）$r(\boldsymbol{\beta}_1,\boldsymbol{\beta}_2,\cdots,\boldsymbol{\beta}_s)=r(\boldsymbol{\alpha}_1,\boldsymbol{\alpha}_2,\cdots,\boldsymbol{\alpha}_s)$

（C）如果 $\boldsymbol{A}$ 不可逆，则 $r(\boldsymbol{\alpha}_1,\boldsymbol{\alpha}_2,\cdots,\boldsymbol{\alpha}_s)>r(\boldsymbol{\beta}_1,\boldsymbol{\beta}_2,\cdots,\boldsymbol{\beta}_s)$

（D）如果 $r(\boldsymbol{\alpha}_1,\boldsymbol{\alpha}_2,\cdots,\boldsymbol{\alpha}_s)>r(\boldsymbol{\beta}_1,\boldsymbol{\beta}_2,\cdots,\boldsymbol{\beta}_s)$，则 $\boldsymbol{A}$ 不可逆

（E）如果 $r(\boldsymbol{\alpha}_1,\boldsymbol{\alpha}_2,\cdots,\boldsymbol{\alpha}_s)=r(\boldsymbol{\beta}_1,\boldsymbol{\beta}_2,\cdots,\boldsymbol{\beta}_s)$，则 $\boldsymbol{A}$ 可逆

6. 设 $\boldsymbol{\alpha}_1$，$\boldsymbol{\alpha}_2$，$\boldsymbol{\alpha}_3$，$\boldsymbol{\alpha}_4$ 线性无关，则（　　）线性无关.

（A）$\boldsymbol{\alpha}_1+\boldsymbol{\alpha}_2$，$\boldsymbol{\alpha}_2+\boldsymbol{\alpha}_3$，$\boldsymbol{\alpha}_3+\boldsymbol{\alpha}_4$，$\boldsymbol{\alpha}_4+\boldsymbol{\alpha}_1$

（B）$\boldsymbol{\alpha}_1+\boldsymbol{\alpha}_2$，$\boldsymbol{\alpha}_2+\boldsymbol{\alpha}_3$，$\boldsymbol{\alpha}_3+\boldsymbol{\alpha}_4$，$\boldsymbol{\alpha}_3-\boldsymbol{\alpha}_4$

（C）$\boldsymbol{\alpha}_1$，$\boldsymbol{\alpha}_1+\boldsymbol{\alpha}_2$，$\boldsymbol{\alpha}_1+\boldsymbol{\alpha}_2+\boldsymbol{\alpha}_3$，$\boldsymbol{\alpha}_1+\boldsymbol{\alpha}_2+\boldsymbol{\alpha}_3+\boldsymbol{\alpha}_4$，$\boldsymbol{\alpha}_4+\boldsymbol{\alpha}_1$

（D）$\boldsymbol{\alpha}_1-\boldsymbol{\alpha}_2$，$\boldsymbol{\alpha}_2-\boldsymbol{\alpha}_3$，$\boldsymbol{\alpha}_3-\boldsymbol{\alpha}_4$，$\boldsymbol{\alpha}_4-\boldsymbol{\alpha}_1$

（E）$\boldsymbol{\alpha}_1-\boldsymbol{\alpha}_2$，$\boldsymbol{\alpha}_2-\boldsymbol{\alpha}_3$，$\boldsymbol{\alpha}_3-\boldsymbol{\alpha}_1$

7. 设$\boldsymbol{\alpha}_1$，$\boldsymbol{\alpha}_2$，$\boldsymbol{\alpha}_3$线性无关，$\boldsymbol{\beta}_1=(m-1)\boldsymbol{\alpha}_1+3\boldsymbol{\alpha}_2+\boldsymbol{\alpha}_3$，$\boldsymbol{\beta}_2=\boldsymbol{\alpha}_1+(m+1)\boldsymbol{\alpha}_2+\boldsymbol{\alpha}_3$，$\boldsymbol{\beta}_3=\boldsymbol{\alpha}_1-(m+1)\boldsymbol{\alpha}_2+(1-m)\boldsymbol{\alpha}_3$，其中$m$为实数，讨论$m$与$r(\boldsymbol{\beta}_1,\boldsymbol{\beta}_2,\boldsymbol{\beta}_3)$的关系.

8. 设n维向量组$\boldsymbol{\alpha}_1$，$\boldsymbol{\alpha}_2$，$\boldsymbol{\alpha}_3$，$\boldsymbol{\alpha}_4$，$\boldsymbol{\beta}$的秩为4，则（　　）正确.

（A）$r(\boldsymbol{\alpha}_1,\ \boldsymbol{\alpha}_2,\ \boldsymbol{\alpha}_3,\ \boldsymbol{\alpha}_4)<4$

（B）$\boldsymbol{\beta}$可用$\boldsymbol{\alpha}_1$，$\boldsymbol{\alpha}_2$，$\boldsymbol{\alpha}_3$，$\boldsymbol{\alpha}_4$线性表示

（C）$r(\boldsymbol{\alpha}_1,\ \boldsymbol{\alpha}_2,\ \boldsymbol{\alpha}_3,\ \boldsymbol{\alpha}_4)\geqslant 3$

（D）$\boldsymbol{\alpha}_1$，$\boldsymbol{\alpha}_2$，$\boldsymbol{\alpha}_3$，$\boldsymbol{\alpha}_4$线性无关

（E）$r(\boldsymbol{\alpha}_1,\ \boldsymbol{\alpha}_2,\ \boldsymbol{\alpha}_3,\ \boldsymbol{\alpha}_4)=3$

9. 设$\boldsymbol{\alpha}_1=(1+\lambda,\ 1,\ 1)$，$\boldsymbol{\alpha}_2=(1,\ 1+\lambda,\ 1)$，$\boldsymbol{\alpha}_3=(1,\ 1,\ 1+\lambda)$，$\boldsymbol{\beta}=(0,\ \lambda,\ \lambda^2)$，则下列正确的为（　　）.

①$\lambda=0$时，$\boldsymbol{\beta}$可用$\boldsymbol{\alpha}_1$，$\boldsymbol{\alpha}_2$，$\boldsymbol{\alpha}_3$线性表示，并且表示方式唯一.

②$\lambda=3$时，$\boldsymbol{\beta}$可用$\boldsymbol{\alpha}_1$，$\boldsymbol{\alpha}_2$，$\boldsymbol{\alpha}_3$线性表示，并且表示方式不唯一.

③$\lambda=-3$时，$\boldsymbol{\beta}$不可用$\boldsymbol{\alpha}_1$，$\boldsymbol{\alpha}_2$，$\boldsymbol{\alpha}_3$线性表示.

（A）①②　　（B）①③　　（C）②③　　（D）③　　（E）①

10. 设$\boldsymbol{\alpha}_1=(1+a,\ 1,\ 1)$，$\boldsymbol{\alpha}_2=(1,\ 1+b,\ 1)$，$\boldsymbol{\alpha}_3=(1,\ 1,\ 1-b)$，下列有（　　）种情况可使$r(\boldsymbol{\alpha}_1,\ \boldsymbol{\alpha}_2,\ \boldsymbol{\alpha}_3)=2$.

（1）$b=0$且$a\neq 0$；　　（2）$b\neq 0$且$a=-1$；

（3）$b=0$，$a=-1$；　　（4）$b\neq 0$且$a=0$.

（A）0　　（B）1　　（C）2　　（D）3　　（E）4

11. 当$a=$（　　）时，向量组$\boldsymbol{\alpha}_1=(3,\ 1,\ 2,\ 12)$，$\boldsymbol{\alpha}_2=(-1,\ a,\ 1,\ 1)$，$\boldsymbol{\alpha}_3=(1,\ -1,\ 0,\ 2)$线性相关.

（A）1　　（B）2　　（C）3　　（D）4　　（E）-2

12. 已知矩阵$\boldsymbol{A}=\begin{pmatrix}1&4&4&2\\0&3&a&3\\-1&a&3&-5\\1&4&4&5-a\end{pmatrix}$的秩为3，则$a=$（　　）.

（A）3　　（B）7　　（C）-3　　（D）3或-7　　（E）-3或7

13. 如果$\boldsymbol{\alpha}_1$，$\boldsymbol{\alpha}_2$，$\boldsymbol{\alpha}_3$线性无关，而$3\boldsymbol{\alpha}_1-\boldsymbol{\alpha}_2+\boldsymbol{\alpha}_3$，$2\boldsymbol{\alpha}_1+\boldsymbol{\alpha}_2-\boldsymbol{\alpha}_3$，$\boldsymbol{\alpha}_1+t\boldsymbol{\alpha}_2+2\boldsymbol{\alpha}_3$线性相关，则$t=$（　　）.

（A）1　　（B）2　　（C）-1　　（D）-3　　（E）-2

14. 三阶矩阵$\boldsymbol{A}=\begin{pmatrix}a&b&-3\\2&0&2\\3&-1&-1\end{pmatrix}$，$\boldsymbol{B}=\begin{pmatrix}b-1&a&1\\-1&1&0\\0&2&1\end{pmatrix}$. 已知$r(\boldsymbol{AB})\leqslant r(\boldsymbol{A})=r(\boldsymbol{B})<3$，则下列正确的有（　　）个.

(1) $a=5$; (2) $b=-2$; (3) $r(\boldsymbol{A})=2$; (4) $r(\boldsymbol{AB})=2$.

(A) 0 (B) 1 (C) 2 (D) 3 (E) 4

15. 设 $\boldsymbol{\alpha}_1=(1, 0, 1, 1)$, $\boldsymbol{\alpha}_2=(2, -1, 0, 1)$, $\boldsymbol{\alpha}_3=(-1, 2, 2, 0)$, $\boldsymbol{\beta}_1=(0, 1, 0, 1)$, $\boldsymbol{\beta}_2=(1, 1, 1, 1)$, 则 c_1, c_2 满足（ ）时, $c_1\boldsymbol{\beta}_1+c_2\boldsymbol{\beta}_2$ 可以用 $\boldsymbol{\alpha}_1$, $\boldsymbol{\alpha}_2$, $\boldsymbol{\alpha}_3$ 线性表示.

(A) $2c_1+c_2=0$ (B) $c_1+2c_2=0$ (C) $2c_1-c_2=0$

(D) $2c_1+3c_2=0$ (E) $c_1-2c_2=0$

16. 设 $\boldsymbol{\alpha}_1$, $\boldsymbol{\alpha}_2$, $\boldsymbol{\alpha}_3$, $\boldsymbol{\alpha}_4$ 线性相关, $\boldsymbol{\alpha}_2$, $\boldsymbol{\alpha}_3$, $\boldsymbol{\alpha}_4$, $\boldsymbol{\alpha}_5$ 线性无关. 下列正确的有（ ）个.

(1) $\boldsymbol{\alpha}_1$ 可由其他向量线性表示; (2) $\boldsymbol{\alpha}_2$ 不可由其他向量线性表示;

(3) $\boldsymbol{\alpha}_4$ 可由其他向量线性表示; (4) $\boldsymbol{\alpha}_5$ 不可由其他向量线性表示.

(A) 0 (B) 1 (C) 2 (D) 3 (E) 4

17. 设 $\boldsymbol{\alpha}_1=\begin{pmatrix}6\\a+1\\3\end{pmatrix}$, $\boldsymbol{\alpha}_2=\begin{pmatrix}a\\2\\-2\end{pmatrix}$, $\boldsymbol{\alpha}_3=\begin{pmatrix}a\\1\\0\end{pmatrix}$, 则下列正确的有（ ）个.

(1) $a=-4$ 时, $\boldsymbol{\alpha}_1$ 与 $\boldsymbol{\alpha}_2$ 线性相关; (2) $a=4$ 时, $\boldsymbol{\alpha}_1$ 与 $\boldsymbol{\alpha}_2$ 线性无关;

(3) $a=-4$ 时, $\boldsymbol{\alpha}_1$, $\boldsymbol{\alpha}_2$, $\boldsymbol{\alpha}_3$ 线性相关; (4) $a=\frac{3}{2}$时, $\boldsymbol{\alpha}_1$, $\boldsymbol{\alpha}_2$, $\boldsymbol{\alpha}_3$ 线性相关.

(A) 0 (B) 1 (C) 2 (D) 3 (E) 4

18. 设向量组 $\boldsymbol{\alpha}_1=\begin{pmatrix}a\\3\\1\end{pmatrix}$, $\boldsymbol{\alpha}_2=\begin{pmatrix}2\\b\\3\end{pmatrix}$, $\boldsymbol{\alpha}_3=\begin{pmatrix}1\\2\\1\end{pmatrix}$, $\boldsymbol{\alpha}_4=\begin{pmatrix}2\\3\\1\end{pmatrix}$的秩为 2, a, b 的值分别为（ ）.

(A) $a=2$, $b=3$ (B) $a=5$, $b=2$

(C) $a=2$, $b=5$ (D) $a=2$, $b=-5$

(E) $a=3$, $b=5$

综合提高题详解

1. **C** (A) 错误, 应该为"只有全为零的实数 k_1, k_2, …, k_r, 使得 $k_1\boldsymbol{\alpha}_1+k_2\boldsymbol{\alpha}_2+\cdots+k_r\boldsymbol{\alpha}_r=\boldsymbol{0}$"; (B) 有可能线性相关, 也有可能线性无关; (C) 是线性无关的充要条件; (D) 部分无关, 整体有可能相关; (E) 是线性无关的必要条件.

2. **C** (A) 错误, 应该为"$\boldsymbol{A}$ 存在 3 个行向量线性无关"; (B) 错误, 应该为"存在三阶子式为非 0 子式"; (C) 是极大线性无关组的等价定义; (D) 错误, 应该为"$\boldsymbol{\alpha}_1$, $\boldsymbol{\alpha}_2$, $\boldsymbol{\alpha}_3$, $\boldsymbol{\alpha}_4$, $\boldsymbol{\alpha}_5$ 的线性相关的部分组不一定多于 3 个向量"; (E) 与 (A) 同理, 错误.

3. **B** (A) 若 α_i 中有一个零向量, 则任何 3 个包含此零向量的组线性相关, 因此错误.

(B) 既然其秩等于 3, 则必定有一个极大线性无关组, 向量个数为 3, 任取其中 2 个向量构成部分组, 则这 2 个向量必线性无关, 因此 (B) 正确.

(C) 由于存在零向量的可能性, 那么包含零向量的任意部分组, 无论其向量个数多少, 均是相关的, 因此不必多于 3 个, 因此 (C) 是错误的.

（D）零向量可存在，也可不存在，举例：若 $\boldsymbol{\alpha}_1$，$\boldsymbol{\alpha}_2$，$\boldsymbol{\alpha}_3$ 为极大线性无关组，$\boldsymbol{\alpha}_4=\boldsymbol{\alpha}_1+\boldsymbol{\alpha}_2+\boldsymbol{\alpha}_3$，这样 $\boldsymbol{\alpha}_1$，$\boldsymbol{\alpha}_2$，$\boldsymbol{\alpha}_3$，$\boldsymbol{\alpha}_4$ 满足 $s=4>3$，但其中并无零向量.

（E）与（D）同理，错误.

4. **C** （2）错误，因为 $\boldsymbol{\alpha}_1$，$\boldsymbol{\alpha}_2$，…，$\boldsymbol{\alpha}_t$ 有可能线性相关；（6）错误，因为有可能向量的个数少于 k；所以正确的为（1），（3），（4），（5）.

5. **D** （A）错误，因为有可能线性相关；（B）当 $\boldsymbol{A}$ 可逆时才会成立；（C）有可能相等；（E）$\boldsymbol{A}$ 有可能不可逆.

6. **B** $\boldsymbol{\alpha}_1$，$\boldsymbol{\alpha}_2$，$\boldsymbol{\alpha}_3$，$\boldsymbol{\alpha}_4$ 线性无关，则 $\boldsymbol{\alpha}_1+\boldsymbol{\alpha}_2$，$\boldsymbol{\alpha}_2+\boldsymbol{\alpha}_3$，$\boldsymbol{\alpha}_3+\boldsymbol{\alpha}_4$，$\boldsymbol{\alpha}_3-\boldsymbol{\alpha}_4$ 也线性无关.

7. 本题思路：$\boldsymbol{\beta}_i$ 与 $\boldsymbol{\alpha}_i$ 构成了矩阵相乘的关系，$\boldsymbol{AB}=\boldsymbol{C}$，讨论这个矩阵的关系.

$$(\boldsymbol{\beta}_1,\boldsymbol{\beta}_2,\boldsymbol{\beta}_3)=((m-1)\boldsymbol{\alpha}_1+3\boldsymbol{\alpha}_2+\boldsymbol{\alpha}_3,\ \boldsymbol{\alpha}_1+(m+1)\boldsymbol{\alpha}_2+\boldsymbol{\alpha}_3,\ \boldsymbol{\alpha}_1-(m+1)\boldsymbol{\alpha}_2+(1-m)\boldsymbol{\alpha}_3)$$

$$=(\boldsymbol{\alpha}_1,\boldsymbol{\alpha}_2,\boldsymbol{\alpha}_3)\begin{pmatrix} m-1 & 1 & 1 \\ 3 & m+1 & -(m+1) \\ 1 & 1 & 1-m \end{pmatrix}$$

由于 $\boldsymbol{\alpha}_1$，$\boldsymbol{\alpha}_2$，$\boldsymbol{\alpha}_3$ 线性无关，$r(\boldsymbol{\alpha}_1,\boldsymbol{\alpha}_2,\boldsymbol{\alpha}_3)=3=(\boldsymbol{\alpha}_1,\boldsymbol{\alpha}_2,\boldsymbol{\alpha}_3)$的列数.

根据性质，如果 $r(\boldsymbol{A})$等于列数，则 $r(\boldsymbol{AB})=r(\boldsymbol{B})$.

由此可得 $r(\boldsymbol{\beta}_1,\boldsymbol{\beta}_2,\boldsymbol{\beta}_3)=r\begin{pmatrix} m-1 & 1 & 1 \\ 3 & m+1 & -(m+1) \\ 1 & 1 & 1-m \end{pmatrix}$，

$$\boldsymbol{C}=\begin{pmatrix} m-1 & 1 & 1 \\ 3 & m+1 & -(m+1) \\ 1 & 1 & 1-m \end{pmatrix}\xrightarrow{c_3+c_2}\begin{pmatrix} m-1 & 1 & 2 \\ 3 & m+1 & 0 \\ 1 & 1 & 2-m \end{pmatrix}\xrightarrow[c_2\leftrightarrow c_3]{c_1\leftrightarrow c_3}\begin{pmatrix} 2 & m-1 & 1 \\ 0 & 3 & m+1 \\ 2-m & 1 & 1 \end{pmatrix}$$

$$\xrightarrow[\frac{1}{3}r_2,\ 2r_3]{r_3-\frac{1}{2}(2-m)r_1}\begin{pmatrix} 2 & m-1 & 1 \\ 0 & 1 & \frac{m+1}{3} \\ 0 & m^2-3m+4 & m \end{pmatrix}\xrightarrow{r_3-(m^2-3m+4)r_2}\begin{pmatrix} 2 & m-1 & 1 \\ 0 & 1 & \frac{m+1}{3} \\ 0 & 0 & (m-2)(m^2-2) \end{pmatrix}$$

(1)若$(m-2)(m^2-2)=0$，即 $m=2$ 或 $m=\pm\sqrt{2}$，$r(\boldsymbol{C})=2$，$r(\boldsymbol{\beta}_1,\boldsymbol{\beta}_2,\boldsymbol{\beta}_3)=r(\boldsymbol{C})=2$.

(2)若$(m-2)(m^2-2)\neq0$，即 $m\neq2$ 且 $m\neq\pm\sqrt{2}$，$r(\boldsymbol{C})=3$，$r(\boldsymbol{\beta}_1,\boldsymbol{\beta}_2,\boldsymbol{\beta}_3)=r(\boldsymbol{C})=3$.

8. **C** （A）秩有可能等于4；（B）不一定能线性表示；（D）有可能线性相关；（E）秩有可能等于4.

9. **D** $(\boldsymbol{\alpha}_1,\boldsymbol{\alpha}_2,\boldsymbol{\alpha}_3,\boldsymbol{\beta})=\begin{pmatrix} 1+\lambda & 1 & 1 & 0 \\ 1 & 1+\lambda & 1 & \lambda \\ 1 & 1 & 1+\lambda & \lambda^2 \end{pmatrix}\to$

$$\begin{pmatrix} 1 & 1 & 1+\lambda & \lambda^2 \\ 1+\lambda & 1 & 1 & 0 \\ 1 & 1+\lambda & 1 & \lambda \end{pmatrix}\to\begin{pmatrix} 1 & 1 & 1+\lambda & \lambda^2 \\ 0 & -\lambda & 1-(1+\lambda)^2 & -\lambda^2(1+\lambda) \\ 0 & \lambda & -\lambda & \lambda-\lambda^2 \end{pmatrix}$$

当 $\lambda=0$ 时，$(\boldsymbol{\alpha}_1,\boldsymbol{\alpha}_2,\boldsymbol{\alpha}_3,\boldsymbol{\beta})\to\begin{pmatrix} 1 & 1 & 1 & 0 \\ 0 & 0 & 0 & 0 \\ 0 & 0 & 0 & 0 \end{pmatrix}$，从而有 $r(\boldsymbol{\alpha}_1,\boldsymbol{\alpha}_2,\boldsymbol{\alpha}_3,\boldsymbol{\beta})=r(\boldsymbol{\alpha}_1,$

$\boldsymbol{\alpha}_2$，$\boldsymbol{\alpha}_3$）$=1<3$，故$\boldsymbol{\beta}$可用$\boldsymbol{\alpha}_1$，$\boldsymbol{\alpha}_2$，$\boldsymbol{\alpha}_3$线性表示，并且表示方式不唯一.

当$\lambda\neq0$时，$(\boldsymbol{\alpha}_1,\boldsymbol{\alpha}_2,\boldsymbol{\alpha}_3,\boldsymbol{\beta})\to\begin{pmatrix}1&1&1+\lambda&\lambda^2\\0&-\lambda&-2\lambda-\lambda^2&-\lambda^2(1+\lambda)\\0&\lambda&-\lambda&\lambda-\lambda^2\end{pmatrix}\to$

$$\begin{pmatrix}1&1&1+\lambda&\lambda^2\\0&1&2+\lambda&\lambda(1+\lambda)\\0&1&-1&1-\lambda\end{pmatrix}\to\begin{pmatrix}1&1&1+\lambda&\lambda^2\\0&1&2+\lambda&\lambda(1+\lambda)\\0&0&-3-\lambda&1-2\lambda-\lambda^2\end{pmatrix}$$

继续讨论：

当$\lambda=-3$时，$(\boldsymbol{\alpha}_1,\boldsymbol{\alpha}_2,\boldsymbol{\alpha}_3,\boldsymbol{\beta})\to\begin{pmatrix}1&1&1+\lambda&\lambda^2\\0&1&2+\lambda&\lambda(1+\lambda)\\0&0&-3-\lambda&1-2\lambda-\lambda^2\end{pmatrix}\to\begin{pmatrix}1&1&-2&9\\0&1&-1&6\\0&0&0&-2\end{pmatrix}$

从而有$r(\boldsymbol{\alpha}_1,\boldsymbol{\alpha}_2,\boldsymbol{\alpha}_3,\boldsymbol{\beta})\neq r(\boldsymbol{\alpha}_1,\boldsymbol{\alpha}_2,\boldsymbol{\alpha}_3)$，故$\boldsymbol{\beta}$不可用$\boldsymbol{\alpha}_1$，$\boldsymbol{\alpha}_2$，$\boldsymbol{\alpha}_3$线性表示.

当λ不为0和-3时，$r(\boldsymbol{\alpha}_1,\boldsymbol{\alpha}_2,\boldsymbol{\alpha}_3,\boldsymbol{\beta})=r(\boldsymbol{\alpha}_1,\boldsymbol{\alpha}_2,\boldsymbol{\alpha}_3)=3$，故$\boldsymbol{\beta}$可用$\boldsymbol{\alpha}_1$，$\boldsymbol{\alpha}_2$，$\boldsymbol{\alpha}_3$线性表示，并且表示方式唯一.

10. **D** $(\boldsymbol{\alpha}_1,\boldsymbol{\alpha}_2,\boldsymbol{\alpha}_3)=\begin{pmatrix}1+a&1&1\\1&1+b&1\\1&1&1-b\end{pmatrix}\to\begin{pmatrix}1&1&1-b\\1+a&1&1\\1&1+b&1\end{pmatrix}\to\begin{pmatrix}1&1&1-b\\0&-a&-a+b+ab\\0&b&b\end{pmatrix}$

①当$b=0$时，有$(\boldsymbol{\alpha}_1,\boldsymbol{\alpha}_2,\boldsymbol{\alpha}_3)\to\begin{pmatrix}1&1&1\\0&-a&-a\\0&0&0\end{pmatrix}$，故$a\neq0$时，秩为2.

②当$b\neq0$时，有

$(\boldsymbol{\alpha}_1,\boldsymbol{\alpha}_2,\boldsymbol{\alpha}_3)\to\begin{pmatrix}1&1&1-b\\0&-a&-a+b+ab\\0&1&1\end{pmatrix}\to\begin{pmatrix}1&1&1-b\\0&0&b+ab\\0&1&1\end{pmatrix}\to\begin{pmatrix}1&1&1-b\\0&1&1\\0&0&a+1\end{pmatrix}$，故$a=-1$时，秩为2.

综上：当$b=0$且$a\neq0$时，或$b\neq0$且$a=-1$时，秩为2. 故（1）（2）（3）正确.

11. **C** 本题思路：$r(\boldsymbol{\alpha}_1,\boldsymbol{\alpha}_2,\boldsymbol{\alpha}_3)\leqslant2$，则线性相关. 向量组成矩阵，向量组的秩即为对应矩阵的秩.

令$\boldsymbol{A}=\begin{pmatrix}\boldsymbol{\alpha}_1\\\boldsymbol{\alpha}_2\\\boldsymbol{\alpha}_3\end{pmatrix}=\begin{pmatrix}3&1&2&12\\-1&a&1&1\\1&-1&0&2\end{pmatrix}\xrightarrow[r_1\leftrightarrow r_3]{r_2+r_3}\begin{pmatrix}1&-1&0&2\\0&a-1&1&3\\3&1&2&12\end{pmatrix}\xrightarrow{r_3-3r_1}$

$\begin{pmatrix}1&-1&0&2\\0&a-1&1&3\\0&4&2&6\end{pmatrix}\xrightarrow[\frac{1}{4}r_2]{r_2\leftrightarrow r_3}\begin{pmatrix}1&-1&0&2\\0&1&\frac{1}{2}&\frac{3}{2}\\0&a-1&1&3\end{pmatrix}\xrightarrow{r_3-2r_2}\begin{pmatrix}1&-1&0&2\\0&1&\frac{1}{2}&\frac{3}{2}\\0&a-3&0&0\end{pmatrix}$，若$a-3=0$，

则$r(\boldsymbol{A})=2$，即$a=3$时，$r(\boldsymbol{A})=r(\boldsymbol{\alpha}_1,\boldsymbol{\alpha}_2,\boldsymbol{\alpha}_3)=2$，表示$\boldsymbol{\alpha}_1$，$\boldsymbol{\alpha}_2$，$\boldsymbol{\alpha}_3$线性相关.

12. **D** $\boldsymbol{A}=\begin{pmatrix}1&4&4&2\\0&3&a&3\\-1&a&3&-5\\1&4&4&5-a\end{pmatrix}\to\begin{pmatrix}1&4&4&2\\0&3&a&3\\0&a+4&7&-3\\0&0&0&3-a\end{pmatrix}$

当 $a=3$ 或 $a=-7$ 时，秩为3.

13. **E** $(3\boldsymbol{\alpha}_1-\boldsymbol{\alpha}_2+\boldsymbol{\alpha}_3,\ 2\boldsymbol{\alpha}_1+\boldsymbol{\alpha}_2-\boldsymbol{\alpha}_3,\ \boldsymbol{\alpha}_1+t\boldsymbol{\alpha}_2+2\boldsymbol{\alpha}_3)=(\boldsymbol{\alpha}_1,\ \boldsymbol{\alpha}_2,\ \boldsymbol{\alpha}_3)\begin{pmatrix}3&2&1\\-1&1&t\\1&-1&2\end{pmatrix}$

由于 $\boldsymbol{\alpha}_1$，$\boldsymbol{\alpha}_2$，$\boldsymbol{\alpha}_3$ 线性无关，而 $3\boldsymbol{\alpha}_1-\boldsymbol{\alpha}_2+\boldsymbol{\alpha}_3$，$2\boldsymbol{\alpha}_1+\boldsymbol{\alpha}_2-\boldsymbol{\alpha}_3$，$\boldsymbol{\alpha}_1+t\boldsymbol{\alpha}_2+2\boldsymbol{\alpha}_3$ 线性相关，

故 $\begin{vmatrix}3&2&1\\-1&1&t\\1&-1&2\end{vmatrix}=\begin{vmatrix}3&2&1\\-1&1&t\\0&0&t+2\end{vmatrix}=0$，得到 $t=-2$.

14. **E** 因为 $r(\boldsymbol{A})=r(\boldsymbol{B})<3$，则 $r(\boldsymbol{A})\leqslant 2$，$r(\boldsymbol{B})\leqslant 2$.

$\boldsymbol{A}=\begin{pmatrix}a&b&-3\\2&0&2\\3&-1&-1\end{pmatrix}\xrightarrow[\text{初等变换}]{\text{经过一系列}}\cdots\to\begin{pmatrix}1&0&1\\0&1&4\\0&0&-3-a-4b\end{pmatrix}$，同理 $\boldsymbol{B}=\begin{pmatrix}b-1&a&1\\-1&1&0\\0&2&1\end{pmatrix}\to$

$\cdots\to\begin{pmatrix}1&-1&0\\0&1&\frac{1}{2}\\0&0&\frac{3-a-b}{2}\end{pmatrix}$. 若要使得 $r(\boldsymbol{A})\leqslant 2$，$r(\boldsymbol{B})\leqslant 2$，则有 $\begin{cases}-3-a-4b=0\\\frac{3-a-b}{2}=0\end{cases}\Rightarrow\begin{cases}a=5\\b=-2\end{cases}$

$\boldsymbol{AB}=\begin{pmatrix}a&b&-3\\2&0&2\\3&-1&-1\end{pmatrix}\begin{pmatrix}b-1&a&1\\-1&1&0\\0&2&1\end{pmatrix}=\begin{pmatrix}5&-2&-3\\2&0&2\\3&-1&-1\end{pmatrix}\begin{pmatrix}-3&5&1\\-1&1&0\\0&2&1\end{pmatrix}=\begin{pmatrix}-13&17&2\\-6&14&4\\-8&12&2\end{pmatrix}$

通过初等变换得到 $r(\boldsymbol{AB})=2$.

15. **A** 本题思路：$\boldsymbol{\alpha}_1$，$\boldsymbol{\alpha}_2$，$\boldsymbol{\alpha}_3$ 构成的向量组 $r=3$，即它们是线性无关的，即 $c_1\boldsymbol{\beta}_1+c_2\boldsymbol{\beta}_2$ 可用 $\boldsymbol{\alpha}_1$，$\boldsymbol{\alpha}_2$，$\boldsymbol{\alpha}_3$ 线性表示，则$(\boldsymbol{\alpha}_1,\ \boldsymbol{\alpha}_2,\ \boldsymbol{\alpha}_3,\ c_1\boldsymbol{\beta}_1+c_2\boldsymbol{\beta}_2)$是线性相关的，证明其 $r=3$，即可：

令 $\boldsymbol{A}=\begin{pmatrix}\boldsymbol{\alpha}_1\\\boldsymbol{\alpha}_2\\\boldsymbol{\alpha}_3\end{pmatrix}=\begin{pmatrix}1&0&1&1\\2&-1&0&1\\-1&2&2&0\end{pmatrix}\xrightarrow[\text{变换}]{\text{初等}}\begin{pmatrix}1&0&1&1\\0&1&2&1\\0&0&1&1\end{pmatrix}$，$r(\boldsymbol{A})=3$，即 $\boldsymbol{\alpha}_1$，$\boldsymbol{\alpha}_2$，$\boldsymbol{\alpha}_3$ 是线性无关的.

令 $\boldsymbol{B}=(\boldsymbol{\alpha}_1,\ \boldsymbol{\alpha}_2,\ \boldsymbol{\alpha}_3,\ c_1\boldsymbol{\beta}_1+c_2\boldsymbol{\beta}_2)=\begin{pmatrix}1&2&-1&c_2\\0&-1&2&c_1+c_2\\1&0&2&c_2\\1&1&0&c_1+c_2\end{pmatrix}\xrightarrow{\text{初等变换}}\begin{pmatrix}1&2&-1&c_2\\0&1&-2&-c_1-c_2\\0&0&1&2(c_1+c_2)\\0&0&0&2c_1+c_2\end{pmatrix}$

若 $r(\boldsymbol{B})=3$，则 $2c_1+c_2=0$.

16. C　由 $\boldsymbol{\alpha}_2$，$\boldsymbol{\alpha}_3$，$\boldsymbol{\alpha}_4$，$\boldsymbol{\alpha}_5$ 线性无关，说明 $\boldsymbol{\alpha}_2$，$\boldsymbol{\alpha}_3$，$\boldsymbol{\alpha}_4$ 线性无关，又 $\boldsymbol{\alpha}_1$，$\boldsymbol{\alpha}_2$，$\boldsymbol{\alpha}_3$，$\boldsymbol{\alpha}_4$ 线性相关，说明 $\boldsymbol{\alpha}_1$ 可用其他向量线性表示，$\boldsymbol{\alpha}_5$ 不能用其他向量线性表示.

只有（1）（4）正确.

17. E　向量组 $\boldsymbol{\alpha}_1$，$\boldsymbol{\alpha}_2$ 线性相关的充要条件是对应分量成比例，即

$$\frac{6}{a}=\frac{a+1}{2}=\frac{3}{-2}\Rightarrow a=-4,$$

当 $a\neq-4$ 时，对应分量不成比例，此时向量组线性无关.

综上所述：当 $a=-4$ 时，$\boldsymbol{\alpha}_1$，$\boldsymbol{\alpha}_2$ 线性相关；当 $a\neq-4$ 时，$\boldsymbol{\alpha}_1$，$\boldsymbol{\alpha}_2$ 线性无关.

向量组线性无关 $\Leftrightarrow r(\boldsymbol{\alpha}_1,\boldsymbol{\alpha}_2,\boldsymbol{\alpha}_3)=3\Leftrightarrow|\boldsymbol{A}|=|\boldsymbol{\alpha}_1\ \boldsymbol{\alpha}_2\ \boldsymbol{\alpha}_3|\neq0$，

$$|\boldsymbol{A}|=|\boldsymbol{\alpha}_1\ \boldsymbol{\alpha}_2\ \boldsymbol{\alpha}_3|=\begin{vmatrix}6&a&a\\a+1&2&1\\3&-2&0\end{vmatrix}=(a+4)(2a-3)\neq0\Rightarrow a\neq-4\text{ 且 }a\neq\frac{3}{2}.$$

综上所述：当 $a=-4$ 或 $a=\frac{3}{2}$ 时，$\boldsymbol{\alpha}_1$，$\boldsymbol{\alpha}_2$，$\boldsymbol{\alpha}_3$ 线性相关；

当 $a\neq-4$ 且 $a\neq\frac{3}{2}$ 时，$\boldsymbol{\alpha}_1$，$\boldsymbol{\alpha}_2$，$\boldsymbol{\alpha}_3$ 线性无关.（1）（2）（3）（4）均正确.

18. C　方法一：$\boldsymbol{A}=\begin{pmatrix}a&2&1&2\\3&b&2&3\\1&3&1&1\end{pmatrix}$，$r(\boldsymbol{A})=2$，

$$\boldsymbol{A}\to\begin{pmatrix}1&3&1&1\\3&b&2&3\\a&2&1&2\end{pmatrix}\to\begin{pmatrix}1&3&1&1\\0&b-9&-1&0\\0&2-3a&1-a&2-a\end{pmatrix},$$

要使 $r(\boldsymbol{A})=2$，则 $(b-9,\ -1,\ 0)$ 与 $(2-3a,\ 1-a,\ 2-a)$ 必线性相关：

故 $2-a=0\Rightarrow a=2$，$\frac{b-9}{2-3a}=\frac{-1}{1-a}\Rightarrow b=5$.

方法二：$r(\boldsymbol{A})=2$，容易找到一个二阶子式不为 0，$\boldsymbol{A}$ 的所有三阶子式为 0，则

$$\begin{vmatrix}a&1&2\\3&2&3\\1&1&1\end{vmatrix}=-\begin{vmatrix}1&1&1\\3&2&3\\a&1&2\end{vmatrix}=-\begin{vmatrix}1&1&1\\0&-1&0\\0&1-a&2-a\end{vmatrix}=2-a=0\Rightarrow a=2.$$

$$\begin{vmatrix}2&1&2\\b&2&3\\3&1&1\end{vmatrix}=2\cdot\begin{vmatrix}1&\frac{1}{2}&1\\0&2-\frac{1}{2}b&3-b\\0&-\frac{1}{2}&-2\end{vmatrix}=2\left[-2\left(2-\frac{1}{2}b\right)+\frac{1}{2}(3-b)\right]=0\Rightarrow b=5.$$

第八章　方程组

【大纲解读】

线性方程组的克莱姆法则，线性方程组解的判别法则，齐次和非齐次线性方程组的求解.

【命题剖析】

线性方程组的理论及其解法是线性代数的重要内容之一. 线性方程组有三种等价形式——线性方程组形式、矩阵方程形式、向量的线性组合方程形式，在讨论相关问题时可以相互转换. 本章的题型均围绕线性方程组的解的结构和性质进行命题，历年的真题灵活多变，题目众多，是复习中最好的资料.

【知识体系】

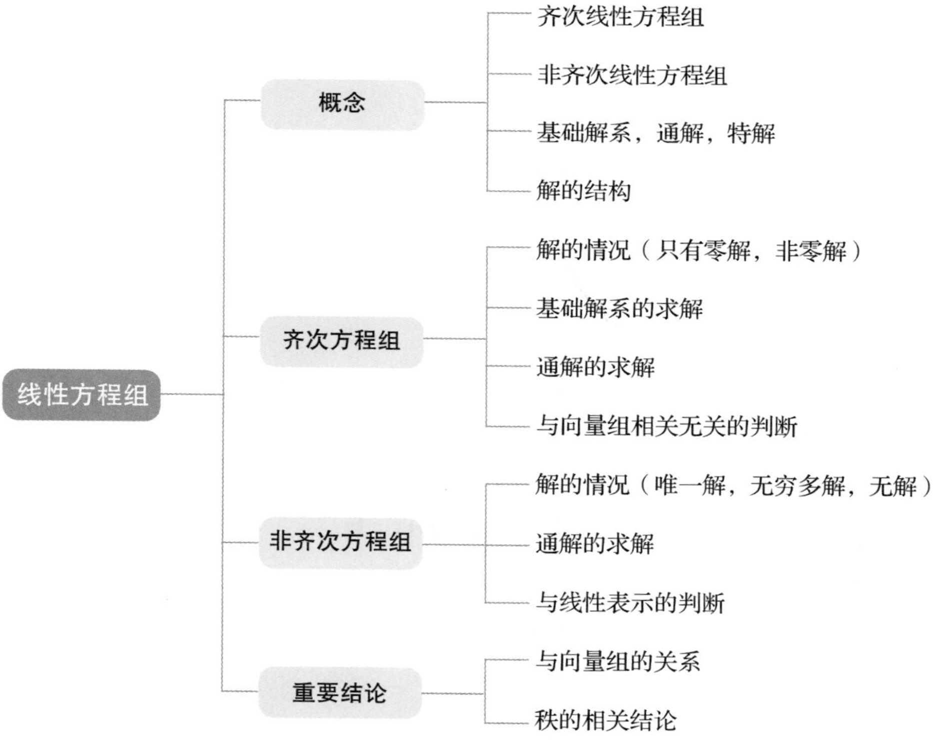

【备考建议】

本章是考试占比重很大的内容，也是核心内容. 理解齐次线性方程组有非零解和非齐次线性方程组有解的充分必要条件；理解齐次线性方程组的基础解系、通解和解空间的概念；

掌握非齐次线性方程组的解集的结构；掌握用初等行变换求齐次和非齐次线性方程组的通解的方法.

第一节　考点剖析

一、线性方程组的概念

1. 线性方程组

设 n 个未知数的一个线性方程组，$\begin{cases} a_{11}x_1+a_{12}x_2+\cdots+a_{1n}x_n=b_1 \\ a_{21}x_1+a_{22}x_2+\cdots+a_{2n}x_n=b_2 \\ \vdots \\ a_{m1}x_1+a_{m2}x_2+\cdots+a_{mn}x_n=b_m \end{cases}$，

并且记

$\boldsymbol{A}=\begin{pmatrix} a_{11} & a_{12} & \cdots & a_{1n} \\ a_{21} & a_{22} & \cdots & a_{2n} \\ \vdots & \vdots & & \vdots \\ a_{m1} & a_{m2} & \cdots & a_{mn} \end{pmatrix}=(\boldsymbol{\alpha}_1,\ \boldsymbol{\alpha}_2,\ \cdots,\ \boldsymbol{\alpha}_n)$，$\boldsymbol{x}=\begin{pmatrix} x_1 \\ x_2 \\ \vdots \\ x_n \end{pmatrix}$，$\boldsymbol{b}=\begin{pmatrix} b_1 \\ b_2 \\ \vdots \\ b_m \end{pmatrix}$，则此线性方程组可以表示为：

（1）向量形式：$\boldsymbol{\alpha}_1x_1+\boldsymbol{\alpha}_2x_2+\cdots+\boldsymbol{\alpha}_nx_n=\boldsymbol{b}$.

（2）矩阵形式：$\boldsymbol{Ax}=\boldsymbol{b}$，并且称 $\boldsymbol{A}$ 为线性方程组的系数矩阵.

记 $\overline{\boldsymbol{A}}=(\boldsymbol{A}\quad \boldsymbol{b})=\begin{pmatrix} a_{11} & a_{12} & \cdots & a_{1n} & b_1 \\ a_{21} & a_{22} & \cdots & a_{2n} & b_2 \\ \vdots & \vdots & & \vdots & \vdots \\ a_{m1} & a_{m2} & \cdots & a_{mn} & b_m \end{pmatrix}$，称 $\overline{\boldsymbol{A}}$ 为线性方程组的增广矩阵.

若 $x_1=a_1$，$x_2=a_2$，$\cdots$，$x_n=a_n$ 是线性方程组 $\boldsymbol{Ax}=\boldsymbol{b}$ 的解，则 $\boldsymbol{x}=(a_1,\ a_2,\ \cdots,\ a_n)^{\mathrm{T}}$ 称为线性方程组的一个解向量，也称为一个解.

2. 齐次线性方程组

若 $\boldsymbol{b}=\boldsymbol{0}$，此方程组称为齐次线性方程组，即 $\boldsymbol{Ax}=\boldsymbol{0}$.

3. 非齐次线性方程组

若 $\boldsymbol{b}\neq\boldsymbol{0}$，此方程组称为非齐次线性方程组.

二、齐次线性方程组

1. 齐次线性方程组解的性质

齐次线性方程组 $\boldsymbol{Ax}=\boldsymbol{0}$ 的解向量具有以下性质：

（1）若 $\boldsymbol{\xi}_1$，$\boldsymbol{\xi}_2$ 均为齐次线性方程组 $\boldsymbol{Ax}=\boldsymbol{0}$ 的解，则 $\boldsymbol{x}=\boldsymbol{\xi}_1+\boldsymbol{\xi}_2$ 也是 $\boldsymbol{Ax}=\boldsymbol{0}$ 的解；

（2）若 $\boldsymbol{\xi}$ 是齐次线性方程组 $\boldsymbol{Ax}=\boldsymbol{0}$ 的解，k 为任意常数，则 $\boldsymbol{x}=k\boldsymbol{\xi}$ 也是 $\boldsymbol{Ax}=\boldsymbol{0}$ 的解.

简单说，齐次线性方程组的解的线性组合仍是齐次线性方程组的解.

2. 消元法解齐次线性方程组

求解齐次线性方程组 $\boldsymbol{Ax}=\mathbf{0}$，首先对系数矩阵 $\boldsymbol{A}$ 进行初等行变换（即方程的同解变形），化为阶梯形矩阵

$$\boldsymbol{A}=\begin{pmatrix} a_{11} & a_{12} & \cdots & a_{1n} \\ a_{21} & a_{22} & \cdots & a_{2n} \\ \vdots & \vdots & & \vdots \\ a_{m1} & a_{m2} & \cdots & a_{mn} \end{pmatrix} \xrightarrow{\text{初等行变换}} \begin{pmatrix} c_{11} & c_{12} & \cdots & c_{1r} & \cdots & c_{1n} \\ & c_{22} & \cdots & c_{2r} & \cdots & c_{2n} \\ & & \ddots & \vdots & & \vdots \\ & & & c_{rr} & \cdots & c_{rn} \\ & & & 0 & \cdots & 0 \\ & & & \vdots & & \vdots \\ & & & 0 & \cdots & 0 \end{pmatrix}$$

若 $r(\boldsymbol{A})=n$，则线性方程组 $\boldsymbol{Ax}=\mathbf{0}$ 只有零解；

若 $r(\boldsymbol{A})<n$，则线性方程组 $\boldsymbol{Ax}=\mathbf{0}$ 有非零解，此时由阶梯形同解线性方程组求基础解系.

3. 齐次线性方程组解的结构、基础解系

（1）基础解系

设 n 元齐次线性方程组 $\boldsymbol{Ax}=\mathbf{0}$ 有非零解（即 $r(\boldsymbol{A}_{m\times n})=r<n$）. 若 $\boldsymbol{\xi}_1$，$\boldsymbol{\xi}_2$，…，$\boldsymbol{\xi}_t$ 是 $\boldsymbol{Ax}=\mathbf{0}$ 的一组线性无关的解，并且 $\boldsymbol{Ax}=\mathbf{0}$ 的任意一个解均可由它们线性表示出，则称 $\boldsymbol{\xi}_1$，$\boldsymbol{\xi}_2$，…，$\boldsymbol{\xi}_t$ 是齐次线性方程组 $\boldsymbol{Ax}=\mathbf{0}$ 的一个基础解系.

（2）基础解系包含解向量的个数

设 $\boldsymbol{A}$ 是 $m\times n$ 矩阵，$r(\boldsymbol{A})=r<n$，则齐次线性方程组的基础解系含有 $n-r$ 个解向量.

（3）基础解系的条件

① $\boldsymbol{\xi}_1$，$\boldsymbol{\xi}_2$，…，$\boldsymbol{\xi}_t$ 是 $\boldsymbol{Ax}=\mathbf{0}$ 的一组解；

② 解向量 $\boldsymbol{\xi}_1$，$\boldsymbol{\xi}_2$，…，$\boldsymbol{\xi}_t$ 线性无关；

③ $t=n-r$.

（4）齐次线性方程组的解

设 $\boldsymbol{\xi}_1$，$\boldsymbol{\xi}_2$，…，$\boldsymbol{\xi}_{n-r}$ 为齐次线性方程组 $\boldsymbol{Ax}=\mathbf{0}$ 的一个基础解系，则 $\boldsymbol{Ax}=\mathbf{0}$ 的任意一个解 $\boldsymbol{x}$ 可以由这个基础解系线性表出，即 $\boldsymbol{x}=k_1\boldsymbol{\xi}_1+k_2\boldsymbol{\xi}_2+\cdots+k_{n-r}\boldsymbol{\xi}_{n-r}$（$k_1$，$k_2$，…，$k_{n-r}$ 为任意常数），此为齐次线性方程组 $\boldsymbol{Ax}=\mathbf{0}$ 的通解或全部解.

4. 齐次线性方程组解的情况

（1）n 元齐次线性方程组 $\boldsymbol{Ax}=\mathbf{0}$ 有非零解 $\Leftrightarrow \boldsymbol{A}$ 的列向量组 $\boldsymbol{\alpha}_1$，$\boldsymbol{\alpha}_2$，…，$\boldsymbol{\alpha}_n$ 线性相关

$$\Leftrightarrow r(\boldsymbol{A})=r<n.$$

（2）设 $\boldsymbol{A}$ 是 n 阶矩阵，则 $\boldsymbol{Ax}=\mathbf{0}$ 有非零解 $\Leftrightarrow$ 系数矩阵的行列式 $D=|\boldsymbol{A}|=0$.

（3）设 $\boldsymbol{A}$ 是 $m\times n$ 矩阵，且 $m<n$，则齐次线性方程组 $\boldsymbol{Ax}=\mathbf{0}$ 必有非零解.

三、非齐次线性方程组

1. 非齐次线性方程组解的性质和结构

(1) 非齐次线性方程组 $\boldsymbol{Ax}=\boldsymbol{b}$ 的解具有如下性质：

① 设 $\boldsymbol{\eta}_1$ 及 $\boldsymbol{\eta}_2$ 都是 $\boldsymbol{Ax}=\boldsymbol{b}$ 的解，则 $\boldsymbol{x}=\boldsymbol{\eta}_1-\boldsymbol{\eta}_2$ 是对应的齐次线性方程组 $\boldsymbol{Ax}=\boldsymbol{0}$ 的解；

② 设 $\boldsymbol{\eta}$ 是 $\boldsymbol{Ax}=\boldsymbol{b}$ 的解，$\boldsymbol{\xi}$ 是对应的齐次线性方程组 $\boldsymbol{Ax}=\boldsymbol{0}$ 的解，则 $\boldsymbol{x}=\boldsymbol{\eta}+\boldsymbol{\xi}$ 是 $\boldsymbol{Ax}=\boldsymbol{b}$ 的解.

(2) 非齐次方程组的通解：

设 n 元非齐次线性方程组 $\boldsymbol{Ax}=\boldsymbol{b}$ 的系数矩阵与增广矩阵的秩相等，即 $r(\boldsymbol{A})=r(\overline{\boldsymbol{A}})=r$，且 $r<n$，$\boldsymbol{\xi}_1$，$\boldsymbol{\xi}_2$，…，$\boldsymbol{\xi}_{n-r}$是对应的齐次线性方程组 $\boldsymbol{Ax}=\boldsymbol{0}$ 的基础解系，$\boldsymbol{\eta}$ 是 $\boldsymbol{Ax}=\boldsymbol{b}$ 的任意一个解，则非齐次线性方程组 $\boldsymbol{Ax}=\boldsymbol{b}$ 的通解为 $\boldsymbol{x}=k_1\boldsymbol{\xi}_1+k_2\boldsymbol{\xi}_2+\cdots+k_{n-r}\boldsymbol{\xi}_{n-r}+\boldsymbol{\eta}$($k_1$，$k_2$，…，$k_{n-r}$为任意常数).

2. 消元法解非齐次线性方程组

用消元法求解非齐次线性方程组 $\boldsymbol{Ax}=\boldsymbol{b}$，先用初等行变换把线性方程组的增广矩阵 $\overline{\boldsymbol{A}}=(\boldsymbol{A}\quad\boldsymbol{b})$化为阶梯形矩阵

$$\overline{\boldsymbol{A}}=(\boldsymbol{A}\quad\boldsymbol{b})=\begin{pmatrix}a_{11}&a_{12}&\cdots&a_{1n}&b_1\\a_{21}&a_{22}&\cdots&a_{2n}&b_2\\\vdots&\vdots&&\vdots&\vdots\\a_{m1}&a_{m2}&\cdots&a_{mn}&b_m\end{pmatrix}\xrightarrow{\text{初等行变换}}\begin{pmatrix}c_{11}&c_{12}&\cdots&c_{1r}&\cdots&c_{1n}&d_1\\&c_{22}&\cdots&c_{2r}&\cdots&c_{2n}&d_2\\&&\ddots&\vdots&&\vdots&\vdots\\&&&c_{rr}&\cdots&c_{rn}&d_r\\&&&&&&d_{r+1}\\&&&&&&0\\&&&&&&\vdots\end{pmatrix}$$

(1) 若 $d_{r+1}\neq0$，则 $r(\boldsymbol{A})=r$，$r(\overline{\boldsymbol{A}})=r+1$，故线性方程组无解.

(2) 若 $d_{r+1}=0$，则 $r(\boldsymbol{A})=r(\overline{\boldsymbol{A}})=r$，故线性方程组有解.

① $r=n$ 时，即 $\overline{\boldsymbol{A}}\rightarrow\begin{pmatrix}c_{11}&c_{12}&\cdots&c_{1n}&d_1\\&c_{22}&\cdots&c_{2n}&d_2\\&&\ddots&\vdots&\vdots\\&&&c_{nn}&d_n\end{pmatrix}$，线性方程组有唯一解；

② 当 $r<n$ 时，此线性方程组有无穷多个解；由线性方程组 $\boldsymbol{Ax}=\boldsymbol{b}$ 可求得一个解 $\boldsymbol{\eta}$，由线性方程组 $\boldsymbol{Ax}=\boldsymbol{b}$ 可求得对应的齐次线性方程组 $\boldsymbol{Ax}=\boldsymbol{0}$ 的一个基础解系 $\boldsymbol{\xi}_1$，$\boldsymbol{\xi}_2$，…，$\boldsymbol{\xi}_{n-r}$，这样，$\boldsymbol{Ax}=\boldsymbol{b}$ 的通解可表示为 $\boldsymbol{x}=k_1\boldsymbol{\xi}_1+k_2\boldsymbol{\xi}_2+\cdots+k_{n-r}\boldsymbol{\xi}_{n-r}+\boldsymbol{\eta}$.

3. 非齐次线性方程组有解的条件

(1) n 元非齐次线性方程组 $\boldsymbol{Ax}=\boldsymbol{b}$ 有解$\Leftrightarrow\boldsymbol{b}$ 可被系数矩阵的列向量 $\boldsymbol{\alpha}_1$，$\boldsymbol{\alpha}_2$，…，$\boldsymbol{\alpha}_n$ 线性表出$\Leftrightarrow r(\boldsymbol{A})=r(\overline{\boldsymbol{A}})$.

若 $\boldsymbol{A}$ 是 n 阶矩阵，则 $\boldsymbol{Ax}=\boldsymbol{b}$ 有唯一解$\Leftrightarrow|\boldsymbol{A}|\neq0$（克莱姆法则）.

（2）非齐次线性方程组 $\boldsymbol{Ax}=\boldsymbol{b}$ 有解时（即 $r(\boldsymbol{A})=r(\overline{\boldsymbol{A}})=r$ 时）：

① $\boldsymbol{Ax}=\boldsymbol{b}$ 有唯一解$\Leftrightarrow\boldsymbol{\alpha}_1$，$\boldsymbol{\alpha}_2$，…，$\boldsymbol{\alpha}_n$ 线性无关$\Leftrightarrow r=n$.

② $\boldsymbol{Ax}=\boldsymbol{b}$ 有无穷多解$\Leftrightarrow\boldsymbol{\alpha}_1$，$\boldsymbol{\alpha}_2$，…，$\boldsymbol{\alpha}_n$ 线性相关$\Leftrightarrow r<n$.

第二节　核心题型

题型 01　根据方程组解的情况求参数

提示　1. 求齐次线性方程组 $\boldsymbol{Ax}=\boldsymbol{0}$ 解的步骤：

对系数矩阵 $\boldsymbol{A}$ 进行初等变换，化成阶梯形，然后按两步进行讨论：

（1）线性方程组只有零解，即 $r(\boldsymbol{A})=n$；

（2）线性方程组有非零解，即 $r(\boldsymbol{A})<n$，并将非零解求出来.

2. 求非齐次线性方程组 $\boldsymbol{Ax}=\boldsymbol{b}$ 解的步骤：

对增广矩阵 $\overline{\boldsymbol{A}}$ 进行初等变换，化成阶梯形，然后按三步进行讨论：

（1）线性方程组无解，即 $r(\overline{\boldsymbol{A}})\neq r(\boldsymbol{A})$；

（2）线性方程组有唯一解，即 $r(\overline{\boldsymbol{A}})=r(\boldsymbol{A})=n$；

（3）线性方程组有无穷多解，即 $r(\overline{\boldsymbol{A}})=r(\boldsymbol{A})<n$，并将解求出来.

【例 1】a 取何值时，方程组 $\begin{cases}x_1+2x_2=3\\4x_1+7x_2+x_3=10\\x_2-x_3=a\end{cases}$，有解？在有解时求出方程组的通解.

［解析］$\overline{\boldsymbol{A}}\to\begin{pmatrix}1&2&0&3\\0&-1&1&-2\\0&0&0&a-2\end{pmatrix}$，故当且仅当 $a=2$ 时，方程组有解.

当 $a=2$ 时，得 $\begin{cases}x_1=3-2x_2\\x_3=-2+x_2\end{cases}$（$x_2$ 任意），所以 $\boldsymbol{x}=\begin{pmatrix}3\\0\\-2\end{pmatrix}+k\begin{pmatrix}-2\\1\\1\end{pmatrix}$（$k$ 是任意常数），

或 $\begin{cases}x_1=-1-2x_3\\x_2=2+x_3\end{cases}$（$x_3$ 任意），即 $\boldsymbol{x}=\begin{pmatrix}-1\\2\\0\end{pmatrix}+k\begin{pmatrix}-2\\1\\1\end{pmatrix}$（$k$ 是任意常数）.

【例 2】λ 取何值时，非齐次线性方程组 $\begin{cases}\lambda x_1+x_2+x_3=1\\x_1+\lambda x_2+x_3=\lambda\\x_1+x_2+\lambda x_3=\lambda^2\end{cases}$，

（1）有唯一解；（2）无解；（3）有无穷多个解.

[解析] (1) $\begin{vmatrix}\lambda & 1 & 1\\ 1 & \lambda & 1\\ 1 & 1 & \lambda\end{vmatrix}\neq 0$，即 $\lambda\neq 1$ 且 $\lambda\neq -2$ 时方程组有唯一解.

(2) $r(\boldsymbol{A})<r(\overline{\boldsymbol{A}})$.

$$\overline{\boldsymbol{A}}=\begin{pmatrix}\lambda & 1 & 1 & 1\\ 1 & \lambda & 1 & \lambda\\ 1 & 1 & \lambda & \lambda^2\end{pmatrix}\sim\begin{pmatrix}1 & 1 & \lambda & \lambda^2\\ 0 & \lambda-1 & 1-\lambda & \lambda(1-\lambda)\\ 0 & 0 & (1-\lambda)(2+\lambda) & (1-\lambda)(\lambda+1)^2\end{pmatrix},$$

由 $(1-\lambda)(2+\lambda)=0$，$(1-\lambda)(1+\lambda)^2\neq 0$，得 $\lambda=-2$ 时，方程组无解.

(3) $r(\boldsymbol{A})=r(\overline{\boldsymbol{A}})<3$，由 $(1-\lambda)(2+\lambda)=(1-\lambda)(1+\lambda)^2=0$，得 $\lambda=1$ 时，方程组有无穷多个解.

【例 3】设四元非齐次线性方程组的系数矩阵的秩为 3，已知 $\boldsymbol{\eta}_1$，$\boldsymbol{\eta}_2$，$\boldsymbol{\eta}_3$ 是它的三个解向量.

且 $\boldsymbol{\eta}_1=\begin{pmatrix}2\\3\\4\\5\end{pmatrix}$，$\boldsymbol{\eta}_2+\boldsymbol{\eta}_3=\begin{pmatrix}1\\2\\3\\4\end{pmatrix}$，则该方程组的通解为（　　）.

(A) $k(3,4,5,6)^{\mathrm T}+(2,3,4,5)^{\mathrm T}$　　(B) $k(2,3,4,5)^{\mathrm T}+(3,4,5,6)^{\mathrm T}$

(C) $k(2,3,4,5)^{\mathrm T}+(1,2,3,4)^{\mathrm T}$　　(D) $k(1,2,3,4)^{\mathrm T}+(2,3,4,5)^{\mathrm T}$

(E) $k(3,4,5,6)^{\mathrm T}+(1,2,3,4)^{\mathrm T}$

[解析] 由于矩阵的秩为 3，$n-r=4-3=1$. 故其对应的齐次线性方程组的基础解系含有一个向量，且由于 $\boldsymbol{\eta}_1$，$\boldsymbol{\eta}_2$，$\boldsymbol{\eta}_3$ 均为方程组的解，由非齐次线性方程组解的结构性质得 $2\boldsymbol{\eta}_1-(\boldsymbol{\eta}_2+\boldsymbol{\eta}_3)=\underset{(\text{齐次解})}{(\boldsymbol{\eta}_1-\boldsymbol{\eta}_2)}+\underset{(\text{齐次解})}{(\boldsymbol{\eta}_1-\boldsymbol{\eta}_3)}=\begin{pmatrix}3\\4\\5\\6\end{pmatrix}$（齐次解）为其基础解系向量，

故此方程组的通解为 $\boldsymbol{x}=k\begin{pmatrix}3\\4\\5\\6\end{pmatrix}+\begin{pmatrix}2\\3\\4\\5\end{pmatrix}(k\in\mathbf{R})$. 选 A.

题型 02　关于 $\boldsymbol{AB}=\boldsymbol{O}$ 的思路

提示　关于 $\boldsymbol{AB}=\boldsymbol{O}$ 的思路：

(1) 将 $\boldsymbol{B}$ 的列向量看成 $\boldsymbol{Ax}=\mathbf{0}$ 的解.

(2) 公式：$r(\boldsymbol{A})+r(\boldsymbol{B})\leqslant n$.

(3) 若 $\boldsymbol{B}\neq\mathbf{0}$，即 $\boldsymbol{Ax}=\mathbf{0}$ 有非零解，则 $r(\boldsymbol{A})<n$.

【例 4】设 $\boldsymbol{A}=\begin{pmatrix}2 & -1 & 3\\ a & 1 & b\\ 4 & c & 6\end{pmatrix}$，若存在秩大于 1 的三阶矩阵 $\boldsymbol{B}$，使得 $\boldsymbol{AB}=\boldsymbol{O}$，则 $\boldsymbol{A}^n=$（　　）.

［解析］由 $AB=O$，有 $r(A)+r(B)\leqslant 3$，又因为 $r(B)\geqslant 2$，所以 $r(A)=1$，

于是 $\frac{2}{a}=\frac{-1}{1}=\frac{3}{b}$，$\frac{2}{4}=\frac{-1}{c}=\frac{3}{6}$，得到 $a=-2$，$b=-3$，$c=-2$.

则 $A=\begin{pmatrix}2 & -1 & 3\\ -2 & 1 & -3\\ 4 & -2 & 6\end{pmatrix}=\begin{pmatrix}1\\ -1\\ 2\end{pmatrix}(2\quad -1\quad 3)$，而 $(2\quad -1\quad 3)\begin{pmatrix}1\\ -1\\ 2\end{pmatrix}=9$，

因此 $A^n=9^{n-1}A=9^{n-1}\begin{pmatrix}2 & -1 & 3\\ -2 & 1 & -3\\ 4 & -2 & 6\end{pmatrix}$.

【例 5】设 $A=\begin{pmatrix}1 & 2 & -2\\ 4 & a & 1\\ 3 & -1 & 1\end{pmatrix}$，$B$ 为三阶非零矩阵，且 $AB=O$，则 $a=$（　　）.

（A）0　　（B）1　　（C）2　　（D）-2　　（E）-1

［解析］首先证明 $|A|=0$：

方法一：由 $AB=O$，若 $|A|\neq 0$，则 A 可逆，两边左乘 A^{-1} 得 $B=A^{-1}O=O$，与 $B\neq O$ 矛盾，故 $|A|=0$；

方法二：$AB=O$，设 $B=(b_1\ b_2\ b_3)\neq O_{3\times 3}$，故存在 $b_i\neq 0$，$i=1,2,3$，$Ab_i=0$，即 $Ax=0$ 有非零解，故知 $r(A)<n\Rightarrow |A|=0$.

$$|A|=\begin{vmatrix}1 & 2 & -2\\ 4 & a & 1\\ 3 & -1 & 1\end{vmatrix}=-\begin{vmatrix}1 & 2 & -2\\ 3 & -1 & 1\\ 4 & a & 1\end{vmatrix}=-\begin{vmatrix}1 & 2 & -2\\ 0 & -7 & 7\\ 0 & a-8 & 9\end{vmatrix}=7\begin{vmatrix}1 & 2 & -2\\ 0 & 1 & -1\\ 0 & a-8 & 9\end{vmatrix}$$

$$=7\begin{vmatrix}1 & 2 & -2\\ 0 & 1 & -1\\ 0 & 0 & a+1\end{vmatrix}=7(a+1)=0\Rightarrow a=-1$$，选 E.

【例 6】已知三阶矩阵 $B\neq O$，且 B 的每一列均为方程组 $\begin{cases}x_1+2x_2-2x_3=0\\ 2x_1-x_2+\lambda x_3=0\\ 3x_1+x_2-x_3=0\end{cases}$ 的解向量，求 λ 及 $|B|$.

［解析］$B\neq O\Rightarrow B$ 中至少有一个非零列向量，所以方程组有非零解.

于是 $|A|=\begin{vmatrix}1 & 2 & -2\\ 2 & -1 & \lambda\\ 3 & 1 & -1\end{vmatrix}=0$，解得 $\lambda=1$. 易知当 $\lambda=1$ 时，$r(A)=2$.

所以方程组 $Ax=0$ 的基础解系含一个解向量，因此 $r(B)<3$，即 $|B|=0$.

【例 7】设 A，B 为满足 $AB=O$ 的任意两个非零矩阵，则必有（　　）.

（A）A 的列向量组线性相关，B 的行向量组线性相关

（B）A 的列向量组线性相关，B 的列向量组线性相关

（C）A 的行向量组线性相关，B 的行向量组线性相关

(D) $\boldsymbol{A}$ 的行向量组线性相关，$\boldsymbol{B}$ 的列向量组线性相关

(E) $\boldsymbol{A}$ 的行向量组线性无关，$\boldsymbol{B}$ 的列向量组线性无关

[解析] 设 $\boldsymbol{A}=(\boldsymbol{\alpha}_1, \boldsymbol{\alpha}_2, \cdots, \boldsymbol{\alpha}_s)$，$\boldsymbol{B}=\begin{pmatrix}\boldsymbol{\beta}_1\\ \boldsymbol{\beta}_2\\ \vdots\\ \boldsymbol{\beta}_s\end{pmatrix}$，则 $\boldsymbol{\alpha}_1\boldsymbol{\beta}_1+\boldsymbol{\alpha}_2\boldsymbol{\beta}_2+\cdots+\boldsymbol{\alpha}_s\boldsymbol{\beta}_s=\boldsymbol{O}$.

因为 $\boldsymbol{A}$，$\boldsymbol{B}$ 为两个非零矩阵，所以存在一组不全为零的数 a_{i1}，a_{i2}，$\cdots$，a_{is} 及 b_{1j}，b_{2j}，$\cdots$，b_{sj} 使 $a_{i1}\boldsymbol{\beta}_1+a_{i2}\boldsymbol{\beta}_2+\cdots+a_{is}\boldsymbol{\beta}_s=\boldsymbol{0}$，$b_{1j}\boldsymbol{\alpha}_1+b_{2j}\boldsymbol{\alpha}_2+\cdots+b_{sj}\boldsymbol{\alpha}_s=\boldsymbol{0}$.
因此，$\boldsymbol{A}$ 的列向量组线性相关，$\boldsymbol{B}$ 的行向量组线性相关. 选项(A)正确.

【例 8】已知三阶矩阵 $\boldsymbol{A}$ 的第一行是(a, b, c)，a，b，c 不全为零，矩阵 $\boldsymbol{B}=\begin{pmatrix}1&2&3\\2&4&6\\3&6&k\end{pmatrix}$（$k$ 为常数），且 $\boldsymbol{AB}=\boldsymbol{O}$，求线性方程组 $\boldsymbol{Ax}=\boldsymbol{0}$ 的通解.

[解析] 由 $\boldsymbol{AB}=\boldsymbol{O}$ 知，$\boldsymbol{B}$ 的每一列均为 $\boldsymbol{Ax}=\boldsymbol{0}$ 的解，且 $r(\boldsymbol{A})+r(\boldsymbol{B})\leqslant 3$.

(1) 若 $k\neq 9$，则 $r(\boldsymbol{B})=2$，于是 $r(\boldsymbol{A})\leqslant 1$，显然 $r(\boldsymbol{A})\geqslant 1$，故 $r(\boldsymbol{A})=1$. 可见此时 $\boldsymbol{Ax}=\boldsymbol{0}$的基础解系所含解向量的个数为 $3-r(\boldsymbol{A})=2$，矩阵 $\boldsymbol{B}$ 的第一、第三列线性无关，可作为其基础解系，故 $\boldsymbol{Ax}=\boldsymbol{0}$ 的通解为 $\boldsymbol{x}=k_1\begin{pmatrix}1\\2\\3\end{pmatrix}+k_2\begin{pmatrix}3\\6\\k\end{pmatrix}$，$k_1$，$k_2$ 为任意常数.

(2) 若 $k=9$，则 $r(\boldsymbol{B})=1$，从而 $1\leqslant r(\boldsymbol{A})\leqslant 2$.

①若 $r(\boldsymbol{A})=2$，则 $\boldsymbol{Ax}=\boldsymbol{0}$ 的通解为 $\boldsymbol{x}=k_1\begin{pmatrix}1\\2\\3\end{pmatrix}$，$k_1$ 为任意常数.

②若 $r(\boldsymbol{A})=1$，则 $\boldsymbol{Ax}=\boldsymbol{0}$ 的同解方程组为：$ax_1+bx_2+cx_3=0$，不妨设 $a\neq 0$，则其通解为 $\boldsymbol{x}=k_1\begin{pmatrix}-\dfrac{b}{a}\\1\\0\end{pmatrix}+k_2\begin{pmatrix}-\dfrac{c}{a}\\0\\1\end{pmatrix}$，$k_1$，$k_2$ 为任意常数.

题型 03 有关基础解系的问题

提示 某一个向量组要是方程组的基础解系，需要满足三个条件：

(1) 该向量组中的每个向量都满足方程 $\boldsymbol{Ax}=\boldsymbol{0}$；

(2) 该向量组线性无关；

(3) 该向量组中向量的个数等于 $n-r(\boldsymbol{A})$；或方程组的任一解向量都可由该向量组线性表示.

【例 9】设 $\boldsymbol{A}$ 与 $\boldsymbol{B}$ 是 n 阶方阵，齐次线性方程组 $\boldsymbol{Ax}=\boldsymbol{0}$ 与 $\boldsymbol{Bx}=\boldsymbol{0}$ 有相同的基础解系 $\boldsymbol{\xi}_1$，$\boldsymbol{\xi}_2$，$\boldsymbol{\xi}_3$，则在下列方程组中以 $\boldsymbol{\xi}_1$，$\boldsymbol{\xi}_2$，$\boldsymbol{\xi}_3$ 为基础解系的是（　　）.

(A) $(\boldsymbol{A}+\boldsymbol{B})\boldsymbol{x}=\boldsymbol{0}$　(B) $\boldsymbol{ABx}=\boldsymbol{0}$　(C) $\boldsymbol{BAx}=\boldsymbol{0}$　(D) $\begin{pmatrix}\boldsymbol{A}\\ \boldsymbol{B}\end{pmatrix}\boldsymbol{x}=\boldsymbol{0}$　(E) 无法确定

[解析] 由已知，方程组 $Ax=0$ 与 $Bx=0$ 同解，又方程组 $\begin{pmatrix}A\\B\end{pmatrix}x=0$ 的解是方程组 $Ax=0$ 与 $Bx=0$ 的共同解，所以，三个方程组 $Ax=0$，$Bx=0$，$\begin{pmatrix}A\\B\end{pmatrix}x=0$ 同解，即方程组 $\begin{pmatrix}A\\B\end{pmatrix}x=0$ 的基础解系为 ξ_1，ξ_2，ξ_3，选 D.

题型 04 有关方程组通解的题型

提示 已知方程组的解，反求系数矩阵或者系数矩阵中的待定参数. 会根据方程组解的结构判别通解.

【例 10】已知非齐次线性方程组 $\begin{cases}x_1+x_2+x_3+x_4=-1\\4x_1+3x_2+5x_3-x_4=-1\\ax_1+x_2+3x_3+bx_4=1\end{cases}$ 有 3 个线性无关的解.

（1）方程组系数矩阵 A 的秩 $r(A)$ 为（　　）.

（A）0　（B）1　（C）2　（D）1 或 2　（E）3

（2）a，b 的值分别为（　　）.

（A）$a=2$，$b=3$　（B）$a=-2$，$b=3$　（C）$a=-2$，$b=-3$

（D）$a=2$，$b=-3$　（E）$a=3$，$b=2$

（3）求方程组的通解.

[解析]（1）设 α_1，α_2，α_3 是方程组的 3 个线性无关的解，则 $\alpha_2-\alpha_1$，$\alpha_3-\alpha_1$ 是 $Ax=0$ 的两个线性无关的解. 于是 $Ax=0$ 的基础解系中解的个数不少于 2，即 $4-r(A)\geqslant 2$，从而 $r(A)\leqslant 2$.

又因为 A 的行向量是两两线性无关的，所以 $r(A)\geqslant 2$. 两个不等式说明 $r(A)=2$，选 C.

（2）对方程组的增广矩阵作初等行变换：

$$\overline{A}=\begin{pmatrix}1&1&1&1&-1\\4&3&5&-1&-1\\a&1&3&b&1\end{pmatrix}\rightarrow\begin{pmatrix}1&1&1&1&-1\\0&-1&1&-5&3\\0&0&4-2a&4a+b-5&4-2a\end{pmatrix}.$$

由 $r(A)=2$，得出 $a=2$，$b=-3$，选 D.

（3）将 a 和 b 代入后，继续作初等行变换：

$$\overline{A}\rightarrow\begin{pmatrix}1&0&2&-4&2\\0&1&-1&5&-3\\0&0&0&0&0\end{pmatrix}，得同解方程组\begin{cases}x_1=2-2x_3+4x_4\\x_2=-3+x_3-5x_4\end{cases},$$

求出一个特解 $(2,\ -3,\ 0,\ 0)^{\mathrm{T}}$ 和 $Ax=0$ 的基础解系 $(-2,\ 1,\ 1,\ 0)^{\mathrm{T}}$，$(4,\ -5,\ 0,\ 1)^{\mathrm{T}}$.

得到方程组的通解：$(2,\ -3,\ 0,\ 0)^{\mathrm{T}}+c_1(-2,\ 1,\ 1,\ 0)^{\mathrm{T}}+c_2(4,\ -5,\ 0,\ 1)^{\mathrm{T}}$，$c_1$，$c_2$ 为任意实数.

第三节　点睛归纳

线性方程组是线性代数的核心内容，首先要会解给定的方程组，当方程组中含有参数时，讨论解的情况时不要遗漏；其次，要知道齐次线性方程组 $\boldsymbol{Ax}=\boldsymbol{0}$ 总是有解的，但还要知道它何时有非零解？最后，对于非齐次线性方程组 $\boldsymbol{Ax}=\boldsymbol{\beta}$，要理解解的结构、解的判定，还要注意方程组解的关系与向量组线性表示的关系.

1. 线性齐次方程组 $\boldsymbol{Ax}=\boldsymbol{0}$（$\boldsymbol{A}$ 是 $m\times n$ 矩阵）解的性质

（1）设 $\boldsymbol{x}_1$，$\boldsymbol{x}_2$ 是 $\boldsymbol{Ax}=\boldsymbol{0}$ 的两个解，则 $k_1\boldsymbol{x}_1+k_2\boldsymbol{x}_2$ 也是 $\boldsymbol{Ax}=\boldsymbol{0}$ 的解，其中 k_1，k_2 为两个任意数；

（2）零解 $\boldsymbol{x}=\boldsymbol{0}$ 总是 $\boldsymbol{Ax}=\boldsymbol{0}$ 的解；$\boldsymbol{Ax}=\boldsymbol{0}$ 有非零解$\Leftrightarrow r(\boldsymbol{A})<n$；$\boldsymbol{Ax}=\boldsymbol{0}$ 只有零解$\Leftrightarrow r(\boldsymbol{A})=n=\boldsymbol{A}$ 的列数；若 $\boldsymbol{A}$ 是 n 阶矩阵，则 $\boldsymbol{Ax}=\boldsymbol{0}$ 有非零解$\Leftrightarrow|\boldsymbol{A}|=0$，$\boldsymbol{Ax}=\boldsymbol{0}$ 只有零解$\Leftrightarrow|\boldsymbol{A}|\neq0$；

（3）掌握判断一组向量 $\boldsymbol{\alpha}_1$，$\boldsymbol{\alpha}_2$，…，$\boldsymbol{\alpha}_p$ 是 $\boldsymbol{Ax}=\boldsymbol{0}$ 的基础解系的三点.

设 $r(\boldsymbol{A})=r$，则

①$\boldsymbol{Ax}=\boldsymbol{0}$ 的基础解系中含有 $n-r$ 个向量 $\boldsymbol{x}_1$，$\boldsymbol{x}_2$，…，$\boldsymbol{x}_{n-r}$；

②$\boldsymbol{Ax}=\boldsymbol{0}$ 的通解（一般解）是 $k_1\boldsymbol{x}_1+k_2\boldsymbol{x}_2+\cdots+k_{n-r}\boldsymbol{x}_{n-r}$，其中 k_1，k_2，…，k_{n-r} 是任意常数；

③$\boldsymbol{Ax}=\boldsymbol{0}$ 的任何 $n-r$ 个线性无关的解都是 $\boldsymbol{Ax}=\boldsymbol{0}$ 的基础解系.

2. 线性非齐次方程组 $\boldsymbol{Ax}=\boldsymbol{\beta}$（$\boldsymbol{\beta}\neq\boldsymbol{0}$）

（1）$\boldsymbol{Ax}=\boldsymbol{\beta}$ 与其导出组 $\boldsymbol{Ax}=\boldsymbol{0}$ 两者之间关系：

若 $\boldsymbol{Ax}=\boldsymbol{\beta}$ 有唯一解，则 $\boldsymbol{Ax}=\boldsymbol{0}$ 只有零解（唯一解）；若 $\boldsymbol{Ax}=\boldsymbol{\beta}$ 有无穷多组解，则 $\boldsymbol{Ax}=\boldsymbol{0}$ 有非零解（无穷多组解）.

若 $\boldsymbol{Ax}=\boldsymbol{0}$ 只有零解（有非零解），不能简单地判断 $\boldsymbol{Ax}=\boldsymbol{\beta}$ 有唯一解（有无穷多组解），而需要其他条件才能判断.

（2）设 $\boldsymbol{x}_1$，$\boldsymbol{x}_2$ 是 $\boldsymbol{Ax}=\boldsymbol{\beta}$ 的解，则 $\boldsymbol{x}_1-\boldsymbol{x}_2$ 是导出组 $\boldsymbol{Ax}=\boldsymbol{0}$ 的解.

（3）设 $r(\boldsymbol{A})=r(\boldsymbol{A}\quad\boldsymbol{\beta})=r$，则 $\boldsymbol{Ax}=\boldsymbol{\beta}$ 的通解：$\boldsymbol{\xi}+k_1\boldsymbol{x}_1+k_2\boldsymbol{x}_2+\cdots+k_{n-r}\boldsymbol{x}_{n-r}$，其中 $\boldsymbol{x}_1$，$\boldsymbol{x}_2$，…，$\boldsymbol{x}_{n-r}$ 是导出组 $\boldsymbol{Ax}=\boldsymbol{0}$ 的基础解系，$\boldsymbol{\xi}$ 是 $\boldsymbol{Ax}=\boldsymbol{\beta}$ 的一个特解.

设 $\boldsymbol{x}_1$，$\boldsymbol{x}_2$ 是 $\boldsymbol{Ax}=\boldsymbol{\beta}$ 的两个解，则 $\boldsymbol{x}_1+\boldsymbol{x}_2$，$\lambda\boldsymbol{x}_1(\lambda\neq1)$ 肯定不是 $\boldsymbol{Ax}=\boldsymbol{\beta}$ 的解.

［考点总结］设 $\boldsymbol{A}=(\boldsymbol{\alpha}_1,\boldsymbol{\alpha}_2,\cdots,\boldsymbol{\alpha}_n)$ 为 $m\times n$ 矩阵，则 n 元齐次线性方程组 $\boldsymbol{Ax}=\boldsymbol{0}$ 有

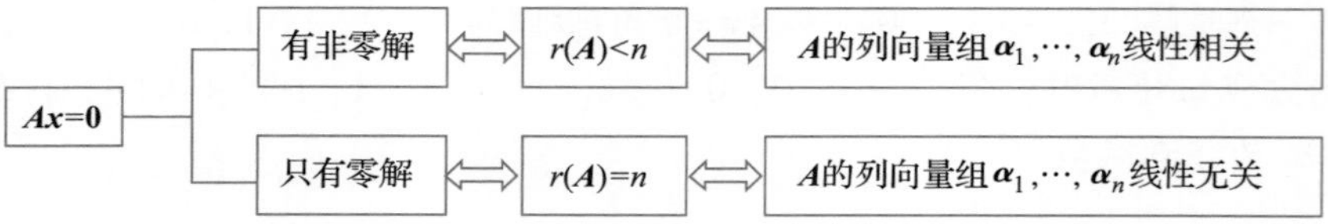

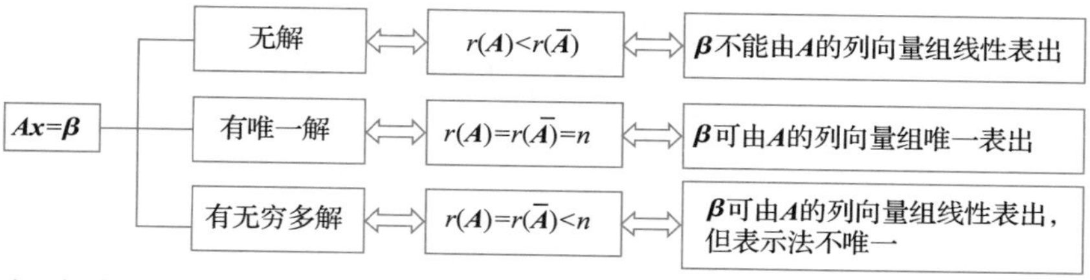

3. 乘积矩阵秩的结论

设 $\boldsymbol{A}$ 是 $m\times n$ 矩阵，$\boldsymbol{B}$ 是 $n\times s$ 矩阵.

如果 $\boldsymbol{AB}=\boldsymbol{O}$，则 $r(\boldsymbol{A})+r(\boldsymbol{B})\leqslant n$（因为 $\boldsymbol{AB}=\boldsymbol{O}$ 说明 $\boldsymbol{B}$ 的列向量组 $\boldsymbol{\beta}_1$，$\boldsymbol{\beta}_2$，…，$\boldsymbol{\beta}_s$ 是 $\boldsymbol{Ax}=\boldsymbol{0}$ 的一组解，从而 $r(\boldsymbol{B})=r(\boldsymbol{\beta}_1, \boldsymbol{\beta}_2, \cdots, \boldsymbol{\beta}_s)\leqslant n-r(\boldsymbol{A})$，移项得结论).

如果 $r(\boldsymbol{A})=n$，则 $r(\boldsymbol{AB})=r(\boldsymbol{B})$（从 $r(\boldsymbol{A})=n$ 知齐次方程组 $\boldsymbol{Ax}=\boldsymbol{0}$ 只有零解. 于是对任何 s 维向量 $\boldsymbol{\eta}$，$\boldsymbol{AB\eta}=\boldsymbol{0}\Leftrightarrow\boldsymbol{B\eta}=\boldsymbol{0}$，即 $\boldsymbol{ABx}=\boldsymbol{0}$ 与 $\boldsymbol{Bx}=\boldsymbol{0}$ 同解，从而 $s-r(\boldsymbol{AB})=s-r(\boldsymbol{B})$，得结论).

第四节 阶梯训练

基础能力题

1. 齐次线性方程组 $\boldsymbol{Ax}=\boldsymbol{0}$ 仅有零解的充要条件是（　　）.

（A）矩阵 $\boldsymbol{A}$ 的列向量组线性无关
（B）矩阵 $\boldsymbol{A}$ 的列向量组线性相关
（C）矩阵 $\boldsymbol{A}$ 的行向量组线性无关
（D）矩阵 $\boldsymbol{A}$ 的行向量组线性相关
（E）$\boldsymbol{A}$ 可逆

2. 设 $\boldsymbol{A}$ 是 $m\times n$ 矩阵，$\boldsymbol{Ax}=\boldsymbol{0}$ 是与非齐次线性方程组 $\boldsymbol{Ax}=\boldsymbol{\beta}$ 相对应的齐次线性方程组，则下列结论正确的是（　　）.

（A）若 $\boldsymbol{Ax}=\boldsymbol{0}$ 仅有零解，则 $\boldsymbol{Ax}=\boldsymbol{\beta}$ 有唯一解
（B）若 $\boldsymbol{Ax}=\boldsymbol{0}$ 有非零解，则 $\boldsymbol{Ax}=\boldsymbol{\beta}$ 有无穷多解
（C）若 $\boldsymbol{Ax}=\boldsymbol{\beta}$ 有无穷多解，则 $\boldsymbol{Ax}=\boldsymbol{0}$ 仅有零解
（D）若 $\boldsymbol{Ax}=\boldsymbol{\beta}$ 有无穷多解，则 $\boldsymbol{Ax}=\boldsymbol{0}$ 有非零解
（E）若 $\boldsymbol{Ax}=\boldsymbol{0}$ 有非零解，则 $\boldsymbol{Ax}=\boldsymbol{\beta}$ 无解

3. 设 $\boldsymbol{A}$ 是 $m\times n$ 矩阵，且 $r(\boldsymbol{A})=r$，则（　　）.

（A）$r=m$ 时，非齐次线性方程组 $\boldsymbol{Ax}=\boldsymbol{\beta}$ 有解
（B）$r=n$ 时，非齐次线性方程组 $\boldsymbol{Ax}=\boldsymbol{\beta}$ 有唯一解
（C）$m=n$ 时，非齐次线性方程组 $\boldsymbol{Ax}=\boldsymbol{\beta}$ 有解
（D）$r<n$ 时，非齐次线性方程组 $\boldsymbol{Ax}=\boldsymbol{\beta}$ 有无穷多解
（E）$r=m$ 时，非齐次线性方程组 $\boldsymbol{Ax}=\boldsymbol{\beta}$ 无解

4. 设 $\boldsymbol{\alpha}_1$，$\boldsymbol{\alpha}_2$ 为非齐次线性方程组 $\boldsymbol{Ax}=\boldsymbol{\beta}$ 的两个不同解，则（　　）是 $\boldsymbol{Ax}=\boldsymbol{\beta}$ 的解.

（A）$\boldsymbol{\alpha}_1+\boldsymbol{\alpha}_2$
（B）$\dfrac{2}{3}\boldsymbol{\alpha}_1+\dfrac{1}{3}\boldsymbol{\alpha}_2$
（C）$\boldsymbol{\alpha}_1-\boldsymbol{\alpha}_2$
（D）$k_1\boldsymbol{\alpha}_1+k_2\boldsymbol{\alpha}_2$，$k_i\in\mathbf{R}$，$i=1, 2$
（E）$\dfrac{1}{2}\boldsymbol{\alpha}_1+\boldsymbol{\alpha}_2$

5. 当矩阵 $\boldsymbol{A}$ 等于（　　）时，$\boldsymbol{\xi}_1=\begin{pmatrix}1\\0\\2\end{pmatrix}$，$\boldsymbol{\xi}_2=\begin{pmatrix}0\\1\\-1\end{pmatrix}$都是齐次线性方程组 $\boldsymbol{Ax}=\boldsymbol{0}$ 的解.

(A) $(-2,\ 1,\ 1)$　　(B) $\begin{pmatrix}2&0&-1\\0&1&1\end{pmatrix}$

(C) $\begin{pmatrix}-1&0&2\\0&1&-1\end{pmatrix}$　　(D) $\begin{pmatrix}0&1&-1\\4&-2&-2\\0&1&1\end{pmatrix}$　　(E) 单位矩阵

6. 设 $\boldsymbol{A}_{m\times n}=(\boldsymbol{\alpha}_1,\ \boldsymbol{\alpha}_2,\ \cdots,\ \boldsymbol{\alpha}_n)=\begin{pmatrix}\boldsymbol{\beta}_1\\\vdots\\\boldsymbol{\beta}_m\end{pmatrix}(m>n)$，下述判断正确的是（　　）.

(A) 因 $m>n$，所以秩 $r(\boldsymbol{\beta}_1,\ \boldsymbol{\beta}_2,\ \cdots,\ \boldsymbol{\beta}_m)>r(\boldsymbol{\alpha}_1,\ \boldsymbol{\alpha}_2,\ \cdots,\ \boldsymbol{\alpha}_n)$

(B) 若 $r(\boldsymbol{A})=n$，则方程组 $\boldsymbol{Ax}=\boldsymbol{0}$ 没有非零解

(C) 若 $\boldsymbol{\alpha}_1,\ \boldsymbol{\alpha}_2,\ \cdots,\ \boldsymbol{\alpha}_n$ 线性无关，则 $\boldsymbol{\beta}_1,\ \boldsymbol{\beta}_2,\ \cdots,\ \boldsymbol{\beta}_m$ 也线性无关

(D) 若 $r(\boldsymbol{A})=r<n$，则 $\boldsymbol{\alpha}_1,\ \boldsymbol{\alpha}_2,\ \cdots,\ \boldsymbol{\alpha}_n$ 中任意 r 个向量线性无关

(E) 若 $\boldsymbol{\beta}_1,\ \boldsymbol{\beta}_2,\ \cdots,\ \boldsymbol{\beta}_m$ 线性相关，则 $\boldsymbol{\alpha}_1,\ \boldsymbol{\alpha}_2,\ \cdots,\ \boldsymbol{\alpha}_n$ 线性相关

7. 四元齐次方程组$\begin{cases}x_1+x_3=0\\x_2+\frac{1}{2}x_4=0\end{cases}$的一个基础解系是（　　）.

(A) $(0,\ -1,\ 0,\ 2)$　　(B) $(-1,\ 0,\ 1,\ 0)$ 和 $(2,\ 0,\ -2,\ 0)$

(C) $(-1,\ 0,\ 1,\ 0)$ 和 $(0,\ -1,\ 0,\ 2)$　(D) $(0,\ -1,\ 0,\ 2)$ 和 $\left(0,\ \frac{1}{2},\ 0,\ 1\right)$

(E) $(-1,\ 0,\ 1,\ 0)$

8. 非齐次线性方程组 $\boldsymbol{Ax}=\boldsymbol{\beta}$ 有两个不相同的解 $\boldsymbol{\xi}_1$，$\boldsymbol{\xi}_2$，它的导出组有基础解系 $\boldsymbol{\eta}_1$，$\boldsymbol{\eta}_2$，则 $\boldsymbol{Ax}=\boldsymbol{\beta}$ 的通解是（　　）.

(A) $c_1\boldsymbol{\eta}_1+c_2\boldsymbol{\eta}_2$，$c_1$，$c_2$ 任取　　(B) $c_1\boldsymbol{\eta}_1+c_2(\boldsymbol{\eta}_1+\boldsymbol{\eta}_2)+\frac{\boldsymbol{\xi}_1+\boldsymbol{\xi}_2}{2}$，$c_1$，$c_2$ 任取

(C) $c_1\boldsymbol{\eta}_1+c_2(\boldsymbol{\xi}_1-\boldsymbol{\xi}_2)+\boldsymbol{\xi}_1$，$c_1$，$c_2$ 任取　(D) $c_1\boldsymbol{\eta}_1+c_2\boldsymbol{\eta}_2+\boldsymbol{\xi}_1+\boldsymbol{\xi}_2$，$c_1$，$c_2$ 任取

(E) $c_1\boldsymbol{\eta}_1+\boldsymbol{\xi}_1$，$c_1$ 任取

9. $\boldsymbol{\xi}_1$，$\boldsymbol{\xi}_2$，$\boldsymbol{\xi}_3$ 是 $\boldsymbol{Ax}=\boldsymbol{0}$ 的一个基础解系，则 $\boldsymbol{\alpha}_1$，$\boldsymbol{\alpha}_2$，$\boldsymbol{\alpha}_3$ 分别为（　　）时也是 $\boldsymbol{Ax}=\boldsymbol{0}$ 的一个基础解系.

(A) $\boldsymbol{\alpha}_1=\boldsymbol{\xi}_1-\boldsymbol{\xi}_2$，$\boldsymbol{\alpha}_2=\boldsymbol{\xi}_2-\boldsymbol{\xi}_3$，$\boldsymbol{\alpha}_3=\boldsymbol{\xi}_3-\boldsymbol{\xi}_1$

(B) $\boldsymbol{\alpha}_1=\boldsymbol{\xi}_1+\boldsymbol{\xi}_2$，$\boldsymbol{\alpha}_2=\boldsymbol{\xi}_2+\boldsymbol{\xi}_3$，$\boldsymbol{\alpha}_3=\boldsymbol{\xi}_3+\boldsymbol{\xi}_1$

(C) $\boldsymbol{\alpha}_1=\boldsymbol{\xi}_1-\boldsymbol{\xi}_2$，$\boldsymbol{\alpha}_2=2\boldsymbol{\xi}_2$，$\boldsymbol{\alpha}_3=\boldsymbol{\xi}_2-\boldsymbol{\xi}_1$

(D) $\boldsymbol{\alpha}_1=2\boldsymbol{\xi}_1-\boldsymbol{\xi}_2-\boldsymbol{\xi}_3$，$\boldsymbol{\alpha}_2=\boldsymbol{\xi}_2-\boldsymbol{\xi}_1$，$\boldsymbol{\alpha}_3=\boldsymbol{\xi}_3-\boldsymbol{\xi}_1$

(E) 以上均不正确

10. $\boldsymbol{A}$ 是 $m\times n$ 矩阵（m，n 不同），使齐次线性方程组 $\boldsymbol{Ax}=\boldsymbol{0}$ 只有零解的充要条件是（　　）.

(A) $m>n$　　(B) $m<n$

(C) $\boldsymbol{A}$ 的 n 个列向量线性无关　(D) $\boldsymbol{A}$ 的 m 个行向量线性无关

(E) $\boldsymbol{A}$ 的 n 个列向量线性相关

11. 方程组$\begin{pmatrix}1 & 2 & 1\\ 2 & 3 & a+2\\ 1 & a & -2\end{pmatrix}\begin{pmatrix}3x_1\\ 3x_2\\ 3x_3\end{pmatrix}=\begin{pmatrix}1\\ 3\\ 0\end{pmatrix}$无解，则 $a=$（　　）.

（A）1　（B）-1　（C）2　（D）-2　（E）3

12. 设方程组$\begin{cases}x+y+z=9\\ x+ay+z=3\\ 2x+5y+3z=6\end{cases}$有唯一解，则（　　）.

（A）$a=2$　（B）$a\neq 2$　（C）$a=-1$　（D）$a\neq 1$　（E）$a\neq 3$

基础能力题详解

1. **A**　$\boldsymbol{Ax}=\boldsymbol{0}$ 只有零解$\Leftrightarrow r(\boldsymbol{A})=n\Leftrightarrow r(\boldsymbol{\alpha}_1,\cdots,\boldsymbol{\alpha}_n)=n\Leftrightarrow\boldsymbol{\alpha}_1,\cdots,\boldsymbol{\alpha}_n$ 线性无关，故选（A）.

2. **D**　$\boldsymbol{A}_{m\times n}\boldsymbol{x}=\boldsymbol{0}$ 只有零解$\Leftrightarrow r(\boldsymbol{A})=n$；$\boldsymbol{A}_{m\times n}\boldsymbol{x}=\boldsymbol{0}$ 有非零解$\Leftrightarrow r(\boldsymbol{A})<n$；

对 $\boldsymbol{A}_{m\times n}\boldsymbol{x}=\boldsymbol{\beta}$，若 $r(\boldsymbol{A})=r(\overline{\boldsymbol{A}})$，则 $\boldsymbol{A}_{m\times n}\boldsymbol{x}=\boldsymbol{\beta}$ 有解，且 $r(\boldsymbol{A})=n\Leftrightarrow\boldsymbol{Ax}=\boldsymbol{\beta}$ 有唯一解，$r(\boldsymbol{A})<n\Leftrightarrow\boldsymbol{Ax}=\boldsymbol{\beta}$ 有无穷多解；

对 $\boldsymbol{A}_{m\times n}\boldsymbol{x}=\boldsymbol{\beta}$，有 $r(\boldsymbol{A})=n\Leftrightarrow\boldsymbol{Ax}=\boldsymbol{\beta}$ 可能有唯一解，也可能无解（当 $r(\boldsymbol{A})\neq r(\overline{\boldsymbol{A}})$时无解），$r(\boldsymbol{A})<n\Leftrightarrow\boldsymbol{Ax}=\boldsymbol{\beta}$ 可能有无穷多解，也可能无解（当 $r(\boldsymbol{A})\neq r(\overline{\boldsymbol{A}})$时无解）.

（A）$\boldsymbol{Ax}=\boldsymbol{0}$ 仅有零解$\Leftrightarrow r(\boldsymbol{A})=n\Leftrightarrow\boldsymbol{Ax}=\boldsymbol{\beta}$ 有唯一解或无解，故（A）错误；

（B）$\boldsymbol{Ax}=\boldsymbol{0}$ 有非零解$\Leftrightarrow r(\boldsymbol{A})<n\Leftrightarrow\boldsymbol{Ax}=\boldsymbol{\beta}$ 有无穷多解或无解，故（B）错误；

（D）$\boldsymbol{Ax}=\boldsymbol{\beta}$ 有无穷多解$\Leftrightarrow r(\boldsymbol{A})=r(\overline{\boldsymbol{A}})<n\Rightarrow\boldsymbol{Ax}=\boldsymbol{0}$ 有非零解，故（D）正确.

3. **A**　（A）$r(\overline{\boldsymbol{A}})\geqslant r(\boldsymbol{A})=r=m$ 且 $r(\overline{\boldsymbol{A}})\leqslant m\Rightarrow r(\overline{\boldsymbol{A}})=r(\boldsymbol{A})=m\Rightarrow\boldsymbol{Ax}=\boldsymbol{\beta}$ 有解，故（A）正确；

（B）$r(\boldsymbol{A})=n\Leftrightarrow\boldsymbol{Ax}=\boldsymbol{\beta}$ 可能无解或有唯一解；

（C）当 $r(\boldsymbol{A})\neq r(\overline{\boldsymbol{A}})$时，$\boldsymbol{Ax}=\boldsymbol{\beta}$ 无解；

（D）$r(\boldsymbol{A})<n\Leftrightarrow\boldsymbol{Ax}=\boldsymbol{\beta}$ 有无穷多解或无解.

4. **B**　$\boldsymbol{A\alpha}_1=\boldsymbol{\beta}$，$\boldsymbol{A\alpha}_2=\boldsymbol{\beta}$.

（A）$\boldsymbol{A}(\boldsymbol{\alpha}_1+\boldsymbol{\alpha}_2)=\boldsymbol{\beta}+\boldsymbol{\beta}=2\boldsymbol{\beta}$；

（B）$\boldsymbol{A}\left(\frac{2}{3}\boldsymbol{\alpha}_1+\frac{2}{3}\boldsymbol{\alpha}_2\right)=\frac{2}{3}\boldsymbol{A\alpha}_1+\frac{1}{3}\boldsymbol{A\alpha}_2=\frac{2}{3}\boldsymbol{\beta}+\frac{1}{3}\boldsymbol{\beta}=\boldsymbol{\beta}$；

（C）$\boldsymbol{A}(\boldsymbol{\alpha}_1-\boldsymbol{\alpha}_2)=\boldsymbol{\beta}-\boldsymbol{\beta}=\boldsymbol{0}$；

（D）$\boldsymbol{A}(k_1\boldsymbol{\alpha}_1+k_2\boldsymbol{\alpha}_2)=k_1\boldsymbol{A\alpha}_1+k_2\boldsymbol{A\alpha}_2=k_1\boldsymbol{\beta}+k_2\boldsymbol{\beta}=(k_1+k_2)\boldsymbol{\beta}=\boldsymbol{\beta}\Leftrightarrow k_1+k_2=1$；

（E）$\boldsymbol{A}\left(\frac{1}{2}\boldsymbol{\alpha}_1+\boldsymbol{\alpha}_2\right)=\frac{1}{2}\boldsymbol{A\alpha}_1+\boldsymbol{A\alpha}_2=\frac{1}{2}\boldsymbol{\beta}+\boldsymbol{\beta}=\frac{3}{2}\boldsymbol{\beta}$.

5. **A**　显然 $\boldsymbol{\xi}_1=\begin{pmatrix}1\\ 0\\ 2\end{pmatrix}$，$\boldsymbol{\xi}_2=\begin{pmatrix}0\\ 1\\ -1\end{pmatrix}$线性无关，为 $\boldsymbol{Ax}=\boldsymbol{0}$ 的解，则 $n-r(\boldsymbol{A})\geqslant 2\Rightarrow r(\boldsymbol{A})\leqslant 1$.

可简单验证：$(-2\ \ 1\ \ 1)\begin{pmatrix}1\\ 0\\ 2\end{pmatrix}=0$，$(-2\ \ 1\ \ 1)\begin{pmatrix}0\\ 1\\ -1\end{pmatrix}=0$.

6. **B**　（A）矩阵只不过是改变了形式，行秩 = 列秩，即（A）错误.

(B) 若 $r(\boldsymbol{A})=n$，方程组有唯一解，对于 $\boldsymbol{Ax}=\boldsymbol{0}$ 齐次线性方程组，唯一解必为零解，因此（B）正确.

(C) $\boldsymbol{\beta}_1$，$\boldsymbol{\beta}_2$，…，$\boldsymbol{\beta}_m$，个数为 m，$\boldsymbol{\beta}_i$ 的维数为 n，$m>n$，即个数大于维数，$\boldsymbol{\beta}_1$，$\boldsymbol{\beta}_2$，…，$\boldsymbol{\beta}_m$ 必线性相关，$\boldsymbol{\alpha}_1$，$\boldsymbol{\alpha}_2$，…，$\boldsymbol{\alpha}_n$ 线性无关也没用，(C) 错误.

(D) 若 $\boldsymbol{\alpha}_1$，$\boldsymbol{\alpha}_2$，…，$\boldsymbol{\alpha}_n$ 中含有 $\boldsymbol{\alpha}_i=\boldsymbol{0}$ 的向量，则任意 r 个向量中有线性相关的，因此（D）错误.

(E) $\boldsymbol{\alpha}_1$，$\boldsymbol{\alpha}_2$，…，$\boldsymbol{\alpha}_n$ 可能线性无关.

7. **C** $\boldsymbol{A}=\begin{pmatrix}1&0&1&0\\0&1&0&\frac{1}{2}\end{pmatrix}$，$r(\boldsymbol{A})=2$，所以基础解系由 2 个线性无关的解构成，而(D)中 $\left(0,\ \frac{1}{2},\ 0,\ 1\right)$不是解，(B)线性相关，故（C）正确.

8. **B** 因为$\frac{\boldsymbol{\xi}_1+\boldsymbol{\xi}_2}{2}$是 $\boldsymbol{Ax}=\boldsymbol{\beta}$ 的一个解，$\boldsymbol{\eta}_1$，$\boldsymbol{\eta}_1+\boldsymbol{\eta}_2$ 是 $\boldsymbol{Ax}=\boldsymbol{0}$ 的两个线性无关的解，是基础解系.

(A) 少了 $\boldsymbol{Ax}=\boldsymbol{\beta}$ 的特解.

(C) 中 $\boldsymbol{\eta}_1$ 与 $\boldsymbol{\xi}_1-\boldsymbol{\xi}_2$ 也可能线性相关.

(D) 中 $\boldsymbol{\xi}_1+\boldsymbol{\xi}_2$ 不是 $\boldsymbol{Ax}=\boldsymbol{\beta}$ 的解.

(E) 基础解系不正确.

9. **B** (B) 中 $(\boldsymbol{\alpha}_1,\ \boldsymbol{\alpha}_2,\ \boldsymbol{\alpha}_3)=(\boldsymbol{\xi}_1,\ \boldsymbol{\xi}_2,\ \boldsymbol{\xi}_3)\begin{pmatrix}1&0&1\\1&1&0\\0&1&1\end{pmatrix}$，$\begin{vmatrix}1&0&1\\1&1&0\\0&1&1\end{vmatrix}=2\neq0$，

所以构成基础解系，选（B）.

10. **C** 列向量线性无关是只有零解的充要条件，所以选（C）.

11. **B** $\overline{\boldsymbol{A}}=\begin{pmatrix}1&2&1&1\\2&3&a+2&3\\1&a&-2&0\end{pmatrix}\to\begin{pmatrix}1&2&1&1\\0&-1&a&1\\0&0&(a-3)(a+1)&a-3\end{pmatrix}$，要无解必有系数矩阵的秩不等于增广矩阵的秩，所以$(a-3)(a+1)=0$，但 $a-3\neq0$，故 $a=-1$.

12. **D** $\overline{\boldsymbol{A}}=\begin{pmatrix}1&1&1&9\\1&a&1&3\\2&5&3&6\end{pmatrix}\to\begin{pmatrix}1&1&1&9\\0&a-1&0&-6\\0&3&1&-12\end{pmatrix}\Rightarrow a\neq1$，$r(\boldsymbol{A})=r(\overline{\boldsymbol{A}})=3$.

综合提高题

1. 设 $m\times n$ 矩阵 $\boldsymbol{A}$ 的秩为 $r(\boldsymbol{A})=m<n$，$\boldsymbol{E}_m$ 为 m 阶单位矩阵，则下列结论正确的是（　　）.

(A) 矩阵 $\boldsymbol{A}$ 的任意 m 个列向量必线性无关

(B) 矩阵 $\boldsymbol{A}$ 的任意 m 阶子式必不等于 0

(C) 若矩阵 $\boldsymbol{B}$ 满足 $\boldsymbol{BA}=\boldsymbol{O}$，则必有 $\boldsymbol{B}=\boldsymbol{O}$

(D) 矩阵 $\boldsymbol{A}$ 通过初等行变换，必可化成$(\boldsymbol{E}_m,\ \boldsymbol{O})$的形式

(E) 矩阵 $\boldsymbol{A}$ 的行向量线性相关

2. 设$\boldsymbol{A}$为n阶方阵，且$r(\boldsymbol{A})=n-1$，而$\boldsymbol{\alpha}_1$，$\boldsymbol{\alpha}_2$为非齐次线性方程组$\boldsymbol{Ax}=\boldsymbol{\beta}$的两个不同解，$k$为任意实数，则齐次线性方程组$\boldsymbol{Ax}=\boldsymbol{0}$的通解为（　　）.

（A）$k\boldsymbol{\alpha}_1$　（B）$k\boldsymbol{\alpha}_2$　（C）$k(\boldsymbol{\alpha}_1-\boldsymbol{\alpha}_2)$

（D）$k(\boldsymbol{\alpha}_1+\boldsymbol{\alpha}_2)$　（E）$k(\boldsymbol{\alpha}_1-2\boldsymbol{\alpha}_2)$

3. 设$\boldsymbol{\beta}_1$，$\boldsymbol{\beta}_2$为非齐次线性方程组$\boldsymbol{Ax}=\boldsymbol{\beta}$的两个不同解，而$\boldsymbol{\alpha}_1$，$\boldsymbol{\alpha}_2$为对应的齐次线性方程组$\boldsymbol{Ax}=\boldsymbol{0}$的基础解系，$k_1$，$k_2$为任意实数，则$\boldsymbol{Ax}=\boldsymbol{\beta}$的通解为（　　）.

（A）$k_1\boldsymbol{\alpha}_1+k_2(\boldsymbol{\alpha}_1+\boldsymbol{\alpha}_2)+\dfrac{\boldsymbol{\beta}_1-\boldsymbol{\beta}_2}{2}$　（B）$k_1\boldsymbol{\alpha}_1+k_2(\boldsymbol{\alpha}_1-\boldsymbol{\alpha}_2)+\dfrac{\boldsymbol{\beta}_1+\boldsymbol{\beta}_2}{2}$

（C）$k_1\boldsymbol{\alpha}_1+k_2(\boldsymbol{\beta}_1+\boldsymbol{\beta}_2)+\dfrac{\boldsymbol{\beta}_1-\boldsymbol{\beta}_2}{2}$　（D）$k_1\boldsymbol{\alpha}_1+k_2(\boldsymbol{\beta}_1-\boldsymbol{\beta}_2)+\dfrac{\boldsymbol{\beta}_1+\boldsymbol{\beta}_2}{2}$

（E）$k_1\boldsymbol{\alpha}_1+k_2\boldsymbol{\alpha}_2+\dfrac{\boldsymbol{\beta}_1-\boldsymbol{\beta}_2}{2}$

4. 设$\boldsymbol{A}$为$m\times n$矩阵，$\boldsymbol{B}$为$n\times m$矩阵，对于齐次线性方程组$(\boldsymbol{AB})\boldsymbol{x}=\boldsymbol{0}$，以下结论正确的是（　　）.

（A）当$n>m$时仅有零解　（B）当$n>m$时必有非零解

（C）当$m>n$时仅有零解　（D）当$m>n$时必有非零解

（E）当$m=n$时必有非零解

5. 三阶矩阵$\boldsymbol{A}=$（　　）时，$\boldsymbol{\xi}=(-2,\ -1,\ 2)^{\mathrm{T}}$是$\boldsymbol{Ax}=\boldsymbol{0}$的基础解系.

（A）$\begin{pmatrix}3&4&5\\1&2&2\\1&0&1\end{pmatrix}$　（B）$\begin{pmatrix}1&2&2\\-2&-4&-4\\2&4&4\end{pmatrix}$　（C）$\begin{pmatrix}1&3&2\\0&-4&-4\\2&1&4\end{pmatrix}$

（D）$\begin{pmatrix}0&2&2\\-2&3&1\\2&0&4\end{pmatrix}$　（E）$\begin{pmatrix}1&2&3\\4&5&6\\7&8&9\end{pmatrix}$

6. $\boldsymbol{A}=\begin{pmatrix}1&2&3\\0&1&1\\a&b&c\end{pmatrix}$，$r(\boldsymbol{A})=2$，则$\boldsymbol{A}^*\boldsymbol{x}=\boldsymbol{0}$的通解为（　　）.

（A）$k_1(1,\ 0,\ a)^{\mathrm{T}}$　（B）$k_2(2,\ 1,\ b)^{\mathrm{T}}$

（C）$k_1(3,\ 1,\ c)^{\mathrm{T}}$　（D）$k_1(1,\ 0,\ a)^{\mathrm{T}}+k_2(2,\ 1,\ b)^{\mathrm{T}}$

（E）$k_1(1,\ 0,\ a)^{\mathrm{T}}+k_2(2,\ 1,\ b)^{\mathrm{T}}+k_3(3,\ 1,\ c)^{\mathrm{T}}$

7. 线性方程组$\begin{cases}ax_1+x_2=1\\x_1+ax_2=2\\4x_1+x_2+x_3=3\end{cases}$有唯一解，则有（　　）.

（A）$a=1$或$a=-1$　（B）$a\neq1$　（C）$a\neq1$且$a\neq-1$

（D）$a\neq-1$　（E）$a\neq2$

8. 方程组$\begin{cases}3x_1+kx_2-x_3=0\\4x_2+x_3=0\\kx_1-5x_2-x_3=0\end{cases}$只有零解，则有（　　）.

（A）$k\neq-3$或$k\neq-1$　（B）$k\neq-3$　（C）$k\neq-3$且$k\neq-1$

(D) $k\neq -1$　　　　(E) $k\neq \pm 1$

9. 若$\begin{cases}kx_1+x_3=0\\2x_1+kx_2+x_3=0\\kx_1-2x_2+x_3=0\end{cases}$有非零解，则 $k=$（　　）.

(A) 2　　(B) -2　　(C) 1　　(D) -1　　(E) 0

10. a，b 取什么值时，线性方程组$\begin{cases}ax_1+x_2+x_3=4\\x_1+bx_2+x_3=3\\x_1+2bx_2+x_3=4\end{cases}$有解？有解时，何时有唯一解？何时有无穷个解？

11. 设$\boldsymbol{A}=\begin{pmatrix}1&-1&-1\\-1&1&1\\0&-4&-2\end{pmatrix}$，$\boldsymbol{\zeta}_1=\begin{pmatrix}-1\\1\\-2\end{pmatrix}$. 求满足 $\boldsymbol{A\zeta}_2=\boldsymbol{\zeta}_1$，$\boldsymbol{A}^2\boldsymbol{\zeta}_3=\boldsymbol{\zeta}_1$ 的所有向量 $\boldsymbol{\zeta}_2$，$\boldsymbol{\zeta}_3$.

12. 设$\boldsymbol{A}=\begin{pmatrix}a&1&1\\0&a-1&0\\1&1&a\end{pmatrix}$，$\boldsymbol{\beta}=\begin{pmatrix}-2\\1\\1\end{pmatrix}$，已知线性方程组 $\boldsymbol{Ax}=\boldsymbol{\beta}$ 有 2 个不同的解，求 a 的值和方程组 $\boldsymbol{Ax}=\boldsymbol{\beta}$ 的通解.

综合提高题详解

1. C　$r(\boldsymbol{A}_{m\times n})=m<n$，$\boldsymbol{A}=\begin{pmatrix}\boldsymbol{\alpha}_1\\\vdots\\\boldsymbol{\alpha}_m\end{pmatrix}=(\boldsymbol{\beta}_1\cdots\boldsymbol{\beta}_n)$，则 $r\begin{pmatrix}\boldsymbol{\alpha}_1\\\vdots\\\boldsymbol{\alpha}_m\end{pmatrix}=r(\boldsymbol{A})=m\Rightarrow\boldsymbol{\alpha}_1,\cdots,\boldsymbol{\alpha}_m$ 线性无关，$r(\boldsymbol{\beta}_1\cdots\boldsymbol{\beta}_n)=r(\boldsymbol{A})<n\Rightarrow\boldsymbol{\beta}_1,\cdots,\boldsymbol{\beta}_n$ 线性相关.

对于选项（A）(B) $r(\boldsymbol{A})=m\Rightarrow$存在 m 阶子式不等于0，设此子式对应矩阵为 $\boldsymbol{A}_1$，$\boldsymbol{A}_1=(\boldsymbol{\beta}_{i1},\cdots,\boldsymbol{\beta}_{im})$，则 $|\boldsymbol{A}_1|\neq0\Rightarrow\boldsymbol{\beta}_{i1},\cdots,\boldsymbol{\beta}_{im}$线性无关；

对于选项（D）$\boldsymbol{A}\xrightarrow{\text{初等行变换}}(\boldsymbol{E}_m\ \ \boldsymbol{C})$行最简形$\xrightarrow{\text{初等列变换}}(\boldsymbol{E}_m\ \ \boldsymbol{O})$标准形；

对于选项（C）方法一：由 $r(\boldsymbol{A})=m<n$，不妨设 $\boldsymbol{A}=(\overset{m}{\boldsymbol{A}_1}\ \ \overset{n-m}{\boldsymbol{A}_2})$，且 $\boldsymbol{A}_1$ 可逆，

$\boldsymbol{B}_{k\times m}\boldsymbol{A}_{m\times n}=\boldsymbol{B}(\boldsymbol{A}_1\ \ \boldsymbol{A}_2)=(\overset{m}{\boldsymbol{O}}\ \ \overset{n-m}{\boldsymbol{O}})=\boldsymbol{O}_{k\times n}\Rightarrow\boldsymbol{BA}_1=\boldsymbol{O}_{k\times m}\Rightarrow\boldsymbol{B}=\boldsymbol{OA}_1^{-1}=\boldsymbol{O}_{k\times m}$.

方法二：$\boldsymbol{B}_{k\times m}\boldsymbol{A}_{m\times n}=\boldsymbol{O}_{k\times n}$，则$\begin{pmatrix}b_{11}&\cdots&b_{1m}\\\vdots&&\vdots\\b_{k1}&\cdots&b_{km}\end{pmatrix}\begin{pmatrix}\boldsymbol{\alpha}_1\\\vdots\\\boldsymbol{\alpha}_m\end{pmatrix}=\begin{pmatrix}\boldsymbol{0}_{1\times n}\\\vdots\\\boldsymbol{0}_{1\times n}\end{pmatrix}\Rightarrow\begin{cases}\sum\limits_{j=1}^{m}b_{1j}\boldsymbol{\alpha}_j=\boldsymbol{0}\\\qquad\vdots\\\sum\limits_{j=1}^{m}b_{kj}\boldsymbol{\alpha}_j=\boldsymbol{0}\end{cases}$

$r(\boldsymbol{A})=m\Rightarrow\boldsymbol{\alpha}_1,\cdots,\boldsymbol{\alpha}_m$ 线性无关$\Rightarrow b_{1j}=0,\cdots,b_{kj}=0$，$j=1,\cdots,m\Rightarrow\boldsymbol{B}=\boldsymbol{O}_{k\times m}$.

方法三：由 $r(\boldsymbol{A}^{\mathrm{T}}\boldsymbol{A})=r(\boldsymbol{A})=m$，记 $\boldsymbol{B}=\boldsymbol{A}^{\mathrm{T}}$，则 $\boldsymbol{A}=\boldsymbol{B}^{\mathrm{T}}$，

$r(\boldsymbol{A}^{\mathrm{T}}\boldsymbol{A})=r(\boldsymbol{B}^{\mathrm{T}}\boldsymbol{B})=r(\boldsymbol{B})=r(\boldsymbol{A}^{\mathrm{T}})=r(\boldsymbol{A})\Rightarrow r(\boldsymbol{A})=r[(\boldsymbol{A}^{\mathrm{T}}\boldsymbol{A})_{n\times n}]=r[(\boldsymbol{AA}^{\mathrm{T}})_{m\times m}]=m<n\Rightarrow|\boldsymbol{A}^{\mathrm{T}}\boldsymbol{A}|=0$，$|\boldsymbol{AA}^{\mathrm{T}}|\neq0$，即 $\boldsymbol{AA}^{\mathrm{T}}$ 可逆，$\boldsymbol{BA}=\boldsymbol{O}\Rightarrow\boldsymbol{BAA}^{\mathrm{T}}=\boldsymbol{OA}^{\mathrm{T}}=\boldsymbol{O}$（两边右乘 $\boldsymbol{A}^{\mathrm{T}}$）$\Rightarrow\boldsymbol{B}=\boldsymbol{O}(\boldsymbol{AA}^{\mathrm{T}})^{-1}=\boldsymbol{O}$（两边右乘 $(\boldsymbol{AA}^{\mathrm{T}})^{-1}$）.

2. C　$n-r(\boldsymbol{A})=n-(n-1)=1$，则 $\boldsymbol{Ax}=\boldsymbol{0}$ 的任何一个非零解向量均为 $\boldsymbol{Ax}=\boldsymbol{0}$ 的基础解系，

由 $\boldsymbol{\alpha}_1$，$\boldsymbol{\alpha}_2$ 是 $\boldsymbol{A}\boldsymbol{x}=\boldsymbol{\beta}$ 的两个不同解$\Rightarrow\boldsymbol{\alpha}_1-\boldsymbol{\alpha}_2$ 是 $\boldsymbol{A}\boldsymbol{x}=\boldsymbol{0}$ 的非零解，则 $\boldsymbol{\alpha}_1-\boldsymbol{\alpha}_2$ 是 $\boldsymbol{A}\boldsymbol{x}=\boldsymbol{0}$ 的基础解系，$\boldsymbol{A}\boldsymbol{x}=\boldsymbol{0}$ 的通解为 $k(\boldsymbol{\alpha}_1-\boldsymbol{\alpha}_2)$，$k\in\mathbf{R}$，选(C).

3. **B** 非齐次方程组通解 = 非齐次方程组特解 + 齐次方程组通解.

非齐次方程组特解可选：$\boldsymbol{\beta}_1$，$\boldsymbol{\beta}_2$，$\dfrac{\boldsymbol{\beta}_1+\boldsymbol{\beta}_2}{2}\left(\boldsymbol{A}\dfrac{\boldsymbol{\beta}_1+\boldsymbol{\beta}_2}{2}=\dfrac{1}{2}(\boldsymbol{A}\boldsymbol{\beta}_1+\boldsymbol{A}\boldsymbol{\beta}_2)=\boldsymbol{\beta}\right)$.

齐次方程组通解可选择：$k_1\boldsymbol{\alpha}_1+k_2\boldsymbol{\alpha}_2$，$k_1\boldsymbol{\alpha}_1+k_2(\boldsymbol{\alpha}_1+\boldsymbol{\alpha}_2)$，$k_1\boldsymbol{\alpha}_1+k_2(\boldsymbol{\alpha}_1-\boldsymbol{\alpha}_2)$.

[注意] $k_1\boldsymbol{\alpha}_1+k_2(\boldsymbol{\beta}_1-\boldsymbol{\beta}_2)$ 不一定是 $\boldsymbol{A}\boldsymbol{x}=\boldsymbol{0}$ 的通解，因为 $\boldsymbol{\beta}_1-\boldsymbol{\beta}_2$ 可能与 $\boldsymbol{\alpha}_1$ 相关.

4. **D** $r[(\boldsymbol{A}\boldsymbol{B})_{m\times m}]\leqslant r(\boldsymbol{A}_{m\times n})\leqslant m<n$，则$(\boldsymbol{A}\boldsymbol{B})\boldsymbol{x}=\boldsymbol{0}$ 有非零解$\Leftrightarrow r(\boldsymbol{A}\boldsymbol{B})<m$，$(\boldsymbol{A}\boldsymbol{B})\boldsymbol{x}=\boldsymbol{0}$ 只有零解$\Leftrightarrow r(\boldsymbol{A}\boldsymbol{B})=m$，故$(\boldsymbol{A}\boldsymbol{B})\boldsymbol{x}=\boldsymbol{0}$ 有非零解或者只有零解均有可能，故(A)(B)错误；$r[(\boldsymbol{A}\boldsymbol{B})_{m\times m}]\leqslant n<m\Rightarrow(\boldsymbol{A}\boldsymbol{B})\boldsymbol{x}=\boldsymbol{0}$ 有非零解，故(D)正确. (E)可能只有零解.

5. **A** $n-r(\boldsymbol{A})=3-r(\boldsymbol{A})=1\Rightarrow r(\boldsymbol{A})=2$,

$$\boldsymbol{A}\boldsymbol{\xi}=\begin{pmatrix}3&4&5\\1&2&2\\1&0&1\end{pmatrix}\begin{pmatrix}-2\\-1\\2\end{pmatrix}=\begin{pmatrix}0\\0\\0\end{pmatrix},$$ $\boldsymbol{\xi}$ 是 $\boldsymbol{A}\boldsymbol{x}=\boldsymbol{0}$ 的解，$r(\boldsymbol{A})=2$.

6. **D** $\boldsymbol{A}\boldsymbol{B}=\boldsymbol{O}$，(1)$r(\boldsymbol{A})+r(\boldsymbol{B})\leqslant n$；(2) $\boldsymbol{B}$ 的列向量是 $\boldsymbol{A}\boldsymbol{x}=\boldsymbol{0}$ 的解，

所以$\begin{pmatrix}1\\0\\a\end{pmatrix}$，$\begin{pmatrix}2\\1\\b\end{pmatrix}$是 $\boldsymbol{A}^*\boldsymbol{x}=\boldsymbol{0}$ 的解，且线性无关.

7. **C** $D=|\boldsymbol{A}|=\begin{vmatrix}a&1&0\\1&a&0\\4&1&1\end{vmatrix}=a^2-1$，要使方程组有唯一解，由克莱姆法则 $D\neq0$，

所以 $a^2-1\neq0$，$a\neq-1$ 且 $a\neq1$.

8. **C** $D=|\boldsymbol{A}|=\begin{vmatrix}3&k&-1\\0&4&1\\k&-5&-1\end{vmatrix}\xlongequal[\text{展开}]{\text{按第二行}}4(-3+k)-(-15-k^2)$

$=k^2+4k+3=(k+3)(k+1)$，齐次线性方程组只有零解$\Rightarrow D\neq0$，

所以$(k+3)(k+1)\neq0$，故 $k\neq-3$ 且 $k\neq-1$.

9. **A** $D=|\boldsymbol{A}|=\begin{vmatrix}k&0&1\\2&k&1\\k&-2&1\end{vmatrix}=\begin{vmatrix}k&0&1\\2-k&k&0\\0&-2&0\end{vmatrix}=-2\times(2-k)=2k-4$

齐次线性方程组有非零解$\Rightarrow D=0$，所以 $2k-4=0$，$k=2$.

10. $$\overline{\boldsymbol{A}}=\begin{pmatrix}a&1&1&4\\1&b&1&3\\1&2b&1&4\end{pmatrix}\to\begin{pmatrix}1&b&1&3\\0&1-ab&1-a&4-3a\\0&b&0&1\end{pmatrix}\xrightarrow{b\neq0}\begin{pmatrix}1&b&1&3\\0&b&0&1\\0&0&1-a&\dfrac{4b-2ab-1}{b}\end{pmatrix},$$

当 $b=0$ 时，$\overline{\boldsymbol{A}}\to\begin{pmatrix}1&0&1&3\\0&1&1-a&4-3a\\0&0&0&1\end{pmatrix}$，$r(\boldsymbol{A})=2$，$r(\overline{\boldsymbol{A}})=3$，无解；

当 $b\neq0$，$a\neq1$ 时，$r(\boldsymbol{A})=r(\overline{\boldsymbol{A}})=3$，有唯一解；

当 $b=\frac{1}{2}$，$a=1$ 时，$r(\boldsymbol{A})=r(\overline{\boldsymbol{A}})=2$，有无穷多个解；

当 $b\neq0$ 且 $b\neq\frac{1}{2}$，$a=1$ 时，$r(\boldsymbol{A})=2$，$r(\overline{\boldsymbol{A}})=3$，无解.

11. （1）解方程 $\boldsymbol{A\zeta}_2=\boldsymbol{\zeta}_1$，

$$\begin{pmatrix}1&-1&-1&-1\\-1&1&1&1\\0&-4&-2&-2\end{pmatrix}\to\begin{pmatrix}1&-1&-1&-1\\0&1&\frac{1}{2}&\frac{1}{2}\\0&0&0&0\end{pmatrix}\to\begin{pmatrix}1&0&-\frac{1}{2}&-\frac{1}{2}\\0&1&\frac{1}{2}&\frac{1}{2}\\0&0&0&0\end{pmatrix}.$$

故 $\boldsymbol{\zeta}_2=\begin{pmatrix}-\frac{1}{2}\\\frac{1}{2}\\0\end{pmatrix}+k_1\begin{pmatrix}\frac{1}{2}\\-\frac{1}{2}\\1\end{pmatrix}$，其中 k_1 为任意常数.

（2）解方程 $\boldsymbol{A}^2\boldsymbol{\zeta}_3=\boldsymbol{\zeta}_1$，

$$\boldsymbol{A}^2=\begin{pmatrix}2&2&0\\-2&-2&0\\4&4&0\end{pmatrix},\ \begin{pmatrix}2&2&0&-1\\-2&-2&0&1\\4&4&0&-2\end{pmatrix}\to\begin{pmatrix}1&1&0&-\frac{1}{2}\\0&0&0&0\\0&0&0&0\end{pmatrix},$$

故 $\boldsymbol{\zeta}_3=\begin{pmatrix}-\frac{1}{2}\\0\\0\end{pmatrix}+k_2\begin{pmatrix}-1\\1\\0\end{pmatrix}+k_3\begin{pmatrix}0\\0\\1\end{pmatrix}$，其中 k_2，k_3 为任意常数.

12. （1）已知 $\boldsymbol{Ax}=\boldsymbol{\beta}$ 有 2 个不同的解，所以 $r(\boldsymbol{A})=r(\overline{\boldsymbol{A}})<3$.

又 $|\boldsymbol{A}|=0$，$(a-1)^2(a+1)=0$，知 $a=1$ 或 -1.

当 $a=1$ 时，$r(\boldsymbol{A})=1\neq r(\overline{\boldsymbol{A}})=2$，此时 $\boldsymbol{Ax}=\boldsymbol{\beta}$ 无解，所以 $a=-1$.

（2）$\overline{\boldsymbol{A}}=\begin{pmatrix}-1&1&1&-2\\0&-2&0&1\\1&1&-1&1\end{pmatrix}\to\begin{pmatrix}1&-1&-1&2\\0&2&0&-1\\0&0&0&0\end{pmatrix}\to\begin{pmatrix}1&0&-1&\frac{3}{2}\\0&1&0&-\frac{1}{2}\\0&0&0&0\end{pmatrix}$，

原方程组等价为 $\begin{cases}x_1-x_3=\frac{3}{2}\\x_2=-\frac{1}{2}\end{cases}$，即 $\begin{cases}x_1=x_3+\frac{3}{2}\\x_2=-\frac{1}{2}\\x_3=x_3\end{cases}$，所以 $\begin{pmatrix}x_1\\x_2\\x_3\end{pmatrix}=x_3\begin{pmatrix}1\\0\\1\end{pmatrix}+\begin{pmatrix}\frac{3}{2}\\-\frac{1}{2}\\0\end{pmatrix}$.

$\boldsymbol{Ax}=\boldsymbol{\beta}$ 的通解为 $\boldsymbol{x}=k\begin{pmatrix}1\\0\\1\end{pmatrix}+\begin{pmatrix}\frac{3}{2}\\-\frac{1}{2}\\0\end{pmatrix}$，$k$ 为任意常数.

3 第三部分

概率论

概率论部分的考点主要包括随机事件及概率、随机变量及其分布、随机变量的数字特征.随机事件及概率虽然在考纲中未列出，但这些内容是学习后续章节的基础，所以仍然要掌握有些概念和公式，比如条件概率，在近年真题都有涉及.随机变量及其分布是考试的核心内容，要掌握离散型和连续型随机变量的分布函数特征、概率密度等概念，此外，要记住常见随机变量的分布和背景应用，这样才能灵活选择对应的随机变量.随机变量的数字特征主要掌握期望和方差，理解离散型和连续型的计算方法，熟练记住常见分布的数字特征.此外，本章与微积分联系紧密，要能熟练应用积分和导数公式求解.

第九章　随机事件及概率

【大纲解读】

本章概念较多，虽然在《考试大纲》中未明确列出，但这是学习其他章节的基础，故仍需学习和了解：随机事件与样本空间、事件的关系与运算、完备事件组、概率的概念、概率的基本性质、古典型概率、几何型概率、条件概率、概率的基本公式、事件的独立性、独立重复试验.

【命题剖析】

(1) 了解样本空间（基本事件空间）的概念，理解随机事件的概念，掌握事件的关系及运算.

(2) 理解概率、条件概率的概念，掌握概率的基本性质，会计算古典型概率和几何型概率，掌握概率的加法公式、减法公式、乘法公式、全概率公式以及贝叶斯（Bayes）公式.

(3) 理解事件独立性的概念，掌握用事件独立性进行概率计算的方法；理解独立重复试验的概念，掌握计算有关事件概率的方法.

【知识体系】

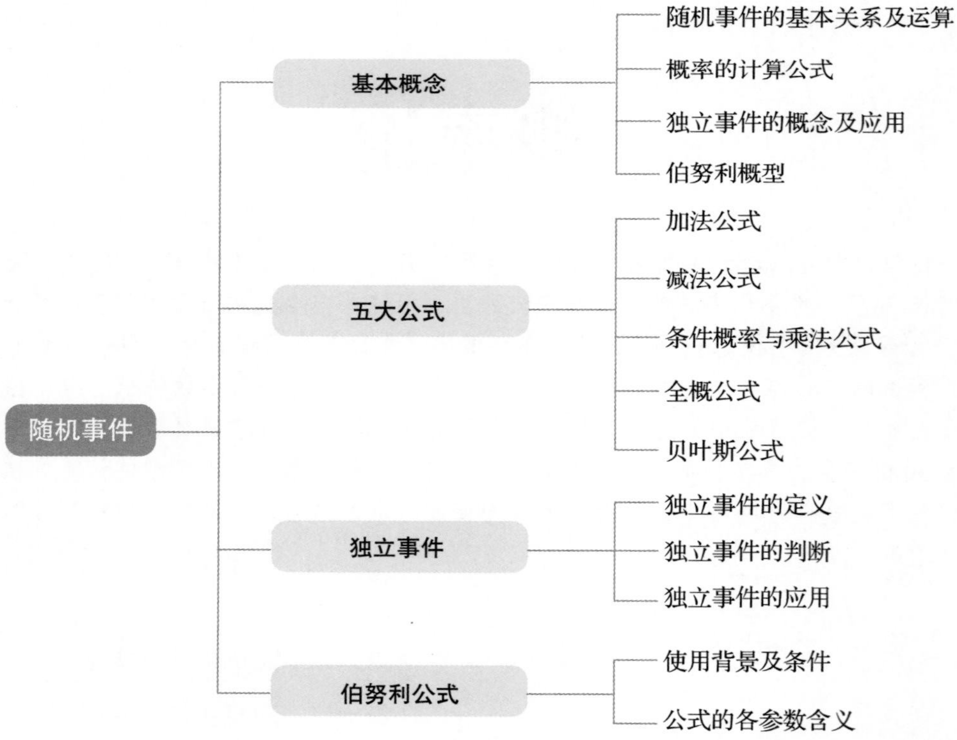

【备考建议】

本章是概率的基础，要掌握各种概念，尤其与随机变量相关的一些概念.

第一节 考点剖析

一、随机试验、随机事件

如果一个试验在相同条件下可以重复进行，而每次试验的可能结果不止一个，但在进行一次试验之前却不能断言它出现哪个结果，则称这种试验为随机试验. 试验的可能结果称为随机事件.

例如：掷一枚硬币，出现正面及出现反面；掷一颗骰子，出现“1”点、“5”点和出现偶数点都是随机事件；电话接线员在上午 9 时到 10 时接到的电话呼唤次数（泊松分布）；对某一目标发射一发炮弹，弹着点到目标的距离为 0.1 米、0.5 米及 1 米到 3 米之间都是随机事件（正态分布）.

在一个试验下，不管事件有多少个，总可以从其中找出这样一组事件，它具有如下性质：

（1）每进行一次试验，必须发生且只能发生这一组中的一个事件；

（2）任何事件，都是由这一组中的部分事件组成的.

这样一组事件中的每一个事件称为基本事件，用 ω 来表示，例如 ω_1，ω_2，$\cdots\omega_n$（离散）. 基本事件的全体，称为试验的样本空间，用 Ω 表示.

一个事件就是由 Ω 中的部分点（基本事件 ω）组成的集合. 通常用大写字母 A，B，C，…表示事件，它们是 Ω 的子集.

如果某个 ω 是事件 A 的组成部分，即这个 ω 在事件 A 中出现，记为 $\omega\in A$. 如果在一次试验中出现 ω，且 $\omega\in A$，则称在这次试验中事件 A 发生.

如果 ω 不是事件 A 的组成部分，就记为 $\omega\notin A$. 在一次试验中，所出现的 ω 有 $\omega\notin A$，则称此次试验 A 没有发生.

Ω 为必然事件，$\varnothing$ 为不可能事件.

二、事件的关系与运算

1. 关系

如果事件 A 的组成部分也是事件 B 的组成部分（A 发生必有事件 B 发生）：$A\subset B$.

如果同时有 $A\subset B$，$B\subset A$，则称事件 A 与事件 B 等价，或称 A 等于 B：$A=B$.

A，B 中至少有一个发生的事件：$A\cup B$，或者 $A+B$.

属于 A 而不属于 B 的部分所构成的事件，称为 A 与 B 的差，记为 $A-B$，也可表示为 $A-AB$ 或者 $A\overline{B}$，它表示 A 发生而 B 不发生的事件.

A，B 同时发生：$A\cap B$，或者 AB. $A\cap B=\varnothing$，则表示 A 与 B 不可能同时发生，称事件 A 与事件 B 互不相容或者互斥. 基本事件是互不相容的.

$\Omega-A$ 称为事件 A 的逆事件，或称 A 的对立事件，记为 $\overline{A}$. 它表示 A 不发生的事件. 互斥未必对立.

2. 运算

结合律：$A(BC)=(AB)C$，$A\cup(B\cup C)=(A\cup B)\cup C$.

分配律：$(AB)\cup C=(A\cup C)\cap(B\cup C)$，$(A\cup B)\cap C=(AC)\cup(BC)$.

德摩根律：$\overline{\bigcap\limits_{i=1}^{\infty}A_i}=\bigcup\limits_{i=1}^{\infty}\overline{A_i}$，如：$\overline{A\cup B}=\overline{A}\cap\overline{B}$，$\overline{A\cap B}=\overline{A}\cup\overline{B}$.

三、概率的定义和性质

1. 概率的公理化定义

设 Ω 为样本空间，A 为事件，对每一个事件 A 都有一个实数 $P(A)$，若满足下列三个条件：

（1）$0\leqslant P(A)\leqslant 1$.

（2）$P(\Omega)=1$.

（3）对于两两互不相容的事件 A_1，A_2，…有 $P\left(\bigcup\limits_{i=1}^{\infty}A_i\right)=\sum\limits_{i=1}^{\infty}P(A_i)$，常称为可列（完全）可加性.

则称 $P(A)$ 为事件 A 的概率.

2. 古典概型（等可能概型）

（1）$\Omega=\{\omega_1,\ \omega_2,\ \cdots,\ \omega_n\}$.

（2）$P(\omega_1)=P(\omega_2)=\cdots=P(\omega_n)=\dfrac{1}{n}$.

设任一事件 A，它是由 ω_1，ω_2，…，ω_m 组成的，则有

$$P(A)=P(\omega_1)+P(\omega_2)+\cdots+P(\omega_m)$$
$$=\frac{m}{n}=\frac{A\text{所包含的基本事件数}}{\text{基本事件总数}}$$

四、五大公式（加法、减法、乘法、全概率、贝叶斯）

1. 加法公式

$$P(A+B)=P(A)+P(B)-P(AB).$$

当 $P(AB)=0$ 时，$P(A+B)=P(A)+P(B)$.

2. 减法公式

$$P(A-B)=P(A)-P(AB).$$

当 $B\subset A$ 时，$P(A-B)=P(A)-P(B)$.

当 $A=\Omega$ 时，$P(\overline{B})=1-P(B)$.

3. 条件概率和乘法公式

设 A，B 是两个事件，且 $P(A)>0$，则称 $\dfrac{P(AB)}{P(A)}$ 为事件 A 发生条件下，事件 B 发生的条件概率，记为 $P(B\mid A)=\dfrac{P(AB)}{P(A)}$.

条件概率是概率的一种，所有概率的性质都适合于条件概率.

例如 $P(\Omega \mid B)=1$，$P(\overline{B} \mid A)=1-P(B \mid A)$.

乘法公式：$P(AB)=P(A)P(B \mid A)$.

4. 全概率公式

设事件 B_1，B_2，…，B_n 满足：

(1) B_1，B_2，…，B_n 两两互不相容，$P(B_i)>0(i=1, 2, \cdots, n)$.

(2) $A \subset \bigcup_{i=1}^{n} B_i$.

则有 $P(A)=P(B_1)P(A \mid B_1)+P(B_2)P(A \mid B_2)+\cdots+P(B_n)P(A \mid B_n)$.

5. 贝叶斯公式

设事件 B_1，B_2，…，B_n 及 A 满足：

(1) B_1，B_2，…，B_n 两两互不相容，$P(B_i)>0$，$i=1, 2, \cdots, n$.

(2) $A \subset \bigcup_{i=1}^{n} B_i$，$P(A)>0$，

则 $P(B_i \mid A)=\dfrac{P(B_i)P(A \mid B_i)}{\sum\limits_{j=1}^{n} P(B_j)P(A \mid B_j)}, i=1,2,\cdots,n$. 此公式即贝叶斯公式.

$P(B_i)(i=1, 2, \cdots, n)$通常叫作先验概率. $P(B_i \mid A)(i=1, 2, \cdots, n)$通常称为后验概率. 如果我们把 A 当作观察的“结果”，而 B_1，B_2，…，B_n 理解为“原因”，则贝叶斯公式反映了“因果”的概率规律，并做出了“由果溯因”的推断.

六、事件的独立性和伯努利试验

1. 两个事件的独立性

设事件 A，B 满足 $P(AB)=P(A)P(B)$，则称事件 A，B 是相互独立的.

若事件 A，B 相互独立，且 $P(A)>0$，则有 $P(B \mid A)=\dfrac{P(AB)}{P(A)}=\dfrac{P(A)P(B)}{P(A)}=P(B)$.

由定义，我们可知必然事件 Ω 和不可能事件 $\varnothing$ 与任何事件都相互独立. 同时，$\varnothing$ 与任何事件都互斥.

2. 多个事件的独立性

设 A，B，C 是三个事件，如果满足两两独立的条件，$P(AB)=P(A)P(B)$；$P(BC)=P(B)P(C)$；$P(CA)=P(C)P(A)$，并且同时满足 $P(ABC)=P(A)P(B)P(C)$，那么 A，B，C 相互独立. 对于 n 个事件类似.

[常用结论]

①A_1，A_2，…，A_n 相互独立⇒A_1，A_2，…，A_n 两两相互独立.

②四对事件 A 与 B，$\overline{A}$ 与 B，A 与 $\overline{B}$，$\overline{A}$ 与 $\overline{B}$ 之中有一对相互独立，则另外三对也相互独立.

③独立与互斥的区别：两事件 A，B 独立，则常有 $AB \neq \varnothing$，即 A 与 B 非互斥.

事实上，若 A 与 B 互斥，则 $P(AB)=0$，而当 $P(A)>0$，$P(B)>0$ 时，$P(A)P(B)>0$，可知 $P(AB)\neq P(A)P(B)$. 因此两事件互斥并不能得出这两个事件就独立的结论. 互斥事件与相互独立事件研究的都是两个事件的关系，但互斥的两个事件是一次实验中的两个事件，相互独立的两个事件是在两次试验中得到的，注意区别.

【注意】若 n 个事件 A_1，A_2，…，A_n 相互独立，则有 $P(A_1\cdot A_2\cdot\cdots\cdot A_n)=P(A_1)\cdot P(A_2)\cdot\cdots\cdot P(A_n)$ 成立. 反之不一定成立.

3. 伯努利试验

【定义】我们做了 n 次试验，且满足：

(1) 每次试验只有两种可能结果，A 发生或 A 不发生；

(2) n 次试验是重复进行的，即 A 发生的概率每次均一样；

(3) 每次试验是独立的，即每次试验 A 发生与否与其他次试验 A 发生与否是互不影响的. 这种试验称为伯努利概型，或称为 n 重伯努利试验.

用 p 表示每次试验 A 发生的概率，则 $\overline{A}$ 发生的概率为 $1-p=q$，用 $P_n(k)$ 表示 n 重伯努利试验中 A 出现 $k(0\leqslant k\leqslant n)$ 次的概率，$P_n(k)=C_n^kp^kq^{n-k}$，$k=0$，1，2，…，n.

$k=n$ 时，即在 n 次独立重复试验中事件 A 全部发生，概率为 $P_n(n)=C_n^np^n(1-p)^0=p^n$.

$k=0$ 时，即在 n 次独立重复试验中事件 A 没有发生，概率为 $P_n(n)=C_n^0p^0(1-p)^n=(1-p)^n$.

$P_n(k)=C_n^kp^k(1-p)^{n-k}$ 即是二项式 $[p+(1-p)]^n$ 的展开式中第 $k+1$ 项的值，$P_n(k)=C_n^kp^k(1-p)^{n-k}$ 也称为二项分布公式. 概率 $P_n(k)=C_n^kp^k(1-p)^{n-k}$ 的分布称为二项分布.

【注意】n 次独立重复试验的特征：

(1) 试验的次数不止一次，而是多次，次数 $n\geqslant1$；

(2) 每次试验的条件是一样的，是重复性的试验序列；

(3) 每次试验的结果只有 A 与 $\overline{A}$ 两种（即事件 A 要么发生，要么不发生），每次试验相互独立，试验的结果互不影响，即各次试验中发生的概率保持不变；

(4) 如果令 $q=1-p$，则 $P_n(k)=C_n^kp^k(1-p)^{n-k}$ 相当于二项式 $(px+q)^n$ 的展开式中 x^k 的系数.

【推广】① 一般地，n 次独立重复试验中某事件至少发生 k 次的概率公式为：

$$P_n(i\geqslant k)=C_n^kp^k(1-p)^{n-k}+C_n^{k+1}p^k(1-p)^{n-k-1}+\cdots+C_n^np^n(1-p)^0.$$

② 若 n 次独立重复试验中某事件发生一次的概率为 p，则至少发生 1 次的概率为 $1-(1-p)^n$.

③若 n 次独立重复试验中某事件发生一次的概率为 p，则在第 k 次事件首次发生的概率为 $p(1-p)^{k-1}(k\leqslant n)$.

第二节　核心题型

题型 01　随机事件的概率计算

提示　熟练应用概率的基本计算公式，尤其在不同事件关系下的概率计算.

【例 1】设 $P(A)=\frac{1}{3}$，$P(B)=\frac{1}{2}$，试就以下三种情况分别求 $P(B\overline{A})$：

(1) $AB=\varnothing$；(2) $A\subset B$；(3) $P(AB)=\frac{1}{8}$.

[解析] (1) $P(B\overline{A})=P(B-AB)=P(B)-P(AB)=\frac{1}{2}$；

(2) $P(B\overline{A})=P(B-A)=P(B)-P(A)=\frac{1}{6}$；

(3) $P(B\overline{A})=P(B-AB)=P(B)-P(AB)=\frac{1}{2}-\frac{1}{8}=\frac{3}{8}$.

【例 2】已知 $P(A)=P(B)=P(C)=\frac{1}{4}$，$P(AC)=P(BC)=\frac{1}{16}$，$P(AB)=0$，则事件 A，B，C 全不发生的概率为（　　）.

(A) $\frac{1}{4}$　(B) $\frac{1}{3}$　(C) $\frac{1}{6}$　(D) $\frac{2}{5}$　(E) $\frac{3}{8}$

[解析] $P(\overline{A}\,\overline{B}\,\overline{C})=P(\overline{A+B+C})=1-P(A+B+C)$

$=1-[P(A)+P(B)+P(C)-P(AB)-P(AC)-P(BC)+P(ABC)]$

$=1-\left(\frac{1}{4}+\frac{1}{4}+\frac{1}{4}-0-\frac{1}{16}-\frac{1}{16}+0\right)=\frac{3}{8}$. 选 E.

题型 02　简单古典概率计算

提示　会利用排列组合计算简单的古典概率.

【例 3】从 0，1，2，…，9 中任意选出 3 个不同的数字，试求下列事件的概率：
$A_1=\{$三个数字中不含 0 与 5$\}$，$A_2=\{$三个数字中不含 0 或 5$\}$.

[解析] $P(A_1)=\frac{C_8^3}{C_{10}^3}=\frac{7}{15}$；$P(A_2)=\frac{2C_9^3-C_8^3}{C_{10}^3}=\frac{14}{15}$ 或 $P(A_2)=1-\frac{C_8^1}{C_{10}^3}=\frac{14}{15}$.

题型 03　条件概率的计算

提示　会使用简单的条件概率公式计算常用的条件概率.

【例 4】假设一批产品中一、二、三等品各占 60%，30%，10%，从中任取一件，结果不是三等品，则取到的是一等品的概率为（　　）.

（A）$\frac{1}{3}$　（B）$\frac{1}{4}$　（C）$\frac{1}{2}$　（D）$\frac{3}{4}$　（E）$\frac{2}{3}$

［解析］令 A_i = "取到的是 i 等品"，$i=1, 2, 3$.

$$P(A_1 \mid \overline{A_3})=\frac{P(A_1\overline{A_3})}{P(\overline{A_3})}=\frac{P(A_1)}{P(\overline{A_3})}=\frac{0.6}{0.9}=\frac{2}{3}$$，选 E.

【例 5】设 10 件产品中有 4 件不合格品，从中任取 2 件，已知所取 2 件产品中有 1 件不合格品，则另一件也是不合格品的概率为（　　）.

（A）$\frac{1}{3}$　（B）$\frac{1}{4}$　（C）$\frac{1}{5}$　（D）$\frac{1}{2}$　（E）$\frac{2}{3}$

［解析］令 A = "两件中至少有一件不合格"，B = "两件都不合格"

$$P(B \mid A)=\frac{P(AB)}{P(A)}=\frac{P(B)}{1-P(\overline{A})}=\frac{\frac{C_4^2}{C_{10}^2}}{1-\frac{C_6^2}{C_{10}^2}}=\frac{1}{5}$$，选 C.

【例 6】为了防止意外，在矿内同时装有两种报警系统Ⅰ和Ⅱ．两种报警系统单独使用时，系统Ⅰ和Ⅱ有效的概率分别为 0.92 和 0.93，在系统Ⅰ失灵的条件下，系统Ⅱ仍有效的概率为 0.85，则

（1）两种报警系统Ⅰ和Ⅱ都有效的概率为（　　）.

（A）0.682　（B）0.752　（C）0.842　（D）0.862　（E）0.882

（2）系统Ⅱ失灵而系统Ⅰ有效的概率为（　　）.

（A）0.058　（B）0.068　（C）0.078　（D）0.088　（E）0.128

（3）在系统Ⅱ失灵的条件下，系统Ⅰ仍有效的概率为（　　）.

（A）0.62　（B）0.72　（C）0.83　（D）0.86　（E）0.92

［解析］令 A = "系统（Ⅰ）有效"，B = "系统（Ⅱ）有效"，则

$P(A)=0.92$，$P(B)=0.93$，$P(B \mid \overline{A})=0.85$.

（1）$P(AB)=P(B-\overline{A}B)=P(B)-P(\overline{A}B)$

$=P(B)-P(\overline{A})P(B \mid \overline{A})=0.93-(1-0.92)\times 0.85=0.862$，选 D.

（2）$P(\overline{B}A)=P(A-AB)=P(A)-P(AB)=0.92-0.862=0.058$，选 A.

（3）$P(A \mid \overline{B})=\frac{P(A\overline{B})}{P(\overline{B})}=\frac{0.058}{1-0.93}\approx 0.83$，选 C.

题型 04　全概率公式及贝叶斯公式

提示　会使用全概率公式及贝叶斯公式计算简单的概率.

【例 7】10 张奖券中含有 4 张中奖的奖券，每人购买 1 张，则

（1）前三人中恰有一人中奖的概率为（　　）.

（A）$\frac{1}{2}$　（B）$\frac{1}{3}$　（C）$\frac{1}{4}$　（D）$\frac{1}{5}$　（E）$\frac{1}{6}$

（2）第二人中奖的概率为（　　）.

（A）$\frac{1}{3}$　（B）$\frac{2}{3}$　（C）$\frac{1}{4}$　（D）$\frac{3}{4}$　（E）$\frac{2}{5}$

［解析］令 A_i = “第 i 个人中奖”，$i=1, 2, 3$.

（1）
$$\begin{aligned}P(A_1\overline{A}_2\overline{A}_3+\overline{A}_1\overline{A}_2A_3+\overline{A}_1A_2\overline{A}_3) &= P(A_1\overline{A}_2\overline{A}_3)+P(\overline{A}_1\overline{A}_2A_3)+P(\overline{A}_1A_2\overline{A}_3)\\ &= P(A_1)P(\overline{A}_2\mid A_1)P(\overline{A}_3\mid A_1\overline{A}_2)+P(\overline{A}_1)P(\overline{A}_2\mid\overline{A}_1)P(A_3\mid\overline{A}_1\overline{A}_2)\\ &\quad +P(\overline{A}_1)P(A_2\mid\overline{A}_1)P(\overline{A}_3\mid\overline{A}_1A_2)\\ &= \frac{4}{10}\times\frac{6}{9}\times\frac{5}{8}+\frac{6}{10}\times\frac{5}{9}\times\frac{4}{8}+\frac{6}{10}\times\frac{4}{9}\times\frac{5}{8}=\frac{1}{2}\end{aligned}$$

或 $P=\frac{C_4^1C_6^2}{C_{10}^3}=\frac{1}{2}$，选 A.

（2）
$$\begin{aligned}P(A_2) &= P(A_1)P(A_2\mid A_1)+P(\overline{A}_1)P(A_2\mid\overline{A}_1)\\ &= \frac{4}{10}\times\frac{3}{9}+\frac{6}{10}\times\frac{4}{9}=\frac{2}{5}\end{aligned}$$
，选 E.

【例 8】在肝癌诊断中，有一种甲胎蛋白法，用这种方法能够检查出 95% 的真实患者，但也有可能将 10% 的人误诊. 根据以往的记录，每 10 000 人中有 4 人患有肝癌，试求：

（1）某人经此检验法诊断患有肝癌的概率；

（2）已知某人经此检验法检验患有肝癌，而他确实是肝癌患者的概率.

［解析］令 B = “被检验者患有肝癌”，A = “用该检验法诊断被检验者患有肝癌”.

那么，$P(A\mid B)=0.95$，$P(A\mid\overline{B})=0.10$，$P(B)=0.0004$.

（1）
$$\begin{aligned}P(A) &= P(B)P(A\mid B)+P(\overline{B})P(A\mid\overline{B})\\ &= 0.0004\times0.95+0.9996\times0.1=0.10034.\end{aligned}$$

（2）
$$\begin{aligned}P(B\mid A) &= \frac{P(B)P(A\mid B)}{P(B)P(A\mid B)+P(\overline{B})P(A\mid\overline{B})}\\ &= \frac{0.0004\times0.95}{0.0004\times0.95+0.9996\times0.1}\approx0.0038.\end{aligned}$$

【例 9】一大批产品的优质品率为 30%，每次任取 1 件，连续抽取 5 次，计算下列事件的概率：

（1）取到的 5 件产品中恰有 2 件是优质品；

（2）在取到的 5 件产品中已发现有 1 件是优质品，这 5 件中恰有 2 件是优质品.

［解析］令 B_i = “5 件中有 i 件优质品”，$i=0, 1, 2, 3, 4, 5$.

（1）$P(B_2)=C_5^2(0.3)^2(0.7)^3\approx0.3087$.

（2）$P(B_2\mid\bigcup_{i=1}^{5}B_i)=P(B_2\mid\overline{B}_0)=\frac{P(B_2\overline{B}_0)}{P(\overline{B}_0)}=\frac{P(B_2)}{1-P(B_0)}=\frac{0.3087}{1-(0.7)^5}\approx0.371$.

【例 10】每箱产品有 10 件，其次品数从 0 到 2 是等可能的. 开箱检验时，从中任取 1 件，如果检验是次品，则认为该箱产品不合格而拒收．假设由于检验有误，1 件正品被误检是次品的概率是 2%，1 件次品被误判是正品的概率是 5%，试计算：

(1) 抽取的 1 件产品为正品的概率；

(2) 该箱产品通过验收的概率．

［解析］令 A =“抽取一件产品为正品”，A_i =“箱中有 i 件次品”，$i=0,1,2$.

B =“该箱产品通过验收”.

(1) $P(A)=\sum_{i=0}^{2}P(A_i)P(A\mid A_i)=\sum_{i=0}^{2}\frac{1}{3}\times\frac{10-i}{10}=0.9$.

(2) $P(B)=P(A)P(B\mid A)+P(\bar{A})P(B\mid\bar{A})=0.9\times0.98+0.1\times0.05$

$=0.887$.

题型 05 独立事件的概率计算

提示 理解独立事件的含义及应用，掌握独立事件的计算公式，尤其乘法公式.

【例 11】设事件 A 与 B 相互独立，两个事件只有 A 发生的概率与只有 B 发生的概率都是 $\frac{1}{4}$，则有（　　）.

(A) $P(A)=\frac{1}{2}$, $P(B)=\frac{1}{4}$　　(B) $P(A)=\frac{1}{4}$, $P(B)=\frac{1}{2}$

(C) $P(A)=P(B)=\frac{1}{4}$　　(D) $P(A)=P(B)=\frac{1}{2}$

(E) $P(A)=P(B)=\frac{3}{4}$

［解析］因为 $P(\bar{A}B)=P(A\bar{B})=\frac{1}{4}$，又因为 A 与 B 独立，

所以 $P(\bar{A}B)=P(\bar{A})P(B)=[1-P(A)]P(B)=\frac{1}{4}$,

$P(A\bar{B})=P(A)P(\bar{B})=P(A)[1-P(B)]=\frac{1}{4}$,

所以 $P(A)=P(B)$，$P(A)-P^2(A)=\frac{1}{4}$，即 $P(A)=P(B)=\frac{1}{2}$. 选 D.

【例 12】甲、乙、丙三台机床独立工作，在同一段时间内它们不需要工人照顾的概率分别为 0.7，0.8 和 0.9，则在这段时间内，最多只有一台机床需要工人照顾的概率为（　　）.

(A) 0.602　(B) 0.702　(C) 0.802　(D) 0.832　(E) 0.902

［解析］令 A_1，A_2，A_3 分别表示甲、乙、丙三台机床不需要工人照顾，

那么 $P(A_1)=0.7$，$P(A_2)=0.8$，$P(A_3)=0.9$.

令 B 表示最多有一台机床需要工人照顾，

那么 $P(B)=P(A_1A_2A_3+\bar{A}_1A_2A_3+A_1\bar{A}_2A_3+A_1A_2\bar{A}_3)$

$=P(A_1A_2A_3)+P(\bar{A}_1A_2A_3)+P(A_1\bar{A}_2A_3)+P(A_1A_2\bar{A}_3)$

$=0.7\times0.8\times0.9+0.3\times0.8\times0.9+0.7\times0.2\times0.9+0.7\times0.8\times0.1$
$=0.902$，选 E.

【例 13】对飞机进行 3 次独立射击，第一次射击命中率为 0.4，第二次为 0.5，第三次为 0.7．击中飞机一次而飞机被击落的概率为 0.2，击中飞机二次而飞机被击落的概率为 0.6，若被击中三次，则飞机必被击落．则射击三次飞机未被击落的概率为（ ）.

（A）0.542 （B）0.624 （C）0.642 （D）0.724 （E）0.842

［解析］令 $A_i=$“恰有 i 次击中飞机”，$i=0,1,2,3$，$B=$“飞机被击落”.

显然：$P(A_0)=(1-0.4)(1-0.5)(1-0.7)=0.09$,

$P(A_1)=0.4\times(1-0.5)\times(1-0.7)+(1-0.4)\times0.5\times(1-0.7)+(1-0.4)\times(1-0.5)\times0.7=0.36$,

$P(A_2)=0.4\times0.5\times(1-0.7)+0.4\times(1-0.5)\times0.7+(1-0.4)\times0.5\times0.7=0.41$,

$P(A_3)=0.4\times0.5\times0.7=0.14$.

而 $P(B\mid A_0)=0$，$P(B\mid A_1)=0.2$，$P(B\mid A_2)=0.6$，$P(B\mid A_3)=1$,

所以 $P(B)=\sum_{i=0}^{3}P(A_i)P(B\mid A_i)=0.458$,

$P(\overline{B})=1-P(B)=1-0.458=0.542$，选 A.

题型 06 伯努利公式的概率计算

提示 熟练掌握并应用伯努利公式求解题目，本公式是考试的重点，尤其与随机变量的二项分布联系密切，所以要灵活应用伯努利公式.

【例 14】排球比赛的规则是 5 局 3 胜制，A，B 两队每局比赛获胜的概率都相等且分别为 $\frac{2}{3}$ 和 $\frac{1}{3}$.

（1）前 2 局中 B 队以 2:0 领先，则最后 A，B 队各自获胜的概率为（ ）.

（A）$\frac{8}{27}$ （B）$\frac{11}{27}$ （C）$\frac{13}{27}$ （D）$\frac{17}{27}$ （E）$\frac{19}{27}$

（2）B 队以 3:2 获胜的概率为（ ）.

（A）$\frac{1}{81}$ （B）$\frac{2}{81}$ （C）$\frac{4}{81}$ （D）$\frac{8}{81}$ （E）$\frac{16}{81}$

［解析］（1）设最后 A 获胜的概率为 P_1，最后 B 获胜的概率为 P_2.

$$P_1=C_3^3\left(\frac{2}{3}\right)^3=\frac{8}{27},$$

$$P_2=\frac{1}{3}+\frac{2}{3}\times\frac{1}{3}+\frac{2}{3}\times\frac{2}{3}\times\frac{1}{3}=\frac{19}{27}\left(\text{或 } P_2=1-P_1=\frac{19}{27}\right)$$，选 E.

（2）设 B 队以 3:2 获胜的概率为 P_3．$P_3=C_4^2\left(\frac{1}{3}\right)^3\left(\frac{2}{3}\right)^2=\frac{8}{81}$，选 D.

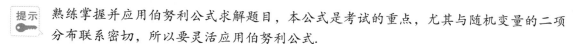

【评注】实际生活中概率问题，常常是“互斥、独立、独立重复”的混合问题，解题时必须

仔细分析题意，正确判断属于何种概型，灵活运用公式，选择较为简便的方法解决问题.

【例 15】甲、乙两人各进行 3 次射击，甲每次击中目标的概率为$\frac{1}{2}$，乙每次击中目标的概率为$\frac{2}{3}$，则：

(1) 甲恰好击中目标 2 次的概率为（　　）.

(A) $\frac{1}{8}$　(B) $\frac{1}{4}$　(C) $\frac{3}{8}$　(D) $\frac{1}{2}$　(E) $\frac{5}{8}$

(2) 乙至少击中目标 2 次的概率为（　　）.

(A) $\frac{5}{27}$　(B) $\frac{7}{27}$　(C) $\frac{11}{27}$　(D) $\frac{17}{27}$　(E) $\frac{20}{27}$

(3) 乙恰好比甲多击中目标 2 次的概率为（　　）.

(A) $\frac{1}{5}$　(B) $\frac{1}{6}$　(C) $\frac{1}{8}$　(D) $\frac{1}{10}$　(E) $\frac{1}{12}$

[解析] (1) 甲恰好击中目标 2 次的概率为 $C_3^2\left(\frac{1}{2}\right)^3=\frac{3}{8}$，选 C.

(2) 乙至少击中目标 2 次的概率为 $C_3^2\left(\frac{2}{3}\right)^2\cdot\frac{1}{3}+C_3^3\left(\frac{2}{3}\right)^3=\frac{20}{27}$，选 E.

(3) 设乙恰好比甲多击中目标 2 次为事件 A，乙恰好击中目标 2 次且甲恰好击中目标 0 次为事件 B_1，乙恰好击中目标 3 次且甲恰好击中目标 1 次为事件 B_2，则 $A=B_1+B_2$，B_1，B_2 为互斥事件，从而

$$P(A)=P(B_1)+P(B_2)=C_3^2\left(\frac{2}{3}\right)^2\cdot\frac{1}{3}\cdot C_3^0\left(\frac{1}{2}\right)^3+C_3^3\left(\frac{2}{3}\right)^3\cdot C_3^1\left(\frac{1}{2}\right)^3$$

$$=\frac{1}{18}+\frac{1}{9}=\frac{1}{6}.$$

所以，乙恰好比甲多击中目标 2 次的概率为$\frac{1}{6}$，选 B.

第三节　点睛归纳

一、关系与运算

1. 样本空间

试验每一可能结果——样本点 ω.

所有样本点集合——样本空间 Ω.

2. 随机事件

样本空间子集——随机事件（一般用大写 A，B，C 表示）.

Ω——必然事件.　　Φ——不可能事件.

【随机试验→（结果）→样本点→（集合化）→样本空间→（子集）→随机事件】

3. 事件关系及运算

（1）事件间关系：包含，相等，互斥，对立，完备事件组，独立

①包含：$A\subset B\Leftrightarrow$事件 A 发生一定导致 B 发生【小推大】.

②相等：$A\subset B$ 且 $B\subset A\Rightarrow A=B$【等价 = 相等】.

③互斥：$AB=\varnothing\Leftrightarrow A$，$B$ 不能同时发生.

④对立：$A\cup B=\Omega$ 且 $A\cap B=\varnothing\Leftrightarrow A$，$B$ 在一次试验中必然发生且只能发生一个.

⑤完备事件组：$A_1\cup\cdots\cup A_n=\Omega$ 且 $A_iA_j=\varnothing(1\leqslant i\neq j\leqslant n)$，称 A_1，…，A_n 是一个完备事件组.

⑥独立：$P(AB)=P(A)P(B)$，则称事件 A，B 相互独立.

（2）事件间运算（三种）：并（和），交（积），逆（差）

①A，B 和事件：$A\cup B$ 或 $A+B\Leftrightarrow A$，B 至少有一个发生.

②A，B 积事件：$A\cap B$ 或 $A\cdot B\Leftrightarrow A$，$B$ 同时发生.

③A，B 差事件：$\begin{cases}A-B\\A-AB\end{cases}\Leftrightarrow A$ 发生且 B 不发生【即 $A\overline{B}=A(\Omega-B)$】（※差事件可以转化为积事件）.

【小技巧："∪"看成"+"，"∩"看成"·"，"－"化成乘积形式】

（3）运算四律：交换律，结合律，分配律，对偶律

①交换律：$A\cup B=B\cup A$，$A\cap B=B\cap A$.

②结合律：$A\cup(B\cup C)=(A\cup B)\cup C$，$A\cap(B\cap C)=(A\cap B)\cap C$.

③分配律：$A\cup(B\cap C)=(A\cup B)\cap(A\cup C)$，$A\cap(B\cup C)=(A\cap B)\cup(A\cap C)$.

④德摩根律（对偶律）：$\overline{A\cup B}=\overline{A}\cap\overline{B}$，$\overline{A\cap B}=\overline{A}\cup\overline{B}$.

【小技巧："∪"看成"+"，"∩"看成"·"】

（4）关系运算 10 类（熟练掌握）

设 A，B，C 是三个随机事件.

①恰好 A 发生 $\Leftrightarrow A\cdot\overline{B}\cdot\overline{C}$.

②A 和 B 发生而 C 不发生 $\Leftrightarrow A\cdot B\cdot\overline{C}$.

③A，B，C 全发生 $\Leftrightarrow A\cdot B\cdot C$.

④A，B，C 不全发生 $\Leftrightarrow\overline{ABC}$.

⑤A，B，C 全不发生 $\Leftrightarrow\overline{A}\cdot\overline{B}\cdot\overline{C}$.

⑥A，B，C 至少有一个发生 $\Leftrightarrow A+B+C$.

⑦至少有两个事件发生 $\Leftrightarrow AB+BC+CA$.

⑧至多有一个事件发生 $\Leftrightarrow\overline{AB+BC+CA}$.

⑨恰有一个事件发生 $\Leftrightarrow A\cdot\overline{B}\cdot\overline{C}+\overline{A}\cdot B\cdot\overline{C}+\overline{A}\cdot\overline{B}\cdot C$.

⑩恰有两个事件发生 $\Leftrightarrow A\cdot B\cdot\overline{C}+A\cdot\overline{B}\cdot C+\overline{A}\cdot B\cdot C$.

二、概率性质及两大基本概型和五大公式

1. 概念

(1) 概率——$P(A)$ 满足三条公理：

公理 1 (非负性) $0 \leqslant P(A) \leqslant 1$.

公理 2 (规范性) $P(\Omega)=1$.

公理 3 (可列可加性) $A_1, A_2, \cdots, A_n, \cdots$两两互斥，则 $P(\bigcup_{i=1}^{\infty} A_i) = \sum_{i=1}^{\infty} P(A_i)$.

(2) 条件概率——$P(B \mid A)=\dfrac{P(AB)}{P(A)} \Leftrightarrow P(AB)=P(A) \cdot P(B \mid A)=P(B) \cdot P(A \mid B)$.

2. 概率基本性质

(1) $P(\varnothing)=0$，$P(\Omega)=1$.

(2) 有限可加性 $P(\bigcup_{i=1}^{n} A_i) = \sum_{i=1}^{n} P(A_i)$.

(3) 求逆公式 $P(\bar{A})=1-P(A)$.

补充：对于固定事件 A，$P(B \mid A)$具有概率的一切性质：

① $P(\varnothing \mid A)=0$，$P(A \mid A)=1$.

② $P(\bar{B} \mid A)=1-P(B \mid A)$.

③ $P(B_1+B_2 \mid A)=P(B_1 \mid A)+P(B_2 \mid A)-P(B_1B_2 \mid A)$【由加法公式变形】.

特别地，$B_1B_2=\varnothing$ (互斥)，则 $P(B_1+B_2 \mid A)=P(B_1 \mid A)+P(B_2 \mid A)$.

④ $P(B_1-B_2 \mid A)=P(B_1 \mid A)-P(B_1B_2 \mid A)$【由减法公式变形】.

特别地，$B_2 \subset B_1$ (包含)，则 $P(B_1-B_2 \mid A)=P(B_1 \mid A)-P(B_2 \mid A)$.

3. 两大基本概型

(1) 古典概型 $P(A)=\dfrac{\text{事件}A\text{含的样本点数}m}{\text{样本空间样本点总数}n}$.

随机试验 E 的样本空间 $\Omega=\{\omega_1, \omega_2, \cdots, \omega_n\}$适用条件：

① n 为有限的正整数；②每个样本点 $\omega_i(i=1, 2, \cdots, n)$出现的可能性相等.

(2) 几何概型 $P(A)=\dfrac{\Omega_A\text{的几何度量}}{\Omega\text{的几何度量}}=\dfrac{L(\Omega_A)}{L(\Omega)}$.

使用条件：①试验样本空间是某区域（一维、二维或三维）以 $L(\Omega)$ 表示其几何度量（长度、面积、体积）；②事件 A 的样本点所表示的区域为 Ω_A.

4. 五大公式

(1) 加法公式：$P(A \cup B)=P(A)+P(B)-P(AB)$.

$P(A \cup B \cup C)=P(A)+P(B)+P(C)-P(AB)-P(BC)-P(CA)+P(ABC)$

【规律：偶（个）减，奇（个）加】.

(2) 减法公式：$P(A-B)=P(A)-P(AB)=P(A\bar{B})$.

特别地，$B \subset A$，则 $P(A-B)=P(A)-P(B)$【由非负性 $P(A-B) \geqslant 0$，还知

$P(A) \geqslant P(B)$】.

(3) 乘法公式：$P(AB)=P(A)\cdot P(B|A)=P(B)\cdot P(A|B)$.

(4)全概率公式：设 B_1，…，B_n 是完备事件组，且 $P(B_i)>0$，$i=1$，2，…，n，对任一事件 A

$$P(A)=\sum_{i=1}^{n}P(B_i)P(A|B_i).$$

(5) 贝叶斯公式：设 B_1，…，B_n 是完备事件组，且 $P(B_i)>0$，$i=1$，2，…，n，对任意概率不为零的事件 A

$$P(B_j|A)=\frac{P(B_j)P(A|B_j)}{\sum_{i=1}^{n}P(B_i)P(A|B_i)},j=1,2,\cdots,n.$$

三、独立相关概念

1. 事件独立性

(1) A 与 B 相互独立$\Leftrightarrow P(AB)=P(A)P(B)$

①$P(A)>0$ 时，$P(A|B)=\dfrac{P(AB)}{P(B)}=\dfrac{P(A)P(B)}{P(B)}=P(A)$【同理 $P(A|\overline{B})=P(A)$】(※A 与 B 相互独立下，条件概率中分母事件变化不影响概率，分子事件变化会影响概率).

②A 与 B，$\overline{A}$ 与 B，A 与 $\overline{B}$，$\overline{A}$ 与 $\overline{B}$ 中有一对相互独立$\Rightarrow$另三对也相互独立.

③$P(A)>0$，$P(B)>0$，$\begin{cases}\text{若 } A \text{ 与 } B \text{ 相互独立，则 } A \text{ 与 } B \text{ 不互斥}\\ \text{若 } A \text{ 与 } B \text{ 互斥，则 } A \text{ 与 } B \text{ 不独立}\end{cases}$.

【口诀：独立不互斥，互斥不独立（注意前提条件）】

(2) A，B，C 相互独立

①$P(AB)=P(A)P(B)$. ②$P(BC)=P(B)P(C)$. ③$P(CA)=P(C)P(A)$. ④$P(ABC)=P(A)P(B)P(C)$.

若①②③④同时成立，则 A，B，C 相互独立；若仅满足①②③，则 A，B，C 两两独立.

【同理，“n 个事件相互独立”与“n 个事件两两独立”并非一回事】

(※若事件 A，B，C 相互独立，则 A，B，C 中任何一个事件与另外两个事件的并(和)、交（积）或差均分别独立).【同理，可推广到 n 个事件】

2. 独立重复试验（伯努利概型）

(1) 特征：①独立重复；②每次试验结果只有两个(A 与 $\overline{A}$).

(2) 公式：$P_n(k)=C_n^k p^k(1-p)^{n-k}$，$k=1$，2，…，$n$.

【五大概型总结：
- 一次试验算概率→古典概型、几何概型
- 两次试验算概率→全概模型（全概率公式）或逆概模型（贝叶斯公式）
- 三次及以上试验算概率→伯努利概型（独立重复试验）】

3. 易混淆类

（1）独立性与互不相容（互斥）

①两个不同的概念$\begin{cases}\text{独立，与概率有关}\\\text{互不相容（互斥），与概率无关}\end{cases}$.

②A，B既独立又互不相容，则$P(A)=0$或$P(B)=0$.

③A与B，$\overline{A}$与B，A与$\overline{B}$，$\overline{A}$与$\overline{B}$中有一对相互独立⇒另三对也相互独立.

④概率为0或1事件与任何事件独立.

（2）对立与互不相容（互斥）

$\begin{cases}A\text{与}B\text{互斥}\Leftrightarrow AB=\varnothing\text{（即}A\text{，}B\text{不同时发生）}\\A\text{与}B\text{对立}\Leftrightarrow AB=\varnothing\text{且}A\cup B=\Omega\text{（即}A\text{，}B\text{不同时发生但}A\text{，}B\text{中必有一个发生）}\end{cases}$

【A，B对立⇒A，B互斥（小推大），但A，B互斥$\nRightarrow$$A$，$B$对立】

第四节　阶梯训练

基础能力题

1. 设事件A，B仅发生一个的概率为0.3，且$P(A)+P(B)=0.5$，则A，B至少有一个不发生的概率为（　　）.

（A）0.1　（B）0.3　（C）0.5　（D）0.7　（E）0.9

2. 设事件A与B相互独立，事件B与C互不相容，事件A与C互不相容，且$P(A)=P(B)=0.5$，$P(C)=0.2$，则事件A，B，C中仅C发生或仅C不发生的概率为（　　）.

（A）0.15　（B）0.35　（C）0.45　（D）0.55　（E）0.65

3. 设$P(A)=0.5$，$P(B)=0.6$，$P(B|\overline{A})=0.8$，则A，B至少发生一个的概率为（　　）.

（A）0.9　（B）0.7　（C）0.5　（D）0.3　（E）0.2

4. 设A，B是两个事件，已知$P(A)=\frac{1}{4}$，$P(B)=\frac{1}{2}$，$P(AB)=\frac{1}{8}$，则下列正确的有（　）个.

（1）$P(A\cup B)=\frac{5}{8}$；（2）$P(\overline{A}B)=\frac{7}{8}$；（3）$P(\overline{AB})=\frac{3}{8}$；（4）$P[(A\cup B)(\overline{AB})]=\frac{1}{2}$.

（A）0　（B）1　（C）2　（D）3　（E）4

5. 在仅由0，1，2，3，4，5组成且每个数字至多出现一次的全体三位数字中，任取一个三位数.

（1）这个三位数是奇数的概率为（　　）.

（A）0.42　（B）0.44　（C）0.46　（D）0.48　（E）0.52

（2）这个三位数大于330的概率为（　　）.

（A）0.42　（B）0.44　（C）0.46　（D）0.48　（E）0.52

6. 袋中有 5 只白球、4 只红球、3 只黑球，在其中任取 4 只球.

(1) 4 只球中恰有 2 只白球、1 只红球、1 只黑球的概率为（ ）.

(A) $\frac{2}{11}$ (B) $\frac{8}{33}$ (C) $\frac{3}{11}$ (D) $\frac{14}{33}$ (E) $\frac{16}{33}$

(2) 4 只球中至少有 2 只红球的概率为（ ）.

(A) $\frac{61}{165}$ (B) $\frac{21}{55}$ (C) $\frac{64}{165}$ (D) $\frac{67}{165}$ (E) $\frac{71}{165}$

(3) 4 只球中没有白球的概率为（ ）.

(A) $\frac{2}{99}$ (B) $\frac{1}{33}$ (C) $\frac{4}{33}$ (D) $\frac{4}{99}$ (E) $\frac{7}{99}$

7. 据统计，对于某一种疾病的两种症状：症状 A、症状 B，有 20% 的人只有症状 A，有 30% 的人只有症状 B，有 10% 的人两种症状都有，其他的人两种症状都没有，在患这种疾病的人群中随机选一人.

(1) 该人两种症状都没有的概率为（ ）.

(A) 0.2 (B) 0.4 (C) 0.6 (D) 0.7 (E) 0.8

(2) 该人至少有一种症状的概率为（ ）.

(A) 0.3 (B) 0.5 (C) 0.6 (D) 0.7 (E) 0.9

(3) 已知该人有症状 B，则该人有两种症状的概率为（ ）.

(A) $\frac{1}{2}$ (B) $\frac{1}{4}$ (C) $\frac{1}{3}$ (D) $\frac{2}{3}$ (E) $\frac{2}{5}$

8. 一元件（或系统）正常工作的概率称为元件（或系统）的可靠性，如图 9.1 所示，设有 5 个独立工作的元件 1，2，3，4，5 按先串联后并联的方式连接（称为串并联系统），设元件的可靠性为$\frac{1}{2}$，则系统的可靠性为（ ）.

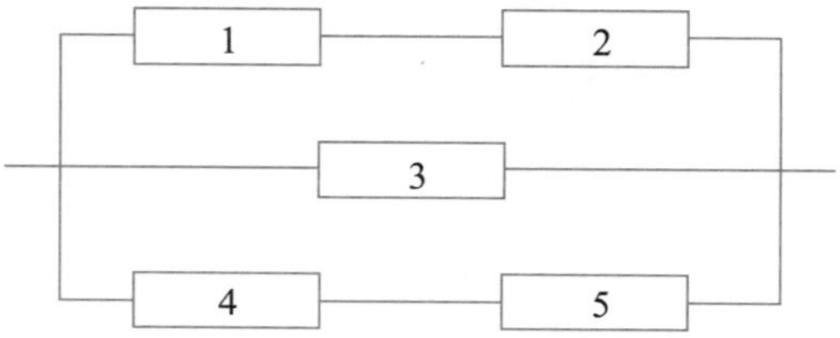

图 9.1

(A) $\frac{17}{32}$ (B) $\frac{1}{2}$ (C) $\frac{19}{32}$ (D) $\frac{21}{32}$ (E) $\frac{23}{32}$

基础能力题详解

1. **E** $P(A\overline{B}+\overline{A}B)=0.3$,

即 $0.3=P(A\overline{B})+P(\overline{A}B)=P(A)-P(AB)+P(B)-P(AB)=0.5-2P(AB)$,

所以 $P(AB)=0.1$，故 $P(\overline{A}\cup\overline{B})=P(\overline{AB})=1-P(AB)=0.9$.

2. **C** $P(\overline{A}\,\overline{B}C+AB\,\overline{C})=P(\overline{A}\,\overline{B}C)+P(AB\,\overline{C})$.

因为 A 与 C 不相容，B 与 C 不相容，所以 $\overline{A}\supset C$，$\overline{B}\supset C$，故 $\overline{A}\,\overline{B}C=C$.

同理 $AB\overline{C}=AB$. 则 $P(\overline{A}\,\overline{B}C+AB\overline{C})=P(C)+P(AB)=0.2+0.5\times0.5=0.45$.

3. **A** $0.8=P(B\mid\overline{A})=\dfrac{P(B\overline{A})}{1-P(A)}=\dfrac{P(B)-P(AB)}{0.5}$，得 $P(AB)=0.2$.

$P(A\cup B)=P(A)+P(B)-P(AB)=1.1-0.2=0.9$.

4. **C** 因为 $P(A)=\dfrac{1}{4}$，$P(B)=\dfrac{1}{2}$，$P(AB)=\dfrac{1}{8}$，

所以 $P(A\cup B)=P(A)+P(B)-P(AB)=\dfrac{1}{4}+\dfrac{1}{2}-\dfrac{1}{8}=\dfrac{5}{8}$，

$P(\overline{A}B)=P(B)-P(AB)=\dfrac{1}{2}-\dfrac{1}{8}=\dfrac{3}{8}$，$P(\overline{AB})=1-P(AB)=1-\dfrac{1}{8}=\dfrac{7}{8}$，

$$P[(A\cup B)(\overline{AB})]=P[(A\cup B)-(AB)]=P(A\cup B)-P(AB)\quad(AB\subset A\cup B)$$
$$=\dfrac{5}{8}-\dfrac{1}{8}=\dfrac{1}{2}.$$

5. 用 A 表示事件“取到的三位数是奇数”，用 B 表示事件“取到的三位数大于 330”.

（1）**D** $P(A)=\dfrac{C_3^1C_4^1C_4^1}{C_5^1A_5^2}=\dfrac{3\times4\times4}{5\times5\times4}=0.48$.

（2）**D** $P(B)=\dfrac{C_2^1A_5^2+C_2^1C_4^1}{C_5^1A_5^2}=\dfrac{2\times5\times4+2\times4}{5\times5\times4}=0.48$.

6. 用 A 表示事件“4 只中恰有 2 只白球，1 只红球，1 只黑球”.

（1）**B** $P(A)=\dfrac{C_5^2C_4^1C_3^1}{C_{12}^4}=\dfrac{120}{495}=\dfrac{8}{33}$.

（2）**D** 用 B 表示事件“4 只中至少有 2 只红球”.

$P(B)=\dfrac{C_4^2C_8^2+C_4^3C_8^1+C_4^4}{C_{12}^4}=\dfrac{67}{165}$或 $P(B)=1-\dfrac{C_4^1C_8^3+C_8^4}{C_{12}^4}=\dfrac{201}{495}=\dfrac{67}{165}$.

（3）**E** 用 C 表示事件“4 只中没有白球”.

$P(C)=\dfrac{C_7^4}{C_{12}^4}=\dfrac{35}{495}=\dfrac{7}{99}$.

7. 用 A 表示事件“该种疾病具有症状 A”，B 表示事件“该种疾病具有症状 B”.

由已知 $P(A\overline{B})=0.2$，$P(\overline{A}B)=0.3$，$P(AB)=0.1$.

（1）**B** 设 $C=\{$该人两种症状都没有$\}$，所以 $C=\overline{A}\,\overline{B}$.

因为 $\Omega=A\overline{B}\cup\overline{A}B\cup AB\cup\overline{A}\,\overline{B}$，且 $A\overline{B}$，$\overline{A}B$，AB，$\overline{A}\,\overline{B}$互斥，

所以 $P(C)=P(\overline{A}\,\overline{B})=1-P(A\overline{B})-P(\overline{A}B)-P(AB)=1-0.2-0.3-0.1=0.4$.

或因为 $A\cup B=A\overline{B}\cup\overline{A}B\cup AB$，且 $A\overline{B}$，$\overline{A}B$，AB 互斥，

所以 $P(A\cup B)=P(A\overline{B})+P(\overline{A}B)+P(AB)=0.2+0.3+0.1=0.6$.

即 $P(C)=P(\overline{A}\,\overline{B})=P(\overline{A\cup B})=1-P(A\cup B)=1-0.6=0.4$.

（2）**C** 设 $D=\{$该人至少有一种症状$\}$，所以 $D=A\cup B$，

因为 $A\cup B=A\overline{B}\cup\overline{A}B\cup AB$，且 $A\overline{B}$，$\overline{A}B$，AB 互斥，

即 $P(D)=P(A\cup B)=P(A\overline{B})+P(\overline{A}B)+P(AB)=0.2+0.3+0.1=0.6$.

（3）**B**　设 $E=\{$已知该人有症状 B，该人有两种症状$\}$，所以 $E=AB\mid B$，

$B=AB\cup\overline{A}B$，AB，$\overline{A}B$ 互斥，

$P(B)=P(AB\cup\overline{A}B)=P(AB)+P(\overline{A}B)=0.1+0.3=0.4$，

即 $P(E)=P(AB\mid B)=\dfrac{P[(AB)B]}{P(B)}=\dfrac{P(AB)}{P(B)}=\dfrac{0.1}{0.4}=\dfrac{1}{4}$.

8. **E**　设 $B=\{$系统可靠$\}$，$A_i=\{$元件 i 可靠$\}$，$i=1,2,3,4,5$.

设 $P(A_i)=p(i=1,2,3,4,5)$，A_1，A_2，A_3，A_4，A_5 相互独立.

方法一：$B=A_1A_2\cup A_3\cup A_4A_5$

所以 $P(B)=P(A_1A_2\cup A_3\cup A_4A_5)$

$=P(A_1A_2)+P(A_3)+P(A_4A_5)-P(A_1A_2A_3)-P(A_3A_4A_5)-$
$P(A_1A_2A_4A_5)+P(A_1A_2A_3A_4A_5)$

$=p^2+p+p^2-p^3-p^3-p^4+p^5$　（A_1，A_2，A_3，A_4，A_5 相互独立）

$=2p^2+p-2p^3-p^4+p^5$

方法二：$P(B)=1-P(\overline{A_1A_2}\ \overline{A_3}\ \overline{A_4A_5})=1-P(\overline{A_1A_2})P(\overline{A_3})P(\overline{A_4A_5})$

$=1-[1-P(A_1A_2)][1-P(A_3)][1-P(A_4A_5)]$

$=1-[1-P(A_1)P(A_2)][1-P(A_3)][1-P(A_4)P(A_5)]$

$=1-(1-p^2)(1-p)(1-p^2)=p+2p^2-2p^3-p^4+p^5$，

当 $p=\dfrac{1}{2}$ 时，$P(B)=\dfrac{23}{32}$.

综合提高题

1. 已知在 10 只晶体管中有 2 只次品，在其中取两次，每次任取一只，作不放回抽样. 求下列事件的概率：

（1）两只都是正品；　　（2）两只都是次品；

（3）一只是正品，一只是次品；　　（4）第二次取出的是次品.

2. 某人忘记了密码锁的最后一个数字，他随意地拨数，求他拨数不超过三次而打开锁的概率. 若已知最后一个数字是偶数，那么此概率是（　　）.

（A）$\dfrac{1}{4}$　（B）$\dfrac{2}{5}$　（C）$\dfrac{3}{5}$　（D）$\dfrac{3}{4}$　（E）$\dfrac{1}{2}$

3. 袋中有 8 个球，6 个是白球，2 个是红球. 8 个人依次从袋中各取一球，每人取一球后不再放回袋中. 则第一人，第二人，……，最后一人取得红球的概率各是（　　）.

（A）$\dfrac{1}{4}$　（B）$\dfrac{1}{5}$　（C）$\dfrac{2}{5}$　（D）$\dfrac{1}{2}$　（E）$\dfrac{3}{4}$

4. 对某种水泥进行强度试验，已知该水泥达到 500#的概率为 0.9，达到 600#的概率为 0.3，现取一水泥块进行试验，已达到 500#标准而未破坏，则其为 600#的概率为（　　）.

（A）$\dfrac{1}{6}$　（B）$\dfrac{1}{5}$　（C）$\dfrac{1}{4}$　（D）$\dfrac{1}{3}$　（E）$\dfrac{1}{2}$

5. 以 A，B 分别表示某城市的甲、乙两个区在某一年内出现的停水事件，据记载知 $P(A)=0.35$，$P(B)=0.30$，并知条件概率为 $P(A|B)=0.15$，则

(1) 两个区同时发生停止供水事件的概率为（　　）.

(A) 0.025　(B) 0.036　(C) 0.04　(D) 0.042　(E) 0.045

(2) 两个区至少有一个区发生停水事件的概率为（　　）.

(A) 0.605　(B) 0.535　(C) 0.525　(D) 0.435　(E) 0.415

6. 设有甲、乙两个袋子，甲袋中装有 n 只白球，m 只红球；乙袋中装有 N 只白球，M 只红球，今从甲袋中任意取一只球放入乙袋中，再从乙袋中任意取一只球. 则取到白球的概率是（　　）.

(A) $\dfrac{n(N+1)}{(N+M+1)(n+m)}$　(B) $\dfrac{mN}{(N+M+1)(n+m)}$

(C) $\dfrac{mN+n(N+1)}{(N+M+1)(n+m)}$　(D) $\dfrac{nN+m(N+1)}{(N+M+1)(n+m)}$

(E) $\dfrac{m(N+1)}{(N+M+1)(n+m)}$

7. 甲、乙、丙三组工人加工同样的零件，它们出现废品的概率：甲组是 0.01，乙组是 0.02，丙组是 0.03，它们加工完的零件放在同一个盒子里，其中甲组加工的零件是乙组加工的 2 倍，丙组加工的是乙组加工的一半，从盒中任取一个零件是废品，则它不是乙组加工的概率为（　　）.

(A) $\dfrac{2}{11}$　(B) $\dfrac{3}{11}$　(C) $\dfrac{4}{11}$　(D) $\dfrac{5}{11}$　(E) $\dfrac{7}{11}$

8. 甲、乙、丙三人同时对飞机进行射击，三人击中的概率分别为 0.4，0.5，0.7. 飞机被一人击中而被击落的概率为 0.2，被两人击中而被击落的概率为 0.6，若三人都击中，飞机必定被击落. 则飞机被击落的概率为（　　）.

(A) 0.428　(B) 0.438　(C) 0.448　(D) 0.458　(E) 0.468

9. 电灯泡正常使用时数在 1000 小时以上的概率为 0.2，则三个灯泡在使用 1000 小时后最多只有一只坏了的概率为（　　）.

(A) 0.104　(B) 0.106　(C) 0.204　(D) 0.214　(E) 0.324

综合提高题详解

1. 设以 $A_i(i=1,2)$ 表示事件"第 i 次取出的是正品"，因为是不放回抽样，故

(1) $P(A_1A_2)=P(A_1)P(A_2|A_1)=\dfrac{8}{10}\times\dfrac{7}{9}=\dfrac{28}{45}$.

(2) $P(\overline{A}_1\overline{A}_2)=P(\overline{A}_1)P(\overline{A}_2|\overline{A}_1)=\dfrac{2}{10}\times\dfrac{1}{9}=\dfrac{1}{45}$.

(3) $P(A_1\overline{A}_2\cup\overline{A}_1A_2)=P(A_1\overline{A}_2)+P(\overline{A}_1A_2)$

$=P(A_1)P(\overline{A}_2|A_1)+P(\overline{A}_1)P(A_2|\overline{A}_1)=\dfrac{8}{10}\times\dfrac{2}{9}+\dfrac{2}{10}\times\dfrac{8}{9}=\dfrac{16}{45}$.

(4) $P(\overline{A}_2)=P(A_1\overline{A}_2\cup\overline{A}_1\overline{A}_2)=P(A_1\overline{A}_2)+P(\overline{A}_1\overline{A}_2)=\dfrac{8}{10}\times\dfrac{2}{9}+\dfrac{2}{10}\times\dfrac{1}{9}=\dfrac{1}{5}$.

2. **C**　设以 A_i 表示事件“第 i 次打开锁”（$i=1, 2, 3$），A 表示“不超过三次打开”，则有

$$A=A_1\cup\overline{A}_1A_2\cup\overline{A}_1\overline{A}_2A_3.$$

易知：A_1，$\overline{A}_1A_2$，$\overline{A}_1\overline{A}_2A_3$ 是互不相容的.

$$\begin{aligned}P(A)&=P(A_1\cup\overline{A}_1A_2\cup\overline{A}_1\overline{A}_2A_3)=P(A_1)+P(\overline{A}_1A_2)+P(\overline{A}_1\overline{A}_2A_3)\\&=P(A_1)+P(\overline{A}_1)P(A_2\mid\overline{A}_1)+P(\overline{A}_1)P(\overline{A}_2\mid\overline{A}_1)P(A_3\mid\overline{A}_1\overline{A}_2)\\&=\frac{1}{10}+\frac{9}{10}\times\frac{1}{9}+\frac{9}{10}\times\frac{8}{9}\times\frac{1}{8}=\frac{3}{10}.\end{aligned}$$

同理，当已知最后一个数字是偶数时，所求概率是 $P=\frac{1}{5}+\frac{4}{5}\times\frac{1}{4}+\frac{4}{5}\times\frac{3}{4}\times\frac{1}{3}=\frac{3}{5}$.

3. **A**　设以 $A_i(i=1, 2, \cdots, 8)$ 表示事件“第 i 个人取到的是红球”. 则 $P(A_1)=\frac{1}{4}$.

又因 $A_2=\overline{A}_1A_2+A_1A_2$，由全概率公式得

$$\begin{aligned}P(A_2)&=P(\overline{A}_1A_2)+P(A_1A_2)=P(\overline{A}_1)\times P(A_2\mid\overline{A}_1)+P(A_1)\times P(A_2\mid A_1)\\&=\frac{6}{8}\times\frac{2}{7}+\frac{2}{8}\times\frac{1}{7}=\frac{1}{4}.\end{aligned}$$

类似地有 $P(A_1)=\frac{1}{4}(i=3, 4, \cdots, 8)$.

4. **D**　设 A 表示事件“水泥达到 500#”，B 表示事件“水泥达到 600#”.

则 $P(A)=0.9$，$P(B)=0.3$，又 $B\subset A$，即 $P(AB)=0.3$，所以

$P(B\mid A)=\frac{P(AB)}{P(A)}=\frac{0.3}{0.9}=\frac{1}{3}$.

5. (1) **E**　由题设，所求概率为 $P(AB)=P(B)P(A\mid B)=0.3\times0.15=0.045$；

(2) **A**　所求概率为

$$P(A+B)=P(A)+P(B)-P(AB)=0.35+0.30-0.045=0.605.$$

6. **C**　设 A_1，A_2 分别表示从甲、乙袋中取到白球，则

$P(A_1)=\frac{n}{n+m}$，　　$P(\overline{A}_1)=\frac{m}{n+m}$，

$P(A_2\mid A_1)=\frac{N+1}{N+M+1}$，　　$P(A_2\mid\overline{A}_1)=\frac{N}{N+M+1}$.

由全概率公式

$$\begin{aligned}P(A_2)&=P(A_2\mid A_1)P(A_1)+P(A_2\mid\overline{A}_1)P(\overline{A}_1)\\&=\frac{N+1}{N+M+1}\cdot\frac{n}{n+m}+\frac{N}{N+M+1}\cdot\frac{m}{m+n}\\&=\frac{mN+n(N+1)}{(N+M+1)(n+m)}\end{aligned}$$

7. **E**　设 A_1，A_2，A_3 分别表示事件“零件是甲、乙、丙加工的”，B 表示事件“加工的零件是废品”.

则 $P(B\mid A_1)=0.01$，$P(B\mid A_2)=0.02$，$P(B\mid A_3)=0.03$.

$P(A_1)=\frac{4}{7}$，$P(A_2)=\frac{2}{7}$，$P(A_3)=\frac{1}{7}$.

$$P(A_2 \mid B)=\frac{P(A_2)P(B \mid A_2)}{P(B)}=\frac{\frac{2}{7}\times 0.02}{\frac{4}{7}\times 0.01+\frac{2}{7}\times 0.02+\frac{1}{7}\times 0.03}$$

$$=\frac{0.04}{0.04+0.04+0.03}=\frac{4}{11}$$

所以 $P(\overline{A}_2 \mid B)=1-P(A_2 \mid B)=1-\frac{4}{11}=\frac{7}{11}$.

8. **D** 设 A_1，A_2，A_3 分别表示甲、乙、丙击中飞机，$B_i(i=0,1,2,3)$ 表示有 i 个人击中飞机，H 表示飞机被击落. 则 A_1，A_2，A_3 独立，且

$B_0=\overline{A}_1\overline{A}_2\overline{A}_3$，　　$B_1=A_1\overline{A}_2\overline{A}_3+\overline{A}_1A_2\overline{A}_3+\overline{A}_1\overline{A}_2A_3$，

$B_2=A_1A_2\overline{A}_3+\overline{A}_1A_2A_3+A_1\overline{A}_2A_3$，　　$B_3=A_1A_2A_3$.

于是　$P(B_0)=(1-0.4)(1-0.5)(1-0.7)=0.09$.

$P(B_1)=0.4\times0.5\times0.3+0.6\times0.5\times0.3+0.6\times0.5\times0.7=0.36$.

$P(B_2)=0.4\times0.5\times0.3+0.4\times0.5\times0.7+0.6\times0.5\times0.7=0.41$.

$P(B_3)=0.4\times0.5\times0.7=0.14$.

依题意有：$P(H \mid B_0)=0$，$P(H \mid B_1)=0.2$，$P(H \mid B_2)=0.6$，$P(H \mid B_3)=1$.

于是，由全概率公式有

$$P(H)=0.09\times0+0.36\times0.2+0.41\times0.6+0.14\times1=0.458.$$

9. **A** 设 A 表示事件“一个灯泡可正常使用1000小时以上”，则 A 发生的概率为 $p=0.2$，A 不发生的概率为 $q=0.8$.

考察三个灯泡可视为 $n=3$ 的伯努利试验，于是所求概率为

$$P=C_3^3p^3q^0+C_3^2p^2q=(0.2)^3+3\times(0.2)^2\times0.8=0.104.$$

第十章 随机变量及其分布

【大纲解读】

掌握随机变量的概念，随机变量分布函数的概念及其性质，离散型随机变量的概率分布，连续型随机变量的概率密度，常见随机变量的分布，随机变量函数的分布.

【命题剖析】

（1）理解随机变量的概念，理解分布函数 $F(x)=P(X\leqslant x)(-\infty<x<+\infty)$ 的概念及性质，会计算与随机变量相联系的事件的概率.

（2）理解离散型随机变量及其概率分布的概念，掌握常见分布.

（3）了解泊松定理的结论和应用条件，会用泊松分布近似表示二项分布.

（4）理解连续型随机变量及其概率密度的概念.

（5）会求随机变量函数的分布.

【知识体系】

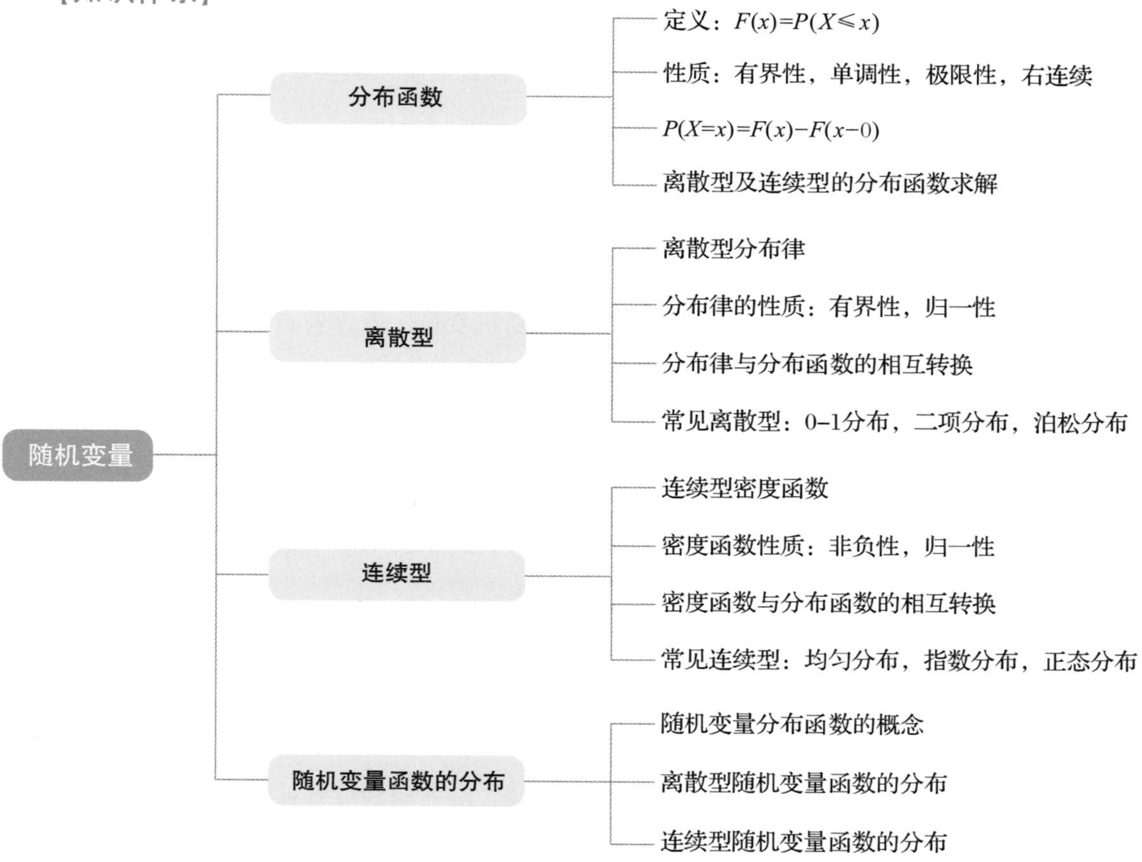

【备考建议】

本部分是考试的重点内容，要熟练掌握，建议理解公式的含义，灵活应用公式分析题目.

第一节 考点剖析

在许多试验中，观察的对象常常是一个随机取值的量. 例如掷一颗骰子出现的点数，它本身就是一个数值，因此 $P(A)$ 这个函数可以看作是普通函数（定义域和值域都是数字，数字到数字）. 但是观察硬币出现正面还是反面，就不能简单理解为普通函数. 但我们可以通过下面的方法使它与数值联系起来. 当出现正面时，规定其对应数为"1"；而出现反面时，规定其对应数为"0". 于是

$$X = X(\omega) = \begin{cases} 1 & \text{当正面出现} \\ 0 & \text{当反面出现} \end{cases}$$

称 X 为随机变量. 又由于 X 是随着试验结果（基本事件 ω）不同而变化的，所以 X 实际上是基本事件 ω 的函数，即 $X = X(\omega)$. 同时事件 A 包含了一定量的 ω（例如古典概型中 A 包含了 ω_1，ω_2，…，ω_m，共 m 个基本事件），于是 $P(A)$ 可以由 $P(X(\omega))$ 来计算，这是一个普通函数.

设试验的样本空间为 Ω，如果对 Ω 中每个事件 ω 都有唯一的实数值 $X = X(\omega)$ 与之对应，则称 $X = X(\omega)$ 为随机变量，简记为 X.

有了随机变量，就可以通过它来描述随机试验中的各种事件，能全面反映试验的情况. 这就使得我们对随机现象的研究，从前一章事件与事件的概率的研究，扩大到对随机变量的研究，这样数学分析的方法也可用来研究随机现象了.

一个随机变量所可能取到的值只有有限个（如掷骰子出现的点数）或可列无穷多个（如电话交换台接到的呼唤次数），则称为离散型随机变量. 像弹着点到目标的距离这样的随机变量，它的取值连续地充满了一个区间，这称为连续型随机变量.

一、随机变量的分布函数

1. 定义

设 X 为随机变量，x 是任意实数，则函数 $F(x) = P(X \leqslant x)$ 称为随机变量 X 的分布函数.

2. 理解

分布函数 $F(x)$ 是一个普通的函数，它表示随机变量落入区间 $(-\infty, x]$ 内的概率.

3. 公式

$$P(a < X \leqslant b) = P(X \leqslant b) - P(X \leqslant a) = F(b) - F(a).$$

可以得到 X 落入区间 $(a, b]$ 的概率. 也就是说，分布函数完整地描述了随机变量 X 随机取值的统计规律性.

4. 判别性质

(1) 有界性：$0 \leq F(x) \leq 1$，$-\infty < x < +\infty$；

(2) 单调性：$F(x)$是单调不减的函数，即$x_1 < x_2$时，有$F(x_1) \leq F(x_2)$；

(3) 极限性：$F(-\infty) = \lim\limits_{x \to -\infty} F(x) = 0$，$F(+\infty) = \lim\limits_{x \to +\infty} F(x) = 1$；

(4) 连续性：$F(x+0) = F(x)$，即$F(x)$是右连续的.

【评注】以上四个性质可用于判断函数是否为分布函数. 只有以上四个性质都满足的函数才是随机变量的分布函数.

5. 某点的概率

$$P(X = x) = F(x) - F(x-0).$$

二、离散型随机变量的分布律

1. 定义

设离散型随机变量X的可能取值为$x_k(k=1, 2, \cdots)$，且取各个值的概率，即事件$\{X = x_k\}$的概率为$P(X = x_k) = p_k$，$k = 1, 2, \cdots$，则称此式为离散型随机变量X的概率分布或分布律. 有时也用分布列的形式给出：

X	$x_1, x_2, \cdots, x_k, \cdots$
$P(X = x_k)$	$p_1, p_2, \cdots, p_k, \cdots$

.

2. 性质

显然分布律应满足下列条件：

(1) $p_k \geq 0$，$k = 1, 2, \cdots$；

(2) $\sum\limits_{k=1}^{\infty} p_k = 1$.

对于离散型随机变量，$F(x)$的图形是阶梯图形，x_1，x_2，…是第一类间断点，随机变量X在x_k处的概率就是$F(x)$在x_k处的跃度.

三、连续型随机变量的密度函数

1. 定义

设$F(x)$是随机变量X的分布函数，若存在非负函数$f(x)$，对任意实数x，有$F(x) = \int_{-\infty}^{x} f(x)\mathrm{d}x$，则称$X$为连续型随机变量. $f(x)$称为X的概率密度函数或密度函数，简称概率密度. $f(x)$的图形是一条曲线，称为密度（分布）曲线.

由上式可知，连续型随机变量的分布函数$F(x)$是连续函数. 所以，

$$P(x_1 \leq X \leq x_2) = P(x_1 < X \leq x_2) = P(x_1 \leq X < x_2) = P(x_1 < X < x_2) = F(x_2) - F(x_1).$$

2. 性质

(1) $f(x) \geq 0$.

(2) $\int_{-\infty}^{+\infty} f(x)\mathrm{d}x = 1$.

$F(+\infty)=\int_{-\infty}^{+\infty}f(x)\mathrm{d}x=1$ 的几何意义：在横轴上面、密度曲线下面的全部面积等于1.

【评注】以上两个性质可用于判别所给函数是否为密度函数. 如果一个函数 $f(x)$ 满足这两个性质，则它一定是某个随机变量的密度函数.

3. 应用

(1) $P(x_1<X\leqslant x_2)=F(x_2)-F(x_1)=\int_{x_1}^{x_2}f(x)\mathrm{d}x$.

(2) 若 $f(x)$ 在 x 处连续，则有 $F'(x)=f(x)$.

$$P(x<X\leqslant x+\mathrm{d}x)\approx f(x)\mathrm{d}x.$$

它在连续型随机变量理论中所起的作用与 $P(X=x_k)=p_k$ 在离散型随机变量理论中所起的作用相类似.

对于连续型随机变量 X，虽然有 $P(X=x)=0$，但事件 $\{X=x\}$ 并非是不可能事件（$\varnothing$）.

$$P(X=x)\leqslant P(x<X\leqslant x+h)=\int_{x}^{x+h}f(x)\mathrm{d}x.$$

令 $h\to 0$，则右端为零，而概率 $P(X=x)\geqslant 0$，故得 $P(X=x)=0$.

不可能事件（$\varnothing$）的概率为零，而概率为零的事件不一定是不可能事件；同理，必然事件（Ω）的概率为1，而概率为1的事件也不一定是必然事件.

四、常见分布

1. 0 - 1 分布

$$P(X=1)=p,\ P(X=0)=q.$$

例如树叶落在地面的试验，结果只能出现正面或反面.

2. 二项分布

在 n 重伯努利试验中，设事件 A 发生的概率为 p. 事件 A 发生的次数是随机变量，设为 X，则 X 可能取值为 0，1，2，…，n.

$$P(X=k)=P_n(k)=\mathrm{C}_n^k p^k q^{n-k},\text{ 其中 } q=1-p,\ 0<p<1,\ k=0,1,2,\cdots,n,$$

则称随机变量 X 服从参数为 n，p 的二项分布. 记为 $X\sim B(n,p)$.

X	0,	1,	2,	…,	k,	…,	n
$P(X=k)$	q^n,	npq^{n-1},	$\mathrm{C}_n^2p^2q^{n-2}$,	…,	$\mathrm{C}_n^kp^kq^{n-k}$,	…,	p^n

当 $n=1$ 时，$P(X=k)=p^kq^{1-k}$，$k=0,1$，这就是（0 - 1）分布，所以（0 - 1）分布是二项分布的特例.

3. 泊松分布

设随机变量 X 的分布律为

$$P(X=k)=\frac{\lambda^k}{k!}\mathrm{e}^{-\lambda},\ \lambda>0,\ k=0,1,2,\cdots,$$

则称随机变量 X 服从参数为 λ 的泊松分布，记为 $X\sim\pi(\lambda)$或者 $P(\lambda)$.

泊松分布为二项分布的极限分布($np=\lambda$，$n\to\infty$).

如飞机被击中的子弹数、来到公共汽车站的乘客数、机床发生故障的次数、自动控制系统中元件损坏的个数、某商店中来到的顾客人数等，均近似地服从泊松分布.

4. 均匀分布

设随机变量 X 的值只落在［a，b］内，其密度函数$f(x)$在［a，b］上为常数 k，即

$$f(x)=\begin{cases}\dfrac{1}{b-a} & a\leqslant x\leqslant b\\ 0 & 其他\end{cases},$$

则称随机变量 X 在［a，b］上服从均匀分布，记为 $X\sim U(a,b)$.

分布函数为

$$F(x)=\int_{-\infty}^{x}f(x)\mathrm{d}x=\begin{cases}0 & x<a\\ \dfrac{x-a}{b-a} & a\leqslant x<b\\ 1 & x\geqslant b\end{cases}.$$

当 $a\leqslant x_1<x_2\leqslant b$ 时，X 落在区间(x_1,x_2)内的概率为

$$P(x_1<X<x_2)=\frac{x_2-x_1}{b-a}.$$

5. 指数分布

设随机变量 X 的密度函数为

$$f(x)=\begin{cases}\lambda \mathrm{e}^{-\lambda x} & x>0\\ 0 & 其他\end{cases},$$

其中 $\lambda>0$，则称随机变量 X 服从参数为 λ 的指数分布.

X 的分布函数为

$$F(x)=\begin{cases}1-\mathrm{e}^{-\lambda x} & x>0\\ 0 & 其他\end{cases}.$$

记住几个积分：$\int_0^{+\infty}x\mathrm{e}^{-x}\mathrm{d}x=1$，$\int_0^{+\infty}x^2\mathrm{e}^{-x}\mathrm{d}x=2$，$\int_0^{+\infty}x^{n-1}\mathrm{e}^{-x}\mathrm{d}x=(n-1)!$.

6. 正态分布

设随机变量 X 的密度函数为

$$f(x)=\frac{1}{\sqrt{2\pi}\sigma}\mathrm{e}^{-\frac{(x-\mu)^2}{2\sigma^2}},\quad -\infty<x<+\infty,$$

其中μ，σ（$\sigma>0$）为常数，则称随机变量 X 服从参数为μ，σ 的正态分布或高斯（Gauss）分布，记为 $X\sim N(\mu,\sigma^2)$.

$f(x)$具有如下性质：

(1) $f(x)$的图形是关于 $x=\mu$ 对称的；

（2）当 $x=\mu$ 时，$f(\mu)=\frac{1}{\sqrt{2\pi}\sigma}$为最大值；

（3）$f(x)$以 x 轴为渐近线.

特别当 σ 固定、改变 μ 时，$f(x)$的图形形状不变，只是集体沿 x 轴平行移动，所以 μ 又称为位置参数. 当 μ 固定、改变 σ 时，$f(x)$的图形形状要发生变化，随 σ 变大，$f(x)$图形的形状变得平坦，所以又称 σ 为形状参数.

若 $X\sim N(\mu,\ \sigma^2)$，则 X 的分布函数为

$$F(x)=\frac{1}{\sqrt{2\pi}\sigma}\int_{-\infty}^{x}\mathrm{e}^{-\frac{(t-\mu)^2}{2\sigma^2}}\mathrm{d}t.$$

参数 $\mu=0$，$\sigma=1$ 时的正态分布称为标准正态分布，记为 $X\sim N(0,\ 1)$，其密度函数记为 $\varphi(x)=\frac{1}{\sqrt{2\pi}}\mathrm{e}^{-\frac{x^2}{2}}$，$-\infty<x<+\infty$，分布函数为 $\Phi(x)=\frac{1}{\sqrt{2\pi}}\int_{-\infty}^{x}\mathrm{e}^{-\frac{t^2}{2}}\mathrm{d}t$. $\Phi(x)$ 是不可求积函数，其函数值已编制成表可供查用.

$\varphi(x)$和 $\Phi(x)$的性质如下：

（1）$\varphi(x)$是偶函数，$\varphi(x)=\varphi(-x)$；

（2）当 $x=0$ 时，$\varphi(x)=\frac{1}{\sqrt{2\pi}}$为最大值；

（3）$\Phi(-x)=1-\Phi(x)$且 $\Phi(0)=\frac{1}{2}$.

如果 $X\sim N(\mu,\ \sigma^2)$，则$\frac{X-\mu}{\sigma}\sim N(0,\ 1)$.

所以我们可以通过变换将 $F(x)$的计算转化为 $\Phi(x)$的计算，而 $\Phi(x)$的值是可以通过查表得到的.

$$P(x_1<X\leqslant x_2)=\Phi\left(\frac{x_2-\mu}{\sigma}\right)-\Phi\left(\frac{x_1-\mu}{\sigma}\right).$$

五、随机变量函数的分布

随机变量 Y 是随机变量 X 的函数 $Y=g(X)$，若已知 X 的分布函数 $F_X(x)$或密度函数 $f_X(x)$，则如何求出 $Y=g(X)$的分布函数 $F_Y(y)$或密度函数$f_Y(y)$.

1. X 是离散型随机变量

已知 X 的分布列为

X	$x_1,\ x_2,\ \cdots,\ x_n,\ \cdots$
$P(X=x_i)$	$p_1,\ p_2,\ \cdots,\ p_n,\ \cdots$

，

显然，$Y=g(X)$的取值只可能是 $g(x_1)$，$g(x_2)$，…，$g(x_n)$，…，若 $g(x_i)$互不相等，则 Y 的分布列如下：

Y	$g(x_1)$,	$g(x_2)$,	$\cdots$,	$g(x_n)$,	$\cdots$
$P(Y=y_i)$	p_1,	p_2,	$\cdots$,	p_n,	$\cdots$

.

若有某些 $g(x_i)$相等，则应将对应的 p_i 相加作为 $g(x_i)$的概率.

2. X 是连续型随机变量

先利用 X 的概率密度 $f_X(x)$ 写出 Y 的分布函数 $F_Y(y)$，再利用变上下限积分的求导公式求出 $f_Y(y)$.

六、二维随机变量及其分布函数（了解）

1. 二维随机变量的定义

设样本空间为 Ω，在样本空间 Ω 中定义两个随机变量 $X=X(\omega)$，$Y=Y(\omega)$，则它们构成的有序数组 (X, Y) 称为二维随机变量或随机向量，由此类推出 n 维随机变量 $(X_1, X_2, \cdots, X_n)$.

2. 二维随机变量的联合分布

(1) 定义

设 (X, Y) 为二维随机变量，对任意的 x，$y\in\mathbf{R}$，二元函数

$$F(x, y)=P(\{X\leqslant x\}\cap\{Y\leqslant y\})=P(X\leqslant x, Y\leqslant y),$$

称 $F(x, y)$ 为二维随机变量 (X, Y) 的分布函数或随机变量 X 和 Y 的联合分布函数.

(2) 性质

①非负性：对于任意实数 x，$y\in\mathbf{R}$，$0\leqslant F(x, y)\leqslant 1$.

②规范性：$F(-\infty, y)=\lim\limits_{x\to-\infty}F(x, y)=0$；$F(x, -\infty)=\lim\limits_{y\to-\infty}F(x, y)=0$；

$F(-\infty, -\infty)=\lim\limits_{\substack{x\to-\infty\\ y\to-\infty}}F(x, y)=0$；$F(+\infty, +\infty)=\lim\limits_{\substack{x\to+\infty\\ y\to+\infty}}F(x, y)=1$.

③单调不减性：$F(x, y)$ 分别关于 x，y 单调不减.

④右连续性：$F(x, y)$ 分别关于 x，y 右连续，即

$$F(x, y)=F(x+0, y),\ F(x, y)=F(x, y+0),\ x, y\in\mathbf{R}.$$

⑤$G=\{(x,y)\mid x_1<X\leqslant x_2, y_1<Y\leqslant y_2\}$ 上的概率为

$$P(x_1<X\leqslant x_2, y_1<Y\leqslant y_2)=F(x_2, y_2)-F(x_2, y_1)-F(x_1, y_2)+F(x_1, y_1).$$

3. 二维随机变量的边缘分布

二维随机变量 (X, Y) 的分布函数为 $F(x, y)$，则分别称 $F_X(x)=P(X\leqslant x)$ 和 $F_Y(y)=P(Y\leqslant y)$ 为 (X, Y) 关于 X 和关于 Y 的边缘分布.

【评注】$F_X(x)=P(X\leqslant x)=P(X\leqslant x, y<+\infty)=F(x, +\infty)$

$F_Y(y)=P(Y\leqslant y)=P(x<+\infty, Y\leqslant y)=F(+\infty, y)$

4. 二维随机变量的条件分布

如果对于任意给定的 $\varepsilon>0$，$P(y-\varepsilon<Y\leqslant y+\varepsilon)>0$，

$$\lim_{\varepsilon\to0^+}P(X\leqslant x\mid y-\varepsilon<Y\leqslant y+\varepsilon)=\lim_{\varepsilon\to0^+}\frac{P(X\leqslant x, y-\varepsilon<Y\leqslant y+\varepsilon)}{P(y-\varepsilon<Y\leqslant y+\varepsilon)}$$

存在，则称此极限为在条件 $Y=y$ 下 X 的条件分布，记作 $F_{X\mid Y}(x\mid y)$ 或 $P(X\leqslant x\mid Y=y)$.

七、二维离散型随机变量

1. 二维离散型随机变量的定义

如果二维随机变量(X, Y)可能取的值为有限对或可列无穷对实数，则称(X, Y)为二维离散型随机变量.

2. 二维离散型随机变量的概率分布

(1) 定义

设二维离散型随机变量(X, Y)所有可能的取值为(x_i, y_i) $(i, j=1, 2, \cdots)$，则称概率$P(X = x_i, Y = y_i) = p_{ij}$ $(i, j=1, 2, \cdots)$为二维随机变量(X, Y)的概率分布或联合分布律，如下表所示：

	x_1	x_2	$\cdots$	x_i	$\cdots$
y_1	p_{11}	p_{21}	$\cdots$	p_{i1}	$\cdots$
y_2	p_{12}	p_{22}	$\cdots$	p_{i2}	$\cdots$
$\vdots$	$\vdots$	$\vdots$	$\cdots$	$\vdots$	$\cdots$
y_j	p_{1j}	p_{2j}	$\cdots$	p_{ij}	$\cdots$
$\vdots$	$\vdots$	$\vdots$	$\cdots$	$\vdots$	$\cdots$

(2) 性质

①$p_{ij} \geqslant 0$，$i, j=1, 2, \cdots$

② $\sum_{i=1}^{+\infty}\sum_{j=1}^{+\infty} p_{ij} = 1$

(3) 分布函数

设二维离散型随机变量(X, Y)的概率分布为$P(X=x_i, Y=y_j)=p_{ij}$，则(X, Y)的联合分布函数为

$$F(x,y) = P(X \leqslant x, Y \leqslant y) = \sum_{x_i \leqslant x}\sum_{y_j \leqslant y} p_{ij}, -\infty < x < +\infty, -\infty < y < +\infty .$$

3. 二维离散型随机变量的边缘概率分布

设二维离散型随机变量(X, Y)的概率分布为$P(X = x_i, Y = y_j) = p_{ij}$，则分别称$p_{i\cdot} = P(X = x_i) = \sum_{j=1}^{+\infty} P(X = x_i, Y = y_j) = \sum_{j=1}^{+\infty} p_{ij} (i = 1,2,\cdots)$ 和$p_{\cdot j} = P(Y = y_j) = \sum_{i=1}^{+\infty} P(X = x_i, Y = y_j) = \sum_{i=1}^{+\infty} p_{ij} (j = 1,2,\cdots)$为$(X, Y)$关于$X$和关于$Y$的边缘概率分布.

根据边缘概率分布的定义，可得X和Y的边缘分布函数分别为：

$$F_X(x) = P(X \leqslant x) = \sum_{x_i \leqslant x} P(X = x_i) = \sum_{x_i \leqslant x} p_{i\cdot},$$

$$F_Y(y) = P(Y \leqslant y) = \sum_{y_j \leqslant y} P(Y = y_j) = \sum_{y_j \leqslant y} p_{\cdot j}.$$

4. 二维离散型随机变量的条件概率分布

设二维离散型随机变量(X, Y)的概率分布为

$$P(X=x_i, Y=y_j)=p_{ij} \quad (i, j=1, 2, \cdots).$$

对于给定的j，如果$P(Y=y_j)>0$，则称

$$P(X=x_i \mid Y=y_j)=\frac{P(X=x_i, Y=y_j)}{P(Y=y_j)}=\frac{p_{ij}}{p_j} \quad (i, j=1, 2, \cdots)$$

为$Y=y_j$条件下随机变量X的条件概率分布.

同样地，对于给定的i，如果$P(X=x_i)>0$，则称

$$P(Y=y_j \mid X=x_i)=\frac{P(X=x_i, Y=y_j)}{P(X=x_i)}=\frac{p_{ij}}{p_i} \quad (i, j=1, 2, \cdots)$$

为$X=x_i$条件下随机变量Y的条件概率分布.

［评注］二维连续型随机变量不做要求.

八、随机变量的独立性

1. 随机变量的独立性

如果对任意x，y均有

$$P(X\leqslant x, Y\leqslant y)=P(X\leqslant x)\cdot P(Y\leqslant y),$$

则称随机变量X与Y相互独立.

2. 随机变量相互独立的充要条件

离散型随机变量X和Y相互独立的充要条件是：对于任意的i，$j=1, 2, \cdots$，有

$$P(X=x_i, Y=y_j)=P(X=x_i)\cdot P(Y=y_j),$$

即对任意的i，$j=1, 2, \cdots$，有$p_{ij}=p_ip_j$.

第二节 核心题型

题型01 分布函数的考题

提示 关于随机变量的分布函数，一方面会求解分布函数中的未知参数，另外，会根据性质来判断分布函数.

【例1】设连续型随机变量X的分布函数为

$$F(x)=\begin{cases}A+Be^{-2x} & x>0\\ 0 & x\leqslant 0\end{cases}.$$

(1) $A-B=($　　$)$.

(A) 0　　(B) 1　　(C) -1　　(D) 2　　(E) -2

(2) $P(-1<X<1)=($　　$)$.

(A) $1-e^{-1}$　　(B) $1-e^{-2}$　　(C) e^{-2}　　(D) e^{-1}　　(E) $1-e^{-3}$

(3) 求概率密度函数$f(x)$.

[解析] (1) 因为 $F(+\infty)=\lim\limits_{x\to+\infty}(A+Be^{-2x})=1$，所以 $A=1$.

又因为 $\lim\limits_{x\to0^+}(A+Be^{-2x})=F(0)=0$，所以 $B=-A=-1$，$A-B=2$，选 D.

(2) $P(-1<X<1)=F(1)-F(-1)=1-e^{-2}$，选 B.

(3) $f(x)=F'(x)=\begin{cases}2e^{-2x} & x>0\\ 0 & x\leqslant 0\end{cases}$.

【例 2】设 X 为连续型随机变量，其分布函数为 $F(x)=\begin{cases}a & x<1\\ bx\ln x+cx+d & 1\leqslant x\leqslant e\\ d & x>e\end{cases}$，$F(x)$中的 a，b，c，d 的值，下列错误的是（　　）.

(A) $d=1$　(B) $c=-1$　(C) $b=d$　(D) $a+b=d$　(E) $a+c=d$

[解析] 因为 $F(-\infty)=0$，所以 $a=0$，又因为 $F(+\infty)=1$，所以 $d=1$.

又因为 $\lim\limits_{x\to1^+}(bx\ln x+cx+1)=a=0$，所以 $c=-1$.

又因为 $\lim\limits_{x\to e^-}(bx\ln x-x+1)=d=1$.

所以 $be-e+1=1$，即 $b=1$，选 E.

【例 3】设随机变量 X 的概率密度函数为 $f(x)=\dfrac{a}{\pi(1+x^2)}$.

(1) $a=$（　　）.

(A) 1　(B) $\dfrac{1}{2}$　(C) $\dfrac{1}{\pi}$　(D) $\dfrac{\pi}{2}$　(E) $\dfrac{2}{\pi}$

(2) $F(x)=$（　　）.

(A) $\dfrac{1}{4}+\dfrac{1}{\pi}\arctan x$　(B) $\dfrac{1}{3}+\dfrac{1}{\pi}\arctan x$

(C) $\dfrac{1}{2}+\dfrac{1}{\pi}\arctan x$　(D) $\dfrac{1}{4}+\dfrac{2}{\pi}\arctan x$

(E) $\dfrac{1}{2}+\dfrac{2}{\pi}\arctan x$

(3) $P(|x|<1)=$（　　）.

(A) 0.1　(B) 0.2　(C) 0.3　(D) 0.4　(E) 0.5

[解析] (1) 因为 $\int_{-\infty}^{+\infty}\dfrac{a}{\pi(1+x^2)}dx=1$，即 $\dfrac{a}{\pi}\arctan x\Big|_{-\infty}^{+\infty}=1$，所以 $a=1$，选 A.

(2) $F(x)=\int_{-\infty}^{x}\dfrac{a}{\pi(1+t^2)}dt=\dfrac{1}{2}+\dfrac{1}{\pi}\arctan x$，$-\infty<x<+\infty$，选 C.

(3) $P(|X|<1)=F(1)-F(-1)=\left(\dfrac{1}{2}+\dfrac{1}{\pi}\arctan 1\right)-\left[\dfrac{1}{2}+\dfrac{1}{\pi}\arctan(-1)\right]=0.5$，选 E.

【例 4】设连续型随机变量 X 的分布函数为 $F_X(x)$，则 $Y=3-5X$ 的分布函数 $F_Y(y)=$（　　）.

(A) $F_X(5y-3)$　　(B) $5F_X(y)-3$　　(C) $F_X\left(\frac{y+3}{5}\right)$

(D) $1-F_X\left(\frac{3-y}{5}\right)$　　(E) $F_X\left(\frac{3-y}{5}\right)$

［解析］$F_Y(y)=P(Y\leqslant y)=P(3-5X\leqslant y)=P\left(X\geqslant\frac{3-y}{5}\right)$

$=1-P\left(\frac{3-y}{5}\geqslant X\right)=1-F_X\left(\frac{3-y}{5}\right)$，选 D.

题型 02 离散型随机变量

提示 围绕离散型随机变量，一方面会求解离散型随机变量的分布律中的未知参数，另外，分布律与分布函数的互相转换.

【例 5】设 X 为随机变量，且 $P(X=k)=\frac{1}{2^k}(k=1,2,\cdots)$.

(1) $P(X$ 为偶数$)=$（　　）.

(A) $\frac{1}{6}$　　(B) $\frac{1}{4}$　　(C) $\frac{1}{3}$　　(D) $\frac{1}{2}$　　(E) $\frac{2}{3}$

(2) $P(X\geqslant5)=$（　　）.

(A) $\frac{1}{12}$　　(B) $\frac{1}{16}$　　(C) $\frac{1}{18}$　　(D) $\frac{1}{20}$　　(E) $\frac{1}{24}$

［解析］令 $P(X=k)=p_k=\frac{1}{2^k}$，$k=1,2,\cdots$，

(1) $P(X$ 为偶数$)=\sum_{k=1}^{\infty}p_{2k}=\sum_{k=1}^{\infty}\frac{1}{2^{2k}}=\frac{\frac{1}{4}}{1-\frac{1}{4}}=\frac{1}{3}$，选 C.

(2) $P(X\geqslant5)=\sum_{k=5}^{\infty}p_k=\sum_{k=5}^{\infty}\frac{1}{2^k}=\frac{\frac{1}{2^5}}{1-\frac{1}{2}}=\frac{1}{16}$，选 B.

【例 6】设随机变量 X 的概率分布为 $P(X=k)=\frac{c\lambda^k}{k!}e^{-\lambda}(k=1,2,\cdots)$，且 $\lambda>0$，则常数 $c=$（　　）.

(A) $1-e^{-\lambda}$　　(B) $(1-e^{-\lambda})^{-1}$　　(C) $1+e^{\lambda}$　　(D) $1+e^{-\lambda}$　　(E) $(1+e^{-\lambda})^{-1}$

［解析］因为 $\sum_{k=1}^{\infty}c\frac{\lambda^k}{k!}e^{-\lambda}=1$，而 $\sum_{k=0}^{\infty}\frac{\lambda^k}{k!}e^{-\lambda}=1$，

所以 $c\left(1-\frac{\lambda^0}{0!}e^{-\lambda}\right)=1$，即 $c=(1-e^{-\lambda})^{-1}$，选 B.

【例 7】设自动生产线在调整以后出现废品的概率为 $p=0.1$，当生产过程中出现废品时立即进行调整，X 代表在两次调整之间生产的合格品数.

(1) 求 X 的概率分布.

(2) $P(X\geqslant 5)=($　　$)$.

(A) 0.9^4　　(B) 0.9^3　　(C) 0.9^2　　(D) $1-0.9^5$　　(E) 0.9^5

[解析] (1) $P(X=k)=(1-p)^k p=(0.9)^k\times 0.1, k=0,1,2,\cdots$.

$$(2)P(X\geqslant 5)=\sum_{k=5}^{\infty}P(X=k)=\sum_{k=5}^{\infty}(0.9)^k\times 0.1=(0.9)^5$$，选 E.

【例 8】已知随机变量 X 的概率分布为 $P(X=1)=0.2$，$P(X=2)=0.3$，$P(X=3)=0.5$，

(1) 试求 X 的分布函数.

(2) $P(0.5\leqslant X\leqslant 2)=($　　$)$.

(A) 0.1　　(B) 0.2　　(C) 0.3　　(D) 0.4　　(E) 0.5

(3) 画出 $F(x)$ 的曲线.

[解析] (1) $F(x)=\begin{cases}0 & x<1\\ P(X=1)=0.2 & 1\leqslant x<2\\ P(X=1)+P(X=2)=0.5 & 2\leqslant x<3\\ 1 & x\geqslant 3\end{cases}$.

(2) $P(0.5\leqslant X\leqslant 2)=0.5$，选 E.

(3) $F(x)$ 的曲线如图 10.1 所示.

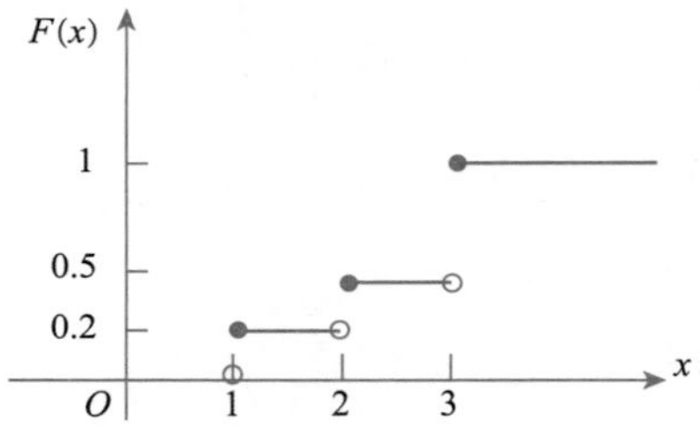

图 10.1

【例 9】设随机变量 X 的分布函数为 $F(x)=\begin{cases}0 & x<-1\\ 0.4 & -1\leqslant x<1\\ 0.8 & 1\leqslant x<3\\ 1 & x\geqslant 3\end{cases}$.

(1) 求 X 的概率分布.

(2) $P(X<2\mid X\neq 1)=($　　$)$.

(A) $\frac{1}{4}$　　(B) $\frac{1}{3}$　　(C) $\frac{1}{2}$　　(D) $\frac{2}{3}$　　(E) $\frac{3}{4}$

[解析] (1)

X	-1	1	3
p	0.4	0.4	0.2

（2）$P(X<2 \mid X\neq 1)=\dfrac{P(X=-1)}{P(X\neq 1)}=\dfrac{2}{3}$，选 D.

题型 03　连续型随机变量

提示　围绕连续型随机变量，一方面会求解连续型随机变量的密度函数中的未知参数，另一方面，掌握密度函数与分布函数的互相转换.

【例 10】设连续型随机变量 X 的概率密度曲线如图 10.2 所示.

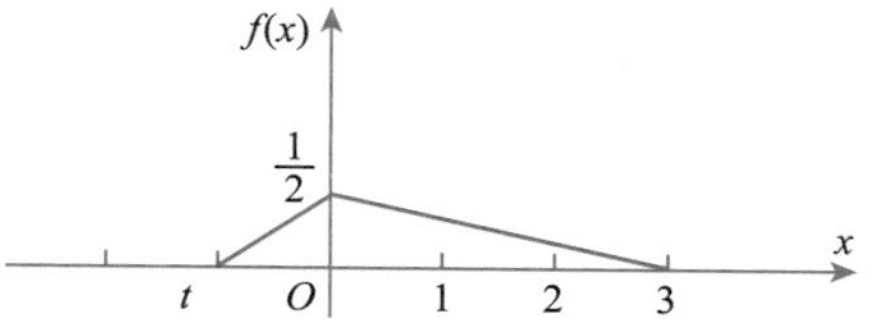

图 10.2

（1）$t=$（　　）.

（A）-1　（B）$-\dfrac{3}{4}$　（C）$-\dfrac{2}{5}$　（D）$-\dfrac{2}{3}$　（E）$-\dfrac{1}{2}$

（2）求 X 的概率密度.

（3）$P(-2<X\leqslant 2)=$（　　）.

（A）$\dfrac{1}{12}$　（B）$\dfrac{1}{6}$　（C）$\dfrac{1}{4}$　（D）$\dfrac{5}{12}$　（E）$\dfrac{11}{12}$

（4）试求 X 的分布函数，并画出 $F(x)$ 的曲线.

［解析］（1）因为 $\dfrac{1}{2}\times(-t)\times 0.5+\dfrac{1}{2}\times 0.5\times 3=1$，所以 $t=-1$，选 A.

（2）$$f(x)=\begin{cases}\dfrac{1}{2}x+\dfrac{1}{2} & x\in[-1,\ 0)\\ -\dfrac{1}{6}x+\dfrac{1}{2} & x\in[0,\ 3)\\ 0 & \text{其他}\end{cases}.$$

（3）$P(-2<X\leqslant 2)=\displaystyle\int_{-1}^{0}\left(\frac{1}{2}x+\frac{1}{2}\right)\mathrm{d}x+\int_{0}^{2}\left(-\frac{1}{6}x+\frac{1}{2}\right)\mathrm{d}x=\frac{11}{12}$，选 E.

（4）$$F(x)=\begin{cases}0 & x<-1\\ \dfrac{1}{4}x^2+\dfrac{1}{2}x+\dfrac{1}{4} & -1\leqslant x<0\\ -\dfrac{1}{12}x^2+\dfrac{1}{2}x+\dfrac{1}{4} & 0\leqslant x<3\\ 1 & x\geqslant 3\end{cases}.$$

$F(x)$ 的曲线如图 10.3 所示.

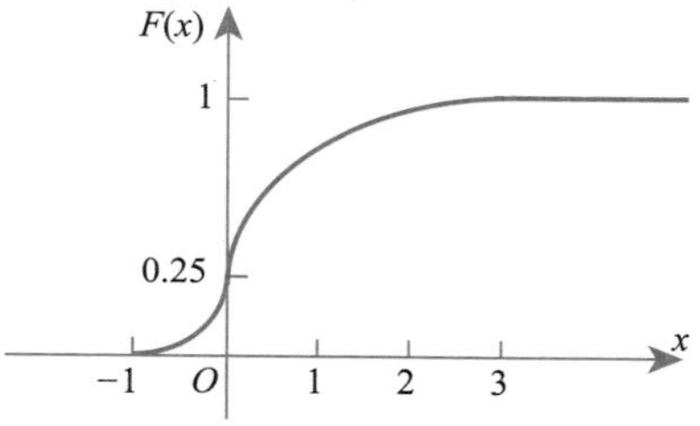

图 10.3

【例 11】设连续型随机变量 X 的概率密度为 $f(x)=\begin{cases}\sin x & 0\leqslant x\leqslant a\\ 0 & 其他\end{cases}$.

(1) 常数 $a=$(　　).

(A) $\frac{\pi}{6}$　(B) $\frac{\pi}{3}$　(C) $\frac{\pi}{4}$　(D) $\frac{\pi}{2}$　(E) $\frac{2\pi}{3}$

(2) $P\left(X>\frac{\pi}{6}\right)=$(　　).

(A) $\frac{1}{4}$　(B) $\frac{1}{3}$　(C) $\frac{1}{2}$　(D) $\frac{\sqrt{2}}{2}$　(E) $\frac{\sqrt{3}}{2}$

[解析] (1) 令 $\int_{-\infty}^{+\infty}f(x)\mathrm{d}x=1$，即 $\int_0^a\sin x\mathrm{d}x=1$，所以 $-\cos x\Big|_0^a=1$，即 $\cos a=0$，$a=\frac{\pi}{2}$，选 D.

(2) $P\left(X>\frac{\pi}{6}\right)=\int_{\frac{\pi}{6}}^{\frac{\pi}{2}}\sin x\mathrm{d}x=-\cos x\Big|_{\frac{\pi}{6}}^{\frac{\pi}{2}}=\frac{\sqrt{3}}{2}$，选 E.

【例 12】乘以常数 c 使 e^{-x^2+x} 变成概率密度函数，则 $c=$(　　).

(A) $\frac{1}{\pi}\mathrm{e}^{-\frac{1}{4}}$　(B) $\frac{1}{\sqrt{\pi}}\mathrm{e}^{-\frac{1}{4}}$　(C) $\frac{1}{\pi}\mathrm{e}^{\frac{1}{4}}$　(D) $\frac{1}{\sqrt{\pi}}\mathrm{e}^{\frac{1}{4}}$　(E) $\frac{1}{\sqrt{2\pi}}\mathrm{e}^{-\frac{1}{4}}$

[解析] 令 $\int_{-\infty}^{+\infty}c\mathrm{e}^{-x^2+x}\mathrm{d}x=1$，即 $c\int_{-\infty}^{+\infty}\mathrm{e}^{-\left(x-\frac{1}{2}\right)^2}\mathrm{e}^{\frac{1}{4}}\mathrm{d}x=1$.

即 $c\mathrm{e}^{\frac{1}{4}}\sqrt{\pi}=1$，所以 $c=\frac{1}{\sqrt{\pi}}\mathrm{e}^{-\frac{1}{4}}$，选 B.

【例 13】随机变量 $X\sim N(\mu,\sigma^2)$，其概率密度函数为 $f(x)=\frac{1}{\sqrt{6\pi}}\mathrm{e}^{-\frac{x^2-4x+4}{6}}(-\infty<x<+\infty)$.

(1) μ,σ^2 的值分别为(　　).

(A) $\mu=2,\sigma^2=2$　(B) $\mu=1,\sigma^2=3$

(C) $\mu=2,\sigma^2=3$　(D) $\mu=1,\sigma^2=2$

(E) $\mu=3,\sigma^2=3$

(2) 若已知 $\int_c^{+\infty}f(x)\mathrm{d}x=\int_{-\infty}^{c}f(x)\mathrm{d}x$，则 $c=$(　　).

(A) 1　(B) 2　(C) 3　(D) 4　(E) 6

[解析] (1) 因为 $f(x)=\frac{1}{\sqrt{6\pi}}\mathrm{e}^{-\frac{x^2-4x+4}{6}}=\frac{1}{\sqrt{2\pi}\sqrt{3}}\mathrm{e}^{-\frac{(x-2)^2}{2(\sqrt{3})^2}}$，所以 $\mu=2$，$\sigma^2=3$，选 C.

(2) 若 $\int_c^{+\infty}f(x)\mathrm{d}x=\int_{-\infty}^{c}f(x)\mathrm{d}x$，由正态分布的对称性可知 $c=\mu=2$，选 B.

【例 14】设随机变量 X 的分布函数为 $F(x)=\begin{cases}0 & x<0\\ Ax^2 & 0\leqslant x<1\\ 1 & x\geqslant 1\end{cases}$.

（1）系数 $A=($　　$)$.

（A）$\frac{1}{2}$　（B）$\frac{2}{3}$　（C）1　（D）$\frac{3}{2}$　（E）2

（2）X 落在区间（0.3，0.7）内的概率为（　　）.

（A）0.2　（B）0.3　（C）0.4　（D）0.5　（E）0.6

（3）求 X 的密度函数.

［解析］（1）由 $F(x)$ 的连续性，有 $1=F(1)=\lim\limits_{x\to1-0}F(x)=\lim\limits_{x\to1-0}Ax^2=A$，由此得 $A=1$，选 C.

（2）$P(0.3<X<0.7)=F(0.7)-F(0.3)=0.7^2-0.3^2=0.4$，选 C.

（3）X 的密度函数为 $f(x)=F'(x)=\begin{cases}2x & 0<x<1\\ 0 & 其他\end{cases}$.

【例 15】设随机变量 X 的概率密度为 $f(x)=\begin{cases}ax+1 & 0\leqslant x\leqslant 2\\ 0 & 其他\end{cases}$.

（1）常数 $a=($　　$)$.

（A）$-\frac{1}{2}$　（B）$-\frac{1}{3}$　（C）$-\frac{1}{4}$　（D）$\frac{1}{4}$　（E）$\frac{1}{3}$

（2）求 X 的分布函数 $F(x)$.

（3）$P(1<X<3)=($　　$)$.

（A）$\frac{1}{6}$　（B）$\frac{1}{5}$　（C）$\frac{1}{4}$　（D）$\frac{1}{3}$　（E）$\frac{1}{2}$

［解析］（1）$1=\int_{-\infty}^{+\infty}f(x)\mathrm{d}x=\int_0^2(ax+1)\mathrm{d}x=\left(\frac{a}{2}x^2+x\right)\Big|_0^2=2a+2$，

所以 $a=-\frac{1}{2}$，选 A.

（2）X 的分布函数为

$$F(x)=\int_{-\infty}^{x}f(u)\mathrm{d}u=\begin{cases}0 & x<0\\ \int_0^x\left(1-\frac{u}{2}\right)\mathrm{d}u & 0\leqslant x\leqslant 2,\\ 1 & x>2\end{cases}$$

$$得\ F(x)=\begin{cases}0 & x<0\\ x-\frac{x^2}{4} & 0\leqslant x\leqslant 2.\\ 1 & x>2\end{cases}$$

（3）$P(1<X<3)=\int_1^3 f(x)\mathrm{d}x=\int_1^2\left(1-\frac{x}{2}\right)\mathrm{d}x=\frac{1}{4}$，选 C.

题型 04　常见离散型随机变量

提示　掌握考纲常见的三个离散型随机变量，从使用背景、表达式含义、特征等角度掌握做题方法.

【例 16】设随机变量 X 服从泊松分布，且 $P(X\leqslant1)=4P(X=2)$，则 $P(X=3)=($　　$)$.

(A) $\frac{1}{6e}$　　(B) $\frac{1}{5e}$　　(C) $\frac{e}{6}$　　(D) $\frac{e}{5}$　　(E) $\frac{1}{4e}$

[解析] $P(X\leqslant1)=P(X=0)+P(X=1)=e^{-\lambda}+\lambda e^{-\lambda}$，$P(X=2)=\frac{\lambda^2}{2}e^{-\lambda}$，

由 $P(X\leqslant1)=4P(X=2)$ 知 $e^{-\lambda}+\lambda e^{-\lambda}=2\lambda^2e^{-\lambda}$，

即 $2\lambda^2-\lambda-1=0$，解得 $\lambda=1$，故 $P(X=3)=\frac{1}{6}e^{-1}$，选 A.

【例 17】设随机变量 X 服从参数为 λ 的 Poisson（泊松）分布，且 $P(X=0)=\frac{1}{2}$.

(1) $\lambda=($　　$)$.

(A) ln2　　(B) ln3　　(C) 2ln2　　(D) $\frac{1}{2}\ln2$　　(E) $\frac{1}{3}\ln2$

(2) $P(X>1)=($　　$)$.

(A) $\frac{1}{2}(1-\ln3)$　　(B) $\frac{1}{3}(1-\ln2)$

(C) $\frac{1}{4}(1-\ln3)$　　(D) $\frac{1}{2}(1-\ln2)$

(E) $\frac{1}{2}(1-\ln5)$

[解析] (1) 因为 $P(X=0)=\frac{\lambda^0}{0!}e^{-\lambda}=\frac{1}{2}$，所以 $\lambda=\ln2$，选 A.

(2) $P(X>1)=1-P(X\leqslant1)=1-[P(X=0)+P(X=1)]$

$=1-\left(\frac{1}{2}+\frac{1}{2}\ln2\right)=\frac{1}{2}(1-\ln2)$，选 D.

【例 18】设书籍上每页的印刷错误的个数 X 服从 Poisson（泊松）分布. 经统计发现在某本书上，有一个印刷错误与有两个印刷错误的页数相同，则任意检验 4 页，每页上都没有印刷错误的概率为（　　）.

(A) e^{-2}　　(B) e^{-4}　　(C) e^{-6}　　(D) e^{-8}　　(E) $1-e^{-8}$

[解析] 因为 $P(X=1)=P(X=2)$，即 $\frac{\lambda^1}{1!}e^{-\lambda}=\frac{\lambda^2}{2!}e^{-\lambda}$，$\lambda=2$，

所以 $P(X=0)=e^{-2}$，$p=(e^{-2})^4=e^{-8}$，选 D.

【例 19】在长度为 t 的时间间隔内，某急救中心收到紧急呼救的次数 X 服从参数为 $\frac{t}{2}$ 的 Poisson（泊松）分布，而与时间间隔的起点无关（时间以小时计）.

(1) 某一天从中午 12 时至下午 3 时没有收到紧急呼救的概率为（　　）.

(A) e^{-1}　　(B) $e^{-\frac{3}{2}}$　　(C) e^{-2}　　(D) $e^{-\frac{5}{2}}$　　(E) $1-e^{-2}$

(2) 某一天从中午 12 时至下午 5 时至少收到 1 次紧急呼救的概率为（　　）.

(A) $1-e^{-\frac{5}{2}}$　　(B) $e^{-\frac{5}{2}}$　　(C) $1-e^{-\frac{3}{2}}$　　(D) $e^{-\frac{3}{2}}$　　(E) e^{-2}

[解析] (1) $t=3$，$\lambda=\frac{3}{2}$，$P(X=0)=e^{-\frac{3}{2}}$，选 B.

(2) $t=5$，$\lambda=\frac{5}{2}$，$P(X\geqslant1)=1-P(X=0)=1-e^{-\frac{5}{2}}$，选 A.

题型 05 常见连续型随机变量

提示 掌握考纲常见的三个连续型随机变量，从使用背景、表达式含义、特征等角度掌握做题方法.

【例 20】设连续型随机变量 X 的概率密度为 $f(x)=\begin{cases}2x & 0\leqslant x\leqslant1\\0 & 其他\end{cases}$. 以 Y 表示对 X 的三次独立重复试验中"$X\leqslant\frac{1}{2}$"出现的次数，则概率 $P(Y=2)=($　　$)$.

(A) $\frac{1}{32}$　(B) $\frac{3}{64}$　(C) $\frac{5}{64}$　(D) $\frac{3}{32}$　(E) $\frac{9}{64}$

[解析] $P\left(X\leqslant\frac{1}{2}\right)=\int_0^{\frac{1}{2}}2x\mathrm{d}x=\frac{1}{4}$，$P(Y=2)=C_3^2\left(\frac{1}{4}\right)^2\left(\frac{3}{4}\right)=\frac{9}{64}$，选 E.

【例 21】假设某地在任何长为 t（年）的时间间隔内发生地震的次数 $N(t)$ 服从参数为 $\lambda=0.1t$ 的 Poisson（泊松）分布，X 表示连续两次地震之间相隔的时间（单位：年）.

(1) 今后 3 年内再次发生地震的概率为（　　）.

(A) $e^{-0.3}$　(B) $1-e^{-0.3}$　(C) $e^{-0.5}$　(D) $1-e^{-0.5}$　(E) $1-e^{-0.2}$

(2) 今后 3 年到 5 年内再次发生地震的概率为（　　）.

(A) $e^{-0.5}$　(B) $e^{-0.3}$　(C) $e^{-0.3}-e^{-0.5}$　(D) $e^{0.5}-e^{0.3}$　(E) $1-e^{-0.5}$

[解析] 当 $t\geqslant0$ 时，$P(X>t)=P(N(t)=0)=e^{-0.1t}$，

所以 $F(t)=P(X\leqslant t)=1-P(X>t)=1-e^{-0.1t}$.

当 $t<0$ 时，$F(t)=0$.

所以 $F(x)=\begin{cases}1-e^{-0.1x} & x\geqslant0\\0 & x<0\end{cases}$，$X$ 服从指数分布($\lambda=0.1$).

(1) $F(3)=1-e^{-0.3}$，选 B.

(2) $F(5)-F(3)=e^{-0.3}-e^{-0.5}$，选 C.

【例 22】设随机变量 X 服从 $[1,5]$ 上的均匀分布.

(1) 如果 $x_1<1<x_2<5$，$P(x_1<X<x_2)=($　　$)$.

(A) $\frac{x_2-x_1}{4}$　(B) $\frac{1-x_1}{4}$　(C) $\frac{x_2-1}{4}$　(D) $\frac{5-x_2}{4}$　(E) $\frac{x_2}{4}$

(2) 如果 $1<x_1<5<x_2$，$P(x_1<X<x_2)=($　　$)$.

(A) $\frac{5-x_1}{4}$　(B) $\frac{x_2-5}{4}$　(C) $\frac{x_2-x_1}{4}$　(D) $\frac{x_1-1}{4}$　(E) $\frac{x_2-x_1}{6}$

[解析] X 的概率密度为 $f(x)=\begin{cases}\frac{1}{4} & 1\leqslant x\leqslant5\\0 & 其他\end{cases}$.

(1) $P(x_1 < X < x_2) = \int_1^{x_2} \frac{1}{4}\mathrm{d}x = \frac{1}{4}(x_2 - 1)$，选 C.

(2) $P(x_1 < X < x_2) = \int_{x_1}^{5} \frac{1}{4}\mathrm{d}x = \frac{1}{4}(5 - x_1)$，选 A.

【例 23】设顾客排队等待服务的时间 X（以分计）服从 $\lambda = \frac{1}{5}$ 的指数分布．某顾客等待服务，若超过 10 分钟，他就离开．他一个月要去等待服务 5 次，以 Y 表示一个月内他未等到服务而离开的次数，则 $P(Y \geqslant 1) = ($　　$)$.

(A) $1 - \mathrm{e}^{-2}$　　(B) $(1 - \mathrm{e}^{-2})^5$　　(C) $1 - (1 - \mathrm{e}^{-2})^5$

(D) $1 - \mathrm{e}^{-5}$　　(E) $1 - (1 - \mathrm{e}^{-5})^2$

［解析］$P(X \geqslant 10) = 1 - P(X < 10) = 1 - (1 - \mathrm{e}^{-\frac{1}{5}\times 10}) = \mathrm{e}^{-2}$，

所以 $P(Y = k) = C_5^k(\mathrm{e}^{-2})^k(1 - \mathrm{e}^{-2})^{5-k}$，$k = 0, 1, 2, 3, 4, 5$.

$P(Y \geqslant 1) = 1 - (1 - \mathrm{e}^{-2})^5$，选 C.

【例 24】设 $X \sim N(-1, 16)$.

(1) $P(|X| < 4) = ($　　$)$.

(A) $\Phi\left(\frac{5}{4}\right) - \Phi\left(\frac{3}{4}\right)$　　(B) $\Phi\left(\frac{5}{4}\right) + \Phi\left(\frac{3}{4}\right)$

(C) $\Phi\left(\frac{5}{4}\right) + \Phi\left(\frac{3}{4}\right) - 1$　　(D) $\Phi\left(\frac{5}{4}\right) + \Phi\left(\frac{3}{4}\right) - \frac{1}{2}$

(E) $\Phi\left(\frac{5}{4}\right) - \Phi\left(\frac{3}{4}\right) + 1$

(2) $P(|X - 1| > 1) = ($　　$)$.

(A) $\Phi\left(\frac{1}{4}\right) + \Phi\left(\frac{3}{4}\right)$　　(B) $\Phi\left(\frac{1}{4}\right) - \Phi\left(\frac{3}{4}\right) + 1$

(C) $\Phi\left(\frac{3}{4}\right) - \Phi\left(\frac{1}{4}\right)$　　(D) $\Phi\left(\frac{1}{4}\right) + \Phi\left(\frac{3}{4}\right) - 1$

(E) $\Phi\left(\frac{1}{4}\right) + \Phi\left(\frac{3}{4}\right) + \frac{1}{2}$

［解析］(1) $P(|X| < 4) = \Phi\left(\frac{4+1}{4}\right) - \Phi\left(\frac{-4+1}{4}\right) = \Phi\left(\frac{5}{4}\right) - \Phi\left(\frac{-3}{4}\right)$

$= \Phi\left(\frac{5}{4}\right) + \Phi\left(\frac{3}{4}\right) - 1$，选 C.

(2) $P(|X - 1| > 1) = P[(X < 0) \cup (X > 2)] = P(X < 0) + P(X > 2)$

$= \Phi\left(\frac{0+1}{4}\right) + 1 - \Phi\left(\frac{2+1}{4}\right) = \Phi\left(\frac{1}{4}\right) + 1 - \Phi\left(\frac{3}{4}\right)$，选 B.

【例 25】设随机变量 X 的概率密度为 $f(x) = \frac{1}{2\sqrt{\pi}}\mathrm{e}^{-\frac{(x+2)^2}{4}}$，$-\infty < x < +\infty$，且 $Y = aX + b \sim N(0, 1)$，则在下列各组数中应取（　　）.

(A) $a = \frac{1}{2}$，$b = 1$　　(B) $a = \frac{\sqrt{2}}{2}$，$b = \sqrt{2}$

(C) $a=\frac{1}{2}$, $b=-1$　　　(D) $a=\frac{\sqrt{2}}{2}$, $b=-\sqrt{2}$

(E) $a=\frac{1}{2}$, $b=\sqrt{2}$

[解析] $f(x)=\frac{1}{2\sqrt{\pi}}e^{-\frac{(x+2)^2}{4}}=\frac{1}{\sqrt{2}\sqrt{2\pi}}e^{-\frac{[x-(-2)]^2}{2(\sqrt{2})^2}}$，即 $X\sim N(-2,\sqrt{2}^2)$.

故当 $a=\frac{1}{\sqrt{2}}$，$b=-\frac{-2}{\sqrt{2}}=\sqrt{2}$时，$Y=aX+b\sim N(0,1)$，应选 B.

题型 06 随机变量函数的分布

提示 掌握随机变量函数的分布求解方法.

【例 26】已知 X 的概率分布为

X	-2	-1	0	1	2	3
p	$2a$	$\frac{1}{10}$	$3a$	a	a	$2a$

(1) $a=$(　　).

(A) $\frac{1}{6}$　　(B) $\frac{1}{8}$　　(C) $\frac{1}{10}$　　(D) $\frac{1}{12}$　　(E) $\frac{1}{16}$

(2) 求 $Y=X^2-1$ 的概率分布.

[解析] (1) 因为 $2a+\frac{1}{10}+3a+a+a+2a=1$，所以 $a=\frac{1}{10}$，选 C.

(2)

Y	-1	0	3	8
p	$\frac{3}{10}$	$\frac{1}{5}$	$\frac{3}{10}$	$\frac{1}{5}$

【例 27】设随机变量 X 服从 $[a,b]$ 上的均匀分布，令 $Y=cX+d(c\neq 0)$，试求随机变量 Y 的密度函数.

[解析] $f_Y(y)=\begin{cases} f_X\left(\frac{y-d}{c}\right)\cdot\frac{1}{|c|} & a\leqslant\frac{y-d}{c}\leqslant b \\ 0 & 其他 \end{cases}$.

当 $c>0$ 时，$f_Y(y)=\begin{cases} \frac{1}{c(b-a)} & ca+d\leqslant y\leqslant cb+d \\ 0 & 其他 \end{cases}$.

当 $c<0$ 时，$f_Y(y)=\begin{cases} -\frac{1}{c(b-a)} & cb+d\leqslant y\leqslant ca+d \\ 0 & 其他 \end{cases}$.

题型 07　独立性的考题

提示　考察两个或多个随机变量的独立性，根据独立性来求解概率的乘法公式.

【例 28】设随机变量 X 与 Y 相互独立，其概率分布分别为

X	0	1
p	0.4	0.6

Y	0	1
p	0.4	0.6

则有（　　）.

(A) $P(X=Y)=0$　　(B) $P(X=Y)=0.5$

(C) $P(X=Y)=0.52$　　(D) $P(X=Y)=1$

(E) $P(X\neq Y)=0.5$

[解析] $P(X=Y)=P(X=0,\ Y=0)+P(X=1,\ Y=1)=0.4\times0.4+0.6\times0.6=0.52$，应选 C.

题型 08　二维随机变量

提示　利用随机变量相互独立的充要条件

(1) 离散型随机变量 X 和 Y 相互独立的充要条件是：对于任意的 i，$j=1$，2，…，有

$$P(X=x_i,\ Y=y_j)=P(X=x_i)\cdot P(Y=y_j),$$

即对任意的 i，$j=1$，2，…，有 $p_{ij}=p_i p_j$.

(2) 连续型随机变量 X 和 Y 相互独立的充要条件是：对于任意的 x，y 均有

$$f(x,\ y)=f_X(x)f_Y(y).$$

【例 29】设随机变量 X，Y 相互独立，下表列出了二维随机变量的联合分布律的部分数值以及二维随机变量关于 Y 的边缘分布律的部分数值，请将剩余数值填入表中空白处.

	y_1	y_2	y_3	p_i
x_1		$\frac{1}{8}$		
x_2	$\frac{1}{8}$			
p_j	$\frac{1}{6}$			

[解析] 题目已知 X，Y 相互独立，故可得

$$P(Y=y_1)=P(X=x_1,\ Y=y_1)+P(X=x_2,\ Y=y_1)=P(X=x_1,\ Y=y_1)+\frac{1}{8}=\frac{1}{6},$$

故可得 $P(X=x_1,\ Y=y_1)=\frac{1}{24}$,

$$P(X=x_1,\ Y=y_1)=P(X=x_1)P(Y=y_1)=\frac{1}{6}P(X=x_1)=\frac{1}{24},$$

故可得 $P(X=x_1)=\frac{1}{4}$，

$$P(X=x_1,\ Y=y_2)=P(X=x_1)P(Y=y_2)=\frac{1}{4}P(Y=y_2)=\frac{1}{8},$$

故可得 $P(Y=y_2)=\frac{1}{2}$，

$$P(Y=y_2)=P(X=x_1,\ Y=y_2)+P(X=x_2,\ Y=y_2)=\frac{1}{8}+P(X=x_2,\ Y=y_2)=\frac{1}{2},$$

故可得 $P(X=x_2,\ Y=y_2)=\frac{3}{8}$，

$$\begin{aligned}P(X=x_1)&=P(X=x_1,\ Y=y_1)+P(X=x_1,\ Y=y_2)+P(X=x_1,\ Y=y_3)\\&=\frac{1}{24}+\frac{1}{8}+P(X=x_1,\ Y=y_3)=\frac{1}{4},\end{aligned}$$

故可得 $P(X=x_1,\ Y=y_3)=\frac{1}{12}$，

$$P(X=x_1,\ Y=y_3)=P(X=x_1)P(Y=y_3)=\frac{1}{4}P(Y=y_3)=\frac{1}{12},$$

故可得 $P(Y=y_3)=\frac{1}{3}$，

$$P(Y=y_3)=P(Y=y_3,\ X=x_1)+P(Y=y_3,\ X=x_2)=\frac{1}{12}+P(Y=y_3,\ X=x_2)=\frac{1}{3},$$

故可得 $P(Y=y_3,\ X=x_2)=\frac{1}{4}$，

$$\begin{aligned}P(X=x_2)&=P(X=x_2,\ Y=y_1)+P(X=x_2,\ Y=y_2)+P(X=x_2,\ Y=y_3)\\&=\frac{1}{8}+\frac{3}{8}+\frac{1}{4}=\frac{3}{4},\end{aligned}$$

故可得 $P(X=x_1)+P(X=x_2)=\frac{1}{4}+\frac{3}{4}=1$.

【例 30】设随机变量 X 和 Y 相互独立，且均服从区间[0，3]上的均匀分布，则 $P(\max\{X,\ Y\}\leqslant 1)=(\quad)$.

(A) $\frac{1}{9}$　(B) $\frac{1}{8}$　(C) $\frac{1}{6}$　(D) $\frac{1}{5}$　(E) $\frac{1}{4}$

［解析］X 和 Y 均服从区间[0，3]上的均匀分布，则可知 X 和 Y 的概率密度函数分别为

$$f(x)=\begin{cases}\frac{1}{3} & 0\leqslant x\leqslant 3\\ 0 & \text{其他}\end{cases},\ f(y)=\begin{cases}\frac{1}{3} & 0\leqslant y\leqslant 3\\ 0 & \text{其他}\end{cases}.$$

故 $$P(X\leqslant 1)=P(Y\leqslant 1)=\int_{-\infty}^{1}f(x)\mathrm{d}x=\int_{0}^{1}\frac{1}{3}\mathrm{d}x=\frac{1}{3}.$$

又 X 和 Y 相互独立，则

$$P(\max\{X,\ Y\}\leqslant 1)=P(X\leqslant 1,\ Y\leqslant 1)=P(X\leqslant 1)P(Y\leqslant 1)=\frac{1}{3}\times\frac{1}{3}=\frac{1}{9},$$

故选 A.

第三节　点睛归纳

一、随机变量及其分布函数

1. 随机变量的概念及分类

（1）定义

设试验的样本空间为Ω，如果对Ω中每个事件ω都有唯一的实数值$X=X(\omega)$与之对应，则称$X=X(\omega)$为随机变量，简记为X. 一般用大写英文字母X，Y，Z等表示随机变量.

（2）类型

①离散型随机变量（X所取值只有有限个或可列无穷个）；②连续型随机变量；③非离散非连续型随机变量.

2. 分布函数

（1）定义

$F(x)=P(X\leqslant x)$，$-\infty<x<+\infty$为X的分布函数.

①显然任何随机变量都有分布函数.

②分布函数$F(x)$是普通函数，定义域为$(-\infty,\infty)$，值域为$[0,1]$.

③$F(x)$在某x_0处的值$F(x_0)$表示X在$(-\infty,x_0]$内取值的概率.

（2）性质

①$0\leqslant F(x)\leqslant 1$.

②单调不减，即对任何$x_1<x_2$，有$F(x_1)\leqslant F(x_2)$.

③右连续，即对任何实数x，有$F(x+0)=F(x)$.

④$F(-\infty)=0$，$F(+\infty)=1$.

3. 相关事件概率

①$P(X\leqslant b)=F(b)$，$P(X<b)=F(b-0)$. 【必背】

②$P(a<X\leqslant b)=F(b)-F(a)$.

③$P(a\leqslant X<b)=F(b-0)-F(a-0)$.

④$P(X=b)=F(b)-F(b-0)$.

二、离散型随机变量

1. 定义

$P(X=x_k)=p_k$，$k=1,2,\cdots$. X取值只有有限个或可列无穷个.

2. 分布律

$P(X=x_i)=p_i$，$i=1,2,\cdots,n,\cdots$（表述1）

X	x_1	x_2	$\cdots$	x_n	$\cdots$
P	p_1	p_2	$\cdots$	p_n	$\cdots$

（表述 2）

满足：①非负性 $p_i \geqslant 0$，$i=1, 2, \cdots, n, \cdots$；

② $\sum_{i=1}^{\infty} p_i = 1$.【逆向思维的隐含条件】

3. 分布函数

设 X 的分布律 $P(X=x_i)=p_i$，$i=1, 2, \cdots, n, \cdots$，

则 $F(x) = P(X \leqslant x) = \sum_{x_i \leqslant x} P(X = x_i)$，$-\infty < x < +\infty$.

【若已知 X 的分布函数 $F(x)$，则易求得 X 分布律：$P(X=x_i)=F(x_i)-F(x_i-0)$，$i=1, 2, \cdots$】

三、连续型随机变量

1. 定义

$F(x) = \int_{-\infty}^{x} f(t)\mathrm{d}t$，$-\infty < x < +\infty$，其中 $f(x)$ 为 X 的概率密度函数.

【连续型：求分布函数就是求概率，求概率即求积分】

（※利用 Γ 函数 $\int_0^{+\infty} x^n \mathrm{e}^{-x}\mathrm{d}x = n!$ 可简化求解）

2. 概率密度 $f(x)$ 的性质

（1）$f(x) \geqslant 0$（非负可积性）.

（2）$\int_{-\infty}^{+\infty} f(x)\mathrm{d}x = 1$.【众多题型另一个隐含条件】

3. 连续型性质【重要】

① $F(x)$ 为连续函数.

②对于 $f(x)$ 的连续点 x，有 $F'(x)=f(x)$.

③对于任何实数 c，$P(X=c)=0$.

④$P(a < X \leqslant b) = P(a \leqslant X < b) = P(a < X < b) = \int_a^b f(x)\mathrm{d}x$.

【连续型 $x<a$ 和 $x \leqslant a$ 在概率中相等】

四、六大分布

1. 0－1 分布

X	0	1
P	$1-p$	p

$(0<p<1)$

2. 二项分布 $B(n, p)$

分布律：$P(X=k)=C_n^k p^k(1-p)^{n-k}$，$k=0, 1, 2, \cdots, n.$

模型是 n 重伯努利试验【难点：模型要自己建立】

3. 泊松分布

分布律：$P(X=k)=\frac{\lambda^k}{k!}e^{-\lambda}$，$k=0, 1, 2, \cdots, n, \lambda>0.$

泊松定理：设在 n 重伯努利试验中，A 每次发生的概率为 p_n（p_n 与 n 有关），$n\to\infty$ 时，$np_n\to\lambda(\lambda>0)$，对任一非负整数 k，有 $\lim\limits_{n\to\infty}C_n^k p_n^k(1-p_n)^{n-k}=\frac{\lambda^k}{k!}e^{-\lambda}$.

【泊松定理表明，$X\sim B(n, p)$，当 n 很大（$n>100$），p 很小（$p<0.1$），而 np 适中时，有 $P(X=k)=C_n^k {p_n}^k(1-p_n)^{n-k}\approx\frac{\lambda^k}{k!}e^{-\lambda}$，其中 $\lambda=np$】

4. 均匀分布 $U(a, b)$

密度函数 $$f(x)=\begin{cases}\frac{1}{b-a} & a<x<b\\ 0 & \text{其他}\end{cases}.$$

分布函数 $$F(x)=\begin{cases}0 & x<a\\ \frac{x-a}{b-a} & a\leqslant x<b\\ 1 & x\geqslant b\end{cases}.$$

5. 指数分布 $E(\lambda)$

密度函数 $$f(x)=\begin{cases}\lambda e^{-\lambda x} & x>0\\ 0 & \text{其他}\end{cases}.$$

分布函数 $$F(x)=\begin{cases}1-e^{-\lambda x} & x>0\\ 0 & \text{其他}\end{cases}.$$

指数分布的无记忆性：设 $X\sim E(\lambda)$，则对任意 $s>0$，$t>0$，有 $P(X>s+t\mid X>s)=P(X>t)$.

【背景了解：机器元件使用寿命、生物生命周期等】

6. 正态分布【用图像法解题】

（1）一般正态分布 $X\sim N(\mu, \sigma^2)$

密度函数 $f(x)=\frac{1}{\sqrt{2\pi}\sigma}e^{-\frac{(x-\mu)^2}{2\sigma^2}}$，$-\infty<x<+\infty$，其中 $\sigma>0$，$-\infty<\mu<+\infty$.

分布函数 $$F(x)=\int_{-\infty}^{x}\frac{1}{\sqrt{2\pi}\sigma}e^{-\frac{(t-\mu)^2}{2\sigma^2}}dt, \quad -\infty<x<+\infty.$$

（2）标准正态分布 $X\sim N(0, 1)$

密度函数 $$\varphi(x)=\frac{1}{\sqrt{2\pi}}e^{-\frac{x^2}{2}}, \quad -\infty<x<+\infty.$$

分布函数 $\Phi(x)=\int_{-\infty}^{x}\frac{1}{\sqrt{2\pi}}e^{-\frac{t^2}{2}}dt,\ -\infty<x<+\infty.$

性质:①$\varphi(-x)=\varphi(x)$;②$\Phi(0)=\frac{1}{2}$;③$\Phi(-x)=1-\Phi(x)$.

补充:$P(|X|\leqslant a)=1-2P(X>a)=1-2[1-P(X<a)]=2\Phi(a)-1$,
$P(|X|>a)=2[1-\Phi(a)]$.

(3) 标准化

如果 $X\sim N(\mu,\sigma^2)$,则$\frac{X-\mu}{\sigma}\sim N(0,1)$.

① 概率 $P(a<X\leqslant b)=P\left(\frac{a-\mu}{\sigma}<\frac{X-\mu}{\sigma}<\frac{b-\mu}{\sigma}\right)=\Phi\left(\frac{b-\mu}{\sigma}\right)-\Phi\left(\frac{a-\mu}{\sigma}\right)$.

② 对称性 $P(X\geqslant\mu)=P(X\leqslant\mu)=\frac{1}{2}$.

五、随机变量函数的分布

设 Y 是随机变量 X 的函数,$Y=g(X)$,其中 $g(X)$ 为连续函数或分段函数.

1. X 为一般型

$$F_Y(y)=P(Y\leqslant y)=P(g(X)\leqslant y).$$

2. X 为离散型

X 的分布律 $P(X=x_i)=p_i,i=1,2,\cdots$,则 $Y=g(X)$ 的分布律 $P(Y=y_j)=P(g(X)=y_j)=\sum_{g(x_i)=y_j}P(X=x_i)$.

【如果 $g(x_k)$ 有相同值,取相应概率之和为 Y 取该值的概率】

3. X 为连续型

①公式法(不推荐).【需要 $y=g(x)$ 严格单调】

②分布函数法(推荐且万能):

$F_Y(y)=P(Y\leqslant y)=P(g(X)\leqslant y)=\int_{g(x)\leqslant y}f_X(x)dx$,

$f_Y(y)=F_Y'(y)$.

第四节　阶梯训练

基础能力题

1. 如下函数中（　　）是随机变量 X 的分布函数.

(A) $F(x)=\begin{cases}0 & x<-2\\ \frac{1}{2} & -2\leqslant x<0\\ 2 & x\geqslant 0\end{cases}$　　(B) $F(x)=\begin{cases}0 & x<0\\ \sin x & 0\leqslant x<\pi\\ 1 & x\geqslant \pi\end{cases}$

(C) $F(x)=\begin{cases}0 & x<0\\ \sin x & 0\leqslant x<\frac{\pi}{2}\\ 1 & x\geqslant \frac{\pi}{2}\end{cases}$　　(D) $F(x)=\begin{cases}0 & x<0\\ x+\frac{1}{3} & 0\leqslant x\leqslant \frac{1}{2}\\ 1 & x>\frac{1}{2}\end{cases}$

(E) 以上均不是分布函数

2. $P(X=k)=c\frac{\lambda^k e^{-\lambda}}{k!}(k=0,2,4,\cdots)$是随机变量 X 的概率分布，则 λ，c 一定满足（　　）.

(A) $\lambda>0$　　(B) $c>0$　　(C) $c\lambda>0$

(D) $c>0$ 且 $\lambda>0$　　(E) $c=\frac{1}{\lambda}$

3. $X\sim N(1,1)$，概率密度为 $f(x)$，分布函数为 $F(x)$，则（　　）.

(A) $P(X\leqslant 0)=P(X\geqslant 0)=0.5$　　(B) $f(x)=f(-x)$，$x\in(-\infty,+\infty)$

(C) $P(X\leqslant 1)=P(X\geqslant 1)=0.5$　　(D) $F(x)=1-F(-x)$，$x\in(-\infty,+\infty)$

(E) $f(x)=f(1-x)$，$x\in(-\infty,+\infty)$

4. 设函数 $F(x)=\begin{cases}0 & x\leqslant 0\\ \frac{x}{2} & 0<x\leqslant 1\\ 1 & x>1\end{cases}$，则有（　　）.

(A) $F(x)$是随机变量 X 的分布函数　(B) $F(x)$不是分布函数

(C) $F(x)$是离散型分布函数　　(D) $F(x)$是连续型分布函数

(E) 无法确定

5. 设随机变量 $X\sim N(0,1)$，X 的分布函数为 $\Phi(x)$，则 $P(|X|>2)$的值为（　　）.

(A) $2[1-\Phi(2)]$　　(B) $2\Phi(2)-1$　　(C) $2-\Phi(2)$

(D) $1-2\Phi(2)$　　(E) $1-\Phi(2)$

6. 设随机变量 $X\sim B(2,p)$，$Y\sim B(3,p)$，若 $P(X\geqslant 1)=\frac{5}{9}$，则 $P(Y\geqslant 1)=$（　　）.

(A) $\frac{7}{27}$　　(B) $\frac{11}{27}$　　(C) $\frac{13}{27}$　　(D) $\frac{17}{27}$　　(E) $\frac{19}{27}$

7. 设 $X \sim P(\lambda)$，且 $P(X=1)=P(X=2)$.

(1) $P(X \geqslant 1)=($　　$)$.

(A) $1-e^{-2}$　　(B) $1-e^{-1}$　　(C) e^{-2}　　(D) e^{-1}　　(E) $e^{-1}-e^{-2}$

(2) $P(0<X^2<3)=($　　$)$.

(A) e^{-1}　　(B) $2e^{-1}$　　(C) e^{-2}　　(D) $2e^{-2}$　　(E) $1-e^{-2}$

8. 已知随机变量 X 只能取 $-1, 0, 1, 2$ 四个数值，其相应的概率依次为$\frac{1}{2c}$，$\frac{3}{4c}$，$\frac{5}{8c}$，$\frac{2}{16c}$，则 $c=($　　$)$.

(A) $\frac{1}{2}$　　(B) 1　　(C) $\frac{3}{2}$　　(D) 2　　(E) $\frac{5}{2}$

9. 用随机变量 X 的分布函数 $F(x)$ 表示下述概率：

$P(X \leqslant a)=$________.　　$P(X=a)=$________.

$P(X>a)=$________.　　$P(x_1<X \leqslant x_2)=$________.

10. 设 k 在 $(0, 5)$ 上服从均匀分布，则 $4x^2+4kx+k+2=0$ 有实根的概率为(　　).

(A) $\frac{1}{4}$　　(B) $\frac{1}{3}$　　(C) $\frac{2}{5}$　　(D) $\frac{2}{3}$　　(E) $\frac{3}{5}$

11. 一袋中有 5 只乒乓球，编号为 1，2，3，4，5，在其中同时取 3 只，以 X 表示取出的 3 只球中的最大号码，写出随机变量 X 的分布律.

12. 设在 15 只同类型零件中有 2 只为次品，在其中取 3 次，每次任取 1 只，作不放回抽样，以 X 表示取出的次品个数，求：

(1) X 的分布律；

(2) X 的分布函数；

(3) $P\left(X \leqslant \frac{1}{2}\right)$，$P\left(1<X \leqslant \frac{3}{2}\right)$，$P\left(1 \leqslant X \leqslant \frac{3}{2}\right)$，$P(1<X<2)$.

13. 随机变量 X 的密度为 $\varphi(x)=\begin{cases}\frac{c}{\sqrt{1-x^2}} & |x|<1 \\ 0 & \text{其他}\end{cases}$.

(1) 常数 $c=($　　$)$.

(A) $\frac{1}{2\pi}$　　(B) $\frac{1}{3\pi}$　　(C) $\frac{1}{\pi}$　　(D) $\frac{2}{3\pi}$　　(E) $\frac{3}{4\pi}$

(2) X 落在 $\left(-\frac{1}{2}, \frac{1}{2}\right)$ 内的概率为(　　).

(A) $\frac{1}{6}$　　(B) $\frac{1}{4}$　　(C) $\frac{1}{5}$　　(D) $\frac{1}{2}$　　(E) $\frac{1}{3}$

14. 一教授当下课铃打响时，他还不结束讲解，他常在下课铃响后一分钟以内结束他的讲解，以 X 表示响铃至结束讲解的时间，设 X 的概率密度为

$$f(x)=\begin{cases}kx^2 & 0 \leqslant x \leqslant 1 \\ 0 & \text{其他}\end{cases}.$$

(1) k 的值为(　　).

（A）1　　（B）2　　（C）$\frac{2}{3}$　　（D）3　　（E）$\frac{3}{2}$

（2）$P\left(X\leqslant\frac{1}{3}\right)=$（　　）.

（A）$\frac{1}{27}$　　（B）$\frac{2}{27}$　　（C）$\frac{1}{9}$　　（D）$\frac{4}{27}$　　（E）$\frac{5}{27}$

（3）$P\left(\frac{1}{4}\leqslant X\leqslant\frac{1}{2}\right)=$（　　）.

（A）$\frac{1}{32}$　　（B）$\frac{1}{64}$　　（C）$\frac{3}{64}$　　（D）$\frac{5}{64}$　　（E）$\frac{7}{64}$

（4）$P\left(X>\frac{2}{3}\right)=$（　　）.

（A）$\frac{13}{27}$　　（B）$\frac{19}{27}$　　（C）$\frac{20}{27}$　　（D）$\frac{7}{9}$　　（E）$\frac{23}{27}$

基础能力题详解

1. **C**　（A）不满足 $F(+\infty)=1$，排除（A）；（B）不满足单调递增，排除（B）；（D）不满足 $F\left(\frac{1}{2}+0\right)=F\left(\frac{1}{2}\right)$，排除（D）；（C）正确.

2. **B**　因为 $P(X=k)=c\frac{\lambda^k e^{-\lambda}}{k!}(k=0,2,4,\cdots)$，所以 $c>0$. 而 k 为偶数，所以 λ 可以为负.

3. **C**　因为 $\mu=1$，所以 $P(X\leqslant1)=P(X\geqslant1)=0.5$.

4. **B**　因为不满足 $F(1+0)=F(1)$，所以 $F(x)$ 不是分布函数，（B）正确.

5. **A**　$X\sim N(0,1)$，所以 $P(|X|>2)=1-P(|X|\leqslant2)=1-P(-2<X\leqslant2)=1-\Phi(2)+\Phi(-2)=1-[2\Phi(2)-1]=2[1-\Phi(2)]$.

6. **E**　$P(X=0)=1-P(X\geqslant1)=1-\frac{5}{9}=\frac{4}{9}$，$(1-p)^2=\frac{4}{9}$，$p=\frac{1}{3}$，

$P(Y\geqslant1)=1-P(Y=0)=1-\left(\frac{2}{3}\right)^3=\frac{19}{27}$.

7. $P(X=1)=P(X=2)\Rightarrow\frac{\lambda^1}{1!}e^{-\lambda}=\frac{\lambda^2}{2!}e^{-\lambda}\Rightarrow\lambda=\frac{\lambda^2}{2}\Rightarrow\lambda=2(\lambda>0)$.

（1）**A**　$P(X\geqslant1)=1-P(X=0)=1-\frac{\lambda^0}{0!}e^{-\lambda}=1-e^{-2}$.

（2）**D**　$P(0<X^2<3)=P(X=1)=2e^{-2}$.

8. **D**　$1=\frac{1}{2c}+\frac{3}{4c}+\frac{5}{8c}+\frac{2}{16c}=\frac{32}{16c}$，$c=2$.

9. $P(X\leqslant a)=F(a)$；　$P(X=a)=P(X\leqslant a)-P(X<a)=F(a)-F(a-0)$；
$P(X>a)=1-F(a)$；　$P(x_1<X\leqslant x_2)=F(x_2)-F(x_1)$.

10. **E**　k 的分布密度函数为 $f(k)=\begin{cases}\frac{1}{5} & 0\leqslant k\leqslant5\\ 0 & 其他\end{cases}$.

$$P(4x^2+4kx+k+2=0\text{有实根})=P(16k^2-16k-32\geqslant 0)$$
$$=P(k\leqslant -1\text{或}k\geqslant 2)=\int_2^5\frac{1}{5}\mathrm{d}k=\frac{3}{5}.$$

11. $X=3$，4，5. $P(X=3)=\frac{1}{C_5^3}=0.1$，$P(X=4)=\frac{3}{C_5^3}=0.3$，$P(X=5)=\frac{C_4^2}{C_5^3}=0.6$.

故所求分布律为

X	3	4	5
p	0.1	0.3	0.6

12. （1）$X=0$，1，2. $P(X=0)=\frac{C_{13}^3}{C_{15}^3}=\frac{22}{35}$，$P(X=1)=\frac{C_2^1C_{13}^2}{C_{15}^3}=\frac{12}{35}$，$P(X=2)=\frac{C_{13}^1}{C_{15}^3}=\frac{1}{35}$.

故 X 的分布律为

X	0	1	2
p	$\frac{22}{35}$	$\frac{12}{35}$	$\frac{1}{35}$

（2）当 $x<0$ 时，$F(x)=P(X\leqslant x)=0$.

当 $0\leqslant x<1$ 时，$F(x)=P(X\leqslant x)=P(X=0)=\frac{22}{35}$.

当 $1\leqslant x<2$ 时，$F(x)=P(X\leqslant x)=P(X=0)+P(X=1)=\frac{34}{35}$.

当 $x\geqslant 2$ 时，$F(x)=P(X\leqslant x)=1$.

故 X 的分布函数

$$F(x)=\begin{cases}0 & x<0\\ \frac{22}{35} & 0\leqslant x<1\\ \frac{34}{35} & 1\leqslant x<2\\ 1 & x\geqslant 2\end{cases}.$$

（3）$P\left(X\leqslant\frac{1}{2}\right)=F\left(\frac{1}{2}\right)=\frac{22}{35}$，$P\left(1<X\leqslant\frac{3}{2}\right)=F\left(\frac{3}{2}\right)-F(1)=\frac{34}{35}-\frac{34}{35}=0$，

$P\left(1\leqslant X\leqslant\frac{3}{2}\right)=P(X=1)+P\left(1<X\leqslant\frac{3}{2}\right)=\frac{12}{35}$，

$P(1<X<2)=F(2)-F(1)-P(X=2)=1-\frac{34}{35}-\frac{1}{35}=0$.

13. （1）C　$1=\int_{-\infty}^{+\infty}\varphi(x)\mathrm{d}x=\int_{-1}^{1}\frac{c}{\sqrt{1-x^2}}\mathrm{d}x=2c\arcsin x\Big|_0^1=2c\cdot\frac{\pi}{2}=c\pi$，$c=\frac{1}{\pi}$.

（2）E　$P\left(-\frac{1}{2}<x<\frac{1}{2}\right)=\int_{-\frac{1}{2}}^{\frac{1}{2}}\frac{1}{\pi}\frac{\mathrm{d}x}{\sqrt{1-x^2}}=\frac{2}{\pi}\arcsin x\Big|_0^{\frac{1}{2}}=\frac{2}{\pi}\cdot\frac{\pi}{6}=\frac{1}{3}$.

14. （1）D　由 $1=\int_{-\infty}^{+\infty}f(x)\mathrm{d}x=\int_0^1kx^2\mathrm{d}x=\frac{k}{3}x^3\Big|_0^1=\frac{k}{3}$，所以 $k=3$.

(2) A　$P\left(X\leqslant \frac{1}{3}\right)=\int_{-\infty}^{\frac{1}{3}}f(x)\mathrm{d}x=\int_{0}^{\frac{1}{3}}3x^2\mathrm{d}x=x^3\Big|_0^{\frac{1}{3}}=\frac{1}{27}$.

(3) E　$P\left(\frac{1}{4}\leqslant X\leqslant \frac{1}{2}\right)=\int_{\frac{1}{4}}^{\frac{1}{2}}f(x)\mathrm{d}x=\int_{\frac{1}{4}}^{\frac{1}{2}}3x^2\mathrm{d}x=x^3\Big|_{\frac{1}{4}}^{\frac{1}{2}}=\frac{1}{8}-\frac{1}{64}=\frac{7}{64}$.

(4) B　$P\left(X>\frac{2}{3}\right)=\int_{\frac{2}{3}}^{+\infty}f(x)\mathrm{d}x=\int_{\frac{2}{3}}^{1}3x^2\mathrm{d}x=x^3\Big|_{\frac{2}{3}}^{1}=1-\frac{8}{27}=\frac{19}{27}$.

综合提高题

1. 已知 $F(x)=\begin{cases}0 & x<0\\ x+\frac{1}{2} & 0\leqslant x<\frac{1}{2}\\ 1 & x\geqslant\frac{1}{2}\end{cases}$，则 $F(x)$（　　）.

(A) 是连续型分布函数　(B) 是离散型分布函数
(C) 非连续型亦非离散型分布函数　(D) 不是分布函数
(E) 无法确定

2. 设在区间 $[a,\ b]$ 上，随机变量 X 的密度函数为 $f(x)=\sin x$，而在 $[a,\ b]$ 外，$f(x)=0$，则区间 $[a,\ b]$ 等于（　　）.

(A) $\left[0,\ \frac{\pi}{2}\right]$　(B) $[0,\ \pi]$　(C) $\left[-\frac{\pi}{2},\ 0\right]$
(D) $\left[0,\ \frac{3}{2}\pi\right]$　(E) $\left[\frac{\pi}{2},\ \pi\right]$

3. 若随机变量 $X\sim N(2,\ \sigma^2)$，且 $P(2<X<4)=0.3$，则 $P(X<0)=$（　　）.

(A) 0.1　(B) 0.2　(C) 0.3　(D) 0.4　(E) 0.5

4. 从学校乘汽车到火车站的途中有 3 个交通岗，假设在各个交通岗遇到红灯的事件是相互独立的，并且概率都是 $\frac{2}{5}$. 设 X 为途中遇到红灯的次数，求 X 的分布列和分布函数.

5. 设随机变量 X 的概率密度为 $f(x)=\begin{cases}ax+1 & 0\leqslant x\leqslant 2\\ 0 & 其他\end{cases}$.

(1) 常数 $a=$（　　）.

(A) $-\frac{1}{2}$　(B) $-\frac{1}{3}$　(C) $-\frac{1}{4}$　(D) $-\frac{1}{6}$　(E) $-\frac{1}{8}$

(2) $P(1<X<3)$ =（　　）.

(A) $\frac{1}{2}$　(B) $\frac{1}{3}$　(C) $\frac{1}{4}$　(D) $\frac{1}{5}$　(E) $\frac{1}{6}$

6. 设电子元件的寿命 X 具有密度为 $\varphi(x)=\begin{cases}\frac{100}{x^2} & x>100\\ 0 & x\leqslant 100\end{cases}$. 则在 150 小时内，下列正确的为（　　）.

①三只电子元件中没有一只损坏的概率是 $\frac{8}{27}$.

②三只电子元件全损坏的概率是$\frac{4}{27}$.

③只有一只电子元件损坏的概率是$\frac{4}{9}$.

（A）①②　（B）①③　（C）②③　（D）②　（E）①②③

7. 已知随机变量 X 的分布律为

X	$\frac{\pi}{4}$	$\frac{\pi}{2}$	$\frac{3\pi}{4}$
p	0.2	0.7	0.1

求 $Y=\sin X$ 的分布律.

8. 设随机变量 X 的概率密度函数为 $f(x)=\begin{cases} Ax & 0\leqslant x\leqslant 1 \\ 0 & \text{其他} \end{cases}$.

(1) $A=$（　　）.

（A）1　（B）2　（C）3　（D）4　（E）5

(2) $P(0.5<X<2)=$（　　）.

（A）0.1　（B）0.25　（C）0.5　（D）0.75　（E）0.9

9. 已知连续型随机变量 X 的概率密度为 $f(x)=\begin{cases} kx+1 & 0\leqslant x\leqslant 2 \\ 0 & \text{其他} \end{cases}$.

(1) $k=$（　　）.

（A）-1　（B）$-\frac{1}{2}$　（C）$-\frac{1}{4}$　（D）$\frac{1}{2}$　（E）1

(2) $P(1.5<X<2.5)=$（　　）.

（A）$\frac{1}{2}$　（B）$\frac{1}{4}$　（C）$\frac{1}{8}$　（D）$\frac{1}{12}$　（E）$\frac{1}{16}$

10. 已知连续型随机变量 X 的概率密度为 $f(x)=\begin{cases} a\sqrt{x} & 0\leqslant x\leqslant 1 \\ 0 & \text{其他} \end{cases}$.

(1) $a=$（　　）.

（A）$\frac{1}{2}$　（B）1　（C）$\frac{3}{2}$　（D）2　（E）3

(2) $P(X>0.25)=$（　　）.

（A）$\frac{1}{4}$　（B）$\frac{1}{2}$　（C）$\frac{3}{4}$　（D）$\frac{7}{8}$　（E）$\frac{15}{16}$

11. 已知连续型随机变量 X 的概率密度为 $f(x)=\begin{cases} 2x & x\in(0,A) \\ 0 & \text{其他} \end{cases}$.

(1) $A=$（　　）.

（A）1　（B）2　（C）3　（D）4　（E）5

(2) $P(-0.5<X<1)=$（　　）.

（A）$\frac{1}{4}$　（B）$\frac{1}{2}$　（C）$\frac{2}{3}$　（D）$\frac{3}{4}$　（E）1

12. 已知连续型随机变量 X 的概率密度为 $f(x)=\begin{cases} \dfrac{c}{\sqrt{1-x^2}} & |x|\leqslant 1 \\ 0 & \text{其他} \end{cases}$.

(1)$c=$ ( ).

(A) $\frac{1}{2\pi}$ (B) $\frac{1}{\pi}$ (C) $\frac{2}{\pi}$ (D) π (E) 2π

(2)$P(-0.5<X<0.5)=$ ( ).

(A) $\frac{1}{6}$ (B) $\frac{1}{4}$ (C) $\frac{1}{3}$ (D) $\frac{1}{2}$ (E) $\frac{2}{3}$

13. 已知连续型随机变量 X 的分布函数为 $F(x)=\begin{cases} A+Be^{-\frac{x^2}{2}} & x>0 \\ 0 & \text{其他} \end{cases}$.

(1)A 与 B 的值分别为 ( ).

(A) $A=-1$, $B=-1$ (B) $A=1$, $B=1$ (C) $A=-1$, $B=1$

(D) $A=1$, $B=-1$ (E) $A=-1$, $B=2$

(2)$P(1<X<2)=$ ( ).

(A) $e^{-\frac{1}{2}}-e^{-2}$ (B) $e^{-\frac{1}{2}}-e^{-1}$ (C) $e^{-\frac{1}{2}}-e^{-\frac{3}{2}}$

(D) $e^{-1}-e^{-\frac{3}{2}}$ (E) $e^{-1}-e^{-2}$

14. 已知连续型随机变量 X 的分布函数为 $F(x)=A+B\arctan x$.

(1)A 与 B 的值分别为 ( ).

(A) $A=\frac{1}{2}$, $B=\pi$ (B) $A=1$, $B=\pi$ (C) $A=\frac{1}{2}$, $B=\frac{1}{\pi}$

(D) $A=1$, $B=\frac{1}{\pi}$ (E) $A=1$, $B=\frac{2}{\pi}$

(2)$P(0<X<2)=$ ( ).

(A) $\frac{2}{\pi}\arctan 2$ (B) $\frac{1}{\pi}\arctan 2$ (C) $\frac{1}{2\pi}\arctan 2$

(D) $\frac{1}{3\pi}\arctan 2$ (E) $\frac{1}{4\pi}\arctan 2$

15. 已知连续型随机变量 X 的分布函数为 $F(x)=\begin{cases} 0 & x\leqslant 0 \\ A\sqrt{x} & 0<x<1 \\ 1 & x\geqslant 1 \end{cases}$.

(1)$A=$ ( ).

(A) $\frac{1}{4}$ (B) $\frac{1}{2}$ (C) 1 (D) 2 (E) 4

(2)$P(0<X<0.25)=$ ( ).

(A) $\frac{1}{4}$ (B) $\frac{1}{3}$ (C) $\frac{1}{2}$ (D) $\frac{2}{3}$ (E) $\frac{3}{4}$

16. 已知连续型随机变量 X 的分布函数为 $F(x)=\begin{cases} 1-\frac{A}{x^2} & x>2 \\ 0 & x\leqslant 2 \end{cases}$.

(1)$A=$ ( ).

(A) 1 (B) 2 (C) 3 (D) 4 (E) 6

(2)$P(0<X<4)=$ ( ).

(A) $\frac{1}{4}$ (B) $\frac{1}{3}$ (C) $\frac{1}{2}$ (D) $\frac{2}{3}$ (E) $\frac{3}{4}$

17. 已知连续型随机变量 X 的密度函数为 $f(x)=\begin{cases}\frac{2x}{\pi^2} & x\in(0,\ a)\\ 0 & 其他\end{cases}$.

(1) $a=$ ( ).

(A) $\frac{\pi}{4}$ (B) $\frac{\pi}{2}$ (C) π (D) 2π (E) 4π

(2) $P(-0.5<X<0.5)=$ ( ).

(A) $\frac{1}{4\pi^2}$ (B) $\frac{1}{2\pi^2}$ (C) $\frac{1}{\pi^2}$ (D) $\frac{1}{4\pi}$ (E) $\frac{1}{2\pi}$

18. 已知随机变量 X 的密度函数为 $f(x)=Ae^{-|x|}$, $-\infty<x<+\infty$.

(1) $A=$ ( ).

(A) $\frac{1}{4}$ (B) $\frac{1}{2}$ (C) 1 (D) 2 (E) 4

(2) $P(0<X<1)=$ ( ).

(A) $1-e^{-1}$ (B) $\frac{1}{4}(1-e^{-2})$ (C) $\frac{1}{4}(1-e^{-1})$

(D) $\frac{1}{2}(1-e^{-2})$ (E) $\frac{1}{2}(1-e^{-1})$

19. 设某种仪器内装有三只同样的电子管，电子管使用寿命 X 的密度函数为

$$f(x)=\begin{cases}\frac{100}{x^2} & x\geqslant 100\\ 0 & x<100\end{cases}.$$

(1) 在开始 150 小时内没有电子管损坏的概率为 ( ).

(A) $\frac{4}{27}$ (B) $\frac{8}{27}$ (C) $\frac{10}{27}$ (D) $\frac{1}{3}$ (E) $\frac{13}{27}$

(2) 在这段时间内有一只电子管损坏的概率为 ( ).

(A) $\frac{1}{3}$ (B) $\frac{2}{9}$ (C) $\frac{4}{9}$ (D) $\frac{5}{9}$ (E) $\frac{2}{3}$

20. 设随机变量 X 在[2, 5]上服从均匀分布. 现对 X 进行三次独立观测，则至少有两次的观测值大于 3 的概率为 ( ).

(A) $\frac{13}{27}$ (B) $\frac{5}{9}$ (C) $\frac{7}{9}$ (D) $\frac{20}{27}$ (E) $\frac{23}{27}$

21. 设随机变量 X 具有分布律

X	-2	-1	0	1	3
p_k	$\frac{1}{5}$	$\frac{1}{6}$	$\frac{1}{5}$	$\frac{1}{15}$	$\frac{11}{30}$

求 $Y=X^2+1$ 的分布律.

综合提高题详解

1. C 因为 $F(x)$ 在 $(-\infty, +\infty)$ 上单调不减右连续，且 $\lim\limits_{x\to-\infty}F(x)=0$，$\lim\limits_{x\to+\infty}F(x)=1$，所以 $F(x)$ 是一个分布函数. 但是 $F(x)$ 在 $x=0$ 处不连续，也不是阶梯形曲线，故 $F(x)$ 是非连续亦非离散型随机变量的分布函数.

2. A 在 $\left[0,\frac{\pi}{2}\right]$ 上 $\sin x\geqslant 0$，且 $\int_0^{\frac{\pi}{2}}\sin x\mathrm{d}x=1$. 故 $f(x)$ 是密度函数. 在 $[0,\pi]$ 上 $\int_0^{\pi}\sin x\mathrm{d}x=2\neq 1$，故 $f(x)$ 不是密度函数. 在 $\left[-\frac{\pi}{2},0\right]$ 上 $\sin x\leqslant 0$，故 $f(x)$ 不是密度函数. 在 $\left[0,\frac{3}{2}\pi\right]$ 上，当 $\pi<x\leqslant\frac{3}{2}\pi$ 时，$\sin x<0$，$f(x)$ 也不是密度函数.

3. B $0.3=P(2<X<4)=P\left(\frac{2-2}{\sigma}<\frac{X-2}{\sigma}<\frac{4-2}{\sigma}\right)$

$$=\Phi\left(\frac{2}{\sigma}\right)-\Phi(0)=\Phi\left(\frac{2}{\sigma}\right)-0.5,\quad 故\ \Phi\left(\frac{2}{\sigma}\right)=0.8.$$

因此 $P(X<0)=P\left(\frac{X-2}{\sigma}<\frac{0-2}{\sigma}\right)=\Phi\left(-\frac{2}{\sigma}\right)=1-\Phi\left(\frac{2}{\sigma}\right)=0.2.$

4. X 的概率分布为 $P(X=k)=C_3^k\left(\frac{2}{5}\right)^k\left(\frac{3}{5}\right)^{3-k}$，$k=0,1,2,3$.

即

X	0	1	2	3
p	$\frac{27}{125}$	$\frac{54}{125}$	$\frac{36}{125}$	$\frac{8}{125}$

X 的分布函数为

$$F(x)=\begin{cases}0 & x<0\\ \frac{27}{125} & 0\leqslant x<1\\ \frac{81}{125} & 1\leqslant x<2.\\ \frac{117}{125} & 2\leqslant x<3\\ 1 & x\geqslant 3\end{cases}$$

5. (1) A $1=\int_{-\infty}^{+\infty}f(x)\mathrm{d}x=\int_0^2(ax+1)\mathrm{d}x=\left(\frac{a}{2}x^2+x\right)\Big|_0^2=2a+2$，所以 $a=-\frac{1}{2}$.

(2) C $P(1<X<3)=\int_1^3 f(x)\mathrm{d}x=\int_1^2\left(1-\frac{x}{2}\right)\mathrm{d}x=\frac{1}{4}$.

6. B X 的密度 $\varphi(x)=\begin{cases}\frac{100}{x^2} & x>100\\ 0 & x\leqslant 100\end{cases}$. 所以 $P(X<150)=\int_{100}^{150}\frac{100}{x^2}\mathrm{d}x=\frac{1}{3}$.

令 $p=P(X\geqslant 150)=1-\frac{1}{3}=\frac{2}{3}$.

(1) $P(150$ 小时内三只元件没有一只损坏$)=p^3=\frac{8}{27}$.

（2）$P(150$ 小时内三只元件全部损坏$)=(1-p)^3=\dfrac{1}{27}$.

（3）$P(150$ 小时内三只元件只有一只损坏$)=C_3^1\times\dfrac{1}{3}\times\left(\dfrac{2}{3}\right)^2=\dfrac{4}{9}$.

7. 因为 Y 的所有可能取值为$\dfrac{\sqrt{2}}{2}$，1（将 X 的所有取值代入 $Y=\sin X$ 得到）.

$P\left(Y=\dfrac{\sqrt{2}}{2}\right)=P\left(X=\dfrac{\pi}{4}\right)+P\left(X=\dfrac{3\pi}{4}\right)=0.3$.

$P(Y=1)=P\left(X=\dfrac{\pi}{2}\right)=0.7$.

Y 的分布律

Y	$\dfrac{\sqrt{2}}{2}$	0. 1
p	0. 3	0. 7

8.（1）**B**　$\int_{-\infty}^{+\infty}f(x)\mathrm{d}x=\int_0^1Ax\mathrm{d}x=\dfrac{A}{2}x^2\Big|_0^1=\dfrac{A}{2}=1,A=2$.

（2）**D**　$P(0.5<X<2)=\int_{0.5}^{2}f(x)\mathrm{d}x=\int_{0.5}^{1}2x\mathrm{d}x=x^2\Big|_{0.5}^{1}=0.75$.

9.（1）**B**　$\int_{-\infty}^{+\infty}f(x)\mathrm{d}x=\int_0^2(kx+1)\mathrm{d}x=\left(\dfrac{k}{2}x^2+x\right)\Big|_0^2=2k+2=1,\ k=-\dfrac{1}{2}$.

（2）**E**　$P(1.5<X<2.5)=\int_{1.5}^{2.5}f(x)\mathrm{d}x=\int_{1.5}^{2}\left(-\dfrac{1}{2}x+1\right)\mathrm{d}x=\left(-\dfrac{1}{4}x^2+x\right)\Big|_{1.5}^{2}=\dfrac{1}{16}$.

10.（1）**C**　$\int_{-\infty}^{+\infty}f(x)\mathrm{d}x=\int_0^1a\sqrt{x}\mathrm{d}x=\dfrac{2}{3}a=1,a=\dfrac{3}{2}$.

（2）**D**　$P(X>0.25)=\int_{0.25}^{+\infty}f(x)\mathrm{d}x=\int_{0.25}^{1}\dfrac{3}{2}\sqrt{x}\mathrm{d}x=x^{\frac{3}{2}}\Big|_{0.25}^{1}=\dfrac{7}{8}$.

11.（1）**A**　$\int_{-\infty}^{+\infty}f(x)\mathrm{d}x=\int_0^A2x\mathrm{d}x=A^2=1,A=1$.

（2）**E**　$P(-0.5<X<1)=\int_{-0.5}^{1}f(x)\mathrm{d}x=\int_0^12x\mathrm{d}x=x^2\Big|_0^1=1$.

12.（1）**B**　$\int_{-\infty}^{+\infty}f(x)\mathrm{d}x=\int_{-1}^{1}\dfrac{c}{\sqrt{1-x^2}}\mathrm{d}x=c\arcsin x\Big|_{-1}^{1}=c\pi=1,c=\dfrac{1}{\pi}$

（2）**C**　$P(-0.5<X<0.5)=\int_{-0.5}^{0.5}f(x)\mathrm{d}x=\int_{-0.5}^{0.5}\dfrac{1}{\pi\sqrt{1-x^2}}\mathrm{d}x$

$$=\dfrac{1}{\pi}\arcsin x\Big|_{-0.5}^{0.5}=\dfrac{1}{3}.$$

13.（1）**D**　$\lim\limits_{x\to+\infty}F(x)=A=1,\ \lim\limits_{x\to0^+}F(x)=A+B=0,\ B=-1$.

（2）**A**　$P(1<X<2)=F(2)-F(1)=\mathrm{e}^{-\frac{1}{2}}-\mathrm{e}^{-2}$.

14.（1）**C**　$\lim\limits_{x\to+\infty}F(x)=A+\dfrac{\pi}{2}B=1,\ \lim\limits_{x\to-\infty}F(x)=A-\dfrac{\pi}{2}B=0,\ A=\dfrac{1}{2},\ B=\dfrac{1}{\pi}$.

（2）**B**　$P(0<X<2)=F(2)-F(0)=\dfrac{1}{\pi}\arctan2$.

15. （1）C　$\lim_{x\to1}F(x)=A=1$，故 $A=1$.

（2）C　$P(0<X<0.25)=F(0.25)-F(0)=\frac{1}{2}$.

16. （1）D　$\lim_{x\to2}F(x)=1-\frac{A}{4}=0$，故 $A=4$.

（2）E　$P(0<X<4)=F(4)-F(0)=\frac{3}{4}$.

17. （1）C　$\int_{-\infty}^{+\infty}f(x)\mathrm{d}x=\int_0^a\frac{2x}{\pi^2}\mathrm{d}x=1$，故 $a=\pi$.

（2）A　$P(-0.5<X<0.5)=\int_{-0.5}^{0.5}f(x)\mathrm{d}x=\int_0^{0.5}\frac{2x}{\pi^2}\mathrm{d}x=\frac{x^2}{\pi^2}\Big|_0^{0.5}=\frac{1}{4\pi^2}$.

18. （1）B　由 $\int_{-\infty}^{+\infty}f(x)\mathrm{d}x=1$ 得 $1=\int_{-\infty}^{+\infty}A\mathrm{e}^{-|x|}\mathrm{d}x=2\int_0^{+\infty}A\mathrm{e}^{-x}\mathrm{d}x=2A$，故 $A=\frac{1}{2}$.

（2）E　$P(0<X<1)=\int_0^1f(x)\mathrm{d}x=\frac{1}{2}\int_0^1\mathrm{e}^{-x}\mathrm{d}x=\frac{1}{2}(1-\mathrm{e}^{-1})$.

19. （1）B　$P(X\leqslant150)=\int_{100}^{150}\frac{100}{x^2}\mathrm{d}x=\frac{1}{3}$. $p_1=[P(X>150)]^3=\left(\frac{2}{3}\right)^3=\frac{8}{27}$.

（2）C　$p_2=\mathrm{C}_3^1\frac{1}{3}\left(\frac{2}{3}\right)^2=\frac{4}{9}$.

20. D　$X\sim U[2,5]$，即 $f(x)=\begin{cases}\frac{1}{3} & 2\leqslant x\leqslant5\\ 0 & 其他\end{cases}$.

$P(X>3)=\int_3^5\frac{1}{3}\mathrm{d}x=\frac{2}{3}$，故所求概率为 $p=\mathrm{C}_3^2\left(\frac{2}{3}\right)^2\frac{1}{3}+\mathrm{C}_3^3\left(\frac{2}{3}\right)^3=\frac{20}{27}$.

21.

X	-2	-1	0	1	3
p_k	$\frac{1}{5}$	$\frac{1}{6}$	$\frac{1}{5}$	$\frac{1}{15}$	$\frac{11}{30}$
$Y=X^2+1$	5	2	1	2	10

$Y=X^2+1$	1	2	5	10
p_k	$\frac{1}{5}$	$\frac{1}{6}+\frac{1}{15}$	$\frac{1}{5}$	$\frac{11}{30}$

即

$Y=X^2+1$	1	2	5	10
p_k	$\frac{1}{5}$	$\frac{7}{30}$	$\frac{1}{5}$	$\frac{11}{30}$

第十一章　随机变量的数字特征

【大纲解读】

理解随机变量数字特征（数学期望、方差）的概念；会计算一维随机变量函数的数学期望，掌握常见分布的数字特征.

【命题剖析】

本章将介绍如何用确定的数值来刻画随机变量的统计特征（称为数字特征）. 主要有：用于刻画取值的平均位置或集中位置的数学期望；用于刻画取值分散程度的方差. 本章是考试重点，要牢记常见分布的数字特征，求随机变量函数的数学期望的常用公式以及期望、方差的性质.

【知识体系】

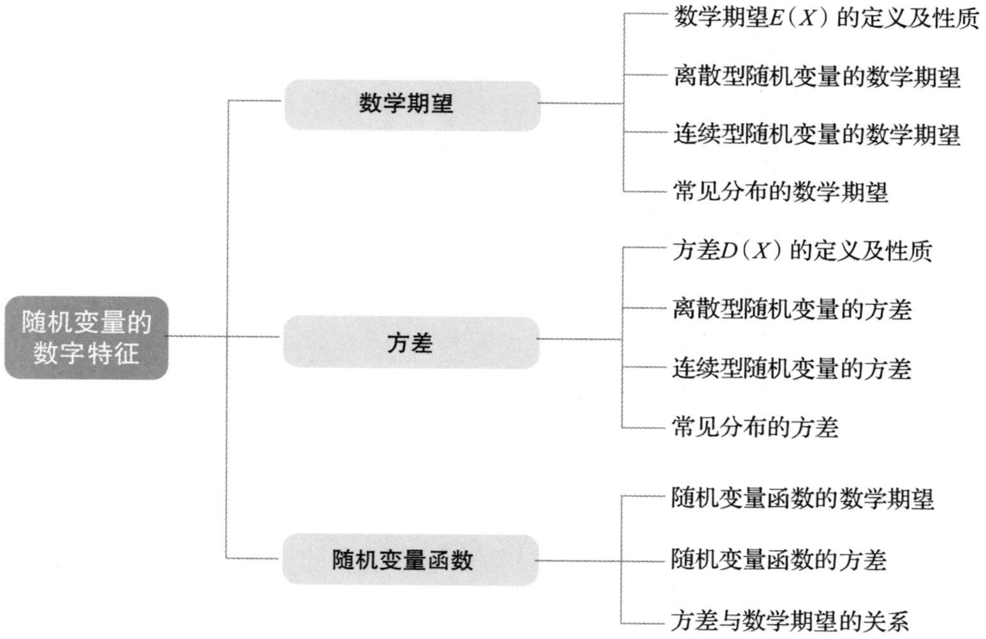

【备考建议】

本章在考试中占分值比重很大，是每年必考点，希望大家认真理解概念和定义，熟悉公式，掌握各种题型的计算方法和思路. 尤其掌握数学期望与方差的概念、性质与计算方法；求随机变量函数的数学期望的方法；二项分布、泊松分布、正态分布和指数分布的数学期望和方差.

第一节 考点剖析

一、随机变量的数学期望

1. 数学期望的定义

(1) 若离散型随机变量 X 可能取值为 $a_i(i=1,2,\cdots)$，其分布列为 $p_i(i=1,2,\cdots)$，则当 $\sum_{i=1}^{\infty}|a_i|p_i<\infty$ 时，称 X 存在数学期望，并且数学期望为 $E(X)=\sum_{i=1}^{\infty}a_ip_i$.

(2) 设 X 是一个连续型随机变量，密度函数为 $f(x)$，当 $\int_{-\infty}^{+\infty}|x|f(x)\mathrm{d}x$ 存在时，称 X 的数学期望存在，记作 $E(X)=\int_{-\infty}^{+\infty}xf(x)\mathrm{d}x$.

2. 随机变量函数的数学期望

(1) 若 X 是离散型随机变量，$Y=g(X)$，如果 $\sum_{i=1}^{\infty}|g(a_i)|p_i$ 存在，则有 $E(Y)=E[g(X)]=\sum_{i=1}^{\infty}g(a_i)p_i$.

(2) 若 X 是连续型随机变量，密度函数为 $f(x)$，$Y=g(X)$，且 $\int_{-\infty}^{+\infty}|g(x)|f(x)\mathrm{d}x$ 存在,则有 $E(Y)=E[g(X)]=\int_{-\infty}^{+\infty}f(x)g(x)\mathrm{d}x$.

3. 随机变量的数学期望的性质

(1) 若 C 是一个常数，则 $E(C)=C$.

(2) 若 $E(X)$，$E(Y)$ 存在，$E(CX)=CE(X)$，

$$E(X+Y)=E(X)+E(Y),$$

则对任意的实数 k_1、k_2，$E(k_1X+k_2Y)$ 存在且 $E(k_1X+k_2Y)=k_1E(X)+k_2E(Y)$，

$$E(X+C)=E(X)+C.$$

(3) 若 X，Y 是相互独立的且 $E(X)$，$E(Y)$ 存在，则 $E(XY)$ 存在且 $E(XY)=E(X)\cdot E(Y)$.

二、方差

1. 方差的定义

设 X 是一个离散型随机变量，数学期望 $E(X)$ 存在，如果 $E\{[X-E(X)]^2\}$ 存在，则称 $E\{[X-E(X)]^2\}$ 为随机变量 X 的方差，并记作 $D(X)$.

方差的平方根 $\sqrt{D(X)}$ 称为标准差或根方差，在实际问题中标准差用得很广泛.

常用的计算方差的公式：$D(X)=E(X^2)-[E(X)]^2$.

2. 方差的性质

（1）若 C 是常数，则 $D(C)=0$；

（2）若 C 是常数，则 $D(CX)=C^2D(X)$；

（3）$D(X+C)=D(X)$；

（4）若 X，Y 相互独立且 $D(X)$，$D(Y)$ 存在，则 $D(X+Y)$ 存在且 $D(X+Y)=D(X)+D(Y)$.

三、常见分布的期望和方差

	期望	方差
0-1 分布 $B(1, p)$	p	$p(1-p)$
二项分布 $B(n, p)$	np	$np(1-p)$
泊松分布 $P(\lambda)$	λ	λ
均匀分布 $U(a, b)$	$\frac{a+b}{2}$	$\frac{(b-a)^2}{12}$
指数分布 $E(\lambda)$	$\frac{1}{\lambda}$	$\frac{1}{\lambda^2}$
正态分布 $N(\mu, \sigma^2)$	μ	σ^2

第二节　核心题型

题型 01　离散型随机变量的数字特征

提示　掌握离散型随机变量数字特征的计算方法，尤其会通过数字特征反求参数.

【例 1】设随机变量 X 的分布律为

X	-1	0	1	2
p	$\frac{1}{8}$	$\frac{1}{2}$	$\frac{1}{8}$	$\frac{1}{4}$

（1）$E(X)=($　　$)$，（2）$E(X^2)=($　　$)$，（3）$E(2X+3)=($　　$)$.

（A）$\frac{1}{4}$　（B）$\frac{1}{2}$　（C）$\frac{5}{4}$　（D）$\frac{5}{2}$　（E）4

［解析］（1）$E(X)=(-1)\times\frac{1}{8}+0\times\frac{1}{2}+1\times\frac{1}{8}+2\times\frac{1}{4}=\frac{1}{2}$，选 B.

（2）$E(X^2)=(-1)^2\times\frac{1}{8}+0^2\times\frac{1}{2}+1^2\times\frac{1}{8}+2^2\times\frac{1}{4}=\frac{5}{4}$，选 C.

（3）$E(2X+3)=2E(X)+3=2\times\frac{1}{2}+3=4$，选 E.

【例2】设随机变量 X 的分布律为

X	-1	0	$\frac{1}{2}$	1	2
p	$\frac{1}{3}$	a	$\frac{1}{6}$	$2a$	$\frac{1}{4}$

（1）常数 $a=$（　　）.

（A）$\frac{1}{6}$　　（B）$\frac{1}{8}$　　（C）$\frac{1}{10}$　　（D）$\frac{1}{12}$　　（E）$\frac{1}{16}$

（2）随机变量 $Y=(X-1)^2$ 的期望为（　　）.

（A）$\frac{13}{24}$　　（B）$\frac{19}{24}$　　（C）$\frac{37}{24}$　　（D）$\frac{41}{24}$　　（E）$\frac{53}{24}$

［解析］（1）由 $\frac{1}{3}+a+\frac{1}{6}+2a+\frac{1}{4}=1$，得 $a=\frac{1}{12}$，选 D.

（2）随机变量 Y 的所有可能取值为 0，$\frac{1}{4}$，1，4，

Y 的分布律为

Y	0	$\frac{1}{4}$	1	4
p	$\frac{1}{6}$	$\frac{1}{6}$	$\frac{1}{3}$	$\frac{1}{3}$

所以 $E(Y)=\frac{41}{24}$，选 D.

【例3】已知 $X\sim\begin{pmatrix}-1 & 0 & 1\\ 0.1 & 0.2 & 0.7\end{pmatrix}$，则 $D(X^2)=$（　　）.

（A）0.12　　（B）0.14　　（C）0.16　　（D）0.18　　（E）0.24

［解析］$E(X^2)=(-1)^2\times0.1+0^2\times0.2+1^2\times0.7=0.8.$

$E(X^4)=(-1)^4\times0.1+0^4\times0.2+1^4\times0.7=0.8.$

$D(X^2)=E(X^4)-[E(X^2)]^2=0.8-0.8^2=0.16$，选 C.

【例4】设随机变量 X 的分布律为

X	-1	0	1
p	p_1	p_2	p_3

且已知 $E(X)=0.1$，$E(X^2)=0.9$，则 $p_1\cdot p_2\cdot p_3=$（　　）.

（A）0.02　　（B）0.03　　（C）0.04　　（D）0.05　　（E）0.06

［解析］因 $p_1+p_2+p_3=1$……①，

又 $E(X)=(-1)p_1+0\cdot p_2+1\cdot p_3=p_3-p_1=0.1$……②，

$E(X^2)=(-1)^2\cdot p_1+0^2\cdot p_2+1^2\cdot p_3=p_1+p_3=0.9$……③，

由①②③联立解得 $p_1=0.4$，$p_2=0.1$，$p_3=0.5$，$p_1\cdot p_2\cdot p_3=0.02$，选 A.

题型 02 连续型随机变量的数字特征

提示 会根据积分来求解连续型随机变量的数字特征，尤其会根据数字特征来反求参数.

【例 5】设随机变量 X 的概率密度为 $f(x)=\begin{cases}x & 0\leqslant x<1\\ 2-x & 1\leqslant x\leqslant 2\\ 0 & \text{其他}\end{cases}$.

$E(X^2)=(\quad)$，$D(X)=(\quad)$.

(A) $\frac{1}{2}$ (B) $\frac{1}{4}$ (C) $\frac{7}{6}$ (D) $\frac{1}{6}$ (E) 2

[解析] $E(X)=\int_{-\infty}^{+\infty}xf(x)\mathrm{d}x=\int_0^1 x^2\mathrm{d}x+\int_1^2 x(2-x)\mathrm{d}x=\frac{1}{3}x^3\Big|_0^1+\left(x^2-\frac{x^3}{3}\right)\Big|_1^2=1.$

$E(X^2)=\int_{-\infty}^{+\infty}x^2f(x)\mathrm{d}x=\int_0^1 x^3\mathrm{d}x+\int_1^2 x^2(2-x)\mathrm{d}x=\frac{7}{6}$，选 C.

故 $D(X)=E(X^2)-[E(X)]^2=\frac{1}{6}$，选 D.

【例 6】设随机变量 X 的概率密度为 $f(x)=\begin{cases}cx\mathrm{e}^{-k^2x^2} & x\geqslant 0\\ 0 & x<0\end{cases}$.

(1) 系数 $c=(\quad)$.

(A) k^2 (B) $2k^2$ (C) $3k^2$ (D) $4k^2$ (E) $6k^2$

(2) $D(X)=(\quad)$.

(A) $\frac{4-\pi}{k^2}$ (B) $\frac{4-\pi}{2k^2}$ (C) $\frac{4+\pi}{2k^2}$ (D) $\frac{\pi-2}{2k^2}$ (E) $\frac{4-\pi}{4k^2}$

[解析] (1) 由 $\int_{-\infty}^{+\infty}f(x)\mathrm{d}x=\int_0^{+\infty}cx\mathrm{e}^{-k^2x^2}\mathrm{d}x=\frac{c}{2k^2}=1$，得 $c=2k^2$，选 B.

(2) $E(X)=\int_{-\infty}^{+\infty}xf(x)\mathrm{d}x=\int_0^{+\infty}x\cdot 2k^2x\mathrm{e}^{-k^2x^2}\mathrm{d}x=2k^2\int_0^{+\infty}x^2\mathrm{e}^{-k^2x^2}\mathrm{d}x$

$=-\int_0^{+\infty}x\mathrm{d}\mathrm{e}^{-k^2x^2}=-x\mathrm{e}^{-k^2x^2}\Big|_0^{+\infty}+\int_0^{+\infty}\mathrm{e}^{-k^2x^2}\mathrm{d}x$

$=0+\frac{1}{k}\int_0^{+\infty}\mathrm{e}^{-(kx)^2}\mathrm{d}(kx)=\frac{1}{k}\int_0^{+\infty}\mathrm{e}^{-t^2}\mathrm{d}t=\frac{1}{k}\times\frac{\sqrt{\pi}}{2}=\frac{\sqrt{\pi}}{2k}.$

$E(X^2)=\int_{-\infty}^{+\infty}x^2f(x)\mathrm{d}x=\int_0^{+\infty}x^2 2k^2x\mathrm{e}^{-k^2x^2}\mathrm{d}x=\frac{1}{k^2}.$

故 $D(X)=E(X^2)-[E(X)]^2=\frac{1}{k^2}-\left(\frac{\sqrt{\pi}}{2k}\right)^2=\frac{4-\pi}{4k^2}$，选 E.

题型 03 数字特征的性质

提示 掌握数学期望和方差的性质，尤其是独立事件的相关性质.

【例 7】对任意随机变量 X，若 $E(X)$ 存在，则 $E\{E[E(X)]\}=$（　　）.

(A) 0　(B) X　(C) $E(X)$　(D) $[E(X)]^3$　(E) $E(X^2)$

[解析] 将 $E(X)$ 看成常数，根据数学期望的性质得到 $E\{E[E(X)]\}=E(X)$，应选 C.

【例 8】设随机变量 X，Y，Z 相互独立，且 $E(X)=5$，$E(Y)=11$，$E(Z)=8$.

(1) $U=2X+3Y+1$，$E(U)=$（　　）.

(A) 32　(B) 34　(C) 38　(D) 42　(E) 44

(2) $V=YZ-4X$，$E(V)=$（　　）.

(A) 62　(B) 68　(C) 72　(D) 74　(E) 78

[解析] (1) $E(U)=E(2X+3Y+1)=2E(X)+3E(Y)+1=2\times5+3\times11+1=44$，选 E.

(2) $E(V)=E(YZ-4X)=E(YZ)-4E(X)\xlongequal{\text{因 }Y,\ Z\text{ 独立}}E(Y)\cdot E(Z)-4E(X)$
$=11\times8-4\times5=68$，选 B.

【例 9】设随机变量 X，Y 相互独立，且 $E(X)=E(Y)=3$，$D(X)=12$，$D(Y)=16$.

(1) $E(3X-2Y)=$（　　）.

(A) 1　(B) 3　(C) 5　(D) 7　(E) 9

(2) $D(2X-3Y)=$（　　）.

(A) 180　(B) 186　(C) 192　(D) 196　(E) 198

[解析] (1) $E(3X-2Y)=3E(X)-2E(Y)=3\times3-2\times3=3$，选 B.

(2) $D(2X-3Y)=2^2D(X)+(-3)^2D(Y)=4\times12+9\times16=192$，选 C.

【例 10】设随机变量 ξ，η 的概率分别为

$$f_\xi(x)=\begin{cases}2e^{-2x} & x>0\\ 0 & x\leqslant0\end{cases},\qquad f_\eta(y)=\begin{cases}4e^{-4y} & y>0\\ 0 & y\leqslant0\end{cases},$$

(1) $E(\xi+\eta)=$（　　）.

(A) $\frac{1}{4}$　(B) $\frac{1}{2}$　(C) $\frac{1}{3}$　(D) $\frac{3}{4}$　(E) $\frac{4}{5}$

(2) $E(2\xi-3\eta^2)=$（　　）.

(A) $\frac{1}{8}$　(B) $\frac{3}{8}$　(C) $\frac{5}{8}$　(D) $\frac{3}{4}$　(E) $\frac{7}{8}$

[解析] (1) $E(\xi+\eta)=E(\xi)+E(\eta)=2\int_0^{+\infty}xe^{-2x}dx+4\int_0^{+\infty}ye^{-4y}dy=\frac{3}{4}$，选 D.

(2) $E(\xi)=\frac{1}{2}$，$E(\eta^2)=4\int_0^{+\infty}y^2e^{-4y}dy=\frac{1}{8}$，

$E(2\xi-3\eta^2)=2E(\xi)-3E(\eta^2)=1-\frac{3}{8}=\frac{5}{8}$，选 C.

题型 04　常见离散型分布的数字特征

提示　掌握 0 - 1 分布，二项分布，泊松分布的数字特征公式.

【例 11】设 X 服从泊松分布.

（1）若 $P(X\geqslant 1)=1-e^{-2}$，则 $E(X^2)=(\quad)$.

（A）2　（B）4　（C）6　（D）8　（E）12

（2）若 $E(X^2)=12$，则 $P(X\geqslant 1)=(\quad)$.

（A）e^{-3}　（B）$1-e^{-3}$　（C）e^{-2}　（D）$1-e^{-2}$　（E）e^{-4}

［解析］$P(X=k)=\dfrac{\lambda^k}{k!}e^{-\lambda}$，$k=0,1,2,\cdots$，$\lambda>0$.

（1）$P(X\geqslant 1)=1-P(X=0)=1-\dfrac{\lambda^0}{0!}e^{-\lambda}=1-e^{-\lambda}=1-e^{-2}$，所以 $\lambda=2$.

$D(X)=\lambda=E(X^2)-[E(X)]^2=E(X^2)-\lambda^2$，所以 $E(X^2)=\lambda+\lambda^2=2+4=6$，选 C.

（2）$E(X^2)=12=\lambda+\lambda^2$，$\lambda^2+\lambda-12=0$，$(\lambda+4)(\lambda-3)=0$，$\lambda=3$，所以 $P(X\geqslant 1)=1-e^{-\lambda}=1-e^{-3}$，选 B.

【例 12】设 X 服从泊松分布，若 $E(X^2)=6$，则 $P(X>1)=(\quad)$.

（A）e^{-2}　（B）$3e^{-2}$　（C）$1-e^{-2}$　（D）$1-3e^{-2}$　（E）$2e^{-2}$

［解析］$X\sim P(\lambda)$，$6=E(X^2)=D(X)+[E(X)]^2=\lambda+\lambda^2$，故 $\lambda=2$.

$P(X>1)=1-P(X\leqslant 1)=1-P(X=0)-P(X=1)=1-e^{-2}-2e^{-2}=1-3e^{-2}$，选 D.

【例 13】设 $X\sim B(n,p)$，且 $E(X)=2$，$D(X)=1$，则 $P(X>1)=(\quad)$.

（A）$\dfrac{3}{16}$　（B）$\dfrac{7}{16}$　（C）$\dfrac{11}{16}$　（D）$\dfrac{13}{16}$　（E）$\dfrac{15}{16}$

［解析］$X\sim B(n,p)$，$E(X)=np=2$，$D(X)=npq=1\Rightarrow q=\dfrac{1}{2}$，$p=\dfrac{1}{2}$，$n=4$.

所以 $P(X>1)=1-P(X=0)-P(X=1)=1-C_4^0\left(\dfrac{1}{2}\right)^0\left(\dfrac{1}{2}\right)^4-C_4^1\left(\dfrac{1}{2}\right)\left(\dfrac{1}{2}\right)^3=\dfrac{11}{16}$，选 C.

【例 14】设一次试验成功的概率为 p，现进行 100 次独立重复试验，当 $p=(\quad)$ 时，成功次数的标准差的值最大.

（A）$\dfrac{1}{4}$　（B）$\dfrac{1}{3}$　（C）$\dfrac{1}{2}$　（D）$\dfrac{2}{3}$　（E）$\dfrac{3}{4}$

［解析］$D(X)=npq=100p(1-p)=-100p^2+100p=(-100)\times\left(p-\dfrac{1}{2}\right)^2+25$，

$p=\dfrac{1}{2}$ 时，$\sqrt{D(X)}$ 有最大值为 5，选 C.

题型 05 常见连续型分布的数字特征

提示 掌握均匀分布、指数分布、正态分布的数字特征公式及参数含义.

【例 15】设 $X\sim U[a,b]$，且 $E(X)=2$，$D(X)=\frac{1}{3}$，则 $a\cdot b=($　　$)$.

(A) 1　　(B) 2　　(C) 3　　(D) 4　　(E) $\frac{1}{2}$

[解析] $X\sim U[a,b]$，$E(X)=2=\frac{a+b}{2}\Rightarrow a+b=4$.

$D(X)=\frac{1}{3}=\frac{(b-a)^2}{12}\Rightarrow(a-b)^2=4\Rightarrow b-a=2$.

所以 $a=1$，$b=3$，$a\cdot b=3$，选 C.

【例 16】设 X 服从参数为 λ 的指数分布，且 $P(X\geqslant 1)=\mathrm{e}^{-2}$，则 $E(X^2)=($　　$)$.

(A) $\frac{1}{4}$　　(B) $\frac{1}{3}$　　(C) $\frac{1}{2}$　　(D) 1　　(E) 2

[解析] $F(x)=\begin{cases}1-\mathrm{e}^{-\lambda x} & x>0\\ 0 & x\leqslant 0\end{cases}$，$P(X\geqslant 1)=1-P(X<1)=1-F(1)=\mathrm{e}^{-2}$，

$1-(1-\mathrm{e}^{-\lambda})=\mathrm{e}^{-2}\Rightarrow\lambda=2$.

$E(X)=\frac{1}{\lambda}=\frac{1}{2}$，$D(X)=\frac{1}{\lambda^2}=\frac{1}{4}$，

所以 $E(X^2)=D(X)+[E(X)]^2=\frac{1}{4}+\frac{1}{4}=\frac{1}{2}$，选 C.

【例 17】设随机变量 X 的概率密度函数为 $p(x)=\begin{cases}\frac{1}{2}\cos\frac{x}{2} & 0\leqslant x\leqslant\pi\\ 0 & \text{其他}\end{cases}$，对 X 独立重复观察 4 次，Y 表示观察值大于 $\frac{\pi}{3}$ 的次数，则 Y^2 的数学期望为(　　).

(A) 1　　(B) 2　　(C) 3　　(D) 5　　(E) 6

[解析] 因为随机变量 X 的概率密度函数为 $p(x)=\begin{cases}\frac{1}{2}\cos\frac{x}{2} & 0\leqslant x\leqslant\pi\\ 0 & \text{其他}\end{cases}$.

所以 $p=P\left(X>\frac{\pi}{3}\right)=\int_{\frac{\pi}{3}}^{\pi}\frac{1}{2}\cos\frac{x}{2}\mathrm{d}x=\sin\frac{x}{2}\Big|_{\frac{\pi}{3}}^{\pi}=\frac{1}{2}$，$Y\sim B\left(4,\frac{1}{2}\right)$. 因此 $E(Y)=2$，$D(Y)=1$. 于是便可得 $E(Y^2)=D(Y)+[E(Y)]^2=1+2^2=5$，选 D.

【例 18】设随机变量 X 的概率密度函数为 $p(x)=\begin{cases}1+x & -1<x\leqslant 0\\ 1-x & 0<x\leqslant 1\\ 0 & \text{其他}\end{cases}$.

则 $D(3X+2)=($　　$)$.

(A) $\frac{1}{2}$　　(B) 1　　(C) $\frac{3}{2}$　　(D) 2　　(E) 3

[解析] $E(X)=\int_{-\infty}^{+\infty}xp(x)\mathrm{d}x=\int_{-1}^{0}x(1+x)\mathrm{d}x+\int_{0}^{1}x(1-x)\mathrm{d}x$

$$=\left(\frac{1}{2}x^2+\frac{1}{3}x^3\right)\Bigg|_{-1}^{0}+\left(\frac{1}{2}x^2-\frac{1}{3}x^3\right)\Bigg|_{0}^{1}=0.$$

$$E(X^2)=\int_{-\infty}^{+\infty}x^2p(x)\mathrm{d}x=\int_{-1}^{0}x^2(1+x)\mathrm{d}x+\int_{0}^{1}x^2(1-x)\mathrm{d}x$$

$$=\left(\frac{1}{3}x^3+\frac{1}{4}x^4\right)\Bigg|_{-1}^{0}+\left(\frac{1}{3}x^3-\frac{1}{4}x^4\right)\Bigg|_{0}^{1}=\frac{1}{6}.$$

所以 $D(X)=E(X^2)-[E(X)]^2=E(X^2)=\frac{1}{6}$，于是得 $D(3X+2)=9D(X)=\frac{3}{2}$，选 C.

【例 19】设随机变量 X 的概率密度为 $f(x)=\begin{cases}2x & 0<x<1\\ 0 & \text{其他}\end{cases}$，现对 X 进行 4 次独立重复观察，用 Y 表示观察值不大于 0.5 的次数，则 $E(Y^2)=(\quad)$.

(A) $\frac{1}{4}$ (B) $\frac{3}{4}$ (C) $\frac{5}{4}$ (D) $\frac{7}{4}$ (E) $\frac{9}{4}$

[解析] $Y\sim B(4,p)$，其中 $p=P(X\leqslant 0.5)=\int_{0}^{0.5}2x\mathrm{d}x=x^2\Big|_{0}^{\frac{1}{2}}=\frac{1}{4}$,

$E(Y)=4\times\frac{1}{4}=1$，$D(Y)=4\times\frac{1}{4}\times\frac{3}{4}=\frac{3}{4}$,

$E(Y^2)=D(Y)+[E(Y)]^2=\frac{3}{4}+1=\frac{7}{4}$，选 D.

【例 20】设随机变量 X 的概率密度函数为 $f(x)=\begin{cases}\frac{1}{4}(x+1) & 0<x<2\\ 0 & \text{其他}\end{cases}$. 今对 X 进行 8 次独立重复观测，以 Y 表示观测值大于 1 的观测次数，则 $D(Y)=(\quad)$.

(A) $\frac{3}{8}$ (B) $\frac{7}{8}$ (C) $\frac{11}{8}$ (D) $\frac{13}{8}$ (E) $\frac{15}{8}$

[解析] $Y\sim B(8,p)$，其中 $p=P(X>1)=\int_{1}^{2}\frac{1}{4}(x+1)\mathrm{d}x=\frac{5}{8}$.

$D(Y)=8\times\frac{5}{8}\times\frac{3}{8}=\frac{15}{8}$，选 E.

【例 21】元件的寿命服从参数为 $\frac{1}{100}$ 的指数分布，由 5 个这种元件串联而组成的系统，能够正常工作 100 小时以上的概率为(　　).

(A) e^{-3} (B) e^{-5} (C) $1-\mathrm{e}^{-3}$ (D) $1-\mathrm{e}^{-5}$ (E) $\mathrm{e}^{-3}-\mathrm{e}^{-5}$

[解析] 设第 i 件元件的寿命为 X_i，则 $X_i\sim E\left(\frac{1}{100}\right)$，$i=1,2,3,4,5$. 系统的寿命为 Y，所求概率为 $P(Y>100)=P(X_1>100,X_2>100,\cdots,X_5>100)$

$$=[P(X_1>100)]^5=(1-1+\mathrm{e}^{-1})^5=\mathrm{e}^{-5}$$，选 B.

【例 22】设随机变量 X 具有密度函数 $f(x)=\frac{1}{2}e^{-|x|}$，$-\infty<x<+\infty$，则 X 的方差为（　　）.

(A) 1　　(B) 2　　(C) 4　　(D) 6　　(E) 8

[解析] $E(X)=\int_{-\infty}^{+\infty}x\cdot\frac{1}{2}e^{-|x|}dx=0$,（因为被积函数为奇函数）

$$D(X)=E(X^2)=\int_{-\infty}^{+\infty}x^2\frac{1}{2}e^{-|x|}dx=\int_0^{+\infty}x^2e^{-x}dx=-x^2e^{-x}\Big|_0^{+\infty}+2\int_0^{+\infty}xe^{-x}dx$$

$$=2\left(-xe^{-x}\Big|_0^{+\infty}+\int_0^{+\infty}e^{-x}dx\right)=2$$，选 B.

第三节　点睛归纳

	类型	离散型	连续型
1. 一维随机变量的数字特征	期望 （期望就是平均值）	设 X 是离散型随机变量，其分布律为 $P(X=x_k)=p_k$，$k=1,2,\cdots,n$， $E(X)=\sum_{k=1}^{n}x_kp_k$	设 X 是连续型随机变量，其概率密度为 $f(x)$， $E(X)=\int_{-\infty}^{+\infty}xf(x)dx$
	函数的期望	$Y=g(X)$ $E(Y)=\sum_{k=1}^{n}g(x_k)p_k$	$Y=g(X)$ $E(Y)=\int_{-\infty}^{+\infty}g(x)f(x)dx$
	方差 $D(X)=E\{[X-E(X)]^2\}$， 标准差 $\sigma(X)=\sqrt{D(X)}$	$D(X)=\sum_{k}[x_k-E(X)]^2p_k$	$D(X)=\int_{-\infty}^{+\infty}[x-E(X)]^2f(x)dx$
2. 期望的性质	(1) $E(C)=C$ (2) $E(CX)=CE(X)$，$E(aX+b)=aE(X)+b$ (3) $E(X+Y)=E(X)+E(Y)$，$E\left(\sum_{i=1}^{n}C_iX_i\right)=\sum_{i=1}^{n}C_iE(X_i)$ (4) $E(XY)=E(X)\cdot E(Y)$，充分条件：X 和 Y 独立		
3. 方差的性质	(1) $D(C)=0$；$E(C)=C$ (2) $D(aX)=a^2D(X)$ (3) $D(aX+b)=a^2D(X)$ (4) $D(X)=E(X^2)-E^2(X)$ (5) $D(X\pm Y)=D(X)+D(Y)$，充分条件：X 和 Y 独立		

（续）

	类型	期望	方差
4. 常见分布的期望和方差	0-1分布 $B(1, p)$	p	$p(1-p)$
	二项分布 $B(n, p)$	np	$np(1-p)$
	泊松分布 $P(\lambda)$	λ	λ
	均匀分布 $U(a, b)$	$\frac{a+b}{2}$	$\frac{(b-a)^2}{12}$
	指数分布 $E(\lambda)$	$\frac{1}{\lambda}$	$\frac{1}{\lambda^2}$
	正态分布 $N(\mu, \sigma^2)$	μ	σ^2

第四节　阶梯训练

基础能力题

1. 已知 $E(X)=-1$，$D(X)=3$，则 $E[3(X-2)^2]=($　　$)$.

(A) 9　(B) 6　(C) 30　(D) 36　(E) 40

2. 设 $X\sim B(n, p)$，$E(X)=6$，$D(X)=3.6$，则有（　　）.

(A) $n=10$，$p=0.6$　(B) $n=20$，$p=0.3$

(C) $n=15$，$p=0.4$　(D) $n=12$，$p=0.5$

(E) $n=12$，$p=0.6$

3. 设 X 与 Y 相互独立，且都服从 $N(\mu, \sigma^2)$，则有（　　）.

(A) $E(X-Y)=E(X)+E(Y)$　(B) $E(X-Y)=2\mu$

(C) $D(X-Y)=D(X)-D(Y)$　(D) $D(X-Y)=2\sigma^2$

(E) $E(X+Y)=\mu$

4. 在下列结论中，错误的是（　　）.

(A) 若 $X\sim B(n, p)$，则 $E(X)=np$

(B) 若 $X\sim U(-1, 1)$，则 $D(X)=0$

(C) 若 X 服从泊松分布，则 $D(X)=E(X)$

(D) 若 $X\sim N(\mu, \sigma^2)$，则 $\frac{X-\mu}{\sigma}\sim N(0, 1)$

(E) 若 $X\sim E(\lambda)$，则 $D(X)=[E(X)]^2$

5. 设随机变量 X，其概率密度为 $f(x)=\begin{cases}1+x & -1\leqslant x\leqslant 0\\ 1-x & 0<x<1\\ 0 & \text{其他}\end{cases}$，则 $E(X)=($　　$)$.

(A) 2　(B) 1　(C) -1　(D) -2　(E) 0

6. 设连续型随机变量 X 的分布函数为

$$F(x)=\begin{cases}0 & x<0\\ x^3 & 0\leqslant x\leqslant 1\\ 1 & x>1\end{cases}，E(X)=(\quad).$$

(A) $\frac{3}{4}$ (B) $\frac{5}{4}$ (C) $\frac{7}{4}$ (D) $\frac{9}{4}$ (E) 2

7. 已知 X，Y 独立，$E(X)=E(Y)=2$，$E(X^2)=E(Y^2)=5$.

(1) $E(3X-2Y)=(\quad)$.

(A) 1 (B) 2 (C) 3 (D) 4 (E) -2

(2) $D(3X-2Y)=(\quad)$.

(A) 8 (B) 10 (C) 11 (D) 13 (E) 15

8. 设随机变量 $X\sim f(x)=\begin{cases}2Ax & 0\leqslant x\leqslant 1\\ 0 & 其他\end{cases}$，$D(X)=(\quad)$.

(A) $\frac{1}{18}$ (B) $\frac{1}{9}$ (C) $\frac{1}{8}$ (D) $\frac{1}{6}$ (E) $\frac{1}{4}$

9. 设随机变量 $X\sim f(x)=\begin{cases}kx & 0\leqslant x\leqslant 2\\ 0 & 其他\end{cases}$，$D(X)=(\quad)$.

(A) $\frac{1}{6}$ (B) $\frac{1}{8}$ (C) $\frac{1}{9}$ (D) $\frac{2}{9}$ (E) $\frac{1}{3}$

10. 设随机变量 X_1，X_2，X_3 相互独立，其中 X_1 服从区间[0，6]上的均匀分布，$X_2\sim N(0,2^2)$，$X_3\sim E(3)$，记 $Y=X_1-2X_2+3X_3$，则 $D(Y)=(\quad)$.

(A) 12 (B) 14 (C) 16 (D) 20 (E) 24

11. 已知随机变量 X 的分布律为

X	1	2	3
p	$\frac{1}{2}$	$\frac{1}{4}$	$\frac{1}{4}$

则 $E\left[\left(X-\frac{7}{4}\right)^2\right]=(\quad)$.

(A) $\frac{3}{16}$ (B) $\frac{5}{16}$ (C) $\frac{7}{16}$ (D) $\frac{9}{16}$ (E) $\frac{11}{16}$

12. 设随机变量 ξ 的分布律如表所示

$\xi=x_i$	-2	0	2
p_i	0.4	0.3	0.3

则 $E(3\xi^2+5)=(\quad)$.

(A) 10.4 (B) 12.4 (C) 12.8 (D) 13.4 (E) 14.8

13. 设随机变量 ξ 的概率密度为 $f(x)=\begin{cases}e^{-x} & x>0\\ 0 & x\leqslant 0\end{cases}$.

(1) $\eta = 2\xi$ 的数学期望为（　　）.

(2) $\eta = e^{-2\xi}$ 的数学期望为（　　）.

(A) 1　　(B) 2　　(C) $\frac{1}{3}$　　(D) $\frac{1}{2}$　　(E) $\frac{3}{2}$

14. 随机变量 ξ 的分布函数为 $F(x) = \begin{cases} 1 - \dfrac{a^3}{x^3} & x \geqslant a \\ 0 & x < a \end{cases}$，则 $D(\xi) =$（　　）.

(A) $\frac{1}{4}a^2$　　(B) $\frac{1}{2}a^2$　　(C) $\frac{1}{3}a^2$　　(D) $\frac{3}{4}a^2$　　(E) a^2

基础能力题详解

1. **D** $E[3(X-2)^2] = 3E(X^2 - 4X + 4) = 3[E(X^2) - 4E(X) + 4]$
$= 3\{D(X) + [E(X)]^2 - 4E(X) + 4\} = 3 \times (3 + 1 + 4 + 4) = 36.$

2. **C** 因为 $X \sim B(n, p)$，所以 $E(X) = np$，$D(X) = np(1-p)$，得到 $np = 6$，$np(1-p) = 3.6$. 解得，$n = 15$ ，$p = 0.4$.

3. **D** 注意到 $E(X-Y) = E(X) - E(Y) = 0$. 由于 X 与 Y 相互独立，所以
$D(X-Y) = D(X) + D(Y) = 2\sigma^2$.

4. **B** $X \sim U(-1, 1)$，则 $D(X) = \frac{(b-a)^2}{12} = \frac{2^2}{12} = \frac{1}{3}$.

5. **E** $E(X) = \int_{-\infty}^{+\infty} xf(x)\,dx = \int_{-1}^{0} x(1+x)\,dx + \int_{0}^{1} x(1-x)\,dx = 0$.

6. **A** 先求密度函数 $f(x) = \begin{cases} 3x^2 & 0 \leqslant x \leqslant 1 \\ 0 & \text{其他} \end{cases}$，故 $E(X) = \int_0^1 3x^3\,dx = \frac{3}{4}$.

7. 由数学期望和方差的性质有

(1) **B** $E(3X - 2Y) = 3E(X) - 2E(Y) = 3 \times 2 - 2 \times 2 = 2$.

(2) **D** $D(3X - 2Y) = 9D(X) + 4D(Y) = 9 \times \{E(X^2) - [E(X)]^2\} + 4 \times \{E(Y^2) - [E(Y)]^2\} = 9 \times (5 - 4) + 4 \times (5 - 4) = 13$.

8. **A** $\int_0^1 2Ax\,dx = 1$，$A = 1$，$E(X) = \int_0^1 x \cdot 2x\,dx = \frac{2}{3}$.

$E(X^2) = \int_0^1 x^2 \cdot 2x\,dx = \frac{1}{2}$，$D(X) = E(X^2) - [E(X)]^2 = \frac{1}{18}$.

9. **D** $\int_0^2 kx\,dx = 1$，$k = \frac{1}{2}$，$E(X) = \int_0^2 x \cdot \frac{1}{2}x\,dx = \frac{4}{3}$.

$E(X^2) = \int_0^2 x^2 \cdot \frac{1}{2}x\,dx = 2$，$D(X) = E(X^2) - [E(X)]^2 = \frac{2}{9}$.

10. **D** 由题设知 $E(X_1) = 3$，$D(X_1) = \frac{(6-0)^2}{12} = 3$，$E(X_2) = 0$，$D(X_2) = 4$，$E(X_3) = \frac{1}{\lambda} = \frac{1}{3}$，$D(X_3) = \frac{1}{\lambda^2} = \frac{1}{9}$. 由期望的性质可得

$E(Y) = E(X_1 - 2X_2 + 3X_3) = E(X_1) - 2E(X_2) + 3E(X_3) = 3 - 2 \times 0 + 3 \times \frac{1}{3} = 4$.

又 X_1，X_2，X_3 相互独立，所以

$$D(Y)=D(X_1-2X_2+3X_3)=D(X_1)+4D(X_2)+9D(X_3)$$
$$=3+4\times4+9\times\frac{1}{9}=20.$$

11. **E** $E(X)=\sum_{k=1}^{3}x_kp_k=1\times\frac{1}{2}+2\times\frac{1}{4}+3\times\frac{1}{4}=\frac{7}{4}.$

$$E(X^2)=\sum_{k=1}^{3}x_k^2p_k=1^2\times\frac{1}{2}+2^2\times\frac{1}{4}+3^2\times\frac{1}{4}=\frac{15}{4}.$$

$$E\left[\left(X-\frac{7}{4}\right)^2\right]=\sum_{k=1}^{3}\left(x_k-\frac{7}{4}\right)^2p_k=\frac{9}{16}\times\frac{1}{2}+\frac{1}{16}\times\frac{1}{4}+\frac{25}{16}\times\frac{1}{4}=\frac{11}{16}.$$

12. **D** $E(\xi)=-2\times0.4+2\times0.3=-0.2$，$E(\xi^2)=4\times(0.4+0.3)=2.8.$

$E(3\xi^2+5)=3E(\xi^2)+5=3\times2.8+5=13.4.$

13. (1) **B** $E(\eta)=\int_0^{+\infty}2xe^{-x}dx=2.$

(2) **C** $E(\eta)=\int_0^{+\infty}e^{-3x}dx=\frac{1}{3}.$

14. **D** $f(x)=F'(x)=\begin{cases}\frac{3a^3}{x^4} & x\geqslant a\\ 0 & x<a\end{cases}$，$E(\xi)=\int_a^{+\infty}\frac{3a^3}{x^3}dx=\frac{3}{2}a$，

$$E(\xi^2)=\int_a^{+\infty}\frac{3a^3}{x^2}dx=3a^2,D(\xi)=E(\xi^2)-[E(\xi)]^2=\frac{3}{4}a^2.$$

综合提高题

1. 设随机变量 ξ 的概率密度为 $f(x)=\begin{cases}1+x & -1\leqslant x<0\\ 1-x & 0\leqslant x\leqslant1\\ 0 & 其他\end{cases}$，则 $D(\xi)=$（　　）.

(A) $\frac{1}{3}$　(B) $\frac{1}{4}$　(C) $\frac{1}{5}$　(D) $\frac{1}{6}$　(E) $\frac{1}{8}$

2. 设随机变量 ξ 的分布函数为

$$F(x)=\begin{cases}0 & x<-1\\ a+b\arcsin x & -1\leqslant x<1,\\ 1 & x\geqslant1\end{cases}$$

则 $D(\xi)=$（　　）.

(A) $\frac{1}{6}$　(B) $\frac{1}{4}$　(C) $\frac{1}{2}$　(D) $\frac{3}{4}$　(E) $\frac{2}{3}$

3. 设离散型随机变量 ξ 仅取两个可能值 x_1 和 x_2，而且 $x_2>x_1$. 这里 ξ 以概率 0.6 取 x_1，还假定 ξ 的数学期望 $E(\xi)=1.4$，方差 $D(\xi)=0.24$，则 $P(\xi=2)=$（　　）.

(A) 0.1　(B) 0.2　(C) 0.3　(D) 0.4　(E) 0.6

4. 某射手每次射击结果可表示为随机变量

$$X=\begin{cases}1 & 射中\\0 & 未射中\end{cases}，且已知 P(X=1)=0.6，$$

现独立地射击三次，记随机变量 Y 为三次中射中的次数.

(1) 若 $Z=3Y$，则 $E(Z)+D(Z)=$ (　　).

(A) 9.88　(B) 10.68　(C) 11.68　(D) 12.28　(E) 11.88

(2) 若记 S 为射击 9 次射中的总次数，则 $E(S)+D(S)=$ (　　).

(A) 6.46　(B) 7.56　(C) 7.86　(D) 8.26　(E) 9.26

5. 设 ξ，η 是两个相互独立的随机变量，其概率密度分别为

$$f_{\xi}(x)=\begin{cases}e^{-(x-5)} & x>5\\0 & 其他\end{cases}\qquad f_{\eta}(y)=\begin{cases}2y & 0\leqslant y\leqslant 1\\0 & 其他\end{cases}.$$

(1) $E(\xi\eta)=$ (　　).

(A) 1　(B) 2　(C) 4　(D) 6　(E) 8

(2) $E(\xi\sin\eta)=$ (　　).

(A) $12(\sin1-\cos1)$　(B) $6(\sin1-\cos1)$　(C) $8(\sin1-\cos1)$

(D) $8(\sin1+\cos1)$　(E) $12(\sin1+\cos1)$

(3) $E(e^{-\xi}\sin\eta)=$ (　　).

(A) $e^{-5}(\sin1+\cos1)$　(B) $e^{-3}(\sin1-\cos1)$　(C) $e^{-5}(\cos1-\sin1)$

(D) $e^{-3}(\sin1+\cos1)$　(E) $e^{-5}(\sin1-\cos1)$

6. 假设有 10 只同种电器元件，其中有 2 只废品，从这批元件中任取一只，如果是废品，则扔掉重新取一只，如仍是废品，则扔掉再取一只，则在取到正品之前，已取出的废品数的方差为 (　　).

(A) $\frac{88}{405}$　(B) $\frac{37}{105}$　(C) $\frac{68}{405}$　(D) $\frac{86}{405}$　(E) $\frac{88}{105}$

7. 从学校到火车站的途中有 3 个交通岗，假设在各个交通岗遇到红灯的事件是相互独立的，并且概率都是 $\frac{2}{5}$，设 X 为途中遇到红灯的次数，则随机变量 X 的数学期望为 (　　).

(A) $\frac{2}{5}$　(B) $\frac{4}{5}$　(C) $\frac{6}{5}$　(D) $\frac{8}{5}$　(E) 2

8. 设随机变量 X 分别具有下列概率密度.

(1) $f(x)=\frac{1}{2}e^{-|x|}$，$D(X)=$ (　　).

(A) 4　(B) 3　(C) 2.5　(D) 2　(E) 1

(2) $f(x)=\begin{cases}1-|x| & |x|\leqslant 1\\0 & |x|>1\end{cases}$，$D(X)=$ (　　).

(A) $\frac{1}{6}$　(B) $\frac{1}{5}$　(C) $\frac{1}{4}$　(D) $\frac{1}{3}$　(E) $\frac{1}{2}$

(3) $f(x)=\begin{cases}\frac{15}{16}x^2(x-2)^2 & 0\leqslant x\leqslant 2\\0 & 其他\end{cases}$，$D(X)=$ (　　).

(A) 1　　(B) $\frac{1}{7}$　　(C) $\frac{2}{7}$　　(D) 2　　(E) $\frac{4}{7}$

(4) $f(x)=\begin{cases} x & 0\leqslant x<1 \\ 2-x & 1\leqslant x\leqslant 2 \\ 0 & \text{其他} \end{cases}$, $D(X)=$ (　　).

(A) $\frac{1}{8}$　　(B) $\frac{1}{4}$　　(C) $\frac{1}{3}$　　(D) $\frac{2}{3}$　　(E) $\frac{1}{6}$

9. 设随机变量 X 的概率密度为 $f(x)=\begin{cases} ax & 0<x<2 \\ cx+b & 2\leqslant x\leqslant 4 \\ 0 & \text{其他} \end{cases}$，已知 $E(X)=2$，$P(1<X<3)=\frac{3}{4}$.

(1) $a+b+c$ 的值为 (　　).

(A) $\frac{1}{2}$　　(B) $\frac{1}{4}$　　(C) 1　　(D) $\frac{3}{4}$　　(E) $\frac{1}{3}$

(2) 随机变量 $Y=\mathrm{e}^X$ 的方差为 (　　).

(A) $\frac{1}{4}\mathrm{e}^2(\mathrm{e}^2-1)$　　(B) $\frac{1}{4}\mathrm{e}^2(\mathrm{e}^2+1)$　　(C) $\frac{1}{4}\mathrm{e}(\mathrm{e}^2-1)^2$

(D) $\frac{1}{4}\mathrm{e}^2(\mathrm{e}^2-1)^2$　　(E) $\frac{1}{4}\mathrm{e}^2(\mathrm{e}^2+1)^2$

10. 设 X 与 Y 同分布，且 X 的概率密度为 $f(x)=\begin{cases} \frac{3}{8}x^2 & 0<x<2 \\ 0 & \text{其他} \end{cases}$.

(1) 已知事件 $A=\{X>a\}$ 和事件 $B=\{Y>a\}$ 独立，且 $P\{A\cup B\}=\frac{3}{4}$，则常数 $a=$ (　　).

(A) $\sqrt[3]{4}$　　(B) $\sqrt{2}$　　(C) $\sqrt[3]{2}$　　(D) $2\sqrt[3]{2}$　　(E) $\frac{1}{2}\sqrt[3]{4}$

(2) $E\left(\frac{1}{X^2}\right)=$ (　　).

(A) $\frac{1}{4}$　　(B) $\frac{1}{2}$　　(C) $\frac{3}{4}$　　(D) $\frac{1}{3}$　　(E) $\frac{2}{3}$

11. 设随机变量 ξ 服从瑞利分布，其概率密度为

$$f(x)=\begin{cases} \frac{x}{\sigma^2}\mathrm{e}^{-\frac{x^2}{2\sigma^2}} & x>0 \\ 0 & x\leqslant 0 \end{cases},$$

其中 $\sigma>0$ 为常数，则 $D(\xi)=$ (　　).

(A) $\frac{4-\pi}{2}\sigma$　　(B) $\frac{4-\pi}{2}\sigma^2$　　(C) $\frac{4+\pi}{2}\sigma$　　(D) $\frac{4+\pi}{2}\sigma^2$　　(E) $\frac{3-\pi}{2}\sigma$

12. 一批零件中有 9 个合格品和 3 个废品，安装机器时，从这批零件中任取一个，如果取出的是废品就不再放回去，则在取出合格品前，已经取出的废品数的数学期望为 (　　).

(A) $\frac{1}{10}$　　(B) $\frac{1}{5}$　　(C) $\frac{1}{6}$　　(D) $\frac{3}{10}$　　(E) $\frac{2}{5}$

13. 设随机变量 X 的概率密度为 $f(x)=\begin{cases}\dfrac{A}{x^3} & 1<x<+\infty \\ 0 & 其他\end{cases}$，则 $E(X)=$（　　）.

（A）2　　（B）3　　（C）$\frac{5}{2}$　　（D）4　　（E）$\frac{8}{3}$

14. 设随机变量 X 的分布律为

X	-2	0	2
p	0.4	0.3	0.3

下列叙述正确的有（　　）个.

（1）$E(X)=0.2$，（2）$E(X^2)=2.8$，（3）$E(3X^2+5)=13.4$，

（4）$D(3X^2+5)=28.24$，（5）$D(-2X^2-8)=13.44$.

（A）1　　（B）2　　（C）3　　（D）4　　（E）5

15. X 为一随机变量，且有概率密度 $f(x)=\begin{cases}2x & 0<x<1 \\ 0 & 其他\end{cases}$，则 $Y=3X^2-1$ 的数学期望为（　　）.

（A）$\frac{1}{6}$　　（B）$\frac{1}{5}$　　（C）$\frac{1}{4}$　　（D）$\frac{1}{3}$　　（E）$\frac{1}{2}$

16. 已知随机变量 X 的概率密度为 $f(x)=\begin{cases}ke^{-\frac{3}{2}|x|} & -2<x<+\infty \\ 0 & 其他\end{cases}$，则 $E(e^{\frac{X}{2}})=$（　　）.

（A）$\frac{3(2-e^{-3})}{4(3-e^{-4})}$（B）$\frac{3(3-e^{-4})}{4(2-e^{-3})}$（C）$\frac{4(3-e^{-4})}{3(2-e^{-3})}$（D）$\frac{2(3-e^{-4})}{3(2-e^{-3})}$（E）$\frac{3(2-e^{-3})}{2(3-e^{-4})}$

17. 设连续型随机变量 X 的分布函数为 $F(x)=\begin{cases}0 & x<0 \\ kx+b & 0\leqslant x\leqslant\pi \\ 1 & x>\pi\end{cases}$.

（1）$k-b$ 的值为（　　）.

（A）$\frac{1}{\pi}$　　（B）$\frac{1}{2\pi}$　　（C）$\frac{2}{\pi}$　　（D）$\frac{\pi}{2}$　　（E）1

（2）$D(X)=$（　　）.

（A）$\frac{\pi^2}{8}$　　（B）$\frac{\pi^2}{10}$　　（C）$\frac{\pi^2}{12}$　　（D）$\frac{\pi^2}{15}$　　（E）$\frac{\pi^2}{16}$

（3）若 $Y=\sin X$，则 $E(Y)=$（　　）.

（A）$\frac{1}{2\pi}$　　（B）$\frac{1}{\pi}$　　（C）$\frac{3}{\pi}$　　（D）$\frac{2}{\pi}$　　（E）$\frac{1}{3\pi}$

18. 已知 $E(X+4)=10$，$E[(X+4)^2]=116$，则 $E(X^2)=$（　　）.

（A）26　　（B）28　　（C）32　　（D）46　　（E）52

综合提高题详解

1. **D** $E(\xi)=\int_{-\infty}^{+\infty}xf(x)\mathrm{d}x=\int_{-1}^{0}x(1+x)\mathrm{d}x+\int_{0}^{1}x(1-x)\mathrm{d}x=0.$

$E(\xi^2)=\int_{-\infty}^{+\infty}x^2f(x)\mathrm{d}x=\int_{-1}^{0}x^2(1+x)\mathrm{d}x+\int_{0}^{1}x^2(1-x)\mathrm{d}x=\frac{1}{6},D(\xi)=\frac{1}{6}.$

2. **C** $\begin{cases}F(-1)=a-\frac{\pi}{2}b=0\\F(1)=a+\frac{\pi}{2}b=1\end{cases}\Rightarrow a=\frac{1}{2},\ b=\frac{1}{\pi}.$

所以 $F(x)=\begin{cases}0 & x<1\\ \frac{1}{2}+\frac{1}{\pi}\arcsin x & -1\leqslant x<1\\ 1 & x\geqslant 1\end{cases}$，所以 $f(x)=\begin{cases}\frac{1}{\pi\sqrt{1-x^2}} & -1<x<1\\ 0 & 其他\end{cases}.$

$E(\xi)=\int_{-1}^{1}\frac{x}{\pi\sqrt{1-x^2}}\mathrm{d}x=0.$

$E(\xi^2)=\int_{-1}^{1}\frac{x^2}{\pi\sqrt{1-x^2}}\mathrm{d}x\xlongequal{x=\sin t}\frac{1}{\pi}\int_{-\frac{\pi}{2}}^{\frac{\pi}{2}}\frac{\sin^2t}{\cos t}\cos t\mathrm{d}t=\frac{1}{2},\ D(\xi)=\frac{1}{2}.$

3. **D** $E(\xi)=0.6x_1+0.4x_2=1.4$，$E(\xi^2)=0.6x_1^2+0.4x_2^2$，

$D(\xi)=0.6x_1^2+0.4x_2^2-(0.6x_1+0.4x_2)^2=0.24.$

所以 $\begin{cases}3x_1+2x_2=7\\(x_1-x_2)^2=1\end{cases}\Rightarrow\begin{cases}x_1=1\\x_2=2\end{cases}(x_2>x_1).$

ξ	1	2
p	0.6	0.4

4. $E(X)=1\times P(X=1)+0\times P(X=0)=0.6$，$E(X^2)=0.6$，$D(X)=0.24.$

Y	0	1	2	3
p	0.4^3	$C_3^1\times0.4^2\times0.6$	$C_3^2\times0.4\times0.6^2$	0.6^3

$Y\sim B(3,\ 0.6)$，$E(Y)=3\times0.6=1.8$，$D(Y)=3\times0.6\times0.4=0.72.$

(1) **E** $E(Z)=3E(Y)=5.4$，$D(Z)=9D(Y)=6.48$，$E(Z)+D(Z)=11.88.$

(2) **B** $E(S)=9E(X)=5.4$，$D(S)=9D(X)=2.16$，$E(S)+D(S)=7.56.$

5. (1) **C** ξ,η 独立. $E(\xi\eta)=E(\xi)\cdot E(\eta)=\int_{5}^{+\infty}x\mathrm{e}^{-(x-5)}\mathrm{d}x\cdot\int_{0}^{1}y\cdot 2y\mathrm{d}y=6\times\frac{2}{3}=4.$

(2) **A** 因为 ξ，η 独立，所以 $E(\xi\sin\eta)=E(\xi)\cdot E(\sin\eta).$

因为 $E(\xi)=\int_{5}^{+\infty}x\mathrm{e}^{-(x-5)}\mathrm{d}x=6,E(\sin\eta)=\int_{-\infty}^{+\infty}\sin y f_\eta(y)\mathrm{d}y=2(\sin1-\cos1).$

所以 $E(\xi\sin\eta)=12(\sin1-\cos1).$

(3) **E** $E(\mathrm{e}^{-\xi}\sin\eta)=E(\mathrm{e}^{-\xi})\cdot E(\sin\eta)$，

$E(\mathrm{e}^{-\xi})=\int_{5}^{+\infty}\mathrm{e}^{-x}\mathrm{e}^{-(x-5)}\mathrm{d}x=\mathrm{e}^{5}\int_{5}^{+\infty}\mathrm{e}^{-2x}\mathrm{d}x=\frac{\mathrm{e}^{-5}}{2}.$

$E(\sin\eta)=\int_{-\infty}^{+\infty}\sin y f_{\eta}(y)\mathrm{d}y=2(\sin1-\cos1).$

所以 $E(\mathrm{e}^{-\xi}\sin\eta)=E(\mathrm{e}^{-\xi})\cdot E(\sin\eta)=\mathrm{e}^{-5}(\sin1-\cos1).$

6. **A** 设 X 为已取出的废品数，则 X 的分布为

X	0	1	2
p	$\frac{8}{10}$	$\frac{2}{10}\times\frac{8}{9}$	$\frac{2}{10}\times\frac{1}{9}\times\frac{8}{8}$

即

X	0	1	2
p	$\frac{8}{10}$	$\frac{8}{45}$	$\frac{1}{45}$

所以 $E(X)=\frac{8}{45}+\frac{2}{45}=\frac{2}{9}$，$E(X^2)=\frac{8}{45}+\frac{4}{45}=\frac{4}{15}$，

$D(X)=E(X^2)-[E(X)]^2=\frac{4}{15}-\frac{4}{81}=\frac{88}{405}.$

7. **C** $X\sim B\left(3,\ \frac{2}{5}\right)$，分布律为 $P(X=k)=\mathrm{C}_3^k\left(\frac{2}{5}\right)^k\left(\frac{3}{5}\right)^{3-k}$，$k=0,\ 1,\ 2,\ 3.$

即

X	0	1	2	3
p	$\frac{27}{125}$	$\frac{54}{125}$	$\frac{36}{125}$	$\frac{8}{125}$

$E(X)=\frac{54}{125}+\frac{72}{125}+\frac{24}{125}=\frac{150}{125}=\frac{6}{5}.$

也可由 $X\sim B\left(3,\ \frac{2}{5}\right)$，直接求得 $E(X)=np=3\times\frac{2}{5}=\frac{6}{5}.$

8. (1) **D** $E(X)=\int_{-\infty}^{+\infty}x\cdot\frac{1}{2}\mathrm{e}^{-|x|}\mathrm{d}x=0$，（因为被积函数为奇函数）

$D(X)=E(X^2)=\int_{-\infty}^{+\infty}x^2\cdot\frac{1}{2}\mathrm{e}^{-|x|}\mathrm{d}x=\int_0^{+\infty}x^2\cdot\mathrm{e}^{-x}\mathrm{d}x$

$=-x^2\mathrm{e}^{-x}\Big|_0^{+\infty}+2\int_0^{+\infty}x\mathrm{e}^{-x}\mathrm{d}x=2\left(-x\mathrm{e}^{-x}\Big|_0^{+\infty}+\int_0^{+\infty}\mathrm{e}^{-x}\mathrm{d}x\right)=2.$

(2) **A** $E(X)=\int_{-1}^{1}x(1-|x|)\mathrm{d}x=0$，

$D(X)=E(X^2)=\int_{-1}^{1}x^2(1-|x|)\mathrm{d}x=2\int_0^1(x^2-x^3)\mathrm{d}x=2\left(\frac{x^3}{3}-\frac{x^4}{4}\right)\Big|_0^1=\frac{1}{6}.$

(3) **B** $E(X)=\int_0^2\frac{15}{16}x^3(x-2)^2\mathrm{d}x=\frac{15}{16}\int_0^2(x^5-4x^4+4x^3)\mathrm{d}x$

$=\frac{15}{16}\left(\frac{x^6}{6}-\frac{4}{5}x^5+\frac{4x^4}{4}\right)\Big|_0^2=\frac{15}{16}\cdot\frac{16}{15}=1.$

$E(X^2)=\int_0^2\frac{15}{16}(x^6-4x^5+4x^4)\mathrm{d}x=\frac{15}{16}\left(\frac{x^7}{7}-\frac{4x^6}{6}+\frac{4x^5}{5}\right)\Big|_0^2=\frac{8}{7}.$

所以 $D(X)=E(X^2)-[E(X)]^2=\frac{8}{7}-1=\frac{1}{7}$.

(4) E $E(X)=\int_0^1 x^2\mathrm{d}x+\int_1^2(2x-x^2)\mathrm{d}x=\frac{1}{3}+x^2\Big|_1^2-\frac{x^3}{3}\Big|_1^2=\frac{2}{3}+3-\frac{8}{3}=1.$

$E(X^2)=\int_0^1 x^3\mathrm{d}x+\int_1^2(2x^2-x^3)\mathrm{d}x=\frac{1}{4}+\frac{2}{3}(8-1)-\frac{1}{4}(16-1)=\frac{7}{6}.$

所以 $D(X)=\frac{7}{6}-1=\frac{1}{6}$.

9. (1) C $1=\int_{-\infty}^{+\infty}f(x)\mathrm{d}x=\int_0^2 ax\mathrm{d}x+\int_2^4(cx+b)\mathrm{d}x$

$=\frac{a}{2}x^2\Big|_0^2+\frac{c}{2}x^2\Big|_2^4+bx\Big|_2^4=2a+2b+6c,$

$2=\int_{-\infty}^{+\infty}xf(x)\mathrm{d}x=\int_0^2 ax^2\mathrm{d}x+\int_2^4(cx+b)x\mathrm{d}x=\frac{8}{3}a+\frac{56}{3}c+6b,$

$\frac{3}{4}=\int_1^2 ax\mathrm{d}x+\int_2^3(cx+b)\mathrm{d}x=\frac{3}{2}a+\frac{5}{2}c+b,$

解方程组$\begin{cases}a+b+3c=\frac{1}{2}\\8a+18b+56c=6\\3a+2b+5c=\frac{3}{2}\end{cases}$，得 $a=\frac{1}{4}$，$b=1$，$c=-\frac{1}{4}$.

(2) D $E(Y)=E(\mathrm{e}^X)=\int_{-\infty}^{+\infty}\mathrm{e}^xf(x)\mathrm{d}x=\int_0^2\frac{1}{4}x\mathrm{e}^x\mathrm{d}x+\int_2^4\left(-\frac{1}{4}x+1\right)\mathrm{e}^x\mathrm{d}x=\frac{1}{4}(\mathrm{e}^2-1)^2,$

$E(Y^2)=E(\mathrm{e}^{2X})=\int_{-\infty}^{+\infty}\mathrm{e}^{2x}f(x)\mathrm{d}x=\int_0^2\frac{1}{4}x\mathrm{e}^{2x}\mathrm{d}x+\int_2^4\left(-\frac{1}{4}x+1\right)\mathrm{e}^{2x}\mathrm{d}x$

$=\frac{1}{4}(\mathrm{e}^2-1)^2\left[\mathrm{e}^2+\frac{1}{4}(\mathrm{e}^2-1)^2\right]$

$D(Y)=E(Y^2)-[E(Y)]^2=\frac{1}{4}\mathrm{e}^2(\mathrm{e}^2-1)^2.$

10. (1) A $P(X>a)=\int_a^2\frac{3}{8}x^2\mathrm{d}x=\frac{1}{8}(8-a^3),$

$\frac{3}{4}=P(A\cup B)=P(A)+P(B)-P(AB)=\frac{2}{8}(8-a^3)-\frac{1}{64}(8-a^3)^2,$

即有方程 $(8-a^3)^2-16(8-a^3)+48=0$，即 $[(8-a^3)-12][(8-a^3)-4]=0$，

得 $8-a^3=12$ 或 $8-a^3=4$，解得 $a=\sqrt[3]{4}$ 或 $a=-\sqrt[3]{4}$（不合题意），故 $a=\sqrt[3]{4}$.

(2) C $E\left(\frac{1}{X^2}\right)=\int_0^2\frac{3}{8}\mathrm{d}x=\frac{3}{4}.$

11. B $E(\xi)=\int_0^{+\infty}\frac{x^2}{\sigma^2}\mathrm{e}^{-\frac{x^2}{2\sigma^2}}\mathrm{d}x=-\int_0^{+\infty}x\mathrm{d}\mathrm{e}^{-\frac{x^2}{2\sigma^2}}\xlongequal{\text{分部积分}}\int_0^{+\infty}\mathrm{e}^{-\frac{x^2}{2\sigma^2}}\mathrm{d}x\xlongequal{\frac{x}{\sigma}=t}\frac{\sqrt{2\pi}}{2}\sigma,$

$E(\xi^2)=\int_0^{+\infty}\frac{x^3}{\sigma^2}\mathrm{e}^{-\frac{x^2}{2\sigma^2}}\mathrm{d}x\xlongequal{\text{分部积分}}2\sigma^2$，所以 $D(\xi)=E(\xi^2)-[E(\xi)]^2=\frac{4-\pi}{2}\sigma^2.$

12. **D**　设A_i为第i个取出的是合格品的事件($i=1, 2, \cdots, 12$)，而X为在取出合格品之前已经取出的废品数，则X可能的取值为0，1，2，3，且

$$p_0=P(X=0)=P(A_1)=\frac{C_9^1}{C_{12}^1}=\frac{3}{4},$$

$$p_1=P(X=1)=P(\overline{A_1}A_2)=P(\overline{A_1})P(A_2|\overline{A_1})=\frac{C_3^1}{C_{12}^1}\cdot\frac{C_9^1}{C_{11}^1}=\frac{9}{44},$$

$$p_2=P(X=2)=P(\overline{A_1}\,\overline{A_2}A_3)=P(\overline{A_1}\,\overline{A_2})P(A_3|\overline{A_1}\,\overline{A_2})=\frac{C_3^2}{C_{12}^2}\cdot\frac{C_9^1}{C_{10}^1}=\frac{9}{220},$$

$$p_3=P(X=3)=P(\overline{A_1}\,\overline{A_2}\,\overline{A_3}A_4)=P(\overline{A_1}\,\overline{A_2}\,\overline{A_3})P(A_4|\overline{A_1}\,\overline{A_2}\,\overline{A_3})=\frac{C_3^3}{C_{12}^3}\cdot\frac{C_9^1}{C_9^1}=\frac{1}{220},$$

故$E(X)=\sum_{k=0}^{3}kp_k=0\times\frac{3}{4}+1\times\frac{9}{44}+2\times\frac{9}{220}+3\times\frac{1}{220}=\frac{3}{10}.$

13. **A**　因为$\int_{-\infty}^{+\infty}f(x)\mathrm{d}x=1$，且$\int_{-\infty}^{+\infty}f(x)\mathrm{d}x=\int_{1}^{+\infty}\frac{A}{x^3}\mathrm{d}x=-\frac{A}{2x^2}\Big|_1^{+\infty}=\frac{A}{2}$，

故$A=2$，而$E(X)=\int_{-\infty}^{+\infty}xf(x)\mathrm{d}x=\int_1^{+\infty}\left(x\cdot\frac{2}{x^3}\right)\mathrm{d}x=-\frac{2}{x}\Big|_1^{+\infty}=2.$

14. **C**　$E(X)=\sum_{k=1}^{3}x_kp_k=(-2)\times 0.4+0\times 0.3+2\times 0.3=-0.2.$

$E(X^2)=\sum_{k=1}^{3}x_k^2p_k=(-2)^2\times 0.4+0^2\times 0.3+2^2\times 0.3=2.8.$

$E(3X^2+5)=3E(X^2)+5=3\times 2.8+5=13.4.$

又因为$E(X^4)=\sum_{k=1}^{3}x_k^4p_k=(-2)^4\times 0.4+0^4\times 0.3+2^4\times 0.3=11.2$，

故$D(3X^2+5)=9D(X^2)=9\{E(X^4)-[E(X^2)]^2\}=30.24.$

$D(-2X^2-5)=4D(X^2)=4\{E(X^4)-[E(X^2)]^2\}=13.44.$

15. **E**　$E(Y)=\int_{-\infty}^{+\infty}(3x^2-1)f(x)\mathrm{d}x=\int_0^1 2x(3x^2-1)\mathrm{d}x=\left(\frac{3}{2}x^4-x^2\right)\Big|_0^1=\frac{1}{2}.$

16. **B**　因为$\int_{-\infty}^{+\infty}f(x)\mathrm{d}x=1$，且

$$\int_{-\infty}^{+\infty}f(x)\mathrm{d}x=\int_{-2}^{+\infty}k\mathrm{e}^{-\frac{3}{2}|x|}\mathrm{d}x=\int_{-2}^{0}k\mathrm{e}^{\frac{3}{2}x}\mathrm{d}x+\int_0^{+\infty}k\mathrm{e}^{-\frac{3}{2}x}\mathrm{d}x=k\left(\frac{2}{3}\mathrm{e}^{\frac{3}{2}x}\Big|_{-2}^{0}-\frac{2}{3}\mathrm{e}^{-\frac{3}{2}x}\Big|_0^{+\infty}\right)$$

$$=\frac{2}{3}k(2-\mathrm{e}^{-3}),$$

故$k=\frac{3}{2(2-\mathrm{e}^{-3})}$，

而$E\left(\mathrm{e}^{\frac{X}{2}}\right)=\int_{-\infty}^{+\infty}\mathrm{e}^{\frac{x}{2}}f(x)\mathrm{d}x=\frac{3}{2(2-\mathrm{e}^{-3})}\int_{-2}^{+\infty}\mathrm{e}^{\frac{x}{2}}\mathrm{e}^{-\frac{3}{2}|x|}\mathrm{d}x$

$$=\frac{3}{2(2-\mathrm{e}^{-3})}\left(\int_{-2}^{0}\mathrm{e}^{2x}\mathrm{d}x+\int_0^{+\infty}\mathrm{e}^{-x}\mathrm{d}x\right)=\frac{3}{2(2-\mathrm{e}^{-3})}\left(\frac{1}{2}\mathrm{e}^{2x}\Big|_{-2}^{0}-\mathrm{e}^{-x}\Big|_0^{+\infty}\right)$$

$$=\frac{3(3-\mathrm{e}^{-4})}{4(2-\mathrm{e}^{-3})}.$$

17. (1) **A** 因为 $F(x)$ 为连续函数，有 $F(0^-)=F(0)$，$F(\pi^+)=F(\pi)$，

故可得 $k=\frac{1}{\pi}$，$b=0$，$k-b=\frac{1}{\pi}$.

(2) **C** 因为 $f(x)=F'(x)=\begin{cases}\frac{1}{\pi} & 0<x<\pi \\ 0 & 其他\end{cases}$，

所以 $E(X)=\int_{-\infty}^{+\infty}xf(x)\mathrm{d}x=\frac{1}{\pi}\int_0^{\pi}x\mathrm{d}x=\frac{\pi}{2}, E(X^2)=\int_{-\infty}^{+\infty}x^2f(x)\mathrm{d}x=\frac{1}{\pi}\int_0^{\pi}x^2\mathrm{d}x=\frac{\pi^2}{3}$,

$D(X)=E(X^2)-[E(X)]^2=\frac{\pi^2}{3}-\left(\frac{\pi}{2}\right)^2=\frac{\pi^2}{12}$.

(3) **D** $E(Y)=\int_{-\infty}^{+\infty}\sin xf(x)\mathrm{d}x=\frac{1}{\pi}\int_0^{\pi}\sin x\mathrm{d}x=-\frac{1}{\pi}\cos x\Big|_0^{\pi}=\frac{2}{\pi}$.

18. **E** 因为 $E(X+4)=E(X)+4$，$E[(X+4)^2]=E(X^2)+8E(X)+16$，
所以 $E(X)=E(X+4)-4=6$，$E(X^2)=E[(X+4)^2]-8E(X)-16=52$.

附录

附录包含数学必备公式、2021—2023年真题及大纲样卷与解析，帮助考生了解经济类专业学位联考数学所要求的基本知识点和题型，从而掌握考试的广度和深度，做到目标明确、心中有数，在较短的时间内快速提高应试能力.

（详细的历年真题解析参见《经济类联考综合历年真题精点》）

附录 A　数学必备公式

第一部分　微积分

一、极限

1. $\lim\limits_{x\to 0}\dfrac{\sin x}{x}=1$ **（注意比较** $\lim\limits_{x\to\infty}\dfrac{\sin x}{x}=0$**）**

2. $\lim\limits_{x\to\infty}\left(1+\dfrac{1}{x}\right)^{x}=\mathrm{e}$ **（或** $\lim\limits_{x\to 0}(1+0)^{\frac{1}{x}}=\mathrm{e}$**）**

【注意】此极限是当 $x\to 0$ 时的极限，应区分 $\lim\limits_{x\to\infty}\dfrac{\sin x}{x}=0.$

$\lim\limits_{x\to\infty}\left(1+\dfrac{1}{x}\right)^{x}=\mathrm{e}\Rightarrow$若 $\lim\limits_{x\to x_0}\varphi(x)=\infty$，则 $\lim\limits_{x\to x_0}\left[1+\dfrac{1}{\varphi(x)}\right]^{\varphi(x)}=\mathrm{e}$，

$\lim\limits_{x\to 0}(1+x)^{\frac{1}{x}}=\mathrm{e}\Rightarrow$若 $\lim\limits_{x\to x_0}\varphi(x)=0$，则 $\lim\limits_{x\to x_0}[1+\varphi(x)]^{\frac{1}{\varphi(x)}}=\mathrm{e}.$

3. 无穷小量阶的比较

设 $\lim\limits_{x\to x_0}\alpha(x)=0$，$\lim\limits_{x\to x_0}\beta(x)=0$，

$$\lim_{x\to x_0}\frac{\alpha(x)}{\beta(x)}=\begin{cases}k\neq 0 & \text{称 }\alpha(x)\text{ 与 }\beta(x)\text{ 为同阶无穷小，特别 }k=1\text{ 时，}\\ & \text{称 }\alpha(x)\text{ 与 }\beta(x)\text{ 为等价无穷小，记作 }\alpha(x)\sim\beta(x).\\ 0 & \text{称 }\alpha(x)\text{ 是比 }\beta(x)\text{ 高阶的无穷小}\\ \infty & \text{称 }\alpha(x)\text{ 是比 }\beta(x)\text{ 低阶的无穷小}\end{cases}$$

4. 等价无穷小

常用的等价无穷小：$x\to 0$ 时，有下列等价无穷小公式：

$\mathrm{e}^x-1\sim x$，$\ln(1+x)\sim x$，$(1+x)^a-1\sim ax(a>0)$，

$\sin x\sim x$，$\tan x\sim x$，$1-\cos x\sim\dfrac{x^2}{2}.$

二、一元函数微分学

1. 导数的定义式

$\lim\limits_{\Delta x\to 0}\dfrac{f(x_0+\Delta x)-f(x_0)}{\Delta x}=f'(x_0)$（用于抽象函数判定是否可导）

$\lim\limits_{x\to x_0}\dfrac{f(x)-f(x_0)}{x-x_0}=f'(x_0)$（用于表达式给定的具体函数，求导数值）

2. 左右导数

左导数：$f'_-(x_0)=\lim\limits_{x\to x_0^-}\dfrac{f(x)-f(x_0)}{x-x_0}=\lim\limits_{\Delta x\to 0^-}\dfrac{f(x_0+\Delta x)-f(x_0)}{\Delta x}.$

右导数：$f'_{+}(x_0) = \lim\limits_{x \to x_0^+} \dfrac{f(x) - f(x_0)}{x - x_0} = \lim\limits_{\Delta x \to 0^+} \dfrac{f(x_0 + \Delta x) - f(x_0)}{\Delta x}$.

结论：$f'(x_0) = A \Leftrightarrow f'_{-}(x_0) = f'_{+}(x_0) = A$.

3. 导数的几何意义

设点 $M_0(x_0, f(x_0))$ 是曲线 $y = f(x)$ 上的上点，则函数 $f(x)$ 在 x_0 点处的导数 $f'(x_0)$ 正好是曲线 $y = f(x)$ 过 M_0 点的切线的斜率 k，这就是导数的几何意义.

4. 常见函数求导公式

(1) $(C)' = 0$　　(2) $(x^\mu)' = \mu x^{\mu - 1}$

(3) $(a^x)' = a^x \ln a$　　(4) $(e^x)' = e^x$

(5) $(\log_a x)' = \dfrac{1}{x \ln a}$　　(6) $(\ln x)' = \dfrac{1}{x}$

(7) $(\sin x)' = \cos x$　　(8) $(\cos x)' = -\sin x$

(9) $(\tan x)' = \sec^2 x$　　(10) $(\cot x)' = -\csc^2 x$

(11) $(\sec x)' = \sec x \tan x$　　(12) $(\csc x)' = -\csc x \cot x$

(13) $(\arcsin x)' = \dfrac{1}{\sqrt{1 - x^2}}$　　(14) $(\arccos x)' = -\dfrac{1}{\sqrt{1 - x^2}}$

(15) $(\arctan x)' = \dfrac{1}{1 + x^2}$　　(16) $(\text{arccot}\, x)' = -\dfrac{1}{1 + x^2}$

5. 四则运算及复合函数的导数

$$f(x)g(x) = f'(x)g(x) + g'(x)f(x)$$

$$\left(\frac{f(x)}{g(x)}\right)' = \frac{f'(x)g(x) - f(x)g'(x)}{g^2(x)}$$

$$[f(g(x))]' = f'(g(x)) \cdot g'(x)$$

6. 可导、可微、连续与极限的关系

可导一定连续，连续不一定可导.

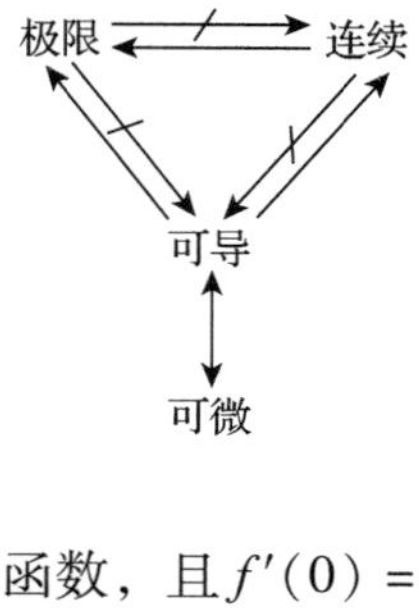

7. 奇偶函数、周期函数的导数

(1) 可导的偶函数的导函数为奇函数，且 $f'(0) = 0$.

(2) 可导的奇函数的导函数为偶函数.

(3) 可导的周期函数的导函数仍为同周期函数.

8. 微分公式

$$df(x)=f'(x)dx$$

9. 洛必达法则$\left(\frac{0}{0},\ \frac{\infty}{\infty}\right)$

若 $\lim f(x)=0$（或∞），$\lim g(x)=0$（或∞），则 $\lim\frac{f(x)}{g(x)}=\lim\frac{f'(x)}{g'(x)}=A$.

10. 判断函数的增减性，求函数单调区间

（1）单调性定义

x_1，$x_2\in D$，当 $x_1<x_2$ 时，有 $f(x_1)\leqslant(\geqslant)f(x_2)$，则 $f(x)$ 为单调增加（减少）.

（2）判别方法：用 $f'(x)$ 判断

$f(x)$ 单调增加$\Leftrightarrow f'(x)\geqslant 0$（$f(x)$ 可导）.

$f'(x)>0\rightleftarrows$ 严格单调增加.

$f'(x)<0\rightleftarrows$ 严格单调减少.

11. 极值点的定义（局部最大或局部最小）

（1）定义：设 $y=f(x)$，若对 $x\in(x_0-\delta,\ x_0+\delta)$ 均有 $f(x)\leqslant f(x_0)$（$f(x)\geqslant f(x_0)$），则称 x_0 为 $f(x)$ 的极大值点（极小值点），$f(x_0)$ 为极大值（极小值）.

（2）判定方法：

第一充分条件：

若 $f(x)$ 在 x_0 处连续，在 x_0 的邻域内可导，且当 $x<x_0$ 时，$f'(x)>0$（$f'(x)<0$），当 $x>x_0$ 时，$f'(x)<0$（$f'(x)>0$），则称 x_0 为极大值点（极小值点）.

第二充分条件：

设 $f(x)$ 在 x_0 点的某一邻域内可导且 $f'(x_0)=0$，$f''(x_0)\neq 0$.

若 $f''(x)>0$，则 x_0 是极小值点，$f(x_0)$ 为极小值；

若 $f''(x)<0$，则 x_0 是极大值点，$f(x_0)$ 为极大值.

【注意】$f''(x_0)=0$ 不能判定 $f(x_0)$ 为极值，有可能为极值，也可能不是极值.

（3）极值存在的必要条件：

若 x_0 为 $f(x)$ 的极值点，且 $f'(x_0)$ 存在，则 $f'(x_0)=0$.

【注意】$f'(x_0)=0$ 不能推出 x_0 为 $f(x)$ 的极值点.

12. 驻点（稳定点）

（1）定义：满足 $f'(x)=0$ 的点，称为驻点.

（2）驻点$\not\Leftrightarrow$极值点.

13. 函数的最值及其求解

（1）若 $f(x)$ 在 $[a,\ b]$ 上连续，则 $f(x)$ 在 $[a,\ b]$ 上必有最大值、最小值.

（2）设函数 $f(x)$ 在 $[a,\ b]$ 上连续，在 $(a,\ b)$ 内有且仅有一个极值点 x_0，则

① 若 x_0 是 $f(x)$ 的极大值点，那么 x_0 必为 $f(x)$ 在 $[a,\ b]$ 上的最大值点；

② 若 x_0 是 $f(x)$ 的极小值点，那么 x_0 必为 $f(x)$ 在 $[a,\ b]$ 上的最小值点.

（3）求最值的步骤：

① 求$f(x)$在(a, b)内所有驻点和导数不存在的点；

② 求出以上各函数值及区间$[a, b]$端点的函数值；

③ 比较上述数值，最大的为最大值，最小的为最小值.

最大值 $M = \max\{f(a), f(b), f(x_1), \cdots, f(x_0)\}$.

最小值 $m = \min\{f(a), f(b), f(x_1), \cdots, f(x_0)\}$.

其中：$x_1, \cdots, x_0$ 为$f(x)$所有可能的极值点.

【注意】最值是$[a, b]$整体概念，极值是局部概念.

14. 函数的切线与法线

一般地，在 x_0 处切线方程为 $y - y_0 = f'(x_0)(x - x_0)$，

在 x_0 处法线方程为 $y - y_0 = -\dfrac{1}{f'(x_0)}(x - x_0)$.

特别：①切线平行 x 轴：切线方程为 $y = f(x_0)$，法线方程为 $x = x_0$.

②切线平行 y 轴：切线方程为 $x = x_0$，法线方程为 $y = f(x_0)$.

15. 函数凹凸性及其判定

（1）凹弧

① 定义：如果曲线在其任一点切线之上，称曲线为凹弧.

② 凹弧的切线斜率随着 x 的增大而增大，即$f'(x)$单调递增.

③ 设$f(x)$在(a, b)上二阶可导，$f(x)$为凹弧的充要条件为$f''(x) \geqslant 0$，$x \in (a, b)$.

（2）凸弧

① 定义：若曲线在其任一点切线之下，称曲线为凸弧.

② 凸弧的切线斜率随着 x 的增大而减小，即$f'(x)$单调递减.

③ 设$f(x)$在(a, b)二阶可导，$f(x)$为凸弧的充要条件为$f''(x) \leqslant 0$，$x \in (a, b)$.

16. 拐点及其判定

（1）定义：曲线上凸弧与凹弧的分界点称为拐点.

二阶导数从大于 0 到小于 0，或从小于 0 到大于 0，中间的过渡点称为拐点.

（2）必要条件：$f''(x)$存在且$(x_0, f(x_0))$为拐点，则$f''(x_0) = 0$.

（3）充分条件：若$f''(x_0) = 0$，且在 x_0 的两侧 $f''(x)$异号，则$(x_0, f(x_0))$是拐点.

三、一元函数积分学

1. 不定积分与导数的关系

$$\left(\int f(x)\,\mathrm{d}x\right)' = f(x), \int f'(x)\,\mathrm{d}x = f(x) + C.$$

2. 基本初等函数的不定积分公式

（1）$\int k\,\mathrm{d}x = kx + C$（$k$ 是常数）

(2) $\int x^{\alpha}dx = \frac{x^{\alpha+1}}{\alpha+1} + C, (\alpha \neq -1)$，尤其$\int \frac{1}{\sqrt{x}}dx = 2\sqrt{x} + C, \int \frac{1}{x^2}dx = -\frac{1}{x} + C$

(3) $\int \frac{1}{x}dx = \ln|x| + C$

(4) $\int a^x dx = \frac{a^x}{\ln a} + C$ ($a>0$ 且 $a\neq 1$)

(5) $\int e^x dx = e^x + C$

(6) $\int \cos x dx = \sin x + C$

(7) $\int \sin x dx = -\cos x + C$

(8) $\int \frac{1}{\cos^2 x}dx = \tan x + C$

(9) $\int \frac{1}{\sin^2 x}dx = -\cot x + C$

(10) $\int \sec x \tan x dx = \sec x + C$

(11) $\int \csc x \cot x dx = -\csc x + C$

(12) $\int \frac{dx}{\sqrt{1-x^2}} = \arcsin x + C$

(13) $\int \frac{dx}{1+x^2} = \arctan x + C$

(14) $\int \frac{1}{a^2+x^2}dx = \frac{1}{a}\arctan\frac{x}{a} + C$

(15) $\int \frac{1}{x^2-a^2}dx = \frac{1}{2a}\ln\left|\frac{x-a}{x+a}\right| + C$

(16) $\int \frac{1}{\sqrt{a^2-x^2}}dx = \arcsin\frac{x}{a} + C$

(17) $\int \frac{1}{\sqrt{a^2+x^2}}dx = \ln(x+\sqrt{a^2+x^2}) + C$

(18) $\int \frac{dx}{\sqrt{x^2-a^2}} = \ln|x+\sqrt{x^2-a^2}| + C$

(19) $\int \tan x dx = -\ln|\cos x| + C$

(20) $\int \cot x dx = \ln|\sin x| + C$

(21) $\int \sec x dx = \ln|\sec x + \tan x| + C$

(22) $\int \csc x dx = \ln|\csc x - \cot x| + C$

3. 变限积分求导公式

$$\left(\int_{\alpha(x)}^{\beta(x)} f(t)\mathrm{d}t\right)_x' = f(\beta(x))\cdot\beta'(x) - f(\alpha(x))\cdot\alpha'(x)$$

4. $\int f(x)\mathrm{d}x, \int_a^x f(t)\mathrm{d}t, \int_a^b f(x)\mathrm{d}x$ 的联系与区别

(1) $\int f(x)\mathrm{d}x$ 表示 $f(x)$ 的全体原函数,它是一族函数,且任两个原函数相差一个常数.

(2) $\int_a^x f(t)\mathrm{d}t$ 表示 $f(t)$ 的一个原函数,有 $\int f(x)\mathrm{d}x = \int_a^x f(t)\mathrm{d}t + C$.

(3) $\int_a^b f(x)\mathrm{d}x$ 表示一个数值,其值为 $f(x)$ 的任一个原函数 $F(x)$ 在从 a 到 b 的增量 $F(b)-F(a)$,并且其值由上下限和 $f(x)$ 决定,与用何符号表示无关,即

$$\int_a^b f(x)\mathrm{d}x = F(x)\Big|_a^b = F(b)-F(a).$$

5. 奇偶函数的积分

$$\int_{-a}^{a} f(x)\mathrm{d}x = \begin{cases} 0 & f(x)\text{ 为奇函数} \\ 2\int_0^a f(x)\mathrm{d}x & f(x)\text{ 为偶函数} \end{cases}.$$

四、偏导数

$$f_x'(x_0, y_0) = \lim_{x\to x_0}\frac{f(x, y_0)-f(x_0, y_0)}{x-x_0} = \lim_{\Delta x\to 0}\frac{f(x_0+\Delta x, y_0)-f(x_0, y_0)}{\Delta x},$$

$$f_y'(x_0, y_0) = \lim_{y\to y_0}\frac{f(x_0, y)-f(x_0, y_0)}{y-y_0} = \lim_{\Delta y\to 0}\frac{f(x_0, y_0+\Delta y)-f(x_0, y_0)}{\Delta y}.$$

第二部分　线性代数

一、行列式

(1) n 阶行列式共有 n^2 个元素，展开后有 $n!$ 项.

(2) 代数余子式的性质：

① A_{ij} 和 a_{ij} 的大小无关；

② 某行（列）的元素乘以其他行（列）元素的代数余子式为 0；

③ 某行（列）的元素乘以该行（列）元素的代数余子式为 $|\boldsymbol{A}|$.

(3) 代数余子式和余子式的关系：$M_{ij}=(-1)^{i+j}A_{ij}$，$A_{ij}=(-1)^{i+j}M_{ij}$.

(4) 行列式的重要公式：

① 主对角行列式的值等于主对角元素的乘积；

② 副对角行列式的值等于副对角元素的乘积乘以 $(-1)^{\frac{n(n-1)}{2}}$；

③ 上、下三角行列式（|◥| = |◣|）的值等于主对角元素的乘积；

④ |◤|和|◢|的值等于副对角元素的乘积乘以$(-1)^{\frac{n(n-1)}{2}}$；

⑤拉普拉斯展开式：$\begin{vmatrix} A & O \\ C & B \end{vmatrix} = \begin{vmatrix} A & C \\ O & B \end{vmatrix} = |A||B|$，

$\begin{vmatrix} C & A \\ B & O \end{vmatrix} = \begin{vmatrix} O & A \\ B & C \end{vmatrix} = (-1)^{mn}|A||B|$. 其中 A，B 分别为 m 阶、n 阶方阵.

（5）行列式的展开性质：

①行：$a_{i1}A_{j1}+a_{i2}A_{j2}+\cdots+a_{in}A_{jn}=\begin{cases} 0 & i\neq j \\ |D_n| & i=j \end{cases}$.

②列：$a_{1i}A_{1j}+a_{2i}A_{2j}+\cdots+a_{ni}A_{nj}=\begin{cases} 0 & i\neq j \\ |D_n| & i=j \end{cases}$.

二、矩阵

1. 等价结论

A 是 n 阶可逆矩阵

$\Leftrightarrow |A|\neq 0$（是非奇异矩阵）

$\Leftrightarrow r(A)=n$（是满秩矩阵）

$\Leftrightarrow A$ 的行（列）向量组线性无关

$\Leftrightarrow$齐次方程组 $Ax=0$ 只有零解

$\Leftrightarrow \forall b\in \mathbf{R}^n$，$Ax=b$ 总有唯一解

$\Leftrightarrow A$ 与 E 等价

$\Leftrightarrow A$ 可表示成若干个初等矩阵的乘积

2. 公式

逆	转置	伴随
$(A^{-1})^{-1}=A$	$(A^{T})^{T}=A$	$(A^*)^*=\|A\|^{n-2}A$
$(kA)^{-1}=k^{-1}A^{-1}$ $(k\neq 0)$	$(kA)^{T}=kA^{T}$ $(k\in\mathbf{R})$	$(kA)^*=k^{n-1}A^*$ $(k\in\mathbf{R})$
$(AB)^{-1}=B^{-1}A^{-1}$	$(AB)^{T}=B^{T}A^{T}$	$(AB)^*=B^*A^*$
$\|A^{-1}\|=\|A\|^{-1}$	$\|A^{T}\|=\|A\|$	$\|A^*\|=\|A\|^{n-1}$ $(n\geqslant 2)$
一般 $(A\pm B)^{-1}\neq A^{-1}\pm B^{-1}$	$(A\pm B)^{T}=A^{T}\pm B^{T}$	一般 $(A\pm B)^*\neq A^*\pm B^*$
互换性：$(A^{-1})^{T}=(A^{T})^{-1}$，$(A^{-1})^*=(A^*)^{-1}$，$(A^*)^{T}=(A^{T})^*$，$(A^k)^*=(A^*)^k$；即这四种符号$(-1$，T，$*$，$k)$可以进行互换，以简化运算		

3. 重要公式

$$AA^*=A^*A=|A|E.$$

4. 秩的重要结论

（1）矩阵的行秩（行向量的秩）、矩阵的列秩（列向量的秩）、矩阵的秩三秩相等.

（2）对矩阵初等行（列）变换，不改变矩阵的秩.

（3）$r(A_{m\times n})\leqslant \min\{m, n\}$.

（4）$r(\boldsymbol{A})=0 \Leftrightarrow \boldsymbol{A}=\boldsymbol{O}$.

（5）$r(\boldsymbol{A}) \geqslant r \Leftrightarrow \boldsymbol{A}$ 存在 r 阶子式不为零.

（6）$r(\boldsymbol{A}) \leqslant r \Leftrightarrow \boldsymbol{A}$ 中所有 $r+1$ 阶子式全为零.

（7）$r(\boldsymbol{A}_{n\times n})=n \Leftrightarrow |\boldsymbol{A}| \neq 0$（或者 $r(\boldsymbol{A}_{n\times n})<n \Leftrightarrow |\boldsymbol{A}|=0$）；（若 $r(\boldsymbol{A}_{n\times n})=n$，则称 $\boldsymbol{A}$ 为满秩矩阵）.

5. 矩阵的秩的性质

（1）$r(\boldsymbol{A}^{\mathrm{T}})=r(\boldsymbol{A})$，$r(k\boldsymbol{A})=r(\boldsymbol{A})$（$k\neq 0$）.

（2）$r(\boldsymbol{A}+\boldsymbol{B}) \leqslant r(\boldsymbol{A})+r(\boldsymbol{B})$.

（3）$r(\boldsymbol{A})+r(\boldsymbol{B}) \leqslant n+r(\boldsymbol{AB})$，其中 n 为矩阵 $\boldsymbol{A}$ 的列数.

特殊：$r(\boldsymbol{AB})=0$，即 $\boldsymbol{AB}=\boldsymbol{O}$ 时，有 $r(\boldsymbol{A})+r(\boldsymbol{B}) \leqslant n$

（4）若 $\boldsymbol{A}$ 为可逆矩阵，则 $r(\boldsymbol{AB})=r(\boldsymbol{B})$，$r(\boldsymbol{BA})=r(\boldsymbol{B})$，即一个矩阵乘一个可逆矩阵，其结果的秩不改变.

（5）$r(\boldsymbol{A}_{n\times n}^{*})=\begin{cases} n & r(\boldsymbol{A})=n \\ 1 & r(\boldsymbol{A})=n-1. \\ 0 & r(\boldsymbol{A})<n-1 \end{cases}$

三、向量组

1. 线性相关、无关的定义

$\lambda_1\boldsymbol{\alpha}_1+\lambda_2\boldsymbol{\alpha}_2+\cdots+\lambda_m\boldsymbol{\alpha}_m=\boldsymbol{0}$.

（1）存在不全为 0 的 λ_1，λ_2，$\cdots$，λ_m 使上式成立，则其线性相关.

（2）当且仅当 $\lambda_1=\lambda_2=\cdots=\lambda_m=0$ 时上式成立，则其线性无关.

2. 向量线性表示定义

（1）n 维向量 $\boldsymbol{\beta}$ 可由 $\boldsymbol{\alpha}_1$，$\boldsymbol{\alpha}_2$，$\cdots$，$\boldsymbol{\alpha}_s$ 线性表示 $\Leftrightarrow r(\boldsymbol{\alpha}_1,\boldsymbol{\alpha}_2,\cdots,\boldsymbol{\alpha}_s)=r(\boldsymbol{\alpha}_1,\boldsymbol{\alpha}_2,\cdots,\boldsymbol{\alpha}_s,\boldsymbol{\beta})$.

（2）n 维向量 $\boldsymbol{\beta}$ 不可由 $\boldsymbol{\alpha}_1$，$\boldsymbol{\alpha}_2$，$\cdots$，$\boldsymbol{\alpha}_s$ 线性表示 $\Leftrightarrow r(\boldsymbol{\alpha}_1,\boldsymbol{\alpha}_2,\cdots,\boldsymbol{\alpha}_s,\boldsymbol{\beta})>r(\boldsymbol{\alpha}_1,\boldsymbol{\alpha}_2,\cdots,\boldsymbol{\alpha}_s)$.

（3）n 维向量 $\boldsymbol{\beta}$ 可由 $\boldsymbol{\alpha}_1$，$\boldsymbol{\alpha}_2$，$\cdots$，$\boldsymbol{\alpha}_s$ 线性表示，且表示法唯一 $\Leftrightarrow r(\boldsymbol{\alpha}_1,\boldsymbol{\alpha}_2,\cdots,\boldsymbol{\alpha}_s)=r(\boldsymbol{\alpha}_1,\boldsymbol{\alpha}_2,\cdots,\boldsymbol{\alpha}_s,\boldsymbol{\beta})=s$.

（4）n 维向量 $\boldsymbol{\beta}$ 可由 $\boldsymbol{\alpha}_1$，$\boldsymbol{\alpha}_2$，$\cdots$，$\boldsymbol{\alpha}_s$ 线性表示，且表示法不唯一 $\Leftrightarrow r(\boldsymbol{\alpha}_1,\boldsymbol{\alpha}_2,\cdots,\boldsymbol{\alpha}_s)=r(\boldsymbol{\alpha}_1,\boldsymbol{\alpha}_2,\cdots,\boldsymbol{\alpha}_s,\boldsymbol{\beta})<s$.

3. m 维向量组 $\boldsymbol{\alpha}_1$，$\boldsymbol{\alpha}_2$，$\cdots$，$\boldsymbol{\alpha}_n$ 线性无关的充分必要条件

向量组 $\boldsymbol{\alpha}_1$，$\boldsymbol{\alpha}_2$，$\cdots$，$\boldsymbol{\alpha}_n$ 线性无关 $\Leftrightarrow$ 对于任何一组不全为零的数组 k_1，k_2，$\cdots$，k_n 都有 $k_1\boldsymbol{\alpha}_1+k_2\boldsymbol{\alpha}_2+\cdots+k_n\boldsymbol{\alpha}_n\neq\boldsymbol{0} \Leftrightarrow$ 对于任一个 $\boldsymbol{\alpha}_i(1\leqslant i\leqslant n)$ 都不能由其余向量线性表示 $\Leftrightarrow \boldsymbol{Ax}=\boldsymbol{0}$ 只有零解 $\Leftrightarrow r(\boldsymbol{A})=n$，其中 $\boldsymbol{A}=(\boldsymbol{\alpha}_1,\boldsymbol{\alpha}_2,\cdots,\boldsymbol{\alpha}_n)$.

4. m 维向量组 $\boldsymbol{\alpha}_1$，$\boldsymbol{\alpha}_2$，$\cdots$，$\boldsymbol{\alpha}_n$ 线性相关的充分必要条件

向量组 $\boldsymbol{\alpha}_1$，$\boldsymbol{\alpha}_2$，$\cdots$，$\boldsymbol{\alpha}_n$ 线性相关 $\Leftrightarrow$ 存在一组不全为零的数组 k_1，k_2，$\cdots$，k_n，使得

$k_1\boldsymbol{\alpha}_1+k_2\boldsymbol{\alpha}_2+\cdots+k_n\boldsymbol{\alpha}_n=\mathbf{0}$⇔至少存在一个$\boldsymbol{\alpha}_i$（$1\leqslant i\leqslant n$）使得$\boldsymbol{\alpha}_i$可由其余向量线性表示⇔$\boldsymbol{Ax}=\mathbf{0}$有非零解⇔$r(\boldsymbol{A})<n$，其中$\boldsymbol{A}=(\boldsymbol{\alpha}_1,\boldsymbol{\alpha}_2,\cdots,\boldsymbol{\alpha}_n)$.

5. 含有有限个向量的有序向量组与矩阵一一对应

①向量组的线性相关、无关⇔$\boldsymbol{Ax}=\mathbf{0}$有、无非零解；（齐次线性方程组）

②向量的线性表出⇔$\boldsymbol{Ax}=\boldsymbol{b}$是否有解；（线性方程组）

③向量组的相互线性表示⇔$\boldsymbol{AX}=\boldsymbol{B}$是否有解.（矩阵方程）

6. n维向量线性相关的几何意义

① $\boldsymbol{\alpha}$线性相关⇔$\boldsymbol{\alpha}=\mathbf{0}$；

② $\boldsymbol{\alpha}$，$\boldsymbol{\beta}$线性相关⇔$\boldsymbol{\alpha}$，$\boldsymbol{\beta}$坐标成比例或共线（平行）；

③ $\boldsymbol{\alpha}$，$\boldsymbol{\beta}$，$\boldsymbol{\gamma}$线性相关⇔$\boldsymbol{\alpha}$，$\boldsymbol{\beta}$，$\boldsymbol{\gamma}$共面.

7. 线性相关与线性无关的两个定理

若$\boldsymbol{\alpha}_1$，$\boldsymbol{\alpha}_2$，$\cdots$，$\boldsymbol{\alpha}_s$线性相关，则$\boldsymbol{\alpha}_1$，$\boldsymbol{\alpha}_2$，$\cdots$，$\boldsymbol{\alpha}_s$，$\boldsymbol{a}_{s+1}$必线性相关；

若$\boldsymbol{\alpha}_1$，$\boldsymbol{\alpha}_2$，$\cdots$，$\boldsymbol{\alpha}_s$线性无关，则$\boldsymbol{\alpha}_1$，$\boldsymbol{\alpha}_2$，$\cdots$，$\boldsymbol{\alpha}_{s-1}$必线性无关.

8. 线性相关向量组的主要结论

（1）设$\boldsymbol{\alpha}_1$，$\boldsymbol{\alpha}_2$线性相关，则$\boldsymbol{\alpha}_1$，$\boldsymbol{\alpha}_2$，$\boldsymbol{\alpha}_3$必线性相关（反之不一定对）；

（2）含有零向量的向量组必线性相关（反之不一定对）；

（3）若向量个数>向量维数，则向量组必线性相关.

9. 向量组可线性表示的结论

列向量组$\boldsymbol{\beta}_1$，$\boldsymbol{\beta}_2$，$\cdots$，$\boldsymbol{\beta}_t$可由$\boldsymbol{\alpha}_1$，$\boldsymbol{\alpha}_2$，$\cdots$，$\boldsymbol{\alpha}_s$线性表示，

（1）若$t>s$，则$\boldsymbol{\beta}_1$，$\boldsymbol{\beta}_2$，$\cdots$，$\boldsymbol{\beta}_t$线性相关；

（2）若$\boldsymbol{\beta}_1$，$\boldsymbol{\beta}_2$，$\cdots$，$\boldsymbol{\beta}_t$线性无关，则$t\leqslant s$.

10. 向量组等价的充要条件

n维列向量组$\boldsymbol{\alpha}_1$，$\boldsymbol{\alpha}_2$，$\cdots$，$\boldsymbol{\alpha}_s$与$\boldsymbol{\beta}_1$，$\boldsymbol{\beta}_2$，$\cdots$，$\boldsymbol{\beta}_t$等价的充要条件为$r(\boldsymbol{A})=r(\boldsymbol{B})=r(\boldsymbol{A},\boldsymbol{B})$，其中$\boldsymbol{A}=(\boldsymbol{\alpha}_1,\boldsymbol{\alpha}_2,\cdots,\boldsymbol{\alpha}_s)$，$\boldsymbol{B}=(\boldsymbol{\beta}_1,\boldsymbol{\beta}_2,\cdots,\boldsymbol{\beta}_t)$.

四、方程组

1. 齐次线性方程组$\boldsymbol{Ax}=\mathbf{0}$（$\boldsymbol{A}$是$m\times n$矩阵）

（1）解的情况

零解$\boldsymbol{x}=\mathbf{0}$总是$\boldsymbol{Ax}=\mathbf{0}$的解；

$\boldsymbol{Ax}=\mathbf{0}$有非零解⇔$r(\boldsymbol{A})<n$；

$\boldsymbol{Ax}=\mathbf{0}$只有零解⇔$r(\boldsymbol{A})=n=\boldsymbol{A}$的列数.

若$\boldsymbol{A}$是n阶矩阵，则$\boldsymbol{Ax}=\mathbf{0}$有非零解⇔$|\boldsymbol{A}|=0$，$\boldsymbol{Ax}=\mathbf{0}$只有零解⇔$|\boldsymbol{A}|\neq0$.

（2）解的性质

设$\boldsymbol{x}_1$，$\boldsymbol{x}_2$是$\boldsymbol{Ax}=\mathbf{0}$的两个解，则$k_1\boldsymbol{x}_1+k_2\boldsymbol{x}_2$也是$\boldsymbol{Ax}=\mathbf{0}$的解，其中$k_1$，$k_2$为两个任意数.

（3）通解

$\boldsymbol{Ax}=\boldsymbol{0}$ 的通解（一般解）是 $k_1\boldsymbol{x}_1+k_2\boldsymbol{x}_2+\cdots+k_{n-r}\boldsymbol{x}_{n-r}$，其中 $\boldsymbol{x}_1$，$\boldsymbol{x}_2$，…，$\boldsymbol{x}_{n-r}$ 为基础解系，k_1，k_2，…，k_{n-r} 是任意常数.

2. 非齐次线性方程组 $\boldsymbol{Ax}=\boldsymbol{\beta}$（$\boldsymbol{\beta}\neq\boldsymbol{0}$）

（1）解的情况

$\boldsymbol{Ax}=\boldsymbol{\beta}$ 无解 $\Leftrightarrow r(\boldsymbol{A})<r(\overline{\boldsymbol{A}})$；

$\boldsymbol{Ax}=\boldsymbol{\beta}$ 唯一解 $\Leftrightarrow r(\boldsymbol{A})=r(\overline{\boldsymbol{A}})=n$；

$\boldsymbol{Ax}=\boldsymbol{\beta}$ 无穷多解 $\Leftrightarrow r(\boldsymbol{A})=r(\overline{\boldsymbol{A}})<n$.

（2）解的性质

①设 $\boldsymbol{x}_1$，$\boldsymbol{x}_2$ 是 $\boldsymbol{Ax}=\boldsymbol{\beta}$ 的两个解，则 $\boldsymbol{x}_1-\boldsymbol{x}_2$ 是导出组 $\boldsymbol{Ax}=\boldsymbol{0}$ 的解；

②设 $\boldsymbol{x}_1$，$\boldsymbol{x}_2$ 是 $\boldsymbol{Ax}=\boldsymbol{\beta}$ 的两个解，则 $\boldsymbol{x}_1+\boldsymbol{x}_2$，$\lambda\boldsymbol{x}_1(\lambda\neq1)$ 肯定不是 $\boldsymbol{Ax}=\boldsymbol{\beta}$ 的解.

（3）通解

设 $r(\boldsymbol{A})=r(\boldsymbol{A},\boldsymbol{\beta})=r$，则 $\boldsymbol{Ax}=\boldsymbol{\beta}$ 的通解为 $\boldsymbol{\xi}+k_1\boldsymbol{x}_1+k_2\boldsymbol{x}_2+\cdots+k_{n-r}\boldsymbol{x}_{n-r}$，其中 $\boldsymbol{x}_1$，$\boldsymbol{x}_2$，…，$\boldsymbol{x}_{n-r}$ 是导出组 $\boldsymbol{Ax}=\boldsymbol{0}$ 的基础解系，$\boldsymbol{\xi}$ 是 $\boldsymbol{Ax}=\boldsymbol{\beta}$ 的一个特解.

3. $\boldsymbol{Ax}=\boldsymbol{\beta}$ 与其导出组 $\boldsymbol{Ax}=\boldsymbol{0}$ 两者之间的关系

若 $\boldsymbol{Ax}=\boldsymbol{\beta}$ 有唯一解，则 $\boldsymbol{Ax}=\boldsymbol{0}$ 只有零解（唯一解）；若 $\boldsymbol{Ax}=\boldsymbol{\beta}$ 有无穷多解，则 $\boldsymbol{Ax}=\boldsymbol{0}$ 有非零解（无穷多解）.

若 $\boldsymbol{Ax}=\boldsymbol{0}$ 只有零解（有非零解），不能简单地判断 $\boldsymbol{Ax}=\boldsymbol{\beta}$ 有唯一解（有无穷多解），而需要其他条件才能判断.

4. 方程组与向量组的关系

设 $\boldsymbol{A}=(\boldsymbol{\alpha}_1,\boldsymbol{\alpha}_2,\cdots,\boldsymbol{\alpha}_n)$ 为 $m\times n$ 矩阵，则 n 元齐次线性方程组 $\boldsymbol{Ax}=\boldsymbol{0}$ 有

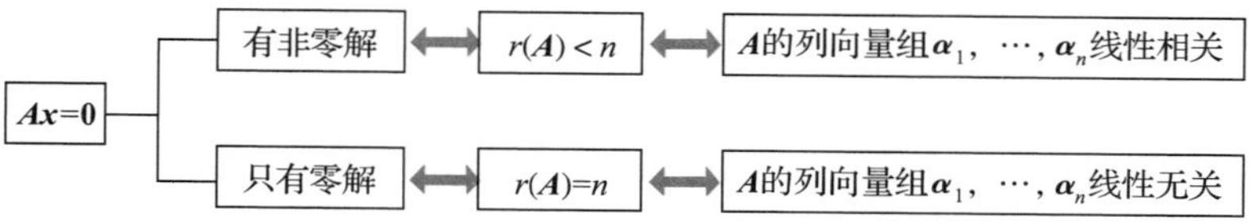

第三部分　概率论

一、随机事件与概率

1. 事件的关系

包含、相等、互斥、对立.

2. 运算规则

（1）$A\cup B=B\cup A$，$AB=BA$.

（2）$(A\cup B)\cup C=A\cup(B\cup C)$，$(AB)C=A(BC)$.

(3) $(A\cup B)C=(AC)\cup(BC)$, $(AB)\cup C=(A\cup C)(B\cup C)$.

(4) $\overline{A\cup B}=\overline{A}\,\overline{B}$, $\overline{AB}=\overline{A}\cup\overline{B}$.

3. 概率 $P(A)$ 满足的公理及性质

(1) $0\leqslant P(A)\leqslant 1$.

(2) $P(\Omega)=1$.

(3) 对互不相容的事件 A_1, A_2, …, A_n, 有 $P(\bigcup\limits_{k=1}^{n}A_k)=\sum\limits_{k=1}^{n}P(A_k)$($n$ 可以取∞).

(4) $P(\varnothing)=0$.

(5) $P(\overline{A})=1-P(A)$.

(6) $P(A-B)=P(A)-P(AB)$, 若 $A\subset B$, 则 $P(B-A)=P(B)-P(A)$, $P(A)\leqslant P(B)$.

(7) $P(A\cup B)=P(A)+P(B)-P(AB)$.

(8) $P(A\cup B\cup C)=P(A)+P(B)+P(C)-P(AB)-P(AC)-P(BC)+P(ABC)$.

4. 古典概型

基本事件有限且等可能.

5. 条件概率

(1) 定义：若 $P(B)>0$, 则 $P(A\mid B)=\dfrac{P(AB)}{P(B)}$.

(2) 乘法公式：$P(AB)=P(B)P(A\mid B)$.

若 B_1, B_2, …, B_n 为完备事件组, $P(B_i)>0$, 则有

全概率公式: $P(A)=\sum\limits_{i=1}^{n}P(B_i)P(A\mid B_i)$.

贝叶斯公式: $P(B_k\mid A)=\dfrac{P(B_k)P(A\mid B_k)}{\sum\limits_{i=1}^{n}P(B_i)P(A\mid B_i)}$.

6. 事件的独立性

A, B 独立$\Leftrightarrow P(AB)=P(A)P(B)$. (注意独立性的应用)

二、随机变量与概率分布

1. 离散型随机变量

取有限或可列个值, $P(X=x_i)=p_i$ 满足

(1) $p_i\geqslant 0$;

(2) $\sum\limits_i p_i=1$;

(3) 对任意 $D\subset\mathbf{R}$, $P(X\in D)=\sum\limits_{i:x_i\in D}p_i$.

2. 连续型随机变量

具有概率密度函数 $f(x)$, 满足

(1) $f(x)\geq 0$, $\int_{-\infty}^{+\infty} f(x)\mathrm{d}x = 1$;

(2) $P(a \leq X \leq b) = \int_a^b f(x)\mathrm{d}x$;

(3) 对任意 $a \in \mathbf{R}$, $P(X = a) = 0$.

3. 常用随机变量分布

名称与记号	分布列或密度	数学期望	方差
两点分布 $B(1, p)$	$P(X=1)=p$, $P(X=0)=q=1-p$	p	pq
二项分布 $B(n, p)$	$P(X=k)=C_n^k p^k q^{n-k}$, $k=0, 1, 2, \cdots, n$	np	npq
泊松 $P(\lambda)$分布	$P(X=k)=\mathrm{e}^{-\lambda}\frac{\lambda^k}{k!}$, $k=0, 1, 2, \cdots$	λ	λ
均匀分布 $U(a, b)$	$f(x)=\frac{1}{b-a}$, $a\leq x\leq b$	$\frac{a+b}{2}$	$\frac{(b-a)^2}{12}$
指数分布 $E(\lambda)$	$f(x)=\lambda\mathrm{e}^{-\lambda x}$, $x\geq 0$	$\frac{1}{\lambda}$	$\frac{1}{\lambda^2}$
正态分布 $N(\mu, \sigma^2)$	$f(x)=\frac{1}{\sqrt{2\pi}\sigma}\mathrm{e}^{-\frac{(x-\mu)^2}{2\sigma^2}}$	μ	σ^2

4. 分布函数

$F(x)=P(X\leq x)$，具有以下性质：

(1) $F(-\infty)=0$, $F(+\infty)=1$;

(2) 单调非降；

(3) 右连续；

(4) $P(a<X\leq b)=F(b)-F(a)$，特别 $P(X>a)=1-F(a)$；

(5) 对离散型随机变量，$F(x)=\sum_{i:x_i\leq x} p_i$；

(6) 对连续型随机变量，$F(x)=\int_{-\infty}^{x} f(t)\mathrm{d}t$ 为连续函数，且在 $f(x)$ 连续点上，$F'(x)=f(x)$.

5. 正态分布的概率计算

以 $\Phi(x)$ 记标准正态分布 $N(0, 1)$ 的分布函数，则有

(1) $\Phi(0)=0.5$；

(2) $\Phi(-x)=1-\Phi(x)$；

(3) 若 $X\sim N(\mu, \sigma^2)$，则 $F(x)=\Phi\left(\frac{x-\mu}{\sigma}\right)$.

6. 随机变量的函数

$Y=g(X)$.

(1) X 离散时，求 Y 的值，将相同的概率相加；

(2) X 连续时，若 $g(x)$ 在 X 的取值范围内严格单调，且有一阶连续导数，则 $f_Y(y)=f_X(g^{-1}(y))\,|(g^{-1}(y))'|$；若不单调，先求分布函数，再求导.

三、随机变量的数字特征

1. 期望

(1) 离散时 $E(X)=\sum_i x_i p_i, E[g(X)]=\sum_i g(x_i)p_i$;

(2) 连续时 $E(X)=\int_{-\infty}^{+\infty} xf(x)\mathrm{d}x, E[g(X)]=\int_{-\infty}^{+\infty} g(x)f(x)\mathrm{d}x$;

(3) $E(C)=C$, $E(X+C)=E(X)+C$;

(4) $E(CX)=CE(X)$;

(5) $E(X+Y)=E(X)+E(Y)$;

(6) X, Y 独立时, $E(XY)=E(X)E(Y)$.

2. 方差

(1) 方差 $D(X)=E\{[X-E(X)]^2\}=E(X^2)-[E(X)]^2$, 标准差 $\sigma(X)=\sqrt{D(X)}$;

(2) $D(C)=0$, $D(X+C)=D(X)$;

(3) $D(CX)=C^2D(X)$;

(4) X, Y 独立时, $D(X+Y)=D(X)+D(Y)$.

$E(X)$的性质	$D(X)$的性质
$E(C)=C$, $E(X+C)=E(X)+C$	$D(C)=0$, $D(X+C)=D(X)$
$E(X\pm Y)=E(X)\pm E(Y)$	若 X, Y 独立, 则 $D(X\pm Y)=D(X)+D(Y)$
X, Y 独立时, $E(XY)=E(X)E(Y)$	无
$E(CX)=CE(X)$	$D(CX)=C^2D(X)$
$D(X)=E\{[X-E(X)]^2\}=E(X^2)-[E(X)]^2$	

附录 B　2021—2023 年经济类联考综合能力数学真题

2021 年经济类联考综合能力数学真题

数学基础：第 1 ~ 35 小题，每小题 2 分，共 70 分．下列每题给出的五个选项中，只有一个选项是最符合试题要求的．

1. $\lim\limits_{x\to 0}\dfrac{e^{6x}-1}{\ln(1+3x)}=$（　　）．

（A）0　（B）$\dfrac{1}{2}$　（C）2　（D）3　（E）6

2. 设函数 $f(x)$ 满足 $\lim\limits_{x\to x_0}f(x)=1$，则下列结论中不可能成立的是（　　）．

（A）$f(x_0)=1$　（B）$f(x_0)=2$

（C）在 x_0 附近恒有 $f(x)>\dfrac{1}{2}$　（D）在 x_0 附近恒有 $f(x)<\dfrac{3}{2}$

（E）在 x_0 附近恒有 $f(x)<\dfrac{2}{3}$

3. $\lim\limits_{x\to 0}(x^2+x+e^x)^{\frac{1}{x}}=$（　　）．

（A）0　（B）1　（C）$\sqrt{e}$　（D）e　（E）e^2

4. 设函数 $f(x)=e^{x-1}+ax$，$g(x)=\ln x^b$，$h(x)=\sin\pi x$，当 $x\to 1$ 时，$f(x)$ 是 $g(x)$ 的高阶无穷小，$g(x)$ 与 $h(x)$ 是等价无穷小，则（　　）．

（A）$a=-1,b=\pi$　（B）$a=-1,b=-\pi$　（C）$a=\pi-1,b=\pi$

（D）$a=\pi-1,b=-\pi$　（E）$a=1,b=\pi$

5. 设函数 $f(x)$ 可导且 $f(0)=0$．若 $\lim\limits_{x\to\infty}xf\left(\dfrac{1}{2x+3}\right)=1$，则 $f'(0)=$（　　）．

（A）1　（B）2　（C）3　（D）4　（E）6

6. 已知直线 $y=kx$ 是曲线 $y=e^x$ 的切线，则对应切点的坐标为（　　）．

（A）$(1,e)$　（B）$(e,1)$　（C）(e,e^e)　（D）(ke,e^{ke})　（E）(k,e^k)

7. 方程 $x^5-5x+1=0$ 的不同实根的个数为（　　）．

（A）1　（B）2　（C）3　（D）4　（E）5

8. 设函数 $y=y(x)$ 由方程 $x\cos y+y-2=0$ 确定，则 $y'=$（　　）．

（A）$\dfrac{\sin y}{x\cos y-1}$　（B）$\dfrac{\cos y}{x\sin y-1}$　（C）$\dfrac{\sin y}{x\cos y+1}$　（D）$\dfrac{\cos y}{x\sin y+1}$　（E）$\dfrac{\sin y}{x\sin y-1}$

9. 已知函数 $f(x)=\begin{cases}1+x^2 & x\leqslant 0\\ 1-\cos x & x>0\end{cases}$，则以下结论中不正确的是（　　）．

（A）$\lim\limits_{x\to 0^+}f(x)=0$　（B）$\lim\limits_{x\to 0^+}f'(x)=0$　（C）$\lim\limits_{x\to 0^-}f'(x)=0$

(D) $f'_+(0)=0$　　(E) $f'_-(0)=0$

10. 已知函数$f(x)$可导，且$f(1)=1, f'(1)=2$. 设$g(x)=f(f(1+3x))$，则$g'(0)=$(　　).

(A) 2　(B) 3　(C) 4　(D) 6　(E) 12

11. 设函数$f(x)$满足$f(x+\Delta x)-f(x)=2x\Delta x+o(\Delta x)(\Delta x\to 0)$，则$f(3)-f(1)=$(　　).

(A) 4　(B) 6　(C) 8　(D) 9　(E) 12

12. 设函数$f(x)$满足$\int e^{-x}f(x)dx=xe^{-x}+C$，则$\int f(x)dx=$(　　).

(A) $e^{-x}+xe^{-x}$　(B) $e^{-x}+xe^{-x}+C$　(C) $x-\frac{x^2}{2}$

(D) $x-\frac{x^2}{2}+C$　(E) $x+\ln x+C$

13. $\int_{-1}^{1}(x^3\cos x+x^2e^{x^3})dx=$(　　).

(A) 0　(B) $\frac{e-e^{-1}}{3}$　(C) $\frac{e^{-1}-e}{3}$　(D) $\frac{e-e^{-1}}{2}$　(E) $\frac{e^{-1}-e}{2}$

14. 设函数$F(x)$和$G(x)$都是$f(x)$的原函数，则以下结论中不正确的是(　　).

(A) $\int f(x)dx=F(x)+C$　(B) $\int f(x)dx=G(x)+C$

(C) $\int f(x)dx=\frac{F(x)+G(x)}{2}+C$　(D) $\int f(x)dx=\frac{F(x)+2G(x)}{3}+C$

(E) $\int f(x)dx=F(x)+G(x)+C$

15. $\int_{-1}^{1}\frac{x+1}{x^2+2x+2}dx=$(　　).

(A) ln2　(B) ln4　(C) ln5　(D) $\frac{1}{2}\ln 5$　(E) $\frac{1}{2}\ln\frac{5}{2}$

16. $\lim\limits_{x\to 0}\frac{\int_0^{x^2}(e^{t^2}-1)dt}{x^6}=$(　　).

(A) 0　(B) ∞　(C) $\frac{1}{6}$　(D) $\frac{1}{3}$　(E) $\frac{1}{2}$

17. 设平面有界区域D由曲线$y=x\sqrt{|x|}$与x轴和直线$x=a$围成. 若D绕x轴旋转所成旋转体的体积等于4π，则$a=$(　　).

(A) 2　(B) −2　(C) 2或−2　(D) 4　(E) 4或−4

18. 设$I=\int_0^1 x\ln 2dx$, $J=\int_0^1(e^x-1)dx$, $K=\int_0^1\ln(1+x)dx$，则(　　).

(A) $I<J<K$　(B) $I<K<J$　(C) $K<I<J$

(D) $K<J<I$　(E) $J<I<K$

19. 已知函数$f(x,y)=\ln(1+x^2+3y^2)$，则在点(1,1)处(　　).

(A) $\frac{\partial f}{\partial x}=\frac{\partial f}{\partial y}$　(B) $\frac{\partial f}{\partial x}=3\frac{\partial f}{\partial y}$　(C) $3\frac{\partial f}{\partial x}=\frac{\partial f}{\partial y}$　(D) $\frac{\partial f}{\partial x}=\sqrt{3}\frac{\partial f}{\partial y}$　(E) $\sqrt{3}\frac{\partial f}{\partial x}=\frac{\partial f}{\partial y}$

20. 已知函数$f(x,y)=xye^{x^2}$，则$x\frac{\partial f}{\partial x}-y\frac{\partial f}{\partial y}=$(　　).

(A) 0　(B) $f(x,y)$　(C) $2xf(x,y)$　(D) $2x^2f(x,y)$　(E) $2yf(x,y)$

21. 设函数 $z=z(x,y)$ 由方程 $xyz+e^{x+2y+3z}=1$ 确定，则 $dz|_{(0,0)}=$ (　　).

(A) $dx+dy$　(B) $-dx-dy$　(C) $\frac{1}{2}dx+dy$

(D) $-\frac{1}{2}dx-dy$　(E) $-\frac{1}{3}dx-\frac{2}{3}dy$

22. 已知函数 $f(x,y)=x^2+2xy+2y^2-6y$，则 (　　).

(A) $(3,-3)$ 是 $f(x,y)$ 的极大值点　(B) $(3,-3)$ 是 $f(x,y)$ 的极小值点

(C) $(-3,3)$ 是 $f(x,y)$ 的极大值点　(D) $(-3,3)$ 是 $f(x,y)$ 的极小值点

(E) $f(x,y)$ 没有极值点

23. 设三阶矩阵 $\boldsymbol{A}$，$\boldsymbol{B}$ 均可逆，则 $(\boldsymbol{A}^{-1}\boldsymbol{B}^{-1}\boldsymbol{A})^{-1}=$ (　　).

(A) $\boldsymbol{A}^{-1}\boldsymbol{BA}^{-1}$　(B) $\boldsymbol{A}^{-1}\boldsymbol{B}^{-1}\boldsymbol{A}^{-1}$　(C) $\boldsymbol{AB}^{-1}\boldsymbol{A}^{-1}$　(D) $\boldsymbol{A}^{-1}\boldsymbol{BA}$　(E) $\boldsymbol{ABA}^{-1}$

24. 设行列式 $D=\begin{vmatrix} a_{11} & a_{12} & a_{13} \\ a_{21} & a_{22} & a_{23} \\ a_{31} & a_{32} & a_{33} \end{vmatrix}$，$M_{ij}$ 是 D 中元素 a_{ij} 的余子式，A_{ij} 是 D 中元素 a_{ij} 的代数余子式，则满足 $M_{ij}=A_{ij}$ 的数组 (M_{ij},A_{ij}) 至少有 (　　).

(A) 1 组　(B) 2 组　(C) 3 组　(D) 4 组　(E) 5 组

25. $\begin{vmatrix} j & m & w \\ m & w & j \\ w & j & m \end{vmatrix}=$ (　　).

(A) $jmw-j^3-m^3-w^3$　(B) $j^3+m^3+w^3-jmw$　(C) $3jmw-j^3-m^3-w^3$

(D) $j^3+m^3+w^3-3jmw$　(E) $jmw-3j^3-3m^3-3w^3$

26. 已知矩阵 $\boldsymbol{A}=\begin{pmatrix} 1 & -1 \\ 2 & 3 \end{pmatrix}$，$\boldsymbol{E}$ 为二阶单位矩阵，则 $\boldsymbol{A}^2-4\boldsymbol{A}+3\boldsymbol{E}=$ (　　).

(A) $\begin{pmatrix} 0 & 2 \\ 2 & 0 \end{pmatrix}$　(B) $\begin{pmatrix} 0 & -2 \\ -2 & 0 \end{pmatrix}$　(C) $\begin{pmatrix} 2 & 0 \\ 0 & 2 \end{pmatrix}$　(D) $\begin{pmatrix} -2 & 0 \\ 0 & -2 \end{pmatrix}$　(E) $\begin{pmatrix} -2 & 0 \\ 0 & 2 \end{pmatrix}$

27. 设向量组 $\boldsymbol{\alpha}_1,\boldsymbol{\alpha}_2,\boldsymbol{\alpha}_3$ 线性无关，则以下向量组中线性相关的是 (　　).

(A) $\boldsymbol{\alpha}_1+\boldsymbol{\alpha}_2,\boldsymbol{\alpha}_2+\boldsymbol{\alpha}_3,\boldsymbol{\alpha}_3+\boldsymbol{\alpha}_1$　(B) $\boldsymbol{\alpha}_1-\boldsymbol{\alpha}_2,\boldsymbol{\alpha}_2-\boldsymbol{\alpha}_3,\boldsymbol{\alpha}_3-\boldsymbol{\alpha}_1$

(C) $\boldsymbol{\alpha}_1+2\boldsymbol{\alpha}_2,\boldsymbol{\alpha}_2+2\boldsymbol{\alpha}_3,\boldsymbol{\alpha}_3+2\boldsymbol{\alpha}_1$　(D) $\boldsymbol{\alpha}_1-2\boldsymbol{\alpha}_2,\boldsymbol{\alpha}_2-2\boldsymbol{\alpha}_3,\boldsymbol{\alpha}_3-2\boldsymbol{\alpha}_1$

(E) $2\boldsymbol{\alpha}_1+\boldsymbol{\alpha}_2,2\boldsymbol{\alpha}_2+\boldsymbol{\alpha}_3,2\boldsymbol{\alpha}_3+\boldsymbol{\alpha}_1$

28. 设 $\boldsymbol{A}=\begin{pmatrix} a_{11} & a_{12} & a_{13} \\ a_{21} & a_{22} & a_{23} \end{pmatrix}$，$\boldsymbol{B}=\begin{pmatrix} b_{11} & b_{12} \\ b_{21} & b_{22} \\ b_{31} & b_{32} \end{pmatrix}$. 若 $\boldsymbol{AB}=\begin{pmatrix} 1 & 0 \\ 2 & 1 \end{pmatrix}$，则齐次线性方程组 $\boldsymbol{Ax}=\boldsymbol{0}$ 和 $\boldsymbol{By}=\boldsymbol{0}$ 的线性无关解向量的个数分别为 (　　).

(A) 0 和 0　(B) 1 和 0　(C) 0 和 1　(D) 2 和 0　(E) 1 和 2

29. 若齐次线性方程组 $\begin{cases} 2x_1+x_2+3x_3=0 \\ ax_1+3x_2+4x_3=0 \end{cases}$ 和 $\begin{cases} x_1+2x_2+x_3=0 \\ x_1+bx_2+2x_3=0 \end{cases}$ 有公共的非零解，则 (　　).

(A) $a=2,b=-1$　(B) $a=-3,b=-1$　(C) $a=3,b=1$

(D) $a=3,b=-1$　(E) $a=-1,b=3$

30. 设随机变量 X 的密度函数为 $f(x)=\begin{cases}Ax^2 & 0<x<1\\ 0 & 其他\end{cases}$（其中 A 为常数），则 $P\left(X\leqslant\frac{1}{2}\right)=$ (　　).

(A) $\frac{1}{16}$　(B) $\frac{1}{8}$　(C) $\frac{3}{16}$　(D) $\frac{1}{4}$　(E) $\frac{1}{2}$

31. 设随机变量 X 和 Y 分别服从正态分布：$X\sim N(\mu,4)$，$Y\sim N(\mu,9)$. 记 $p=P(X\leqslant\mu-2)$，$q=P(Y\geqslant\mu+3)$，则 (　　).

(A) 对任何实数 μ，均有 $p=q$　(B) 对任何实数 μ，均有 $p>q$

(C) 对任何实数 μ，均有 $p<q$　(D) 仅对某些实数 μ，有 $p>q$

(E) 仅对某些实数 μ，有 $p<q$

32. 设相互独立的随机变量 X，Y 具有相同的分布律，且 $P(X=0)=\frac{1}{2}$，$P(X=1)=\frac{1}{2}$，则 $P(X+Y=1)=$ (　　).

(A) $\frac{1}{8}$　(B) $\frac{1}{4}$　(C) $\frac{1}{2}$　(D) $\frac{3}{4}$　(E) $\frac{4}{5}$

33. 设 A，B 是随机事件，且 $P(A)=0.5$，$P(B)=0.3$，$P(A\cup B)=0.6$. 若 $\bar{B}$ 表示 B 的对立事件，则 $P(A\bar{B})=$ (　　).

(A) 0.2　(B) 0.3　(C) 0.4　(D) 0.5　(E) 0.6

34. 设随机变量 X 服从区间 $[-3,2]$ 上的均匀分布，随机变量 $Y=\begin{cases}1 & X\geqslant 0\\ -1 & X<0\end{cases}$，则 $D(Y)=$ (　　).

(A) $\frac{1}{5}$　(B) $\frac{1}{25}$　(C) $\frac{24}{25}$　(D) 1　(E) $\frac{26}{25}$

35. 设随机变量 X 的概率分布律为

X	-1	1	2	3
P	0.7	a	b	0.1

若 $E(X)=0$，则 $D(X)=$ (　　).

(A) 1.4　(B) 1.8　(C) 2.4　(D) 2.6　(E) 3

参考答案

1 ~ 5　CEEBB　6 ~ 10　ACBDE　11 ~ 15　CDBED　16 ~ 20　DCBCD
21 ~ 25　EDDEC　26 ~ 30　DBBDB　31 ~ 35　ACBCC

2022 年经济类联考综合能力数学真题

数学基础：第 1 ~ 35 小题，每小题 2 分，共 70 分．下列每题给出的五个选项中，只有一个选项是最符合试题要求的．

1. $\lim\limits_{x \to -\infty} x\sin\dfrac{2}{x} =$（　　）．

（A）-2　（B）$-\dfrac{1}{2}$　（C）0　（D）$\dfrac{1}{2}$　（E）2

2. 设实数 a,b 满足 $\lim\limits_{x \to -1}\dfrac{3x^2+ax+b}{x+1}=4$，则（　　）．

（A）$a=7,b=4$　（B）$a=10,b=7$　（C）$a=4,b=7$

（D）$a=10,b=6$　（E）$a=2,b=3$

3. 已知 a,b 为实数且 $a \neq 0$．若函数 $f(x)=\begin{cases}\dfrac{1-e^x}{ax} & x>0\\ b & x \leqslant 0\end{cases}$，在 $x=0$ 处连续，则 $ab=$（　　）．

（A）2　（B）1　（C）$\dfrac{1}{2}$　（D）0　（E）-1

4. 已知函数 $f(x)=\sqrt{1+x}-1$，$g(x)=\ln\dfrac{1+x}{1-x^2}$，$h(x)=2^x-1$，$w(x)=\dfrac{\sin^2 x}{x}$．在 $x \to 0$ 时与 x 等价的无穷小量是（　　）．

（A）$g(x),w(x)$　（B）$f(x),h(x)$　（C）$g(x),h(x)$

（D）$f(x),g(x)$　（E）$h(x),w(x)$

5. 曲线 $y=\dfrac{x\sqrt{x}}{\sqrt{3}}(0 \leqslant x \leqslant 4)$ 的长度为（　　）．

（A）14　（B）16　（C）$\dfrac{7}{2}$　（D）$\dfrac{56}{9}$　（E）$\dfrac{64}{9}$

6. 已知函数 $f(x)$ 可导，且 $f(0)=1$，$f'(0)=-1$，则 $\lim\limits_{x \to 0}\dfrac{3^x[1-f(x)]}{x}=$（　　）．

（A）-1　（B）1　（C）$-\ln 3$　（D）$\ln 3$　（E）0

7. 已知函数 $f(x)$ 可导且 $f'(0)=3$，设 $g(x)=f(4x^2+2x)$，则 $dg|_{x=0}=$（　　）．

（A）0　（B）$2dx$　（C）$3dx$　（D）$4dx$　（E）$6dx$

8. 已知函数 $f(x)=\begin{cases}\dfrac{\sin x}{x} & x \neq 0\\ 1 & x=0\end{cases}$，则 $f'(0)+f'(1)=$（　　）．

（A）$\cos 1-\sin 1$　（B）$\sin 1-\cos 1$　（C）$\cos 1+\sin 1$

（D）$1+\cos 1-\sin 1$　（E）$1+\sin 1-\cos 1$

9. 设函数 $y=f(x)$ 由 $y+xe^{xy}=1$ 确定，则曲线 $y=f(x)$ 在点 $(0,f(0))$ 处的切线方程是（　　）.

(A) $x+y=1$　　(B) $x+y=-1$　　(C) $x-y=1$

(D) $x-y=-1$　　(E) $2x+y=1$

10. 函数 $f(x)=(x^2-3)e^x$ 的（　　）.

(A) 最大值是 $6e^{-3}$　　(B) 最小值是 $-2e$　　(C) 递减区间是 $(-\infty,0)$

(D) 递增区间是 $(0,+\infty)$　(E) 凹区间是 $(0,+\infty)$

11. 设连续函数 $f(x)$ 满足 $\int_0^{2x}f(t)\mathrm{d}t=e^x-1$，则 $f(1)=$（　　）.

(A) e　　(B) $\frac{e}{2}$　　(C) $\sqrt{e}$　　(D) $\frac{e^2}{2}$　　(E) $\frac{\sqrt{e}}{2}$

12. 设 $I=\int_0^{\pi}e^{\sin x}\cos^2x\mathrm{d}x$，$J=\int_0^{\pi}e^{\sin x}\cos^3x\mathrm{d}x$，$K=\int_0^{\pi}e^{\sin x}\cos^4x\mathrm{d}x$，则（　　）.

(A) $I<J<K$　　(B) $K<J<I$　　(C) $K<I<J$

(D) $J<I<K$　　(E) $J<K<I$

13. $\int_{\frac{1}{2}}^{1}\frac{1}{x^3}e^{\frac{1}{x}}\mathrm{d}x=$（　　）.

(A) e^2　　(B) $-e^2$　　(C) $\frac{\sqrt{e}}{2}$　　(D) $2e-\sqrt{e}$　　(E) $3e^2-2e$

14. 设函数 $f(x)$ 的一个原函数是 $x\sin x$，则 $\int_0^{\pi}xf(x)\mathrm{d}x=$（　　）.

(A) 0　　(B) 1　　(C) $-\pi$　　(D) π　　(E) 2π

15. 已知变量 y 关于 x 的变化率等于 $\frac{10}{(x+1)^2}+1$，当 x 从 1 变到 9 时，y 的改变量是（　　）.

(A) 8　　(B) 10　　(C) 12　　(D) 14　　(E) 16

16. 设平面有界区域 D 由曲线 $y=\sin x(0\leqslant x\leqslant 2\pi)$ 与 x 轴围成，则 D 绕 x 轴旋转所成旋转体的体积为（　　）.

(A) $\frac{\pi}{2}$　　(B) π　　(C) $\frac{\pi^2}{2}$　　(D) π^2　　(E) 4π

17. 设非负函数 $f(x)$ 二阶可导，且 $f''(x)>0$，则（　　）.

(A) $\int_0^2 f(x)\mathrm{d}x<f(0)+f(2)$　　(B) $\int_0^2 f(x)\mathrm{d}x<f(0)+f(1)$

(C) $\int_0^2 f(x)\mathrm{d}x<f(1)+f(2)$　　(D) $2f(1)>f(0)+f(2)$

(E) $2f(1)=f(0)+f(2)$

18. 已知函数 $f(u)$ 可导，设 $z=f(y-x)+\sin x+e^y$，则 $\left.\frac{\partial z}{\partial x}\right|_{(0,1)}+\left.\frac{\partial z}{\partial y}\right|_{(0,1)}=$（　　）.

(A) 1　　(B) $e+1$　　(C) $e-1$　　(D) $\pi-e$　　(E) $\pi+e$

19. 已知函数 $f(x,y)=\begin{cases}\frac{x|y|}{\sqrt{x^2+y^2}} & (x,y)\neq(0,0)\\ 0 & (x,y)=(0,0)\end{cases}$，在点 $(0,0)$ 处，给出以下结论：

①$f(x,y)$ 连续；② $\frac{\partial f}{\partial x}$ 存在，$\frac{\partial f}{\partial y}$ 不存在；③ $\frac{\partial f}{\partial x}=0,\frac{\partial f}{\partial y}=0$；④$\mathrm{d}f=0$.

其中所有正确结论的序号是（　　）.

（A）①　（B）②　（C）①②　（D）①③　（E）①③④

20. 已知函数 $f(x,y)=x^2+2y^2+2xy+x+y$，则（　　）.

（A）$f\left(-\frac{1}{2},0\right)$ 是极大值　（B）$f\left(0,-\frac{1}{2}\right)$ 是极大值

（C）$f\left(-\frac{1}{2},0\right)$ 是极小值　（D）$f\left(0,-\frac{1}{2}\right)$ 是极小值

（E）$f(0,0)$ 是极小值

21. 已知函数 $f(u,v)$ 具有二阶连续偏导数，且 $\left.\frac{\partial f}{\partial v}\right|_{(0,1)}=2,\left.\frac{\partial^2 f}{\partial u^2}\right|_{(0,1)}=3$. 设 $g(x)=f(\sin x,\cos x)$，则 $\left.\frac{\mathrm{d}^2 g}{\mathrm{d}x^2}\right|_{x=0}=$（　　）.

（A）1　（B）2　（C）3　（D）4　（E）5

22. 设 $\begin{vmatrix} a_{11} & a_{12} \\ a_{21} & a_{22} \end{vmatrix}=M,\begin{vmatrix} b_{11} & b_{12} \\ b_{21} & b_{22} \end{vmatrix}=N$，则（　　）.

（A）当 $a_{ij}=2b_{ij}(i,j=1,2)$ 时，$M=2N$

（B）当 $a_{ij}=2b_{ij}(i,j=1,2)$ 时，$M=4N$

（C）当 $M=N$ 时，$a_{ij}=b_{ij}(i,j=1,2)$

（D）当 $M=2N$ 时，$a_{ij}=2b_{ij}(i,j=1,2)$

（E）当 $M=4N$ 时，$a_{ij}=2b_{ij}(i,j=1,2)$

23. 已知 $f(x)=\begin{vmatrix} 1 & -2 & 1 \\ -1 & 4 & x \\ 1 & -8 & x^2 \end{vmatrix}$，则 $f(x)=0$ 的根为（　　）.

（A）$x_1=-1,x_2=1$　（B）$x_1=1,x_2=-2$　（C）$x_1=1,x_2=2$

（D）$x_1=-1,x_2=2$　（E）$x_1=-1,x_2=-2$

24. 设 $\boldsymbol{A}=\begin{pmatrix} a_{11} & a_{12} \\ a_{21} & a_{22} \end{pmatrix}$，其中 $a_{ij}\in\{1,2,3\}(i,j=1,2)$. 若对 $\boldsymbol{A}$ 施以交换两行的初等变换，再施以交换两列的初等变换，得到的矩阵仍为 $\boldsymbol{A}$，则这样的矩阵共有（　　）.

（A）3个　（B）4个　（C）6个　（D）9个　（E）12个

25. $\begin{pmatrix} 0 & 0 & 1 \\ 0 & 1 & 0 \\ 1 & 0 & 0 \end{pmatrix}\begin{pmatrix} a_{11} & a_{12} \\ a_{21} & a_{22} \\ a_{31} & a_{32} \end{pmatrix}\begin{pmatrix} 1 & k \\ 0 & 1 \end{pmatrix}=$（　　）.

（A）$\begin{pmatrix} a_{31}+ka_{32} & a_{32} \\ a_{21}+ka_{22} & a_{22} \\ a_{11}+ka_{12} & a_{12} \end{pmatrix}$　（B）$\begin{pmatrix} a_{32}+ka_{31} & a_{32} \\ a_{22}+ka_{21} & a_{22} \\ a_{12}+ka_{11} & a_{12} \end{pmatrix}$　（C）$\begin{pmatrix} a_{31} & a_{32}+ka_{31} \\ a_{21} & a_{22}+ka_{21} \\ a_{11} & a_{12}+ka_{11} \end{pmatrix}$

(D) $\begin{pmatrix} a_{31} & a_{31}+ka_{32} \\ a_{21} & a_{21}+ka_{22} \\ a_{11} & a_{11}+ka_{12} \end{pmatrix}$　　(E) $\begin{pmatrix} a_{31}+ka_{21} & a_{32}+ka_{22} \\ a_{21} & a_{22} \\ a_{11} & a_{12} \end{pmatrix}$

26. 已知 $\boldsymbol{\alpha}_1,\boldsymbol{\alpha}_2,\boldsymbol{\alpha}_3,\boldsymbol{\alpha}_4$ 是3维向量组．若向量组 $\boldsymbol{\alpha}_1+\boldsymbol{\alpha}_2,\boldsymbol{\alpha}_2+\boldsymbol{\alpha}_3,\boldsymbol{\alpha}_3+\boldsymbol{\alpha}_4$ 线性无关，则向量组 $\boldsymbol{\alpha}_1,\boldsymbol{\alpha}_2,\boldsymbol{\alpha}_3,\boldsymbol{\alpha}_4$ 的秩为（　　）.

(A) 0　(B) 1　(C) 2　(D) 3　(E) 4

27. 设 k 为实数，若向量组 $(1,3,1),(-1,k,0),(-k,2,k)$ 线性相关，则 $k=$（　　）.

(A) -2 或 $-\frac{1}{2}$　(B) -2 或 $\frac{1}{2}$　(C) 2 或 $-\frac{1}{2}$

(D) 2 或 $\frac{1}{2}$　(E) 2 或 -2

28. 设矩阵 $\boldsymbol{A}=\begin{pmatrix} a & 1 & 1 \\ 1 & a & 1 \\ 1 & 1 & a \end{pmatrix}$,

①当 $a=1$ 时, $\boldsymbol{Ax}=\boldsymbol{0}$ 的基础解系中含有1个向量;

②当 $a=-2$ 时, $\boldsymbol{Ax}=\boldsymbol{0}$ 的基础解系中含有1个向量;

③当 $a=1$ 时, $\boldsymbol{Ax}=\boldsymbol{0}$ 的基础解系中含有2个向量;

④当 $a=-2$ 时, $\boldsymbol{Ax}=\boldsymbol{0}$ 的基础解系中含有2个向量.

其中所有正确结论的序号是（　　）.

(A) ①　(B) ②　(C) ①②　(D) ②③　(E) ③④

29. 已知甲、乙、丙三人的3分球投篮命中率分别是 $\frac{1}{3},\frac{1}{4},\frac{1}{5}$．若甲、乙、丙每人各投1次3分球，则有人投中的概率为（　　）.

(A) 0.4　(B) 0.5　(C) 0.6　(D) 0.7　(E) 0.8

30. 设随机变量 X 的密度函数为 $f(x)=\begin{cases} 2e^{-2x} & x\geqslant 0 \\ 0 & x<0 \end{cases}$，记 $a=P(X>11\mid X>1)$, $b=P(X>20\mid X>10)$, $c=P(X>100\mid X>90)$，则（　　）.

(A) $a>b>c$　(B) $a=c>b$　(C) $c>a=b$

(D) $a=b=c$　(E) $b>a=c$

31. 设随机变量 X,Y 独立同分布，且 $P(X=0)=\frac{1}{3},P(X=1)=\frac{2}{3}$，则 $P(XY=0)=$（　　）.

(A) 0　(B) $\frac{4}{9}$　(C) $\frac{5}{9}$　(D) $\frac{2}{3}$　(E) $\frac{7}{9}$

32. 已知随机事件 A,B 满足 $P(B\mid A)=\frac{1}{2},P(A\mid B)=\frac{1}{3},P(AB)=\frac{1}{8}$，则 $P(A\cup B)=$（　　）.

(A) $\frac{1}{4}$　(B) $\frac{3}{8}$　(C) $\frac{1}{2}$　(D) $\frac{5}{8}$　(E) $\frac{3}{4}$

33. 设随机变量 X 服从正态分布, $X \sim N(2,9)$, 若 $P(X \leqslant -1) = a$, 则 $P(X \geqslant 5) = ($　　$)$.

(A) $1-a$　(B) $\frac{1}{5}a$　(C) $\frac{1}{2}a$　(D) a　(E) $2a$

34. 在工作日上午 10 : 00 到 11 : 00 之间，假设在某诊所的就诊人数服从期望为 5 的泊松分布，则该时间段就诊人数不少于 2 的概率为（　　）.

(A) $2e^{-5}$　(B) $4e^{-5}$　(C) $5e^{-5}$　(D) $1-4e^{-5}$　(E) $1-6e^{-5}$

35. 设随机变量 X 服从区间 $[-1,1]$ 上的均匀分布，若 $Y = X^3$, 则 $D(Y) = ($　　$)$.

(A) $\frac{1}{14}$　(B) $\frac{1}{7}$　(C) $\frac{3}{14}$　(D) $\frac{5}{14}$　(E) $\frac{3}{7}$

参考答案

1 ~ 5　EBEAD　6 ~ 10　BEAAB　11 ~ 15　EEACC　16 ~ 20　DABDC
21 ~ 25　ABEDC　26 ~ 30　DBDCD　31 ~ 35　CCDEB

2023 年经济类联考综合能力数学真题

数学基础：第 1 ~ 35 小题，每小题 2 分，共 70 分. 下列每题给出的五个选项中，只有一个选项是最符合试题要求的.

1. 设 α,β 是非零实数，若 $\lim\limits_{x\to0}\dfrac{\sqrt{1-2x}-1}{e^{\alpha x}-1}=\beta$，则（　　）.

(A) $\alpha\beta=1$　(B) $\alpha\beta=-1$　(C) $\alpha\beta=2$　(D) $\alpha\beta=-2$　(E) $\alpha\beta=-\dfrac{1}{2}$

2. 设函数 $f(x)$ 在区间 $(-1,1)$ 内有定义，且 $\lim\limits_{x\to0}\dfrac{f(x)}{1-\cos x}=1$，给出以下四个结论：(1)$f(0)=0$,(2)$f'(0)=0$,(3) $\lim\limits_{x\to0}\dfrac{f(x)}{x}=0$,(4) $\lim\limits_{x\to0}\dfrac{f(x)}{x^2}=2$. 其中正确的结论的个数是（　　）.

(A) 0　(B) 1　(C) 2　(D) 3　(E) 4

3. 设函数 $f(x)$ 在区间 (a,b) 内单调，则在 (a,b) 内（　　）.

(A) $\dfrac{f(x)}{x-a}$ 不是单调函数　(B) $\dfrac{f(x)}{x-a}$ 与 $f(x)$ 单调性相同

(C) $\dfrac{f(x)}{x-a}$ 与 $f(x)$ 单调性相反　(D) $f(x)$ 可能有第一类间断点

(E) $f(x)$ 可能有第二类间断点

4. 已知曲线 $y=f(x)$ 在点 $(0,f(0))$ 处的切线方程是 $2x-y=1$，则（　　）.

(A) $\lim\limits_{x\to0}\dfrac{f(x)-1}{x}=2$　(B) $\lim\limits_{x\to0}\dfrac{f(x)+1}{x}=2$　(C) $\lim\limits_{x\to0}\dfrac{f(x)-1}{x}=-2$

(D) $\lim\limits_{x\to0}\dfrac{f(x)+1}{x}=-2$　(E) $\lim\limits_{x\to0}\dfrac{f(x)+1}{x}=\dfrac{1}{2}$

5. 设可导函数 f,g,h 满足 $f(x)=g(h(x))$，且 $f'(2)=2,g'(2)=2,h(2)=2$，则 $h'(2)=$（　　）.

(A) $\dfrac{1}{4}$　(B) $\dfrac{1}{2}$　(C) 1　(D) 2　(E) 4

6. 设函数 $y=y(x)$ 由 $e^y+xy=e+1$ 确定，则 $y''(1)=$（　　）.

(A) $\dfrac{1}{(e+1)^2}$　(B) $-\dfrac{3e+2}{(e+1)^2}$　(C) $-\dfrac{3e+2}{(e+1)^3}$

(D) $\dfrac{e+2}{(e+1)^2}$　(E) $\dfrac{e+2}{(e+1)^3}$

7. 函数 $f(x)=(x^2-3x+3)e^x-\dfrac{1}{3}x^3+\dfrac{1}{2}x^2+\alpha$ 有两个零点的充分必要条件是（　　）.

(A) $\alpha+e<-\dfrac{1}{6}$　(B) $\alpha+e<\dfrac{1}{6}$　(C) $\alpha+e>-\dfrac{1}{6}$

(D) $\alpha + e > \frac{1}{6}$　　(E) $\alpha < -3$

8. 已知函数 $f(x) = e^x \ln(x+1)$, a,b 满足 $a > b > 0$, 则 ( ).

(A) $f(a+b) > f(a) + f(b)$　　(B) $f(a-b) > f(a) - f(b)$

(C) $f\left(\frac{a+b}{2}\right) > \frac{f(a)+f(b)}{2}$　　(D) $f\left(\frac{a}{b}\right) > \frac{f(a)}{f(b)}$

(E) $f(ab) > f(a)f(b)$

9. 设 $f(x)$ 的一个原函数是 $\frac{\sin x}{x}$, 则 $\int_0^{\pi} x^3 f(x)\,dx =$ ( ).

(A) 3π　(B) 2π　(C) 0　(D) -2π　(E) -3π

10. 设平面有界区域 D 由曲线 $y = x^2$ 与 $y = \sqrt{2-x^2}$ 围成，则 D 绕 x 轴旋转所成旋转体的体积为 ( ).

(A) $\frac{2\pi}{5}$　(B) $\frac{5\pi}{3}$　(C) $\frac{10\pi}{3}$　(D) $\frac{22\pi}{15}$　(E) $\frac{44\pi}{15}$

11. $\int_0^1 \frac{4-x}{2+4x+x^2+2x^3}\,dx =$ ( ).

(A) $\ln 2$　(B) $\frac{1}{2}\ln 6$　(C) $\frac{1}{2}\ln 3$　(D) $\frac{1}{2}\ln 2$　(E) $\frac{1}{2}\ln\frac{3}{2}$

12. $\int_0^1 (2x^2+1)e^{x^2}\,dx =$ ( ).

(A) 1　(B) 2　(C) $\frac{e}{2}$　(D) e　(E) 2e

13. 设平面有界区域 D 由直线 $y = x\ln^2 x\,(x \geqslant 1)$ 与直线 $x = e$ 及 x 轴围成，则 D 的面积为 ( ).

(A) $\frac{e^2+1}{2}$　(B) $\frac{e^2}{2}$　(C) $\frac{e^2+1}{4}$　(D) $\frac{e^2}{4}$　(E) $\frac{e^2-1}{4}$

14. 设 $I = \int_0^1 \cos x\,dx$, $J = \int_0^1 \frac{\sin x}{x}\,dx$, $K = \int_0^1 \frac{\sin x}{\ln(1+x)}\,dx$, 则 ( ).

(A) $I < J < K$　(B) $I < K < J$　(C) $K < I < J$

(D) $K < J < I$　(E) $J < I < K$

15. $\lim_{n\to\infty}\sum_{k=1}^{n}\frac{1}{2n+1}\sin\frac{(2k-1)\pi}{2n} =$ ( ).

(A) $\frac{1}{\pi}$　(B) $\frac{2}{\pi}$　(C) 1　(D) π　(E) 2π

16. 函数 $f(x) = \begin{cases} \int_0^{x^2}\sqrt{t}(2-\ln t)\,dt & x \neq 0 \\ 0 & x = 0 \end{cases}$ 的极值点的个数是 ( ).

(A) 0　(B) 1　(C) 2　(D) 3　(E) 4

17. 已知函数 $f(x,y) = \begin{cases} \frac{\sin x^2 \cos y}{\sqrt{x^2+y^2}} & (x,y) \neq (0,0) \\ 0 & (x,y) = (0,0) \end{cases}$, 则在点 (0,0) 处 ( ).

(A) $\frac{\partial f}{\partial x}$ 不存在，$\frac{\partial f}{\partial y}$ 不存在　　(B) $\frac{\partial f}{\partial x}$ 存在且等于 1，$\frac{\partial f}{\partial y}$ 存在

(C) $\frac{\partial f}{\partial x}$不存在，$\frac{\partial f}{\partial y}$存在且等于0　　(D) $\frac{\partial f}{\partial x}$存在且等于1，$\frac{\partial f}{\partial y}$存在且等于0

(E) $\frac{\partial f}{\partial x}$存在但不等于1，$\frac{\partial f}{\partial y}$存在但不等于0

18. 设$f(u,v)$是可微函数，令$y = f(f(\sin x,\cos x),\cos x)$，若$f(1,0) = 1$，$\left.\frac{\partial f}{\partial u}\right|_{(1,0)} = 2$，$\left.\frac{\partial f}{\partial v}\right|_{(1,0)} = 3$，则$\left.\frac{\mathrm{d}y}{\mathrm{d}x}\right|_{\frac{\pi}{2}} = $（　　）.

(A) -9　(B) -6　(C) -3　(D) 3　(E) 9

19. 已知非负函数$z = z(x,y)$由$x^2(z^2 - 1) + 2y^2 + 4xyz = 1$确定，则$\mathrm{d}z|_{(1,1)} = $（　　）.

(A) $2\mathrm{d}x - \mathrm{d}y$　(B) $2\mathrm{d}x + \mathrm{d}y$　(C) $\frac{1}{2}\mathrm{d}x - \mathrm{d}y$

(D) $\frac{1}{2}\mathrm{d}x + \mathrm{d}y$　(E) $-\frac{1}{2}\mathrm{d}x - \mathrm{d}y$

20. 已知函数$f(x,y) = x^2y\ln(1 + x^2 + y^2)$，$a,b$是任意实数，则$f(x,y)$的（　　）.

(A) 驻点是$(0,0)$　(B) 驻点是$(a,0),(0,b)$　(C) 极值点是$(0,0)$

(D) 极值点是$(a,0),a \neq 0$　(E) 极值点是$(0,b),b \neq 0$

21. 已知函数$f(x,y) = 2x + 3y + \sqrt[3]{4xy(5x - 3y)}$，令$g(x) = f(x,x),h(x) = f(x,2x)$，给出以下四个结论：(1) $\left.\frac{\partial f}{\partial x}\right|_{(0,0)} = 2,\left.\frac{\partial f}{\partial y}\right|_{(0,0)} = 3$，(2) $\mathrm{d}f|_{(0,0)} = 2\mathrm{d}x + 3\mathrm{d}y$，(3) $g'(0) = 5$，(4) $h'(0) = 6$．其中正确结论的个数是（　　）.

(A) 0　(B) 1　(C) 2　(D) 3　(E) 4

22. 设$\boldsymbol{A},\boldsymbol{B},\boldsymbol{C},\boldsymbol{D}$均为$n$阶矩阵，满足$\boldsymbol{ABCD} = \boldsymbol{E}$，其中$\boldsymbol{E}$为$n$阶单位矩阵，则（　　）.

(A) $\boldsymbol{CABD} = \boldsymbol{E}$　(B) $\boldsymbol{CADB} = \boldsymbol{E}$　(C) $\boldsymbol{CBDA} = \boldsymbol{E}$

(D) $\boldsymbol{CDBA} = \boldsymbol{E}$　(E) $\boldsymbol{CDAB} = \boldsymbol{E}$

23. 已知线性方程组$\begin{cases} x_1 + x_2 + x_3 = 1 \\ x_1 + ax_2 - x_3 = a \\ x_1 - x_2 + ax_3 = a \end{cases}$，则（　　）.

(A) 当$a = 3$时，方程组有无穷多解　(B) 当$a = -1$时，方程组有无穷多解

(C) 当$a \neq 3$时，方程组有唯一解　(D) 当$a \neq -1$时，方程组有唯一解

(E) 当$a = 3$时，方程组有唯一解

24. 若向量$\boldsymbol{\alpha} = (x,y)$满足$\begin{vmatrix} x & 2 & 2 \\ 2 & y & 2 \\ 2 & 2 & 1 \end{vmatrix} = \begin{vmatrix} 2 & y & 2 \\ x & 2 & 2 \\ 2 & 2 & 1 \end{vmatrix}$，且$|x - y| = 3$，则这样的向量有（　　）.

(A) 1个　(B) 2个　(C) 3个　(D) 4个　(E) 6个

25. 已知非零矩阵$\boldsymbol{A} = \begin{pmatrix} a_{11} & a_{12} \\ a_{21} & a_{22} \end{pmatrix}$和$\boldsymbol{B} = \begin{pmatrix} b_{11} & b_{12} \\ b_{21} & b_{22} \end{pmatrix}$，$\boldsymbol{X} = \begin{pmatrix} x_{11} & x_{12} \\ x_{21} & x_{22} \end{pmatrix}$，则（　　）.

(A) 当$|\boldsymbol{A}| = 0$且$|\boldsymbol{B}| = 0$时，关于$\boldsymbol{X}$的方程$\boldsymbol{AX} = \boldsymbol{B}$无解

(B) 当$|\boldsymbol{A}| = 0$且$|\boldsymbol{B}| = 0$时，关于$\boldsymbol{X}$的方程$\boldsymbol{AX} = \boldsymbol{B}$有解

（C）当 $|\boldsymbol{A}|=0$ 且 $|\boldsymbol{B}|\neq 0$ 时，关于 $\boldsymbol{X}$ 的方程 $\boldsymbol{AX}=\boldsymbol{B}$ 无解

（D）当 $|\boldsymbol{A}|=0$ 且 $|\boldsymbol{B}|\neq 0$ 时，关于 $\boldsymbol{X}$ 的方程 $\boldsymbol{AX}=\boldsymbol{B}$ 有解

（E）当 $|\boldsymbol{A}|\neq 0$ 且 $|\boldsymbol{B}|\neq 0$ 时，关于 $\boldsymbol{X}$ 的方程 $\boldsymbol{AX}=\boldsymbol{B}$ 无解

26. 已知向量 $\boldsymbol{\alpha}_1=(1,1,1,1,1)$，$\boldsymbol{\alpha}_2=(1,-1,1,-1,1)$，$\boldsymbol{\alpha}_3=(1,1,1,-1,-1)$，$\boldsymbol{\alpha}_4=(-1,1,-1,1,-1)$，$\boldsymbol{\alpha}_5=(1,-1,-1,-1,-1)$，$\boldsymbol{\alpha}_6=(1,1,-1,-1,-1)$，若 $\boldsymbol{\alpha}_1,\boldsymbol{\alpha}_2,\cdots,\boldsymbol{\alpha}_{k-1}$ 线性无关，$\boldsymbol{\alpha}_1,\boldsymbol{\alpha}_2,\cdots,\boldsymbol{\alpha}_{k-1},\boldsymbol{\alpha}_k$ 线性相关，则 k 的最小值为（　　）.

（A）2　　（B）3　　（C）4　　（D）5　　（E）6

27. 已知行列式 $\begin{vmatrix} 1 & 2 & -1 & 1 \\ 0 & 2 & t & 1 \\ 3 & -1 & 2 & 2 \\ -1 & 3 & 2 & 1 \end{vmatrix}$，$A_{ij}$ 为元素 a_{ij} 的代数余子式，若 $A_{31}-A_{32}+2A_{33}-A_{34}=0$，则 $t=$（　　）.

（A）-1　　（B）$-\dfrac{1}{2}$　　（C）0　　（D）$\dfrac{1}{2}$　　（E）1

28. 已知 $\boldsymbol{A}=\begin{pmatrix} 2 & 1 & 1 \\ -1 & 1 & 1 \\ -1 & -1 & -2 \end{pmatrix}$，$\boldsymbol{A}^*$ 是 $\boldsymbol{A}$ 的伴随矩阵，则 $(\boldsymbol{A}^*)^{-1}=$（　　）.

（A）$\dfrac{1}{3}\boldsymbol{A}^{\mathrm{T}}$　　（B）$-\dfrac{1}{3}\boldsymbol{A}^{\mathrm{T}}$　　（C）$\dfrac{1}{3}\boldsymbol{A}$　　（D）$-\dfrac{1}{3}\boldsymbol{A}$　　（E）$-3\boldsymbol{A}$

29. 设 A,B 是随机事件，$\overline{B}$ 表示 B 的对立事件，若 $P(A\mid B)=P(A\mid \overline{B})=\dfrac{1}{2}$，$P(B)=\dfrac{1}{3}$，则 $P(A\cup B)=$（　　）.

（A）$\dfrac{1}{6}$　　（B）$\dfrac{1}{3}$　　（C）$\dfrac{1}{2}$　　（D）$\dfrac{2}{3}$　　（E）$\dfrac{5}{6}$

30. 已知随机变量 X,Y 独立同分布，且分布律为

X	-1	0	1
P	0.3	0.4	0.3

，则 $P(X+Y\geqslant 0)=$（　　）.

（A）0.09　　（B）0.24　　（C）0.67　　（D）0.84　　（E）0.91

31. 盒子中有红色、绿色、黄色、蓝色四个大小相同的小球，现从盒子中每次取一个小球，有放回地取三次，随机变量 X 表示取到红球的次数，则 $P(X\leqslant 2)=$（　　）.

（A）$\dfrac{1}{64}$　　（B）$\dfrac{1}{16}$　　（C）$\dfrac{27}{64}$　　（D）$\dfrac{9}{16}$　　（E）$\dfrac{63}{64}$

32. 设随机变量 X 的概率密度函数为 $f(x)=\dfrac{1}{2}\mathrm{e}^{-|x|}$，记 $F(x)$ 为随机变量 X 的分布函数，则 $F(2)=$（　　）.

（A）$\dfrac{1}{2}\mathrm{e}^{-2}$　　（B）$\dfrac{1}{2}+\mathrm{e}^{-2}$　　（C）$\dfrac{1}{2}-\mathrm{e}^{-2}$

（D）$1-\dfrac{1}{2}\mathrm{e}^{-2}$　　（E）$1-\mathrm{e}^{-2}$

33. 设随机变量 $X \sim N(1,9)$，$Y \sim N(2,4)$. 记 $p_1 = P(X>4)$，$p_2 = P(Y>4)$，$p_3 = P(X<0)$，$p_4 = P(Y<0)$，则（　　）.

(A) $p_1 = p_2 = p_4 < p_3$　　(B) $p_1 = p_2 = p_3 < p_4$　　(C) $p_1 = p_3 < p_2 = p_4$

(D) $p_1 = p_2 < p_3 = p_4$　　(E) $p_1 < p_2 = p_3 = p_4$

34. 设随机变量 X 的概率密度函数为 $f(x) = \begin{cases} ax & 0 < x < 2 \\ 0 & \text{其他} \end{cases}$，其中 a 为常数，则 $E(X) =$（　　）.

(A) $\frac{1}{2}$　　(B) 1　　(C) $\frac{4}{3}$　　(D) 4　　(E) 8

35. 设随机变量 X 的概率密度函数为 $f(x) = \begin{cases} ae^{-\frac{1}{3}x} & x \geq 0 \\ 0 & x < 0 \end{cases}$，其中 a 为常数，则 $D(X) =$（　　）.

(A) $\frac{1}{9}$　　(B) $\frac{1}{3}$　　(C) 3　　(D) 9　　(E) 18

参考答案

1～5　BBDBC	6～10　EAAEE	11～15　BDEAA	16～20　DCACE
21～25　CEBDC	26～30　CBDDC	31～35　EDACD	

附录 C　经济类联考综合能力考试大纲数学样卷及解析

经济类联考综合能力考试大纲数学样卷

数学基础：第 1 ~ 35 小题，每小题 2 分，共 70 分. 下列每题给出的五个选项中，只有一个选项是最符合试题要求的.

1. 已知 $f(x)=\sqrt{1+\sqrt{x}}-1$，$g(x)=\ln\dfrac{1+\sqrt{x}}{1-x}$，$h(x)=\ln\dfrac{1+\sqrt{x}}{1+x}$，$w(x)=\dfrac{e^x-1}{\sqrt{x}}$.

   在 $f(x)$，$g(x)$，$h(x)$，$w(x)$ 中与 $\sqrt{x}$ 在 $x\to0^+$ 时是等价无穷小量的有（　　）.

   （A）0 个　（B）1 个　（C）2 个　（D）3 个　（E）4 个

2. 若 $\lim\limits_{x\to0}(e^x+ax^2+bx)^{\frac{1}{x^2}}=e^2$，则（　　）.

   （A）$a=\dfrac{3}{2}$，$b=-1$　（B）$a=\dfrac{5}{2}$，$b=-1$

   （C）$a=\dfrac{3}{2}$，$b=1$　（D）$a=\dfrac{5}{2}$，$b=1$

   （E）$a=\dfrac{3}{2}$，$b=\dfrac{5}{2}$

3. 设函数 $f(x)$ 和 $g(x)$ 在 $(-\infty,+\infty)$ 内有定义，$f(x)$ 连续，$g(x)$ 有间断点，则（　　）.

   （A）$f(g(x))$ 必有间断点　（B）$g(f(x))$ 必有间断点

   （C）$f(x)+g(x)$ 必有间断点　（D）$f(x)g(x)$ 必有间断点

   （E）$[g(x)]^2$ 必有间断点

4. 已知 a 为正实数. 若函数 $f(x)=\begin{cases}\dfrac{1-\cos\sqrt{x}}{ax} & x>0\\ b & x\leqslant0\end{cases}$，在点 $x=0$ 处连续，则（　　）.

   （A）$ab=0$　（B）$ab=1$　（C）$ab=2$　（D）$ab=-\dfrac{1}{2}$　（E）$ab=\dfrac{1}{2}$

5. 曲线 $y=12-x^2$ 的斜率等于 -2 的切线方程为（　　）.

   （A）$2x+y-13=0$　（B）$2x+y+13=0$

   （C）$2x-y+13=0$　（D）$2x+y-14=0$

   （E）$2x-y+14=0$

6. 设 $y=y(x)$ 是由方程 $y-x=e^{x(1-y)}$ 确定的隐函数，则 $\left.\dfrac{dy}{dx}\right|_{x=0}=$（　　）.

   （A）-2　（B）-1　（C）0　（D）1　（E）2

7. 已知函数 $f(x)$ 在点 $x=0$ 处可导且 $f'(0)=1$. 设 $g(x)=f(\sin2x)$，则 $dg\Big|_{x=0}=$（　　）.

(A) 0 (B) dx (C) $-dx$ (D) $2dx$ (E) $-2dx$

8. 已知函数$f(x)=3x^4-8x^3+1$，则（ ）.

(A) $x=0$ 是$f(x)$的极小值点 (B) $x=0$ 是$f(x)$的极大值点

(C) $x=2$ 是$f(x)$的极小值点 (D) $x=2$ 是$f(x)$的极大值点

(E) $x=2$ 不是$f(x)$的极值点

9. 设函数$f(x)$在$(-\infty, +\infty)$可导且$f(x)\neq 0$. 若$f(x)f'(x)>0$，则（ ）.

(A) $f(1)>f(0)$ (B) $f(1)<f(0)$

(C) $|f(1)|>|f(0)|$ (D) $|f(1)|<|f(0)|$

(E) $|f(0)|$与$|f(1)|$的大小关系不能确定

10. 设函数$f(x)$在(a, b)内可导，$x_0\in(a, b)$，则（ ）.

(A) 当$f(x)$在x_0的某邻域内严格单增时，$f'(x_0)>0$

(B) 当$f'(x_0)>0$时，$f(x)$在x_0的某邻域内严格单增

(C) 当$f(x_0)$是极值时，导函数$f'(x)$在点x_0两侧异号

(D) 当导函数$f'(x)$在点x_0两侧异号时，$f(x_0)$是极值

(E) 当导函数$f'(x)$在(a, b)严格单增时，$f(x_0)$是极小值

11. 设函数$f(x)$有原函数$x\ln x$，则$\int xf'(x)dx=$（ ）.

(A) x (B) $x+C$ (C) $\frac{x^2}{4}(2\ln x+1)$

(D) $\frac{x^2}{4}(2\ln x+1)+C$ (E) $\frac{x^2}{4}(2\ln x+3)+C$

12. $\int e^{\sin x}\sin 2x dx=$（ ）.

(A) $2e^x(x-1)+C$ (B) $2e^x(x+1)+C$

(C) $e^{\sin x}(\sin x-1)+C$ (D) $e^{\sin x}(\sin x+1)+C$

(E) $2e^{\sin x}(\sin x-1)+C$

13. $\int_{-1}^{1}(e^{\cos x}\sin x+\sqrt{1-x^2})dx=$（ ）.

(A) $\frac{\pi}{2}$ (B) π

(C) $2(e-e^{\cos 1})+\frac{\pi}{2}$ (D) $2(e-e^{\cos 1})+\pi$

(E) $\frac{\pi}{2}-2e^{\cos 1}$

14. $\int_{-1}^{2}\max\{1,x,x^2\}dx=$（ ）.

(A) $\frac{13}{3}$ (B) $\frac{14}{3}$ (C) $\frac{11}{2}$ (D) 5 (E) 9

15. $\frac{d}{dx}\int_{2x}^{\ln x}\ln(1+t)dt=$（ ）.

(A) $\frac{1}{x}\ln(1+\ln x)+2\ln(1+2x)$ (B) $\frac{1}{x}\ln(1+\ln x)-2\ln(1+2x)$

(C) $\frac{1}{x}\ln(1+\ln x)-\ln(1+2x)$　　(D) $\ln(1+\ln x)-2\ln(1+2x)$

(E) $\ln(1+\ln x)+2\ln(1+2x)$

16. 设 a 为正实数，$I=\int_0^a \ln(1+x)\mathrm{d}x$，$J=\int_0^a (\mathrm{e}^x-1)\mathrm{d}x$，$K=\int_0^a \frac{x}{1+x}\mathrm{d}x$，则(　　).

(A) $I<J<K$　　(B) $J<K<I$

(C) $K<I<J$　　(D) $I<K<J$

(E) I，J，K 的大小关系与 a 的取值有关

17. 设连续函数 $f(x)$ 满足 $\int_0^{2x} f(t)\mathrm{d}t=x^2$，则 $f(1)=$(　　).

(A) 0　　(B) 1　　(C) 2　　(D) $\frac{1}{4}$　　(E) $\frac{1}{2}$

18. 已知函数 $f(u)$ 可导，设 $z=f(\sin y-\sin x)+xy$，则 $\left.\frac{\partial z}{\partial x}\right|_{(0,2\pi)}+\left.\frac{\partial z}{\partial y}\right|_{(0,2\pi)}=$(　　).

(A) 0　　(B) 2　　(C) $2\pi+2f'(0)$

(D) $2\pi-2f'(0)$　　(E) 2π

19. 设函数 $z=z(x,y)$ 由 $\sin(xyz)+\ln(x^2+y^2+z)=0$ 确定，则 $\left.\frac{\partial z}{\partial y}\right|_{(0,1)}=$(　　).

(A) 0　　(B) 1　　(C) -1　　(D) 2　　(E) -2

20. 已知函数 $f(x,y)=x^2-3x^2y+y^3$，则(　　).

(A) 点 $(0,0)$ 是 $f(x,y)$ 的驻点

(B) $f\left(\frac{1}{3},\frac{1}{3}\right)$ 是 $f(x,y)$ 的极小值

(C) $f\left(\frac{1}{3},\frac{1}{3}\right)$ 是 $f(x,y)$ 的极大值

(D) $f\left(-\frac{1}{3},\frac{1}{3}\right)$ 是 $f(x,y)$ 的极小值

(E) $f\left(-\frac{1}{3},\frac{1}{3}\right)$ 是 $f(x,y)$ 的极大值

21. 已知函数 $f(x,y)=x^8+y^8-2(x+y)^2$，则(　　).

(A) $f(0,0)$ 是 $f(x,y)$ 的极小值

(B) $f(0,0)$ 是 $f(x,y)$ 的极大值

(C) $f(1,1)$ 是 $f(x,y)$ 的极小值

(D) $f(1,1)$ 是 $f(x,y)$ 的极大值

(E) $f(-1,-1)$ 是 $f(x,y)$ 的极大值

22. 已知 $\begin{vmatrix} a_{11} & a_{12} & a_{13} \\ a_{21} & a_{22} & a_{23} \\ a_{31} & a_{32} & a_{33} \end{vmatrix}=M(M\neq 0)$，则行列式 $\begin{vmatrix} 2a_{11} & -2a_{12} & 2a_{13} \\ 2a_{31} & -2a_{32} & 2a_{33} \\ 2a_{21} & -2a_{22} & 2a_{23} \end{vmatrix}=$(　　).

(A) $-8M$　　(B) $-4M$　　(C) $-2M$　　(D) $2M$　　(E) $8M$

23. 设 $D=\begin{vmatrix} x & 0 & 0 & -x \\ 1 & x & 2 & -1 \\ 1 & 2 & 3 & 4 \\ 2 & -x & 0 & x \end{vmatrix}$，$M_{3k}(k=1,2,3,4)$ 是 D 中第 3 行第 k 列元素的代数余子式. 令 $f(x)=M_{31}+M_{32}+M_{34}$，则 $f(-1)=$（　　）.

（A）-2　（B）-1　（C）0　（D）1　（E）2

24. 已知矩阵 $\boldsymbol{X}$ 满足 $\boldsymbol{X}\begin{pmatrix} -2 & 3 \\ -1 & 2 \end{pmatrix}=\begin{pmatrix} 0 & 1 \\ 1 & 0 \\ 0 & 1 \end{pmatrix}$，则 $\boldsymbol{X}$ 的第二行是（　　）.

（A）$(0\ \ 1)$　（B）$(1\ \ 0)$　（C）$(-1\ \ 2)$　（D）$(-2\ \ 1)$　（E）$(-2\ \ 3)$

25. 已知矩阵 $\boldsymbol{A}=\begin{pmatrix} 1 & 0 & 0 \\ 0 & 2 & 0 \\ 0 & 0 & 3 \end{pmatrix}$，$\boldsymbol{B}=\begin{pmatrix} 1 & 1 & 0 \\ 1 & 2 & 2 \\ 0 & 1 & 3 \end{pmatrix}$. 设 $\boldsymbol{C}=\boldsymbol{B}\boldsymbol{A}^{-1}$，则矩阵 $\boldsymbol{C}$ 中位于第三行第二列位置的元素是（　　）.

（A）1　（B）2　（C）3　（D）$\frac{1}{2}$　（E）$\frac{1}{3}$

26. 设 k 为实数，如果向量组 $\boldsymbol{\alpha}$，$\boldsymbol{\beta}$，$\boldsymbol{\gamma}$ 线性无关，而向量组 $\boldsymbol{\alpha}+2\boldsymbol{\beta}$，$2\boldsymbol{\beta}+k\boldsymbol{\gamma}$，$\boldsymbol{\alpha}+3\boldsymbol{\gamma}$ 线性相关，那么 $k=$（　　）.

（A）-3　（B）-2　（C）0　（D）2　（E）3

27. 设矩阵 $\boldsymbol{A}=\begin{pmatrix} 1 & -2 & 2 \\ -2 & 6 & a \\ 3 & 0 & -6 \end{pmatrix}$. 若齐次线性方程组 $\boldsymbol{Ax}=\boldsymbol{0}$ 有非零解，则（　　）.

（A）$a=-8$，且 $\boldsymbol{Ax}=\boldsymbol{0}$ 的解向量组的秩为 1

（B）$a=-8$，且 $\boldsymbol{Ax}=\boldsymbol{0}$ 的解向量组的秩为 2

（C）$a=8$，且 $\boldsymbol{Ax}=\boldsymbol{0}$ 的解向量组的秩为 1

（D）$a=8$，且 $\boldsymbol{Ax}=\boldsymbol{0}$ 的解向量组的秩为 2

（E）$\boldsymbol{Ax}=\boldsymbol{0}$ 的解向量组的秩不能确定

28. 设 k 为实数，向量 $\boldsymbol{\alpha}_1=(2,1,1)$，$\boldsymbol{\alpha}_2=(4,k,2)$，$\boldsymbol{\alpha}_3=(6,3,k)$，$\boldsymbol{\beta}=(2k,2,0)$. 若向量 $\boldsymbol{\beta}$ 可由 $\boldsymbol{\alpha}_1$，$\boldsymbol{\alpha}_2$，$\boldsymbol{\alpha}_3$ 线性表示，则 $k=$（　　）.

（A）-2　（B）-1　（C）0　（D）2　（E）3

29. 设随机变量 X 的概率密度函数为 $f(x)=\begin{cases} 2x & 0<x<1 \\ 0 & \text{其他} \end{cases}$，以 Y 表示对 X 的三次独立重复观察中事件 $\left\{X\leqslant\frac{1}{2}\right\}$ 出现的次数，则 $P(Y=2)=$（　　）.

（A）$\frac{3}{64}$　（B）$\frac{9}{64}$　（C）$\frac{3}{16}$　（D）$\frac{1}{4}$　（E）$\frac{9}{16}$

30. 设 $X\sim N(2,9)$. 若常数 c 满足 $P(X\geqslant c)=P(X<c)$，则 $c=$（　　）.

（A）0　（B）2　（C）3　（D）4　（E）9

31. 已知相互独立的随机变量 X，Y 具有相同的分布律，且 X 的分布律为

X	0	1
P	0.5	0.5

设 $Z=\max\{X, Y\}$，则 $P(Z=1)=$( ).

(A) 0.25 (B) 0.5 (C) 0.65 (D) 0.75 (E) 1

32. 已知 $P(A)=\dfrac{1}{4}$，$P(B\mid A)=\dfrac{1}{3}$，$P(A\mid B)=\dfrac{1}{2}$，则 $P(A\cup B)=$( ).

(A) $\dfrac{1}{4}$ (B) $\dfrac{1}{3}$ (C) $\dfrac{5}{12}$ (D) $\dfrac{1}{2}$ (E) $\dfrac{2}{3}$

33. 设 X 服从区间 $\left(-\dfrac{\pi}{2}, \dfrac{\pi}{2}\right)$ 上的均匀分布，$Y=\sin X$，则（ ）.

(A) $E(X)=\dfrac{2}{\pi}$，$E(Y)=0$ (B) $E(X)=0$，$E(Y)=\dfrac{2}{\pi}$

(C) $E(X)=0$，$E(XY)=0$ (D) $E(X)=0$，$E(XY)=\dfrac{2}{\pi}$

(E) $E(X)=0$，$E(XY)=2$

34. 设随机变量 X 的概率密度 $f(x)$ 满足 $f(1+x)=f(1-x)$，且 $\int_0^2 f(x)\mathrm{d}x=0.6$，则 $P(X<0)=$（ ）.

(A) 0.1 (B) 0.15 (C) 0.2 (D) 0.25 (E) 0.3

35. 设随机变量 X 的概率分布为 $P(X=-2)=\dfrac{1}{2}$，$P(X=1)=a$，$P(X=3)=b$. 若 $E(X)=0$，则 $D(X)=$( ).

(A) 1 (B) 2 (C) 3 (D) $\dfrac{7}{2}$ (E) $\dfrac{9}{2}$

经济类联考综合能力考试大纲数学样卷解析

1. **D**　　考点 等价无穷小

$$\lim_{x\to0^+}\frac{f(x)}{\sqrt{x}}=\lim_{x\to0^+}\frac{\sqrt{1+\sqrt{x}}-1}{\sqrt{x}}=\lim_{x\to0^+}\frac{\frac{1}{2}\sqrt{x}}{\sqrt{x}}=\frac{1}{2}\neq1$$

$$\lim_{x\to0^+}\frac{g(x)}{\sqrt{x}}=\lim_{x\to0^+}\frac{\ln\frac{1+\sqrt{x}}{1-x}}{\sqrt{x}}=\lim_{x\to0^+}\frac{\ln\frac{1}{1-\sqrt{x}}}{\sqrt{x}}=\lim_{x\to0^+}\frac{-\ln(1-\sqrt{x})}{\sqrt{x}}=\lim_{x\to0^+}\frac{\sqrt{x}}{\sqrt{x}}=1.$$

$$\lim_{x\to0^+}\frac{h(x)}{\sqrt{x}}=\lim_{x\to0^+}\frac{\ln\frac{1+\sqrt{x}}{1+x}}{\sqrt{x}}=\lim_{x\to0^+}\frac{\ln(1+\sqrt{x})-\ln(1+x)}{\sqrt{x}}$$

$$=\lim_{x\to 0^+}\frac{\ln(1+\sqrt{x})}{\sqrt{x}}-\lim_{x\to 0^+}\frac{\ln(1+x)}{\sqrt{x}}=\lim_{x\to 0^+}\frac{\sqrt{x}}{\sqrt{x}}-\lim_{x\to 0^+}\frac{x}{\sqrt{x}}=1.$$

$$\lim_{x\to 0^+}\frac{w(x)}{\sqrt{x}}=\lim_{x\to 0^+}\frac{\frac{e^x-1}{\sqrt{x}}}{\sqrt{x}}=\lim_{x\to 0^+}\frac{e^x-1}{x}=1.$$

综上，$g(x)$，$h(x)$，$w(x)$与$\sqrt{x}$在$x\to 0^+$时是等价无穷小.

2. A　　考点 1^∞型未定式极限

$$\lim_{x\to 0}(e^x+ax^2+bx)^{\frac{1}{x^2}}=e^{\lim\limits_{x\to 0}\frac{e^x+ax^2+bx-1}{x^2}}=e^{\lim\limits_{x\to 0}\frac{e^x+2ax+b}{2x}}$$

由分母极限$\lim\limits_{x\to 0}2x=0$. 故分子极限$\lim\limits_{x\to 0}(e^x+2ax+b)=0$.

得到$1+b=0\Rightarrow b=-1$，此时$e^{\lim\limits_{x\to 0}\frac{e^x+2ax+b}{2x}}=e^{\lim\limits_{x\to 0}\frac{e^x+2a}{2}}=e^{\frac{1+2a}{2}}=e^2\Rightarrow a=\frac{3}{2}$.

3. C　　考点 连续的概念

取$f(x)=0$，$x\in(-\infty,\ +\infty)$. $g(x)=\begin{cases}1 & x>0\\ -1 & x\leqslant 0\end{cases}$.

则$f(g(x))=0$，无间断点. $g(f(x))=g(0)=-1$，无间断点.

$f(x)g(x)=0$，无间断点. $[g(x)]^2=1$，无间断点.

故$f(x)+g(x)$必有间断点.

4. E　　考点 分段函数连续

$$\lim_{x\to 0}f(x)=\lim_{x\to 0}\frac{1-\cos\sqrt{x}}{ax}=\lim_{x\to 0}\frac{\frac{1}{2}(\sqrt{x})^2}{ax}=\frac{1}{2a}$$

当$\frac{1}{2a}=f(0)=b$时，即$ab=\frac{1}{2}$时，$f(x)$在$x=0$处连续.

5. A　　考点 导数的应用（求切线）

由$y=12-x^2$，得$y'=-2x$.

设切点为$(x_0,\ y_0)$得$y'\big|_{x=x_0}=-2x_0=-2\Rightarrow x_0=1$，$y_0=11$.

切线方程为$2x+y-13=0$.

6. D　　考点 隐函数求导

方法一：由$y-x=e^{x(1-y)}$，两边对x求导：$\frac{dy}{dx}-1=e^{x(1-y)}\left[1-y+x\left(-\frac{dy}{dx}\right)\right]$

当$x=0$时，$y=1$. 故$\frac{dy}{dx}\Big|_{x=0}-1=1\times 0$，得到$\frac{dy}{dx}\Big|_{x=0}=1$.

方法二：令$F(x,\ y)=y-x-e^{x(1-y)}$，

则$\frac{dy}{dx}=-\frac{F'_x}{F'_y}=-\frac{-1-e^{x(1-y)}\cdot(1-y)}{1-e^{x(1-y)}\cdot(-x)}=\frac{1+(1-y)e^{x(1-y)}}{1+xe^{x(1-y)}}$

当 $x=0$ 时，$y=1$，代入上式，得 $\left.\frac{\mathrm{d}y}{\mathrm{d}x}\right|_{x=0}=\frac{1+0}{1+0}=1$.

7. **D**　　考点 复合函数求导及微分

由 $g(x)=f(\sin 2x)$，得 $g'(x)=f'(\sin 2x)\cdot\cos 2x\cdot 2$.

令 $x=0$，得 $g'(0)=f'(0)\times 2=2$. 故 $\mathrm{d}g\big|_{x=0}=g'(0)\mathrm{d}x=2\mathrm{d}x$.

8. **C**　　考点 导数的应用（极值点）

由 $f(x)=3x^4-8x^3+1$，得 $f'(x)=12x^3-24x^2=12x^2(x-2)$.

令 $f'(x)=0$，得驻点 $x=0$ 或 $x=2$. 在 $x=0$ 两侧 $f'(x)$ 不变号，故不是极值点.

当 $x<2$ 时，$f'(x)<0$，当 $x>2$ 时，$f'(x)>0$，故 $x=2$ 为 $f(x)$ 的极小值点.

9. **C**　　考点 导数的应用（比较大小）

令 $F(x)=f^2(x)$，则 $F'(x)=2f(x)f'(x)>0$.

故 $F(x)$ 严格单增，从而有 $F(1)>F(0)$，得 $f^2(1)>f^2(0)$，即 $|f(1)|>|f(0)|$.

10. **D**　　考点 单调性和极值的概念

（A）取 $f(x)=x^3$，严格单增，但 $f'(0)=0$，故错误.

（B）当 $f'(x_0)>0$ 时，说明 x_0 处切线斜率为正，但 $f(x)$ 不一定严格单增.（某小段可能水平）

（C）当 $f(x_0)$ 为极值时，只能得到 $f'(x_0)=0$（驻点），$f'(x)$ 不一定在 x_0 两侧异号（有可能为0）.

（D）由极值的第一充分条件知，正确.

（E）当 $f'(x)$ 在 (a,b) 严格单增时，只能得到 $f(x)$ 在 (a,b) 内为凹的，有可能无极值.

11. **B**　　考点 不定积分与分部积分

$$\int xf'(x)\mathrm{d}x=\int x\mathrm{d}f(x)=xf(x)-\int f(x)\mathrm{d}x$$

由 $f(x)$ 有原函数 $x\ln x$，故 $f(x)=(x\ln x)'=\ln x+1$.

从而 $\int xf'(x)\mathrm{d}x=x(\ln x+1)-x\ln x+C=x+C$.

12. **E**　　考点 不定积分及分部积分

$$\int \mathrm{e}^{\sin x}\sin 2x\mathrm{d}x=2\int \mathrm{e}^{\sin x}\sin x\cdot\cos x\mathrm{d}x=2\int \mathrm{e}^{\sin x}\sin x\mathrm{d}\sin x$$

$$\xlongequal{t=\sin x}2\int \mathrm{e}^t t\mathrm{d}t=2\int t\mathrm{d}\mathrm{e}^t=2\left(\mathrm{e}^t\cdot t-\int \mathrm{e}^t\mathrm{d}t\right)$$

$$=2\mathrm{e}^t(t-1)+C=2\mathrm{e}^{\sin x}(\sin x-1)+C$$

13. **A**　　考点 定积分计算

$$\int_{-1}^{1}(\mathrm{e}^{\cos x}\sin x+\sqrt{1-x^2})\mathrm{d}x$$

$$=\int_{-1}^{1}\mathrm{e}^{\cos x}\sin x\mathrm{d}x+\int_{-1}^{1}\sqrt{1-x^2}\mathrm{d}x$$

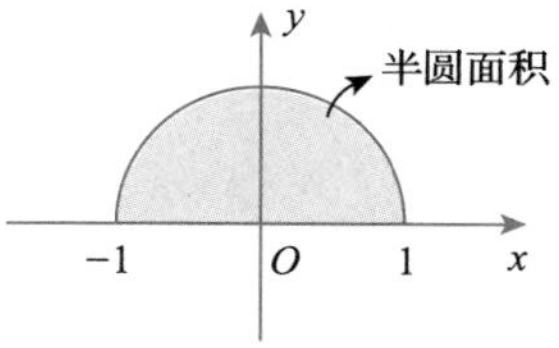

第 13 题图

$$=\int_{-1}^{1}\sqrt{1-x^2}\mathrm{d}x=\frac{\pi}{2}$$

$\left(\right.$因为 $e^{\cos x}\sin x$ 为奇函数,故$\int_{-1}^{1}e^{\cos x}\sin x\mathrm{d}x=0.\ \int_{-1}^{1}\sqrt{1-x^2}\mathrm{d}x$ 等于图中半圆的面积.$\left.\right)$

14. A　　考点 分段函数的定积分

首先画出 $y=\max\{1,x,x^2\}$ 的图像，如图所示.

$$\int_{-1}^{2}\max\{1,x,x^2\}\mathrm{d}x=\int_{-1}^{1}1\mathrm{d}x+\int_{1}^{2}x^2\mathrm{d}x$$

$$=2+\frac{x^3}{3}\bigg|_1^2=2+\frac{7}{3}=\frac{13}{3}.$$

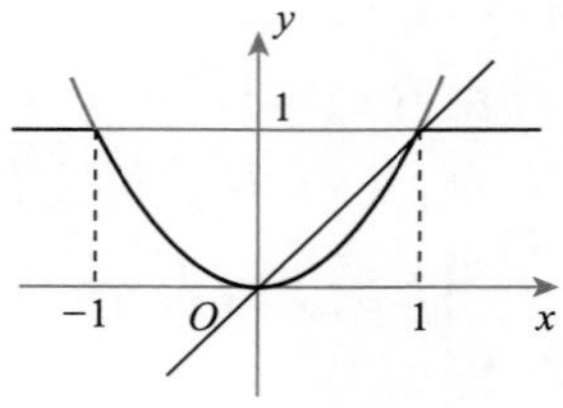

第 14 题图

15. B　　考点 变限积分求导

$$\frac{\mathrm{d}\int_{2x}^{\ln x}\ln(1+t)\mathrm{d}t}{\mathrm{d}x}=\ln(1+\ln x)\cdot\frac{1}{x}-\ln(1+2x)\cdot 2$$

$$=\frac{\ln(1+\ln x)}{x}-2\ln(1+2x)$$

16. C　　考点 定积分比较大小

先比较被积函数在$[0,a]$的大小.

令 $f(x)=e^x-1-\ln(1+x)$，则 $f'(x)=e^x-\frac{1}{1+x}\Rightarrow f''(x)=e^x+\frac{1}{(1+x)^2}>0$,

$\Rightarrow f'(x)$严格单增$\Rightarrow f'(x)>f'(0)=0\Rightarrow f(x)$严格单增$\Rightarrow f(x)>f(0)=0.$

故 $e^x-1>\ln(1+x)$，从而 $J>I$.

再令 $g(x)=\ln(1+x)-\frac{x}{1+x}$，则 $g'(x)=\frac{1}{1+x}-\frac{1}{(1+x)^2}=\frac{x}{(1+x)^2}$.

得到 $g(x)$在$(0,a]$内严格单增，故 $g(x)>g(0)=0$.

从而 $\ln(1+x)>\frac{x}{1+x}$，故 $I>K$.

综上得 $J>I>K$.

17. E　　考点 变限积分

由 $\int_0^{2x}f(t)\mathrm{d}t=x^2$，得 $f(2x)\cdot 2=2x\Rightarrow f(2x)=x$. 令 $x=\frac{1}{2}$，得 $f(1)=\frac{1}{2}$.

18. E　　考点 偏导数计算

由 $z=f(\sin y-\sin x)+xy$，得$\frac{\partial z}{\partial x}=f'(\sin y-\sin x)\cdot(-\cos x)+y$.

故$\frac{\partial z}{\partial x}\Big|_{(0,2\pi)}=f'(0)\cdot(-1)+2\pi=2\pi-f'(0)$.

由$\frac{\partial z}{\partial y}=f'(\sin y-\sin x)\cdot\cos y+x$，故$\frac{\partial z}{\partial y}\Big|_{(0,2\pi)}=f'(0)$.

从而$\frac{\partial z}{\partial x}\Big|_{(0,2\pi)}+\frac{\partial z}{\partial y}\Big|_{(0,2\pi)}=2\pi$.

19. E　　考点 隐函数求偏导

由 $\sin(xyz)+\ln(x^2+y^2+z)=0$，

两边对 y 求导：$\cos(xyz)\cdot x\left(z+y\cdot\frac{\partial z}{\partial y}\right)+\frac{2y+\frac{\partial z}{\partial y}}{x^2+y^2+z}=0$，

当 $x=0$，$y=1$ 时，$z=0$，代入上式得：$1\times 0+2+\left.\frac{\partial z}{\partial y}\right|_{(0,1)}=0\Rightarrow\left.\frac{\partial z}{\partial y}\right|_{(0,1)}=-2$

20. A　　考点 多元函数极值

由 $f(x,\ y)=x^2-3x^2y+y^3$ 得：

$$\begin{cases}f_x'=2x-6xy=0\\f_y'=-3x^2+3y^2=0\end{cases}\Rightarrow\begin{cases}x=0\\y=0\end{cases},\ \begin{cases}x=\frac{1}{3}\\y=\frac{1}{3}\end{cases},\ \begin{cases}x=-\frac{1}{3}\\y=\frac{1}{3}\end{cases}$$

令 $A=f''_{xx}=2-6y$，$B=f''_{xy}=-6x$，$C=f''_{yy}=6y$.

对于点 $(0,\ 0)$：$AC-B^2=0$，无法确定是否为极值点.

对于点 $\left(\frac{1}{3},\ \frac{1}{3}\right)$：$AC-B^2=0-4<0$，非极值点.

对于点 $\left(-\frac{1}{3},\ \frac{1}{3}\right)$：$AC-B^2=0-4<0$，非极值点.

21. C　　考点 多元函数极值

由 $f(x,\ y)=x^8+y^8-2(x+y)^2$ 得：$f_x'=8x^7-4(x+y)$，$f_y'=8y^7-4(x+y)$.

$A=f''_{xx}=56x^6-4$，$B=f''_{xy}=-4$，$C=f''_{yy}=56y^6-4$.

对于点 $(0,\ 0)$：$f_x'=0$，$f_y'=0$，$AC-B^2=(-4)\times(-4)-(-4)^2=0$，无法确定是否为极值点.

对于点 $(1,\ 1)$：$f_x'=0$，$f_y'=0$，$AC-B^2=52\times 52-(-4)^2>0$，为极小值点.

对于点 $(-1,\ -1)$：$f_x'=0$，$f_y'=0$，$AC-B^2=52\times 52-(-4)^2>0$，为极小值点.

22. E　　考点 行列式计算

$$\begin{vmatrix}2a_{11}&-2a_{12}&2a_{13}\\2a_{31}&-2a_{32}&2a_{33}\\2a_{21}&-2a_{22}&2a_{23}\end{vmatrix}=-8\begin{vmatrix}a_{11}&a_{12}&a_{13}\\a_{31}&a_{32}&a_{33}\\a_{21}&a_{22}&a_{23}\end{vmatrix}=8\begin{vmatrix}a_{11}&a_{12}&a_{13}\\a_{21}&a_{22}&a_{23}\\a_{31}&a_{32}&a_{33}\end{vmatrix}=8M.$$

23. A　　考点 行列式及代数余子式

方法一：$f(x)=M_{31}+M_{32}+M_{34}$

$$=(-1)^{3+1}\begin{vmatrix}0&0&-x\\x&2&-1\\-x&0&x\end{vmatrix}+(-1)^{3+2}\begin{vmatrix}x&0&-x\\1&2&-1\\2&0&x\end{vmatrix}+$$

$$(-1)^{3+4}\begin{vmatrix}x&0&0\\1&x&2\\2&-x&0\end{vmatrix}$$

$$=(-x)\begin{vmatrix} x & 2 \\ -x & 0 \end{vmatrix} -2\begin{vmatrix} x & -x \\ 2 & x \end{vmatrix} -x\begin{vmatrix} x & 2 \\ -x & 0 \end{vmatrix}$$

$$=-2x^2-2(x^2+2x)-2x^2=-6x^2-4x$$

故 $f(-1)=-6+4=-2.$

方法二：$f(x)=M_{31}+M_{32}+0\cdot M_{33}+M_{34}$

$$=\begin{vmatrix} x & 0 & 0 & -x \\ 1 & x & 2 & -1 \\ 1 & 1 & 0 & 1 \\ 2 & -x & 0 & x \end{vmatrix}=2\times(-1)^{2+3}\begin{vmatrix} x & 0 & -x \\ 1 & 1 & 1 \\ 2 & -x & x \end{vmatrix}$$

故 $f(-1)=-2\begin{vmatrix} -1 & 0 & 1 \\ 1 & 1 & 1 \\ 2 & 1 & -1 \end{vmatrix}=-2\begin{vmatrix} -1 & 0 & 1 \\ 1 & 1 & 1 \\ 1 & 0 & -2 \end{vmatrix}=-2\begin{vmatrix} -1 & 1 \\ 1 & -2 \end{vmatrix}=-2.$

24. E　　考点 矩阵方程

方法一：由 $\boldsymbol{X}\begin{pmatrix} -2 & 3 \\ -1 & 2 \end{pmatrix}=\begin{pmatrix} 0 & 1 \\ 1 & 0 \\ 0 & 1 \end{pmatrix}$ 得：

$$\boldsymbol{X}=\begin{pmatrix} 0 & 1 \\ 1 & 0 \\ 0 & 1 \end{pmatrix}\begin{pmatrix} -2 & 3 \\ -1 & 2 \end{pmatrix}^{-1}=-\begin{pmatrix} 0 & 1 \\ 1 & 0 \\ 0 & 1 \end{pmatrix}\begin{pmatrix} 2 & -3 \\ 1 & -2 \end{pmatrix}=-\begin{pmatrix} 1 & -2 \\ 2 & -3 \\ 1 & -2 \end{pmatrix}=\begin{pmatrix} -1 & 2 \\ -2 & 3 \\ -1 & 2 \end{pmatrix}.$$

方法二：设 $\boldsymbol{X}=\begin{pmatrix} a_{11} & a_{12} \\ a_{21} & a_{22} \\ a_{23} & a_{33} \end{pmatrix}$

由 $\begin{pmatrix} a_{11} & a_{12} \\ a_{21} & a_{22} \\ a_{23} & a_{33} \end{pmatrix}\begin{pmatrix} -2 & 3 \\ -1 & 2 \end{pmatrix}=\begin{pmatrix} * & * \\ -2a_{21}-a_{22} & 3a_{21}+2a_{22} \\ * & * \end{pmatrix}=\begin{pmatrix} 0 & 1 \\ 1 & 0 \\ 0 & 1 \end{pmatrix}$

得 $\begin{cases} -2a_{21}-a_{22}=1 \\ 3a_{21}+2a_{22}=0 \end{cases}\Rightarrow\begin{cases} a_{21}=-2 \\ a_{22}=3 \end{cases}$

25. D　　考点 矩阵运算

$$\boldsymbol{C}=\boldsymbol{BA}^{-1}=\begin{pmatrix} 1 & 1 & 0 \\ 1 & 2 & 2 \\ 0 & 1 & 3 \end{pmatrix}\begin{pmatrix} 1 & 0 & 0 \\ 0 & \frac{1}{2} & 0 \\ 0 & 0 & \frac{1}{3} \end{pmatrix}=\begin{pmatrix} * & * & * \\ * & * & * \\ * & \frac{1}{2} & * \end{pmatrix}$$

26. A　　考点 向量组

方法一：由 $\boldsymbol{\alpha}+2\boldsymbol{\beta}$，$2\boldsymbol{\beta}+k\boldsymbol{\gamma}$，$\boldsymbol{\alpha}+3\boldsymbol{\gamma}$ 线性相关，则存在不全为 0 的 k_1，k_2，k_3 使 $k_1(\boldsymbol{\alpha}+$

$2\boldsymbol{\beta})+k_2(2\boldsymbol{\beta}+k\boldsymbol{\gamma})+k_3(\boldsymbol{\alpha}+3\boldsymbol{\gamma})=\mathbf{0}$，即$(k_1+k_3)\boldsymbol{\alpha}+(2k_1+2k_2)\boldsymbol{\beta}+(k_2k+3k_3)\boldsymbol{\gamma}=\mathbf{0}$

由 $\boldsymbol{\alpha}$，$\boldsymbol{\beta}$，$\boldsymbol{\gamma}$ 线性无关得$\begin{cases}k_1+k_3=0\\2k_1+2k_2=0\Rightarrow k=-3.\\k_2k+3k_3=0\end{cases}$

方法二：$(\boldsymbol{\alpha}+2\boldsymbol{\beta},\ 2\boldsymbol{\beta}+k\boldsymbol{\gamma},\ \boldsymbol{\alpha}+3\boldsymbol{\gamma})=(\boldsymbol{\alpha},\ \boldsymbol{\beta},\ \boldsymbol{\gamma})\begin{pmatrix}1&0&1\\2&2&0\\0&k&3\end{pmatrix}$

由于 $\boldsymbol{\alpha}$，$\boldsymbol{\beta}$，$\boldsymbol{\gamma}$ 线性无关，故$\begin{vmatrix}1&0&1\\2&2&0\\0&k&3\end{vmatrix}=0$，即 $k=-3$ 时，

$\boldsymbol{\alpha}+2\boldsymbol{\beta}$，$2\boldsymbol{\beta}+k\boldsymbol{\gamma}$，$\boldsymbol{\alpha}+3\boldsymbol{\gamma}$ 线性相关.

27. A　　考点 齐次线性方程组

对 $\boldsymbol{A}$ 进行初等行变换：

$$\boldsymbol{A}=\begin{pmatrix}1&-2&2\\-2&6&a\\3&0&-6\end{pmatrix}\rightarrow\begin{pmatrix}1&-2&2\\0&2&a+4\\0&6&-12\end{pmatrix}\rightarrow\begin{pmatrix}1&-2&2\\0&2&a+4\\0&0&-8-a\end{pmatrix}$$

当 $-8-a=0$ 时，即 $a=-8$ 时，$r(\boldsymbol{A})=2<3$，方程组 $\boldsymbol{Ax}=\mathbf{0}$ 有非零解，此时解向量组的秩为 $3-r(\boldsymbol{A})=3-2=1$.

28. D　　考点 线性表示

转化为方程组 $(\boldsymbol{\alpha}_1,\ \boldsymbol{\alpha}_2,\ \boldsymbol{\alpha}_3)\boldsymbol{X}=\boldsymbol{\beta}$ 分析.

$$\overline{\boldsymbol{A}}=(\boldsymbol{\alpha}_1,\ \boldsymbol{\alpha}_2,\ \boldsymbol{\alpha}_3\mid\boldsymbol{\beta})=\left(\begin{array}{ccc|c}2&4&6&2k\\1&k&3&2\\1&2&k&0\end{array}\right)\rightarrow\left(\begin{array}{ccc|c}1&2&3&k\\0&k-2&0&2-k\\0&0&k-3&-k\end{array}\right)$$

当 $k=2$ 时，$r(\boldsymbol{A})=r(\overline{\boldsymbol{A}})=2<3$，此时 $\boldsymbol{\beta}$ 可由 $\boldsymbol{\alpha}_1$，$\boldsymbol{\alpha}_2$，$\boldsymbol{\alpha}_3$ 线性表示，且表示方法不唯一.

当 $k=3$ 时，$r(\boldsymbol{A})=2\neq r(\overline{\boldsymbol{A}})=3$，此时 $\boldsymbol{\beta}$ 不可由 $\boldsymbol{\alpha}_1$，$\boldsymbol{\alpha}_2$，$\boldsymbol{\alpha}_3$ 线性表示.

当 $k=-2$，-1，0 时，$r(\boldsymbol{A})=r(\overline{\boldsymbol{A}})=3$，此时 $\boldsymbol{\beta}$ 可由 $\boldsymbol{\alpha}_1$，$\boldsymbol{\alpha}_2$，$\boldsymbol{\alpha}_3$ 线性表示，且表示方法唯一.

注：样卷中此题目有问题，应增加“且表示方法不唯一”的条件，从而选 D.

29. B　　考点 随机变量及二项分布

$$P\left(X\leqslant\frac{1}{2}\right)=\int_{-\infty}^{\frac{1}{2}}f(x)\,\mathrm{d}x=\int_0^{\frac{1}{2}}2x\,\mathrm{d}x=\frac{1}{4}.$$

$$Y\sim B\left(3,\ \frac{1}{4}\right)，故\ P(Y=2)=\mathrm{C}_3^2\times\left(\frac{1}{4}\right)^2\times\frac{3}{4}=\frac{9}{64}.$$

30. B　　考点 正态分布

由 $X\sim N(2,\ 9)$ 及正态分布的对称性得 $c=\mu=2$.

31. D　　考点 离散型随机变量

由 $Z=\max\{X,Y\}$ 及 $Z=1$ 得 $\{X=0,Y=1\}$ 或 $\{X=1,Y=0\}$ 或 $\{X=1,Y=1\}$.

故 $P(Z=1)=P(X=0)P(Y=1)+P(X=1)P(Y=0)+P(X=1)P(Y=1)$

$=0.5\times0.5+0.5\times0.5+0.5\times0.5=0.75.$

或 $P(Z=1)=1-P(X=0)P(Y=0)=1-0.5\times0.5=0.75.$

32. B　　考点 随机事件的概率

由乘法公式得 $P(AB)=P(A)P(B\mid A)=\frac{1}{12}$,

$P(AB)=P(B)P(A\mid B)=\frac{1}{12}\Rightarrow P(B)=\frac{1}{6}$.

从而 $P(A\cup B)=P(A)+P(B)-P(AB)=\frac{1}{4}+\frac{1}{6}-\frac{1}{12}=\frac{1}{3}$.

33. D　　考点 随机变量的数字特征

由 $X\sim U\left(-\frac{\pi}{2},\frac{\pi}{2}\right)$ 得 $E(X)=0$. X 的密度函数 $f(x)=\begin{cases}\frac{1}{\pi} & -\frac{\pi}{2}<x<\frac{\pi}{2}\\ 0 & \text{其他}\end{cases}$.

$E(Y)=E(\sin X)=\int_{-\frac{\pi}{2}}^{\frac{\pi}{2}}\frac{1}{\pi}\sin x\mathrm{d}x=0.$

$E(XY)=E(X\sin X)=\int_{-\frac{\pi}{2}}^{\frac{\pi}{2}}\frac{1}{\pi}x\sin x\mathrm{d}x=\frac{2}{\pi}\int_0^{\frac{\pi}{2}}x\sin x\mathrm{d}x=-\frac{2}{\pi}\int_0^{\frac{\pi}{2}}x\mathrm{d}\cos x$

$=-\frac{2}{\pi}\left(x\cos x\Big|_0^{\frac{\pi}{2}}-\int_0^{\frac{\pi}{2}}\cos x\mathrm{d}x\right)=-\frac{2}{\pi}\left(-\sin x\Big|_0^{\frac{\pi}{2}}\right)=\frac{2}{\pi}$.

34. C　　考点 随机变量

由 $f(1+x)=f(1-x)$ 得对称轴 $x=1$.

$\int_0^2 f(x)\mathrm{d}x=2\int_0^1 f(x)\mathrm{d}x=0.6\Rightarrow\int_0^1 f(x)\mathrm{d}x=0.3.$

故 $P(X<0)=P(X<1)-P(0<X<1)=0.5-0.3=0.2.$

35. E　　考点 随机变量的数字特征

由题知：

X	-2	1	3
p	$\frac{1}{2}$	a	b

，根据归一性：$\frac{1}{2}+a+b=1$.

又 $E(X)=-2\times\frac{1}{2}+1\times a+3\times b=0$. 解得 $a=b=\frac{1}{4}$.

$D(X)=E(X^2)-[E(X)]^2=E(X^2)=4\times\frac{1}{2}+\frac{1}{4}+9\times\frac{1}{4}=\frac{9}{2}$.